•讲练测答系列•

海绵 MBA MPA MPAcc

管理类与经济类
综合能力

| 媛 | 媛 | 逻 | 辑 | 真 | 题 | 库 |

主编

孙江媛

北京理工大学出版社
BEIJING INSTITUTE OF TECHNOLOGY PRESS

版权专有　侵权必究

图书在版编目(CIP)数据

海绵 MBA MPA MPAcc 管理类与经济类综合能力媛媛逻辑真题库 / 孙江媛主编. — 北京：北京理工大学出版社, 2022.5

ISBN 978-7-5763-1319-2

Ⅰ. ①海… Ⅱ. ①孙… Ⅲ. ①逻辑-研究生-入学考试-习题集 Ⅳ. B81-44

中国版本图书馆 CIP 数据核字(2022)第 079486 号

出版发行 / 北京理工大学出版社有限责任公司

社　　址 / 北京市海淀区中关村南大街 5 号

邮　　编 / 100081

电　　话 /（010）68914775（总编室）
　　　　　（010）82562903（教材售后服务热线）
　　　　　（010）68944723（其他图书服务热线）

网　　址 / http://www.bitpress.com.cn

经　　销 / 全国各地新华书店

印　　刷 / 天津市蓟县宏图印务有限公司

开　　本 / 787 毫米×1092 毫米　1/16

印　　张 / 29.5　　　　　　　　　　　　　　　　责任编辑 / 时京京

字　　数 / 736 千字　　　　　　　　　　　　　　文案编辑 / 时京京

版　　次 / 2022 年 5 月第 1 版　2022 年 5 月第 1 次印刷　责任校对 / 刘亚男

定　　价 / 92.80 元　　　　　　　　　　　　　　责任印制 / 李志强

图书出现印装质量问题，请拨打售后服务热线，本社负责调换

讲练测答，带你高效备考

这不是一本孤独的教材。

这是一个连接**课程**、**练习**、**测试**、**答疑**的学习系统。

讲：告别孤独、老派的啃书式学习，我们为教材配备了完整免费的高质量视频课程。配套课程的内容和结构与本书一一对应，二者相得益彰。纸质教材加上视频课程，让学习变得更轻松、更鲜活、更立体，事半功倍。你买的不是一个个呆板的印刷字，而是一套鲜活的教学体系。在听课学习的过程中，海绵 APP 听课平台的"随堂卡"功能，可以根据需要，在重点、难点处快速生成专属随堂卡，并将其收录至个人卡包，以便你随时随地温故知新。

练：知识不是听会的，而是练会的。要真正掌握知识，需要通过大量的针对性练习将知识内化，使其成为自己的一部分。我们提供大量的练习工具，如全面且免费的历年真题库、海量且类型丰富的习题库。题库按照知识点的难易程度、易错程度等多种维度划分，满足各个时期的刷题需求。

测：测试是了解自己复习效果的最佳手段。为了让你掌握自己的学习情况，找到自己的薄弱环节与盲区，我们提供了多样化的免费测试工具，如趣味性单词测试、轻量级的小模考、数万人参与的大模考等。测试结束后，系统会提供科学的分析报告，方便你查漏补缺。

答：学习不是一个人的事，它是一个社会化的活动，需要跟其他人建立连接，进行交流。为此我们创建了学习和答疑的社区，老师会免费帮大家答疑解惑，梳理学习路径。从早上 9:30 到晚上 11:30，每天 14 小时的即问即答，真正及时地解决你在备考过程中的每一次困惑。在这里，你也会认识其他学习者，可以与之交流观点，分享心得，结伴而行。

学习是一个复杂的活动，只有好的内容是远远不够的，我们更关注学习者在成长过程中与其他事物的连接，与人的连接。通过连接，能让你的学习更高效、更系统，让你更有能量，不再孤独。

【本书及配套服务的使用逻辑】

编者建议考生将自己的整个备考过程分为四个阶段。

第一阶段：学习考点、公式，熟悉基本题型。

第二阶段：刷题练习，融会贯通，实现从知识储备到解决题目的跨越。

第三阶段：套卷+专题训练，限时按套刷题，再用专题训练查漏补缺。

第四阶段：模考测试，总结回顾，把握主题思路，掌握秒杀技巧，避开易错陷阱。

本书适合参加管理类与经济类综合能力考试的考生在强化阶段和冲刺阶段使用。通过对本书的学习，考生可以掌握考试大纲中涉及的全部考点和考试中经常出现的题型，能够非常好地提升考生的备考效率及解题技巧。

为帮助考生更好地使用本书，除了配套的系统课视频，我们还为大家提供了三个好用的学习工具。**其中"16 天掌握形式逻辑""15 天掌握论证思维"**是针对形式逻辑公式和论证推理常见模型的两款打卡小程序。在备考初期还没完全进入学习状态时，大家可以每天利用 15 分钟的碎片时间掌握考试中常用的逻辑基础知识。

　　而随书附赠的《**大数据易错题(逻辑)**》是基于1 000万次做题数据汇总整理出的错误率较高的题目,并且结合真题考查趋势,剔除了偏难怪题编写成的,它可以帮助考生学会分析错题原因、识别命题陷阱;攻克错误壁垒,化易错题为得分题;提炼真题思路,举一反三,高效梳理考点、知识点,查漏补缺。大家可以时常翻阅,以便更好地学习掌握相关知识。

前言

真题是最有价值的复习资料吗?是的,真题是最有价值的复习资料!

研究真题是备考过程中最重要的环节。研究真题不仅能够使考生洞悉命题人的出题思路和出题规律,而且能够帮助考生准确地了解自身水平,把握复习方向。所以,大家务必高度重视对真题的研究和练习。如果备考只做一种题,那么这种题必然是历年真题。《海绵 MBA MPA MPAcc 管理类与经济类综合能力 媛媛逻辑真题库》(简称《媛媛逻辑真题库》)便是一本真题书。

本书具有三大特点:全、准、活。

(1)全:真题全覆盖,一本搞定。

本书包括 56 套逻辑真题(电子版真题扫上方二维码获取),分别为:1997—2022 年共 26 套管理类综合能力逻辑真题(纸质版),1997 年 10 月—2014 年 10 月共 18 套 MBA 综合能力逻辑真题(电子版),以及 2011—2022 年共 12 套经济类综合能力逻辑真题(电子版)。本书能充分满足同学们的真题训练需求,通过套卷测试,能够了解考试重点及自身薄弱点,掌握正确的解题方法。大家要严格按照考试要求进行练习。

(2)准:答案准确,解析详尽,分级训练。

本书真题的答案基本与官方大纲中的参考答案保持一致,可以保证同学们备考思路准确,熟悉真题的考查方向。本书既有详细的解析,也列出了题目所考查的考点,考点与《海绵 MBA MPA MPAcc 管理类与经济类综合能力逻辑系统教程 媛媛教逻辑》保持一致,方便大家查漏补缺。

本书还有一个亮点是难度分级。根据题目特征,本书将题目分为了 S4、S5、S6 三个难度级别。目标对象不同,需要掌握难度级别不同的题目。如下表所示。

难度级别	题目特征	目标对象
S4	基础知识点、基本思路、常规考法	①分数要求为 40 分的考生。 ②基础阶段的考生
S5	综合考法、存在干扰项	①分数要求为 50 分的考生。 ②强化阶段的考生
S6	思路难度较大、技巧性较强、错误率高	①分数要求为 60 分的考生。 ②强化阶段、冲刺阶段的考生

基础阶段,分数要求为 40 分的考生,只需要掌握难度级别为 S4 的题目;强化阶段,分数要求为 50 分的考生,需要掌握难度级别为 S4 和 S5 的题目。如果大家的基础知识已经非常扎实,想要冲击满分,那么可以重点练习难度级别为 S6 的题目。同学们可扫描本页二维码,了解每一难度级别对应的题目有哪些,然后根据自己的复习阶段来选择对应的题目进行练习,这样更有针对性。

(3)活:有视频讲解,有老师答疑,有分类真题库。

全书每道题都配有视频讲解,对书中内容有疑问的同学可以直接在微博、微信公众号答疑帖下留言(微博/微信公众号:专硕考研孙江媛),有问题便可及时解决。对于有分类练习需求的同学,海绵 MBA APP 中有与本书内容对应的练习题,题型分类与本书保持一致,同学们可以通过做套卷发现问题和薄弱点,再到题库中选择对应题目进行专题训练,提升复习效率。题库运用科学的思路,从一道题到一类题,方便各位同学分类突破,迅速提升做题效果,高效得分。

建议即将参加管理类综合能力考试、经济类综合能力考试并希望取得高分的各位考生,至少在考试前把历年真题刷三遍。精研一套真题,胜过做三五套模拟题,啃透真题,洞悉规律,迎来录取!

越努力,越幸运!

祝金榜题名!

孙江媛

目 录

2022 年管理类综合能力逻辑试题及解析

2021 年管理类综合能力逻辑试题及解析

2020 年管理类综合能力逻辑试题及解析

2019 年管理类综合能力逻辑试题及解析

2018 年管理类综合能力逻辑试题及解析

2017 年管理类综合能力逻辑试题及解析

2016 年管理类综合能力逻辑试题及解析

2015 年管理类综合能力逻辑试题及解析

2014 年管理类综合能力逻辑试题及解析

2013 年管理类综合能力逻辑试题及解析

2012 年管理类综合能力逻辑试题及解析

2011 年管理类综合能力逻辑试题及解析

2010 年管理类综合能力逻辑试题及解析

2009 年管理类综合能力逻辑试题及解析

2008 年管理类综合能力逻辑试题及解析

2007 年管理类综合能力逻辑试题及解析

2006 年管理类综合能力逻辑试题及解析

2005 年管理类综合能力逻辑试题及解析

2004 年管理类综合能力逻辑试题及解析

2003 年管理类综合能力逻辑试题及解析

2002 年管理类综合能力逻辑试题及解析

2001 年管理类综合能力逻辑试题及解析

2000 年管理类综合能力逻辑试题及解析

1999 年管理类综合能力逻辑试题及解析

1998 年管理类综合能力逻辑试题及解析

1997 年管理类综合能力逻辑试题及解析

2022年管理类综合能力逻辑试题

三、逻辑推理：第26~55小题，每小题2分，共60分。下列每题给出的A、B、C、D、E五个选项中，只有一项是符合试题要求的。请在答题卡上将所选项的字母涂黑。

26. 百年党史充分揭示了中国共产党为什么能、马克思主义为什么行、中国特色社会主义为什么好的历史逻辑、理论逻辑、实践逻辑。面对百年未有之大变局，如果信念不坚定，就会陷入停滞彷徨的思想迷雾，就无法应对前进道路上的各种挑战风险。只有坚持中国特色社会主义道路自信、理论自信、制度自信、文化自信，才能把中国的事情办好，把中国特色社会主义事业发展好。

根据以上陈述，可以得出以下哪项？

A. 如果坚持"四个自信"，就能把中国的事情办好。

B. 只要信念坚定，就不会陷入停滞彷徨的思想迷雾。

C. 只有信念坚定，才能应对前进道路上的各种挑战风险。

D. 只有充分理解百年党史揭示的历史逻辑，才能将中国特色社会主义事业发展好。

E. 如果不能理解百年党史揭示的历史逻辑，就无法遵循百年党史揭示的实践逻辑。

27. "君问归期未有期，巴山夜雨涨秋池。何当共剪西窗烛，却话巴山夜雨时。"这首《夜雨寄北》是晚唐诗人李商隐的名作。一般认为这是一封"家书"，当时诗人身处巴蜀，妻子在长安，所以说"寄北"，但有学者提出，这首诗实际上是寄给友人的。

以下哪项如果为真，最能支持以上学者的观点？

A. 李商隐之妻王氏卒于大中五年，而该诗作于大中七年。

B. 明清小说戏曲中经常将家庭塾师或官员幕客称为"西席""西宾"。

C. 唐代温庭筠的《舞衣曲》中有诗句"回鸾笑语西窗客，星斗寥寥波脉脉"。

D. 该诗另一题为《夜雨寄内》，"寄内"即寄怀妻子，此说法得到了许多人的认同。

E. "西窗"在古代专指客房、客厅，起自尊客于西的先秦古礼，并被后世习察日用。

28. 退休在家的老王今晚在"焦点访谈""国家记忆""自然传奇""人物故事""纵横中国"这5个节目中选择了3个节目观看。老王对观看的节目有如下要求：

(1) 如果观看"焦点访谈"，就不观看"人物故事"；

(2) 如果观看"国家记忆"，就不观看"自然传奇"。

根据上述信息，老王一定观看了如下哪个节目？

A. "纵横中国"。　B. "国家记忆"。　C. "自然传奇"。　D. "人物故事"。　E. "焦点访谈"。

29. 2020年全球碳排放量减少大约24亿吨，远远大于之前的创纪录降幅。例如二战结束时下降9亿吨，2009年金融危机最严重时下降5亿吨。非政府组织全球碳计划(GCP)在其年度评估报告中说，由于各国在新冠肺炎疫情期间采取了封锁和限制措施，汽车使用量下降了一半左右，2020年的碳排放量同比下降了创纪录的7%。

以下哪项如果为真，最能支持GCP的观点？

A. 2020年碳排放量下降最明显的国家或地区是美国和欧盟。

B. 延缓气候变化的办法不是停止经济活动，而是加速向低碳能源过渡。

C. 根据气候变化《巴黎协定》,2015 年之后的 10 年,全球每年需减排约 10~20 亿吨。

D. 2020 年在全球各行业减少的碳排放总量中,交通运输业所占比例最大。

E. 随着世界经济的持续复苏,2021 年全球碳排放量同比下降可能不超过 5%。

30. 某小区 2 号楼 1 单元的住户都打了甲公司的疫苗,小李家不是该小区 2 号楼 1 单元的住户,小赵家都打了甲公司的疫苗,而小陈家都没有打甲公司的疫苗。

根据以上陈述,可以得出以下哪项?

A. 小李家都没有打甲公司的疫苗。

B. 小赵家是该小区 2 号楼 1 单元的住户。

C. 小陈家是该小区的住户,但不是 2 号楼 1 单元的。

D. 小赵家是该小区 2 号楼的住户,但未必是 1 单元的。

E. 小陈家若是该小区 2 号楼的住户,则不是 1 单元的。

31. 某研究团队研究了大约 4 万名中老年人的核磁共振成像数据、自我心理评估等资料,发现经常有孤独感的研究对象和没有孤独感的研究对象在大脑的默认网络区域存在显著差异。默认网络是一组参与内心思考的大脑区域,这些内心思考包括回忆旧事、规划未来、想象等,孤独者大脑的默认网络联结更为紧密,其灰质容积更大。研究人员由此认为,大脑默认网络的结构和功能与孤独感存在正相关。

以下哪项如果为真,最能支持上述研究人员的观点?

A. 人们在回忆过去、假设当下或预想未来时会使用默认网络。

B. 有孤独感的人更多地使用想象、回忆过去和憧憬未来以克服社交隔离。

C. 感觉孤独的老年人出现认知衰退和患上痴呆症的风险更高,进而导致部分脑区萎缩。

D. 了解孤独感对大脑的影响,拓展我们在这个领域的认知,有助于减少当今社会的孤独现象。

E. 穹窿是把信号从海马体输送到默认网络的神经纤维束,在研究对象的大脑中,这种纤维束得到较好的保护。

32. 关于张、李、宋、孔 4 人参加植树活动的情况如下:

(1)张、李、孔至少有 2 人参加;

(2)李、宋、孔至多有 2 人参加;

(3)如果李参加,那么张、宋两人要么都参加,要么都不参加。

根据以上陈述,以下哪项是不可能的?

A. 宋、孔都参加。   B. 宋、孔都不参加。   C. 李、宋都参加。

D. 李、宋都不参加。   E. 李参加,宋不参加。

33. 2020 年下半年,随着新冠病毒在全球范围内的肆虐及流感季节的到来,很多人担心会出现大范围流感和新冠疫情同时爆发的情况。但是有病毒学家发现,2009 年甲型 H1N1 流感毒株出现时,自 1977 年以来一直传播的另一种甲型流感毒株消失了。由此他推测,人体同时感染新冠病毒和流感病毒的可能性应该低于预期。

以下哪项如果为真,最能支持该病毒学家的推测?

A. 如果人们继续接种流感疫苗,仍能降低同时感染这两种病毒的概率。

B. 一项分析显示,新冠肺炎患者中大约只有 3% 的人同时感染另一种病毒。

C. 人体感染一种病毒后的几周内,其先天免疫系统的防御能力会逐步增强。

D. 为避免感染新冠病毒,人们会减少室内聚集、继续佩戴口罩、保持社交距离和手部卫生。

E. 新冠病毒的感染会增加参与干扰素反应的基因的活性,从而防止流感病毒在细胞内进行复制。

34. 补充胶原蛋白已经成为当下很多女性抗衰老的手段之一。她们认为:吃猪蹄能够补充胶原蛋白,为了美容养颜,最好多吃些猪蹄。近日有些专家对此表示质疑,他们认为多吃猪蹄其实并不能补充胶原蛋白。

以下哪项如果为真,最能质疑上述专家的观点?

A. 猪蹄中的胶原蛋白会被人体的消化系统分解,不会直接以胶原蛋白的形态补充到皮肤中。

B. 人们在日常生活中摄入的优质蛋白和水果、蔬菜中的营养物质,足以提供人体所需的胶原蛋白。

C. 猪蹄中胶原蛋白的含量并不多,但胆固醇含量高、脂肪多,食用过多会引起肥胖,还会增加患高血压的风险。

D. 猪蹄中的胶原蛋白经过人体消化后会被分解成氨基酸等物质,氨基酸参与人体生理活动,再合成人体必需的胶原蛋白等多种蛋白质。

E. 胶原蛋白是人体皮肤、骨骼和肌腱中的主要结构蛋白,它填充在真皮之间,撑起皮肤组织,增加皮肤紧密度,使皮肤水润而富有弹性。

35. 某单位有甲、乙、丙、丁、戊、己、庚、辛、壬、癸 10 名新进员工,他们所学专业是哲学、数学、化学、金融和会计 5 个专业之一,每人只学其中一个专业,已知:

(1) 若甲、丙、壬、癸中至多有 3 人是数学专业,则丁、庚、辛 3 人都是化学专业;

(2) 若乙、戊、己中至多有 2 人是哲学专业,则甲、丙、庚、辛 4 人专业各不相同。

根据上述信息,所学专业相同的新员工是:

A. 乙、戊、己。　　B. 甲、壬、癸。　　C. 丙、丁、癸。　　D. 丙、戊、己。　　E. 丁、庚、辛。

36. H 市医保局发出如下公告:自即日起,本市将新增医保电子凭证就医结算,社保卡将不再作为就医结算的唯一凭证,本市所有定点医疗机构均已实现医保电子凭证的实时结算;本市参保人员可凭医保电子凭证就医结算,但只有将医保电子凭证激活后才能扫码使用。

以下哪项最符合上述 H 市医保局的公告内容?

A. H 市非定点医疗机构没有实现医保电子凭证的实时结算。

B. 可使用医保电子凭证结算的医院不一定都是 H 市的定点医疗机构。

C. 凡持有社保卡的外地参保人员,均可在 H 市定点医疗机构就医结算。

D. 凡已激活医保电子凭证的外地参保人员,均可在 H 市定点医疗机构使用医保电子凭证扫码就医。

E. 凡未激活医保电子凭证的本地参保人员,均不能在 H 市定点医疗机构使用医保电子凭证扫码结算。

37. 宋、李、王、吴 4 人均订阅了《人民日报》《光明日报》《参考消息》《文汇报》中的两种报纸,每种报纸均有两人订阅,且各人订阅的均不完全相同。另外,还知道:

(1) 如果吴至少订阅了《光明日报》《参考消息》中的一种,则李订阅了《人民日报》而王未订阅

《光明日报》;

(2)如果李、王两人中至多有一人订阅了《文汇报》,则宋、吴均订阅了《人民日报》。

如果李订阅了《人民日报》,则可以得出以下哪项?

A.宋订阅了《文汇报》。　　B.宋订阅了《人民日报》。　　C.王订阅了《参考消息》。

D.吴订阅了《参考消息》。　　E.吴订阅了《人民日报》。

38.在一项噪声污染与鱼类健康关系的实验中,研究人员将已经感染寄生虫的孔雀鱼分成短期噪声组、长期噪声组和对照组,短期噪声组在噪声环境中连续暴露24小时,长期噪声组在同样的噪声中暴露7天,对照组则被置于一个安静环境中。在17天的监测期内,该研究人员发现,长期噪声组的鱼在第12天开始死亡,其他两组鱼则在第14天开始死亡。

以下哪项如果为真,最能解释上述实验结果?

A.噪声污染不仅危害鱼类,也危害两栖动物、鸟类和爬行动物等。

B.长期噪声污染会加速寄生虫对宿主鱼类的侵害,导致鱼类过早死亡。

C.相比于天然环境,在充斥各种噪声的养殖场中,鱼更容易感染寄生虫。

D.噪声污染使鱼类既要应对寄生虫的感染又要排除噪声干扰,增加鱼类健康风险。

E.短期噪声组所受的噪声可能引起了鱼类的紧张情绪,但不至于损害它们的免疫系统。

39.节日将至,某单位拟为职工发放福利品,每人可在甲、乙、丙、丁、戊、己、庚7种商品中选择其中的4种进行组合,且每种组合还需满足如下要求:

(1)若选甲,则丁、戊、庚3种中至多选其一;

(2)若丙、己2种至少选1种,则必选乙但不能选戊。

以下哪项组合符合上述要求?

A.甲、丁、戊、己。　　B.乙、丙、丁、戊。　　C.甲、乙、戊、庚。

D.乙、丁、戊、庚。　　E.甲、丙、丁、己。

40.幸福是一种主观愉悦的心理体验,也是一种认知和创造美好生活的能力。在日常生活中,每个人如果既能发现当下的不足,也能确立前进的目标,并通过实际行动改进不足和实现目标,就能始终保持对生活的乐观精神。而有了对生活的乐观精神,就会拥有幸福感。生活中大多数人都拥有幸福感,遗憾的是,也有一些人能发现当下的不足,并通过实际行动去改进,但他们却没有幸福感。

根据以上陈述,可以得出以下哪项?

A.生活中大多数人都有对生活的乐观精神。

B.个体的心理体验也是个体的一种行为能力。

C.如果能发现当下的不足并努力改进,就能拥有幸福感。

D.那些没有幸福感的人即使发现当下的不足,也不愿通过行为去改变。

E.确立前进的目标并通过实际行动实现目标,生活中有些人没能做到这一点。

41~42题基于以下题干:

本科生小刘拟在4个学年中选修甲、乙、丙、丁、戊、己、庚、辛8门课程,每个学年选修其中的1~3门课程,每门课程均在其中的一个学年修完。同时还满足:

(1)后3个学年选修的课程数量均不同;

(2)丙、己和辛课程安排在一个学年,丁课程安排在紧接其后的一个学年;

(3)若第4学年至少选修甲、丙、丁中的1门课程,则第1学年仅选修戊、辛2门课程。

41. 如果乙在丁之前的学年选修,则可以得出以下哪项?

   A. 乙在第1学年选修。   B. 乙在第2学年选修。   C. 丁在第2学年选修。
   D. 丁在第4学年选修。   E. 戊在第1学年选修。

42. 如果甲、庚均在乙之后的学年选修,则可以得出以下哪项?

   A. 戊在第1学年选修。   B. 戊在第3学年选修。   C. 庚在甲之前的学年选修。
   D. 甲在戊之前的学年选修。   E. 庚在戊之前的学年选修。

43. 习俗因传承而深入人心,文化因赓续而繁荣兴盛。传统节日带给人们的不只是快乐和喜庆,还塑造着影响至深的文化自信。不忘历史才能开辟未来,善于继承才能善于创新。传统节日只有不断融入现代生活,其中的文化才能得以赓续而繁荣兴盛,才能为人们提供更多心灵滋养与精神力量。

   根据以上信息,可以得出以下哪项?

   A. 只有为人们提供更多心灵滋养与精神力量,传统文化才能得以赓续而繁荣兴盛。
   B. 若传统节日更好地融入现代生活,就能为人们提供更多心灵滋养与精神力量。
   C. 有些带给人们欢乐和喜庆的节日塑造着人们的文化自信。
   D. 带有厚重历史文化的传统将引领人们开辟未来。
   E. 深入人心的习俗将在不断创新中被传承。

44. 当前,不少教育题材影视剧贴近社会现实,直击子女升学、出国留学、代际冲突等教育痛点,引发社会广泛关注。电视剧一阵风,剧外人急红眼,很多家长触"剧"生情,过度代入,焦虑情绪不断增加,引得家庭"鸡飞狗跳",家庭与学校的关系不断紧张。有专家由此指出,这类教育题材影视剧只能贩卖焦虑,进一步激化社会冲突,对实现教育公平于事无补。

   以下哪项如果为真,最能质疑上述专家的主张?

   A. 当代社会教育资源客观上总是有限且分配不平衡,教育竞争不可避免。
   B. 父母过度焦虑轻则导致孩子间暗自攀比,重则影响亲子关系、家庭和睦。
   C. 教育题材影视剧一旦引发广泛关注,就会对国家教育政策走向产生重要影响。
   D. 教育题材影视剧提醒学校应明确职责,不能对义务教育实行"家长承包制"。
   E. 家长不应成为教育焦虑的"剧中人",而应该用爱包容孩子的不完美。

45~46题基于以下题干:

某电影院制定未来一周的排片计划。他们决定周二至周日(周一休息)每天放映动作片、悬疑片、科幻片、纪录片、战争片、历史片6种类型中的一种,各不重复。已知排片还有如下要求:

(1)如果周二或周五放映悬疑片,则周三放科幻片;
(2)如果周四或周六放映悬疑片,则周五放战争片;
(3)战争片必须在周三放映。

45. 根据以上信息,可以得出以下哪项?

   A. 周六放映科幻片。   B. 周日放映悬疑片。   C. 周五放映动作片。
   D. 周二放映纪录片。   E. 周四放映历史片。

46. 如果历史片的放映既与纪录片相邻，又与科幻片相邻，则可以得出下列哪项？

   A. 周二放映纪录片。　　　B. 周四放映纪录片。　　　C. 周二放映动作片。
   D. 周四放映科幻片。　　　E. 周五放映动作片。

47. 有些科学家认为，基因调整技术能大幅延长人类寿命。他们在实验室中调整了一种小型土壤线虫的两组基因序列，成功将这种生物的寿命延长了5倍。他们据此声称，如果将延长线虫寿命的科学方法应用于人类，人活到500岁就会成为可能。

   以下哪项最能质疑上述科学家的观点？

   A. 基因调整技术可能会导致下一代中一定比例的个体失去繁殖能力。
   B. 即使将基因调整技术成功应用于人类，也只会有极少的人活到500岁。
   C. 将延长线虫寿命的科学方法应用于人类，还需要经历较长一段时间。
   D. 人类的生活方式复杂而多样，不良的生活习惯和心理压力会影响身心健康。
   E. 人类寿命的提高幅度不会像线虫那样简单倍增，200岁以后寿命再延长基本不可能。

48. 贾某的邻居易某在自家阳台侧面安装了空调外机，空调一开，外机就向贾家卧室窗户方向吹热风，贾某对此叫苦不迭，于是找到易某协商此事。易某回答说："现在哪家没装空调？别人安装就行，偏偏我家就不行？"

   对于易某的回答，以下哪项评价最为恰当？

   A. 易某的行为虽然影响到了贾家的生活，但易某是正常行使自己的权利。
   B. 易某的行为已经构成对贾家权利的侵害，应该立即停止侵权行为。
   C. 易某没有将心比心，因为贾家也可以在正对易家卧室窗户处安装空调外机。
   D. 易某在转移论题，问题不是能不能安装空调，而是安装空调该不该影响邻居。
   E. 易某空调外机的安装不应正对贾家卧室窗户，不能只顾自己享受而让贾家受罪。

49~50题基于以下题干：

   某校文学社王、李、周、丁4个人每人只爱好诗歌、散文、戏剧、小说4种文学形式中的一种，且各不相同；他们每人只创作了上述4种形式中的一种作品，且形式各不相同；他们创作的作品形式与各自的文学爱好均不同。已知：

   (1) 若王没有创作诗歌，则李爱好小说；
   (2) 若王没有创作诗歌，则李创作小说；
   (3) 若王创作诗歌，则李爱好小说且周爱好散文。

49. 根据上述信息，可得出以下哪项？

   A. 王爱好散文。　　　B. 李爱好戏剧。　　　C. 周爱好小说。
   D. 丁爱好诗歌。　　　E. 周爱好戏剧。

50. 如果丁创作散文，则可以得出以下哪项？

   A. 周创作小说。　　　B. 李创作诗歌。　　　C. 李创作小说。
   D. 周创作戏剧。　　　E. 王创作小说。

51. 有科学家进行了对比实验：在一些花坛中种金盏草，而在另外一些花坛中未种植金盏草。他们发现：种了金盏草的花坛，玫瑰长得很繁茂，而未种金盏草的花坛，玫瑰却呈现病态，很快就枯萎了。

以下哪项如果为真,最能解释上述现象?

A. 为了利于玫瑰生长,某园艺公司推荐种金盏草而不是直接喷洒农药。

B. 金盏草的根系深度不同于玫瑰,不会与其争夺营养,却可保持土壤湿度。

C. 金盏草的根部可分泌出一种能杀死土壤中害虫的物质,使玫瑰免受其侵害。

D. 玫瑰花坛中的金盏草常被认为是一种杂草,但它对玫瑰的生长具有奇特的作用。

E. 花匠会对种了金盏草和玫瑰的花坛施肥较多,而对仅种了玫瑰的花坛施肥偏少。

52. 李佳、贾元、夏辛、丁东、吴悠五位大学生暑期结伴去皖南旅游,对于5人将要游览的地点,他们却有不同想法:

李佳:若去龙川,则也去呈坎。

贾元:龙川和徽州古城两个地方至少去一个。

夏辛:若去呈坎,则也去新安江山水画廊。

丁东:若去徽州古城,则也去新安江山水画廊。

吴悠:若去新安江山水画廊,则也去江村。

事后得知,5人的想法都得到了实现。

根据以上信息,上述5人游览的地点肯定有:

A. 龙川和呈坎。　　　B. 江村和新安江山水画廊。　　C. 龙川和徽州古城。

D. 呈坎和新安江山水画廊。　　E. 呈坎和徽州古城。

53. 胃底腺息肉是所有胃息肉中最为常见的一种良性病变。最常见的是散发型胃底腺息肉,它多发于50岁以上人群。研究人员在研究10万人的胃镜检查资料后发现,有胃底腺息肉的患者无人患胃癌,而没有胃底腺息肉的患者中有178人发现有胃癌。他们由此断定,胃底腺息肉与胃癌呈负相关。

以下哪项为真,最能支持上述研究人员的断定?

A. 有胃底腺息肉的患者绝大多数没有家族癌症史。

B. 在研究人员研究的10万人中,50岁以下的占大多数。

C. 在研究人员研究的10万人中,有胃底腺息肉的人仅占14%。

D. 有胃底腺息肉的患者罹患萎缩性胃炎、胃溃疡的概率显著降低。

E. 胃内一旦有胃底腺息肉,往往意味着没有感染致癌物"幽门螺杆菌"。

54~55题基于以下题干:

某特色建筑项目评选活动设有纪念建筑、观演建筑、会堂建筑、商业建筑、工业建筑5个门类的奖项,甲、乙、丙、丁、戊、己6位建筑师均有2个项目入选上述不同门类的奖项,且每个门类有上述6人的2~3个项目入选,已知:

(1)若甲或乙至少有一个项目入选观演建筑或工业建筑,则乙、丙入选的项目均是观演建筑和工业建筑;

(2)若乙或丁至少有一个项目入选观演建筑或会堂建筑,则乙、丁、戊入选的项目均是纪念建筑和工业建筑;

(3)若丁至少有一个项目入选纪念建筑或商业建筑,则甲、己入选的项目均在纪念建筑、观演建筑和商业建筑之中。

54. 根据上述信息,可以得出以下哪项?
    A. 甲有项目入选观演建筑。
    B. 丙有项目入选工业建筑。
    C. 丁有项目入选商业建筑。
    D. 戊有项目入选会堂建筑。
    E. 己有项目入选纪念建筑。

55. 若己有项目入选商业建筑,则可以得出以下哪项?
    A. 己有项目入选观演建筑。
    B. 戊有项目入选工业建筑。
    C. 丁有项目入选商业建筑。
    D. 丙有项目入选观演建筑。
    E. 乙有项目入选工业建筑。

2022年管理类综合能力逻辑试题解析

答案速查表

26~30	CEADE	31~35	BBEDA	36~40	ECBDE
41~45	AACCB	46~50	CEDDA	51~55	CBEDA

26.【答案】C 【难度】S4 【考点】形式逻辑 假言命题 假言命题推理规则
题干信息:(1)¬信念坚定→陷入停滞→¬应对挑战;(2)事情办好,事业发展好→坚持"四个自信"。
C选项:应对挑战→信念坚定,是(1)的等价逆否命题,正确。
A选项:不合规则,由"坚持'四个自信'"无法推出有效信息,排除。
B选项:不合规则,由"信念坚定"无法推出"¬陷入停滞",排除。
D选项:不合规则,"历史逻辑"和"事业发展好"之间不存在推理关系,排除。
E选项:不合规则,"历史逻辑"和"实践逻辑"之间不存在推理关系,排除。
故正确答案为C选项。

27.【答案】E 【难度】S5 【考点】论证推理 支持、加强 论据+结论型论证的支持
题干信息:学者提出,这首诗实际上是寄给友人的,而不是寄给妻子的。
E选项:**建立联系**,建立了诗中的"西窗"与"友人"的联系,正确。
A选项:力度较弱,即使妻子已卒,有可能李商隐并不知道,况且其也可能因怀念妻子而写此信,就算排除写给妻子的可能性,也不一定是写给友人的,排除。
B、C选项:无关选项,与题干论证过程无关,排除。
D选项:削弱观点,表明此诗是寄给妻子的,而不是友人,排除。
故正确答案为E选项。

28.【答案】A 【难度】S4 【考点】综合推理 分组题型
由条件可知,"焦点访谈"和"人物故事"2选1,"国家记忆"和"自然传奇"2选1,题干中为5选3,所以"纵横中国"一定看。
故正确答案为A选项。

29.【答案】D 【难度】S4 【考点】论证推理 支持、加强 论据+结论型论证的支持
题干信息:疫情期间采取了封锁和限制措施,汽车使用量下降了一半,碳排放量同比下降。
D选项:**建立联系**,表明在碳排放总量中,交通运输业所占比例最大,所以汽车使用量下降确实会导致碳排放下降,正确。
A、B、C、E选项:与汽车使用量无关,无法建立起与碳排放量减少的联系,排除。
故正确答案为D选项。

30.【答案】E 【难度】S4 【考点】形式逻辑 三段论 三段论正推题型
题干信息:某小区2号楼1单元的住户→打了甲公司的疫苗。
小陈家都没打甲公司疫苗→不是某小区2号楼1单元的住户。

E 选项:题干信息复杂,优先验"如果……那么……"的选项。由上述推理可知,如果小陈是某小区 2 号楼的住户,说明他不是 1 单元的,正确。

故正确答案为 E 选项。

31.【答案】B 【难度】S5 【考点】论证推理 支持、加强 论据+结论型论证的支持

论据:有孤独感的研究对象大脑默认网络联结更为紧密,灰质容积更大,默认网络区域参与回忆旧事、规划未来、想象等事项。结论:大脑默认网络的结构和功能与孤独感存在正相关。

B 选项:**建立联系**,表明有孤独感的人确实会更多地使用默认网络区域,正确。

A 选项:力度较弱,与有孤独感的人关联度较弱,排除。

C、D、E 选项:无关选项,题干论证与"老年人""减少孤独现象""纤维束得到保护"无关,排除。

故正确答案为 B 选项。

32.【答案】B 【难度】S5 【考点】综合推理 分组题型

B 选项:如果宋、孔都不参加,由(1)可知,张、李都参加,由"李参加"结合(3)可知,张和宋应该行动一致,但是目前张参加、宋不参加,矛盾,所以 B 选项不可能为真。

其他选项均不与题干矛盾,可能为真。

故正确答案为 B 选项。

33.【答案】E 【难度】S4 【考点】论证推理 支持、加强 论据+结论型论证的支持

论据:甲型 H1N1 流感毒株出现时,另一种甲型流感毒株消失了。结论:人体同时感染新冠病毒和流感病毒的可能性应该低于预期。

E 选项:**建立联系**,表明如果感染新冠病毒,那么感染流感病毒的概率会降低,正确。

A、D 选项:无关选项,无法建立两种病毒之间的联系,排除。

B 选项:力度较弱,举例支持,但并没有表明两种病毒之间的关系,排除。

C 选项:力度较弱,免疫系统防御能力增强对病毒有什么影响呢?未知,排除。

故正确答案为 E 选项。

34.【答案】D 【难度】S4 【考点】论证推理 削弱、质疑、反驳 论据+结论型论证的削弱

题干信息:专家认为,多吃猪蹄其实并不能补充胶原蛋白。

质疑专家观点:多吃猪蹄能补充胶原蛋白。

D 选项:**间接因果**,表明多吃猪蹄确实可以补充胶原蛋白,正确。

A、C 选项:表明多吃猪蹄确实不能补充胶原蛋白,支持专家观点,排除。

B、E 选项:无关选项,未提及多吃猪蹄是否可以补充胶原蛋白,排除。

故正确答案为 D 选项。

35.【答案】A 【难度】S5 【考点】综合推理 分组题型

根据(2),假设乙、戊、己中至多有 2 人是哲学专业,则甲、丙、庚、辛 4 人专业各不相同,与(1)的后件矛盾,利用(1)等价逆否得到甲、丙、壬、癸都是数学专业,出现矛盾,假设不成立。所以,乙、戊、己 3 人都是哲学专业。

故正确答案为 A 选项。

36.【答案】E 【难度】S4 【考点】形式逻辑 假言命题 假言命题推理规则

题干信息:(1)本市定点医疗机构→医保电子凭证实时结算;(2)本市参保人员→医保电子凭证结算;(3)扫码使用医保电子凭证→激活。

E选项:¬激活→¬扫码使用医保电子凭证,是(3)的等价逆否命题,正确。

A、B选项:不合规则,无法由(1)推知,排除。

C选项:不合规则,无法由(2)推知,排除。

D选项:不合规则,无法由(3)推知,排除。

故正确答案为E选项。

37.【答案】C 【难度】S5 【考点】综合推理 匹配题型

由李订阅了《人民日报》,结合"每种报纸有两人订阅"可知:"宋、吴均订阅了《人民日报》"为假。由(2)逆否可得:李、王都订阅了《文汇报》,所以吴和宋都没订阅《文汇报》。

因为每人要订阅两种报纸,所以吴至少会在《光明日报》和《参考消息》中订阅一种,由(1)推知:王未订阅《光明日报》,所以宋和吴订阅了《光明日报》。

由"各人订阅的均不完全相同"可知,宋和吴分别订阅了《人民日报》和《参考消息》中的一种。此时《人民日报》已经有李和宋/吴两人订阅,王肯定不订阅《人民日报》,推知:王订阅了《参考消息》。

故正确答案为C选项。

38.【答案】B 【难度】S4 【考点】论证推理 解释 解释现象

需要解释的现象:长期噪声环境中的鱼死亡较早,短期噪声和安静环境中的鱼死亡较晚。

B选项:可以解释,表明长期噪声会对鱼的寿命产生影响,正确。

A选项:比较对象不一致,题干中实验对象是鱼类,与其他动物无关,排除。

C选项:解释对象错误,不需要解释哪类环境更容易感染寄生虫,排除。

D选项:比较对象不一致,未体现长期噪声环境和短期噪声环境及安静环境之间的区别,排除。

E选项:解释对象错误,未解释长期噪声组死亡较早的原因,排除。

故正确答案为B选项。

39.【答案】D 【难度】S4 【考点】形式逻辑 假言命题 假言命题矛盾关系

符合要求就是找不矛盾的选项,排除与题干信息矛盾的选项即可。

A、C选项:与(1)矛盾,选了甲,但是丁、戊、庚中出现了2个,排除。

B、E选项:与(2)矛盾,选了丙或己,但是B选项还有戊,E选项没有乙,排除。

故正确答案为D选项。

40.【答案】E 【难度】S4 【考点】形式逻辑 三段论 三段论正推题型

题干信息:(1)发现不足∧确立目标∧改进不足和实现目标→乐观精神;(2)乐观精神→幸福感;(3)大多数人→幸福感;(4)一些人→发现不足∧改进不足∧¬幸福感。

由"¬幸福感"结合(2)(1)逆否可得:¬幸福感→¬乐观精神→¬发现不足∨¬确立目标∨¬改进不足和实现目标。一些人满足了"发现不足",所以一定不满足"确立目标∧改进不足和实现目标",与E选项一致。

D选项中的"不愿"是主观情感,在题干中未体现,其他选项均无法由题干信息推知。

故正确答案为E选项。

41.【答案】A 【难度】S6 【考点】综合推理 综合题组(匹配题型)

由(2)和"乙在丁之前的学年选修可知"可知,乙/丙/己/辛/丁,如果乙在第2学年,那么丁在第4学年,结合(3)可知,第1学年需要选修辛,矛盾。所以乙不在第2学年,只能在第1学年。

故正确答案为A选项。

42.【答案】A 【难度】S6 【考点】综合推理 综合题组(匹配题型)

要满足条件(1),后三个学年的课程数量就要分别是1、2、3其中之一,因此,第1学年的课程数量是2。由(2)可知,丙、己、辛/丁,如果丙、己、辛在第3学年,丁在第4学年,结合(3)可知,辛应该在第1学年,矛盾,排除这种情况。因此可以确定:丙、己、辛在第2学年,丁在第3学年。因为辛在第2学年,由(3)逆否可得,甲、丙、丁都不在第4学年,结合甲在乙之后,所以确定甲在第3学年,乙在第1学年,庚在第4学年。此时剩下的戊一定在第1学年。

故正确答案为A选项。

43.【答案】C 【难度】S4 【考点】形式逻辑 假言命题 假言命题推理规则

题干信息:(1)传统节日→快乐喜庆∧文化自信;(2)开辟未来→不忘历史;(3)善于创新→善于继承;(4)滋养→兴盛→融入现代生活。

C选项:由(1)可知,传统节日→快乐喜庆,传统节日→文化自信,结合可得,有些快乐喜庆→文化自信,正确。

A选项:不合规则,由(4)无法从"兴盛"推出"滋养",排除。

B选项:不合规则,由(4)无法从"融入现代生活"推出"滋养",排除。

D、E选项:无中生有,无法由题干信息推出,排除。

故正确答案为C选项。

44.【答案】C 【难度】S4 【考点】论证推理 削弱、质疑、反驳 论据+结论型论证的削弱

题干信息:专家指出,有些教育题材影视剧只能贩卖焦虑、激化社会冲突,对实现教育公平无用。

C选项:他因削弱,表明教育题材影视剧引发关注之后会影响国家教育政策走向,可能有利于实现教育公平。

A、B、E选项:与教育题材影视剧无关,排除。

D选项:未提及教育题材影视剧对实现教育公平的影响,排除。

故正确答案为C选项。

45.【答案】B 【难度】S4 【考点】形式逻辑 假言命题 有确定信息的综合推理

由(3)结合(2)的逆否可得:周四和周六都不放映悬疑片。由(3)结合(1)的逆否可得:周二和周五都不放映悬疑片。所以悬疑片在周日放映。

故正确答案为B选项。

46.【答案】C 【难度】S5 【考点】综合推理 综合题组(排序题型)

目前已知战争片在周三放映,悬疑片在周日放映,结合历史片在纪录片和科幻片之间放映可知,历史片在周五放映,所以动作片一定在周二放映。

故正确答案为C选项。

47.【答案】E 【难度】S4 【考点】论证推理 削弱、质疑、反驳 论据+结论型论证的削弱

论据:调整土壤线虫基因序列,其寿命延长了5倍。结论:调整人类基因序列,人类活到500岁成为可能。

题干论证是**类比推理**,将土壤线虫的情况类推到人类,只要表明二者不相似即可削弱。

E 选项:表明人类与线虫不一样,不可能将人类寿命延长到500岁,正确。

A 选项:力度较弱,"一定比例"数量未知,排除。

B 选项:支持题干,表明确实可能会有人活到500岁,排除。

C 选项:支持题干,"还需要经历时间"只是表达目前达不到,但未来有可能达到,排除。

D 选项:无关选项,未涉及寿命的问题,排除。

故正确答案为 E 选项。

48.【答案】D 【难度】S4 【考点】论证推理 漏洞识别

贾某:不要将空调外机对着我家卧室窗户方向吹热风。易某:我有装空调的权利。

易某并没有针对空调外机的位置进行回答,而是在**转移论题**,辩称自己有权利装空调。

故正确答案为 D 选项。

49.【答案】D 【难度】S5 【考点】综合推理 综合题组(匹配题型)

由(1)(2)可知,若王没有创作诗歌,那么李既创作小说又爱好小说,与题干中"创作和爱好不同"矛盾,所以可得:王创作诗歌。结合(3)可知:李爱好小说,周爱好散文。所以王不能爱好诗歌、小说和散文,一定爱好戏剧,进而推知丁爱好诗歌。

故正确答案为 D 选项。

50.【答案】A 【难度】S5 【考点】综合推理 综合题组(匹配题型)

目前已知信息如下表。

	王	李	周	丁
爱好	戏剧	小说	散文	诗歌
创作		诗歌		散文

所以可推知:李创作戏剧,周创作小说。

故正确答案为 A 选项。

51.【答案】C 【难度】S4 【考点】论证推理 解释 解释现象

需要解释的现象:种了金盏草的花坛,玫瑰长得很繁茂;未种金盏草的花坛,玫瑰病态枯萎。

C 选项:可以解释,表明金盏草可以使玫瑰免受害虫的侵害,所以不会呈现病态枯萎。

E 选项:无法解释,未提及金盏草与玫瑰之间的关系,并且如果只是对仅种了玫瑰的花坛施肥偏少,玫瑰应该只是营养不良、长势缓慢,而不是呈现病态。

故正确答案为 C 选项。

52.【答案】B 【难度】S5 【考点】综合推理 二难推理、归谬法

题干信息:(1)龙→呈;(2)龙∨徽;(3)呈→新;(4)徽→新;(5)新→江。

结合(1)(3)(5)可得:龙→呈→新→江。结合(2)(4)(5)可得:¬龙→徽→新→江。所以一定会去新安江山水画廊和江村。

故正确答案为 B 选项。

53.【答案】E 【难度】S4 【考点】论证推理 支持、加强 论据+结论型论证的支持

论据:数据显示,有胃底腺息肉的患者无人患胃癌,没有胃底腺息肉的患者有人患胃癌。结论:胃底腺息肉与胃癌呈负相关。

E选项:建立联系,表明有胃底腺息肉就没有感染致癌物,从而不会患胃癌,正确。

A选项:力度较弱,家族癌症史与是否患胃癌存在必然的联系吗?未知,排除。

故正确答案为E选项。

54.【答案】D 【难度】S6 【考点】综合推理 综合题组(匹配题型)

由(1)(2)可知,如果乙有项目入选观演建筑,那么乙入选的项目是观演建筑、工业建筑和纪念建筑,与"每位建筑师均有2个项目入选"矛盾,所以可得,乙没有项目入选观演建筑。

由(1)逆否可得:甲和乙都没有项目入选观演建筑和工业建筑。由(2)逆否可得:乙和丁都没有项目入选观演建筑和会堂建筑(a)。由每位建筑师有2个项目入选可知:乙入选纪念建筑和商业建筑(b)。丁在纪念建筑、商业建筑和工业建筑中3选2,所以一定至少有1个项目入选纪念建筑或商业建筑,结合(3)可得:甲、己入选的项目均在纪念建筑、观演建筑和商业建筑之中。所以甲入选的项目是纪念建筑和商业建筑,己不入选会堂建筑和工业建筑(c)。由于每个门类有2~3个项目入选,所以丙和戊入选会堂建筑(d)。

根据目前推知的情况列表如下。

	纪念	观演	会堂	商业	工业
甲	√(c)	×(a)	×(c)	√(c)	×(a)
乙	√(b)	×(a)	×(a)	√(b)	×(a)
丙			√(d)		
丁		×(a)	×(a)		
戊			√(d)		
己			×(c)		×(c)

故正确答案为D选项。

55.【答案】A 【难度】S6 【考点】综合推理 综合题组(匹配题型)

	纪念	观演	会堂	商业	工业
甲	√(c)	×(a)	×(c)	√(c)	×(a)
乙	√(b)	×(a)	×(a)	√(b)	×(a)
丙	×(g)		√(d)	×(e)	
丁	√(f)	×(a)	×(a)	×(e)	√(f)
戊	×(g)		√(d)	×(e)	
己	×(g)		×(c)	√(e)	×(c)

如果己有项目入选商业建筑,那么商业建筑已经有3位建筑师入选,说明其他人的项目都不能入选商业建筑(e);此时丁要有2个项目入选,那么一定是纪念建筑和工业建筑(f);纪念建筑已经有3人入选,所以丙、戊、己一定不入选(g);推知己一定入选观演建筑。

故正确答案为A选项。

2021年管理类综合能力逻辑试题

三、逻辑推理：第26~55小题，每小题2分，共60分。下列每题给出的A、B、C、D、E五个选项中，只有一项是符合试题要求的。请在答题卡上将所选项的字母涂黑。

26. 哲学是关于世界观、方法论的学问，哲学的基本问题是思维和存在的关系问题，它是在总结各门具体科学知识基础上形成的，并不是一门具体科学，因此，经验的个案不能反驳它。

以下哪项如果为真，最能支持以上论述？

 A. 哲学并不能推演出经验的个案。　　B. 任何科学都要接受经验的检验。
 C. 具体科学不研究思维和存在的关系问题。　　D. 经验的个案只能反驳具体科学。
 E. 哲学可以对具体科学提供指导。

27. M大学社会学学院的老师都曾经对甲县某些乡镇进行家庭收支情况调研，N大学历史学院的老师都曾经到甲县的所有乡镇进行历史考察。赵若兮曾经对甲县所有乡镇的家庭收支情况进行调研，但未曾到项郓镇进行历史考察；陈北鱼曾经到梅河乡进行历史考察，但从未对甲县的家庭收支情况进行调研。

根据以上信息，可以得出以下哪项？

 A. 陈北鱼是M大学社会学学院的老师，且梅河乡是甲县的。
 B. 若赵若兮是N大学历史学院的老师，则项郓镇不是甲县的。
 C. 对甲县的家庭收支情况调研，也会涉及相关的历史考察。
 D. 陈北鱼是N大学的老师。
 E. 赵若兮是M大学的老师。

28. 研究人员招募了300名体重超标的男性，将其分成餐前锻炼组和餐后锻炼组，进行每周三次相同强度和相同时段的晨练。餐前锻炼组晨练前摄入零卡路里安慰剂饮料，锻炼后摄入200卡路里的奶昔；餐后锻炼组晨练前摄入200卡路里的奶昔，晨练后摄入零卡路里安慰剂饮料。三周后发现，餐前锻炼组燃烧的脂肪比餐后锻炼组多。该研究人员由此推断，肥胖者若持续这样的餐前锻炼，就能在不增加运动强度或时间的情况下改善代谢能力，从而达到减肥效果。

以下哪项如果为真，最能支持该研究人员的上述推断？

 A. 餐前锻炼组额外的代谢与体内肌肉中的脂肪减少有关。
 B. 餐前锻炼组觉得自己在锻炼中消耗的脂肪比餐后锻炼组多。
 C. 餐前锻炼可以增强肌肉细胞对胰岛素的反应，促使它更有效地消耗体内的糖分和脂肪。
 D. 肌肉参与运动所需要的营养，可能来自最近饮食中进入血液的葡萄糖和脂肪成分，也可能来自体内储存的糖和脂肪。
 E. 有些餐前锻炼组的人知道他们摄入的是安慰剂，但这并不影响他们锻炼的积极性。

29. 某企业董事会就建立健全企业管理制度与提高企业经济效益进行研讨。在研讨中，与会者发言如下：

甲：要提高企业经济效益，就必须建立健全企业管理制度。

乙：既要建立健全企业管理制度，又要提高企业经济效益，二者缺一不可。

丙：经济效益是基础和保障，只有提高企业经济效益，才能建立健全企业管理制度。

丁：如果不建立健全企业管理制度，就不能提高企业经济效益。

戊：不提高企业经济效益，就不能建立健全企业管理制度。

根据上述讨论，董事会最终做出了合理的决定，以下哪项是可能的？

A. 甲、乙的意见符合决定，丙的意见不符合决定。

B. 上述5人中只有1人的意见符合决定。

C. 上述5人中只有2人的意见符合决定。

D. 上述5人中只有3人的意见符合决定。

E. 上述5人的意见均不符合决定。

30. 气象台的实测气温与人实际的冷暖感受常常存在一定的差异。在同样的低温条件下，如果是阴雨天，人会感到特别冷，即通常说的"阴冷"；如果同时赶上刮大风，人会感到寒风刺骨。

以下哪项如果为真，最能解释上述现象？

A. 人的体感温度除了受气温的影响外，还受风速与空气湿度的影响。

B. 低温情况下，如果风力不大、阳光充足，人不会感到特别寒冷。

C. 即使天气寒冷，若进行适当锻炼，人也不会感到太冷。

D. 即使室内外温度一致，但是走到有阳光的室外，人会感到温暖。

E. 炎热的夏日，电风扇转动时，尽管没有改变环境温度，但人依然感到凉快。

31. 某俱乐部共有甲、乙、丙、丁、戊、己、庚、辛、壬、癸10名职业运动员，他们来自5个不同的国家（不存在双重国籍的情况）。已知：

(1) 该俱乐部的外援刚好占一半，他们是乙、戊、丁、庚、辛；

(2) 乙、丁、辛3人来自2个国家。

根据以上信息，可以得出以下哪项？

A. 甲、丙来自不同国家。　　B. 乙、辛来自不同国家。　　C. 乙、庚来自不同国家。

D. 丁、辛来自相同国家。　　E. 戊、庚来自相同国家。

32. 某高校的李教授在网上撰文指责另一高校张教授早年发表的一篇论文存在抄袭现象。张教授知晓后，立即在同一网站对李教授的指责做出反驳。

以下哪项作为张教授的反驳最为有力？

A. 自己投稿在先而发表在后，所谓论文抄袭其实是他人抄自己。

B. 李教授的指责纯属栽赃陷害、混淆视听，破坏了大学教授的整体形象。

C. 李教授的指责是对自己不久前批评李教授学术观点所做的打击报复。

D. 李教授的指责可能背后有人指使，不排除受到两校不正当竞争的影响。

E. 李教授早年的两篇论文其实也存在不同程度的抄袭现象。

33. 某电影节设有"最佳故事片""最佳男主角""最佳女主角""最佳编剧""最佳导演"等多个奖项。颁奖前，有专业人士预测如下：

(1) 若甲或乙获得"最佳导演"，则"最佳女主角"和"最佳编剧"将在丙和丁中产生；

(2) 只有影片P或影片Q获得"最佳故事片"，其片中的主角才能获得"最佳男主角"或"最佳女主角"；

(3)"最佳导演"和"最佳故事片"不会来自同一部影片。

以下哪项颁奖结果与上述预测不一致？

A. 乙没有获得"最佳导演"，"最佳男主角"来自影片Q。

B. 丙获得"最佳女主角"，"最佳编剧"来自影片P。

C. 丁获得"最佳编剧"，"最佳女主角"来自影片P。

D. "最佳女主角""最佳导演"都来自影片P。

E. 甲获得"最佳导演"，"最佳编剧"来自影片Q。

34. 黄瑞爱好书画收藏，他收藏的书画作品只有"真品""精品""名品""稀品""特品""完品"，它们之间存在如下关系：

(1)若是"完品"或"真品"，则是"稀品"；

(2)若是"稀品"或"名品"，则是"特品"。

现知道黄瑞收藏的一幅画不是"特品"，则可以得出以下哪项？

A. 该画是"稀品"。　　　B. 该画是"精品"。　　　C. 该画是"完品"。

D. 该画是"名品"。　　　E. 该画是"真品"。

35. 王、陆、田3人拟到甲、乙、丙、丁、戊、己6个景点结伴游览。关于游览的顺序，3人意见如下：

(1)王：1甲、2丁、3己、4乙、5戊、6丙。

(2)陆：1丁、2己、3戊、4甲、5乙、6丙。

(3)田：1己、2乙、3丙、4甲、5戊、6丁。

实际游览时，各人意见中都恰有一半的景点序号是正确的。

根据以上信息，他们实际游览的前3个景点分别是：

A. 己、丁、丙。　　　B. 丁、乙、己。　　　C. 甲、乙、己。

D. 乙、己、丙。　　　E. 丙、丁、己。

36. "冈萨雷斯""埃尔南德斯""施米特""墨菲"这4个姓氏是且仅是卢森堡、阿根廷、墨西哥、爱尔兰四国中其中一国常见的姓氏。已知：

(1)"施米特"是阿根廷或卢森堡常见姓氏；

(2)若"施米特"是阿根廷常见姓氏，则"冈萨雷斯"是爱尔兰常见姓氏；

(3)若"埃尔南德斯"或"墨菲"是卢森堡常见姓氏，则"冈萨雷斯"是墨西哥常见姓氏。

根据以上信息，可以得出以下哪项？

A. "施米特"是卢森堡常见姓氏。　　　B. "埃尔南德斯"是卢森堡常见姓氏。

C. "冈萨雷斯"是爱尔兰常见姓氏。　　　D. "墨菲"是卢森堡常见姓氏。

E. "墨菲"是阿根廷常见姓氏。

37. 甲、乙、丙、丁、戊5人是某校美学专业2019级研究生，第一学期结束后，他们在张、陆、陈3位教授中选择导师，每人只选择1人作为导师，每位导师都有1至2人选择，并且得知：

(1)选择陆老师的研究生比选择张老师的多；

(2)若丙、丁中至少有1人选择张老师，则乙选择陈老师；

(3)若甲、丙、丁中至少有1人选择陆老师，则只有戊选择陈老师。

根据以上信息,可以得出以下哪项?
A. 甲选择陆老师。 B. 乙选择张老师。 C. 丁、戊选择陆老师。
D. 乙、丙选择陈老师。 E. 丙、丁选择陈老师。

38. 艺术活动是人类标志性的创造性劳动。在艺术家的心灵世界里,审美需求和情感表达是创造性劳动不可或缺的重要引擎;而人工智能没有自我意识,人工智能艺术作品的本质是模仿。因此,人工智能永远不能取代艺术家的创造性劳动。

以下哪项最可能是以上论述的假设?

A. 没有艺术家的创作,就不可能有人工智能艺术品。

B. 大多数人工智能作品缺乏创造性。

C. 只有具备自我意识,才能具有审美需求和情感表达。

D. 人工智能可以作为艺术创作的辅助工具。

E. 模仿的作品很少能表达情感。

39. 最近一项科学观测显示,太阳产生的带电粒子流即太阳风,含有数以千计的"滔天巨浪",其时速会突然暴增,可能导致太阳磁场自行反转,甚至会对地球产生有害影响。但目前我们对太阳风的变化及其如何影响地球知之甚少。据此有专家指出,为了更好保护地球免受太阳风的影响,必须更新现有的研究模式,另辟蹊径研究太阳风。

以下哪项如果为真,最能支持上述专家的观点?

A. 太阳风里有许多携带能量的粒子和磁场,而这些磁场会发生意想不到的变化。

B. 对太阳风的深入研究,将有助于防止太阳风大爆发时对地球的卫星和通信系统乃至地面电网造成的影响。

C. 目前,根据标准太阳模型预测太阳风变化所获得的最新结果与实际观测相比,误差为10~20倍。

D. 最新观测结果不仅改变了天文学家对太阳风的看法,而且将改变其预测太空天气事件的能力。

E. "高速"太阳风源于太阳南北极的大型日冕洞,而"低速"太阳风则来自太阳赤道上的较小日冕洞。

40~41题基于以下题干:

冬奥组委会官网开通全球招募系统,正式招募冬奥会志愿者。张明、刘伟、庄敏、孙兰、李梅5人在一起讨论报名事宜。他们商量的结果如下:

(1)如果张明报名,则刘伟也报名;

(2)如果庄敏报名,则孙兰也报名;

(3)只要刘伟和孙兰两人中至少有1人报名,则李梅也报名。

后来得知,他们5人中恰有3人报名了。

40. 根据以上信息,可以得出以下哪项?
A. 张明报名了。 B. 刘伟报名了。 C. 庄敏报名了。
D. 孙兰报名了。 E. 李梅报名了。

41. 如果增加条件"若刘伟报名,则庄敏也报名",那么可以得出以下哪项?

A. 张明和刘伟都报名了。　　　B. 刘伟和庄敏都报名了。　　　C. 庄敏和孙兰都报名了。
D. 张明和孙兰都报名了。　　　E. 刘伟和李梅都报名了。

42. 酸奶作为一种健康食品，既营养丰富又美味可口，深受人们的喜爱，很多人饭后都不忘来杯酸奶。他们觉得，饭后喝杯酸奶能够解油腻、助消化。但近日有专家指出，饭后喝酸奶其实并不能帮助消化。

以下哪项如果为真，最能支持上述专家的观点？

A. 人体消化需要消化酶和有规律的肠胃运动，酸奶中没有消化酶，饮用酸奶也不能纠正无规律的肠胃运动。

B. 酸奶含有一定的糖分，吃饱了饭再喝酸奶会加重肠胃负担，同时也使身体增加额外的营养，容易导致肥胖。

C. 酸奶中的益生菌可以维持肠道消化系统的健康，但是这些菌群大多不耐酸，胃部的强酸环境会使其大部分失去活性。

D. 足量膳食纤维和维生素 B_1 被人体摄入后可有效促进肠胃蠕动，进而促进食物消化，但酸奶不含膳食纤维，维生素 B_1 的含量也不丰富。

E. 酸奶可以促进胃酸分泌，抑制有害菌在肠道内繁殖，有助于维持消化系统健康，对于食物消化能起到间接帮助作用。

43. 为进一步弘扬传统文化，有专家提议将每年的 2 月 1 日、3 月 1 日、4 月 1 日、9 月 1 日、11 月 1 日、12 月 1 日 6 天中的 3 天确定为"传统文化宣传日"。根据实际需要，确定日期必须考虑以下条件：

(1) 若选择 2 月 1 日，则选择 9 月 1 日但不选 12 月 1 日；
(2) 若 3 月 1 日、4 月 1 日至少选择其一，则不选 11 月 1 日。

以下哪项选定的日期与上述条件一致？

A. 2 月 1 日、3 月 1 日、4 月 1 日。
B. 2 月 1 日、4 月 1 日、11 月 1 日。
C. 3 月 1 日、9 月 1 日、11 月 1 日。
D. 4 月 1 日、9 月 1 日、11 月 1 日。
E. 9 月 1 日、11 月 1 日、12 月 1 日。

44. 今天的教育质量将决定明天的经济实力。PISA 是经济合作与发展组织每隔三年对 15 岁学生的阅读、数学和科学能力进行的一项测试。根据 2019 年最新测试结果，中国学生的总体表现远超其他国家学生。有专家认为，该结果意味着中国有一支优秀的后备力量以保障未来经济的发展。

以下哪项如果为真，最能支持上述专家的论证？

A. 这次 PISA 测试的评估重点是阅读能力，能很好地反映学生的受教育质量。
B. 在其他国际智力测试中，亚洲学生总体成绩最好，而中国学生又是亚洲最好的。
C. 未来经济发展的核心驱动力是创新，中国教育非常重视学生创新能力的培养。
D. 中国学生在 15 岁时各项能力尚处于上升期，他们未来会有更出色的表现。
E. 中国学生在阅读、数学和科学三项排名中均位列第一。

45. 下面有一5×5的方阵，它所含的每个小方格中可填入一个词(已有部分词填入)。现要求该方阵中的每行、每列及每个粗线条围住的五个小方格组成的区域中均含有"道路""制度""理论""文化""自信"5个词，不能重复也不能遗漏。

根据上述要求，以下哪项是方阵①②③④空格中从左至右依次应填入的词？

A. 道路、理论、制度、文化。

B. 道路、文化、制度、理论。

C. 文化、理论、制度、自信。

D. 理论、自信、文化、道路。

E. 制度、理论、道路、文化。

46. 水产品的脂肪含量相对较低，而且含有较多不饱和脂肪酸，对预防血脂异常和心血管疾病有一定作用；禽肉的脂肪含量也比较低，脂肪酸组成优于畜肉；畜肉中的瘦肉脂肪含量低于肥肉，瘦肉优于肥肉。因此，在肉类选择上，应该优先选择水产品，其次是禽肉，这样对身体更健康。

以下哪项如果为真，最能支持以上论述？

A. 所有人都有罹患心血管疾病的风险。

B. 肉类脂肪含量越低对人体越健康。

C. 人们认为根据自己的喜好选择肉类更有益于健康。

D. 人必须摄入适量的动物脂肪才能满足身体的需要。

E. 脂肪含量越低，不饱和脂肪酸含量越高。

47~48题基于以下题干：

某剧团拟将历史故事"鸿门宴"搬上舞台。该剧有项王、沛公、项伯、张良、项庄、樊哙、范增7个主要角色，甲、乙、丙、丁、戊、己、庚7名演员每人只能扮演其中一个，且每个角色只能由其中一人扮演。根据各演员的特点，角色安排如下：

(1) 如果甲不扮演沛公，则乙扮演项王；

(2) 如果丙或己扮演张良，则丁扮演范增；

(3) 如果乙不扮演项王，则丙扮演张良；

(4) 如果丁不扮演樊哙，则庚或戊扮演沛公。

47. 根据上述信息，可以得出以下哪项？

A. 甲扮演沛公。　B. 乙扮演项王。　C. 丙扮演张良。　D. 丁扮演范增。　E. 戊扮演樊哙。

48. 若甲扮演沛公而庚扮演项庄，则可以得出以下哪项？

A. 丙扮演项伯。　B. 丙扮演范增。　C. 丁扮演项伯。　D. 戊扮演张良。　E. 戊扮演樊哙。

49. 某医学专家提出一种简单的手指自我检测法：将双手放在眼前，把两个食指的指甲那一面贴在一起，正常情况下，应该看到两个指甲床之间有一个菱形的空间；如果看不到这个空间，则说明手指出现了杵状改变，这是患有某种心脏或肺部疾病的迹象。该专家认为，人们通过手指自我检测能快速判断自己是否患有心脏或肺部疾病。

以下哪项如果为真，最能质疑上述专家的论断？

A. 杵状改变可能由多种肺部疾病引起,如肺纤维化、支气管扩张等,而且这种病变需要经历较长的一段过程。
B. 杵状改变不是癌症的明确标志,仅有不足40%的肺癌患者有杵状改变。
C. 杵状改变检测只能作为一种参考,不能用来替代医生的专业判断。
D. 杵状改变有两个发展阶段,第一个阶段的畸变不是很明显,不足以判断人体是否有病变。
E. 杵状改变是手指末端软组织积液造成,而积液是由于过量血液注入该区域导致,其内在机理仍然不明。

50. 曾几何时,快速阅读进入了我们的培训课堂。培训者告诉学员,要按"之"字形浏览文章。只要精简我们看的地方,就能整体把握文本要义,从而提高阅读速度;真正的快速阅读能将阅读速度提高至少两倍,并且不影响理解。但近来有科学家指出,快速阅读实际上是不可能的。
以下哪项如果为真,最能支持上述科学家的观点?
A. 阅读是一项复杂的任务,首先需要看到一个词,然后要检索其含义、引申义,再将其与上下文相联系。
B. 科学界始终对快速阅读持怀疑态度,那些声称能帮助人们实现快速阅读的人通常是为了谋生或赚钱。
C. 人的视力只能集中在相对较小的区域,不可能同时充分感知和阅读大范围文本,识别单词的能力限制了我们的阅读理解。
D. 个体阅读速度差异很大,那些阅读速度较快的人可能拥有较强的短时记忆或信息处理能力。
E. 大多声称能快速阅读的人实际上是在浏览,他们可能相当快地捕捉到文本的主要内容,但也会错过众多细枝末节。

51. 每篇优秀的论文都必须逻辑清晰且论据翔实,每篇经典的论文都必须主题鲜明且语言准确。实际上,如果论文论据翔实但主题不鲜明或论文语言准确而逻辑不清晰,则它们都不是优秀的论文。
根据以上信息,可以得出以下哪项?
A. 语言准确的经典论文逻辑清晰。
B. 论据不翔实的论文主题不鲜明。
C. 主题不鲜明的论文不是优秀的论文。
D. 逻辑不清晰的论文不是经典的论文。
E. 语言准确的优秀论文是经典的论文。

52. 除冰剂是冬季北方城市用于道路去冰的常见产品。下表显示了五种除冰剂的各项特征:

除冰剂类型	融冰速度	破坏道路设施的可能风险	污染土壤的可能风险	污染水体的可能风险
Ⅰ	快	高	高	高
Ⅱ	中等	中	低	中
Ⅲ	较慢	低	低	中
Ⅳ	快	中	中	低
Ⅴ	较慢	低	低	低

以下哪项对上述五种除冰剂的特征概括最为准确?

A. 融冰速度较慢的除冰剂在污染土壤和污染水体方面的风险都低。

B. 没有一种融冰速度快的除冰剂三个方面风险都高。

C. 若某种除冰剂至少两个方面风险低,则其融冰速度一定较慢。

D. 若某种除冰剂三个方面风险都不高,则其融冰速度一定也不快。

E. 若某种除冰剂在破坏道路设施和污染土壤方面的风险都不高,则其融冰速度一定较慢。

53. 孩子在很小的时候,对接触到的东西都要摸一摸、尝一尝,甚至还会吞下去。孩子天生就对这个世界抱有强烈的好奇心,但随着孩子慢慢长大,特别是进入学校之后,他们的好奇心越来越少。对此,有教育专家认为这是由于孩子受到外在的不当激励所造成的。

以下哪项如果为真,最能支持上述专家观点?

A. 现在许多孩子迷恋电脑、手机,对书本知识感到索然无味。

B. 野外郊游可以激发孩子的好奇心,长时间宅在家里就会产生思维惰性。

C. 老师、家长只看考试成绩,导致孩子只知道死记硬背书本知识。

D. 现在孩子所做的很多事情大多迫于老师、家长等的外部压力。

E. 孩子助人为乐能获得褒奖,损人利己往往受到批评。

54~55题基于以下题干:

某高铁线路设有"东沟""西山""南镇""北阳""中丘"5座高铁站。该线路有甲、乙、丙、丁、戊5趟车运行。这5座高铁站中,每站均恰好有3趟车停靠,且甲车和乙车停靠的站均不相同。已知:

(1) 若乙车或丙车至少有一车在"北阳"停靠,则它们均在"东沟"停靠;

(2) 若丁车在"北阳"停靠,则丙、丁和戊车均在"中丘"停靠;

(3) 若甲、乙和丙车中至少有2趟车在"东沟"停靠,则这3趟车均在"西山"停靠。

54. 根据上述信息,可以得出以下哪项?

A. 甲车不在"中丘"停靠。　　B. 乙车不在"西山"停靠。　　C. 丙车不在"东沟"停靠。

D. 丁车不在"北阳"停靠。　　E. 戊车不在"南镇"停靠。

55. 若没有车在每站都停靠,则可以得出以下哪项?

A. 甲车在"南镇"停靠。　　B. 乙车在"东沟"停靠。　　C. 丙车在"西山"停靠。

D. 丁车在"南镇"停靠。　　E. 戊车在"西山"停靠。

2021年管理类综合能力逻辑试题解析

答案速查表

26~30	DBCCA	31~35	CADBB	36~40	AECCE
41~45	CAEAA	46~50	BBDEC	51~55	CCCAC

26.【答案】D 【难度】S4 【考点】论证推理 支持、加强 论据+结论型论证的支持

论据:哲学不是一门具体科学。结论:经验的个案不能反驳哲学。

D选项:**建立联系**,经验的个案只能反驳具体科学,哲学不是一门具体科学,所以经验的个案不能反驳哲学,建立起了论据与结论之间的联系。

A、B、C、E选项:无关选项,"推演""接受经验的检验""研究思维和存在的关系""对具体科学提供指导"这些信息均与题干无关,排除。

故正确答案为D选项。

27.【答案】B 【难度】S6 【考点】形式逻辑 三段论 三段论正推题型

题干信息:(1)M大学社会学学院→甲县某些乡镇收支;(2)N大学历史学院→甲县所有乡镇历史;(3)赵→甲县所有乡镇收支;(4)赵→¬项鄢镇历史;(5)陈→梅河乡历史;(6)陈→¬甲县收支。

B选项:由"赵"结合(2)可得,赵→N大学历史学院→甲县所有乡镇历史,又由(4)已知,赵→¬项鄢镇历史,所以项鄢镇不是甲县的。

A选项:由"陈"结合(5)及推理规则无法推出有效信息,排除。

C选项:无法由题干信息得出,排除。

D、E选项:由"陈""赵"及推理规则无法推出有效信息,排除。

故正确答案为B选项。

28.【答案】C 【难度】S5 【考点】论证推理 支持、加强 论据+结论型论证的支持

论据:餐前锻炼组燃烧的脂肪比餐后锻炼组多。结论:餐前锻炼能达到减肥效果。

C选项:**建立联系**,表明餐前锻炼可以有效消耗体内的糖和脂肪,从而达到减肥的效果。

A、D选项:比较对象有误,没有将餐前锻炼和餐后锻炼进行比较,无法支持。

B、E选项:"觉得"是主观情感,"安慰剂"与题干论证无关,无法支持。

故正确答案为C选项。

29.【答案】C 【难度】S6 【考点】形式逻辑 假言命题 假言命题矛盾关系

甲:经济→管理 = ¬经济∨管理。

乙:管理∧经济。

丙:管理→经济 = ¬管理∨经济。

丁:¬管理→¬经济 = 经济→管理 = ¬经济∨管理。

戊:¬经济→管理 = 管理→经济 = ¬管理∨经济。

由上述信息可知,甲=丁,丙=戊。

如果董事会的决定是"经济"和"管理"都发展,那么有5个人的意见符合决定。

如果董事会的决定是"经济"和"管理"发展其中一个,例如当情况为¬管理∧经济时,丙、戊为真,只有2人的意见符合决定。

如果董事会的决定是"经济"和"管理"都不发展,那么甲、丙、丁、戊4个人的意见符合决定。

故正确答案为C选项。

30.【答案】A 【难度】S4 【考点】论证推理 解释 解释现象
需要解释的现象:实测气温与人的体感温度有差异,在同样的低温条件下,阴雨天和刮大风会让人觉得更冷。

A选项:表明体感温度受气温、风速、湿度的综合影响,所以实测气温与实际冷暖感受会存在一定的差异。

其他选项均无法体现"阴雨"和"大风"对人的体感温度的影响。

故正确答案为A选项。

31.【答案】C 【难度】S5 【考点】综合推理 分组题型
由(1)可得:甲、丙、己、壬、癸来自同一个国家,排除A选项。
由(2)可得:乙、丁、辛3人分属2个国家,所以乙和辛有可能来自相同国家,排除B选项;丁和辛有可能来自不同国家,排除D选项。

所以剩下的戊和庚来自2个不同国家,排除E选项。

故正确答案为C选项。

32.【答案】A 【难度】S4 【考点】论证推理 削弱、质疑、反驳 论据+结论型论证的削弱
李教授:张教授早年发表的一篇论文存在抄袭现象。

A选项:表明抄袭的情况并不存在,是自己投稿在先发表在后,反而是他人抄袭自己,对李教授形成了反驳。

其他选项均不能证明张教授没有抄袭,排除。

故正确答案为A选项。

33.【答案】D 【难度】S5 【考点】形式逻辑 假言命题 假言命题矛盾关系
(2)(3)传递可得:(4)最佳男主角∨最佳女主角→最佳故事片→¬最佳导演。
"与上述预测不一致"就是矛盾关系,(4)的矛盾关系:(最佳男主角∨最佳女主角)∧最佳导演。如果"最佳男主角"和"最佳导演"都来自影片P或Q,"最佳女主角"和"最佳导演"都来自影片P或Q,则与上述预测不一致。

故正确答案为D选项。

34.【答案】B 【难度】S4 【考点】形式逻辑 假言命题 有确定信息的综合推理
由"不是'特品'"结合(2)和(1)的等价逆否命题可得:¬特品→¬稀品∧¬名品→¬完品∧¬真品→精品。

故正确答案为B选项。

35.【答案】B 【难度】S6 【考点】综合推理 排序题型
思路:观察题干信息发现,前3个景点三人的预测都不一样,但是后3个景点都有2个重复,所

以应该是后3个景点里面各猜对了2个,前3个景点里面各猜对了1个,可推知后3个景点的顺序应该是,4甲、5戊、6丙,所以剩下的丁、乙、己为前三个。

故正确答案为B选项。

36.【答案】A 【难度】S5 【考点】综合推理 匹配题型

题干中没有出现确定信息,所以要考虑用"假设+归谬"的思路解决。

假设"施米特"是阿根廷的常见姓氏,由(2)(3)传递可得:施阿→冈爱→¬冈墨→¬埃卢∧¬墨卢,此时卢没有对应姓氏,矛盾。所以可得:¬施阿。结合(1)可得:施卢。

故正确答案为A选项。

37.【答案】E 【难度】S5 【考点】综合推理 分组题型

5个人分配给3个教授,分配情况是:2、2、1。

由(1)可得:选择张老师的人数是1,那么选择陈老师和陆老师的人数都是2,所以不可能只有戊选择陈老师。由(3)逆否可知:甲、丙和丁都没有选择陆老师,所以只能是乙和戊选择陆老师。

由"乙选择陆老师"结合(2)逆否可得,丙和丁都没有选择张老师,只能是甲选择张老师,丙和丁选择陈老师。

故正确答案为E选项。

38.【答案】C 【难度】S5 【考点】论证推理 假设、前提 论据+结论型论证的假设

论据:人工智能没有自我意识,创造性劳动需要审美需求和情感表达。结论:人工智能不可能取代创造性劳动。

C选项:**建立联系**,表明没有自我意识,就不可能具有审美需求和情感表达,进而不可能有创造性劳动,建立了"自我意识"和"创造性劳动"之间的联系。题干中出现了"不能"这样的绝对说法,C选项"只有……才……"的强度也与题干对应。

A、B选项:与论据无关。

D选项:无关选项,题干论证未涉及"辅助工具"。

E选项:与题干中的"审美需求和情感表达"这一信息不一致。

故正确答案是C选项。

39.【答案】C 【难度】S5 【考点】论证推理 支持、加强 论据+结论型论证的支持

论据:目前我们对太阳风的变化及其如何影响地球知之甚少。结论:为了更好保护地球免受太阳风的影响,必须更新现有的研究模式,另辟蹊径研究太阳风。

C选项:**建立联系**,表明目前的研究模式存在较大的误差,建立了"目前对太阳风的变化知之甚少"和"更新现有的研究模式"之间的联系。

A选项:未体现出"更新现有的研究模式"的必要性,排除。

B选项:只表达了研究太阳风的重要性,但是未体现出"更新现有的研究模式"的必要性,排除。

D、E选项:与题干论证过程无关,排除。

故正确答案为C选项。

40.【答案】E 【难度】S5 【考点】综合推理 综合题组(分组题型)

题干信息:(1)张→刘;(2)庄→孙;(3)刘∨孙→李;(4)5选3。

根据(3),如果李不报名,刘和孙也不报名,人数达不到3个,所以可得:李一定要报名。

故正确答案为 E 选项。

41. 【答案】C 【难度】S5 【考点】综合推理 综合题组(分组题型)
    补充信息:(5)刘→庄。
    (5)结合(1)(2)(3)可得:张→刘→庄→孙→李。又因为要满足 5 选 3,可得:李、孙和庄都要报名。
    故正确答案为 C 选项。

42. 【答案】A 【难度】S5 【考点】论证推理 支持、加强 因果型论证的支持
    专家观点:酸奶(因)不能帮助消化(果)。
    A 选项:建立联系,消化需要消化酶和有规律的肠胃运动,但是酸奶对于二者都没有帮助,所以无法帮助消化,可以支持。
    B 选项:无关选项,表明吃饱饭喝酸奶会导致肥胖,未涉及是否有助于消化,排除。
    C 选项:无法支持,表明益生菌可以维持消化系统的健康,但胃部强酸环境会使大部分益生菌失去活性,并未明确表明其是否有助于消化,排除。
    D 选项:无法支持,虽然酸奶中膳食纤维和维生素 B_1 很少,但是否包含其他有助于消化的物质呢?未知,无法支持。
    E 选项:削弱论证,表明酸奶可以间接帮助食物消化,排除。
    故正确答案为 A 选项。

43. 【答案】E 【难度】S4 【考点】形式逻辑 假言命题 假言命题矛盾关系
    根据(1),选择 2 月 1 日,则必须选择 9 月 1 日,排除 A 选项和 B 选项。
    根据(2),选择 3 月 1 日或 4 月 1 日,则不能选择 11 月 1 日,排除 C 选项和 D 选项。
    故正确答案为 E 选项。

44. 【答案】A 【难度】S5 【考点】论证推理 支持、加强 论据+结论型论证的支持
    论据:教育质量将决定明天的经济实力,PISA 测试中中国学生的总体表现远超其他国家学生。
    结论:该结果意味着中国有一支优秀的后备力量以保障未来经济的发展。
    A 选项:建立联系,表明 PISA 测试能够反映学生的受教育质量,所以测试成绩好表明教育质量好,而教育质量又决定了明天的经济实力,可以支持。
    B、C 选项:无关选项,题干论证与"其他国际智力测试""创新"无关,排除。
    D 选项:未能表明与该测试的关系,而且其他国家的学生在 15 岁时,各项能力处于什么时期?是否会有更快的发展呢?未知,无法加强。
    E 选项:未能体现与未来经济发展的联系,排除。
    故正确答案为 A 选项。

45. 【答案】A 【难度】S5 【考点】综合推理 数字相关题型
    ①不是"理论"和"制度",排除 D、E 选项。
    ①下方的格子中不是"自信""道路""制度""理论",只能是"文化",所以①②③都不是"文化",排除 B、C 选项。
    故正确答案为 A 选项。

46.【答案】B 【难度】S4 【考点】论证推理 支持、加强 论据+结论型论证的支持
论据:水产品和禽肉脂肪含量比较低。结论:水产品、禽肉对身体更健康。
B 选项:建立联系,建立了肉类脂肪含量与健康之间的关系。
A、C、D 选项:无关选项,题干论证与"患心血管疾病的风险""自己的喜好""满足身体的需要"无关,排除。
E 选项:无法支持,与结论无关,排除。
故正确答案为 B 选项。

47.【答案】B 【难度】S6 【考点】综合推理 综合题组(匹配题型)
题干中没有确定信息,但是有演员和角色一一对应的关系,考虑采用"假设+归谬"的思路解决。
"乙项王"这一信息出现的次数较多,考虑从其入手。
由(3)出发结合(2)(4)(1)可得:¬乙项王→丙张良→丁范增→庚沛公∨戊沛公→¬甲沛公→乙项王,矛盾,所以真实情况是,乙项王。
故正确答案为 B 选项。

48.【答案】D 【难度】S5 【考点】综合推理 综合题组(匹配题型)
由"乙项王、甲沛公、庚项庄"结合(4)可得:丁樊哙。结合(2)可得:丙和己都不扮演张良,推知,戊张良。
故正确答案为 D 选项。

49.【答案】E 【难度】S5 【考点】论证推理 削弱、质疑、反驳 论据+结论型论证的削弱
论据:手指出现杵状改变是患有某种心脏或肺部疾病的迹象。结论:人们通过手指自我检测能快速判断自己是否患有心脏或肺部疾病。
E 选项:割裂关系,表明杵状改变是过量血液注入导致的,内在机理不明,导致杵状改变的原因可能很复杂,割裂了杵状改变和心肺疾病之间的关系,可以削弱。
A 选项:加强论证,表明杵状改变确实与肺部疾病有关,排除。
B 选项:表明杵状改变与肺部疾病有些联系,反而加强了题干的论证。另外,要确定杵状改变是否是检测心肺疾病的有效方法,应该先确定在有杵状改变的人中有多少人确实患有心肺疾病,而不是在患病的人中有多少人出现了杵状改变,排除。
C 选项:只要杵状改变可以帮助人们快速判断是否有可能患有心肺疾病即可,不需要与医生进行专业度的比较。另外,如果杵状改变可以作为一种参考,反而表明二者之间有联系,起到了一定的支持作用,排除。
D 选项:只是说明第一阶段畸变不明显,那么第二阶段呢?未知。如果第二阶段畸变比较明显,表明依然可以通过杵状改变判断是否患有心肺疾病,排除。
故正确答案为 E 选项。

50.【答案】C 【难度】S5 【考点】论证推理 支持、加强 论据+结论型论证的支持
论据:真正的快速阅读要按"之"字形浏览文章。结论:快速阅读实际上是不可能的。
C 选项:建立联系,表明"之"字形浏览文章无法同时充分感知和阅读大范围文本,所以快速阅读不可能。
A 选项:无关选项,与题干中对"快速阅读"的描述无关,排除。

B 选项:题干论证与"科学界的态度"无关,排除。

D 选项:题干论证与"个体差异"无关,排除。

E 选项:支持题干,表明快速阅读是可能的,排除。

故正确答案为 C 选项。

51.【答案】C 【难度】S6 【考点】形式逻辑 假言命题 假言命题推理规则

题干信息:(1)优秀论文→逻辑清晰∧论据翔实;(2)经典论文→主题鲜明∧语言准确;(3)(论据翔实∧¬主题鲜明)∨(语言准确∧¬逻辑清晰)→¬优秀论文 ≡ 优秀论文→(¬论据翔实∨主题鲜明)∧(¬语言准确∨逻辑清晰)。

C 选项:由(1)(3)联立可得:优秀论文→论据翔实,优秀论文→¬论据翔实∨主题鲜明。二者结合可得:优秀论文→主题鲜明,与 C 选项是等价逆否命题。

A、D 选项:"经典论文"与"逻辑清晰"无关,排除。

B 选项:未提及是"优秀论文"还是"经典论文",排除。

E 选项:不合规则,由(2)无法推出"经典论文",排除。

故正确答案为 C 选项。

52.【答案】C 【难度】S4 【考点】论证推理 结论 细节题

C 选项:类型Ⅲ和类型Ⅴ都属于至少两个方面风险低的类型,并且融冰速度都是"较慢",和选项一致。

A 选项:类型Ⅲ融冰速度较慢,但污染水体的风险为"中",不符合,排除。

B 选项:类型Ⅰ融冰速度快,而且三个方面风险都高,不符合,排除。

D 选项:类型Ⅳ三个方面风险都不高,但其融冰速度为"快",不符合,排除。

E 选项:类型Ⅳ在破坏道路设施和污染土壤方面的风险都不高,但其融冰速度为"快",不符合,排除。

故正确答案为 C 选项。

53.【答案】C 【难度】S5 【考点】论证推理 支持、加强 因果型论证的支持

论据:孩子进入学校之后好奇心越来越少(果)。结论:这是孩子受到外在的不当激励造成的(因)。

C 选项:**建立联系**,建立起孩子受到不当激励(家长、老师只看考试成绩)和好奇心越来越少(孩子只知道死记硬背书本知识)之间的联系,正确。

A、B、E 选项:无法支持,没有提及"不当激励",排除。

D 选项:无法支持,外部压力≠不当激励,并且未提及"好奇心越来越少",排除。

故正确答案为 C 选项。

54.【答案】A 【难度】S5 【考点】综合推理 综合题组(匹配题型)

	东沟	西山	南镇	北阳	中丘
甲				√(b)	×(c)
乙				×(b)	×(c)

续表

	东沟	西山	南镇	北阳	中丘
丙				×(b)	√(c)
丁	√(a)			√(b)	√(c)
戊	√(a)			√(b)	√(c)

由"甲车和乙车停靠的站均不相同"结合(3)的逆否可得：甲、乙和丙中有0辆或1辆停靠在"东沟"，因为每个站点有3趟车停靠，所以甲、乙和丙中有1辆车停靠在"东沟"，丁和戊均停靠在"东沟"(a)。

由乙和丙不可能都停靠在"东沟"，结合(1)的等价逆否命题可得：乙和丙都没有停靠在"北阳"，所以甲、丁和戊停靠在"北阳"(b)。

由丁停靠在"北阳"，结合(2)可得：丙、丁和戊都停靠在"中丘"，甲和乙没停靠在"中丘"(c)。

停靠情况如上表所示。

故正确答案为A选项。

55. 【答案】C 【难度】S6 【考点】综合推理 综合题组(匹配题型)

根据目前已知的情况，没有车在每一站都停靠，丁、戊要满足条件"'南镇''西山'分别有一个不停靠"；再由甲、乙停靠的站不能相同，且要满足每一站恰有3趟车停靠，则丙必须在"南镇"和"西山"都停靠。如下表所示。

	东沟	西山	南镇	北阳	中丘
甲				√	×
乙				×	×
丙		√	√	×	√
丁	√			√	√
戊	√			√	√

故正确答案为C选项。

【温馨提示】 想知道哪些知识点还没掌握？请打开"海绵MBA"APP，进入页面右上角【扫一扫】图标，扫描下方二维码，填入答案，系统会自动记录错题数据，方便查漏补缺。

2020年管理类综合能力逻辑试题

三、逻辑推理：第26~55小题，每小题2分，共60分。下列每题给出的A、B、C、D、E五个选项中，只有一项是符合试题要求的。请在答题卡上将所选项的字母涂黑。

26. 领导干部对于各种批评意见应采取有则改之、无则加勉的态度，营造言者无罪、闻者足戒的氛围。只有这样，人们才能知无不言、言无不尽。领导干部只有从谏如流并为说真话者撑腰，才能做到兼听则明或做出科学决策；只有乐于和善于听取各种不同意见，才能营造风清气正的政治生态。

    根据以上信息，可以得出以下哪项？

    A. 领导干部必须善待批评、从谏如流，为说真话者撑腰。
    B. 大多数领导干部对于批评意见能够采取有则改之、无则加勉的态度。
    C. 领导干部如果不能从谏如流，就不能做出科学决策。
    D. 只有营造言者无罪、闻者足戒的氛围，才能形成风清气正的政治生态。
    E. 领导干部只有乐于和善于听取各种不同意见，人们才能知无不言、言无不尽。

27. 某教授组织了120名年轻的参试者，先让他们熟悉电脑上的一个虚拟城市，然后让他们以最快速度寻找由指定地点到达关键地标的最短路线，最后再让他们识别茴香、花椒等40种芳香植物的气味。结果发现，寻路任务中得分较高者其嗅觉也比较灵敏，该教授由此推测，一个人空间记忆力好、方向感强，就会使其嗅觉更为灵敏。

    以下哪项如果为真，最能质疑该教授的上述推测？

    A. 大多数动物主要靠嗅觉寻找食物、躲避天敌，其嗅觉进化有助于导航。
    B. 有些参试者是美食家，经常被邀请到城市各处的特色餐馆品尝美食。
    C. 部分参试者是马拉松运动员，他们经常参加一些城市举办的马拉松比赛。
    D. 在同样的测试中，该教授本人在嗅觉灵敏度和空间方向感方面都不如年轻人。
    E. 有的年轻人喜欢玩方向感要求较高的电脑游戏，因过分投入而食不知味。

28. 有学校提出将效仿免费师范生制度，提供减免学费等优惠条件以吸引成绩优秀的调剂生，提高医学人才培养质量。有专家对此提出反对意见：医生是既崇高又辛苦的职业，要有足够的爱心和兴趣才能做好，因此，宁可招不满也不要招收调剂生。

    以下哪项最可能是上述专家论断的假设？

    A. 没有奉献精神，就无法学好医学。
    B. 如果缺乏爱心，就不能从事医生这一崇高的职业。
    C. 调剂生往往对医学缺乏兴趣。
    D. 因优惠条件而报考医学的学生往往缺乏奉献精神。
    E. 有爱心并对医学有兴趣的学生不会在意是否收费。

29. 某公司为员工免费提供菊花、绿茶、红茶、咖啡和大麦茶5种饮品。现有甲、乙、丙、丁、戊5位员工，他们每人都只喜欢其中的2种饮品，且每种饮品都只有2人喜欢。已知：

    (1) 甲和乙喜欢菊花，且分别喜欢绿茶和红茶中的一种；

(2)丙和戊分别喜欢咖啡和大麦茶中的一种。

根据上述信息,可以得出以下哪项?

A. 甲喜欢菊花和绿茶。　　B. 乙喜欢菊花和红茶。　　C. 丙喜欢红茶和咖啡。

D. 丁喜欢咖啡和大麦茶。　　E. 戊喜欢绿茶和大麦茶。

30. 考生若考试通过并且体检合格,则将被录取。因此,如果李铭考试通过,但未被录取,那么他一定体检不合格。

以下哪项与以上论证方式最为相似?

A. 若明天是节假日并且天气晴朗,则小吴将去爬山。因此,如果小吴未去爬山,那么第二天一定不是节假日或者天气不好。

B. 一个数若能被3整除且能被5整除,则这个数能被15整除。因此,一个数若能被3整除,但不能被5整除,则这个数一定不能被15整除。

C. 甲单位员工若去广州出差并且是单人前往,则均乘坐高铁。因此,甲单位小吴如果去广州出差,但未乘坐高铁,那么他一定不是单人前往。

D. 如果现在是春天并且雨水充沛,则这里野草丰美。因此,如果这里野草丰美但雨水不充沛,那么现在一定不是春天。

E. 一壶茶若水质良好且温度适中,则一定茶香四溢。因此,如果这壶茶水质良好且茶香四溢,那么一定温度适中。

31~32题基于以下题干:

"立春""春分""立夏""夏至""立秋""秋分""立冬""冬至"是我国二十四节气中的八个节气,"凉风""广莫风""明庶风""条风""清明风""景风""阊阖风""不周风"是八种节风。上述八个节气与八种节风之间一一对应,已知:

(1)"立秋"对应"凉风";

(2)"冬至"对应"不周风""广莫风"之一;

(3)若"立夏"对应"清明风",则"夏至"对应"条风"或者"立冬"对应"不周风";

(4)若"立夏"不对应"清明风"或者"立春"不对应"条风",则"冬至"对应"明庶风"。

31. 根据上述信息,可以得出以下哪项?

A. "秋分"不对应"明庶风"。　　B. "立冬"不对应"广莫风"。

C. "夏至"不对应"景风"。　　D. "立夏"不对应"清明风"。

E. "春分"不对应"阊阖风"。

32. 若"春分"和"秋分"两节气对应的节风在"明庶风"和"阊阖风"之中,则可以得出以下哪项?

A. "春分"对应"阊阖风"。　　B. "秋分"对应"明庶风"。　　C. "立春"对应"清明风"。

D. "冬至"对应"不周风"。　　E. "夏至"对应"景风"。

33. 小王:在这次年终考核中,女员工的绩效都比男员工高。小李:这么说,新入职员工中绩效最好的还不如绩效最差的女员工。

以下哪项如果为真,最能支持小李的上述论断?

A. 男员工都是新入职的。　　B. 新入职的员工有些是女性。

C. 新入职的员工都是男性。　　D. 部分新入职的女员工没有参与绩效考评。

E. 女员工更乐意加班,而加班绩效翻倍计算。

34. 某市2018年的人口发展报告显示,该市常住人口1 170万,其中常住外来人口440万,户籍人口730万。从区级人口分布情况来看,该市G区常住人口240万,居各区之首,H区常住人口200万,位居第二;同时,这两个区也是吸纳外来人口较多的区域,两个区常住外来人口200万,占全市常住外来人口的45%以上。

根据以上陈述,可以得出以下哪个选项?

A. 该市G区的户籍人口比H区常住外来人口多。

B. 该市H区的户籍人口比G区常住外来人口多。

C. 该市H区的户籍人口比H区常住外来人口多。

D. 该市G区的户籍人口比G区常住外来人口多。

E. 该市其他各区的常住外来人口都没有G区或H区的多。

35. 移动支付如今正在北京、上海等大中城市迅速普及,但是,并非所有中国人都熟悉这种新的支付方式,很多老年人仍然习惯传统的现金交易。有专家因此断言,移动支付的迅速普及会将老年人阻挡在消费经济之外,从而影响他们晚年的生活质量。

以下哪项如果为真,最能质疑上述专家的论断?

A. 到2030年,中国60岁以上人口将增至3.2亿,老年人的生活质量将进一步引起社会关注。

B. 有许多老年人因年事已高,基本不直接进行购物消费,所需物品一般由儿女或社会提供,他们晚年很幸福。

C. 国家有关部门近年来出台多项政策指出,消费者在使用现金支付被拒时可以投诉,但仍有不少商家我行我素。

D. 许多老年人已在家中或者社区活动中心学会移动支付的方法以及防范网络诈骗的技巧。

E. 有些老年人视力不好,看不清手机屏幕;有些老年人记忆力不好,记不住手机支付密码。

36. 下表显示了某城市过去一周的天气情况:

星期一	星期二	星期三	星期四	星期五	星期六	星期天
东南风1~2级 小雨	南风4~5级 晴	无风 小雪	北风1~2级 阵雨	无风 晴	西风3~4级 阴	东风2~3级 中雨

以下哪项对该城市这一周天气情况的概括最为准确?

A. 每日或者刮风,或者下雨。

B. 每日或者刮风,或者晴天。

C. 每日或者无风,或者无雨。

D. 若有风且风力超过3级,则该日是晴天。

E. 若有风且风力不超过3级,则该日不是晴天。

37~38题基于以下题干:

放假3天,小李夫妇除安排一天休息之外,其他两天准备做6件事:①购物(这件事编号为①,其他依次类推);②看望双方父母;③郊游;④带孩子去游乐场;⑤去市内公园;⑥去影院看电影。他们商定:

(1)每件事均做1次,且在1天内完成,每天至少做2件事;
(2)④和⑤在同1天完成;
(3)②在③之前1天完成。

37. 如果③和④安排在假期的第2天,则以下哪项是可能的?
    A.①安排在第2天。 B.②安排在第2天。 C.休息安排在第1天。
    D.⑥安排在最后1天。 E.⑤安排在第1天。

38. 如果假期第2天只做⑥等3件事,则可以得出以下哪项?
    A.②安排在①的前1天。 B.①安排在休息1天之后。 C.①和⑥安排在同1天。
    D.②和⑥安排在同1天。 E.③和④安排在同1天。

39. 因业务需要,某公司欲将甲、乙、丙、丁、戊、己、庚7个部门合并到丑、寅、卯3个子公司,已知:
    (1)一个部门只能合并到一个子公司;
    (2)若丁和丙中至少有一个未合并到丑公司,则戊和甲均合并到丑公司;
    (3)若甲、己、庚中至少有一个未合并到卯公司,则戊合并到寅公司且丙合并到卯公司。
    根据以上信息,可以得出以下哪项?
    A.甲、丁均合并到丑公司。 B.乙、戊均合并到寅公司。 C.乙、丙均合并到寅公司。
    D.丁、丙均合并到丑公司。 E.庚、戊均合并到卯公司。

40. 王研究员:吃早餐对身体有害。因为吃早餐会导致皮质醇峰值更高,进而导致体内胰岛素异常,这可能引发Ⅱ型糖尿病。
    李教授:事实并非如此。因为上午皮质醇水平高只是人体生理节律的表现,而不吃早餐不仅会增加患Ⅱ型糖尿病的风险,还会增加患其他疾病的风险。
    以下哪项如果为真,最能支持李教授的观点?
    A.一日之计在于晨,吃早餐可以补充人体消耗,同时为一天的工作准备能量。
    B.糖尿病患者若在9:00—15:00之间摄入一天所需的卡路里,血糖水平就能保持基本稳定。
    C.经常不吃早餐,上午工作处于饥饿状态,不利于血糖调节,容易患上胃溃疡、胆结石等疾病。
    D.如今人们工作繁忙,晚睡晚起现象非常普遍,很难按时吃早餐,身体常常处于亚健康状态。
    E.不吃早餐的人通常缺乏营养和健康方面的知识,容易形成不良生活习惯。

41. 某语言学爱好者欲基于无涵义语词、有涵义语词构造合法的语句。已知:
    (1)无涵义语词有a、b、c、d、e、f,有涵义语词有W、Z、X;
    (2)如果两个无涵义语词通过一个有涵义语词连接,则它们构成一个有涵义语词;
    (3)如果两个有涵义语词直接连接,则它们构成一个有涵义语词;
    (4)如果两个有涵义语词通过一个无涵义语词连接,则它们构成一个合法的语句。
    根据上述信息,以下哪项是合法的语句?
    A.aWbcdXeZ。 B.aWbcdaZe。 C.fXaZbZWb。 D.aZdacdfX。 E.XWbaZdWe。

42. 某单位拟在椿树、枣树、楝树、雪松、银杏、桃树中选择4种栽种在庭院里,已知:
    (1)椿树、枣树至少种植一种;
    (2)如果种植椿树,则种植楝树但不种植雪松;
    (3)如果种植枣树,则种植雪松但不种植银杏。

如果庭院中种植银杏,则以下哪项是不可能的?

A. 种植椿树。　　B. 种植楝树。　　C. 不种植枣树。　　D. 不种植雪松。　　E. 不种植桃树。

43. 披毛犀化石多分布在欧亚大陆北部,我国东北平原、华北平原、西藏等地也偶有发现。披毛犀有一个独特的构造——鼻中隔,简单地说就是鼻子中间的骨头。研究发现,西藏披毛犀化石的鼻中隔只是一块不完全的硬骨,早先在亚洲北部、西伯利亚等地发现的披毛犀化石的鼻中隔要比西藏披毛犀的"完全",这说明西藏披毛犀具有更原始的形态。

以下哪项如果为真,最能支持以上论述?

A. 一个物种不可能有两个起源地。

B. 西藏披毛犀化石是目前已知最早的披毛犀化石。

C. 为了在冰雪环境中生存,披毛犀的鼻中隔经历了由软到硬的进化过程,并最终形成一块完整的骨头。

D. 冬季的青藏高原犹如冰期动物的"训练基地",披毛犀在这里受到耐寒训练。

E. 随着冰期的到来,有了适应寒冷的能力的西藏披毛犀走出西藏,往北迁徙。

44. 黄土高原以前植被丰富,长满大树,而现在千沟万壑,不见树木,这是植被遭破坏后水流冲刷大地造成的惨痛结果。有专家进一步分析认为,现在黄土高原不长植被,是因为这里的黄土其实都是生土。

以下哪项最可能是上述专家推断的假设?

A. 生土不长庄稼,只能通过土壤改造等手段才适宜种植粮食作物。

B. 因缺少应有的投入,生土无人愿意耕种,无人耕种的土地贫瘠。

C. 生土是水土流失造成的恶果,缺乏植物生长所需的营养成分。

D. 东北的黑土地中含有较厚的腐殖层,这种腐殖层适合植物的生长。

E. 植物的生长依赖熟土,而熟土的存在依赖人类对植被的保护。

45. 日前,科学家发明了一项技术,可以把二氧化碳等物质"电成"有营养价值的蛋白粉,这项技术不像种庄稼那样需要具备合适的气温、湿度和土壤等条件。他们由此认为,这项技术开辟了未来新型食物生产的新路,有助于解决全球饥饿问题。

以下各项如果为真,则除了哪项均能支持上述科学家的观点?

A. 让二氧化碳、水和微生物一起接受电流电击,可以产生出有营养价值的食物。

B. 粮食问题是全球性重大难题,联合国估计到2050年将有20亿人缺乏基本营养。

C. 把二氧化碳等物质"电成"蛋白粉的技术将彻底改变农业,还能避免对环境造成不利影响。

D. 由二氧化碳等物质"电成"的蛋白粉,约含50%的蛋白质、25%的碳水化合物、核酸及脂肪。

E. 未来这项技术将被引入沙漠或其他面临饥荒的地区,为解决那里的饥饿问题提供重要帮助。

46~47题基于以下题干:

某公司甲、乙、丙、丁、戊5人爱好出国旅游,去年在日本、韩国、英国和法国4国中,他们每人都去了其中的2个国家旅游,且每个国家总有他们中的2~3人去旅游,已知:

(1) 如果甲去韩国,则丁不去英国;

(2) 丙和戊去年总是结伴出国旅游;

(3) 丁和乙只去欧洲国家旅游。

46. 根据以上信息,可以得出以下哪项?

    A. 甲去了韩国和日本。　　B. 乙去了英国和日本。　　C. 丙去了韩国和英国。

    D. 丁去了日本和法国。　　E. 戊去了韩国和日本。

47. 如果5人去欧洲国家旅游的总人次与去亚洲国家的一样多,则可以得出以下哪项?

    A. 甲去了日本。　B. 甲去了英国。　C. 甲去了法国。　D. 戊去了英国。　E. 戊去了法国。

48. 1818年前后,纽约市规定,所有买卖的鱼油都需要经过检查,同时缴纳每桶25美元的检查费。一天,鱼油商人买了三桶鲸鱼油,打算把鲸鱼油制成蜡烛出售,鱼油检查员发现这些鲸鱼油根本没过检查,根据鱼油法案,该商人需要接受检查并缴费。但该商人声称鲸鱼不是鱼,拒绝缴费,遂被告上法庭。陪审团最后支持了原告,判决该商人支付75美元检查费。

    以下哪项如果为真,最能支持陪审团所做的判决?

    A. 纽约市相关法律已经明确规定,"鱼油"包括鲸鱼油和其他鱼类的油。

    B. "鲸鱼不是鱼"和中国古代公孙龙的"白马非马"类似,两者都是违反常识的诡辩。

    C. 19世纪的美国虽有许多人认为鲸鱼不是鱼,但是也有许多人认为鲸鱼是鱼。

    D. 当时多数从事科学研究的人都肯定鲸鱼不是鱼,而律师和政客持反对意见。

    E. 古希腊有先哲早就把鲸鱼归类到胎生四足动物和卵生四足动物之下,比鱼类更高一级。

49. 尽管近年来我国引进不少人才,但真正顶尖的领军人才还是凤毛麟角。就全球而言,人才特别是高层次人才紧缺已呈常态化、长期化趋势。某专家由此认为,未来10年,美国、加拿大、德国等主要发达国家对高层次人才的争夺将进一步加剧,而发展中国家的高层次人才紧缺状况更甚于发达国家。因此,我国高层次人才引进工作急需进一步加强。

    以下哪项如果为真,最能加强上述专家的论证?

    A. 我国理工科高层次人才紧缺程度更甚于文科。

    B. 发展中国家的一般性人才不比发达国家少。

    C. 我国仍然是发展中国家。

    D. 人才是衡量一个国家综合国力的重要指标。

    E. 我国近年来引进的领军人才数量不及美国等发达国家。

50. 移动互联网时代,人们随时都可进行数字阅读,浏览网页、读电子书是数字阅读,刷微博、朋友圈也是数字阅读。长期以来,一直有人担忧数字阅读的碎片化、表面化。但近来有专家表示,数字阅读具有重要价值,是阅读的未来发展趋势。

    以下哪项如果为真,最能支持上述专家的观点?

    A. 长有长的用处,短有短的好处,不求甚解的数字阅读也未尝不可,说不定在未来某一时刻,当初阅读的信息就会浮现出来,对自己的生活产生影响。

    B. 当前人们越来越多地通过数字阅读了解热点信息,通过网络进行相互交流,但网络交流者常常伪装或者匿名,可能会提供虚假信息。

    C. 有些网络读书平台能够提供精致的读书服务,他们不仅帮你选书,而且帮你读书,你只需"听"即可,但用"听"的方式去读书,效率较低。

    D. 数字阅读容易挤占纸质阅读的时间,毕竟纸质阅读具有系统、全面、健康、不依赖电子设备等优点,仍将是阅读的主要方式。

E. 数字阅读便于信息筛选,阅读者能在短时间内对相关信息进行初步了解,也可以此为基础做深入了解,相关网络阅读服务平台近几年已越来越多。

51. 某街道的综合部、建设部、平安部和民生部四个部门,需要负责街道的秩序、安全、环境、协调四项工作。每个部门只负责其中的一项工作,且各部门负责的工作各不相同。已知:
(1)如果建设部负责环境或秩序,则综合部负责协调或秩序;
(2)如果平安部负责环境或协调,则民生部负责协调或秩序。
根据以上信息,以下哪项工作安排是可能的?
A. 建设部负责环境,平安部负责协调。
B. 建设部负责秩序,民生部负责协调。
C. 综合部负责安全,民生部负责协调。
D. 民生部负责安全,综合部负责秩序。
E. 平安部负责安全,建设部负责秩序。

52. 人非生而知之者,孰能无惑?惑而不从师,其为惑也,终不解矣。生乎吾前,其闻道也固先乎吾,吾从而师之;生乎吾后,其闻道也亦先乎吾,吾从而师之。吾师道也,夫庸知其年之先后生于吾乎?是故无贵无贱,无长无少,道之所存,师之所存也。
根据以上信息,可以得出以下哪项?
A. 与吾生乎同时,其闻道也必先乎吾。
B. 师之所存,道之所存也。
C. 无贵无贱,无长无少,皆为吾师。
D. 与吾生乎同时,其闻道不必先乎吾。
E. 若解惑,必从师。

53. 学问的本来意义与人的生命、生活有关。但是,如果学问成为口号或教条,就会失去其本来的意义。因此,任何学问都不应该成为口号或教条。
以下哪项与上述论证方式最为相似?
A. 椎间盘是没有血液循环的组织。但是,如果要确保其功能正常运转,就需依靠其周围流过的血液提供养分。因此,培养功能正常运转的人工椎间盘应该很困难。
B. 大脑会改编现实经历。但是,如果大脑只是储存现实经历的"文件柜"就不会对其进行改编。因此,大脑不应该只是储存现实经历的"文件柜"。
C. 人工智能应该可以判断黑猫和白猫都是猫。但是,如果人工智能不预先"消化"大量照片,就无从判断黑猫和白猫都是猫。因此,人工智能必须预先"消化"大量照片。
D. 机器人没有人类的弱点和偏见。但是,只有数据得到正确采集和分析,机器人才不会"主观臆断"。因此,机器人应该也有类似的弱点和偏见。
E. 历史包含必然性。但是,如果坚信历史只包含必然性,就会阻止我们用不断积累的历史数据去证实或证伪它。因此,历史不应该只包含必然性。

54~55题基于以下题干:

某项测试共有4道题,每道题给出 A、B、C、D 四个选项,其中只有一项是正确答案。现有张、王、赵、李4人参加了测试,他们的答题情况和测试结果如下:

答题者	第一题	第二题	第三题	第四题	测试结果
张	A	B	A	B	均不正确
王	B	D	B	C	只答对1题
赵	D	A	A	B	均不正确
李	C	C	B	D	只答对1题

54. 根据以上信息,可以得出以下哪项?

   A. 第二题的正确答案是C。　　B. 第二题的正确答案是D。　　C. 第三题的正确答案是D。

   D. 第四题的正确答案是A。　　E. 第四题的正确答案是D。

55. 如果每道题的正确答案各不相同,则可以得出以下哪项?

   A. 第一题的正确答案是B。　　B. 第一题的正确答案是C。　　C. 第二题的正确答案是D。

   D. 第二题的正确答案是A。　　E. 第三题的正确答案是C。

2020年管理类综合能力逻辑试题解析

答案速查表

26~30	CACDC	31~35	BECAB	36~40	EACDC
41~45	AECCB	46~50	EAACE	51~55	EEBDA

26.【答案】C 【难度】S4 【考点】形式逻辑 假言命题 假言命题推理规则

题干信息:(1)知无不言、言无不尽→营造氛围;(2)兼听则明∨科学决策→从谏如流∧撑腰;

(3)营造生态→听取不同意见。

C选项:¬从谏如流→¬科学决策,是(2)的等价逆否命题,正确。

A选项:领导干部→从谏如流∧撑腰,与题干逻辑关系不一致,排除。

B选项:与题干逻辑关系不一致,排除。

D选项:营造生态→营造氛围,与题干逻辑关系不一致,排除。

E选项:知无不言、言无不尽→听取不同意见,与题干逻辑关系不一致,排除。

故正确答案为C选项。

27.【答案】A 【难度】S4 【考点】论证推理 削弱、质疑、反驳 因果型论证的削弱

论据:寻路任务中得分较高的人嗅觉比较灵敏。结论:方向感强(因)导致嗅觉灵敏(果)。

A选项:**因果倒置**,表明是嗅觉灵敏导致方向感强,而不是方向感强导致嗅觉灵敏,正确。

B、C、E选项:"有些""部分""有的"范围不确定,无法削弱,排除。

D选项:无关选项,该教授本人与题干论证对象不一致,排除。

故正确答案为A选项。

28.【答案】C 【难度】S4 【考点】形式逻辑 三段论 三段论反推题型

论据:(1)医生→爱心∧兴趣。结论:(2)调剂生→¬医生。

C选项:调剂生→¬兴趣,结合(1)可以使(2)成立,正确。

故正确答案为C选项。

29.【答案】D 【难度】S5 【考点】综合推理 匹配题型

题干信息:(1)每人喜欢2种饮品,每种饮品有2人喜欢;(2)甲和乙喜欢菊花,且分别喜欢绿茶和红茶中的一种;(3)丙和戊分别喜欢咖啡和大麦茶中的一种。

	甲	乙	丙	丁	戊
菊花	√	√	×	×	×
绿茶					
红茶					
咖啡	×	×			
大麦茶	×	×			

条件(1)(2)可知,甲和乙不可能喜欢咖啡和大麦茶,而每种茶又要被2个人喜欢,所以丁一定喜欢咖啡和大麦茶。

故正确答案为D选项。

30.【答案】C 【难度】S4 【考点】形式逻辑 假言命题 假言命题结构相似

题干信息:考试通过(A)∧体检合格(B)→录取(C)。因此,考试通过(A)∧未被录取(¬C),那么体检不合格(¬B)。

题干结构:A∧B→C。因此,如果A∧¬C,那么¬B。

C选项:出差(A)∧单人(B)→高铁(C)。因此,如果出差(A)∧未坐高铁(¬C),那么不是单人(¬B)。与题干结构一致,正确。

A选项:A∧B→C。因此,如果¬C,那么¬A∨¬B。与题干不一致,排除。

B选项:A∧B→C。因此,若A∧¬B,则¬C。与题干不一致,排除。

D选项:A∧B→C。因此,如果C∧¬B,那么¬A。与题干不一致,排除。

E选项:A∧B→C。因此,如果A∧C,那么B。与题干不一致,排除。

故正确答案为C选项。

31.【答案】B 【难度】S5 【考点】形式逻辑 假言命题 有确定信息的综合推理

从确定信息(1)(2)开始推理,由(2)可知,"冬至"不可能对应"明庶风",结合(4)的逆否可得,"立夏"对应"清明风"且"立春"对应"条风",再结合(3)可得,"夏至"对应"条风"或者"立冬"对应"不周风",因为"立春"对应"条风",所以"立冬"对应"不周风"。

故正确答案为B选项。

32.【答案】E 【难度】S5 【考点】综合推理 综合题组(匹配题型)

由(2)及"'立冬'对应'不周风'"可知,"冬至"对应"广莫风"。

目前已知情况如下表。

立春	春分	立夏	夏至	立秋	秋分	立冬	冬至
条风		清明风		凉风		不周风	广莫风

再结合本题的补充信息可知,"夏至"对应"景风"。

故正确答案为E选项。

33.【答案】C 【难度】S4 【考点】综合推理 数字相关题型

论据:女员工绩效都高于男员工。结论:最好的新入职员工的绩效不如最差的女员工的绩效。

C选项:如果新入职的员工都是男性,而且女员工绩效都高于男员工,那么就可以得出小李的结论。

故正确答案为C选项。

34.【答案】A 【难度】S4 【考点】综合推理 数字相关题型

	G区	H区
常住外来人口	A	B
户籍人口	X	Y

(1)G区常住人口240万:A+X=240。(2)H区常住人口200万:B+Y=200。

(3)这两个区常住外来人口200万:A+B=200。

A选项:X=240-A,B=200-A。X>B,正确。

故正确答案为A选项。

35.【答案】B 【难度】S5 【考点】论证推理 削弱、质疑、反驳 论据+结论型论证的削弱

论据:很多老年人不熟悉移动支付。结论:移动支付会影响老年人晚年的生活质量。

B选项:**割裂关系**,表明许多老年人根本不需要直接购物,所以即便不熟悉移动支付,对老年人的生活质量也不会产生影响,正确。

A选项:与题干论证的移动支付无关,排除。

C选项:与移动支付是否影响老年人生活质量无关,排除。

D选项:老年人已经学会防诈骗技巧,反而证明移动支付的风险性可能会影响生活质量,排除。

E选项:支持了题干中的论据,不能质疑,排除。

故正确答案为B选项。

36.【答案】E 【难度】S4 【考点】论证推理 结论 细节题

E选项:有风且风力不超过3级的是星期一、星期四、星期天,天气情况分别是小雨、阵雨、中雨,都不是晴天,正确。

A、B选项:星期三的天气与之不符,排除。

C选项:星期一的天气与之不符,排除。

D选项:星期六的天气与之不符,排除。

故正确答案为E选项。

37.【答案】A 【难度】S5 【考点】综合推理 综合题组(排序题型)

题干信息:(1)每天≥2件事;(2)④=⑤;(3)②③紧挨。补充信息:(4)③④在第2天。

如果③和④在第2天,那么由(2)可知,⑤也在第2天;由(3)可知,②在第1天。第3天休息。

A选项:不矛盾,有可能,正确。

B、C、D、E选项:矛盾,排除。

故正确答案为A选项。

38.【答案】C 【难度】S5 【考点】综合推理 综合题组(排序题型)

补充信息:(5)第2天只做⑥等3件事。

由(2)(3)(5)可知,如果④⑤都在第2天,(3)就无法成立,所以④⑤都在第1天或第3天。

若④⑤都在第1天,那么②在第1天,③在第2天,①在第2天;

若④⑤都在第3天,那么②在第2天,③在第3天,①在第2天。

所以①和⑥一定在同一天。

故正确答案为C选项。

39.【答案】D 【难度】S5 【考点】形式逻辑 假言命题 假言命题推理规则

题干信息:(1)一个部门只能合并到一个子公司;(2)¬丁丑∨¬丙丑→戊丑∧甲丑;

(3)¬甲卯∨¬己卯∨庚卯→戊寅∧丙卯。

结合(3)(2)可得:¬甲卯∨¬己卯∨庚卯→戊寅∧丙卯→¬戊丑→丁丑∧丙丑。

此时,"丙卯"和"丙丑"矛盾,所以"¬甲卯∨¬己卯∨¬庚卯"为假,可得:甲卯∧己卯∧庚卯。
结合(2)的等价逆否命题可得:甲卯→¬甲丑→丁丑∧丙丑。
故正确答案为D选项。

40.【答案】C 【难度】S4 【考点】论证推理 支持、加强 因果型论证的支持
因:不吃早餐。果:不仅会增加患Ⅱ型糖尿病的风险,还会增加患其他疾病的风险。
C选项:建立联系,表明经常不吃早餐,对血糖的调节不利,并且容易患其他疾病,正确。
A选项:吃早餐的好处与不吃早餐的坏处无关,不能支持,排除。
B选项:糖尿病患者摄入卡路里与题干中不吃早餐无关,排除。
D、E选项:与题干论证无关,排除。
故正确答案为C选项。

41.【答案】A 【难度】S4 【考点】形式逻辑 概念 与定义相关的题型
A选项:"aWb""dXe"符合条件(2),是有涵义语词;"dXeZ"符合条件(3),是有涵义语词;"aWbcdXeZ"符合条件(4),是合法语句。
B选项:"aWb""aZe"两个有涵义语词通过"cd"两个无涵义语词连接,不符合条件(4),排除。
C、D、E选项:整体不符合条件(4),排除。
故正确答案为A选项。

42.【答案】E 【难度】S5 【考点】综合推理 匹配题型
由"种植银杏",结合(3)可知,不种植枣树;结合(1)可知,种植椿树;结合(2)可知,种植楝树但不种植雪松;再结合题干中要选择4种栽种,所以桃树也要种植。
E选项:与已知信息不一致,为假,正确。
A、B、C、D选项:与已知信息一致,为真,排除。
故正确答案为E选项。

43.【答案】C 【难度】S4 【考点】论证推理 支持、加强 论据+结论型论证的支持
论据:亚洲北部、西伯利亚等地的披毛犀化石的鼻中隔要比西藏披毛犀的"完全"。结论:西藏披毛犀具有更原始的形态。
C选项:建立联系,表明随着进化的过程,鼻中隔逐渐形成一块完整的骨头,所以西藏披毛犀的鼻中隔不太"完整",就表明西藏披毛犀更原始,正确。
其他选项均与鼻中隔无关,排除。
故正确答案为C选项。

44.【答案】C 【难度】S4 【考点】论证推理 假设、前提 论据+结论型论证的假设
论据:黄土高原的黄土是生土。结论:黄土高原不长植被。
C选项:建立联系,建立了"生土"和"不长植被"之间的联系,正确。
A、B、D、E选项:"庄稼""耕种""黑土地""熟土"均与题干论证无关,排除。
故正确答案为C选项。

45.【答案】B 【难度】S5 【考点】论证推理 支持、加强 论据+结论型论证的支持
论据:新技术可以把二氧化碳等物质"电成"有营养价值的蛋白粉。结论:这项技术有助于解决

全球饥饿问题。

B 选项:与该技术无关,无法支持,正确。

A 选项:**建立联系**,表明该技术可以产生出有营养价值的食物,可以支持,排除。

C 选项:**建立联系**,表明该技术将彻底改变农业,可以支持,排除。

D 选项:**建立联系**,表明该技术确实可以产生有营养的食物,可以支持,排除。

E 选项:**建立联系**,表明该技术可以为解决饥饿问题提供帮助,可以支持,排除。

故正确答案为 B 选项。

46.【答案】E 【难度】S5 【考点】综合推理 综合题组(匹配题型)

题干信息:(1)每人去 2 个国家,每个国家 2~3 人去;(2)甲韩国→¬丁英国;(3)丙=戊;(4)丁和乙,¬日本∧¬韩国。

由(4)可知,丁英国;由"丁英国"结合(2)可得:(5)¬甲韩国。

结合(3)(1)可知,丙和戊不能同时去英国和法国,否则就会与(1)矛盾,所以:(6)丙和戊会同时去日本和韩国。列表如下。

	甲	乙	丙	丁	戊
日本		×(4)	√(6)	×(4)	√(6)
韩国	×(5)	×(4)	√(6)	×(4)	√(6)
英国		√(4)(1)	×(3)(1)	√(4)(1)	×(3)(1)
法国		√(4)(1)	×(3)(1)	√(4)(1)	×(3)(1)

故正确答案为 E 选项。

47.【答案】A 【难度】S5 【考点】综合推理 综合题组(匹配题型)

目前欧洲国家 4 人次,亚洲国家 4 人次,若要保证人次一样,那么甲要去一个欧洲国家,一个亚洲国家。由上题分析已知,甲不去韩国,所以甲一定去日本。

故正确答案为 A 选项。

48.【答案】A 【难度】S5 【考点】论证推理 支持、加强 论据+结论型论证的支持

论据:虽然鲸鱼不是鱼。**结论**:应该接受检查并缴费。

A 选项:直接指出鲸鱼油属于"鱼油",在需要缴费的范围之内,可以支持。

B、E 选项:与题干论证无关,排除。

C、D 选项:"许多人认为""多数人肯定"均属于主观判断项,不能支持,排除。

故正确答案为 A 选项。

49.【答案】C 【难度】S5 【考点】论证推理 支持、加强 论据+结论型论证的支持

论据:发展中国家的高层次人才紧缺状况更甚于发达国家。**结论**:我国高层次人才引进工作急需进一步加强。

C 选项:**建立联系**,发展中国家高层次人才紧缺,我国是发展中国家,因此我国高层次人才紧缺,正确。

A 选项:题干并未涉及文科与理工科的比较,排除。

B 选项:题干论证并未涉及"一般性人才",排除。

D选项:与题干论证无关,排除。

E选项:引进数量为供给量的绝对数,但是是否紧缺还要考虑需求量,只知道数量不及发达国家无法表明是否紧缺,排除。

故正确答案为C选项。

50.【答案】E 【难度】S5 【考点】论证推理 支持、加强 论据+结论型论证的支持

题干信息:专家表示,数字阅读具有重要价值,是阅读的未来发展趋势。

E选项:**建立联系**,指出了数字阅读的优势,即便于筛选信息,能够对相关信息进行初步和深入了解,相关服务平台越来越多,与专家观点一致,正确。

A选项:未指出数字阅读在未来会对人们的生活产生何种影响,不能支持。

B、C、D选项:指出数字阅读的劣势,不能支持,排除。

故正确答案为E选项。

51.【答案】E 【难度】S5 【考点】综合推理 匹配题型

E选项:与题干信息均不矛盾,正确。

A选项:建设部负责环境,平安部负责协调,结合(1)(2)可得,综合部和民生会负责协调和秩序,与平安部负责协调矛盾,排除。

B选项:建设部负责秩序,民生部负责协调,结合(1)可得,综合部负责协调或秩序,矛盾,排除。

C选项:综合部负责安全,结合(1)的逆否可得,建设部不负责环境,也不负责秩序,所以建设部只能负责协调,与民生部负责协调矛盾,排除。

D选项:民生部负责安全,结合(2)的逆否可得,平安部不负责环境,也不负责协调,所以平安部只能负责秩序,与综合部负责秩序矛盾,排除。

故正确答案为E选项。

52.【答案】E 【难度】S4 【考点】形式逻辑 假言命题 假言命题推理规则

题干信息:(1)人→有惑;(2)¬从师→¬解惑;(3)生乎吾前∨生乎吾后→闻道先乎吾,吾从而师之;(4)道之所存→师之所存。

E选项:是(2)的等价逆否命题,正确。

A、D选项:与(3)不一致,排除。

B选项:与(4)不一致,排除。

C选项:题干中并未出现此逻辑关系,排除。

故正确答案为E选项。

53.【答案】B 【难度】S5 【考点】论证推理 论证方式相似、漏洞相似

题干信息:学问的本来意义与人的生命、生活有关(A)。但是,如果学问成为口号或教条(B),就会失去其本来的意义(¬A)。因此,任何学问都不应该成为口号或教条(¬B)。

B选项:大脑会改编现实经历(A)。但是,如果大脑只是储存现实经历的"文件柜"(B)就不会对其进行改编(¬A)。因此,大脑不应该只是储存现实经历的"文件柜"(¬B)。与题干相似,正确。

A选项:椎间盘是没有血液循环的组织(A)。但是,如果要确保其功能正常运转(B),就需依靠其周围流过的血液提供养分(C)。因此,培养功能正常运转的人工椎间盘应该很困难(¬B)。

与题干不相似,排除。

C选项:人工智能应该可以判断黑猫和白猫都是猫(A)。但是,如果人工智能不预先"消化"大量照片(¬B),就无从判断黑猫和白猫都是猫(¬A)。因此,人工智能必须预先"消化"大量照片(B)。与题干不相似,排除。

D选项:"只有……才……"及论证方式均与题干不一致,排除。

E选项:历史包含必然性(A)。但是,如果坚信历史只包含必然性(B),就会阻止我们用不断积累的历史数据去证实或证伪它(C)。因此,历史不应该只包含必然性(¬B)。与题干不相似,排除。

故正确答案为B选项。

54. 【答案】D 【难度】S5 【考点】综合推理 综合题组(匹配题型)

第一题和第二题四个人的答案各不相同,所以其中肯定有一个人的答案是正确的。由张和赵都不正确可知,王和李各答对的1道题在第一题和第二题中,所以四个人在第三题和第四题上都答错了。由此可知,第四题的答案不是B、C、D,所以第四题答案是A。

故正确答案为D选项。

55. 【答案】A 【难度】S6 【考点】综合推理 综合题组(匹配题型)

由上题可知,第四题答案是A,第一题答案是B或C,第二题答案是C或D,第三题答案是C或D。要满足每道题答案各不相同,那么第二题和第三题答案应在C和D中,第一题答案就只能是B。

故正确答案为A选项。

【温馨提示】 想知道哪些知识点还没掌握?请打开"海绵MBA"APP,进入页面右上角【扫一扫】图标,扫描下方二维码,填入答案,系统会自动记录错题数据,方便查漏补缺。

2019年管理类综合能力逻辑试题

三、逻辑推理：第26~55小题，每小题2分，共60分。下列每题给出的A、B、C、D、E五个选项中，只有一项是符合试题要求的。请在答题卡上将所选项的字母涂黑。

26. 新常态下，消费需求发生深刻变化，消费拉开档次，个性化、多样化消费渐成主流。在相当一部分消费者那里，对产品质量的追求压倒了对价格的考虑。供给侧结构性改革，说到底是满足需求。低质量的产能必然会过剩，而顺应市场需求不断更新换代的产能不会过剩。

    根据以上陈述，可以得出以下哪项？

    A. 只有质优价高的产品才能满足需求。
    B. 顺应市场需求不断更新换代的产能不是低质量的产能。
    C. 低质量的产能不能满足个性化需求。
    D. 只有不断更新换代的产品才能满足个性化、多样化消费的需求。
    E. 新常态下，必须进行供给侧结构性改革。

27. 据碳-14检测，卡皮瓦拉山岩画的创作时间最早可追溯到3万年前。在文字尚未出现的时代，岩画是人类沟通交流、传递信息、记录日常生活的主要方式。于是今天的我们可以在这些岩画中看到：一位母亲将孩子举起嬉戏，一家人在仰望并试图碰触头上的星空……动物是岩画的另一个主角，比如巨型犰狳、马鹿、螃蟹等。在许多画面中，人们手持长矛，追逐着前方的猎物。由此可以推断，此时的人类已经居于食物链的顶端。

    以下哪项如果为真，最能支持上述推断？

    A. 岩画中出现的动物一般是当时人类猎捕的对象。
    B. 3万年前，人类需要避免自己被虎豹等大型食肉动物猎杀。
    C. 能够使用工具使得人类可以猎杀其他动物，而不是相反。
    D. 有了岩画，人类可以将生活经验保留下来供后代学习，这极大地提高了人类的生存能力。
    E. 对星空的敬畏是人类脱离动物、产生宗教的动因之一。

28. 李诗、王悦、杜舒、刘默是唐诗宋词的爱好者，在唐朝诗人李白、杜甫、王维、刘禹锡中4人各喜爱其中一位，且每人喜爱的唐诗作者不与自己同姓。关于他们4人，已知：

    (1) 如果爱好王维的诗，那么也爱好辛弃疾的词；
    (2) 如果爱好刘禹锡的诗，那么也爱好岳飞的词；
    (3) 如果爱好杜甫的诗，那么也爱好苏轼的词。

    如果李诗不爱好苏轼和辛弃疾的词，则可以得出以下哪项？

    A. 杜舒爱好辛弃疾的词。   B. 王悦爱好苏轼的词。   C. 刘默爱好苏轼的词。
    D. 李诗爱好岳飞的词。   E. 杜舒爱好岳飞的词。

29. 人们一直在争论猫与狗谁更聪明。最近，有些科学家不仅研究了动物脑容量的大小，还研究了其大脑皮层神经细胞的数量，发现猫平常似乎总摆出一副智力占优的神态，但猫的大脑皮层神经细胞的数量只有普通金毛犬的一半。由此，他们得出结论：狗比猫更聪明。

    以下哪项最可能是上述科学家得出结论的假设？

A. 狗善于与人类合作,可以充当导盲犬、陪护犬、搜救犬、警犬等,就对人类的贡献而言,狗能做的似乎比猫多。

B. 狗可能继承了狼结群捕猎的特点,为了互相配合,它们需要做出一些复杂行为。

C. 动物大脑皮层神经细胞的数量与动物的聪明程度呈正相关。

D. 猫的脑神经细胞数量比狗少,是因为猫不像狗那样"爱交际"。

E. 棕熊的脑容量是金毛犬的3倍,但其脑神经细胞的数量却少于金毛犬,与猫很接近,而棕熊的脑容量却是猫的10倍。

30~31题基于以下题干:

某单位拟派遣3名德才兼备的干部到西部山区进行精准扶贫。报名者踊跃,经过考察,最终确定陈甲、傅乙、赵丙、邓丁、刘戊、张己6名候选人。根据工作需要,派遣还需要满足以下条件:

(1)若派遣陈甲,则派遣邓丁但不派遣张己;

(2)若傅乙、赵丙至少派遣1人,则不派遣刘戊。

30. 以下哪项的派遣人选和上述条件不矛盾?

A. 赵丙、邓丁、刘戊。 B. 陈甲、傅乙、赵丙。 C. 傅乙、邓丁、刘戊。
D. 邓丁、刘戊、张己。 E. 陈甲、赵丙、刘戊。

31. 如果陈甲、刘戊至少派遣1人,则可以得出以下哪项?

A. 派遣刘戊。 B. 派遣赵丙。 C. 派遣陈甲。
D. 派遣傅乙。 E. 派遣邓丁。

32. 近年来,手机、电脑的使用导致工作与生活界限日益模糊,人们的平均睡眠时间一直在减少,熬夜已成为现代人生活的常态。科学研究表明,熬夜有损身体健康,睡眠不足不仅仅是多打几个哈欠那么简单。有科学家据此建议,人们应该遵守作息规律。

以下哪项如果为真,最能支持上述科学家所做的建议?

A. 长期睡眠不足会导致高血压、糖尿病、肥胖症、抑郁症等多种疾病,严重时还会造成意外伤害或死亡。

B. 缺乏睡眠会降低体内脂肪调节瘦素激素的水平,同时增加饥饿激素,容易导致暴饮暴食、体重增加。

C. 熬夜会让人的反应变慢、认知退步、思维能力下降,还会引发情绪失控,影响与他人的交流。

D. 所有的生命形式都需要休息与睡眠。在人类进化过程中,睡眠这个让人短暂失去自我意识、变得极其脆弱的过程并未被大自然淘汰。

E. 睡眠是身体的自然美容师,与那些睡眠充足的人相比,睡眠不足的人看上去面容憔悴,缺乏魅力。

33. 有一论证(相关语句用序号表示)如下:

①今天,我们仍然要提倡勤俭节约。②节约可以增加社会保障资源。③我国尚有不少地区的人民生活贫困,亟须更多社会保障资源,但也有一些人浪费严重。④节约可以减少资源消耗。⑤因为被浪费的任何粮食或者物品都是消耗一定的资源得来的。

如果用"甲→乙"表示甲支持(或证明)乙,则以下哪项对上述论证基本结构的表示最为准确?

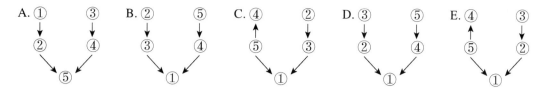

34. 研究人员使用脑电图技术研究了母亲给婴儿唱童谣时两人的大脑活动,发现当母亲与婴儿对视时,双方的脑电波趋于同步,此时婴儿也会发出更多的声音尝试与母亲沟通。他们据此认为,母亲与婴儿对视有助于婴儿的学习与交流。

以下哪项如果为真,最能支持上述研究人员的观点?

A. 在两个成年人交流时,如果他们的脑电波同步,交流就会更顺畅。

B. 当父母与孩子互动时,双方的情绪与心率可能也会同步。

C. 当部分学生对某科学感兴趣时,他们的脑电波会渐趋同步,学习效果也随之提升。

D. 当母亲与婴儿对视时,他们都在发出信号,表明自己可以且愿意与对方交流。

E. 脑电波趋于同步可优化双方对话状态,使交流更加默契,增进彼此了解。

35. 本保险柜所有密码都是4个阿拉伯数字和4个英文字母的组合。已知:

(1) 若4个英文字母不连续排列,则密码组合中的数字之和大于15;

(2) 若4个英文字母连续排列,则密码组合中的数字之和等于15;

(3) 密码组合中的数字之和或者等于18,或者小于15。

根据上述信息,以下哪项是可能的密码组合?

A. 1adbe356。 B. 37ab26dc。 C. 2acgf716。 D. 58bcde32。 E. 18ac42de。

36. 有一6×6的方阵,它所含的每个小方格中可填入一个汉字,已有部分汉字填入。现要求该方阵中的每行每列均含有礼、乐、射、御、书、数6个汉字,不能重复也不能遗漏。

根据上述要求,以下哪项是方阵底行5个空格中从左至右依次应填入的汉字?

	乐		御	书	
				乐	
射	御	书		礼	
	射			数	礼
御		数			射
					书

A. 数、礼、乐、射、御。 B. 乐、数、御、射、礼。 C. 数、礼、乐、御、射。

D. 乐、礼、射、数、御。 E. 数、御、乐、射、礼。

37. 某市音乐节设立了流行、民谣、摇滚、民族、电音、说唱、爵士这7大类的奖项评选。在入围提名中,已知:

(1) 至少有6类入围;

(2) 流行、民谣、摇滚中至多有2类入围;

(3) 如果摇滚和民族类都入围,则电音和说唱中至少有一类没有入围。

根据上述信息,可以得出以下哪项?

A. 流行类没有入围。　　B. 民谣类没有入围。　　C. 摇滚类没有入围。
D. 爵士类没有入围。　　E. 电音类没有入围。

38. 某大学有位女教师默默资助一偏远山区的贫困家庭长达 15 年。记者多方打听,发现做好事者是该大学传媒学院甲、乙、丙、丁、戊 5 位教师中的一位。在接受记者采访时,5 位老师都很谦虚,他们是这么对记者说的:

甲:这件事是乙做的。

乙:我没有做,是丙做了这件事。

丙:我并没有做这件事。

丁:我也没有做这件事,是甲做的。

戊:如果甲没有做,则丁也不会做。

记者后来得知,上述 5 位老师中只有一人说的话符合真实情况。

根据以上信息,可以得出做这件好事的人是:

A. 甲。　　B. 乙。　　C. 丙。　　D. 丁。　　E. 戊。

39. 作为一名环保爱好者,赵博士提倡低碳生活,积极宣传节能减排。但我不赞同他的做法,因为作为一名大学老师,他这样做,占用了大量的科研时间,到现在连副教授都没评上,他的观点怎么能令人信服呢?

以下哪项论证中的错误和上述最为相似?

A. 张某提出要同工同酬,主张在质量相同的情况下,不分年龄、级别一律按件计酬。她这样说不就是因为她年轻、级别低吗?其实她是在为自己谋利益。

B. 公司的绩效奖励制度是为了充分调动广大员工的积极性,它对所有员工都是公平的。如果有人对此有不同的意见,则说明他反对公平。

C. 最近听说你对单位的管理制度提了不少意见,这真令人难以置信!单位领导对你差吗?你这样做,分明是和单位领导过不去。

D. 单位任命李某担任信息科科长,听说你对此有意见。大家都没有提意见,只有你一个人有意见,看来你的意见是有问题的。

E. 有一种观点认为,只有直接看到的事物才能确信其存在。但是没有人可以看到质子、电子,而这些都被科学证明是客观存在的。所以,该观点是错误的。

40. 下面 6 张卡片,一面印的是汉字(动物或者花卉),一面印的是数字(奇数或者偶数)。

| 虎 | 6 | 菊 | 7 | 鹰 | 8 |

对于上述 6 张卡片,如果要验证"每张至少有一面印的是偶数或者花卉",至少需要翻看几张卡片?

A. 2。　　B. 3。　　C. 4。　　D. 5。　　E. 6。

41. 某地人才市场招聘保洁、物业、网管、销售 4 种岗位的从业者,有甲、乙、丙、丁 4 位年轻人前来应聘。事后得知,每人只选择一种岗位应聘,且每种岗位都有其中一人应聘。另外,还知道:

(1) 如果丁应聘网管,那么甲应聘物业;
(2) 如果乙不应聘保洁,那么甲应聘保洁且丙应聘销售;
(3) 如果乙应聘保洁,那么丙应聘销售,丁也应聘保洁。
根据以上陈述,可以得出以下哪项?
A. 甲应聘网管岗位。　　　　B. 丙应聘保洁岗位。　　　　C. 甲应聘物业岗位。
D. 乙应聘网管岗位。　　　　E. 丁应聘销售岗位。

42. 旅游是一种独特的文化体验。游客可以跟团游,也可以自由行。自由行游客虽避免了跟团游的集体束缚,但也放弃了人工导游的全程讲解,而近年来他们了解旅游景点的文化需求却有增无减。为适应这一市场需求,基于手机平台的多款智能导游APP被开发出来。它们可定位用户位置,自动提供景点讲解、游览问答等功能。有专家就此指出,未来智能导游必然会取代人工导游,传统的导游职业行将消亡。

以下哪项如果为真,最能质疑上述专家的论断?
A. 至少有95%的国外景点所配备的导游讲解器没有中文语音,中国出境游客因为语言和文化上的差异,对智能导游APP的需求比较强烈。
B. 旅行中才会使用的智能导游APP,如何保持用户黏性、未来又如何取得商业价值等都是待解问题。
C. 好的人工导游可以根据游客需求进行不同类型的讲解,不仅关注景点,还可表达观点,个性化很强,这是智能导游APP难以企及的。
D. 目前发展较好的智能导游APP用户量在百万级左右,这与当前中国旅游人数总量相比还只是一个很小的比例,市场还没有培养出用户的普遍消费习惯。
E. 国内景区配备的人工导游需要收费,大部分导游讲解的内容都是事先背好的标准化内容。但是,即便人工导游没有特色,其退出市场也需要一定的时间。

43. 甲:上周去医院,给我看病的医生竟然还在抽烟。
乙:所有抽烟的医生都不关心自己的健康,而不关心自己健康的人也不会关心他人的健康。
甲:是的,不关心他人健康的医生没有医德,我今后再也不会让没有医德的医生给我看病了。
根据上述信息,以下除了哪项,其余各项均可得出?
A. 甲认为他不会再找抽烟的医生看病。
B. 乙认为上周给甲看病的医生不会关心乙的健康。
C. 甲认为上周给他看病的医生不关心医生自己的健康。
D. 甲认为上周给他看病的医生不会关心甲的健康。
E. 乙认为上周给甲看病的医生没有医德。

44. 得道者多助,失道者寡助。寡助之至,亲戚畔之;多助之至,天下顺之。以天下之所顺,攻亲戚之所畔,故君子有不战,战必胜矣。
以下哪项是上述论证所蕴含的前提?
A. 得道者多,则天下太平。　　B. 君子是得道者。　　C. 得道者必胜失道者。
D. 失道者必定得不到帮助。　　E. 失道者亲戚畔之。

45. 如今,孩子写作业不仅仅是他们自己的事,大多数中小学生的家长都要面临陪孩子写作业的任务,包括给孩子听写、检查作业、签字等。据一项针对3 000余名家长进行的调查显示,84%的家长每天都会陪孩子写作业,而67%的受访家长会因陪孩子写作业而烦恼。有专家对此指出,家长陪孩子写作业,相当于充当学校老师的助理,让家庭成为课堂的延伸,会对孩子的成长产生不利影响。

以下哪项如果为真,最能支持上述专家的论断?

A. 家长是最好的老师,家长辅导孩子获得各种知识本来就是家庭教育的应有之义,对于中低年级的孩子,学习过程中的父母陪伴尤为重要。

B. 家长通常有自己的本职工作,有的晚上要加班,有的即使晚上回家也需要研究工作、操持家务,一般难有精力认真完成学校老师布置的"家长作业"。

C. 家长陪孩子写作业,会使得孩子在学习中缺乏独立性和主动性,整天处于老师和家长的双重压力下,既难生发学习兴趣,更难养成独立人格。

D. 大多数家长在孩子教育上并不是行家,他们或者早已遗忘了自己曾经学过的知识,或者根本不知道如何将自己拥有的知识传授给孩子。

E. 家长辅导孩子,不应围绕老师布置的作业,而应着重激发孩子的学习兴趣,培养孩子良好的学习习惯,让孩子在成长中感到新奇、快乐。

46. 我国天山是垂直地带性的典范。已知天山的植被形态分布具有如下特点:

(1) 从低到高有荒漠、森林带、冰雪带等;

(2) 只有经过山地草原,荒漠才能演变成森林带;

(3) 如果不经过森林带,山地草原就不会过渡到山地草甸;

(4) 山地草甸的海拔不比山地草甸草原的低,也不比高寒草甸高。

根据以上信息,关于天山植被形态,按照由低到高排列,以下哪项是不可能的?

A. 荒漠、山地草原、山地草甸草原、森林带、山地草甸、高寒草甸、冰雪带。

B. 荒漠、山地草原、山地草甸草原、高寒草甸、森林带、山地草甸、冰雪带。

C. 荒漠、山地草甸草原、山地草原、森林带、山地草甸、高寒草甸、冰雪带。

D. 荒漠、山地草原、山地草甸草原、森林带、山地草甸、冰雪带、高寒草甸。

E. 荒漠、山地草原、森林带、山地草甸草原、山地草甸、高寒草甸、冰雪带。

47. 某大学读书会开展"一月一节"活动。读书会成员甲、乙、丙、丁、戊5人在《论语》《史记》《唐诗三百首》《奥德赛》《资本论》中各选一种阅读,互不重复。已知:

(1) 甲爱读历史,会在《史记》和《奥德赛》中选一本;

(2) 乙和丁只爱中国古代经典,但现在都没有读诗的心情;

(3) 如果乙选《论语》,则戊选《史记》。

事实上,每个人都选了自己喜爱的书目。

根据以上陈述,可以得出以下哪项?

A. 甲选《史记》。　　　　B. 乙选《奥德赛》。　　　　C. 丙选《唐诗三百首》。

D. 丁选《论语》。　　　　E. 戊选《资本论》。

48. 如果一个人只为自己劳动,他也许能够成为著名学者、大哲人、卓越诗人,然而他永远不能成为完美无瑕的伟大人物。如果我们选择了最能为人类福利而劳动的职业,那么,重担就不能把我们压倒,因为这是为大家而献身;那时我们所感到的就不是可怜的、有限的、自私的乐趣,我们的幸福将属于千百万人,我们的事业将默默地、但是永恒发挥作用地存在下去,而面对我们的骨灰,高尚的人们将洒下热泪。

根据以上陈述,可以得出以下哪项结论?

A. 如果一个人只为自己劳动,不是为大家而献身,那么重担就能将他压倒。

B. 如果我们为大家而献身,我们的幸福将属于千百万人,面对我们的骨灰,高尚的人们将洒下热泪。

C. 如果我们没有选择最能为人类福利而劳动的职业,我们所感到的就是可怜的、有限的、自私的乐趣。

D. 如果选择了最能为人类福利而劳动的职业,我们就不但能够成为著名学者、大哲人、卓越诗人,而且还能够成为完美无瑕的伟大人物。

E. 如果我们只为自己劳动,我们的事业就不会默默地,但是永恒发挥作用地存在下去。

49~50题基于以下题干:

某食堂采购4类(各蔬菜名称的后一个字相同,即为一类)共12种蔬菜:芹菜、菠菜、韭菜、青椒、红椒、黄椒、黄瓜、冬瓜、丝瓜、扁豆、毛豆、豇豆。并根据若干条件将其分成3组,准备在早、中、晚三餐中分别使用。已知条件如下:

(1)同一类别的蔬菜不在一组;

(2)芹菜不能在黄椒那一组,冬瓜不能在扁豆那一组;

(3)毛豆必须与红椒或韭菜同一组;

(4)黄椒必须与豇豆同一组。

49. 根据以上信息,可以得出以下哪项?

A. 芹菜与豇豆不在同一组。 B. 芹菜与毛豆不在同一组。
C. 菠菜与扁豆不在同一组。 D. 冬瓜与青椒不在同一组。
E. 丝瓜与韭菜不在同一组。

50. 如果韭菜、青椒与黄瓜在同一组,则可得出以下哪项?

A. 芹菜、红椒与扁豆在同一组。 B. 菠菜、黄椒与豇豆在同一组。
C. 韭菜、黄瓜与毛豆在同一组。 D. 菠菜、冬瓜与豇豆在同一组。
E. 芹菜、红椒与丝瓜在同一组。

51.《淮南子·齐俗训》中有曰:"今屠牛而烹其肉,或以为酸,或以为甘,煎熬燎炙,齐味万方,其本一牛之体。"其中的"熬"便是熬牛肉制汤的意思。这是考证牛肉汤做法最早的文献资料,某民俗专家由此推测,牛肉汤的起源不会晚于春秋战国时期。

以下哪项如果为真,最能支持上述推测?

A.《淮南子·齐俗训》完成于西汉时期。

B. 早在春秋战国时期,我国已经开始使用耕牛。

C.《淮南子》的作者中有来自齐国故地的人。

D. 春秋战国时期我国已有熬汤的鼎器。

E.《淮南子·齐俗训》记述的是春秋战国时期齐国的风俗习惯。

52. 某研究机构以约 2 万名 65 岁以上的老人为对象,调查了笑的频率与健康状态的关系。结果显示,在不苟言笑的老人中,认为自身现在的健康状态"不怎么好"和"不好"的比例分别是几乎每天都笑的老人的 1.5 倍和 1.8 倍。爱笑的老人对自我健康状态的评价往往较高。他们由此认为,爱笑的老人更健康。

以下哪项如果为真,最能质疑上述调查者的观点?

A. 乐观的老人比悲观的老人更长寿。

B. 病痛的折磨使得部分老人对自我健康状态的评价不高。

C. 身体健康的老人中,女性爱笑的比例比男性高 10 个百分点。

D. 良好的家庭氛围使得老人生活更乐观,身体更健康。

E. 老人的自我健康评价往往和他们实际的健康状况之间存在一定的差距。

53. 阔叶树的降尘优势明显,吸附 PM2.5 的效果最好,一棵阔叶树一年的平均滞尘量达 3.16 公斤。针叶树叶面积小,吸附 PM2.5 的功效较弱。全年平均下来,阔叶林的吸尘效果要比针叶林强不少,阔叶树也比灌木和草地吸尘效果好得多。以北京常见的阔叶树国槐为例,成片的国槐林吸尘效果比同等面积的普通草地约高 30%。有些人据此认为,为了降尘,北京应大力推广阔叶树,并尽量减少针叶林面积。

以下哪项如果为真,最能削弱上述有关人员的观点?

A. 阔叶树与针叶树比例失调,不仅极易爆发病虫害、火灾等,还会影响林木的生长和健康。

B. 针叶树冬天虽然不落叶,但基本处于"休眠"状态,生物活性差。

C. 植树造林既要治理 PM2.5,也要治理其他污染物,需要合理布局。

D. 阔叶树冬天落叶,在寒冷的冬季,其养护成本远高于针叶树。

E. 建造通风走廊,能把城市和郊区的森林连接起来,让清新的空气吹入,降低城区的 PM2.5。

54~55 题基于以下题干:

某园艺公司打算在如下形状的花圃中栽种玫瑰、兰花、菊花三个品种,该花圃形状如下所示:

拟栽种的玫瑰有紫、红、白 3 种颜色,兰花有红、白、黄 3 种颜色,菊花有白、黄、蓝 3 种颜色,栽种需满足如下要求:

(1)每个六边形格子中仅栽种一个品种、一种颜色的花;

(2)每个品种只栽种两种颜色的花;

(3)相邻格子的花,其品种与颜色均不相同。

54. 若格子 5 中是红色的花,则以下哪项是不可能的?

A. 格子 2 中是紫色的玫瑰。　　B. 格子 1 中是白色的兰花。

C. 格子 1 中是白色的菊花。　　D. 格子 4 中是白色的兰花。

E. 格子 6 中是蓝色的菊花。

55. 若格子 5 中是红色的玫瑰,且格子 3 中是黄色的花,则可以得出以下哪项?

A. 格子 1 中是紫色的玫瑰。　　B. 格子 4 中是白色的菊花。

C. 格子 2 中是白色的菊花。　　D. 格子 4 中是白色的兰花。

E. 格子 6 中是蓝色的菊花。

2019年管理类综合能力逻辑试题解析

答案速查表

26~30	BCDCD	31~35	EADEB	36~40	ACDAB
41~45	DCEBC	46~50	BDBAB	51~55	EEACD

26.【答案】B 【难度】S4 【考点】形式逻辑 假言命题 假言命题推理规则
题干信息：(1)低质量→过剩；(2)顺应市场→¬过剩。
(1)(2)传递可得：低质量→过剩→¬顺应市场。
B选项：顺应市场→¬低质量，是题干推理的等价逆否命题，正确。
A选项：满足需求→质优价高，不符合题干信息，排除。
C选项：低质量→¬满足需求，不符合题干信息，排除。
D选项：满足需求→不断更新换代的产品，不符合题干信息，排除。
E选项：新常态→改革，不符合题干信息，排除。
故正确答案为B选项。

27.【答案】C 【难度】S5 【考点】论证推理 支持、加强 论据+结论型论证的支持
论据：岩画中人们手持长矛追逐猎物。结论：此时的人类已经居于食物链顶端。
C选项：**建立联系**，表明能使用长矛等工具可以使人类猎杀其他动物而不会被动物猎杀，以此表明人类居于食物链顶端的推断成立。
A选项：力度较弱，只能表明人类可以猎捕一些动物，但无法确定人类是否已经居于食物链的顶端，排除。
B选项：说明人类还有可能被大型食肉动物猎杀，并未居于食物链顶端，排除。
D、E选项：与题干论证无关，排除。
故正确答案为C选项。

28.【答案】D 【难度】S5 【考点】形式逻辑 假言命题 假言命题推理规则
题干信息：(1)王维→辛弃疾；(2)刘禹锡→岳飞；(3)杜甫→苏轼。
由"李诗不爱好苏轼和辛弃疾的词"这一确定信息，结合(1)(3)可推知：李诗不爱好王维的诗，也不爱好杜甫的诗。又因为"每人喜爱的唐诗作者不与自己同姓"，所以李诗也不爱好李白的诗，故李诗爱好刘禹锡的诗，结合(2)可推出：李诗爱好岳飞的词。
故正确答案为D选项。

29.【答案】C 【难度】S4 【考点】论证推理 假设、前提 论据+结论型论证的假设
论据：猫的大脑皮层神经细胞的数量只有普通金毛犬的一半。结论：狗比猫更聪明。
C选项：**建立联系**，建立了"大脑皮层神经细胞数量"与"聪明"之间的关系，表明猫的大脑皮层神经细胞的数量少确实可以推断出其没有狗聪明。
A、B选项：与论据中的"大脑皮层神经细胞数量"无关，排除。
D选项：未建立起脑神经细胞数量与聪明之间的联系，排除。

E 选项:题干论证与棕熊无关,排除。

故正确答案为 C 选项。

30. 【答案】D 【难度】S5 【考点】形式逻辑 假言命题 假言命题矛盾关系

    题干信息:(1)甲→丁∧¬己;(2)乙∨丙→¬戊。

    D 选项:与(1)(2)都不矛盾,正确。

    B、E 选项:与(1)矛盾,排除。

    A、C 选项:与(2)矛盾,排除。

    故正确答案为 D 选项。

31. 【答案】E 【难度】S5 【考点】综合推理 综合题组(分组题型)

    补充信息:(3)甲∨戊。

    由(1)可知,如果派遣甲,则派遣丁;由(3)可知,如果不派遣甲,则派遣戊;再由(2)的等价逆否命题可推知,戊→¬乙∧¬丙,此时已经有甲、乙、丙三人不派遣,若再不派遣丁,则不派遣人数为 4 人,与题干中要在 6 名候选人中派遣 3 人矛盾,故一定会派遣丁。

    故正确答案为 E 选项。

32. 【答案】A 【难度】S4 【考点】论证推理 支持、加强 论据+结论型论证的支持

    论据:熬夜有损身体健康。结论:人们应该遵守作息规律。

    A 选项:建立联系,表明长期睡眠不足确实会危害健康。

    B 选项:只是表明缺乏睡眠会导致变胖,但并未明确说明对身体健康的影响,排除。

    C 选项:表明熬夜不好,但对身体健康的影响并未进行具体说明,排除。

    D 选项:说明了睡眠的重要性,但未提及对健康的影响,排除。

    E 选项:表明睡眠能让人变美,但并未明确说明缺乏睡眠对健康的影响,排除。

    故正确答案为 A 选项。

33. 【答案】D 【难度】S4 【考点】论证推理 概括论证方式

    此题比较新颖,考查了推理结构,这是论证推理的基础知识,在进行论证推理学习的时候我反复强调要训练准确寻找论据和结论的能力,而不是仅凭一些"标志词"进行技巧性的解题,要重视基础,以不变应万变!就此题来说,可以根据语句的关键词和语句之间的关系进行选择:

    ②③都有关键词"社会保障资源",可考虑二者关系。"节约可以增加社会保障资源"显然不支持"有一些人浪费严重",因此②→③不成立,排除 B、C 选项。

    ④⑤都有关键词"资源消耗",可考虑二者逻辑关系。⑤以"因为"开头,显然是论据,因此⑤→④成立,排除 A 选项。

    ②和④是两个分论点,共同得到了①这个总结论,排除 E 选项。

    故正确答案为 D 选项。

34. 【答案】E 【难度】S5 【考点】论证推理 支持、加强 论据+结论型论证的支持

    论据:母亲与婴儿对视时,双方的脑电波趋于同步。结论:母亲与婴儿对视有助于婴儿的学习与交流。

    E 选项:建立联系,直接表明脑电波同步对交流的帮助,建立了"脑电波同步"与"有助于学习与交流"的联系,正确。

A 选项:题干研究对象为母亲与婴儿,不是"两个成年人",排除。
B 选项:题干研究的是脑电波,不是"情绪与心率",排除。
C 选项:题干研究对象为母亲与婴儿,不是"部分学生",排除。
D 选项:虽然母亲与婴儿都在发出信号,但是否与脑电波有关呢?未知,无法支持,排除。
故正确答案为 E 选项。

35.【答案】B 【难度】S4 【考点】综合推理 数字相关题型
此题可根据题干的3个条件,对选项进行筛选。
B 选项:4个英文字母不连续排列,数字之和为18,符合条件,正确。
A 选项:4个英文字母连续排列,数字之和为15,不符合(3),排除。
C 选项:4个英文字母连续排列,数字之和为16,不符合(2)(3),排除。
D 选项:4个英文字母连续排列,数字之和为18,不符合(2),排除。
E 选项:4个英文字母不连续排列,数字之和为15,不符合(1)(3),排除。
本题也可采取另外一种思路:
由(3)可知,数字之和不可能等于15,结合(2)的逆否可推知,4个英文字母不连续排列;再由(1)可知,数字之和应大于15,与(3)相结合便可知道,正确答案的数字之和应是18。所以答案需同时满足两个条件:①4个英文字母不连续;②数字之和为18。只有 B 选项满足条件。
故正确答案为 B 选项。

36.【答案】A 【难度】S5 【考点】综合推理 数字相关题型
此题考查了"数独"的模型,可采用"数独"思想进行解题。
由数独的性质可知,第3行只剩"乐"和"数"两个字需要填,最容易入手。因为第4列已经有"乐"字,所以第3行两个空格处,左边应填入"数",右边应填入"乐"。
A 选项:与已知信息均不矛盾,正确。
B 选项:第5列第3行已经有"礼"字,所以 B 选项第5个字不可能为"礼",排除。
C 选项:第4列第1行已经有"御"字,所以 C 选项第4个字不可能为"御",排除。
D 选项:第4列第3行已经有"数"字,所以 D 选项第4个字不可能为"数",排除。
E 选项:第2列第3行已经有"御"字,所以 E 选项第2个字不可能为"御",排除。
故正确答案为 A 选项。

37.【答案】C 【难度】S5 【考点】综合推理 分组题型
题干信息:(1)入围≥6;(2)¬流行∨¬民谣∨¬摇滚;(3)摇滚∧民族→¬电音∨¬说唱。
根据(1)可知,7类中至少有6类入围,即至多有1类不入围;
根据(2)可知,流行、民谣、摇滚3类中至多有2类入围,即至少有1类不入围。
由(1)(2)可知,流行、民谣、摇滚中有1类未入围,其他4类全部入围。
将"电音和说唱都入围"代入条件(3),根据逆否条件可得:摇滚和民族类不都入围,即摇滚和民族中至少有1类没有入围。又因为民族类入围,所以可得摇滚类没有入围。
故正确答案为 C 选项。

38.【答案】D 【难度】S5 【考点】综合推理 真话假话题
方法一:常规型真话假话。

第一步:简化题干信息	(1)乙;(2)¬乙∧丙;(3)¬丙=甲∨乙∨丁∨戊;(4)¬丁∧甲;(5)¬甲→丁=甲∨¬丁=甲∨乙∨丙∨戊
第二步:找矛盾关系或反对关系	由于只有一个人做好事,所以"¬乙∧丙"="丙"。因此,(2)(3)矛盾,必一真一假
第三步:推知其余项真假	结合"只有一真"可知,(1)(4)(5)均为假
第四步:根据其余项真假,得出真实情况	由(5)为假可得,¬甲∧丁,所以做好事的是丁
第五步:选出答案	故正确答案为 D 选项

方法二:升级型真话假话。(如果未找到矛盾关系,则也可以采取"假设+归谬"的思路解题。)

第一步:简化题干信息	(1)乙;(2)¬乙∧丙;(3)¬丙=甲∨乙∨丁∨戊;(4)¬丁∧甲;(5)¬甲→丁=甲∨¬丁=甲∨乙∨丙∨戊
第二步:找矛盾关系或反对关系	未找到矛盾或反对关系,转换思路,采取"假设+归谬"的思路解题
第三步:假设+归谬	(a)若资助人是甲,则(3)(4)(5)都为真,不符合只有一真的要求,排除; (b)若资助人是乙,则(1)(3)(5)都为真,不符合只有一真的要求,排除; (c)若资助人是丙,则(2)(5)都为真,不符合只有一真的要求,排除; (d)若资助人是丁,则只有(3)为真,符合题意,正确; (e)若资助人是戊,则(3)(5)都为真,不符合只有一真的要求,排除
第四步:得出真实情况,选出答案	可确定丁做了好事,故正确答案为 D 选项

39.【答案】A 【难度】S5 【考点】论证推理 论证方式相似、漏洞相似

论证漏洞:诉诸人身。因为没有评上副教授,所以不赞同对方提倡低碳生活的主张。

A 选项:诉诸人身。因为年轻、级别低,所以不同意对方提出的同工同酬,与题干相似。

B 选项:不符合推理规则。由"绩效奖励→公平"无法推出"¬绩效奖励→¬公平",排除。

C 选项:诉诸情感。将对管理制度提意见等价于和领导过不去,排除。

D 选项:诉诸大众。由"大家都没有提意见"推出"你的意见有问题",排除。

E 选项:没有漏洞。观点:存在→直接看到。质子、电子是存在的∧¬直接看到,所以说明该观点错误,E 选项的论证正确,排除。

故正确答案为 A 选项。

40.【答案】B 【难度】S4 【考点】形式逻辑 联言命题、选言命题 联言、选言命题性质推理

要验证"每张至少有一面印的是偶数或者花卉",只需要根据卡片进行判断即可,其中"6""菊""8"3 张卡片已经满足要求,不需要再进行验证,所以需要翻看的是另外 3 张。

故正确答案为 B 选项。

41.【答案】D 【难度】S5 【考点】综合推理 匹配题型

题干信息：(1)丁网管→甲物业；(2)¬乙保洁→甲保洁∧丙销售；(3)乙保洁→丙销售∧丁保洁。

由(2)(3)结合二难推理模型可得：丙应聘销售。

由每人应聘一种岗位，每种岗位一人应聘，结合"归谬"的思想和条件(3)可知：乙和丁不可能都应聘保洁，所以乙不应聘保洁。

由条件(2)可推知：甲应聘保洁。

结合条件(1)可推知：甲保洁→¬甲物业→¬丁网管，所以丁不应聘网管。

综上：甲应聘保洁，乙应聘网管，丙应聘销售，丁应聘物业。

故正确答案为 D 选项。

42.【答案】C 【难度】S4 【考点】论证推理 削弱、质疑、反驳 论据+结论型论证的削弱

论据：智能导游 APP 可自动提供景点讲解、游览问答等功能。结论：未来智能导游必然会取代人工导游，传统的导游职业行将消亡。

结论中出现了"必然"这一非常绝对化的词语，所以只要能表明人工导游不可取代即可进行质疑。

C 选项：他因削弱，说明一些好的人工导游的优势是智能导游 APP 难以企及的，直接说明人工导游具有不可取代性，正确。

A 选项：支持专家，中国出境游客因为语言和文化上的差异，对智能导游 APP 的需求比较强烈，一定程度上支持了专家的论断，排除。

B 选项：说明智能导游 APP 推广的问题待解决，但不能说明未来不能解决，不能质疑专家论断，排除。

D 选项：目前市场还没有培养出用户的普遍消费习惯不代表未来不能培养，不能质疑专家论断，排除。

E 选项：支持专家，说明人工导游退出市场需要一定的时间，一定程度上支持了专家的论断，排除。

故正确答案为 C 选项。

43.【答案】E 【难度】S4 【考点】形式逻辑 三段论 三段论正推题型

甲：(1)医生抽烟。

乙：(2)抽烟→不关心自己健康→不关心他人健康。

甲：(3)抽烟→不关心自己健康→不关心他人健康→没有医德→不找这样的医生看病。

E 选项：乙的推理并未涉及"医德"，无法得出。

A、C、D 选项：符合(3)，排除。

B 选项：符合(2)，排除。

故正确答案为 E 选项。

44.【答案】B 【难度】S4 【考点】形式逻辑 三段论 三段论反推题型

题干信息：(1)得道→多助→天下顺之，失道→寡助→亲戚畔之；(2)天下之所顺，攻亲戚之所

畔,前者必胜;(3)君子→必胜。

要由(1)和(2)结合得出(3),即由得道→必胜,就要补上 B 选项的前提"君子→得道",即可形成以下推理关系:君子→得道→必胜。

故正确答案为 B 选项。

45.【答案】C 【难度】S4 【考点】论证推理 支持、加强 论据+结论型论证的支持

论据:如今,大多数家长都会陪孩子写作业,并且感到烦恼。结论:家长陪孩子写作业会对孩子的成长产生不利影响。

C 选项:建立联系,建立起"陪孩子写作业"与"对孩子产生不利影响"的联系,正确。

A 选项:表明家长陪孩子写作业的好处,对题干论证起到削弱作用,排除。

B 选项:表明家长陪孩子写作业有困难,与题干论证过程无关,排除。

D 选项:表明家长的能力不足以辅导孩子写作业,与题干论证过程无关,排除。

E 选项:未表明家长辅导孩子写作业是不利的,排除。

故正确答案为 C 选项。

46.【答案】B 【难度】S4 【考点】综合推理 排序题型

题干信息:(1)荒漠<森林带<冰雪带;(2)荒漠<山地草原<森林带;(3)山地草原<森林带<山地草甸;(4)山地草甸草原≤山地草甸≤高寒草甸。

B 选项:由(4)可知,山地草甸≤高寒草甸,与 B 选项的顺序矛盾。

故正确答案为 B 选项。

47.【答案】D 【难度】S5 【考点】综合推理 匹配题型

题干信息:(1)甲不爱读《论语》《唐诗三百首》《资本论》;(2)乙和丁不爱读《唐诗三百首》《奥德赛》《资本论》;(3)乙《论语》→戊《史记》。若乙选《论语》,则戊选《史记》,此时会发现丁无书可选,可推知:(4)乙不选《论语》。

进而可推出:(5)乙选《史记》,(6)丁选《论语》。列表如下。

	甲	乙	丙	丁	戊
《论语》	×(1)	×(4)	×(6)	√(6)	×(6)
《史记》	×(5)	√(5)	×(5)	×(5)	×(5)
《唐诗三百首》	×(1)	×(2)			×(2)
《奥德赛》	√(5)	×(2)	×(5)	×(5)	×(5)
《资本论》	×(1)	×(2)		×(2)	

故正确答案为 D 选项。

48.【答案】B 【难度】S4 【考点】形式逻辑 假言命题 假言命题推理规则

题干信息:(1)只为自己劳动→¬伟大人物;(2)最能为人类福利而劳动的职业→为大家献身→¬压倒→¬可怜的、有限的、自私的乐趣→幸福将属于千百万人,面对我们的骨灰,高尚的人们将洒下热泪。

B 选项:与(2)推理关系一致,正确。

A、D、E 选项:移花接木,"如果 A,那么(就)B"中的 A、B 两句话的信息分别属于两个逻辑关系,排除。

C 选项:不合规则,由"¬人类福利"无法推出有效信息,排除。

故正确答案为 B 选项。

49.【答案】A 【难度】S5 【考点】综合推理 综合题组(分组题型)

由(2)(4)可知,芹菜不能与豇豆在同一组。

故正确答案为 A 选项。

50.【答案】B 【难度】S5 【考点】综合推理 综合题组(分组题型)

由(1)可得,韭菜、芹菜、菠菜分属三组;

由(2)可得,芹菜不能在黄椒一组,故芹菜与红椒一组,菠菜与黄椒一组,再由(4)可得,黄椒与豇豆一组。由此可推知,菠菜、黄椒、豇豆在同一组。列表如下。

1	韭菜、青椒、黄瓜
2	芹菜、红椒
3	菠菜、黄椒、豇豆

故正确答案为 B 选项。

51.【答案】E 【难度】S4 【考点】论证推理 支持、加强 论据+结论型论证的支持

论据:《淮南子·齐俗训》是考证牛肉汤做法最早的文献资料。结论:牛肉汤的起源不会晚于春秋战国时期。

E 选项:建立联系,表明《淮南子·齐俗训》记述的就是春秋战国时期的风俗习惯,而这又是考证牛肉汤做法最早的文献资料,所以牛肉汤的起源不会晚于春秋战国时期,直接搭建了《淮南子·齐俗训》和"春秋战国时期"的联系,正确。

A 选项:《淮南子·齐俗训》完成时期和题干论证无关,排除。

B 选项:使用耕牛和制作牛肉汤没有直接关系,排除。

C 选项:《淮南子》的作者和题干论证无关,排除。

D 选项:只是提及熬汤的鼎器,但无法建立题干中论据与结论的联系,排除。

故正确答案为 E 选项。

52.【答案】E 【难度】S4 【考点】论证推理 削弱、质疑、反驳 论据+结论型论证的削弱

论据:爱笑的老人对自我健康状态的评价往往较高。结论:爱笑的老人更健康。

E 选项:割裂关系,表明老人的自我健康评价并不等于实际的健康状况,所以调查者的观点不可靠。

A、D 选项:关键词不一致,乐观≠爱笑,排除。

B 选项:"部分"力度较弱,排除。

C 选项:女性、男性与题干的比较对象不一致,排除。

故正确答案为 E 选项。

53.【答案】A 【难度】S5 【考点】论证推理 削弱、质疑、反驳 论据+结论型论证的削弱

论据:阔叶林比针叶林吸尘效果强不少。结论:为了降尘,北京应大力推广阔叶树,并尽量减少

针叶林面积。

方法:大力推广阔叶树,并尽量减少针叶林面积。目的:降尘。

A 选项:**达不到目的**,表明若阔叶树增多,针叶树减少,二者出现比例失调会造成不良影响,反而影响林木的生长和健康,不利于降尘,该方法无法达到目的,可以削弱。

B 选项:说明针叶树有劣势,支持了题干的论证,排除。

C、E 选项:与题干论证无关,排除。

D 选项:虽然养护成本高,但是否能达到降尘的目的呢?未知,无法削弱,排除。

故正确答案为 A 选项。

54. 【答案】C 【难度】S5 【考点】综合推理 综合题组(匹配题型)

由(2)(3)以及花圃形状可知,格子 1 和格子 5 所种的是同一品种;由"格子 5 是红色的花"可知,其不是菊花,所以格子 1 也不是菊花。

故正确答案为 C 选项。

55. 【答案】D 【难度】S5 【考点】综合推理 综合题组(匹配题型)

由"格子 3 是黄色的花"可知,格子 3 是黄色兰花或者黄色菊花。若格子 3 是黄色菊花,则结合"格子 5 是红色的玫瑰"及题干信息可知,格子 2 一定是白色兰花,格子 6 也只能是白色兰花,产生矛盾。因此格子 3 不是黄色菊花,而是黄色兰花。

由"格子 3 是黄色兰花"可知,格子 4 也是兰花,而且不能是红色和黄色,因此格子 4 是白色兰花。

故正确答案为 D 选项。

【温馨提示】想知道哪些知识点还没掌握?请打开"海绵 MBA"APP,进入页面右上角【扫一扫】图标,扫描下方二维码,填入答案,系统会自动记录错题数据,方便查漏补缺。

2018年管理类综合能力逻辑试题

三、逻辑推理：第26~55小题，每小题2分，共60分。下列每题给出的A、B、C、D、E五个选项中，只有一项是符合试题要求的。请在答题卡上将所选项的字母涂黑。

26. 人民既是历史的创造者，也是历史的见证者；既是历史的"剧中人"，也是历史的"剧作者"。离开人民，文艺就会变成无根的浮萍、无病的呻吟、无魂的躯壳。观照人民的生活、命运、情感，表达人民的心愿、心情、心声，我们的作品才会在人民中传之久远。

    根据以上陈述，可以得出以下哪项？

    A. 历史的创造者都是历史的见证者。
    B. 历史的创造者都不是历史的"剧中人"。
    C. 历史的"剧中人"都是历史的"剧作者"。
    D. 我们的作品只要表达人民的心愿、心情、心声，就会在人民中传之久远。
    E. 只有不离开人民，文艺才不会变成无根的浮萍、无病的呻吟、无魂的躯壳。

27. 盛夏时节的某一天，某市早报刊载了由该市专业气象台提供的全国部分城市当天的天气预报，择其内容列表如下。

天津	阴	上海	雷阵雨	昆明	小雨
呼和浩特	阵雨	哈尔滨	少云	乌鲁木齐	晴
西安	中雨	南昌	大雨	香港	多云
南京	雷阵雨	拉萨	阵雨	福州	阴

    根据上述信息，以下哪项做出的论断最为准确？

    A. 由于所列城市盛夏天气变化频繁，所以上面所列的9类天气一定就是所有的天气类型。
    B. 由于所列城市在同一天不一定展示所有的天气类型，所以上面所列的9类天气可能不是所有的天气类型。
    C. 由于所列城市分处我国的东南西北中，所以上面所列的9类天气一定就是所有的天气类型。
    D. 由于所列城市在同一天可能展示所有的天气类型，所以上面所列的9类天气一定是所有的天气类型。
    E. 由于所列城市并非我国的所有城市，所以上面所列的9类天气一定不是所有的天气类型。

28. 现在许多人很少在深夜11点以前安然入睡，他们未必都在熬夜用功，大多是在玩手机或看电视，其结果就是晚睡，第二天就会头晕脑涨、哈欠连天。不少人常常对此感到后悔，但一到晚上他们多半还会这么做。有专家就此指出，人们似乎从晚睡中得到了快乐，但这种快乐其实隐藏着某种烦恼。

    以下哪项如果为真，最能支持上述专家的结论？

    A. 晚睡者内心并不愿意睡得晚，也不觉得手机或电视有趣，甚至都不记得玩过或看过什么，但他们总是要在睡觉前花较长时间磨蹭。
    B. 晨昏交替，生活周而复始，安然入睡是对当天生活的满足和对明天生活的期待，而晚睡者只想活在当下,活出精彩。

C. 晚睡者具有积极的人生态度。他们认为,当天的事须当天完成,哪怕晚睡也在所不惜。

D. 晚睡其实是一种表面难以察觉的、对"正常生活"的抵抗,它提醒人们现在的"正常生活"存在着某种令人不满的问题。

E. 大多数习惯晚睡的人白天无精打采,但一到深夜就感觉自己精力充沛,不做点有意义的事情就觉得十分可惜。

29. 分心驾驶是指驾驶人为满足自己的身体舒适、心情愉悦等需求而没有将注意力全部集中于驾驶过程的驾驶行为,常见的分心行为有抽烟、饮水、进食、聊天、刮胡子、使用手机、照顾小孩等。某专家指出,分心驾驶已成为我国道路交通事故的罪魁祸首。

以下哪项如果为真,最能支持上述专家的观点?

A. 驾驶人正常驾驶时反应时间为0.3~1.0秒,使用手机时反应时间则延迟3倍左右。

B. 一项统计研究表明,相对于酒驾、药驾、超速驾驶、疲劳驾驶等情形,我国由分心驾驶导致的交通事故占比最高。

C. 一项研究显示,在美国超过1/4的车祸是由驾驶人使用手机引起的。

D. 近来使用手机已成为我国驾驶人分心驾驶的主要表现形式,59%的人开车过程中看微信,31%的人玩自拍,36%的人刷微博、微信朋友圈。

E. 开车使用手机会导致驾驶人注意力下降20%;如果驾驶人边开车边发短信,则发生车祸的概率是其正常驾驶时的23倍。

30~31题基于以下题干:

某工厂有一员工宿舍住了甲、乙、丙、丁、戊、己、庚7人,每人每周需轮流值日一天,且每天仅安排一人值日。他们值日的安排还需满足以下条件:

(1) 乙周二或者周六值日;
(2) 如果甲周一值日,那么丙周三值日且戊周五值日;
(3) 如果甲周一不值日,那么己周四值日且庚周五值日;
(4) 如果乙周二值日,那么己周六值日。

30. 根据以上条件,如果丙周日值日,则可以得出以下哪项?

    A. 戊周三值日。 B. 己周五值日。 C. 甲周一值日。 D. 丁周二值日。 E. 乙周六值日。

31. 如果庚周四值日,那么以下哪项一定为假?

    A. 丙周三值日。 B. 乙周六值日。 C. 己周二值日。 D. 甲周一值日。 E. 戊周日值日。

32. 唐代韩愈在《师说》中指出:"孔子曰:三人行,则必有我师。是故弟子不必不如师,师不必贤于弟子,闻道有先后,术业有专攻,如是而已。"

根据上述韩愈的观点,可以得出以下哪项?

    A. 有的弟子必然不如师。   B. 有的弟子可能不如师。

    C. 有的师可能不贤于弟子。   D. 有的师不可能贤于弟子。

    E. 有的弟子可能不贤于师。

33. "二十四节气"是我国农耕社会生产生活的时间指南,反映了从春到冬一年四季的气温、降水、物候的周期性变化规律。已知各节气的名称具有如下特点:

(1)凡含"春""夏""秋""冬"字的节气各属春、夏、秋、冬季；
(2)凡含"雨""露""雪"字的节气各属春、秋、冬季；
(3)如果"清明"不在春季,则"霜降"不在秋季；
(4)如果"雨水"在春季,则"霜降"在秋季。
根据以上信息,如果从春至冬每季仅列两个节气,则以下哪项是不可能的？
A. 清明、谷雨、芒种、夏至、秋分、寒露、小雪、大寒。
B. 雨水、惊蛰、夏至、小暑、白露、霜降、大雪、冬至。
C. 立春、谷雨、清明、夏至、处暑、白露、立冬、小雪。
D. 惊蛰、春分、立夏、小满、白露、寒露、立冬、小雪。
E. 立春、清明、立夏、夏至、立秋、寒露、小雪、大寒。

34. 刀不磨要生锈,人不学要落后。所以,如果你不想落后,就应该多磨刀。
以下哪项与上述论证方式最为相似？
A. 金无足赤,人无完人。所以,如果你想做完人,就应该有真金。
B. 有志不在年高,无志空活百岁。所以,如果你不想空活百岁,就应该立志。
C. 妆未梳成不见客,不到火候不揭锅。所以,如果揭了锅,就应该是到了火候。
D. 兵在精而不在多,将在谋而不在勇。所以,如果想获胜,就应该兵精将勇。
E. 马无夜草不肥,人无横财不富。所以,如果你想富,就应该让马多吃夜草。

35. 某市已开通运营一、二、三、四号地铁路线,各条地铁线每一站运行加停靠所需时间均彼此相同。小张、小王、小李三人是同一单位的职工,单位附近有北口地铁站。某天早晨,3人同时都在常青站乘一号线上班,但3人关于乘车路线的想法不尽相同。已知：
(1)如果一号线拥挤,小张就坐2站后转三号线,再坐3站到北口站；如果一号线不拥挤,小张就坐3站后转二号线,再坐4站到北口站。
(2)只有一号线拥挤,小王才坐2站后转三号线,再坐3站到北口站。
(3)如果一号线不拥挤,小李就坐4站后转四号线,坐3站之后再转三号线,坐1站到达北口站。
(4)该天早晨地铁一号线不拥挤。
假定三人换乘及步行总时间相同,则以下哪项最可能与上述信息不一致？
A. 小李比小张先到达单位。 B. 小王比小李先到达单位。
C. 小张比小王先到达单位。 D. 小王和小李同时到达单位。
E. 小张和小王同时到达单位。

36. 最近一项调研发现,某国 30 岁至 45 岁人群中,去医院治疗冠心病、骨质疏松等病症的人越来越多,而原来患有这些病症的大多是老年人。调研者由此认为,该国年轻人中"老年病"发病率有不断增加的趋势。
以下哪项如果为真,最能质疑上述调研结论？
A. 近年来,由于大量移民涌入,该国 45 岁以下的年轻人数量急剧增加。
B. 由于国家医疗保障水平的提高,相比以往,该国民众更有条件关注自己的身体健康。
C. 近几十年来,该国人口老龄化严重,但健康老龄人口的比重在不断增大。
D. "老年人"的最低年龄比以前提高了,"老年病"的患者范围也有所变化。

E. 尽管冠心病、骨质疏松等病症是常见的"老年病",但老年人患的病未必都是"老年病"。

37. 张教授:利益并非只是物质利益,应该把信用、声誉、情感甚至某种喜好等都归入利益的范畴。根据这种对"利益"的广义理解,如果每一个体在不损害他人利益的前提下,尽可能满足其自身的利益需求,那么由这些个体组成的社会就是一个良善的社会。

根据张教授的观点,可以得出以下哪项?

A. 尽可能满足每一个体的利益需求,就会损害社会的整体利益。

B. 如果一个社会不是良善的,那么其中肯定存在个体损害他人利益或自身利益需求没有尽可能得到满足的情况。

C. 如果有些个体通过损害他人利益来满足自身的利益需求,那么社会就是不良善的。

D. 如果某些个体的利益没有尽可能得到满足,那么社会就是不良善的。

E. 只有尽可能满足每一个体的利益需求,社会才可能是良善的。

38. 某学期学校新开设4门课程:"《诗经》鉴赏""老子研究""唐诗鉴赏""宋词选读"。李晓明、陈文静、赵珊珊和庄志达4人各选修了其中一门课程。已知:

(1)他们4人选修的课程各不相同;

(2)喜爱诗词的赵珊珊选修的是诗词类课程;

(3)李晓明选修的不是"《诗经》鉴赏"就是"唐诗鉴赏"。

以下哪项如果为真,就能确定赵珊珊选修的是"宋词选读"?

A. 庄志达选修的是"老子研究"。 B. 庄志达选修的不是"老子研究"。

C. 庄志达选修的是"《诗经》鉴赏"。 D. 庄志达选修的不是"宋词选读"。

E. 庄志达选修的不是"《诗经》鉴赏"。

39. 我国中原地区如果降水量比往年低,该地区的河流水位会下降,流速会减缓。这有利于河流中的水草生长,河流中的水草总量通常也会随之增加。不过,去年该地区在经历了一次极端干旱之后,尽管该地区某河流的流速十分缓慢,但其中的水草总量并未随之增加,只是处于一个很低的水平。

以下哪项如果为真,最能解释上述看似矛盾的现象?

A. 该河流在经历了去年极端干旱之后干涸了一段时间,导致大量水生物死亡。

B. 如果河中水草数量达到一定程度,就会对周边其他物种的生存产生危害。

C. 我国中原地区多平原,海拔差异小,其地表河水流速比较缓慢。

D. 河水流速越慢,其水温变化就越小,这有利于水草的生长和繁殖。

E. 经过极端干旱之后,该河流中以水草为食物的水生动物数量大量减少。

40~41题基于以下题干:

某海军部队有甲、乙、丙、丁、戊、己、庚7艘舰艇,拟组成两个编队出航,第一编队编列3艘舰艇,第二编队编列4艘舰艇。编列需满足以下条件:

(1)航母己必须编列在第二编队;

(2)戊和丙至多有一艘编列在第一编队;

(3)甲和丙不在同一编队;

(4)如果乙编列在第一编队,则丁也必须编列在第一编队。

40. 如果甲在第二编队,则下列哪项中的舰艇一定也在第二编队?
    A. 乙。　　　B. 丙。　　　C. 丁。　　　D. 戊。　　　E. 庚。

41. 如果丁和庚在同一编队,则可以得出以下哪项?
    A. 甲在第一编队。　　　B. 乙在第一编队。　　　C. 丙在第一编队。
    D. 戊在第二编队。　　　E. 庚在第二编队。

42. 甲:读书最重要的目的是增长知识、开拓视野。
    乙:你只见其一,不见其二。读书最重要的是陶冶性情、提升境界。没有陶冶性情、提升境界,就不能达到读书的真正目的。
    以下哪项与上述反驳方式最为相似?
    A. 甲:文学创作最重要的是阅读优秀文学作品。
       乙:你只见现象,不见本质。文学创作最重要的是观察生活、体验生活。任何优秀的文学作品都来源于火热的社会生活。
    B. 甲:做人最重要的是要讲信用。
       乙:你说得不全面。做人最重要的是要遵纪守法。如果不遵纪守法,就没法讲信用。
    C. 甲:作为一部优秀的电视剧,最重要的是能得到广大观众的喜爱。
       乙:你只见其表,不见其里。作为一部优秀的电视剧,最重要的是具有深刻寓意与艺术魅力。没有深刻寓意与艺术魅力,就不能成为优秀的电视剧。
    D. 甲:科学研究最重要的是研究内容的创新。
       乙:你只见内容,不见方法。科学研究最重要的是研究方法的创新。只有实现研究方法的创新,才能真正实现研究内容的创新。
    E. 甲:一年中最重要的季节是收获的秋天。
       乙:你只看结果,不问原因。一年中最重要的季节是播种的春天。没有春天的播种,哪来秋天的收获?

43. 若要人不知,除非己莫为;若要人不闻,除非己莫言。为之而欲人不知,言之而欲人不闻,此犹捕雀而掩目,盗钟而掩耳者。
    根据以上陈述,可以得出以下哪项?
    A. 若己不言,则人不闻。　　　　　　　　　B. 若己为,则人会知;若己言,则人会闻。
    C. 若能做到盗钟而掩耳,则可言之而人不闻。　D. 若己不为,则人不知。
    E. 若能做到捕雀而掩目,则可为之而人不知。

44. 中国是全球最大的卷烟生产国和消费国,但近年来政府通过出台禁烟令、提高卷烟消费税等一系列公共政策努力改变这一形象。一项权威调查数据显示,在2014年同比上升2.4%之后,中国卷烟消费量在2015年同比下降了2.4%,这是1995年来首次下降。尽管如此,2015年中国卷烟消费量仍占全球的45%,但这一下降对全球卷烟总消费量产生巨大影响,使其同比下降了2.1%。
    根据以上信息,可以得出以下哪项?
    A. 2015年世界其他国家卷烟消费量同比下降比率低于中国。
    B. 2015年中国卷烟消费量恰好等于2013年。

C. 2015年世界其他国家卷烟消费量同比下降比率高于中国。

D. 2015年中国卷烟消费量大于2013年。

E. 2015年发达国家卷烟消费量同比下降比率高于发展中国家。

45. 某校图书馆新购一批文科图书。为方便读者查阅,管理人员对这批图书在文科新书阅览室中摆放位置做出如下提示:

(1) 前3排书橱均放有哲学类新书;

(2) 法学类新书都放在第5排书橱,这排书橱的左侧也放有经济类新书;

(3) 管理类新书放在最后一排书橱。

事实上,所有的图书都按照上述提示放置。根据提示,徐莉顺利找到了她想查阅的新书。

根据上述信息,以下哪项是不可能的?

A. 徐莉在第2排书橱中找到哲学类新书。 B. 徐莉在第3排书橱中找到经济类新书。

C. 徐莉在第4排书橱中找到哲学类新书。 D. 徐莉在第6排书橱中找到法学类新书。

E. 徐莉在第7排书橱中找到管理类新书。

46. 某次学术会议的主办方发出会议通知:只有论文通过审核才能收到会议主办方发出的邀请函,本次学术会议只欢迎持有主办方邀请函的科研院所的学者参加。

根据以上通知,可以得出以下哪项?

A. 论文通过审核并持有主办方邀请函的学者,本次学术会议都欢迎其参加。

B. 论文通过审核的学者都可以参加本次学术会议。

C. 论文通过审核的学者有些不能参加本次学术会议。

D. 有些论文通过审核但未持有主办方邀请函的学者,本次学术会议欢迎其参加。

E. 本次学术会议不欢迎论文没有通过审核的学者参加。

47~48题基于以下题干:

一江南园林拟建松、竹、梅、兰、菊5个园子。该园林拟设东、南、北3个门,分别位于其中的3个园子。这5个园子的布局满足如下条件:

(1) 如果东门位于松园或菊园,那么南门不位于竹园;

(2) 如果南门不位于竹园,那么北门不位于兰园;

(3) 如果菊园在园林的中心,那么它与兰园不相邻;

(4) 兰园与菊园相邻,中间连着一座美丽的廊桥。

47. 根据以上信息,可以得出以下哪项?

A. 菊园不在园林的中心。 B. 梅园不在园林的中心。 C. 兰园在园林的中心。

D. 菊园在园林的中心。 E. 兰园不在园林的中心。

48. 如果北门位于兰园,则可以得出以下哪项?

A. 东门位于梅园。 B. 南门位于菊园。 C. 东门位于竹园。

D. 东门位于松园。 E. 南门位于梅园。

49. 有研究发现,冬季在公路上撒盐除冰,会让本来要成为雌性的青蛙变成雄性,这是因为这些路盐中的钠元素会影响青蛙的受体细胞并改变原可能成为雌性青蛙的性别。有专家据此认为,这会导致相关区域青蛙数量的下降。

以下哪项如果为真,最能支持上述专家的观点?

A. 雌雄比例会影响一个动物种群的规模,雌性数量的充足对物种的繁衍生息至关重要。

B. 如果一个物种以雄性为主,该物种的个体数量就可能受到影响。

C. 在多个盐含量不同的水池中饲养青蛙,随着水池中盐含量的增加,雌性青蛙的数量不断减少。

D. 如果每年冬季在公路上撒很多盐,盐水流入池塘,就会影响青蛙的生长发育过程。

E. 大量的路盐流入池塘可能会给其他水生物造成危害,破坏青蛙的食物链。

50. 最终审定的项目或者意义重大或者关注度高,凡意义重大的项目均涉及民生问题,但是有些最终审定的项目并不涉及民生问题。

根据以上陈述,可以得出以下哪项?

A. 有些项目尽管关注度高但并非意义重大。

B. 有些不涉及民生问题的项目意义也非常重大。

C. 涉及民生问题的项目有些没有引起关注。

D. 意义重大的项目比较容易引起关注。

E. 有些项目意义重大但是关注度不高。

51. 甲:知难行易,知然后行。

乙:不对。知易行难,行然后知。

以下哪项与上述对话方式最为相似?

A. 甲:知人者智,自知者明。

 乙:不对。知人不易,知己更难。

B. 甲:不破不立,先破后立。

 乙:不对。不立不破,先立后破。

C. 甲:想想容易做起来难,做比想更重要。

 乙:不对。想到就能做到,想比做更重要。

D. 甲:批评他人易,批评自己难;先批评他人后批评自己。

 乙:不对。批评自己易,批评他人难;先批评自己后批评他人。

E. 甲:做人难做事易,先做人再做事。

 乙:不对。做人易做事难,先做事再做人。

52. 所有值得拥有专利的产品或设计方案都是创新,但并不是每一项创新都值得拥有专利;所有的模仿都不是创新,但并非每一个模仿者都应该受到惩罚。

根据以上陈述,以下哪项是不可能的?

A. 有些创新者可能受到惩罚。

B. 没有模仿值得拥有专利。

C. 有些值得拥有专利的创新产品并没有申请专利。

D. 有些值得拥有专利的产品是模仿。

E. 所有的模仿者都受到了惩罚。

53. 某国拟在甲、乙、丙、丁、戊、己6种农作物中进口几种,用于该国庞大的动物饲料产业,考虑到一些农作物可能含有违禁成分,以及它们之间存在的互补或可替代等因素,该国对进口这些农作物有如下要求:

   (1)它们当中不含违禁成分的都进口。

   (2)如果甲或乙含有违禁成分,就进口戊和己。

   (3)如果丙含有违禁成分,那么丁就不进口了。

   (4)如果进口戊,就进口乙和丁。

   (5)如果不进口丁,就进口丙;如果进口丙,就不进口丁。

   根据上述要求,以下哪项所列的农作物是该国可以进口的?

   A. 乙、丙、丁。　B. 甲、丁、己。　C. 丙、戊、己。　D. 甲、戊、己。　E. 甲、乙、丙。

54~55题基于以下题干:

   某校四位女生施琳、张芳、王玉、杨虹与四位男生范勇、吕伟、赵虎、李龙进行中国象棋比赛。他们被安排到四张桌上,每桌一男一女对弈,四张桌从左到右分别记为1、2、3、4号,每对选手需要进行四局比赛。比赛规定:选手每胜一局得2分,和一局得1分,负一局得0分。前三局结束时,按分差大小排列,四对选手的总积分分别是6:0、5:1、4:2、3:3。已知:

   (1)张芳跟吕伟对弈,杨虹在4号桌比赛,王玉的比赛桌在李龙比赛桌的右边;

   (2)1号桌的比赛至少有一局是和局,4号桌双方的总积分不是4:2;

   (3)赵虎前三局总积分并不领先他的对手,他们也没有下成过和局;

   (4)李龙已连输三局,范勇在前三局总积分上领先他的对手。

54. 根据上述信息,前三局比赛结束时谁的总积分最高?

   A. 杨虹。　B. 王玉。　C. 范勇。　D. 施琳。　E. 张芳。

55. 如果下列有位选手前三局均与对手下成和局,那么他(她)是谁?

   A. 范勇。　B. 张芳。　C. 杨虹。　D. 施琳。　E. 王玉。

2018年管理类综合能力逻辑试题解析

答案速查表

26~30	EBDBE	31~35	ECCEA	36~40	ABCAD
41~45	DCBAD	46~50	EAAAA	51~55	EDEDB

26.【答案】E 【难度】S4 【考点】形式逻辑 假言命题 假言命题推理规则

题干信息：(1)人民→创造者∧见证者；(2)人民→剧中人∧剧作者；(3)离开人民→无根浮萍、无病呻吟、无魂躯壳；(4)传之久远→观照人民∧表达三心。

E选项：¬无根浮萍、无病呻吟、无魂躯壳→¬离开人民，是(3)的等价逆否命题，正确。

A、B、C选项：从题干信息无法推出，排除。

D选项：表达三心→传之久远，不符合(4)的逻辑关系，排除。

故正确答案为E选项。

27.【答案】B 【难度】S4 【考点】形式逻辑 模态命题 模态命题的性质

题干列出了12个城市的天气状况，但并未包括所有城市，也不能确定是否涵盖了所有天气类型，所以无法得出"一定""一定不"这些必然性结论，只能得到"可能不是"所有的天气类型的论断。

故正确答案为B选项。

28.【答案】D 【难度】S4 【考点】论证推理 支持、加强 论据+结论型论证的支持

论据：不少人经常晚睡，并且对此感到后悔。结论：晚睡其实隐藏着某种烦恼。

支持、加强类型的题目首选**建立联系**的解题思路，即让论据和结论产生联系，所以本题要在"晚睡"和"烦恼"之间建立联系。

D选项：指出晚睡提醒人们现在的生活存在着令人不满的问题，正确。

A选项：睡前磨蹭与"烦恼"并无直接关联，排除。

B、C、E选项：活出精彩、积极的人生态度、精力充沛等信息均与"烦恼"不相关，排除。

故正确答案为D选项。

29.【答案】B 【难度】S4 【考点】论证推理 支持、加强 论据+结论型论证的支持

论据：分心驾驶的定义及描述。结论：分心驾驶已成为我国道路交通事故的罪魁祸首。

B选项：**建立联系**，与其他情形相比，分心驾驶导致的交通事故占比最高，建立了"分心驾驶"与"交通事故"之间的联系，正确。

A、E选项：只是陈述分心驾驶可能会导致反应时间延迟、车祸率升高，但并未提及我国，排除。

C选项：美国的情况与题干观点无关，排除。

D选项：只是描述了分心驾驶的主要表现形式及分布，未提及交通事故情况，排除。

故正确答案为B选项。

30.【答案】E 【难度】S4 【考点】形式逻辑 假言命题 假言命题推理规则

题干信息：(1)乙二∨乙六；(2)甲一→丙三∧戊五；(3)¬甲一→己四∧庚五；(4)乙二→己

六;(5)丙日。

由(5)结合(2)的等价逆否命题可得,¬甲一;结合(3)可得,己四∧庚五;结合(4)的等价逆否命题可得,¬乙二;又根据(1)可得,乙六。

故正确答案为E选项。

31. 【答案】E 【难度】S4 【考点】形式逻辑 假言命题 假言命题推理规则

补充信息:(6)庚四。

由(6)结合(3)的等价逆否命题可得,甲一;结合(2)可得,丙三∧戊五。所以戊不可能是周日值日。

故正确答案为E选项。

32. 【答案】C 【难度】S4 【考点】形式逻辑 模态命题 模态命题的等价转换

题干信息:(1)三人行→必有我师;(2)弟子不必不如师;(3)师不必贤于弟子。

(2) = 弟子不必然不如师 = 弟子可能不不如师 = 弟子可能如师,排除A、B、E选项。

(3) = 师不必然贤于弟子 = 师可能不贤于弟子,C选项正确。

故正确答案为C选项。

33. 【答案】C 【难度】S6 【考点】形式逻辑 假言命题 假言命题矛盾关系

题干信息:(1)"春""夏""秋""冬"各属春、夏、秋、冬季;(2)"雨""露""雪"各属春、秋、冬季;(3)¬"清明"春季→"霜降"秋季;(4)"雨水"春季→"霜降"秋季。

由(2)可知,含"雨"字的节气在春季;结合(4)可知,"霜降"在秋季;再结合(3)可知,"清明"在春季。C选项中的"清明"在夏季,这是不可能的。

故正确答案为C选项。

34. 【答案】E 【难度】S4 【考点】形式逻辑 假言命题 假言命题结构相似

题干信息:¬磨刀(¬A)→生锈(B),¬人学(¬C)→落后(D)。所以,¬落后(¬D)→磨刀(A)。

E选项:¬夜草(¬A)→不肥(B),¬横财(¬C)→不富(D)。所以,¬不富(¬D)→夜草(A)。该选项与题干的论证方式基本一致,正确。

A、D选项:"金无足赤,人无完人""兵在精而不在多,将在谋而不在勇",不包含假言命题推理关系,排除。

B选项:"有志"和"无志"的对照,与题干的论证方式不相似,排除。

C选项:¬梳成(¬A)→不见客(B),¬火候(¬C)→不揭锅(D)。所以,揭锅(¬D)→火候(C)。该选项与题干的论证方式不相似,排除。

故正确答案为E选项。

35. 【答案】A 【难度】S4 【考点】形式逻辑 假言命题 假言命题推理规则

由(4)"一号线不拥挤"结合(1)可得,小张坐7(3+4)站;结合(3)可得,小李坐8(4+3+1)站;又因为各条地铁线每一站运行加停靠时间均彼此相同,故小张会比小李先到达单位。A选项与上述分析不一致。

故正确答案为A选项。

36.【答案】A 【难度】S5 【考点】论证推理 削弱、质疑、反驳 论据+结论型论证的削弱
论据:某国30岁至45岁的人群中,去医院治疗冠心病等病症的人越来越多,而原来患这些病症的大多是老年人。结论:该国年轻人中"老年病"发病率不断增加。
相对数绝对数模型。论据中是绝对数(发病人数),结论中是相对数(发病率=发病人数/总人数),二者的关系会被基数影响。
A选项:指出该国45岁以下年轻人数量急剧增加,基数增加,所以虽然患"老年病"的绝对人数越来越多,但并不能得出年轻人中"老年病"发病率增加的结论。
故正确答案为A选项。

37.【答案】B 【难度】S4 【考点】形式逻辑 假言命题 假言命题推理规则
题干信息:不损害他人利益∧尽可能满足自身利益需求→良善的社会。
B选项:¬良善的社会→¬不损害他人利益∨¬尽可能满足自身利益需求,是题干的等价逆否命题,正确。
A选项:题干并未涉及个体利益与整体利益的逻辑关系,排除。
C、D、E选项:与题干的逻辑关系不一致,不符合推理规则,排除。
故正确答案为B选项。

38.【答案】C 【难度】S5 【考点】综合推理 匹配题型
方法一:选项代入法。
若庄志达选修"《诗经》鉴赏",则陈文静选修"老子研究",李晓明选修"唐诗鉴赏",赵珊珊选修"宋词选读"。列表如下。

	《诗经》鉴赏	老子研究	唐诗鉴赏	宋词选读
李晓明	×	×(3)	√	×(3)
陈文静	×	√	×	×
赵珊珊	×	×(2)	×	√
庄志达	√	×	×	×

方法二:分析法。
根据(2)可知,赵珊珊的选择范围在"《诗经》鉴赏""唐诗鉴赏""宋词选读"这三门课之中,若要确定赵珊珊选修的是"宋词选读",就要保证"宋词选读"是赵珊珊唯一能选修的一门课,所以"《诗经》鉴赏""唐诗鉴赏"必须有其他人选修。根据(3)可知,要么陈文静要么庄志达必须在"《诗经》鉴赏"和"唐诗鉴赏"中二选一,符合条件的只有C选项。
故正确答案为C选项。

39.【答案】A 【难度】S4 【考点】论证推理 解释 解释矛盾
需要解释的矛盾:通常河流流速减缓时河流中的水草总量会随之增加;但是去年该地区在极端干旱后某河流流速十分缓慢,水草总量却并未增加。
A选项:该河流经历了去年的极端干旱之后大量水生物死亡,水草总量自然就不会增加了,可以解释。
B选项:题干并未提及"其他物种",排除。

其他选项均无法解释题干的矛盾现象。

故正确答案为 A 选项。

40.【答案】D 【难度】S4 【考点】综合推理 综合题组(分组题型)

题干信息:(1)己二;(2)¬戊一∨¬丙一;(3)甲≠丙;(4)乙一→丁一;(5)甲二。

由(5)结合(3)可得,丙在第一编队;再结合(2)可得,戊在第二编队。

故正确答案为 D 选项。

41.【答案】D 【难度】S6 【考点】综合推理 综合题组(分组题型)

补充信息:(6)丁=庚。

假设丁和庚都在第二编队,结合(4)可得,乙在第二编队。由(3)可知,甲、丙分别在第一编队和第二编队,此时乙、丁、己、庚及甲和丙之间的一艘舰艇(共5艘)在第二编队,与题干中"第二编队编列 4 艘舰艇"相矛盾,故丁和庚在第一编队,甲、丙中的一艘舰艇在第一编队,乙和戊均在第二编队。

故正确答案为 D 选项。

42.【答案】C 【难度】S4 【考点】形式逻辑 假言命题 假言命题结构相似

题干信息:甲认为,读书(A)最重要的目的是增长见识、开拓视野(B);乙认为,读书(A)最重要的目的是陶冶性情、提升境界(C),没有陶冶性情、提升境界(C),就不能达到读书(A)的真正目的。

C 选项:甲认为,优秀电视剧(A)最重要的是观众的喜爱(B);乙认为,优秀电视剧(A)最重要的是具有深刻寓意与艺术魅力(C),没有深刻寓意与艺术魅力(C),就不是优秀的电视剧(A)。该选项与题干的反驳方式最为相似。

其他选项与题干的反驳方式均不相似,排除。

故正确答案为 C 选项。

43.【答案】B 【难度】S4 【考点】形式逻辑 假言命题 假言命题推理规则

题干信息:(1)¬人知→¬己为;(2)¬人闻→¬己言。

B 选项:己为→人知,己言→人闻,是题干信息的等价逆否命题,正确。

故正确答案为 B 选项。

44.【答案】A 【难度】S4 【考点】论证推理 结论 细节题

题干信息:中国卷烟消费量在 2014 年同比上升 2.4%,2015 年同比下降 2.4%;全球卷烟总消费量在 2015 年同比下降 2.1%。

根据数字比例相关知识点可知,总体增长率介于部分增长率之间。

已知 2015 年全球卷烟总消费量同比下降 2.1%(总体增长率为-2.1%),部分为中国卷烟消费量增长率(-2.4%)和非中国国家卷烟消费量增长率,则可得,-2.4%<-2.1%<非中国卷烟消费量增长率。所以,全球卷烟总消费量下降幅度比中国小的原因是除中国外的其他国家卷烟消费量下降幅度较小,A 选项正确,C 选项错误。

B、D 选项:在未提及总量的情况下,探讨消费量的数值对比无意义。

E 选项:题干信息并未将发达国家与发展中国家进行比较。

故正确答案为 A 选项。

45.【答案】D 【难度】S4 【考点】论证推理 结论 细节题

题干信息：(1)前3排放有哲学类新书；(2)法学类新书都放在第5排，第5排左侧放有经济类新书；(3)管理类新书放在最后一排。

D选项：由(2)可知，法学类新书都放在第5排，所以徐莉不可能在第6排找到法学类新书。

故正确答案为D选项。

46.【答案】E 【难度】S5 【考点】形式逻辑 假言命题 假言命题推理规则

题干信息：(1)邀请函→通过审核；(2)只欢迎持有邀请函的学者参加。

(2)= 只有持有邀请函的学者才欢迎=欢迎→邀请函。(1)(2)联立可得：(3)欢迎→邀请函→通过审核。

E选项：不欢迎论文没有通过审核的学者参加=如果没有通过审核，那么不欢迎=￢通过审核→￢欢迎，是(3)的等价逆否命题，正确。

故正确答案为E选项。

47.【答案】A 【难度】S4 【考点】综合推理 综合题组(匹配题型)

由(4)结合(3)的等价逆否命题可得，菊园不在园林的中心。

故正确答案为A选项。

48.【答案】A 【难度】S4 【考点】综合推理 综合题组(匹配题型)

由"北门位于兰园"结合(2)的等价逆否命题可得，南门位于竹园；结合(1)的等价逆否命题可得，东门不位于松园，也不位于菊园。综上可得，东门位于梅园。

故正确答案为A选项。

49.【答案】A 【难度】S5 【考点】论证推理 支持、加强 论据+结论型论证的支持

论据：在公路上撒盐会让本来要成为雌性的青蛙变成雄性。结论：这会导致相关区域青蛙数量的下降。

A选项：建立联系，指出雌性青蛙减少会影响青蛙的繁衍生息，导致青蛙数量的减少，正确。

B选项：力度较弱，青蛙这一动物种群是否以雄性为主呢？未知。并且"可能"一词力度较弱，排除。

C、D选项："雌性青蛙数量减少""影响生长发育"与青蛙数量下降没有直接关系，排除。

E选项："破坏青蛙的食物链"与雌性青蛙性别改变无关，排除。

故正确答案为A选项。

50.【答案】A 【难度】S4 【考点】形式逻辑 三段论 三段论正推题型

题干信息：(1)审定→意义∨关注；(2)意义→民生；(3)有些审定→￢民生。

由(2)(3)结合可得，有些审定→￢意义；再结合(1)可得，有些审定→关注。

故正确答案为A选项。

51.【答案】E 【难度】S4 【考点】论证推理 论证方式相似、漏洞相似

题干信息：甲认为，知(A)难行(B)易，知(A)然后行(B)；乙认为，不对，知(A)易行(B)难，行(B)然后知(A)。

E选项：甲认为，做人(A)难做事(B)易，先做人(A)再做事(B)；乙认为，不对，做人(A)易做事

(B)难,先做事(B)再做人(A)。该选项与题干对话方式相似。

A、C 选项:只有难易比较,没有先后顺序,排除。

B 选项:只有先后顺序,没有难易比较,排除。

D 选项:甲认为,批评他人(B)易,批评自己(A)难;先批评他人(B)后批评自己(A)。乙认为,不对。批评自己(A)易,批评他人(B)难;先批评自己(A)后批评他人(B)。该选项与题干对话方式不相似,排除。

故正确答案为 E 选项。

52.【答案】D 【难度】S6 【考点】形式逻辑 直言命题 直言命题矛盾关系
题干信息:(1)值得拥有专利→创新;(2)有的创新→¬值得拥有专利;(3)模仿→¬创新;(4)有的模仿→¬惩罚。

由(1)和(3)可得,(5)值得拥有专利→创新→¬模仿。

D 选项:有些值得拥有专利→模仿,与(5)矛盾,不可能为真。

故正确答案为 D 选项。

53.【答案】E 【难度】S5 【考点】形式逻辑 假言命题 假言命题推理规则
题干信息:(1)不含违禁→进口;(2)甲违禁∨乙违禁→戊∧己;(3)丙违禁→¬丁;(4)戊→乙∧丁;(5)¬丁↔丙。

由(3)和(1)可得,丁→¬丙违禁→进口丙。

结合(5)及二难推理模型可知,一定会进口丙;综合(5)(4)(2)(1)可得,丙→¬丁→¬戊→¬甲违禁∧¬乙违禁→进口甲∧进口乙。所以可以进口的农作物是甲、乙、丙。

故正确答案为 E 选项。

54.【答案】D 【难度】S6 【考点】综合推理 综合题组(分组题型)
题干信息:(1)一男一女,每人四局;(2)胜一局 2 分,和一局 1 分,负一局 0 分;(3)张芳跟吕伟对弈,杨虹 4 号,王玉在李龙右边;(4)1 号至少有一局和局,4 号不是 4∶2;(5)赵虎前三局积分低于对手且没有和局;(6)李龙连输 3 局,范勇前三局积分领先。

由题干信息可知,每胜一局得 2 分,李龙连输 3 局,所以李龙得分为 0;又根据李龙与对手比分为 0∶6,所以李龙的对手连胜 3 局,总积分为 6 分,这就是前三局结束时总积分最高的人,我们只需要找到李龙的对手即可。

由题干可知,每桌一男一女对弈,李龙是男生,所以其对手不可能是男生,排除 C 选项;由(1)可知,张芳与吕伟对弈,所以张芳不是李龙的对手,排除 E 选项;由(1)可知,王玉的比赛桌在李龙比赛桌的右边,所以王玉不是李龙的对手,而且因为李龙右手边还有人比赛,所以李龙不可能在 4 号桌,所以杨虹也不可能是李龙的对手,排除 B 选项和 A 选项。

综上,施琳是李龙的对手,总积分为 6 分。

故正确答案为 D 选项。

55.【答案】B 【难度】S6 【考点】综合推理 综合题组(分组题型)
补充信息:有人前三局均与对手下成和局。

由题干信息可知,前三局均与对手下成和局,那么比分应是 3∶3。

由(3)可知,赵虎与对手没有下成过和局,所以答案不可能是赵虎及其对手。

由(4)可知,李龙连输三局,所以答案不可能是李龙及其对手。
由(4)可知,范勇在前三局总积分上领先他的对手,所以答案不可能是范勇及其对手。
于是可知,前三局下成和局的人只能是吕伟及其对手;由(1)可知,吕伟的对手是张芳。
故正确答案为 B 选项。

2017年管理类综合能力逻辑试题

三、逻辑推理：第 26~55 小题，每小题 2 分，共 60 分。下列每题给出的 A、B、C、D、E 五个选项中，只有一项是符合试题要求的。请在答题卡上将所选项的字母涂黑。

26. 倪教授认为，我国工程技术领域可以考虑与国外先进技术合作，但任何涉及核心技术的项目决不能受制于人；我国许多网络安全建设项目涉及信息核心技术，如果全盘引进国外先进技术而不努力自主创新，我国的网络安全将会受到严重威胁。

    根据倪教授的陈述，可以得出以下哪项？

    A. 我国有些网络安全建设项目不能受制于人。
    B. 我国工程技术领域的所有项目都不能受制于人。
    C. 如果能做到自主创新，我国的网络安全就不会受到严重威胁。
    D. 我国许多网络安全建设项目不能与国外先进技术合作。
    E. 只要不是全盘引进国外先进技术，我国的网络安全就不会受到严重威胁。

27. 任何结果都不可能凭空出现，它们的背后都是有原因的；任何背后有原因的事物均可以被人认识，而可以被人认识的事物都必然不是毫无规律的。

    根据以上陈述，以下哪项一定为假？

    A. 任何结果都可以被人认识。　　　　B. 任何结果出现的背后都是有原因的。
    C. 有些结果的出现可能毫无规律。　　D. 那些可以被人认识的事物必然有规律。
    E. 人有可能认识所有事物。

28. 近年来，我国海外代购业务量快速增长，代购者们通常从海外购买产品，通过各种渠道避开关税，再卖给内地顾客从中牟利，却让政府损失了税收收入。某专家由此指出，政府应该严厉打击海外代购行为。

    以下哪项如果为真，最能支持上述专家的观点？

    A. 近期，有位前空乘服务员因在网上开设海外代购店而被我国地方法院判定犯有走私罪。
    B. 海外代购提升了人们的生活水准，满足了国内部分民众对于高品质生活的向往。
    C. 国内民众的消费需求提高是伴随我国经济发展而产生的正常现象，应以此为契机促进国内同类消费品产业的升级。
    D. 去年，我国奢侈品海外代购规模几乎是全球奢侈品国内门店销售额的一半，这些交易大多避开了关税。
    E. 国内一些企业生产的同类产品与海外代购产品相比，无论质量还是价格都缺乏竞争优势。

29. 某剧组招募群众演员。为配合剧情，需要招 4 类角色：外国游客 1 到 2 名，购物者 2 到 3 名，商贩 2 名，路人若干。仅有甲、乙、丙、丁、戊、己 6 人可供选择，且每个人在同一场景中只能出演一个角色。已知：

    (1) 只有甲、乙才能出演外国游客；
    (2) 上述 4 类角色在每个场景中至少有 3 类同时出现；
    (3) 每一场景中，若乙或丁出演商贩，则甲和丙出演购物者；

(4)购物者和路人的数量之和在每个场景中不超过2。

根据上述信息,可以得出以下哪项?

A. 在同一场景中,若戊和己出演路人,则甲只可能出演外国游客。

B. 甲、乙、丙、丁不会在同一场景中同时出现。

C. 至少有2人需要在不同的场景中出演不同的角色。

D. 在同一场景中,若乙出演外国游客,则甲只可能出演商贩。

E. 在同一场景中,若丁和戊出演购物者,则乙只可能出演外国游客。

30. 离家300米的学校不能上,却被安排到2千米外的学校就读,某市一位适龄儿童在上小学时就遭遇了所在区教育局这样的安排,而这一安排是区教育局根据儿童户籍所在施教区做出的。根据该市教育局规定的"就近入学"原则,儿童家长将区教育局告上法院,要求撤销原来安排,让其孩子就近入学。法院对此做出一审判决,驳回原告请求。

下列哪项最可能是法院判决的合理依据?

A. 儿童入学究竟应上哪一所学校,不是让适龄儿童或其家长自主选择,而是要听从政府主管部门的行政安排。

B. 该区教育局划分施教区的行政行为符合法律规定,而原告孩子按户籍所在施教区的确需要去离家2千米外的学校就读。

C. "就近入学"仅仅是一个需要遵循的总体原则,儿童具体入学安排还要根据特定的情况加以变通。

D. "就近入学"不是"最近入学",不能将入学儿童户籍地和学校的直线距离作为划分施教区的唯一根据。

E. 按照特定的地理要素划分,施教区中的每所小学不一定就处于该施教区的中心位置。

31. 张立是一位单身白领,工作5年积累了一笔存款。由于该笔存款金额尚不足以购房,他考虑将其暂时分散投资到股票、黄金、基金、国债和外汇5个方面。该笔存款的投资需要满足如下条件:

(1)如果黄金投资比例高于1/2,则剩余部分投入国债和股票;

(2)如果股票投资比例低于1/3,则剩余部分不能投入外汇或国债;

(3)如果外汇投资比例低于1/4,则剩余部分投入基金或黄金;

(4)国债投资比例不能低于1/6。

根据上述信息,可以得出以下哪项?

A. 基金投资比例低于1/6。   B. 黄金投资比例不低于1/5。

C. 股票投资比例不低于1/4。   D. 外汇投资比例不低于1/3。

E. 国债投资比例高于1/2。

32. 通识教育重在帮助学生掌握尽可能全面的基础知识,即帮助学生了解各个学科领域的基本常识;而人文教育则重在培育学生了解生活世界的意义,并对自己及他人行为的价值和意义做出合理的判断,形成"智识"。因此有专家指出,相比较而言,人文教育对个人未来生活的影响会更大一些。

以下哪项如果为真,最能支持上述专家的断言?

A. 当今我国有些大学开设的通识教育课程要远远多于人文教育课程。

B. 没有知识,人依然可以活下去;但如果没有价值和意义的追求,人只能成为没有灵魂的躯壳。

C. "知识"是事实判断,"智识"是价值判断,两者不能互相替代。

D. 关于价值和意义的判断事关个人的幸福和尊严,值得探究和思考。

E. 没有知识就会失去应对未来生活挑战的勇气,而错误的价值观可能误导人的生活。

33~34题基于以下题干:

丰收公司邢经理需要在下个月赴湖北、湖南、安徽、江西、江苏、浙江、福建7省进行市场需求调研,各省均调研一次。他的行程需满足以下条件:

(1)第一个或最后一个调研江西省;

(2)调研安徽省的时间早于浙江省,在这两省的调研之间调研除了福建省的另外两省;

(3)调研福建省的时间安排在调研浙江省之前或刚好调研完浙江省之后;

(4)第三个调研江苏省。

33. 如果邢经理首先赴安徽省调研,则关于他的行程,可以确定以下哪项?
　　A. 第二个调研湖北省。　　B. 第二个调研湖南省。　　C. 第五个调研湖北省。
　　D. 第五个调研浙江省。　　E. 第五个调研福建省。

34. 如果安徽省是邢经理第二个调研省份,则关于他的行程,可以确定以下哪项?
　　A. 第一个调研江西省。　　B. 第四个调研湖北省。　　C. 第五个调研浙江省。
　　D. 第五个调研湖南省。　　E. 第六个调研福建省。

35. 王研究员:我国政府提出的"大众创业、万众创新"激励着每一个创业者。对于创业者来说,最重要的是需要一种坚持精神。不管在创业中遇到什么困难,都要坚持下去。

李教授:对于创业者来说,最重要的是要敢于尝试新技术。因为有些新技术一些大公司不敢轻易尝试,这就为创业者带来了成功的契机。

根据以上信息,以下哪项最准确地指出了王研究员与李教授观点的分歧所在?

A. 最重要的是坚持把创业这件事做好,成为创业大众的一员;还是努力发明新技术,成为创新万众的一员。

B. 最重要的是敢于迎接各种创业难题的挑战,还是敢于尝试那些大公司不敢轻易尝试的新技术。

C. 最重要的是坚持创业,敢于成立小公司;还是尝试新技术,敢于挑战大公司。

D. 最重要的是坚持创业,有毅力有恒心把事业一直做下去;还是坚持创新,做出更多的科学发现和技术发明。

E. 最重要的是需要一种坚持精神,不畏艰难;还是要敢于尝试新技术,把握事业成功的契机。

36. 进入冬季以来,内含大量有毒颗粒物的雾霾频繁袭击我国部分地区。有关调查显示,持续接触高浓度污染物会直接导致10%至15%的人患有眼睛慢性炎症或干眼症。有专家由此认为,如果不采取紧急措施改善空气质量,这些疾病的发病率和相关的并发症将会增加。

以下哪项如果为真,最能支持上述专家的观点?

A. 上述被调查的眼疾患者中有65%是年龄在20~40岁之间的男性。

B. 有毒颗粒物会刺激并损害人的眼睛,长期接触会影响泪腺细胞。

C. 空气质量的改善不是短期内能做到的,许多人不得不在污染环境中工作。

D. 在重污染环境中采取戴护目镜、定期洗眼等措施有助于预防干眼症等眼疾。

E. 眼睛慢性炎症或干眼症等病例通常集中出现于花粉季。

37. 很多成年人对于儿时熟悉的《唐诗三百首》中的许多名诗,常常仅记得几句名句,而不知诗作者或诗名。甲校中文系硕士生只有三个年级,每个年级人数相等。统计发现,一年级学生都能把该书中的名句与诗名及其作者对应起来;二年级2/3 的学生能把该书中的名句与作者对应起来;三年级1/3 的学生不能把该书中的名句与诗名对应起来。

根据上述信息,关于该校中文系硕士生,可以得出以下哪项?

A. 1/3 以上的一、二年级学生不能把该书中的名句与作者对应起来。

B. 1/3 以上的硕士生不能将该书中的名句与诗名或作者对应起来。

C. 大部分硕士生能将该书中的名句与诗名及其作者对应起来。

D. 2/3 以上的一、三年级学生能把该书中的名句与诗名对应起来。

E. 2/3 以上的一、二年级学生不能把该书中的名句与诗名对应起来。

38. 婴儿通过触碰物体、四处玩耍和观察成人的行为等方式来学习,但机器人通常只能按照确定的程序进行学习。于是,有些科学家试图研制学习方式更接近于婴儿的机器人。他们认为,既然婴儿是地球上最有效率的学习者,为什么不设计出能像婴儿那样不费力气就能学习的机器人呢?

以下哪项最可能是上述科学家观点的假设?

A. 成年人和现有的机器人都不能像婴儿那样毫不费力地学习。

B. 如果机器人能像婴儿那样学习,它们的智能就有可能超过人类。

C. 即使是最好的机器人,它们的学习能力也无法超过最差的婴儿学习者。

D. 婴儿的学习能力是天生的,他们的大脑与其他动物幼崽不同。

E. 通过触碰、玩耍和观察等方式来学习是地球上最有效率的学习方式。

39. 针对癌症患者,医生常采用化疗手段将药物直接注入人体杀伤癌细胞,但这也可能将正常细胞和免疫细胞一同杀灭,产生较强的副作用。近来,有科学家发现,黄金纳米粒子很容易被人体癌细胞吸收,如果将其包上一层化疗药物,就可作为"运输工具",将化疗药物准确地投放到癌细胞中。他们由此断言,微小的黄金纳米粒子能提升癌症化疗的效果,并降低化疗的副作用。

以下哪项如果为真,最能支持上述科学家所做出的论断?

A. 因为黄金所具有的特殊化学性质,黄金纳米粒子不会与人体细胞发生反应。

B. 利用常规计算机断层扫描,医生容易判定黄金纳米粒子是否已投放到癌细胞中。

C. 在体外用红外线加热已进入癌细胞的黄金纳米粒子,可以从内部杀灭癌细胞。

D. 黄金纳米粒子用于癌症化疗的疗效有待大量临床检验。

E. 现代医学手段已能实现黄金纳米粒子的精准投送,让其所携带的化疗药物只作用于癌细胞,并不伤及其他细胞。

40. 甲:己所不欲,勿施于人。乙:我反对。己所欲,则施于人。

以下哪项与上述对话方式最为相似?

A. 甲:人非草木,孰能无情?乙:我反对。草木无情,但人有情。

B. 甲：人无远虑，必有近忧。乙：我反对。人有远虑，亦有近忧。
C. 甲：不入虎穴，焉得虎子？乙：我反对。如得虎子，必入虎穴。
D. 甲：人不犯我，我不犯人。乙：我反对。人若犯我，我就犯人。
E. 甲：不在其位，不谋其政。乙：我反对。在其位，则行其政。

41. 颜子、曾寅、孟申、荀辰申请一个中国传统文化建设项目。根据规定，该项目的主持人只能有一名，且在上述4位申请者中产生；包括主持人在内，项目组成员不能超过两位。另外，各位申请者在申请答辩时做出如下陈述：
(1) 颜子：如果我成为主持人，将邀请曾寅或荀辰作为项目组成员。
(2) 曾寅：如果我成为主持人，将邀请颜子或孟申作为项目组成员。
(3) 荀辰：只有颜子成为项目组成员，我才能成为主持人。
(4) 孟申：只有荀辰或颜子成为项目组成员，我才能成为主持人。
假定4人陈述都为真，关于项目组成员的组合，以下哪项是不可能的？
A. 曾寅、荀辰。　B. 颜子、孟申。　C. 颜子、荀辰。　D. 孟申、曾寅。　E. 荀辰、孟申。

42. 研究者调查了一组大学毕业即从事有规律的工作正好满8年的白领，发现他们的体重比刚毕业时平均增加了8公斤。研究者由此得出结论，有规律的工作会增加人们的体重。
关于上述结论的正确性，需要询问的关键问题是以下哪项？
A. 和该组调查对象其他情况相仿但没有从事有规律工作的人，在同样的8年中体重有怎样的变化？
B. 该组调查对象中男性和女性的体重增加是否有较大差异？
C. 和该组调查对象其他情况相仿且经常进行体育锻炼的人，在同样的8年中体重有怎样的变化？
D. 该组调查对象的体重在8年后是否会继续增加？
E. 为什么调查关注的时间段是对象在毕业工作后8年，而不是7年或者9年？

43. 赵默是一位优秀的企业家。因为如果一个人既拥有在国内外知名学府和研究机构工作的经历，又有担任项目负责人的管理经验，那么他就能成为一位优秀的企业家。
以下哪项与上述论证最为相似？
A. 李然是信息技术领域的杰出人才。因为如果一个人不具有前瞻性目光、国际化视野和创新思维，就不能成为信息技术领域的杰出人才。
B. 袁清是一位好作家。因为好作家都具有较强的观察能力、想象能力及表达能力。
C. 青年是企业发展的未来。因此，企业只有激发青年的青春力量，才能促其早日成才。
D. 人力资源是企业的核心资源。因为如果不开展各类文化活动，就不能提升员工岗位技能，也不能增强团队的凝聚力和战斗力。
E. 风云企业具有凝聚力。因为如果一个企业能引导和帮助员工树立目标、提升能力，就能使企业具有凝聚力。

44. 爱书成痴注定会藏书。大多数藏书家也会读一些自己收藏的书，但有些藏书家却因喜爱书的价值和精致装帧而购书收藏，至于阅读则放到了自己以后闲暇的时间，而一旦他们这样想，这些新购的书就很可能不被阅读了。但是，这些受到"冷遇"的书只要被友人借去一本，藏书家就会失魂落魄,整日心神不安。

根据上述信息,可以得出以下哪项?

A. 有些藏书家会读遍自己收藏的书。　　B. 有些藏书家喜欢闲暇时读自己的藏书。

C. 有些藏书家不会立即读自己新购的书。　　D. 有些藏书家从不读自己收藏的书。

E. 有些藏书家将自己的藏书当作友人。

45. 人们通常认为,幸福能够增进健康、有利于长寿,而不幸福则是健康状况不佳的直接原因。但最近有研究人员对3 000多人的生活状况调查后发现,幸福或不幸福并不意味着死亡的风险会相应地变得更低或更高。他们由此指出,疾病可能会导致不幸福,但不幸福本身并不会对健康状况造成损害。

以下哪项如果为真,最能质疑上述研究人员的论证?

A. 有些高寿老人的人生经历较为坎坷,他们有时过得并不幸福。

B. 有些患有重大疾病的人乐观向上,积极与疾病抗争,他们的幸福感比较高。

C. 少数个体死亡风险的高低难以进行准确评估。

D. 人的死亡风险低并不意味着健康状况好,死亡风险高也不意味着健康状况差。

E. 幸福是个体的一种心理体验,要求被调查对象准确断定其幸福程度有一定的难度。

46. 甲:只有加强知识产权保护,才能推动科技创新。

乙:我不同意。过分强化知识产权保护,肯定不能推动科技创新。

以下哪项与上述反驳方式最为类似?

A. 老板:只有给公司带来回报,公司才能给他带来回报。

员工:不对呀。我上月帮公司谈成一笔大业务,可是只得到1%的奖励。

B. 顾客:这件商品只有价格再便宜一些,才会有人买。

商人:不可能。这件商品如果价格再便宜一些,我就要去喝西北风了。

C. 母亲:只有从小事做起,将来才有可能做成大事。

孩子:老妈你错了。如果我们每天只是做小事,将来肯定做不成大事。

D. 妻子:孩子只有刻苦学习,才能取得好成绩。

丈夫:也不尽然。学习光知道刻苦而不能思考,也不一定会取得好成绩。

E. 老师:只有读书,才能改变命运。

学生:我觉得不是这样。不读书,命运会有更大的改变。

47. 某著名风景区有"妙笔生花""猴子观海""仙人晒靴""美人梳妆""阳关三叠""禅心向天"6个景点。为方便游人,景区提示如下:

(1) 只有先游"猴子观海",才能游"妙笔生花";

(2) 只有先游"阳关三叠",才能游"仙人晒靴";

(3) 如果游"美人梳妆",就要先游"妙笔生花";

(4) "禅心向天"应第4个游览,之后才可能游览"仙人晒靴"。

张先生按照上述提示,顺利游览了上述6个景点。

根据上述信息,关于张先生的游览顺序,以下哪项不可能为真?

A. 第一个游览"猴子观海"。　　　　　　B. 第二个游览"阳关三叠"。

C. 第三个游览"美人梳妆"。　　　　　　D. 第五个游览"妙笔生花"。

E. 第六个游览"仙人晒靴"。

48. "自我陶醉人格"是以过分重视自己为主要特点的人格障碍。它有多种具体特征:过高估计自己的重要性,夸大自己的成就;对批评反应强烈,希望他人注意自己和羡慕自己;经常沉湎于幻想中,把自己看成特殊的人;人际关系不稳定,嫉妒他人,损人利己。

以下各项自我陈述中,除了哪项均能体现上述"自我陶醉人格"的特征?

A. 我是这个团队的灵魂,一旦我离开了这个团队,他们将一事无成。

B. 他有什么资格批评我?大家看看,他的能力连我的一半都不到。

C. 我的家庭条件不好,但不愿意被别人看不起,所以我借钱买了一部智能手机。

D. 这么重要的活动竟然没有邀请我参加,组织者的人品肯定有问题,不值得跟这样的人交往。

E. 我刚接手别人很多年没有做成的事情,我跟他们完全不在一个层次,相信很快就将事情搞定。

49. 通常情况下,长期在寒冷环境中生活的居民可以有更强的抗寒能力。相比于我国的南方地区,我国北方地区冬天的平均气温要低很多。然而有趣的是,现在北方许多地区的居民并不具有我们所以为的抗寒能力,相当多的北方人到南方来过冬,竟然难以忍受南方的寒冷天气,怕冷程度甚至远超当地人。

以下哪项如果为真,最能解释上述现象?

A. 一些北方人认为南方温暖,他们去南方过冬时往往对保暖工作做得不够充分。

B. 南方地区冬天虽然平均气温比北方高,但也存在极端低温的天气。

C. 北方地区在冬天通常启用供暖设备,其室内温度往往比南方高出很多。

D. 有些北方人是从南方迁过去的,他们还没有完全适应北方的气候。

E. 南方地区湿度较大,冬天感受到的寒冷程度超出气象意义上的温度指标。

50. 译制片配音,作为一种特有的艺术形式,曾在我国广受欢迎。然而时过境迁,现在许多人已不喜欢看配过音的外国影视剧。他们觉得还是听原汁原味的声音才感觉到位。有专家由此断言,配音已失去观众,必将退出历史舞台。

以下各项如果为真,则除哪项外都能支持上述专家的观点?

A. 很多上了年纪的国人仍习惯看配过音的外国影视剧,而在国内放映的外国大片有的仍然是配过音的。

B. 配音是一种艺术再创作,倾注了配音艺术家的心血,但有的人对此并不领情,反而觉得配音妨碍了他们对原剧的欣赏。

C. 许多中国人通晓外文,观赏外国原版影视剧并不存在语言困难;即使不懂外文,边看中文字幕边听原声也不影响理解剧情。

D. 随着对外交流的加强,现在外国影视剧大量涌入国内,有的国人已经等不及慢条斯理、精工细作的配音了。

E. 现在有的外国影视剧配音难以模仿剧中演员的出色嗓音,有时也与剧情不符,对此观众并不接受。

51~52题基于以下题干：

六一节快到了。幼儿园老师为班上的小明、小雷、小刚、小芳、小花5位小朋友准备了红、橙、黄、绿、青、蓝、紫7份礼物。已知所有礼物都送了出去，每份礼物只能由一人获得，每人最多获得两份礼物。另外，礼物派送还需满足如下要求：

(1) 如果小明收到橙色礼物，则小芳会收到蓝色礼物；
(2) 如果小雷没有收到红色礼物，则小芳不会收到蓝色礼物；
(3) 如果小刚没有收到黄色礼物，则小花不会收到紫色礼物；
(4) 没有人既能收到黄色礼物，又能收到绿色礼物；
(5) 小明只收到橙色礼物，而小花只收到紫色礼物。

51. 根据上述信息，以下哪项可能为真？
   A. 小明和小芳都收到两份礼物。   B. 小雷和小刚都收到两份礼物。
   C. 小刚和小花都收到两份礼物。   D. 小芳和小花都收到两份礼物。
   E. 小明和小雷都收到两份礼物。

52. 根据上述信息，如果小刚收到两份礼物，则可以得出以下哪项？
   A. 小雷收到红色和绿色两份礼物。   B. 小刚收到黄色和蓝色两份礼物。
   C. 小芳收到绿色和蓝色两份礼物。   D. 小刚收到黄色和青色两份礼物。
   E. 小芳收到青色和蓝色两份礼物。

53. 某民乐小组拟购买几种乐器，购买要求如下：
   (1) 二胡、箫至多购买一种；   (2) 笛子、二胡和古筝至少购买一种；
   (3) 箫、古筝、唢呐至少购买两种；   (4) 如果购买箫，则不购买笛子。
   根据上述要求，可以得出以下哪项？
   A. 至多可以购买三种乐器。   B. 箫、笛子至少购买一种。   C. 至少要购买三种乐器。
   D. 古筝、二胡至少购买一种。   E. 一定要购买唢呐。

54~55题基于以下题干：

某影城将在"十一"黄金周7天(周一至周日)放映14部电影，其中，有5部科幻片、3部警匪片、3部武侠片、2部战争片及1部爱情片。限于条件，影城每天放映两部电影。已知：

(1) 除两部科幻片安排在周四外，其余6天每天放映的两部电影都属于不同类型；
(2) 爱情片安排在周日；
(3) 科幻片与武侠片没有安排在同一天；
(4) 警匪片和战争片没有安排在同一天。

54. 根据上述信息，以下哪项中的两部电影不可能安排在同一天放映？
   A. 警匪片和爱情片。   B. 科幻片和警匪片。   C. 武侠片和战争片。
   D. 武侠片和警匪片。   E. 科幻片和战争片。

55. 根据上述信息，如果同类影片放映日期连续，则周六可能放映的电影是以下哪项？
   A. 科幻片和警匪片。   B. 武侠片和警匪片。   C. 科幻片和战争片。
   D. 科幻片和武侠片。   E. 警匪片和战争片。

2017年管理类综合能力逻辑试题解析

答案速查表

26~30	ACDEB	31~35	CBECE	36~40	BDEED
41~45	AAECD	46~50	CDCCA	51~55	BDDAC

26.【答案】A 【难度】S4 【考点】形式逻辑 假言命题 假言命题推理规则

题干信息:(1)核心→¬受制;(2)有些网络安全→核心;(3)引进∧¬创新→威胁。

由(2)(1)传递可得:(4)有些网络安全→核心→¬受制。

A选项:有些网络安全→¬受制,与(4)一致,正确。

B选项:所有项目→¬受制,与题干信息不一致,排除。C选项:创新→¬威胁,不符合推理规则,排除。D选项:许多网络安全→¬合作,与题干信息不一致,排除。E选项:¬引进→¬威胁,不符合推理规则,排除。

故正确答案为A选项。

27.【答案】C 【难度】S4 【考点】形式逻辑 直言命题 直言命题矛盾关系

题干信息:结果→有原因→可以被人认识→必然有规律,即所有结果都必然有规律。

C选项:有的结果可能无规律,与题干是矛盾关系,一定为假。

故正确答案为C选项。

28.【答案】D 【难度】S4 【考点】论证推理 支持、加强 论据+结论型论证的支持

论据:海外代购让政府损失了税收收入。结论:政府应该严厉打击海外代购行为。

D选项:**建立联系**,表明海外代购规模巨大且大多避开了关税,确实让政府损失了很多税收收入,所以应该打击。

A选项:未建立起"海外代购"与"税收损失"之间的关系,排除。

B、C、E选项:表明海外代购有好处,无法支持专家的观点,排除。

故正确答案为D选项。

29.【答案】E 【难度】S6 【考点】综合推理 匹配题型

题干信息:(1)外国游客1~2名(甲∨乙),购物者2~3名,商贩2名,路人若干,每个人在同一场景中只能出演一个角色;(2)每个场景≥3类角色;(3)乙商∨丁商→甲购∧丙购;(4)购物者+路人≤2。E选项:若丁和戊出演购物者,根据(4)可得,无人出演路人;根据(2)可得,外国游客和商贩均有人出演;而根据(1)和(3)可得,乙只可能出演外国游客,正确。

A选项:若戊和己出演路人,根据(4)可得,无购物者;根据(2)可得,外国游客和商贩均有人出演;根据(3)可得,¬乙商∧¬丁商,则甲也可参演商贩,排除。

B选项:假设甲、乙出演外国游客,丁、丙出演购物者,戊、己出演商贩,不违反题干条件,但甲、乙、丙、丁在同一场景中出现,排除。

C选项:对比B与C所列情况,仅有1人(丙)需要在不同的场景中出演不同的角色,排除。

D选项:根据(3)可得,若乙出演外国游客,则甲也可能出演购物者,排除。

情况如下表所示。

	A	B	C	D	E
外国游客	乙	甲、乙	甲、乙	乙	乙
购物者	无	丁、丙		甲、丙	丁、戊
商贩	¬乙∧¬丁,甲	戊、己	戊、己		¬乙∧¬丁,丙、己
路人	戊、己		丙		无

故正确答案为 E 选项。

30.【答案】B 【难度】S6 【考点】论证推理 支持、加强 论据+结论型论证的支持

家长诉求：孩子被安排到 2 千米外的学校就读，而不是在离家 300 米的学校就读，不符合"就近入学"原则。

B 选项："该区教育局划分施教区的行政行为符合法律规定"表明该决策合法；"原告孩子按户籍所在施教区的确需要去离家 2 千米外的学校就读"表明该决策合规。所以该决策合法合规，家长的诉求并不合理。

D 选项：户籍地和学校的直线距离虽然不是"唯一根据"，但可能是非常重要的根据，如果是重要根据，则家长的诉求还是合理的。

故正确答案为 B 选项。

31.【答案】C 【难度】S5 【考点】形式逻辑 假言命题 假言命题推理规则

题干信息：(1) 黄金>1/2→剩余部分投入国债和股票；(2) 股票<1/3→剩余部分不能投入外汇或国债；(3) 外汇<1/4→剩余部分投入基金或黄金；(4) 国债≥1/6。

由(4)可知，要投资国债，所以(2)中的"不能投入外汇或国债"不成立；由(2)逆否可得，股票≥1/3；既然股票投资比例不低于1/3，那么一定也不低于1/4。

故正确答案为 C 选项。

32.【答案】B 【难度】S4 【考点】论证推理 支持、加强 论据+结论型论证的支持

题干信息：专家断言，人文教育对个人未来生活的影响更大。

B 选项：表明人文教育比通识教育对个人未来生活更重要，指出不进行通识教育，人依然可以活下去；不进行人文教育，人就只是躯壳，表明了人文教育的重要性。

A 选项：无关选项，哪个教育对个人未来生活的影响更大与开设课程的数量无关，排除。

C 选项：表明两者都重要，无法证明人文教育更重要，排除。

D 选项：只能表明人文教育重要，但没有与通识教育进行对比，排除。

E 选项："可能误导"，但"不一定会误导"，可能性有多大未知，故不能选择。

故正确答案为 B 选项。

33.【答案】E 【难度】S4 【考点】综合推理 综合题组（排序题型）

题干信息：(1) 江西：第一个或最后一个；(2) 安徽、_____、_____、浙江，中间为湖北、湖南、江苏中的两个；(3) 福建在浙江之前或紧挨在浙江之后；(4) 江苏排在第三位。

由(2)(3)可知，福建不可能在浙江之前，所以福建紧挨着浙江，在浙江的后面。根据题干信息，以及"邢经理首先赴安徽省调研"这一条件，邢经理的行程如下：

安徽、_____、江苏、浙江、福建,即安徽第一、江苏第三、浙江第四、福建第五。
故正确答案为 E 选项。

34.【答案】C 【难度】S5 【考点】综合推理 综合题组(排序题型)
根据题干信息,邢经理的行程为:_____、安徽、江苏_____、浙江,即安徽第二、江苏第三、浙江第五。
注意:福建的位置可能是第一或第六,无法确定。
故正确答案为 C 选项。

35.【答案】E 【难度】S4 【考点】论证推理 焦点 焦点题型
王研究员:对于创业者来说,最重要的是需要坚持精神,遇到困难时要坚持下去。李教授:对于创业者来说,最重要的是敢于尝试新技术。
二者的分歧非常明显,即 E 选项。A 选项中"努力发明新技术",B 选项中"敢于迎接挑战",C 选项中"挑战大公司",D 选项中"做出更多的科学发现和技术发明"均与题干不符。
故正确答案为 E 选项。

36.【答案】B 【难度】S4 【考点】论证推理 支持、加强 因果型论证的支持
专家观点:内含大量有毒颗粒物的雾霾(因)会导致眼部疾病发病率和相关的并发症增加(果)。
B 选项:建立联系,解释原理,说明内含有毒颗粒物的雾霾确实会刺激并损害人的眼睛,导致眼部疾病,支持了专家的观点。
A、C、E 选项:与题干论证无关,排除。
D 选项:表明有其他措施可以预防干眼症,但无法证明题干的因果关系是否成立,排除。
故正确答案为 B 选项。

37.【答案】D 【难度】S6 【考点】论证推理 结论 细节题
题干信息:一年级有 3/3 能将名句与诗名及其作者对应起来;二年级有 2/3 能将名句与作者对应起来;三年级有 2/3 能将名句与诗名对应起来。
假设每个年级各有 3 名学生,可将题干信息梳理为下表:

	名句与诗名对应		名句与作者对应	
	能	不能	能	不能
一年级	3	0	3	0
二年级			2	1
三年级	2	1		

D 选项:一、三年级学生能把名句与诗名对应起来的比例是,(3+2)/(3+3)=5/6>2/3,正确。
A 选项:一、二年级学生不能把名句与作者对应起来的比例是,(0+1)/(3+3)=1/6<1/3,排除。
B 选项:不能把名句与诗名或作者对应起来的比例是,(0+1+1)/(3+3+3)=2/9<1/3,排除。
C 选项:能把名句与诗名及其作者对应起来的比例是,(3+0+0)/(3+3+3)=3/9<1/2,排除。
E 选项:一、二年级学生不能把名句与诗名对应起来的比例是,(0+?)/(3+3)=?/6,排除。
由上表可以推知:2/3 以上的一、三年级学生能把该书中的名句与诗名对应起来。
故正确答案为 D 选项。

38.【答案】E 【难度】S4 【考点】论证推理 假设、前提 论据+结论型论证的假设

论据:婴儿通过触碰物体、四处玩耍和观察成人的行为等方式来学习,机器人与婴儿的学习方式不同,婴儿是地球上最有效率的学习者。结论:应设计出能像婴儿那样学习的机器人。

E 选项:建立联系,在"触碰物体、四处玩耍和观察成人的行为等方式"与"最有效率"之间建立联系,使论据可以推出结论,正确。

A 选项:假设过强,范围过大,题干论证与"成年人"无关,排除。B、D 选项:无关选项,题干论证与"智能超过人类""其他动物幼崽"无关,排除。C 选项:假设过强,题干中并未区分"最好""最差"的婴儿学习者,与题干的论证对象不一致,排除。

故正确答案为 E 选项。

39.【答案】E 【难度】S4 【考点】论证推理 支持、加强 论据+结论型论证的支持

论据:将黄金纳米粒子作为化疗药物的"运输工具"投放到癌细胞中。结论:黄金纳米粒子能提升癌症化疗的效果,降低化疗副作用。

要想支持科学家的上述论断,就要说明使用黄金纳米粒子可以解决化疗手段导致的问题,不会伤害正常细胞和免疫细胞,只针对癌细胞进行杀伤。E 选项就表明了这一点,可以精准投送以达到提升癌症化疗效果,并降低化疗副作用的目的。

A 选项:题干中并未提及"与人体细胞发生反应"是目前化疗手段的副作用,无法支持,排除。

B、C 选项:该特点是否能提升癌症化疗的效果呢?未知,排除。

D 选项:表明该方法的疗效尚不明确,无法支持,排除。

故正确答案为 E 选项。

40.【答案】D 【难度】S4 【考点】形式逻辑 假言命题 假言命题结构相似

题干信息:甲认为,¬ 己欲→¬ 施于人(¬ A→¬ B);乙认为,己欲→施于人(A→B)。

D 选项:甲认为,¬ 人犯我→¬ 我犯人(¬ A→¬ B);乙认为,人犯我→我犯人(A→B)。该选项与题干对话方式一致。

A、B 选项:"但""亦"是"且"的逻辑关系,与题干的"→"不一致,排除。C 选项:甲认为,¬ 虎穴→¬ 虎子(¬ A→¬ B);乙认为,虎子→虎穴(B→A)。选项与题干对话方式不一致,排除。E 选项:"谋"其政与"行"其政不同,排除。

故正确答案为 D 选项。

41.【答案】A 【难度】S5 【考点】综合推理 匹配题型

题干信息:(1)颜主持人→曾或荀成员;(2)曾主持人→颜或孟成员;(3)荀主持人→颜成员;(4)孟主持人→荀或颜成员。

A 选项:由(2)可知,如果曾是主持人,将邀请颜或孟作为项目组成员,并不是荀;由(3)可知,如果荀是主持人,那么颜将成为项目组成员,并不是曾,所以 A 选项与题干信息不一致,不可能为真。

其他选项的组合都不与题干信息矛盾,例如 B 选项:由(4)可知,如果孟是主持人,那么颜可能成为项目组成员,符合题干信息。

故正确答案为 A 选项。

42.【答案】A 【难度】S4 【考点】论证推理 关键问题

论据:大学毕业即从事有规律的工作正好满8年的白领,体重比刚毕业时平均增加了8公斤。
结论:有规律的工作会增加人们的体重。

题干论证实际上出现了两个变量:(1)有规律的工作;(2)8年的时间差。所以可能是年龄增加导致的体重增加,而与规律的工作无关。要想评价该结论是否正确,就需要排除时间可能会产生的影响。在其他条件都相同的情况下,比较有规律工作和无规律工作的人,体重变化是否一致。若和该组调查对象其他情况相仿但没有从事有规律工作的人,在同样的8年中体重增加情况类似,则说明并不是有规律的工作导致人们体重增加;若体重没有增加或增加程度远小于从事有规律工作的人,则说明有规律的工作会导致人们体重增加。

故正确答案为A选项。

43.【答案】E 【难度】S4 【考点】形式逻辑 假言命题 假言命题结构相似

题干信息:赵默(A)→优秀企业家(B)。经历(C)∧经验(D)→优秀企业家(B)。

E选项:风云(A)→凝聚力(B)。引导(C)∧帮助(D)→凝聚力(B)。该选项与题干论证结构相似,正确。

A、D选项:肯否不一致,题干都是肯定信息,故优先看其他选项。B选项:袁清(A)→好作家(B)。好作家(B)→观察能力(C)∧想象能力(D)∧表达能力(E)。该选项与题干论证结构不一致,排除。C选项:"因此"表明第一句是论据,第二句是结论,与题干论证结构不一致,排除。

故正确答案为E选项。

44.【答案】C 【难度】S4 【考点】形式逻辑 三段论 三段论正推题型

题干信息:(1)大多数藏书家→读一些自己收藏的书;(2)有些藏书家→购书收藏,以后闲暇时阅读。

C选项:与(2)逻辑关系一致。B选项:"喜欢"这一主观情感在题干信息中未体现,排除。

故正确答案为C选项。

45.【答案】D 【难度】S4 【考点】论证推理 削弱、质疑、反驳 论据+结论型论证的削弱

论据:调查后发现,幸福或不幸福并不意味着死亡的风险会相应地变得更低或更高。结论:不幸福本身并不会对健康状况造成损害。

研究人员的论证存在着偷换概念的漏洞,死亡风险与健康状况并不是同一概念,D选项直接指出了这一问题,死亡风险与健康状况无关,直接割裂了二者之间的关系,表明研究人员的调查结果无法得出结论。

A、B、C选项:"有些""有时""少数"力度较弱,排除。

E选项:力度较弱,有一定难度≠无法断定,排除。

故正确答案为D选项。

46.【答案】C 【难度】S5 【考点】形式逻辑 假言命题 假言命题结构相似

题干信息:甲认为,推动创新(A)→加强知识产权保护(B);乙认为,过分强化知识产权保护(过分B)→¬推动创新(¬A)。

C选项:母亲认为,做成大事(A)→从小事做起(B);孩子认为,只做小事(只B)→¬做成大事(¬A)。综合比较几个选项,只有C选项中的"只做小事"可以表达"过分做小事"的意思,与题干结构相似。

47.【答案】D 【难度】S4 【考点】综合推理 排序题型
题干信息:(1)先"猴子观海"后"妙笔生花";(2)先"阳关三叠"后"仙人晒靴";(3)先"妙笔生花"后"美人梳妆";(4)"禅心向天"第4,"仙人晒靴"第5或第6。
由(1)(3)可知,其中三个景点的游览顺序为,"猴子观海""妙笔生花""美人梳妆";又由(4)可知,如果"妙笔生花"是第5个游览,其后面只有1个位置,但是还有"美人梳妆"和"仙人晒靴"2个景点未游览,所以不可能第5个游览"妙笔生花"。
故正确答案为D选项。

48.【答案】C 【难度】S4 【考点】形式逻辑 概念 与定义相关的题型
"自我陶醉人格"的主要特征有:(1)过高估计自己的重要性,夸大自己的成就;(2)对批评反应强烈,希望他人注意自己和羡慕自己;(3)经常沉溺于幻想中,把自己看成特殊的人;(4)人际关系不稳定,嫉妒他人,损人利己。
A选项体现了(1)这个特征。B选项体现了(2)这个特征。D选项体现了(4)这个特征。E选项体现了(3)这个特征。C选项并未体现上述特征。
故正确答案为C选项。

49.【答案】C 【难度】S4 【考点】论证推理 解释 解释现象
需要解释的现象:北方居民本应具有更强的抗寒能力,但实际上北方许多地区的居民来到南方后,比当地人还要怕冷。
C选项:说明虽然从温度指标上来看北方气温比南方低,但由于北方在冬天会启用暖气设备,所以北方人实际所处环境的温度并不低,南方冬天的可感知温度可能比北方低,所以才会出现题干中看似矛盾的现象。
A、B、D选项:"一些""存在""有些",力度较弱,排除。
E选项:比较对象不一致。题干是将南方与北方进行比较,该选项比较的是南方的体感温度与气象温度,并未出现与北方的比较,无法解释,排除。
故正确答案为C选项。

50.【答案】A 【难度】S4 【考点】论证推理 支持、加强 论据+结论型论证的支持
论据:现在许多人已不喜欢看配过音的外国影视剧。结论:配音必将退出历史舞台。
A选项:表明有一部分观众习惯于看配过音的外国影视剧,所以配音不会退出历史舞台,起到削弱作用,而不是支持。
B选项:表明有的人觉得配音妨碍了他们对原剧的欣赏,可以支持。C选项:说明很多人看外国原版影视剧没有语言困难,即使有语言困难,看中文字幕即可,不需要配音,可以支持。D选项:说明外国影视剧的时效性变强,而配音无法满足一部分人的需求,可以支持。E选项:表明由于无法准确还原原剧演员嗓音和剧情,观众并不接受配音,可以支持。
故正确答案为A选项。

51.【答案】B 【难度】S4 【考点】综合推理 综合题组(匹配题型)
此题可采用排除法,由(5)可知,小明和小花都只收到一份礼物,所以A、C、D、E选项均不正确,排除。B选项与题干信息不矛盾。

故正确答案为 B 选项。

52.【答案】D 【难度】S4 【考点】综合推理 综合题组(匹配题型)
此题可列表。

根据(5)，小明只收到橙色礼物，小花只收到紫色礼物，所以其他颜色的礼物未收到，在表中进行标注(5)。根据(1)，小明收到了橙色礼物，推出小芳收到了蓝色礼物，在表中进行标注(1)；根据(2)，小芳收到了蓝色礼物，推出小雷收到了红色礼物，在表中进行标注(2)；根据(3)，小花收到了紫色礼物，推出小刚收到了黄色礼物，在表中进行标注(3)；根据(4)，可知小刚没有收到绿色礼物，在表中进行标注(4)；再由题干信息"每份礼物只能由一人获得"，对应在表中进行标注(0)。表格如下。

	小明	小雷	小刚	小芳	小花
红	×(5)	√(2)	×(0)	×(0)	×(5)
橙	√(5)	×(0)	×(0)	×(0)	×(5)
黄	×(5)	×(0)	√(3)	×(0)	×(5)
绿	×(5)		×(4)		×(5)
青	×(5)				×(5)
蓝	×(5)	×(0)	×(0)	√(1)	×(5)
紫	×(5)	×(0)	×(0)	×(0)	√(5)

由上表，以及本题补充信息"小刚收到两份礼物"可知，这两份礼物只可能为黄色和青色。
故正确答案为 D 选项。

53.【答案】D 【难度】S6 【考点】综合推理 二难推理、归谬法
题干没有确定信息，并且对箫的限制条件较多，可从"箫"进行假设：①购买箫；②不购买箫。

	二胡	箫	笛子	古筝	唢呐
①购买箫	×(1)	√	×(4)	√(2)	
②不购买箫		×		√(3)	√(3)

从上表可知，一定会购买古筝，所以"古筝、二胡至少购买一种"为真。
故正确答案为 D 选项。

54.【答案】A 【难度】S5 【考点】综合推理 综合题组(匹配题型)

一	二	三	四	五	六	日
			科幻			爱情
				科幻		

根据题干信息，若警匪片和爱情片安排在同一天的话，那么剩下的影片为科幻片 3 部、警匪片 2 部、武侠片 3 部、战争片 2 部，并且需要满足每天放映的两部电影都属于不同类型，则剩下的影片不管如何排列，都与条件(3)矛盾，所以警匪片和爱情片不可能安排在同一天放映。

故正确答案为 A 选项。

55. 【答案】C 【难度】S6 【考点】综合推理 综合题组(匹配题型)

假设同类影片放映日期连续,那么可能出现以下情况。

一	二	三	四	五	六	日
警匪	警匪	警匪	科幻	战争	战争	爱情
武侠	武侠	武侠	科幻	科幻	科幻	科幻

所以周六可能放映的是战争片和科幻片,C 选项正确。其他选项均会与题干信息矛盾,排除。

故正确答案为 C 选项。

【此组题有超级简单的方法,视频课上讲哦~】

【温馨提示】想知道哪些知识点还没掌握?请打开"海绵MBA"APP,进入页面右上角【扫一扫】图标,扫描下方二维码,填入答案,系统会自动记录错题数据,方便查漏补缺。

2016年管理类综合能力逻辑试题

三、逻辑推理：第26~55小题，每小题2分，共60分。下列每题给出的A、B、C、D、E五个选项中，只有一项是符合试题要求的。请在答题卡上将所选项的字母涂黑。

26. 企业要建设科技创新中心，就要推进与高校、科研院所的合作，这样才能激发自主创新的活力。一个企业只有搭建服务科技创新发展战略的平台、科技创新与经济发展对接的平台以及聚焦创新人才的平台，才能催生重大科技成果。

    根据上述信息，可以得出以下哪项？

    A. 如果企业搭建科技创新与经济发展对接的平台，就能激发其自主创新的活力。
    B. 如果企业搭建了服务科技创新发展战略的平台，就能催生重大科技成果。
    C. 能否推进与高校、科研院所的合作决定企业是否具有自主创新的活力。
    D. 如果企业没有搭建聚焦创新人才的平台，就无法催生重大科技成果。
    E. 如果企业推进与高校、科研院所的合作，就能激发其自主创新的活力。

27. 生态文明建设事关社会发展方式和人民福祉。只有实行最严格的制度、最严密的法治，才能为生态文明建设提供可靠保障；如果要实行最严格的制度、最严密的法治，就要建立责任追究制度，对那些不顾生态环境盲目决策并造成严重后果者，追究其相应责任。

    根据上述信息，可以得出以下哪项？

    A. 如果对那些不顾生态环境盲目决策并造成严重后果者追究相应责任，就能为生态文明建设提供可靠保障。
    B. 实行最严格的制度和最严密的法治是生态文明建设的重要目标。
    C. 如果不建立责任追究制度，就不能为生态文明建设提供可靠保障。
    D. 只有筑牢生态环境的制度防护墙，才能造福人民。
    E. 如果要建立责任追究制度，就要实行最严格的制度、最严密的法治。

28. 注重对孩子的自然教育，让孩子亲身感受大自然的神奇与美妙，可促使孩子释放天性，激发自身潜能；而缺乏这方面教育的孩子容易变得孤独，道德、情感与认知能力的发展都会受到一定的影响。

    以下哪项与以上陈述方式最为类似？

    A. 老百姓过去"盼温饱"，现在"盼环保"；过去"求生存"，现在"求生态"。
    B. 脱离环境保护搞经济发展是"竭泽而渔"，离开经济发展抓环境保护是"缘木求鱼"。
    C. 注重调查研究，可以让我们掌握第一手资料；闭门造车，只能让我们脱离实际。
    D. 只说一种语言的人，首次被诊断出患阿尔茨海默症的平均年龄为71岁；说双语的人，首次被诊断出患阿尔茨海默症的平均年龄为76岁；说三种语言的人，首次被诊断出患阿尔茨海默症的平均年龄为78岁。
    E. 如果孩子完全依赖电子设备来进行学习和生活，将会对环境越来越漠视。

29. 古人以干支纪年。甲乙丙丁戊己庚辛壬癸为十干，也称天干。子丑寅卯辰巳午未申酉戌亥为十二支，也称地支。顺次以天干配地支，如甲子、乙丑、丙寅、……癸酉、甲戌、乙亥、丙子等，六十年重复一次,俗称六十花甲子。根据干支纪年,公元 2014 年为甲午年,公元 2015 年为乙未年。

根据以上陈述,可以得出以下哪项?

A. 21 世纪会有甲丑年。 B. 现代人已不用干支纪年。

C. 干支纪年有利于农事。 D. 根据干支纪年,公元 2087 年为丁未年。

E. 根据干支纪年,公元 2024 年为甲寅年。

30. 赵明与王洪都是某高校辩论协会会员,在为今年华语辩论赛招募新队员的问题上,两人发生了争执。

赵明:我们一定要选拔喜爱辩论的人。因为一个人只有喜爱辩论,才能投入精力和时间研究辩论并参加辩论赛。

王洪:我们招募的不是辩论爱好者,而是能打硬仗的辩手。无论是谁,只要能在辩论赛中发挥应有的作用,他就是我们理想的人选。

以下哪项最可能是两人争论的焦点?

A. 招募的标准是从现实出发还是从理想出发。

B. 招募的目的是研究辩论规律还是培养实战能力。

C. 招募的目的是培养新人还是赢得比赛。

D. 招募的标准是对辩论的爱好还是辩论的能力。

E. 招募的目的是获得集体荣誉还是满足个人爱好。

31. 在某届洲际杯足球大赛中,第一阶段某小组单循环赛共有 4 支队伍参加,每支队伍需要在这一阶段比赛三场。甲国足球队在该小组的前两轮比赛中一平一负。在第三轮比赛之前,甲国足球队主教练在新闻发布会上表示:"只有我们在下一场比赛中取得胜利并且本组的另外一场比赛打成平局,我们才有可能从这个小组出线。"

如果甲国主教练的陈述为真,那么以下哪项是不可能的?

A. 第三轮比赛该小组两场比赛都分出了胜负,甲国队从小组出线。

B. 甲国队第三场比赛取得了胜利,但他们未能从小组出线。

C. 第三轮比赛甲国队取得了胜利,该小组另一场比赛打成平局,甲国队未能从小组出线。

D. 第三轮比赛该小组另外一场比赛打成平局,甲国队从小组出线。

E. 第三轮比赛该小组两场比赛都打成了平局,甲国队未能从小组出线。

32. 考古学家发现,那件仰韶文化晚期的土坯砖边缘整齐,并且没有切割痕迹,由此他们推测,这件土坯砖应当是使用木质模具压制成型的;而其他 5 件由土坯砖经过烧制而成的烧结砖,经检测其当时的烧制温度为 850~900℃。由此考古学家进一步推测,当时的砖是先使用模具将黏土做成土坯,然后再经过高温烧制而成的。

以下哪项如果为真,最能支持上述考古学家的推测?

A. 仰韶文化晚期的年代约为公元前 3500—前 3000 年。

B. 仰韶文化晚期,人们已经掌握了高温冶炼技术。

C. 出土的 5 件烧结砖距今已有 5 000 年,确实属于仰韶文化晚期的物品。

D. 没有采用模具而成型的土坯砖,其边缘或者不整齐,或者有切割痕迹。

E. 早在西周时期,中原地区的人们就可以烧制铺地砖和空心砖。

33. 研究人员发现,人类存在 3 种核苷酸基因类型:AA 型、AG 型以及 GG 型。一个人有 36% 的概率是 AA 型,有 48% 的概率是 AG 型,有 16% 的概率是 GG 型。在 1 200 名参与实验的老年人中,拥有 AA 型和 AG 型基因类型的人都在上午 11 时之前去世,而拥有 GG 型基因类型的人几乎都在下午 6 时左右去世。研究人员据此认为:GG 型基因类型的人会比其他人平均晚死 7 个小时。

以下哪项如果为真,最能质疑上述研究人员的观点?

A. 平均寿命的计算依据应是实验对象的生命存续长度,而不是实验对象的死亡时间。
B. 当死亡临近的时候,人体会还原到一种更加自然的生理节律感应阶段。
C. 有些人是因为疾病或者意外事故等其他因素而死亡的。
D. 对人死亡时间的比较,比一天中的哪一时刻更重要的是哪一年、哪一天。
E. 拥有 GG 型基因类型的实验对象容易患上心血管疾病。

34. 某市消费者权益保护条例明确规定,消费者对其所购商品可以"7 天内无理由退货"。但这项规定出台后并未得到顺利执行,众多消费者 7 天内"无理由"退货时,常常遭遇商家的阻挠,他们以商品已作特价处理、商品已经开封或使用等理由拒绝退货。

以下哪项如果为真,最能质疑商家阻挠退货的理由?

A. 开封验货后,如果商品规格、质量等问题来自消费者本人,他们应为此承担责任。
B. 那些作为特价处理的商品,本来质量就没有保证。
C. 如果不开封验货,就不能知道商品是否存在质量问题。
D. 政府总偏向消费者,这对于商家来说是不公平的。
E. 商品一旦开封或使用了,即使不存在问题,消费者也可以选择退货。

35. 某县县委关于下周一几位领导的工作安排如下:
(1)如果李副书记在县城值班,那么他就要参加宣传工作例会;
(2)如果张副书记在县城值班,那么他就要做信访接待工作;
(3)如果王书记下乡调研,那么张副书记或李副书记就需在县城值班;
(4)只有参加宣传工作例会或做信访接待工作,王书记才不下乡调研;
(5)宣传工作例会只需分管宣传的副书记参加,信访接待工作也只需一名副书记参加。
根据上述工作安排,可以得出以下哪项?

A. 张副书记做信访接待工作。　　　　　B. 王书记下乡调研。
C. 李副书记参加宣传工作例会。　　　　D. 李副书记做信访接待工作。
E. 张副书记参加宣传工作例会。

36. 近年来,越来越多的机器人被用于在战场上执行侦察、运输、拆弹等任务,甚至将来冲锋陷阵的都不再是人,而是形形色色的机器人。人类战争正在经历自核武器诞生以来最深刻的革命。有专家据此分析指出,机器人战争技术的出现可以使人类远离危险,更安全、更有效率地实现战争目标。

以下哪项如果为真,最能质疑上述专家的观点?

A. 现代人类掌控机器人,但未来机器人可能会掌控人类。
B. 因不同国家之间军事科技实力的差距,机器人战争技术只会让部分国家远离危险。

C. 机器人战争技术有助于摆脱以往大规模杀戮的血腥模式,从而让现代战争变得更为人道。

D. 掌握机器人战争技术的国家为数不多,将来战争的发生更为频繁也更为血腥。

E. 全球化时代的机器人战争技术要消耗更多资源,破坏生态环境。

37. 郝大爷过马路时不幸摔倒昏迷,所幸有小伙子及时将他送往医院救治。郝大爷病情稳定后,有4位陌生小伙陈安、李康、张幸、汪福来医院看望他。郝大爷问他们究竟是谁送他来医院,他们回答如下:

陈安:我们4人都没有送您来医院。

李康:我们4人中有人送您来医院。

张幸:李康和汪福至少有一人没有送您来医院。

汪福:送您来医院的人不是我。

后来证实上述4人中有两人说真话,有两人说假话。

根据上述信息,可以得出以下哪项?

A. 说真话的是李康和张幸。　　B. 说真话的是陈安和张幸。

C. 说真话的是李康和汪福。　　D. 说真话的是张幸和汪福。

E. 说真话的是陈安和汪福。

38. 开车上路,一个人不仅需要有良好的守法意识,也需要有特别的"理性计算":在拥堵的车流中,只要有"加塞"的,你的车就一定要让着它;你开着车在路上正常直行,有车不打方向灯在你近旁突然横过来要撞上你,原来它想要变道,这时你也得让着它。

以下除哪项外,均能质疑上述"理性计算"的观点?

A. 有理的让着没理的,只会助长歪风邪气,有悖于社会的法律与道德。

B. "理性计算"其实就是胆小怕事,总觉得凡事能躲则躲,但有的事很难躲过。

C. 一味退让也会给行车带来极大的危险,不但可能伤及自己,而且也可能伤及无辜。

D. 即使碰上也不可怕,碰上之后如果立即报警,警方一般会有公正的裁决。

E. 如果不让,就会碰上;碰上之后,即使自己有理,也会有许多麻烦。

39. 有专家指出,我国城市规划缺少必要的气象论证,城市的高楼建得高耸而密集,阻碍了城市的通风循环。有关资料显示,近几年国内许多城市的平均风速已下降10%。风速下降,意味着大气扩散能力减弱,导致大气污染物滞留时间延长,易形成雾霾天气和热岛效应。为此,有专家提出建立"城市风道"的设想,即在城市里制造几条畅通的通风走廊,让风在城市中更加自由地进出,促进城市空气的更新循环。

以下哪项如果为真,最能支持上述建立"城市风道"的设想?

A. 城市风道形成的"穿街风",对建筑物的安全影响不大。

B. 风从八方来,"城市风道"的设想过于主观和随意。

C. 有风道但是没有风,就会让"城市风道"成为无用的摆设。

D. 有些城市已拥有建立"城市风道"的天然基础。

E. 城市风道不仅有利于"驱霾",还有利于散热。

40. 2014年,为迎接APEC会议的开始,北京、天津、河北等地实施"APEC治理模式",采取了有史以来最严格的减排措施。果然,令人心醉的"APEC蓝"出现了。然而,随着会议的结束,"APEC

蓝"也渐渐消失了。对此,有些人士表示困惑,既然政府能在短期内实施"APEC 治理模式"取得良好效果,为什么不将这一模式长期坚持下去呢?

以下除哪项外,均能解释人们的困惑?

A. 最严格的减排措施在落实过程中已产生很多难以解决的实际困难。

B. 如果近期将"APEC 治理模式"常态化,将会严重影响地方经济和社会的发展。

C. 任何环境治理都需要付出代价,关键在于付出的代价是否超出收益。

D. 短期严格的减排措施只能是权宜之计,大气污染治理仍需从长计议。

E. 如果 APEC 会议期间北京雾霾频发,就会影响我们国家的形象。

41. 根据现有物理学定律,任何物质的运动速度都不可能超过光速,但最近一次天文观测结果向这条定律发起了挑战。距离地球遥远的 IC310 星系拥有一个活跃的黑洞,掉入黑洞的物质产生了伽马射线冲击波。有些天文学家发现,这束伽马射线的速度超过了光速,因为它只用了 4.8 分钟就穿越了黑洞边界,而光需要 25 分钟才能走完这段距离。由此,这些天文学家提出,光速不变定律需要修改了。

以下哪项如果为真,最能质疑上述天文学家所做的结论?

A. 或者光速不变定律已经过时,或者天文学家的观测有误。

B. 如果天文学家的观测没有问题,光速不变定律就需要修改。

C. 要么天文学家的观测有误,要么有人篡改了天文观测数据。

D. 天文观测数据可能存在偏差,毕竟 IC310 星系离地球很远。

E. 光速不变定律已经历过多次实践检验,没有出现反例。

42. 某公司办公室茶水间提供自助式收费饮料。职员拿完饮料后,自己把钱放到特设的收款箱中。研究者为了判断职员在无人监督时,其自律水平会受哪些因素的影响,特地在收款箱上方贴了一张装饰图片,每周一换。装饰图片有时是一些花朵,有时是一双眼睛。一个有趣的现象出现了:贴着"眼睛"的那一周,收款箱里的钱远远超过贴其他图片的情形。

以下哪项如果为真,最能解释上述实验现象?

A. 该公司职员看到"眼睛"图片时,就能联想到背后可能有人看着他们。

B. 在该公司工作的职员,其自律能力超过社会中的其他人。

C. 眼睛是心灵的窗口,该公司职员看到"眼睛"图片时会有一种莫名的感动。

D. 在无人监督的情况下,大部分人缺乏自律能力。

E. 该公司职员看着"花朵"图片时,心情容易变得愉快。

43~44 题基于以下题干:

某皇家园林依中轴线布局,从前到后依次排列着七个庭院。这七个庭院分别以汉字"日""月""金""木""水""火""土"来命名。已知:

(1)"日"字庭院不是最前面的那个庭院;

(2)"火"字庭院和"土"字庭院相邻;

(3)"金""月"两庭院间隔的庭院数与"木""水"两庭院间隔的庭院数相同。

43. 根据上述信息,下列哪个庭院可能是"日"字庭院?

A. 第一个庭院。 B. 第二个庭院。 C. 第四个庭院。 D. 第五个庭院。 E. 第六个庭院。

44. 如果第二个庭院是"土"字庭院，可以得出以下哪项？

    A. 第七个庭院是"水"字庭院。　　B. 第五个庭院是"木"字庭院。

    C. 第四个庭院是"金"字庭院。　　D. 第三个庭院是"月"字庭院。

    E. 第一个庭院是"火"字庭院。

45. 在一项关于"社会关系如何影响人的死亡率"的课程研究中，研究人员惊奇地发现：不论种族、收入、体育锻炼等因素，一个乐于助人、和他人相处融洽的人，其平均寿命长于一般人，在男性中尤其如此；相反，心怀恶意、损人利己、和他人相处不融洽的人70岁之前的死亡率比正常人高出1.5倍至2倍。

    以下哪项如果为真，最能解释上述发现？

    A. 男性通常比同年龄段的女性对他人有更强的"敌视情绪"，多数国家男性的平均寿命也因此低于女性。

    B. 与人为善带来轻松愉悦的情绪，有益身体健康；损人利己则带来紧张的情绪，有损身体健康。

    C. 身心健康的人容易和他人相处融洽，而心理有问题的人与他人很难相处。

    D. 心存善念、思想豁达的人大多精神愉悦、身体健康。

    E. 那些自我优越感比较强的人通常"敌视情绪"也比较强，他们长时间处于紧张状态。

46. 超市中销售的苹果常常留有一定的油脂痕迹，表面显得油光发亮。牛师傅认为，这是残留在苹果上的农药所致，水果在收摘之前都喷洒了农药，因此，消费者在超市购买水果后，一定要清洗干净方能食用。

    以下哪项最可能是牛师傅的看法所依赖的假设？

    A. 在水果收摘之前喷洒的农药大多数会在水果上留下油脂痕迹。

    B. 许多消费者并不在意超市的水果是否清洗过。

    C. 超市里销售的水果并未得到彻底清洗。

    D. 只有那些在水果上能留下油脂痕迹的农药才可能被清洗掉。

    E. 除了苹果，许多其他水果运至超市时也留有一定的油脂痕迹。

47. 许多人不仅不理解别人，而且也不理解自己，尽管他们可能曾经试图理解别人，但这样的努力注定会失败，因为不理解自己的人是不可能理解别人的。可见，那些缺乏自我理解的人是不会理解别人的。

    以下哪项最能说明上述论证的缺陷？

    A. 间接指责人们不能换位思考，不能相互理解。

    B. 结论仅仅是对其论证前提的简单重复。

    C. 没有正确把握理解别人和理解自己之间的关系。

    D. 使用了"自我理解"概念，但并未给出定义。

    E. 没有考虑"有些人不愿意理解自己"这样的可能性。

48. 在编号壹、贰、叁、肆的4个盒子中装有绿茶、红茶、花茶和白茶4种茶，每只盒子只装一种茶，每种茶只装在一个盒子中，已知：

    (1)装绿茶和红茶的盒子在壹、贰、叁号范围之内；

    (2)装红茶和花茶的盒子在贰、叁、肆号范围之内；

(3)装白茶的盒子在壹、叁号范围之内。

根据以上陈述,可以得出以下哪项?

A. 绿茶装在壹号盒子中。　　B. 红茶装在贰号盒子中。　　C. 白茶装在叁号盒子中。

D. 花茶装在肆号盒子中。　　E. 绿茶装在叁号盒子中。

49. 在某项目招标过程中,赵嘉、钱宜、孙斌、李汀、周武、吴纪6人作为各自公司代表参与投标,有且只有一人中标。关于究竟谁是中标者,招标小组中有3位成员各自谈了自己的看法:

(1)中标者不是赵嘉就是钱宜;

(2)中标者不是孙斌;

(3)周武和吴纪都没有中标。

经过深入调查,发现上述3人中只有一人的看法是正确的。

根据以上信息,以下哪项中的3人都可以确定没有中标?

A. 赵嘉、孙斌、李汀。　　B. 赵嘉、钱宜、李汀。　　C. 孙斌、周武、吴纪。

D. 赵嘉、周武、吴纪。　　E. 钱宜、孙斌、周武。

50. 如今,电子学习机已全面进入儿童的生活。电子学习机将文字与图像、声音结合起来,既生动形象,又富有趣味性,使儿童独立阅读成为可能。但是,一些儿童教育专家却对此发出警告,电子学习机可能不利于儿童成长。他们认为,父母应该抽时间陪孩子一起阅读纸质图书。陪孩子一起阅读纸质图书,并不是简单地让孩子读书识字,而是交流中促其心灵的成长。

以下哪项如果为真,最能支持上述专家的观点?

A. 电子学习机最大的问题是让父母从孩子的阅读行为中走开,减少父母与孩子的日常交流。

B. 接触电子产品越早,就越容易上瘾,长期使用电子学习机会形成"电子瘾"。

C. 在使用电子学习机时,孩子往往更关注其使用功能而非学习内容。

D. 纸质图书有利于保护儿童视力,有利于父母引导儿童形成良好的阅读习惯。

E. 现代生活中年轻父母工作压力较大,很少有时间能与孩子一起共同阅读。

51. 田先生认为,绝大部分笔记本电脑运行速度慢的原因不是CPU性能太差,也不是内存容量太小,而是硬盘速度太慢,给老旧的笔记本电脑换装固态硬盘可以大幅提升使用者的游戏体验。

以下哪项如果为真,最能质疑田先生的观点?

A. 一些笔记本电脑使用者的使用习惯不好,使得许多运行程序占据大量内存,导致电脑运行速度缓慢。

B. 销售固态硬盘的利润远高于销售传统的笔记本电脑硬盘。

C. 固态硬盘很贵,给老旧笔记本换装硬盘费用不低。

D. 使用者的游戏体验很大程度上取决于笔记本电脑的显卡,而老旧笔记本电脑显卡较差。

E. 少部分老旧笔记本电脑的CPU性能很差,内存也小。

52~53题基于以下题干:

钟医生:"通常,医学研究的重要成果在杂志发表之前需要经过匿名评审,这需要耗费不少时间。如果研究者能放弃这段等待时间而事先公开成果,我们的公共卫生水平就可以伴随着医学发现更快获得提高。因为新医学信息的及时公布将允许人们利用这些信息提高他们的健康水平。"

52. 以下哪项最可能是钟医生论证所依赖的假设？
   A. 即使医学论文还没有在杂志发表，人们还是会使用已公开的相关新信息。
   B. 因为工作繁忙，许多医学研究者不愿成为论文评审者。
   C. 首次发表于匿名评审杂志的新医学信息一般无法引起公众的注意。
   D. 许多医学杂志的论文评审者本身并不是医学研究专家。
   E. 部分医学研究者愿意放弃在杂志上发表，而选择事先公开其成果。

53. 以下哪项如果为真，最能削弱钟医生的论证？
   A. 大部分医学杂志不愿意放弃匿名评审制度。
   B. 社会公共卫生水平的提高还取决于其他因素，并不完全依赖于医学新发现。
   C. 匿名评审常常能阻止那些含有错误结论的文章发表。
   D. 有些媒体常常会提前报道那些匿名评审杂志发表的医学研究成果。
   E. 人们常常根据新发表的医学信息来源调整他们的生活方式。

54~55题基于以下题干：

江海大学的校园美食节开幕了，某女生宿舍有5人积极报名参加此次活动，她们的姓名分别为金䊏、木心、水仙、火珊、土润。举办方要求，每位报名者只做一道菜品参加评比，但需自备食材。限于条件，该宿舍所备食材仅有5种：金针菇、木耳、水蜜桃、火腿和土豆。要求每种食材只能有2人选用，每人又只能选用2种食材，并且每人所选食材名称的第一个字与自己的姓氏均不相同。已知：

   (1) 如果金䊏选水蜜桃，则水仙不选金针菇；
   (2) 如果木心选金针菇或土豆，则她也须选木耳；
   (3) 如果火珊选水蜜桃，则她也须选木耳和土豆；
   (4) 如果木心选火腿，则火珊不选金针菇。

54. 根据上述信息，可以得出以下哪项？
   A. 木心选用水蜜桃、土豆。   B. 水仙选用金针菇、火腿。
   C. 土润选用金针菇、水蜜桃。   D. 火珊选用木耳、水蜜桃。
   E. 金䊏选用木耳、土豆。

55. 如果水仙选用土豆，则可以得出以下哪项？
   A. 木心选用金针菇、水蜜桃。   B. 金䊏选用木耳、火腿。
   C. 火珊选用金针菇、土豆。   D. 水仙选用木耳、土豆。
   E. 土润选用水蜜桃、火腿。

2016年管理类综合能力逻辑试题解析

答案速查表

26~30	DCCDD	31~35	ADDEB	36~40	DAEEE
41~45	CADEB	46~50	CBDBA	51~55	DACCB

26.【答案】D 【难度】S5 【考点】形式逻辑 假言命题 假言命题推理规则

题干信息：(1)建设→合作；(2)激发活力→合作；(3)催生→平台。

D选项：¬平台→¬催生，是(3)的等价逆否命题，正确。

A选项：平台→激发活力，不符合题干信息。B选项：平台→催生，不符合(3)。C选项：合作↔激发活力，不符合题干信息。E选项：合作→激发活力，不符合(2)。

故正确答案为D选项。

27.【答案】C 【难度】S5 【考点】形式逻辑 假言命题 假言命题推理规则

题干信息：(1)保障→法治；(2)法治→制度∧追究责任。

(1)和(2)传递可得，(3)保障→法治→制度∧追究责任，其等价于，(4)¬制度∨¬追究责任→¬法治→¬保障。

C选项：¬制度→¬保障，符合(4)，正确。

A选项：追究责任→保障，不符合(3)。B选项：未出现逻辑连接词，无逻辑关系。D选项：造福人民→防护墙，题干无相关信息。E选项：制度→法治，不符合(2)。

故正确答案为C选项。

28.【答案】C 【难度】S4 【考点】论证推理 论证方式相似、漏洞相似

题干信息：注重自然教育，可激发潜能；缺乏自然教育，发展受到影响。

题干建立对照模型——有因有果，无因无果，其原理为穆勒五法中的**求异法**。

C选项：注重调查，可掌握资料；不注重调查，会脱离实际。该选项也建立了对照模型，与题干一致，正确。

A选项：只是将过去与现在进行对比，与题干不一致。

B选项：说明环境保护和经济发展不能只顾一方面，要两手抓，并未形成对照，排除。

D选项：说一种语言，患病平均年龄为71岁；说两种语言，患病平均年龄为76岁；说三种语言，患病平均年龄为78岁。随着掌握语言数量的增长，患病平均年龄增长，用的是穆勒五法中的**共变法**，排除。

E选项：依赖则漠视，只对该种现象进行了描述，并未形成对照，排除。

故正确答案为C选项。

29.【答案】D 【难度】S5 【考点】综合推理 数字相关题型

题干信息：十干十二支，天干配地支，六十年重复一次，2014年为甲午年，2015年为乙未年。

D选项：由题干信息可知，天干配地支，六十年重复一次，2015年为乙未年，2075年也为乙未年，再由推算规则可得，2087年应为丁未年，正确。

A 选项:根据"天干与地支的奇偶性相同"的特点,甲是奇数,丑是偶数,不可能相配,所以即便 21 世纪有 100 年,也不可能出现甲丑年,排除。B 选项:已知信息为"古人以干支纪年",现代人是否使用未知,故无法推出,排除。C 选项:题干未提及"农事"方面的信息,排除。E 选项:2014 年为甲午年,天干每十年重复一次,故 2024 年天干也为甲,地支可按顺序推算,应为辰,而不是寅,排除。

故正确答案为 D 选项。

30.【答案】D 【难度】S5 【考点】论证推理 焦点 焦点题型

赵明:选拔喜爱辩论的人。王洪:招募能打硬仗的辩手。

D 选项:赵明认为应选拔喜爱辩论的人,即招募标准是"对辩论的爱好";王洪认为应选拔能打硬仗的人,即招募标准是"辩论的能力",正确。

A 选项:题干并未提及"现实""理想",排除。B 选项:题干并未涉及"研究辩论规律",排除。C 选项:题干并未提及"培养新人""赢得比赛",排除。E 选项:题干并未提及"集体荣誉",排除。

故正确答案为 D 选项。

31.【答案】A 【难度】S5 【考点】形式逻辑 假言命题 假言命题矛盾关系

题干信息:出线→下一场胜利∧另一场平局。题干要求寻找不可能为真的选项,即找题干的矛盾关系:出线∧¬(下一场胜利∧另一场平局) = 出线∧(¬下一场胜利∨¬另一场平局) = (出线∧¬下一场胜利)∨(出线∧¬另一场平局)。

A 选项:出线∧¬另一场平局,正确。

B 选项:未出线∧下一场胜利,排除。C 选项:未出线∧下一场胜利∧另一场平局,排除。D 选项:出线∧另一场平局,排除。E 选项:未出线∧¬下一场胜利∧另一场平局,排除。

故正确答案为 A 选项。

32.【答案】D 【难度】S4 【考点】论证推理 支持、加强 论据+结论型论证的支持

推测一:边缘整齐∧没有切割痕迹→使用木质模具压制成型。推测二:烧制温度为 850~900℃→先做成土坯,再经过高温烧制而成。

要支持上述推测,只要找出题干推理的等价命题即可。

D 选项:¬用模具成型的土坯砖→¬边缘整齐∨¬没有切割痕迹,是推测一的等价逆否命题,正确。

A、E 选项:无关选项,排除。B 选项:即使人们已经掌握高温冶炼技术,题干推测成立的依据仍然不足,排除。C 选项:只能说明 5 件烧结砖的年代及所属时期,与题干推测无关,排除。

故正确答案为 D 选项。

33.【答案】D 【难度】S5 【考点】论证推理 削弱、质疑、反驳 论据+结论型论证的削弱

论据:AA 型和 AG 型基因类型的人都在上午 11 时之前去世,而拥有 GG 型基因类型的人几乎都在下午 6 时左右去世。结论:GG 型基因类型的人会比其他人平均晚死 7 个小时。

D 选项:他因削弱,题干由在一天中的上午 11 时之前去世还是下午 6 时左右去世,得出了 GG 型基因类型的人晚死的结论,但对人死亡时间的比较,应考虑的因素是年份以及日期的早晚,而不是一天中的早晚,可以削弱,正确。

A 选项:题干并未提及"平均寿命"的长短,只是整体晚死,排除。B、E 选项:无关选项,排除。C

选项:"有些人"可能占的比重较小,对整体结果无影响,排除。

故正确答案为 D 选项。

34.【答案】E 【难度】S4 【考点】形式逻辑 假言命题 假言命题矛盾关系

题干信息: 特价∨开封∨使用→¬退货。

质疑该理由,即找出题干推理的矛盾关系:(特价∨开封∨使用)∧退货。

E 选项:(开封∨使用)∧退货,与题干的矛盾关系一致,正确。

A、B、D 选项:与题干推理无关,排除。C 选项:题干推理并未提及"存在质量问题",排除。

故正确答案为 E 选项。

35.【答案】B 【难度】S5 【考点】形式逻辑 假言命题 假言命题推理规则

题干信息: (1)李、张→副书记,王→书记;(2)李值班→李宣传;(3)张值班→张信访;(4)王下乡→张值班∨李值班;(5)¬王下乡→王宣传∨王信访;(6)宣传→副书记,信访→副书记。

由(1)和(6)及逆否规则可得,王书记→¬宣传∧¬信访;再由(5)及逆否规则可得,¬王宣传∧¬王信访→王下乡,故可推出王书记下乡调研。

故正确答案为 B 选项。

36.【答案】D 【难度】S5 【考点】论证推理 削弱、质疑、反驳 论据+结论型论证的削弱

论据: 越来越多的机器人被用于在战场执行各种任务。**结论:** 机器人战争技术的出现可以使人类远离危险,更安全、更有效率地实现战争目标。

D 选项:他因削弱,机器人战争技术会导致将来战争的发生更为频繁也更为血腥,与题干中的"远离危险""更安全"相反,故起到了质疑专家观点的作用,正确。

A 选项:人类与机器人之间掌控关系的转换,与题干中的"战争"无关,排除。

B 选项:机器人战争技术使部分国家远离危险,支持了专家的观点,排除。

C 选项:机器人战争技术使战争变得更人道,支持了专家的观点,排除。

E 选项:"消耗更多资源""破坏生态环境"与题干无关,排除。

故正确答案为 D 选项。

37.【答案】A 【难度】S4 【考点】综合推理 真话假话题

第一步:简化题干信息	(1)都不;(2)有的;(3)¬李∨¬汪;(4)¬汪
第二步:找矛盾关系或反对关系	(1)和(2)是矛盾关系,必定一真一假
第三步:推知其余项真假	题干是两真两假,故(3)和(4)也是一真一假;若(4)为真,则(3)也为真,不符合一真一假的要求,所以(4)为假,(3)为真
第四步:根据其余项真假,得出真实情况	由(4)为假可知,汪;由(3)为真可知,¬李
第五步:代回矛盾或反对项,判断真假,选出答案	因为"汪"为真,所以(2)为真,(1)为假,因此说真话的是李和张。故正确答案为 A 选项

38.【答案】E 【难度】S4 【考点】论证推理 削弱、质疑、反驳 论据+结论型论证的削弱

题干信息:"理性计算"即在拥堵的车流中要让着别的车。

E 选项:不"理性计算"会带来麻烦,说明需要"理性计算",支持。

A 选项:"理性计算"助长歪风邪气,有悖于法律与道德,质疑。B 选项:有的事很难通过"理性计算"躲过,质疑。C 选项:"理性计算"会带来危险,质疑。D 选项:不需要"理性计算",警方会有公正的裁决,质疑。

故正确答案为 E 选项。

39.【答案】E 【难度】S4 【考点】论证推理 支持、加强 论据+结论型论证的支持

方法:建立"城市风道"。目的:解决雾霾天气和热岛效应的问题。

E 选项:"有利于驱霾和散热"说明"城市风道"可以解决雾霾天气和热岛效应的问题,支持。

A、D 选项:无法削弱,但也没有支持作用。B 选项:"城市风道"的设想过于主观和随意,削弱。

C 选项:"城市风道"可能会成为无用的摆设,削弱。

故正确答案为 E 选项。

40.【答案】E 【难度】S5 【考点】论证推理 解释 解释现象

需要解释的现象:政府实施"APEC 治理模式"取得良好效果,但没有将该模式长期坚持下去。

E 选项:既然 APEC 会议期间雾霾频发会影响我国的形象,那么为什么 APEC 会议之后没有坚持该模式呢?仍然无法解释。

A 选项:措施落实过程中有难以解决的困难,所以无法长期坚持,可以解释。

B 选项:长期实施该模式会严重影响经济和社会发展,所以无法长期坚持,可以解释。

C 选项:环境治理需要付出代价,要得到"APEC 蓝"所付出的代价超出收益,所以无法长期坚持,可以解释。

D 选项:大气污染治理需要从长计议,所以无法长期坚持,可以解释。

故正确答案为 E 选项。

41.【答案】C 【难度】S5 【考点】论证推理 削弱、质疑、反驳 论据+结论型论证的削弱

论据:有束伽马射线的速度超过了光速。结论:光速不变定律需要修改。

C 选项:无论是天文学家的观测有误,还是有人篡改了天文观测数据,都无法得出光速不变定律需要修改的结论,起到了削弱作用。

A 选项:可能是光速不变定律已经过时,无法削弱。B 选项:观测没问题的话,光速不变定律需要修改,无法削弱。D 选项:"可能"存在偏差,但到底是否存在偏差并未确定,无法削弱。E 选项:截止到目前未出现反例并不代表其无错误,无法削弱。

故正确答案为 C 选项。

42.【答案】A 【难度】S4 【考点】论证推理 解释 解释现象

需要解释的现象:装饰图片是"眼睛"时,自助式收费饮料的收款箱里能收到更多钱。

A 选项:看到"眼睛"能联想到有人看着他们,不好意思不给钱,导致收款箱里钱较多,可以解释。

B、D、E 选项:无法解释为何会产生"装饰图片是'眼睛'时钱多,装饰图片是其他事物时钱少"这种差异。C 选项:"感动"与付钱之间关系未知,无法解释。

故正确答案为 A 选项。

43. 【答案】D 【难度】S5 【考点】综合推理 综合题组(排序题型)

题干信息:(1)"日"不是第一个庭院;(2)"火"和"土"相邻,则有两种情况,"火土"或者"土火";(3)"金"×"月"="月"×"金"="木"×"水"="水"×"木"。

D 选项:如果"日"在第五个庭院,"火土"可以在一二、三四、六七任意位置,此时"金月""水木"间隔庭院数均满足(3),正确。

A 选项:根据(1),排除。B 选项:如果"日"在第二个庭院,那么"火土"无论在哪两个庭院,都不可能满足(3),排除。C 选项:如果"日"在第四个庭院,那么"火土"无论在哪两个庭院,都不可能满足(3),排除。E 选项:如果"日"在第六个庭院,那么"火土"无论在哪两个庭院,都不可能满足(3),排除。

故正确答案为 D 选项。

44. 【答案】E 【难度】S5 【考点】综合推理 综合题组(排序题型)

补充信息:"土"是第二个庭院。

根据题干信息,庭院排序可为,火土日月金水木。所以 A、B、C、D 项都不一定为真。

故正确答案为 E 选项。

45. 【答案】B 【难度】S5 【考点】论证推理 解释 解释现象

需要解释的现象:乐于助人、和他人相处融洽的人平均寿命较长;心怀恶意、损人利己、和他人相处不融洽的人70岁之前的死亡率高于正常人。

B 选项:表明与人为善的好处及损人利己的弊端,可以解释。

A 选项:比较对象错误,题干并不是男女之间的对比,排除。C 选项:表明心理是否健康与是否能融洽相处的关系,与题干不一致,排除。D 选项:未解释心怀恶意的人为何70岁之前的死亡率高于正常人,排除。E 选项:题干并未提及"自我优越感",排除。

故正确答案为 B 选项。

46. 【答案】C 【难度】S4 【考点】论证推理 假设、前提 论据+结论型论证的假设

论据:超市中销售的水果表面还残留了农药。结论:消费者在食用之前要清洗干净。

C 选项:方法可行,正是因为销售的水果并未得到彻底清洗,所以消费者买回家食用之前才需要先清洗干净,是题干论证成立必须要有的假设。

A、B、E 选项:与题干论证无关,排除。D 选项:假设过强,如果除了这种在水果上能留下油脂痕迹的农药之外,其他类型的农药也可以被清洗掉,则题干论证依然成立。

故正确答案为 C 选项。

47. 【答案】B 【难度】S4 【考点】论证推理 漏洞识别

论据:不理解自己的人不可能理解别人。结论:缺乏自我理解的人不会理解别人。

题干论证的论据与结论一致,结论仅仅是对其论证前提的简单重复,论证无效。

故正确答案为 B 选项。

48. 【答案】D 【难度】S4 【考点】综合推理 匹配题型

题干信息:(1)绿茶和红茶不在肆号盒子里;(2)红茶和花茶不在壹号盒子里;(3)白茶不在贰号和肆号盒子里;(4)盒子与茶是一一对应的关系。

由上述信息可得下表。

	壹	贰	叁	肆
绿茶				×
红茶	×			×
花茶	×			
白茶		×		×

由上表可知,花茶在肆号盒子里。

故正确答案为 D 选项。

49.【答案】 B **【难度】** S5 **【考点】** 综合推理 真话假话题

题干信息:(1)中标者可能是赵、钱;(2)中标者可能是赵、钱、李、周、吴;(3)中标者可能是赵、钱、孙、李。

所以,如果赵、钱中标,则上述 3 人的看法都正确,不符合题干要求;如果李中标,则有 2 人的看法正确,不符合题干要求。

综上,可以确定没有中标的人是赵、钱、李。

故正确答案为 B 选项。

50.【答案】 A **【难度】** S4 **【考点】** 论证推理 支持、加强 论据+结论型论证的支持

论据:电子学习机虽然可以帮助儿童独立阅读,但可能不利于儿童成长。结论:专家认为,父母应陪孩子一起阅读纸质图书,促进其心灵的成长。

A 选项:**建立联系**,明确指出电子学习机会减少父母与孩子的日常交流,支持了专家观点,正确。

B 选项:不能说明父母陪孩子阅读纸质图书的必要性,排除。

C 选项:表明电子学习机的弊端,但不能说明父母陪孩子阅读纸质图书的必要性,排除。

D 选项:表明纸质图书的益处,但并未提及父母陪孩子阅读纸质图书的益处,排除。

E 选项:表明父母没有时间陪孩子阅读纸质图书,说明专家观点不可行,削弱题干,排除。

故正确答案为 A 选项。

51.【答案】 D **【难度】** S5 **【考点】** 论证推理 削弱、质疑、反驳 因果型论证的削弱

论据:绝大部分笔记本电脑运行速度慢(果)是硬盘速度慢(因)导致的。结论:更换固态硬盘可以大幅提升使用者的游戏体验。

D 选项:**他因削弱**,指出是其他原因导致使用者游戏体验差,即使更换固态硬盘可能也没有作用。

A 选项:"一些"数量未知,而且没有提及硬盘速度慢与使用者游戏体验差之间的因果关系,排除。

B 选项:"销售利润"与题干无关,排除。

C 选项:"费用不低"与题干无关,排除。

E 选项:"少部分"可能不具有代表性,并且未提及硬盘速度慢与使用者游戏体验差之间的因果关系,排除。

故正确答案为 D 选项。

52.【答案】 A **【难度】** S5 **【考点】** 论证推理 假设、前提 论据+结论型论证的假设

论据:医学研究成果在杂志发表之前需要经过匿名评审,比较耗时。结论:若研究者放弃这段等待时间,将新医学信息及时公布,可以使公共卫生水平更快提高。

A选项:**方法可行**,无论医学论文是否已在杂志上发表,人们都会使用已公开的信息,这使公共卫生水平的提高有了条件,是必须要有的假设。

B选项:与题干论证无关,排除。C选项:"首次发表"在题干中并未出现,无关选项,排除。D选项:上述论证与评审者是否是医学研究专家无关,排除。E选项:公开成果后其是否会被人们使用未知,排除。

故正确答案为A选项。

53.【答案】C 【难度】S5 【考点】论证推理 削弱、质疑、反驳 论据+结论型论证的削弱

C选项:他因削弱,表明了匿名评审不可或缺,其可阻止含有错误结论的文章发表,对公共卫生水平的发展起到了正面作用,所以不能放弃匿名评审,削弱了钟医生的论证。

A选项:与放弃匿名评审是否会提高公共卫生水平无关,排除。B选项:常见干扰项,虽然不完全依赖于医学新发现,但仍然依赖,很有可能医学新发现对公共卫生水平的提高起到了决定性作用,排除。D选项:与题干论证无关,排除。E选项:与是否应进行匿名评审无关,排除。

故正确答案为C选项。

54.【答案】C 【难度】S5 【考点】综合推理 综合题组(匹配题型)

题干信息:(1)每人所选食材名称的第一个字与自己的姓氏不同;(2)每个人只能选用2种食材;(3)每种食材只能有2人选用;(4)如果金粲选水蜜桃,则水仙不选金针菇;(5)如果木心选金针菇或土豆,则她也须选木耳;(6)如果火珊选水蜜桃,则她也须选木耳和土豆;(7)如果木心选火腿,则火珊不选金针菇。

由(1)(5)可知,木心不选木耳、金针菇、土豆;再由(2)可知,木心选水蜜桃和火腿;由"木心选火腿"和(7)可知,火珊不选金针菇;再由(2)和(6)可知,火珊不选水蜜桃;再由(1)可知,火珊不选火腿。因此,火珊选木耳和土豆。由"金粲、木心和火珊都不选金针菇"和(3)可知,水仙和土润选金针菇;再由"水仙选金针菇"和(4)可知,金粲不选水蜜桃;又由"金粲、水仙和火珊都不选水蜜桃"和(3)可知,土润选用水蜜桃。综上,土润选金针菇和水蜜桃。列表如下。

	金粲	木心	水仙	火珊	土润
金针菇	×	×	√	×	√
木耳		×		√	×
水蜜桃	×	√	×	×	√
火腿		√		×	×
土豆		×		√	×

故正确答案为C选项。

55.【答案】B 【难度】S6 【考点】综合推理 综合题组(匹配题型)

补充信息:(8)水仙选用土豆。

由"水仙选金针菇"和(8)可知,水仙不选木耳和火腿;由"木心、水仙、土润不选木耳""火珊、水仙、土润不选火腿"以及(3)可知,金粲选木耳、火腿。列表如下。

	金粲	木心	水仙	火珊	土润
金针菇	×	×	√	×	√
木耳	√	×	×	√	×
水蜜桃	×	√	×	×	√
火腿	√	√	×	×	×
土豆	×	×	√	√	×

故正确答案为 B 选项。

2015年管理类综合能力逻辑试题

三、逻辑推理：第26~55小题，每小题2分，共60分。下列每题给出的A、B、C、D、E五个选项中，只有一项是符合试题要求的。请在答题卡上将所选项的字母涂黑。

26. 晴朗的夜晚可以看到满天星斗，其中有些是自身发光的恒星，有些是自身不发光但可以反射附近恒星光的行星。恒星尽管遥远但是有些可以被现有的光学望远镜"看到"。和恒星不同，由于行星本身不发光，而且体积还小于恒星。所以，太阳系外的行星大多无法利用现有的光学望远镜"看到"。

以下哪项如果为真，最能解释上述现象？

A. 如果行星的体积够大，现有的光学望远镜就能"看到"。
B. 太阳系外的行星因距离遥远，很少能将恒星光反射到地球上。
C. 现有的光学望远镜只能"看到"自身发光或者反射光的天体。
D. 有些恒星没有被现有光学望远镜"看到"。
E. 太阳系内的行星大多可以用现有光学望远镜"看到"。

27. 长期以来，手机产生的电磁辐射是否威胁人体健康一直是极具争议的话题。一项长达10年的研究显示，每天使用移动电话通话30分钟以上的人，患神经胶质癌的风险比从未使用者要高出40%。由此某专家建议，在取得进一步证据之前，人们应该采取更加安全的措施，如尽量使用固定电话通话或使用短信进行沟通。

以下哪项如果为真，最能表明该专家的建议不切实际？

A. 大多数手机产生的电磁辐射强度符合国家规定的安全标准。
B. 现在人类生活空间中的电磁辐射强度已经超过手机通话产生的电磁辐射强度。
C. 经过较长一段时间，人们的体质逐渐适应强电磁辐射的环境。
D. 在上述试验期间，有些人每天使用移动电话通话超过40分钟，但他们很健康。
E. 即使以手机短信进行沟通，发送和接收信息瞬间也会产生较强的电磁辐射。

28. 甲、乙、丙、丁、戊和己六人围坐在一张正六边形的小桌前，每边各坐一人，已知：
(1)甲与乙正面相对；(2)丙与丁不相邻，也不正面相对。
如果乙与己不相邻，则以下哪一项为真？

A. 戊与乙相邻。　　　　　　　　　B. 甲与丁相邻。
C. 己与乙正面相对。　　　　　　　D. 如果甲与戊相邻，则丁与己正面相对。
E. 如果丙与戊不相邻，则丙与己相邻。

29. 人类经历了上百万年的自然进化，产生了直觉、多层次抽象等独特智能。尽管现代计算机已经具备了一定的学习能力，但这种能力还需要人类的指导，完全的自我学习能力还有待进一步发展。因此，计算机要达到甚至超过人类的智能水平是不可能的。

以下哪项最有可能是上述论证的预设？

A. 计算机如果具备完全的自我学习能力，就能形成直觉、多层次抽象等智能。
B. 计算机很难真正懂得人类的语言，更不可能理解人类的感情。

C. 直觉、多层次抽象等这些人类的独特智能无法通过学习获得。

D. 计算机可以形成自然进化能力。

E. 理解人类复杂的社会关系需要自我学习能力。

30. 为进一步加强对不遵守交通信号等违法行为的执法管理，规范执法程序，确保执法公正，某市交通支队要求：凡属交通信号指示不一致、有证据证明救助危难等情形，一律不得录入道路交通违法信息系统；对已录入信息系统的交通违法记录，必须完善异议受理、核查、处理等工作规范，最大限度减少执法争议。

根据上述交通支队的要求，可以得出以下哪项？

A. 对已录入系统的交通违法记录，只有倾听群众异议，加强群众监督，才能最大限度减少执法争议。

B. 只要对已录入系统的交通违法记录进行异议受理、核查和处理，就能最大限度减少执法争议。

C. 因信号灯相位设置和配时不合理等造成交通信号不一致而引发的交通违法情形，可以不录入道路交通违法信息系统。

D. 有些因救助危难而违法的情形，如果仅有当事人说辞但缺乏当时现场的录音录像证明，就应录入道路交通违法信息系统。

E. 如果汽车使用了行车记录仪，就可以提供现场实时证据，大大减少被录入道路交通违法信息系统的可能性。

31~32题基于以下题干：

某次讨论会共有18名参会者。已知：

(1) 至少有5名青年教师是女性；

(2) 至少有6名女教师已过中年；

(3) 至少有7名女青年是教师。

31. 根据上述信息，关于参会人员可以得出以下哪项？

A. 有些青年教师不是女性。　　B. 有些女青年不是教师。　　C. 青年教师至少有11名。

D. 女教师至少有13名。　　　　E. 女青年至多有11名。

32. 如果上述三句话两真一假，那么关于参会人员可以得出以下哪项？

A. 女青年都是教师。　　　　　B. 青年教师至少有5名。　　C. 青年教师都是女性。

D. 女青年至少有7名。　　　　E. 男教师至多有10名。

33. 当企业处于蓬勃上升时期，往往紧张而忙碌，没有时间和精力去设计和修建"琼楼玉宇"；当企业所有的重要工作都已经完成，其时间和精力就开始集中在修建办公大楼上。所以，如果一个企业的办公大楼设计得越完美，装饰得越奢华，则该企业离解体的时间就越近；当某个企业的大楼设计和建造趋向完美之际，它的存在就逐渐失去意义。这就是所谓的"办公大楼法则"。

以下哪项如果为真，最能质疑上述观点？

A. 企业的办公大楼越破旧，该企业就越有活力和生机。

B. 一个企业如果将时间和精力都耗费在修建办公大楼上，则对其他重要工作就投入不足了。

C. 建造豪华的办公大楼，往往会加大企业的运营成本，损害其实际收益。

D. 建造豪华办公大楼并不需要企业投入太多的时间和精力。

E. 某企业的办公大楼修建得美轮美奂,入住后该企业的事业蒸蒸日上。

34. 张云、李华、王涛都收到了明年二月初赴北京开会的通知。他们可以选择乘飞机、高铁与大巴等交通工具进京。他们对这次进京方式有如下考虑:

(1)张云不喜欢坐飞机,如果有李华同行,他就选择乘坐大巴;

(2)李华不计较方式,如果高铁票价比飞机便宜,他就选择乘坐高铁;

(3)王涛不在乎价格,除非预报二月初北京有雨雪天气,否则他就选择乘坐飞机;

(4)李华和王涛家住得较近,如果航班时间合适,他们将一同乘飞机出行。

如果上述3人的考虑都得到满足,则可以得出以下哪项?

A. 如果张云和王涛乘坐高铁进京,则二月初北京有雨雪天气。

B. 如果李华没有选择乘坐高铁或飞机,则他肯定和张云一起乘坐大巴进京。

C. 如果王涛和李华乘坐飞机进京,则二月初北京没有雨雪天气。

D. 如果三人都乘坐大巴进京,则预报二月初北京有雨雪天气。

E. 如果三人都乘坐飞机进京,则飞机票价比高铁便宜。

35. 某市推出一项月度社会公益活动,市民报名踊跃。由于活动规模有限,主办方决定通过摇号抽签方式选择参与者。第一个月中签率为1∶20,随后连创新低,到下半年的十月份已达1∶70。大多数市民屡摇不中,但从今年7月到10月,"李祥"这个名字连续四个月中签。不少市民据此认为有人作弊,并对主办方提出质疑。

以下哪项如果为真,最能消除市民的质疑?

A. 已经中签的申请者中,叫"张磊"的有7人。

B. 曾有一段时间,家长给孩子取名不回避重名。

C. 在报名的市民中,名叫"李祥"的近300人。

D. 摇号抽签全过程是在有关部门监督下进行的。

E. 在摇号系统中,每一位申请人都被随机赋予了一个不重复的编码。

36. 美国扁桃仁于20世纪70年代出口到我国,当时被误译为"美国大杏仁",这种误译使大多数消费者根本不知道扁桃仁、杏仁是两种完全不同的产品。对此,我国林果专家一再努力澄清,但学界的声音很难传达到相关企业和民众中。因此,必须制定林果的统一行业标准,这样才能还相关产品以本来面目。

以下哪项是上述论证的假设?

A. 美国扁桃仁和中国大杏仁的外形很相似。

B. 我国相关企业和大众并不认可我国林果专家的意见。

C. 进口商品名称的误译会扰乱我国企业正常的对外贸易活动。

D. 长期以来,我国没有林果的统一行业标准。

E. "美国大杏仁"在中国市场上销量超过中国杏仁。

37. 10月6日晚上,张强要么去电影院看电影,要么去拜访朋友秦玲。如果那天晚上张强开车回家,他就没去电影院看电影。只有张强事先与秦玲约定,张强才能拜访她。事实上,张强不可能事先约定。

根据上述陈述,可以得出以下哪项结论?

A. 那天晚上张强没有开车回家。　　B. 张强那天晚上拜访了朋友。
C. 张强晚上没有去电影院看电影　　D. 那天晚上张强与秦玲一起看电影了。
E. 那天晚上张强开车去电影院看电影。

38~39题基于以下题干:

天南大学准备选派两名研究生、三名本科生到山村小学支教。经过个人报名和民主评议,最终人选将在研究生赵婷、唐玲、殷倩3人和本科生周艳、李环、文琴、徐昂、朱敏5人中产生。按规定,同一学院或者同一社团至多选派一人。已知:

(1)唐玲和朱敏均来自数学学院;
(2)周艳和徐昂均来自文学院;
(3)李环和朱敏均来自辩论协会。

38. 根据上述条件,以下必定入选的是:

A. 文琴。　　B. 唐玲。　　C. 周艳。　　D. 殷倩。　　E. 赵婷。

39. 如果唐玲入选,那么以下必定入选的是:

A. 赵婷。　　B. 殷倩。　　C. 徐昂。　　D. 李环。　　E. 周艳。

40. 有些阔叶树是常绿植物,因此,所有阔叶树都不生长在寒带地区。

以下哪项如果为真,最能反驳上述结论?

A. 常绿植物都生长在寒带地区。　　B. 寒带的某些地区不生长阔叶树。
C. 常绿植物都不生长在寒带地区。　　D. 常绿植物不都是阔叶树。
E. 有些阔叶树不生长在寒带地区。

41~42题基于以下题干:

某大学运动会即将召开,经管学院拟组建一支12人的代表队参赛,参赛队员将从该院4个年级的学生中选拔。学校规定:每个年级都必须在长跑、短跑、跳高、跳远、铅球5个项目中选择1~2项参加比赛,其余项目可任意选择;一个年级如果选择长跑,就不能选择短跑或跳高;一个年级如果选择跳远,就不能选择长跑或铅球;每名队员只参加1项比赛。已知该院:

(1)每个年级均有队员被选拔进入代表队;
(2)每个年级被选拔进入代表队的人数各不相同;
(3)有两个年级的队员人数相乘等于另一个年级的队员人数。

41. 根据以上信息,一个年级最多可选拔:

A. 8人。　　B. 7人。　　C. 6人。　　D. 5人。　　E. 4人。

42. 如果某年级队员人数不是最少的,且选择了长跑,那么对于该年级来说,以下哪项是不可能的?

A. 选择长跑或跳高。　　B. 选择铅球或跳远。　　C. 选择短跑或跳远。
D. 选择短跑或铅球。　　E. 选择铅球或跳高。

43. 为防御电脑受到病毒侵袭,研究人员开发了防御病毒、查杀病毒的程序,前者启动后能使程序运行免受病毒侵袭,后者启动后能迅速查杀电脑中可能存在的病毒。某台电脑上现装有甲、乙、丙三种程序,已知:

(1)甲程序能查杀目前已知的所有病毒；

(2)若乙程序不能防御已知的一号病毒，则丙程序也不能查杀该病毒；

(3)只有丙程序能防御已知的一号病毒，电脑才能查杀目前已知的所有病毒；

(4)只有启动甲程序，才能启动丙程序。

根据上述信息，可以得出以下哪项？

A. 只有启动丙程序，才能防御并查杀一号病毒。

B. 如果启动了甲程序，那么不必启动乙程序也能查杀所有病毒。

C. 如果启动了乙程序，那么不必启动丙程序也能查杀一号病毒。

D. 只有启动乙程序，才能防御并查杀一号病毒。

E. 如果启动了丙程序，就能防御并查杀一号病毒。

44. 研究人员将角膜感觉神经断裂的兔子分为两组：实验组和对照组。他们给实验组兔子注射一种从土壤霉菌中提取的化合物。3周后检查发现，实验组兔子的角膜感觉神经已经复合；而对照组兔子未注射这种化合物，其角膜感觉神经都没有复合。研究人员由此得出结论：该化合物可以使兔子断裂的角膜感觉神经复合。

以下哪项与上述研究人员得出结论的方式最为类似？

A. 科学家在北极冰川地区的黄雪中发现了细菌，而该地区的寒冷气候与木卫二的冰冷环境有着惊人的相似。所以，木卫二可能存在生命。

B. 绿色植物在光照充足的环境下能茁壮成长，而在光照不足的环境下只能缓慢生长，所以，光照有利于绿色植物的生长。

C. 年逾花甲的老王戴上老花眼镜可以读书看报，不戴则视力模糊。所以，年龄大的人都要戴老花眼镜。

D. 一个整数或者是偶数，或者是奇数。0不是奇数，所以，0是偶数。

E. 昆虫都有三对足，蜘蛛并非三对足。所以，蜘蛛不是昆虫。

45. 张教授指出，明清时期科举考试分为四级，即院试、乡试、会试、殿试。院试在县府举行，考中者称"生员"；乡试每三年在各省省城举行一次，生员才有资格参加，考中者称为"举人"，举人第一名称"解元"；会试于乡试后第二年在京城礼部举行，举人才有资格参加，考中者称为"贡士"，贡士第一名称"会元"；殿试在会试当年举行，由皇帝主持，贡士才有资格参加，录取分三甲，一甲三名，二甲、三甲各若干名，统称"进士"，一甲第一名称"状元"。

根据张教授的陈述，以下哪项是不可能的？

A. 中会元者，不曾中举。 B. 中举者，不曾中进士。

C. 中状元者曾为生员和举人。 D. 可有连中三元者（解元、会元、状元）。

E. 未中解元者，不曾中会元。

46. 有人认为，任何一个机构都包括不同的职位等级或层级，每个人都隶属于其中的一个层级，如果某人在原来级别岗位上干得出色，就会被提拔，而被提拔者得到重用后却碌碌无为，这会造成机构效率低下、人浮于事。

以下哪项如果为真，最能质疑上述观点？

A. 王副教授教学科研能力都很强，而晋升为正教授后却表现平平。

B. 个人晋升常常在一定程度上影响所在机构的发展。

C. 不同岗位的工作方法是不同的,对新岗位要有一个适应过程。

D. 李明的体育运动成绩并不理想,但他进入管理层后却干得得心应手。

E. 部门经理王先生业绩出众,被提拔为公司总经理后工作依然出色。

47. 如果把一杯酒倒进一桶污水中,你得到的是一桶污水;如果把一杯污水倒进一桶酒中,你得到的仍然是一桶污水。在任何组织中,都可能存在几个难缠人物,他们存在的目的似乎就是把事情搞糟。如果一个组织不加强内部管理,一个正直能干的人进入某低效的部门就会被吞没,而一个无德无才者很快就能将一个高效的部门变成一盘散沙。

根据以上信息,可以得出以下哪项?

A. 如果一个无德无才的人把组织变成一盘散沙,则该组织没有加强内部管理。

B. 如果一个正直能干的人在低效部门没有被吞没,则该部门加强了内部管理。

C. 如果一个正直能干的人进入组织,就会使组织变得更为高效。

D. 如果不将一杯污水倒进一桶酒中,你就不会得到一桶污水。

E. 如果组织中存在几个难缠人物,很快就会把组织变成一盘散沙。

48. 自闭症会影响社会交往、语言交流和兴趣爱好等方面的行为。研究人员发现,实验鼠体内神经连接蛋白的蛋白质如果合成过多,会导致自闭症。由此他们认为,自闭症与神经连接蛋白的蛋白质合成量具有重要关联。

以下哪项如果为真,最能支持上述观点?

A. 神经连接蛋白正常的老年实验鼠患自闭症的比例很低。

B. 如果将实验鼠控制蛋白合成的关键基因去除,其体内的神经连接蛋白就会增加。

C. 抑制神经连接蛋白的蛋白质合成可缓解实验鼠的自闭症状。

D. 生活在群体之中的实验鼠较之独处的实验鼠患自闭症的比例要小。

E. 雄性实验鼠患自闭症的比例是雌性实验鼠的5倍。

49. 张教授指出,生物燃料是指利用生物资源生产的燃料乙醇或生物柴油,它们可以替代由石油制取的汽油和柴油,是可再生能源开发利用的重要方向。受世界石油资源短缺、环保和全球气候变化的影响,20世纪70年代以来,许多国家日益重视生物燃料的发展,并取得显著成效。所以,应该大力开发和利用生物燃料。

以下哪项最可能是张教授论证的假设?

A. 生物燃料在生产与运输过程中需要消耗大量的水、电和石油等。

B. 发展生物燃料可有效降低人类对石油等化石燃料的消耗。

C. 生物柴油和燃料乙醇是现代社会能源供给体系的适当补充。

D. 发展生物燃料会减少粮食供应,而当今世界有数以百万计的人食不果腹。

E. 目前我国生物燃料的开发和利用已经取得很大成绩。

50. 有关数据显示,2011年全球新增870万结核病患者,同时有140万患者死亡。因为结核病对抗生素有耐药性,所以对结核病的治疗一直都进展缓慢。如果不能在近几年消除结核病,那么还会有数百万人死于结核病。如果要控制这种流行病,就要有安全、廉价的疫苗。目前有12种新疫苗正在测试之中。

根据以上信息,可以得出以下哪项?

A. 如果解决了抗生素的耐药性问题,结核病治疗将会获得突破性进展。

B. 新疫苗一旦应用于临床,将有效控制结核病传播。

C. 2011年结核病患者死亡率已达16.1%。

D. 只有在近几年消除结核病,才能避免数百万人死于这种疾病。

E. 有了安全、廉价的疫苗,我们就能控制结核病。

51. 一个人如果没有崇高的信仰,就不可能守住道德的底线;而一个人只有不断加强理论学习,才能始终保持崇高的信仰。

根据以上信息,可以得出以下哪项?

A. 一个人只有不断加强理论学习,才能守住道德的底线。

B. 一个人如果不能守住道德的底线,就不可能保持崇高的信仰。

C. 一个人只要有崇高的信仰,就能守住道德的底线。

D. 一个人没能守住道德的底线,是因为他首先丧失了崇高的信仰。

E. 一个人只要不断加强理论学习,就能守住道德的底线。

52. 研究人员安排了一次实验,将100名受试者分为两组,喝一小杯红酒的实验组和不喝酒的对照组。随后,让两组受试者计算某段视频中篮球队员相互传球的次数。结果发现,对照组的受试者都计算准确,而实验组中只有18%的人计算准确。经测试,实验组受试者的血液中酒精浓度只有酒驾法定值的一半。由此专家指出,这项研究结果或许应该让立法者重新界定酒驾法定值。

以下哪项如果为真,最能支持上述专家的观点?

A. 饮酒过量不仅损害身体健康,而且影响驾车安全。

B. 即使血液中酒精浓度只有酒驾法定值的一半,也会影响视力和反应速度。

C. 即使酒驾法定值设置较高,也不会将少量饮酒的驾车者排除在酒驾范围之外。

D. 酒驾法定值设置过低,可能会把许多未饮酒者界定为酒驾。

E. 只要血液中酒精浓度不超过酒驾法定值,就可以驾车上路。

53. 某研究人员在2004年对一些12~16岁的学生进行了智商测试,测试得分为77~135分,4年之后再次测试,这些学生的智商得分为87~143分。仪器扫描显示,那些得分提高了的学生,其脑部比此前呈现更多的灰质(灰质是一种神经组织,是中枢神经的重要组成部分)。这一测试表明,个体的智商变化确实存在,那些早期在学校表现并不突出的学生未来仍有可能成为佼佼者。

以下除哪项外,都能支持上述实验结论?

A. 随着年龄的增长,青少年脑部区域的灰质通常会增加。

B. 学生的非语言智力表现与他们的大脑结构的变化明显相关。

C. 言语智商的提高伴随着大脑左半球运动皮层灰质的增多。

D. 有些天才少年长大后的智力并不出众。

E. 部分学生早期在学校表现不突出与其智商有关。

54~55题基于以下题干:

某高校有数学、物理、化学、管理、文秘、法学6个专业毕业生需要就业,现有风云、怡和、宏宇三

家公司前来学校招聘。已知,每家公司只招聘该校上述2至3个专业的若干毕业生,且需要满足以下条件:

(1)招聘化学专业的公司也招聘数学专业;
(2)怡和公司招聘的专业,风云公司也招聘;
(3)只有一家公司招聘文秘专业,且该公司没有招聘物理专业;
(4)如果怡和公司招聘管理专业,那么也招聘文秘专业;
(5)如果宏宇公司没有招聘文秘专业,那么怡和公司招聘文秘专业。

54. 如果只有一家公司招聘物理专业,那么可以得出以下哪项?
　　A. 宏宇公司招聘数学专业。　　　　B. 风云公司招聘物理专业。
　　C. 风云公司招聘化学专业。　　　　D. 怡和公司招聘物理专业。
　　E. 怡和公司招聘管理专业。

55. 如果三家公司都招聘3个专业的若干毕业生,那么可以得出以下哪项?
　　A. 宏宇公司招聘化学专业。　　　　B. 怡和公司招聘物理专业。
　　C. 怡和公司招聘法学专业。　　　　D. 风云公司招聘数学专业。
　　E. 风云公司招聘化学专业。

2015年管理类综合能力逻辑试题解析

答案速查表

26~30	BBECC	31~35	DBEDC	36~40	DAADA
41~45	CCEBA	46~50	EBCBD	51~55	ABEBD

26.【答案】B 【难度】S5 【考点】论证推理 解释 解释现象

需要解释的现象：自身发光的恒星和可以反射恒星光的行星可以被看到，遥远的恒星可被光学望远镜看到，但是本身不发光的太阳系外的行星却无法被看到。

B 选项：题干中陈述了自身发光和可以反射光两种可以被看到的情况。因为行星本身不发光，结合 B 选项的"行星很少能将恒星光反射到地球上"可知，光学望远镜无法感知，可以解释题干现象。

A 选项：题干信息并未涉及行星体积大小与能否被看到之间的关系，排除。C 选项：题干中未提及光学望远镜的功能特征，无法解释。D 选项：该现象与恒星无关，排除。E 选项：该现象与太阳系内的情况无关，排除。

故正确答案为 B 选项。

27.【答案】B 【难度】S5 【考点】论证推理 削弱、质疑、反驳 论据+结论型论证的削弱

论据：研究表明，使用移动电话会导致患神经胶质癌的风险增加。**结论：**建议人们采取安全措施，如使用固定电话通话或使用短信进行沟通。

方法：采取安全措施，如使用固定电话或短信。**目的：**减少患神经胶质癌的风险。

B 选项：**达不到目的**，表明人类所处空间中的电磁辐射强度已经超出手机通话产生的电磁辐射强度，所以避免使用移动电话这一建议无法从根本上减少人们所受到的电磁辐射，即使不使用移动电话，也无法减少患神经胶质癌的风险。

A 选项：题干论证与国家安全标准无关，排除。

C 选项：已经适应强电磁辐射环境与其威胁人体健康是两码事，不可混为一谈。例如，高原地区的人虽然已经适应了高原高辐射环境，但是皮肤仍旧每天受到高辐射的伤害，排除。

D 选项："有些"数量未知，若仍对大多数人产生健康威胁，则题干依然成立，排除。

E 选项：就算使用手机短信依然会产生较强的电磁辐射，但是只要其比手机通话的辐射小，那么建议依然成立，排除。

故正确答案为 B 选项。

28.【答案】E 【难度】S4 【考点】综合推理 匹配题型

由题干信息可画出下图，根据该图判断选项。

E选项:如果丙与戊不相邻,则丙与己相邻,正确。

A、B、C选项:不符合,排除。

D选项:如果甲与戊相邻,那么丁与己也可以相邻,排除。

故正确答案为E选项。

29.【答案】C 【难度】S4 【考点】论证推理 假设、前提 论据+结论型论证的假设

论据:现代计算机具备一定的学习能力,但完全的自我学习能力还有待发展。结论:计算机不可能达到甚至超过人类的智能水平。

C选项:建立联系,表明即使计算机有学习能力,这些人类的独特智能其也无法掌握,是题干论证必须要有的假设,正确。

A选项:与题干意思相悖,排除。

B、E选项:"人类的语言""人类的感情""人类复杂的社会关系"与题干中"直觉、多层次抽象等独特智能"不一致,排除。

D选项:与题干论证无关,排除。

故正确答案为C选项。

30.【答案】C 【难度】S5 【考点】形式逻辑 假言命题 假言命题推理规则

题干信息:(1)交通信号不一致∨有证据→¬录入;(2)已录入→完善规范∧减少争议。

C选项:交通信号不一致→¬录入,与逻辑关系(1)一致,正确。

A选项:减少争议→倾听群众异议∧加强群众监督,与题干逻辑关系不一致,排除。

B选项:完善规范→减少争议,与题干逻辑关系不一致,排除。

D选项:有说辞∧无证明→录入,与题干逻辑关系不一致,排除。

E选项:使用行车记录仪→减少被录入的可能性,与题干逻辑关系不一致,排除。

故正确答案为C选项。

31.【答案】D 【难度】S5 【考点】形式逻辑 概念 概念之间的关系

题干信息:(1)青年女教师≥5;(2)中年女教师≥6;(3)青年女教师≥7。

D选项:由(2)和(3)可知,中年和青年不可重合,故女教师至少有13名,正确。

A选项:由题干只能得知,有些青年教师是女性,"有的A是B"推不出"有的A不是B",无法推出该选项信息,排除。

B选项:由题干只能得知,有些女青年是教师,"有的A是B"推不出"有的A不是B",无法推出该选项信息,排除。

C选项:由(1)和(3)可知,青年教师至少有7名,排除。

E选项:由(1)和(3)可知,女青年至少有7名,至多几个未知,排除。

故正确答案为D选项。

32.【答案】B 【难度】S5 【考点】综合推理 综合题组(真话假话题)

题干信息中,如果(1)是假的,则(3)一定为假,又已知只有一句话为假,根据归谬的思想可知,(1)是真的,即青年女教师至少有5名,所以可知B选项中青年教师至少有5名为真。其他选项无法确定真假。

故正确答案为B选项。

33. 【答案】E 【难度】S4 【考点】形式逻辑 假言命题 假言命题矛盾关系
题干信息:办公大楼设计得越完美→该企业离解体越近。
质疑该观点,即寻找其矛盾关系"办公大楼设计得很完美∧¬该企业离解体越近"。
故正确答案为E选项。

34. 【答案】D 【难度】S5 【考点】形式逻辑 假言命题 假言命题推理规则
题干信息:(1)李华与张云同行→李华∧张云乘坐大巴;(2)高铁票价<飞机→李华乘坐高铁;
(3)¬预报二月初雨雪→王涛乘坐飞机;(4)航班时间合适→李华∧王涛乘飞机。
D选项:三人都乘坐大巴→¬王涛乘坐飞机→预报二月初雨雪,正确。
A选项:"预报有雨雪"和"有雨雪"不一致,排除。
B选项:李华¬高铁∧¬飞机,但题干中为"飞机、高铁与大巴等交通工具",所以无法得知李华是否选择大巴,排除。
C选项:"王涛乘坐飞机"无法推知是否有雨雪天气,排除。
E选项:三人都乘坐飞机→¬李华乘坐高铁→高铁票价≥飞机,可能票价相等,排除。
故正确答案为D选项。

35. 【答案】C 【难度】S6 【考点】论证推理 削弱、质疑、反驳 因果型论证的削弱
论据(果):中签率低至1:70,但"李祥"这个名字连续四个月中签。结论(因):不少市民认为有人作弊。
C选项:**他因削弱**,300个"李祥",按照最低中签率1:70计算,应该有4.3个人中签,故连续4个月中签符合正常比例,说明并未作弊,可以消除质疑。
A选项:与题干中的"李祥"无关,排除。
B选项:重名为"李祥"的有多少呢?未知,无法消除质疑,排除。
D选项:在有关部门监督下进行也无法保证没有作弊。
E选项:即使每一位申请人被随机赋予一个不重复的编码,"李祥"这个名字连续四个月中签的事实为什么公平合理呢?依然未知,无法消除质疑。
故正确答案为C选项。

36. 【答案】D 【难度】S4 【考点】论证推理 假设、前提 论据+结论型论证的假设
论据:误译导致大多数消费者误以为扁桃仁和杏仁是相同的产品。结论:必须制定林果的统一行业标准,还产品以本来面目。
D选项:**方法可行**,如果我国之前已经有了林果的统一行业标准,那么无须再制定,所以这是使题干结论成立必须要有的条件,正确。
A选项:题干中表明是误译导致消费者产生误解,而不是因为外形相似,排除。
B、C、E选项:与题干论证无关,排除。
故正确答案为D选项。

37. 【答案】A 【难度】S4 【考点】形式逻辑 假言命题 有确定信息的综合推理
题干信息:(1)电影∨拜访;(2)开车→¬电影;(3)拜访→约定;(4)¬约定。
整理可得:¬约定→¬拜访→电影→¬开车。
故正确答案为A选项。

38.【答案】A 【难度】S5 【考点】综合推理 综合题组(分组题型)
　　题干信息:同一学院或者同一社团至多选派一人。

人	赵	唐	殷	周	李	文	徐	朱
学历	研究生			本科生				
学院/社团		数学		文学	辩论		文学	数学、辩论

　　由题干信息可知,在本科生中,周和徐至多选一个,李和朱至多选一个,又因为要选择3个本科生,所以文一定会入选。
　　故正确答案为A选项。

39.【答案】D 【难度】S5 【考点】综合推理 综合题组(分组题型)
　　补充信息:唐入选。
　　因为唐入选,由题干信息可知,朱不入选,周和徐至多选一个,所以李和文一定入选。
　　故正确答案为D选项。

40.【答案】A 【难度】S5 【考点】形式逻辑 三段论 三段论反推题型
　　题干信息:(1)有些阔叶树→常绿;(2)因此,阔叶树→¬寒带。
　　要反驳结论,即寻找结论的矛盾关系:(3)有些阔叶→寒带。
　　所以,只需要添加条件,使(1)能推出(3)即可。
　　A选项:常绿→寒带,与(1)进行传递可得,有些阔叶→常绿→寒带,即得到(3),正确。
　　故正确答案为A选项。

41.【答案】C 【难度】S5 【考点】综合推理 综合题组(数字相关题型)
　　题干信息:4个年级共12人参赛,每个年级参赛人数不同,每个年级至少1人参赛,两个年级的队员人数相乘等于另一个年级的队员人数。
　　由以上信息可知,4支队伍的人数分别为1、2、3、6。
　　故正确答案为C选项。

42.【答案】C 【难度】S5 【考点】形式逻辑 假言命题 假言命题矛盾关系
　　题干信息:(1)长跑→¬短跑∧¬跳高;(2)跳远→¬长跑∨铅球=长跑∨铅球→¬跳远。
　　综合以上信息,可得:长跑→¬短跑∧¬跳高∧¬跳远。
　　A、B、D、E选项都是可能的情况,C选项与推知信息矛盾,是不可能的。
　　故正确答案为C选项。

43.【答案】E 【难度】S5 【考点】形式逻辑 假言命题 假言命题推理规则
　　题干信息:(1)甲→查杀已知所有;(2)¬乙防御一号→¬丙查杀一号;(3)查杀已知所有→丙防御一号;(4)启动丙→启动甲。
　　E选项:启动丙→启动甲→查杀已知所有→丙防御一号→防御∧查杀一号,正确。
　　A选项:防御∧查杀一号→启动丙程序,与题干推理关系不一致,排除。
　　B选项:启动甲→查杀所有,而(1)中为查杀目前已知的所有病毒,不一致,排除。
　　C选项:启动乙→查杀一号,与题干信息不一致,排除。
　　D选项:防御∧查杀一号→启动乙,与题干信息不一致,排除。

故正确答案为 E 选项。

44.【答案】B 【难度】S5 【考点】论证推理 论证方式相似、漏洞相似
实验组:注射化合物,角膜感觉神经复合。对照组:未注射化合物,角膜感觉神经没有复合。
结论:该化合物可以使兔子断裂的角膜感觉神经复合。
题干中所采用的实验方法体现了穆勒五法中的**求异法**原理。
B 选项:光照是否充足影响绿色植物的成长速度,左右对照,**求异法**,相似。
A 选项:北极冰川的寒冷气候与木卫二的冰冷环境相似,北极冰川有细菌,所以木卫二可能有生命。**类比推理**,与题干不相似,排除。
C 选项:该论证有两个漏洞,一是老王可能无法代表年龄大的人的整体情况,二是所得结论应为戴老花眼镜与视力之间的关系,排除。
D 选项:排除其中一种可能,推出是另一种可能,**剩余法**,排除。
E 选项:正常的形式逻辑推理,排除。
故正确答案为 B 选项。

45.【答案】A 【难度】S5 【考点】形式逻辑 假言命题 假言命题矛盾关系

考试级别	考中者称呼	第一名称呼
院试	生员	
乡试	举人	解元
会试	贡士	会元
殿试	进士	状元

题目要求选择不可能的,即寻找与题干信息矛盾的。
A 选项:若中了会元,则说明在会试中取得了第一名,所以一定通过了乡试,即一定中过举人,与题干信息矛盾。
故正确答案为 A 选项。

46.【答案】E 【难度】S4 【考点】形式逻辑 假言命题 假言命题矛盾关系
题干信息:原来岗位干得出色→被提拔得到重用后碌碌无为。
题目要求质疑上述观点,即寻找其矛盾关系。
E 选项:原来业绩出众∧¬ 提拔后碌碌无为,与题干信息矛盾,可以质疑。
故正确答案为 E 选项。

47.【答案】B 【难度】S4 【考点】形式逻辑 假言命题 假言命题推理规则
题干信息:(1)酒倒进污水中→污水;(2)污水倒进酒中→污水;(3)¬ 加强管理→正直能干的人被吞没∧无德无才的人将高效部门变成散沙。
B 选项:¬ 正直能干的人被吞没→加强管理,是(3)的等价逆否命题,正确。
A 选项:无德无才的人将组织变成散沙→¬ 加强管理,不符合逻辑关系(3),排除。
C 选项:正直能干的人进入组织→使组织变得高效,不符合逻辑关系(3),排除。
D 选项:¬ 把一杯污水倒进一桶酒中→¬ 得到污水,不符合逻辑关系(2),排除。
E 选项:存在难缠人物→把组织变成散沙,不符合题干信息,排除。

故正确答案为 B 选项。

48.【答案】C 【难度】S5 【考点】论证推理 支持、加强 因果型论证的支持
论据:实验鼠体内神经连接蛋白的蛋白质如果合成过多,会导致自闭症。结论:自闭症与神经连接蛋白的蛋白质合成量具有重要关联。
原因:蛋白质合成过多。结果:会导致自闭症。
C 选项:无因无果,抑制神经连接蛋白的蛋白质合成,自闭症状得到缓解,说明神经连接蛋白的蛋白质合成量与自闭症相关,支持。
A 选项:题干观点与实验鼠年龄无关,排除。
B 选项:去除控制蛋白合成的关键基因,神经连接蛋白会增加,但未提及其与自闭症的关系,排除。
D 选项:题干观点与群居或独处无关,排除。
E 选项:题干观点与性别无关,排除。
故正确答案为 C 选项。

49.【答案】B 【难度】S4 【考点】论证推理 假设、前提 论据+结论型论证的假设
论据:目前世界面临石油资源短缺、环保和全球气候变化的问题。结论:应该大力开发和利用生物燃料。
B 选项:建立联系,发展生物燃料可以使化石燃料的消耗降低,从而解决目前面临的问题,所以要大力发展生物燃料,建立了论据与结论之间的关系,是必须要有的假设。
A、D 选项:说明生物燃料有弊端,削弱,排除。
C 选项:如果这些生物燃料只是适当补充,就没有必要大力开发和利用,排除。
E 选项:取得成绩与生物燃料能否解决目前面临的问题无关,排除。
故正确答案为 B 选项。

50.【答案】D 【难度】S4 【考点】形式逻辑 假言命题 假言命题推理规则
题干信息:(1)耐药性→进展缓慢;(2)¬消除→死亡;(3)控制→安全、廉价的疫苗。
D 选项:¬死亡→消除,是逻辑关系(2)的等价逆否命题,正确。
A 选项:¬耐药性→¬进展缓慢,不符合(1)的逻辑关系,排除。
B 选项:题干只是说目前有 12 种新疫苗在测试之中,是否应用于临床未知,排除。
C 选项:题干中数据为新增患者及死亡患者数量,无法计算出死亡率,排除。
E 选项:安全、廉价的疫苗→控制,不符合(3)的逻辑关系,排除。
故正确答案为 D 选项。

51.【答案】A 【难度】S5 【考点】形式逻辑 假言命题 假言命题推理规则
题干信息:(1)¬信仰→¬底线;(2)信仰→学习。
由(1)(2)传递可得:(3)底线→信仰→学习。
A 选项:底线→学习,符合(3)的逻辑关系,正确。
B 选项:¬底线→¬信仰,不符合(1)的逻辑关系,排除。
C 选项:信仰→底线,不符合(1)的逻辑关系,排除。
D 选项:¬底线→¬信仰,不符合(1)的逻辑关系,排除。

E 选项:学习→底线,不符合(3)的逻辑关系,排除。
故正确答案为 A 选项。

52. 【答案】B 【难度】S5 【考点】论证推理 支持、加强 论据+结论型论证的支持
论据:血液中酒精浓度只有酒驾法定值一半时,计算准确率低。结论:应该让立法者重新界定酒驾法定值。
B 选项:建立联系,酒精浓度是酒驾法定值一半时即会对人的视力和反应速度产生影响,所以有必要进行修改,支持。
A 选项:饮酒过量影响驾车安全与修改酒驾法定值无关,排除。
C、D 选项:表明酒驾法定值不应修改,削弱。
E 选项:未提及是否支持修改酒驾法定值,排除。
故正确答案为 B 选项。

53. 【答案】E 【难度】S5 【考点】论证推理 支持、加强 论据+结论型论证的支持
论据:相隔 4 年的两次智商测试发现智商发生变化,仪器扫描显示得分提高的学生,脑部灰质增多。结论:个体的智商变化确实存在。
E 选项:表现是否突出与智商的关系并不是本题讨论的问题,无法支持。
A 选项:相隔 4 年的实验表明,学生脑部灰质增多,青少年脑部灰质随年龄增加支持了题干结论。
B 选项:非语言智力表现与大脑结构相关支持了题干中的实验结果,即智商提高的同时大脑结构发生了变化。
C 选项:智商提高与大脑灰质增多相关,支持了题干结论。
D 选项:说明个体智商变化确实存在,支持了题干结论。
故正确答案为 E 选项。

54. 【答案】B 【难度】S5 【考点】综合推理 综合题组(匹配题型)
题干信息:(1)化学→数学;(2)怡和→风云;(3)文秘(1家)→¬物理;(4)怡和管理→怡和文秘;(5)¬宏宇文秘→怡和文秘。
由条件(2)(3)可知,怡和未招聘文秘专业(a);由(4)可知,¬怡和文秘→¬怡和管理(b);由(5)可知,¬怡和文秘→宏宇文秘(c);由(3)可知,风云未招聘文秘专业,宏宇未招聘物理专业(d)。由补充信息"只有一家公司招聘物理专业"和条件(2)可知,风云招聘物理专业,怡和没有招聘物理专业(e)。列表如下。

	数学	物理	化学	管理	文秘	法学
风云		√(e)			×(d)	
怡和		×(e)		×(b)	×(a)	
宏宇		×(d)			√(c)	

故正确答案为 B 选项。

55. 【答案】D 【难度】S6 【考点】综合推理 综合题组(匹配题型)
已知怡和不招聘管理专业和文秘专业,又由(1)可知,如果怡和不招聘数学专业,那么也不招聘

化学专业,此时与题干条件"招聘3个专业的若干毕业生"相矛盾,根据归谬的思想可知,怡和要招数学专业(f);再结合(2)可知,风云也要招聘数学专业(g)。列表如下。

	数学	物理	化学	管理	文秘	法学
风云	√(g)				×(d)	
怡和	√(f)			×(b)	×(a)	
宏宇		×(d)			√(c)	

故正确答案为D选项。

【温馨提示】想知道哪些知识点还没掌握?请打开"海绵MBA"APP,进入页面右上角【扫一扫】图标,扫描下方二维码,填入答案,系统会自动记录错题数据,方便查漏补缺。

2014年管理类综合能力逻辑试题

三、逻辑推理:第26~55小题,每小题2分,共60分。下列每题给出的A、B、C、D、E五个选项中,只有一项是符合试题要求的。请在答题卡上将所选项的字母涂黑。

26. 随着光纤网络带来的网速大幅度提高,高速下载电影、在线观看大片都不再是困扰我们的问题。即使在社会生产力水平较低的国家,人们也可以通过网络随时随地获得最快的信息、最贴心的服务和最佳体验。有专家据此认为:光纤网络将大幅提高人们的生活质量。
    以下哪项如果为真,最能质疑该专家的观点?
    A. 即使没有光纤网络,同样可以创造高品质的生活。
    B. 快捷的网络服务可能使人们把大量时间消耗在娱乐上。
    C. 随着高速网络的普及,相关上网费用随之增加。
    D. 网络上所获得的贴心服务和美妙体验有时候是虚幻的。
    E. 人们生活质量的提高仅决定于社会生产力的发展水平。

27. 李栋善于辩论,也喜欢诡辩。有一次他论证道:"郑强知道数字87654321,陈梅家的电话号码正好是87654321,所以郑强知道陈梅家的电话号码。"
    以下哪项与李栋辩论中所犯的错误最为类似?
    A. 中国人是勤劳勇敢的,李岚是中国人,所以李岚是勤劳勇敢的。
    B. 金砖是原子构成的,原子不是肉眼可见的,所以金砖不是肉眼可见的。
    C. 黄兵相信晨星在早晨出现,而晨星其实就是暮星,所以黄兵相信暮星在早晨出现。
    D. 张冉知道如果1:0的比分保持到终场,他们的队伍就会出线,现在张冉听到了比赛结束的哨声,所以张冉知道他们的队伍出线了。
    E. 所有蚂蚁是动物,所以所有大蚂蚁是大动物。

28. 陈先生在鼓励他孩子时说道:"不要害怕暂时的困难和挫折。不经历风雨怎么见彩虹?"他孩子不服气地说:"您说得不对。我经历了那么多风雨,怎么就没见到彩虹呢?"
    陈先生孩子的回答最适宜用来反驳以下哪项?
    A. 如果想见到彩虹,就必须经历风雨。   B. 如果经历了风雨,就可以见到彩虹。
    C. 只有经历风雨,才能见到彩虹。   D. 即使经历了风雨,也可能见不到彩虹。
    E. 即使见到了彩虹,也不是因为经历了风雨。

29. 在某次考试中,有3个关于北京旅游景点的问题,要求考生每题选择某个景点的名称作为唯一答案。其中6位考生关于上述3个问题的答案依次如下:
    第一位考生:天坛、天坛、天安门。
    第二位考生:天安门、天安门、天坛。
    第三位考生:故宫、故宫、天坛。
    第四位考生:天坛、天安门、故宫。
    第五位考生:天安门、故宫、天安门。
    第六位考生:故宫、天安门、故宫。

考试结果表明,每位考生都至少答对其中 1 道题。

根据以上陈述,可知这 3 个问题的正确答案依次是:

A. 天坛、故宫、天坛。　　B. 故宫、天安门、天安门。　　C. 天安门、故宫、天坛。

D. 天坛、天坛、故宫。　　E. 故宫、故宫、天坛。

30. 人们普遍认为适量的体育运动能够有效降低中风的发生率,但研究人员注意到有些化学物质也有降低中风风险的效用。番茄红素是一种让番茄、辣椒、西瓜和番木瓜等果蔬呈现红色的化学物质。研究人员选取一千余名年龄在 46 岁至 55 岁之间的人,进行了长达 12 年的跟踪调查,发现其中番茄红素水平最高的四分之一的人中有 11 人中风,番茄红素水平最低的四分之一的人中有 25 人中风。他们由此得出结论:番茄红素能降低中风的发生率。

以下哪项如果为真,最能对上述研究提出质疑?

A. 番茄红素水平较低的中风者中有三分之一的人病情较轻。

B. 吸烟、高血压和糖尿病等会诱发中风。

C. 如果调查 56 岁至 65 岁之间的人,情况也许不同。

D. 番茄红素水平较高的人约有四分之一喜爱进行适量的体育运动。

E. 被跟踪的另一半人中有 50 人中风。

31. 最新研究发现,恐龙腿骨化石都有一定的弯曲度,这意味着恐龙其实并没有人们想象的那么重,以前根据其腿骨为圆柱形的假定计算动物体重时,会使得计算结果比实际体重高出 1.42 倍。科学家由此认为,过去那种计算方式高估了恐龙腿部所能承受的最大身体重量。

以下哪项如果为真,最能支持上述科学家的观点?

A. 恐龙腿骨所能承受的重量比之前人们所认为的要大。

B. 恐龙身体越重,其腿部骨骼也越粗壮。

C. 圆柱形腿骨能够承受的重量比弯曲的腿骨大。

D. 恐龙腿部的肌肉对于支撑其体重作用不大。

E. 与陆地上的恐龙相比,翼龙的腿骨更接近圆柱形。

32. 已知某班共有 25 位同学,女生中身高最高者与最矮者相差 10 厘米,男生中身高最高者与最矮者则相差 15 厘米。小明认为,根据已知信息,只要再知道男生、女生最高者的具体身高,或者再知道男生、女生的平均身高,均可确定全班同学中身高最高者与最低者之间的差距。

以下哪项如果为真,最能构成对小明观点的反驳?

A. 根据已知信息,如果不能确定全班同学中身高最高者与最低者之间的差距,则也不能确定男生、女生最高者的具体身高。

B. 根据已知信息,即使确定了全班同学中身高最高者与最低者之间的差距,也不能确定男生、女生的平均身高。

C. 根据已知信息,如果不能确定全班同学中身高最高者与最低者之间的差距,则既不能确定男生、女生最高者的具体身高,也不能确定男生、女生的平均身高。

D. 根据已知信息,尽管再知道男生、女生的平均身高,也不能确定全班同学中身高最高者与最低者之间的差距。

E. 根据已知信息,仅仅再知道男生、女生最高者的具体身高,就能确定全班同学中身高最高者与最低者之间的差距。

33. 近10年来,某电脑公司的个人笔记本电脑的销量持续增长,但其增长率低于该公司所有产品总销量的增长率。

以下哪项关于该公司的陈述与上述信息相冲突?

A. 近10年来,该公司个人笔记本电脑的销量每年略有增长。
B. 个人笔记本电脑销量占该公司产品总销量的比例近10年来由68%上升到72%。
C. 近10年来,该公司总销量增长率与个人笔记本电脑的销量增长率每年同时增长。
D. 近10年来,该公司个人笔记本电脑的销量占该公司产品总销量的比例逐年下降。
E. 个人笔记本电脑的销量占该公司总销量的比例近10年来由64%下降到49%。

34. 学者张某说:"问题本身并不神秘,因与果也不仅仅是哲学家的事。每个凡夫俗子一生之中都将面临许多问题,但分析问题的方法与技巧却很少有人掌握,无怪乎华尔街的分析大师们趾高气扬、身价百倍。"

以下哪项如果为真,最能反驳张某的观点?

A. 有些凡夫俗子可能不需要掌握分析问题的方法与技巧。
B. 有些凡夫俗子一生之中将要面临的问题并不多。
C. 凡夫俗子中很少有人掌握分析问题的方法与技巧。
D. 掌握分析问题的方法与技巧对多数人来说很重要。
E. 华尔街的分析大师们大都掌握分析问题的方法与技巧。

35. 实验发现,孕妇适当补充维生素D可降低新生儿感染呼吸道合胞病毒的风险。科研人员检测了156名新生儿脐带血中维生素D的含量,其中54%的新生儿被诊断为维生素D缺乏,这当中有46%的孩子出生后一年内感染了呼吸道合胞病毒,这一比例,高于维生素D正常的孩子。

以下哪项如果为真,最能对科研人员的上述发现提供支持?

A. 上述实验中,54%的新生儿维生素D缺乏是由于他们的母亲在妊娠期间没有补充足够的维生素D造成的。
B. 孕妇适当补充维生素D可降低新生儿感染感冒病毒的风险,特别是在妊娠后期补充维生素D,预防效果会更好。
C. 上述实验中,46%补充维生素D的孕妇所生的新生儿有一些在出生一年内感染呼吸道合胞病毒。
D. 科研人员实验时所选的新生儿在其他方面跟一般新生儿的相似性没有得到明确验证。
E. 维生素D具有多种防病健体功能,其中包括提高免疫系统功能、促进新生儿呼吸系统发育、预防新生儿呼吸道病毒感染等。

36. 英国有家小酒馆采取客人吃饭付费"随便给"的做法,即让客人享用葡萄酒、蟹柳及三文鱼等美食后,自己决定付账金额。大多数客人均以公平或慷慨的态度结账,实际金额比那些酒水菜肴本来的价格高出20%。该酒馆老板另有4家酒馆,而这4家酒馆每周的利润与付账"随便给"的酒馆相比少5%。这位老板因此认为,"随便给"的营销策略很成功。

以下哪项如果为真,最能解释老板营销策略的成功?

A. 部分顾客希望自己看上去有教养,愿意掏足够甚至更多的钱。

B. 如果客人所付低于成本价格,就会受到提醒而补足差价。

C. 另外4家酒馆位置不如这家"随便给"酒馆。

D. 客人常常不知道酒水菜肴的实际价格,不知道该付多少钱。

E. 对于过分吝啬的顾客,酒馆老板常常也无可奈何。

37~38题基于以下题干：

某公司年度审计期间,审计人员发现一张车票,上面有赵义、钱仁礼、孙智、李信4个签名,签名者的身份各不相同,是经办人、复核、出纳或审批领导之中的一个,且每个签名都是本人所签。询问4位相关人员,得到以下回答：

赵义："审批领导的签名不是钱仁礼。"

钱仁礼："复核的签名不是李信。"

孙智："出纳的签名不是赵义。"

李信："复核的签名不是钱仁礼。"

已知上述每个回答中,如果提到的人是经办人,则该回答为假；如果提到的人不是经办人,则为真。

37. 根据以上信息,可以得出经办人是：

A. 赵义。 B. 钱仁礼。 C. 孙智。 D. 李信。 E. 不能确定。

38. 根据以上信息,该公司的复核与出纳分别是：

A. 李信、赵义。 B. 孙智、赵义。 C. 钱仁礼、李信。 D. 赵义、钱仁礼。 E. 孙智、李信。

39. 长期以来,人们认为地球是已知唯一能支持生命存在的星球,不过这一情况开始出现改观。科学家近期指出,在其他恒星周围,可能还存在着更加宜居的行星。他们尝试用崭新的方法开展地外生命搜索,即搜寻放射性元素钍和铀。行星内部含有这些元素越多,其内部温度就会越高,这在一定程度上有助于行星的板块运动,而板块运动有助于维系行星表面的水体,因此板块运动可被视为行星存在宜居环境的标志之一。

以下哪项最可能是科学家的假设？

A. 行星如能维系水体,就可能存在生命。

B. 行星板块运动都是由放射性元素钍和铀驱动的。

C. 行星内部温度越高,越有助于它的板块运动。

D. 没有水的行星也可能存在生命。

E. 虽然尚未证实,但地外生命一定存在。

40. 为了加强学习型机关建设,某机关党委开展了菜单式学习活动,拟开设课程有"行政学""管理学""科学前沿""逻辑"和"国际政治"5门课程,要求其下属的4个支部各选择其中两门课程进行学习。已知：第一支部没有选择"管理学""逻辑",第二支部没有选择"行政学""国际政治",只有第三支部选择了"科学前沿"。任意两个支部所选课程均不完全相同。

根据上述信息,关于第四支部的选课情况可以得出以下哪项？

A. 如果没有选择"行政学",那么选择了"管理学"。

B. 如果没有选择"管理学",那么选择了"国际政治"。

C. 如果没有选择"行政学",那么选择了"逻辑"。

D. 如果没有选择"管理学",那么选择了"逻辑"。

E. 如果没有选择"国际政治",那么选择了"逻辑"。

41. 有气象专家指出,全球变暖已经成为人类发展最严重的问题之一,南北极地区的冰川由于全球变暖而加速融化,已导致海平面上升;如果这一趋势不变,今后势必淹没很多地区。但近几年来,北半球许多地区的民众在冬季感到相当寒冷,一些地区甚至出现了超强降雪和超低气温,人们觉得对近期气候的确切描述似乎更应该是"全球变冷"。

以下哪项结果为真,最能解释上述现象?

A. 除了南极洲,南半球近几年冬季的平均温度接近常年。

B. 近几年来,全球夏季的平均气温比常年偏高。

C. 近几年来,由于两极附近海水温度升高导致原来洋流中断或者减弱,而北半球经历严寒冬季的地区正是原来暖流影响的主要区域。

D. 近几年来,由于赤道附近海水温度升高导致原来洋流增强,而北半球经历严寒冬季的地区不是原来寒流影响的主要区域。

E. 北半球主要是大陆性气候,冬季和夏季的温差通常比较大,近年来冬季极地寒流南侵比较频繁。

42. 这两个《通知》或者属于规章或者属于规范性文件,任何人均无权依据这两个《通知》将本来属于当事人选择公证的事项规定为强制公证的事项。

根据以上信息,可以得出以下哪项?

A. 规章或者规范性文件既不是法律,也不是行政法规。

B. 规章或规范性文件或者不是法律,或者不是行政法规。

C. 这两个《通知》如果一个属于规章,那么另一个属于规范性文件。

D. 这两个《通知》如果都不属于规范性文件,那么就属于规章。

E. 将本来属于当事人选择公证的事项规定为强制公证的事项属于违法行为。

43. 若一个管理者是某领域优秀的专家学者,则他一定会管理好公司的基本事务;一位品行端正的管理者可以得到下属的尊重;但是对所有领域都一知半解的人一定不会得到下属的尊重。浩瀚公司董事会只会解除那些没有管理好公司基本事务者的职务。

根据以上信息,可以得出以下哪项?

A. 浩瀚公司董事会不可能解除品行端正的管理者的职务。

B. 浩瀚公司董事会解除了某些管理者的职务。

C. 浩瀚公司董事会不可能解除受下属尊重的管理者的职务。

D. 作为某领域优秀专家学者的管理者,不可能被浩瀚公司董事会解除职务。

E. 对所有领域都一知半解的管理者,一定会被浩瀚公司董事会解除职务。

44. 某国大选在即,国际政治专家陈研究员预测:选举结果或者是甲党控制政府,或者是乙党控制政府。如果甲党赢得对政府的控制权,该国将出现经济问题;如果乙党赢得对政府的控制权,该国将陷入军事危机。

根据陈研究员上述预测,可以得出以下哪项?

A. 该国可能不会出现经济问题也不会陷入军事危机。

B. 如果该国出现经济问题，那么甲党赢得了对政府的控制权。

C. 该国将出现经济问题，或者将陷入军事危机。

D. 如果该国陷入了军事危机，那么乙党赢得了对政府的控制权。

E. 如果该国出现了经济问题并且陷入了军事危机，那么甲党与乙党均赢得了对政府的控制权。

45. 某大学顾老师在回答有关招生问题时强调："我们学校招收一部分免费师范生，也招收一部分一般师范生。一般师范生不同于免费师范生，没有免费师范生毕业时可以留在大城市工作，而一般师范生毕业时都可以选择留在大城市工作，任何非免费师范生毕业时都需要自谋职业，没有免费师范生毕业时需要自谋职业。"

根据顾老师的陈述，可以得出以下哪项？

A. 该校需要自谋职业的大学生都可以选择留在大城市工作。

B. 该校可以选择留在大城市工作的唯一一类毕业生是一般师范生。

C. 不是一般师范生的该校大学生都是免费师范生。

D. 该校所有一般师范生都需要自谋职业。

E. 该校需要自谋职业的大学生都是一般师范生。

46. 某单位有负责网络、文秘以及后勤的三名办公人员：文珊、孔瑞和姚薇。为了培养年轻干部，领导决定他们三人在这三个岗位之间实行轮岗，并将他们原来的工作间110室、111室和112室也进行了轮换。结果，原本负责后勤的文珊接替了孔瑞的文秘工作，由110室调到了111室。

根据以上信息，可以得出以下哪项？

A. 姚薇接替孔瑞的工作。　　B. 孔瑞接替文珊的工作。　　C. 孔瑞被调到了110室。

D. 孔瑞被调到了112室。　　E. 姚薇被调到了112室。

47. 某小区业主委员会的4名成员晨桦、建国、向明和嘉媛围坐在一张方桌前（每边各坐一人）讨论小区大门旁的绿化方案。4人的职业各不相同，每个人的职业是高校教师、软件工程师、园艺师或邮递员之中的一种。已知：晨桦是软件工程师，他坐在建国的左手边；向明坐在高校教师的右手边；坐在建国对面的嘉媛不是邮递员。

根据以上信息，可以得出以下哪项？

A. 嘉媛是高校教师，向明是园艺师。　　B. 建国是邮递员，嘉媛是园艺师。

C. 建国是高校教师，向明是园艺师。　　D. 嘉媛是园艺师，向明是高校教师。

E. 向明是邮递员，嘉媛是园艺师。

48. 兰教授认为：不善于思考的人不可能成为一名优秀的管理者，没有一个谦逊的智者学习占星术，占星家均学习占星术，但是有些占星家却是优秀的管理者。

以下哪项如果为真，最能反驳兰教授的上述观点？

A. 有些占星家不是优秀的管理者。　　B. 有些善于思考的人不是谦逊的智者。

C. 所有谦逊的智者都是善于思考的人。　　D. 谦逊的智者都不是善于思考的人。

E. 善于思考的人都是谦逊的智者。

49. 不仅人上了年纪会难以集中注意力，就连蜘蛛也有类似的情况。年轻蜘蛛结的网整齐均匀，角度完美；年老蜘蛛结的网可能出现缺口，形状怪异。蜘蛛越老，结的网就越没有章法。科学家由此认为，随着时间的流逝，这种动物的大脑也会像人脑一样退化。

以下哪项如果为真,最能质疑科学家的上述论证?
A. 优美的蛛网更容易受到异性蜘蛛的青睐。
B. 年老蜘蛛的大脑较之年轻蜘蛛,其脑容量明显偏小。
C. 运动器官的老化会导致年老蜘蛛结网能力下降。
D. 蜘蛛结网只是一种本能的行为,并不受大脑控制。
E. 形状怪异的蛛网较之整齐均匀的蛛网,其功能没有大的差别。

50. 某研究中心通过实验对健康男性和女性听觉的空间定位能力进行了研究。起初,每次只发出一种声音,要求被试者说出声源的准确位置,男性和女性都非常轻松地完成了任务;后来,多种声音同时发出,要求被试者只关注一种声音并对声源进行定位,与男性相比,女性完成这项任务要困难得多,有时她们甚至认为声音是从声源相反的方向传来的。研究人员由此得出:在嘈杂环境中准确找出声音来源的能力,男性要胜过女性。

以下哪项如果为真,最能支持研究者的结论?
A. 在实验使用的嘈杂环境中,有些声音是女性熟悉的声音。
B. 在实验使用的嘈杂环境中,有些声音是男性不熟悉的声音。
C. 在安静的环境中,女性注意力更易集中。
D. 在嘈杂的环境中,男性注意力更易集中。
E. 在安静的环境中,人的注意力容易分散;在嘈杂的环境中,人的注意力容易集中。

51. 孙先生的所有朋友都声称,他们知道某人每天抽烟至少两盒,而且持续了40年,但身体一直不错。不过可以确信的是,孙先生并不知道有这样的人,在他的朋友中,也有像孙先生这样不知情的。

根据以上信息,可以得出以下哪项?
A. 抽烟的多少和身体健康与否无直接关系。
B. 朋友之间的交流可能会夸张,但没有人想故意说谎。
C. 孙先生的每位朋友知道的烟民一定不是同一个人。
D. 孙先生的朋友中有人没有说真话。
E. 孙先生的大多数朋友没有说真话。

52. 有甲、乙两所高校,根据上年度的教育经费实际投入统计,若仅仅比较在校本科生的学生人均投入经费,甲校等于乙校的86%;但若比较所有学生(本科生加上研究生)的人均经费投入,甲校是乙校的118%。各校研究生的经费投入均高于本科生。

根据以上信息,最可能得出以下哪项?
A. 上年度,甲校学生总数多于乙校。
B. 上年度,甲校研究生人数少于乙校。
C. 上年度,甲校研究生占该校学生的比例高于乙校。
D. 上年度,甲校研究生人均经费投入高于乙校。
E. 上年度,甲校研究生占该校学生的比例高于乙校,或者甲校研究生人均经费投入高于乙校。

53~55题基于以下题干:
孔智、孟睿、荀慧、庄聪、墨灵、韩敏六人组成一个代表队参加某次棋类大赛,其中两人参加围棋比赛,两人参加中国象棋比赛,还有两人参加国际象棋比赛。有关他们具体参加比赛项目的情况还需满足以下条件：

(1) 每位选手只能参加一个比赛项目；
(2) 孔智参加围棋比赛,当且仅当,庄聪和孟睿都参加中国象棋比赛；
(3) 如果韩敏不参加国际象棋比赛,那么墨灵参加中国象棋比赛；
(4) 如果荀慧参加中国象棋比赛,那么庄聪不参加中国象棋比赛；
(5) 荀慧和墨灵至少有一人不参加中国象棋比赛。

53. 如果荀慧参加中国象棋比赛,那么可以得出以下哪项?
   A. 庄聪和墨灵都参加围棋比赛。   B. 孟睿参加围棋比赛。
   C. 孟睿参加国际象棋比赛。   D. 墨灵参加国际象棋比赛。
   E. 韩敏参加国际象棋比赛。

54. 如果庄聪和孔智参加相同的比赛项目,且孟睿参加中国象棋比赛,那么可以得出以下哪项?
   A. 墨灵参加国际象棋比赛。   B. 庄聪参加中国象棋比赛。
   C. 孔智参加围棋比赛。   D. 荀慧参加围棋比赛。
   E. 韩敏参加中国象棋比赛。

55. 根据题干信息,以下哪项可能为真?
   A. 庄聪和韩敏参加中国象棋比赛。   B. 韩敏和荀慧参加中国象棋比赛。
   C. 孔智和孟睿参加围棋比赛。   D. 墨灵和孟睿参加围棋比赛。
   E. 韩敏和孔智参加围棋比赛。

2014年管理类综合能力逻辑试题解析

答案速查表

26~30	ECBBE	31~35	CDBBE	36~40	BCDAD
41~45	CDDCD	46~50	DEEDD	51~55	DEEDD

26.【答案】E 【难度】S5 【考点】论证推理 削弱、质疑、反驳 论据+结论型论证的削弱

论据:光纤网络使网速大幅提高,也给社会生产力较低国家的人们带来便利。结论:光纤网络将大幅提高人们的生活质量。

E选项:**割裂关系**,表明生活质量的提高仅与社会生产力发展水平有关,与光纤网络无关,直接割裂了二者的关系,可以质疑。

A选项:"创造高品质生活"与"提高生活质量"不一致,排除。

B选项:"可能"表明该情况并不一定,无法质疑,排除。

C选项:上网费用增加是否会影响生活质量的提高未知,无法质疑,排除。

D选项:"有时候虚幻"是否会影响生活质量的提高未知,无法质疑,排除。

故正确答案为E选项。

27.【答案】C 【难度】S5 【考点】形式逻辑 概念 偷换概念的逻辑错误

题干信息:郑强知道A,B正好是A,所以郑强知道B。

该辩论中所犯的逻辑错误是偷换概念(**不当同一替换**),将A与B强行等价,可能郑强并不知道A就是B,即"A是B"和"知道A是B"具有不同的含义,也就无法得出郑强知道B的结论。

C选项:黄相信A,B就是A,所以黄相信B。该选项所犯的错误与题干一样,正确。

A选项:**集合概念**(第一个"中国人")与非集合概念(第二个"中国人")的偷换,排除。

B选项:**部分**(原子)所具有的特点(不是肉眼可见)**整体**(金砖)**不一定具有**,排除。

D选项:推不出,虽然听到结束的哨声,但1∶0的比分是否保持到终场未知,排除。

E选项:**偷换概念**,第一个"大"表示相对于蚂蚁是大的,第二个"大"表示相对于所有动物来说是大的,二者意思并不一样,排除。

故正确答案为C选项。

28.【答案】B 【难度】S4 【考点】形式逻辑 假言命题 假言命题矛盾关系

孩子:风雨∧¬彩虹。

题干问"最适宜用来反驳",即寻找题干的矛盾关系:风雨→彩虹。

B选项:风雨→彩虹,与题干的矛盾关系一致,正确。A、C选项:彩虹→风雨,排除。

故正确答案为B选项。

29.【答案】B 【难度】S5 【考点】综合推理 匹配题型

题干信息:每位考生至少答对1道题。

此题采用选项代入排除法最快。

A选项:第六位考生不符合,排除。B选项:正确。C选项:第一位、第四位、第六位考生不符合,

排除。D 选项:第二位、第三位、第五位考生不符合,排除。E 选项:第一位、第四位考生不符合,排除。

故正确答案为 B 选项。

30. 【答案】E 【难度】S6 【考点】论证推理 削弱、质疑、反驳 论据+结论型论证的削弱

论据:番茄红素水平最高的 1/4 的人中 11 人中风,番茄红素水平最低的 1/4 的人中 25 人中风。

结论:番茄红素能降低中风的发生率。

分析思路:如果题干结论正确,那么随着番茄红素水平的降低,中风的人应该逐渐增多。所以调查对象里处于中间 1/2 的人中,番茄红素水平较高的 1/4 的人和较低的 1/4 的人,中风人数应该都在 11~25 人之间,并且较高的 1/4 的人数比较低的 1/4 的人数少,所以二者的总人数应在 23~49 之间,而 E 选项说被跟踪的另一半人中有 50 个人中风,不符合以上规律,所以对题干研究起到了质疑的作用。

A 选项:番茄红素水平较高的中风者病情是轻是重未知,无法削弱,排除。B 选项:与题干论证无关,排除。C 选项:"也许"不同,到底是否会不同未知,年龄与中风是否有关也未知,无法削弱。D 选项:番茄红素水平较低的人中有多少喜爱体育运动呢?未知,无法削弱。

故正确答案为 E 选项。

【此题的思路在真题中并不多见,一定要注意辨析选项,举一反三。】

31. 【答案】C 【难度】S4 【考点】论证推理 支持、加强 论据+结论型论证的支持

论据:以前根据恐龙腿骨为圆柱形的假定计算动物体重,现在发现其有一定的弯曲度。结论:以前高估了恐龙腿部所能承受的最大身体重量。

根据腿骨来估算恐龙的体重,从原来认为是圆柱形转变为有一定弯曲度,如果圆柱形腿骨能承受的重量比有弯曲度的腿骨大,那么原来的估算就偏高了。

故正确答案为 C 选项。

32. 【答案】D 【难度】S4 【考点】形式逻辑 假言命题 假言命题矛盾关系

题干信息:(1)具体身高∨平均身高→确定差距。

反驳该观点,即寻找(1)的矛盾关系:(2)(具体身高∨平均身高)∧¬ 确定差距 =(具体身高∧¬ 确定差距)∨(平均身高∧¬ 确定差距)。

D 选项:平均身高∧¬ 确定差距,正确。

A、C、E 选项:本题中"如果……则……""就"都是假言命题,无法与题干形成矛盾关系,排除。

B 选项:确定差距∧¬ 平均身高,不符合(2),排除。

故正确答案为 D 选项。

33. 【答案】B 【难度】S5 【考点】综合推理 数字相关题型

题干信息:(1)个人笔记本电脑销量持续增长;(2)其增长率低于所有产品总销量增长率。

B 选项:若笔记本销量增长率低于总销量增长率,那么占总销量的比例必然下降。

以 5 年来笔记本销量年增长率为 50%,总销量年增长率为 100% 为例,列表如下。

	1	2	3	4	5
笔记本	100	150	225	337.5	506.25
总销量	1 000	2 000	4 000	8 000	16 000
比例(%)	10	7.5	5.625	4.219	3.164

所以 B 选项与题干信息相矛盾,正确。

A 选项:与题干信息一致,销量持续增长,排除。C 选项:是可能的情况,排除。D 选项:符合题干所描述的情况,排除。E 选项:是可能的情况,排除。

故正确答案为 B 选项。

34.【答案】B 【难度】S5 【考点】形式逻辑 直言命题 直言命题矛盾关系

题干信息:(1)每个凡夫俗子一生之中都将面临许多问题;(2)很少有人掌握分析问题的方法与技巧。

反驳张某的观点,即寻找题干中两个直言命题的矛盾关系。

B 选项:与(1)矛盾,"每个=所有都"与"有的不"矛盾,正确。A、E 选项:未与任何信息矛盾,排除。C 选项:与(2)一致,排除。D 选项:与题干信息无关,排除。

故正确答案为 B 选项。

35.【答案】E 【难度】S5 【考点】论证推理 支持、加强 论据+结论型论证的支持

论据:维生素 D 缺乏的孩子中感染呼吸道合胞病毒的比例高于维生素 D 正常的孩子。结论:孕妇适当补充维生素 D 可降低新生儿感染呼吸道合胞病毒的风险。

E 选项:建立联系,表明维生素 D 对呼吸道的发育确实有利,可以预防呼吸道病毒感染,支持题干。

A 选项:描述维生素 D 缺乏的原因,与题干论证无关,排除。B 选项:题干中是"呼吸道合胞病毒",与"感冒病毒"不一致,排除。C 选项:补充了维生素 D 之后是否还缺乏呢?未知,排除。D 选项:表明所研究的对象可能没有代表性,无法支持,排除。

故正确答案为 E 选项。

36.【答案】B 【难度】S5 【考点】论证推理 解释 解释现象

需要解释的现象:"随便给"的小酒馆比另外几家利润高,所以"随便给"的营销策略成功。

B 选项:可以解释,"随便给"的营销策略下,客人付费有三种情况,即低于成本、等于成本、高于成本。B 选项表明,如果顾客所付低于成本,就会被提醒而补足差价,所以整体收益≥成本。

A 选项:"部分"有多少?是否足以导致利润高呢?不确定,无法解释。C 选项:与"随便给"营销策略无关,排除。D 选项:无法解释"随便给"营销策略的成功,排除。E 选项:老板对过分吝啬的顾客无可奈何,那么为什么会成功呢?未知,排除。

故正确答案为 B 选项。

37.【答案】C 【难度】S5 【考点】综合推理 综合题组(真话假话题)

假设赵义提到的钱仁礼是经办人,则该回答为假,可推知钱仁礼是审批领导,钱仁礼不可能既是经办人又是审批领导,矛盾,所以钱仁礼不是经办人;假设钱仁礼提到的李信是经办人,则该回答为假,可推知李信是复核,矛盾,所以李信不是经办人;假设孙智提到的赵义是经办人,则可推

知赵义是出纳,矛盾,所以赵义也不是经办人,于是可知经办人是孙智。

故正确答案为 C 选项。

38.【答案】D 【难度】S5 【考点】综合推理 综合题组(匹配题型)

题干信息:由上题可知,经办人是孙智,所以题干中的四个人都未提到经办人,则其回答为真,所以可以得到下表。

	经办人	复核	出纳	审批领导
赵义	×		×	
钱仁礼	×	×		×
孙智	√	×	×	×
李信	×	×		

于是可以推知:复核是赵义,出纳是钱仁礼,审批领导是李信。

故正确答案为 D 选项。

39.【答案】A 【难度】S4 【考点】论证推理 假设、前提 论据+结论型论证的假设

论据:板块运动有助于维系行星表面的水体。结论:板块运动可被视为行星存在宜居环境的标志之一。

A 选项:建立联系,建立起水体和生命之间的联系,是必须要有的假设,正确。

B、C、E 选项:与题干论证无关,排除。D 选项:与题干论证相悖,排除。

故正确答案为 A 选项。

40.【答案】D 【难度】S5 【考点】综合推理 匹配题型

支部\课程	行政学	管理学	科学前沿	逻辑	国际政治
一	√	×	×	×	√
二	×	√	×	√	×
三			√		
四			×		

A 选项:如果没有选"行政学",那么为了避免与第二支部完全相同,则其必须要选择"国际政治",另外在"管理学"和"逻辑"中二选一,排除。

B 选项:如果没有选"管理学",那么为了避免与第一支部完全相同,则其必须要选择"逻辑",另外在"行政学"和"国际政治"中二选一,排除。

C 选项:参照 A 选项的分析,排除。

D 选项:参照 B 选项的分析,正确。

E 选项:如果没有选"国际政治",那么为了避免与第二支部完全相同,则其必须要选择"行政学",另外在"管理学"和"逻辑"中二选一,排除。

故正确答案为 D 选项。

41.【答案】C 【难度】S5 【考点】论证推理 解释 解释现象

需要解释的现象:从气象专家角度看,应为"全球变暖",冰川加速融化,海平面上升;但是,北半球许多地区出现了超强降雪和超低气温,民众感受为"全球变冷"。

C选项:可以解释,由于全球变暖的影响,北半球这些地区原来的暖流中断,所以温度降低,解释了题干中的矛盾现象,正确。

A选项:与南半球无关,排除。B选项:题干中是冬季出现的矛盾现象,与夏季无关,排除。D选项:题干说的就是北半球,而该项说北半球不是原来寒流影响的主要区域,排除。E选项:只是在解释北半球为什么感到寒冷,但是没有解释题干中的矛盾,排除。

故正确答案为C选项。

42.【答案】D 【难度】S4 【考点】形式逻辑 联言命题、假言命题 联言、选言命题性质推理
题干信息:规章∨规范性文件。
"或"表示至少有一个,所以否定其中之一时,必然可以推出另一个为真。
故正确答案为D选项。

43.【答案】D 【难度】S5 【考点】形式逻辑 假言命题 假言命题推理规则
题干信息:(1)专家→管理好;(2)端正→得到尊重;(3)一知半解→¬得到尊重;(4)解除→¬管理好。
由推理规则可得:(5)专家→管理好→¬解除;(6)端正→得到尊重→¬一知半解。
D选项:专家→¬解除,与(5)一致,正确。
A选项:端正→¬解除,不符合题干信息,排除。B选项:根据题干推理无法得到,排除。C选项:得到尊重→¬解除,不符合题干信息,排除。E选项:一知半解→解除,不符合题干信息,排除。
故正确答案为D选项。

44.【答案】C 【难度】S5 【考点】综合推理 二难推理、归谬法
题干信息:(1)甲∨乙;(2)甲→经济问题;(3)乙→军事危机。
C选项:经济问题∨军事危机,由(1)(2)(3)综合可得,正确。
A选项:可能¬经济问题∧¬军事危机,不符合"或者"至少有一真的含义,排除。
B选项:经济问题→甲,不符合(2)的逻辑关系,排除。
D选项:军事危机→乙,不符合(3)的逻辑关系,排除。
E选项:经济问题∧军事危机→甲∧乙,不符合题干的逻辑关系,排除。
故正确答案为C选项。

45.【答案】D 【难度】S5 【考点】形式逻辑 三段论 三段论正推题型
题干信息:(1)有的免费,有的一般;(2)一般→¬免费;(3)免费→¬大城市;(4)一般→大城市;(5)¬免费→自谋;(6)免费→¬自谋。
D选项:由(2)(5)可得,一般→¬免费→自谋,正确。
A选项:由(6)可得,自谋→¬免费,但是否可留在大城市无法推知,排除。
B选项:由(4)只可得知一般师范生可以留在大城市,但是否是唯一一类未知,排除。
C选项:由(1)可得知有免费师范生和一般师范生,但是否只有这两种未知,排除。
E选项:由(6)可知,自谋→¬免费,但是否就是一般师范生未知,排除。

故正确答案为 D 选项。

46. 【答案】D 【难度】S5 【考点】综合推理 匹配题型

	文珊	孔瑞	姚薇
轮岗前	后勤(已知)	文秘(已知)	网络(推知)
	110室(已知)	111室(已知)	112室(推知)
轮岗后	文秘(已知)	网络(推知)	后勤(推知)
	111室(已知)	112室(推知)	110室(推知)

故正确答案为 D 选项。

47. 【答案】E 【难度】S5 【考点】综合推理 匹配题型

根据题干信息进行推理：

(1)晨桦(软件工程师)坐在建国的左手边,嘉媛坐在建国对面,向明坐在高校老师的右手边,则建国是高校教师;

(2)嘉媛不是邮递员,则她是园艺师;

(3)最后剩下的向明就是邮递员。

所以4人位置及职业如下图所示。

嘉媛(园艺师)

晨桦(软件工程师)   向明(邮递员)

建国(高校教师)

故正确答案为 E 选项。

48. 【答案】E 【难度】S6 【考点】形式逻辑 三段论 三段论正推题型

题干信息:(1)¬思考→优秀管理者;(2)谦逊→¬占星术;(3)占星家→占星术;(4)有些占星家→优秀管理者。

综合可得:(5)有些占星家→优秀管理者→思考=有些思考→占星家(互换特性);(6)占星家→占星术→¬谦逊。

由(5)(6)可得:有些思考→占星家→占星术→¬谦逊,即有些善于思考的人不是谦逊的智者。

其与E选项"善于思考的人都是谦逊的智者"矛盾。

故正确答案为 E 选项。

49. 【答案】D 【难度】S5 【考点】论证推理 削弱、质疑、反驳 因果型论证的削弱

论据(果):蜘蛛越老,结的网就越没有章法。结论(因):蜘蛛的大脑会像人脑一样随着时间流逝而退化。

D选项:割裂关系,表明蜘蛛结网与大脑无关,直接割裂了题干的论证关系,正确。

A选项:与题干论证无关,排除。B选项:脑容量与大脑退化之间关系未知,排除。C选项:结网能力下降是导致结网速度慢还是没有章法呢? 未知,无法质疑。E选项:与题干论证无关,

排除。

故正确答案为 D 选项。

50.【答案】D 【难度】S5 【考点】论证推理 支持、加强 论据+结论型论证的支持

论据:只发出一种声音时,男女都轻松完成任务;多种声音同时发出时,女性比男性完成任务困难。结论:在嘈杂环境中准确找出声音来源的能力,男性要胜过女性。

D 选项:建立联系,如果在嘈杂环境中,男性比女性更易集中注意力,则使"嘈杂环境"与"男性更好地完成任务"产生联系,正确。

A、B 选项:"有些"数量未知,不知对实验结果是否会产生影响,无法支持。C 选项:与结论中的实验环境不一致,排除。E 选项:未体现男性和女性的差异,排除。

故正确答案为 D 选项。

51.【答案】D 【难度】S4 【考点】形式逻辑 直言命题 直言命题矛盾关系

题干信息:(1)所有朋友都声称知道某人每天抽烟至少两盒(所有都);(2)有的朋友不知道有这样的人(有的不)。

题干两句话形成了矛盾关系,不可能同时为真,所以一定有人没说真话。

故正确答案为 D 选项。

52.【答案】E 【难度】S5 【考点】综合推理 数字相关题型

题干信息:比较本科生的人均经费投入时,甲校<乙校,而比较所有学生(本科生和研究生)的人均经费投入时,甲校>乙校,并且各校研究生的经费投入均高于本科生。

无论甲校还是乙校,其所有学生(本科加上研究生)的人均经费投入一定介于"本科生人均经费投入"和"研究生人均经费投入"之间。

如果甲校和乙校的研究生比例相同,那么从上述数据的变化可知:甲校研究生的人均经费投入一定高于乙校。

如果甲校和乙校研究生的人均经费投入相同,那么导致所有学生(本科生加上研究生)的人均经费"甲校>乙校"的因素便是,甲校研究生占该校学生的比例比乙校高。

综上,题干中出现总体人均经费投入"甲校>乙校"的情况,可能是因为甲校研究生占该校学生的比例高于乙校,或者甲校研究生人均经费投入高于乙校。

故正确答案为 E 选项。

53.【答案】E 【难度】S5 【考点】综合推理 综合题组(分组题型)

题干信息:(1)每位选手只参加一个项目;(2)孔智围棋↔庄聪中国象棋∧孟睿中国象棋;(3)¬韩敏国际象棋→墨灵中国象棋;(4)荀慧中国象棋→¬庄聪中国象棋;(5)荀慧中国象棋∨¬墨灵中国象棋;(6)荀慧中国象棋。

由(5)(6)可得,荀慧中国象棋→¬墨灵中国象棋;再结合(3)可得,¬墨灵中国象棋→韩敏国际象棋。

故正确答案为 E 选项。

54.【答案】D 【难度】S5 【考点】综合推理 综合题组(分组题型)

补充信息:(7)庄聪=孔智;(8)孟睿中国象棋。

由(2)(7)(8)结合可知,¬孔智围棋,¬庄聪中国象棋;又根据(7)可知,庄聪和孔智参加的项

目为国际象棋。参加国际象棋比赛的两人已经确定,所以可知韩敏没有参加国际象棋比赛,结合(3)可得,墨灵中国象棋。参加中国象棋比赛的两人也可以确定,即孟睿和墨灵,所以剩下的荀慧和韩敏应参加围棋比赛。

故正确答案为D选项。

55. 【答案】D 【难度】S6 【考点】综合推理 综合题组(分组题型)

题干信息中,条件(1)~(5)可用。

D选项:与题干中的任何条件都不矛盾,可能为真。

A选项:韩敏参加中国象棋比赛,即不参加国际象棋比赛,由(3)可得,墨灵参加中国象棋比赛,此时庄聪、韩敏、墨灵三人参加中国象棋比赛,与题干只有两人参加矛盾,不可能为真。B选项:韩敏参加中国象棋比赛,即不参加国际象棋比赛,由(3)可得,墨灵参加中国象棋比赛,此时荀慧、韩敏、墨灵三人参加中国象棋比赛,与题干只有两人参加矛盾,不可能为真。C选项:孔智参加围棋比赛,由(2)可得,庄聪中国象棋∧孟睿中国象棋,所以孟睿不可能参加围棋比赛,不可能为真。E选项:韩敏参加围棋比赛,即不参加国际象棋比赛,由(3)可得,墨灵参加中国象棋比赛;孔智参加围棋比赛,由(2)可得,庄聪和孟睿都参加中国象棋比赛,此时庄聪、孟睿、墨灵三人参加中国象棋比赛,与题干只有两人参加矛盾,不可能为真。

故正确答案为D选项。

【温馨提示】 想知道哪些知识点还没掌握?请打开"海绵MBA"APP,进入页面右上角【扫一扫】图标,扫描下方二维码,填入答案,系统会自动记录错题数据,方便查漏补缺。

2013年管理类综合能力逻辑试题

三、逻辑推理：第26~55小题，每小题2分，共60分。下列每题给出的A、B、C、D、E五个选项中，只有一项是符合试题要求的。请在答题卡上将所选项的字母涂黑。

26. 某公司自去年初开始实施一项"办公用品节俭计划"，每位员工每月只能免费领用限量的纸笔等各类办公用品。年末统计发现，公司用于各类办公用品的支出较上年度下降了30%。在未实施计划的过去5年间，公司年均消耗办公用品10万元。公司总经理由此得出：该计划已经为公司节约了不少经费。

以下哪项如果为真，最能构成对总经理推论的质疑？

A. 另一家与该公司规模及其他基本情况均类似的公司，未实施类似的节俭计划，在过去的5年间办公用品消耗额年均也为10万元。

B. 在过去的5年间，该公司大力推广无纸化办公，并且取得很大成就。

C. "办公用品节俭计划"是控制支出的重要手段，但说该计划为公司"一年内节约不少经费"，没有严谨的数据分析。

D. 另一家与该公司规模及其他基本情况均类似的公司，未实施类似的节俭计划，但在过去的5年间办公用品人均消耗额越来越低。

E. 去年，该公司在员工困难补助、交通津贴等方面的开支增加了3万元。

27. 公司经理：我们招聘人才时最看重的是综合素质和能力，而不是分数。人才招聘中，高分低能者并不鲜见，我们显然不希望招到这样的"人才"。从你的成绩单可以看出，你的学业分数很高，因此我们有点怀疑你的能力和综合素质。

以下哪项和经理得出结论的方式最为类似？

A. 公司管理者并非都是聪明人，陈然不是公司管理者，所以陈然可能是聪明人。

B. 猫都爱吃鱼，没有猫患近视，所以吃鱼可以预防近视。

C. 人的一生中健康开心最重要，名利都是浮云，张立名利双收，所以很有可能张立并不开心。

D. 有些歌手是演员，所有的演员都很富有，所以有些歌手可能不是很富有。

E. 闪光的物体并非都是金子，考古队挖到了闪闪发光的物体，所以考古队挖到的可能不是金子。

28. 某省大力发展旅游产业，目前已经形成东湖、西岛、南山三个著名景点，每处景点都有二日游、三日游、四日游三种路线。李明、王刚、张波拟赴上述三地进行9日游，每个人都设计了各自的旅游计划。后来发现，每处景点他们三人都选择了不同的路线：李明赴东湖的计划天数与王刚赴西岛的计划天数相同，李明赴南山的计划是三日游，王刚赴南山的计划是四日游。

根据以上陈述，可以得出以下哪项？

A. 李明计划东湖二日游，王刚计划西岛二日游。

B. 王刚计划东湖三日游，张波计划西岛四日游。

C. 张波计划东湖四日游，王刚计划西岛三日游。

D. 张波计划东湖三日游，李明计划西岛四日游。

E. 李明计划东湖二日游,王刚计划西岛三日游。

29. 国际足联一直坚称,世界杯冠军队所获得的"大力神"杯是实心的纯金奖杯,某教授经过精密测量和计算认为,世界杯冠军奖杯——实心的"大力神"杯不可能是纯金制成的,否则球员根本不可能将它举过头顶并随意挥舞。

以下哪项与这位教授的意思最为接近?

A. 若球员能够将"大力神"杯举过头顶并自由挥舞,则它很可能是空心的纯金杯。

B. 只有"大力神"杯是实心的,它才可能是纯金的。

C. 若"大力神"杯是实心的纯金杯,则球员不可能把它举过头顶并随意挥舞。

D. 只有球员能够将"大力神"杯举过头顶并自由挥舞,它才由纯金制成,并且不是实心的。

E. 若"大力神"杯是由纯金制成,则它肯定是空心的。

30. 根据学习在动机形成和发展中所起的作用,人的动机可分为原始动机和习得动机两种。原始动机是与生俱来的动机,它们是以人的本能需要为基础的;习得动机是指后天获得的各种动机,即经过学习产生和发展起来的各种动机。

根据以上陈述,以下哪项最可能属于原始动机?

A. 尊敬老人,孝敬父母。　　　　　　B. 尊师重教,崇文尚武。

C. 不入虎穴,焉得虎子。　　　　　　D. 窈窕淑女,君子好逑。

E. 宁可食无肉,不可居无竹。

31~32题基于以下题干:

互联网好比一个复杂多样的虚拟世界,每台联网主机上的信息又构成了一个微观虚拟世界。若在某主机上可以访问本主机的信息,则称该主机相通于自身;若主机 x 能通过互联网访问主机 y 的信息,则称 x 相通于 y。已知代号分别为甲、乙、丙、丁的四台联网主机有如下信息:

(1)甲主机相通于任一不相通于丙的主机;

(2)丁主机不相通于丙;

(3)丙主机相通于任一相通于甲的主机。

31. 若丙主机不相通于自身,则以下哪项一定为真?

A. 若丁主机相通于乙,则乙主机相通于甲。

B. 甲主机相通于丁,也相通于丙。

C. 甲主机相通于乙,乙主机相通于丙。

D. 只有甲主机不相通于丙,丁主机才相通于乙。

E. 丙主机不相通于丁,但相通于乙。

32. 若丙主机不相通于任何主机,则以下哪项一定为假?

A. 乙主机相通于自身。　　　　　　　B. 丁主机不相通于甲。

C. 若丁主机不相通于甲,则乙主机相通于甲。　　D. 甲主机相通于乙。

E. 若丁主机相通于甲,则乙主机相通于甲。

33. 某科研机构对市民所反映的一种奇异现象进行研究,该现象无法用已有的科学理论进行解释。助理研究员小王由此断言,该现象是错觉。

以下哪项如果为真,最可能使小王的断言不成立?

A. 错觉都可以用已有的科学理论进行解释。
B. 所有错觉都不能用已有的科学理论进行解释。
C. 已有的科学理论尚不能完全解释错觉是如何形成的。
D. 有些错觉不能用已有的科学理论进行解释。
E. 有些错觉可以用已有的科学理论进行解释。

34. 人们知道鸟类能感觉到地球磁场，并利用它们导航。最近某国科学家发现，鸟类其实是利用右眼"查看"地球磁场的。为检验该理论，当鸟类开始迁徙的时候，该国科学家把若干更鸟放进一个漏斗形状的庞大的笼子里，并给其中部分知更鸟的一只眼睛戴上一种可屏蔽地球磁场的特殊金属眼罩。笼壁上涂着标记性物质，鸟要通过笼子口才能飞出去。如果鸟碰到笼壁，就会黏上标记性物质，以此判断鸟能否找到方向。

以下哪项如果为真，最能支持研究人员的上述发现？

A. 没戴眼罩的鸟顺利从笼中飞了出去；戴眼罩的鸟，不论左眼还是右眼，朝哪个方向飞的都有。
B. 没戴眼罩的鸟和左眼戴眼罩的鸟顺利从笼中飞了出去，右眼戴眼罩的鸟朝哪个方向飞的都有。
C. 没戴眼罩的鸟和左眼戴眼罩的鸟朝哪个方向飞的都有，右眼戴眼罩的鸟顺利从笼中飞了出去。
D. 没戴眼罩的鸟和右眼戴眼罩的鸟顺利从笼中飞了出去，左眼戴眼罩的鸟朝哪个方向飞的都有。
E. 戴眼罩的鸟，不论左眼还是右眼，顺利从笼中飞了出去，没戴眼罩的鸟朝哪个方向飞的都有。

35~36题基于以下题干：

年初，为激励员工努力工作，某公司决定根据每月的工作绩效评选"月度之星"，王某在当年前10个月恰好只在连续的4个月中当选"月度之星"，他的另三位同事郑某、吴某、周某也做到了这一点。关于这四人当选"月度之星"的月份，已知：

(1) 王某和郑某仅有三个月同时当选；
(2) 郑某和吴某仅有三个月同时当选；
(3) 王某和周某不曾在同一个月当选；
(4) 仅有2人在7月同时当选；
(5) 至少有1人在1月当选。

35. 根据以上信息，有3人同时当选"月度之星"的月份是：

A. 1~3月。　　B. 2~4月。　　C. 3~5月。　　D. 4~6月。　　E. 5~7月。

36. 根据以上信息，王某当选"月度之星"的月份是：

A. 1~4月。　　B. 3~6月。　　C. 4~7月。　　D. 5~8月。　　E. 7~10月。

37. 若成为白领的可能性无性别差异，按正常男女出生率102：100计算，当这批人中的白领谈婚论嫁时，女性与男性数量应当大致相等。但实际上，某市妇联近几年举办的历次大型白领相亲活动中，报名的男女比例约为3：7，有时甚至达到2：8。这说明，文化越高的女性越难嫁，文化低的反而好嫁；男性则正好相反。

以下除哪项外，都有助于解释上述分析与实际情况的不一致？

A. 男性因长相身高、家庭条件等被女性淘汰者多于女性因长相身高、家庭条件等被男性淘汰者。

B. 与男性白领不同,女性白领要求高,往往只找比自己更优秀的男性。

C. 大学毕业后出国的精英分子中,男性多于女性。

D. 与本地女性竞争的外地优秀女性多于与本地男性竞争的外地优秀男性。

E. 一般来说,男性参加大型相亲会的积极性不如女性。

38. 张霞、李丽、陈露、邓强和王硕一起坐火车去旅游,他们正好在同一车厢相对两排的五个座位上,每人各坐一个位置。第一排的座位按顺序分别记作1号和2号。第2排的座位按序号记为3、4、5号。座位1和座位3直接相对,座位2和座位4直接相对,座位5不和上述任何座位直接相对。李丽坐在4号位置;陈露所坐的位置不与李丽相邻,也不与邓强相邻(相邻是指同一排上紧挨着);张霞不坐在与陈露直接相对的位置上。

根据以上信息,张霞所坐位置有多少种可能的选择?

A. 1种。　　B. 2种。　　C. 3种。　　D. 4种。　　E. 5种。

39. 某大学的哲学学院和管理学院今年招聘新教师,招聘结束后受到了女权主义代表的批评,因为他们在12名女性应聘者中录用了6名,但在12名男性应聘者中却录用了7名。该大学对此解释说,今年招聘新教师的两个学院中,女性应聘者的录用率都高于男性的录用率。具体的情况是:哲学学院在8名女性应聘者中录用了3名,而在3名男性应聘者中录用了1名;管理学院在4名女性应聘者中录用了3名,而在9名男性应聘者中录用了6名。

以下哪项最有助于解释女权主义代表和大学之间的分歧?

A. 整体并不是局部的简单相加。

B. 有些数学规则不能解释社会现象。

C. 人们往往从整体角度考虑问题,不管局部。

D. 现代社会提倡男女平等,但实际执行中还是有一定难度。

E. 各个局部都具有的性质在整体上未必具有。

40. 教育专家李教授指出:每个人在自己的一生中,都要不断地努力,否则就会像龟兔赛跑的故事一样,一时跑得快并不能保证一直领先。如果你本来基础好又能不断努力,那你肯定能比别人更早取得成功。

如果李教授的陈述为真,则以下哪项一定为假?

A. 小王本来基础好并且能不断努力,但也可能比别人更晚取得成功。

B. 不论是谁,只有不断努力,才可能取得成功。

C. 只要不断努力,任何人都可能取得成功。

D. 一时不成功并不意味着一直不成功。

E. 人的成功是有衡量标准的。

41. 新近一项研究发现,海水颜色能够让飓风改变方向,也就是说,如果海水变色,飓风的移动路径也会变向。这也就意味着科学家可以根据海水的"脸色"判断哪些地区将被飓风袭击,哪些地区会幸免于难。值得关注的是,全球气候变暖可能已经导致海水变色。

以下哪项最可能是科学家做出判断所依赖的前提?

A. 海水温度升高会导致生成的飓风数量增加。
B. 海水温度变化会导致海水改变颜色。
C. 海水颜色与飓风移动路径之间存在某种相对确定的联系。
D. 全球气候变暖是最近几年飓风频发的重要原因之一。
E. 海水温度变化与海水颜色变化之间的联系尚不明朗。

42. 某金库发生了失窃案。公安机关侦查确定,这是一起典型的内盗案,可以断定金库管理员甲、乙、丙、丁中至少有一人是作案者。办案人员对四人进行了询问,四人的回答如下:

甲:"如果乙不是窃贼,我也不是窃贼。"

乙:"我不是窃贼,丙是窃贼。"

丙:"甲或者乙是窃贼。"

丁:"乙或者丙是窃贼。"

后来事实表明,他们四人中只有一人说了真话。

根据以上陈述,以下哪项一定为假?

A. 丙说的是假话。　　B. 丙不是窃贼。　　C. 乙不是窃贼。
D. 丁说的是真话。　　E. 甲说的是真话。

43. 所有参加此次运动会的选手都是身体强壮的运动员,所有身体强壮的运动员都是极少生病的,但是有一些身体不适的选手参加了此次运动会。

以下哪项不能从上述前提中得出?

A. 有些身体不适的选手是极少生病的。　　B. 极少生病的选手都参加了此次运动会。
C. 有些极少生病的选手感到身体不适。　　D. 有些身体强壮的运动员感到身体不适。
E. 参加此次运动会的选手都是极少生病的。

44. 足球是一项集体运动,若想不断取得胜利,每个强队都必须有一位核心队员。他总能在关键场次带领全队赢得比赛。友南是某国甲级联赛强队西海队队员。据某记者统计,在上赛季参加的所有比赛中,有友南参赛的场次,西海队胜率高达75.5%,只有16.3%的平局,8.2%的场次输球;而在友南缺阵的情况下,西海队胜率只有58.9%,输球的比率高达23.5%。该记者由此得出结论,友南是上赛季西海队的核心队员。

以下哪项如果为真,最能质疑该记者的结论?

A. 上赛季友南上场且西海队输球的比赛,都是西海队与传统强队对阵的关键场次。
B. 西海队队长表示:"没有友南我们将失去很多东西,但我们会找到解决办法。"
C. 本赛季开始以来,在友南上阵的情况下,西海队胜率暴跌20%。
D. 上赛季友南缺席且西海队输球的比赛,都是小组赛中西海队已经确定出线后的比赛。
E. 西海队教练表示:"球队是一个整体,不存在有友南的西海队和没有友南的西海队。"

45. 只要每个司法环节都能坚守程序正义,切实履行监督制约的职能,结案率就会大幅度提高。去年某国结案率比上一年提高了70%。所以,该国去年每个司法环节都能坚守程序正义,切实履行监督制的职能。

以下哪项与上述论证方式最为相似?

A. 在校期间品学兼优,就可以获得奖学金。李明在校期间不是品学兼优,所以就不可能获得奖学金。

B. 李明在校期间品学兼优,但是没有获得奖学金。所以,在校期间品学兼优,不一定可以获得奖学金。

C. 在校期间品学兼优,就可以获得奖学金。李明获得了奖学金,所以在校期间一定品学兼优。

D. 在校期间品学兼优,就可以获得奖学金。李明没有获得奖学金,所以在校期间一定不是品学兼优。

E. 只有在校期间品学兼优,才可以获得奖学金。李明获得了奖学金,所以在校期间一定品学兼优。

46. 在东海大学研究生会举办的一次中国象棋比赛中,来自经济学院、管理学院、哲学学院、数学学院和化学学院的 5 名研究生(每学院 1 名)相遇在一起。有关甲、乙、丙、丁、戊 5 名研究生之间的比赛信息满足以下条件:

(1)甲仅与 2 名选手比赛过;
(2)化学学院的选手和 3 名选手比赛过;
(3)乙不是管理学院的,也没有和管理学院的选手对阵过;
(4)哲学学院的选手和丙比赛过;
(5)管理学院、哲学学院、数学学院的选手相互都交过手;
(6)丁仅与 1 名选手比赛过。

根据以上条件,请问丙来自哪个学院?

A. 经济学院。　　B. 管理学院。　　C. 哲学学院。　　D. 化学学院。　　E. 数学学院。

47. 据统计,去年在某校参加高考的 385 名文、理科考生中,女生 189 人,文科男生 41 人,非应届男生 28 人,应届理科考生 256 人。

由此可见,去年在该校参加高考的考生中:

A. 非应届文科男生多于 20 人。　　B. 应届理科女生少于 130 人。

C. 应届理科男生多于 129 人。　　D. 应届理科女生多于 130 人。

E. 非应届文科男生少于 20 人。

48. 某公司人力资源管理部人士指出:由于本公司招聘职位有限,在本次招聘考试中不可能所有的应聘者都被录取。

基于以下哪项可以得出该人士的上述结论?

A. 在本次招聘考试中,可能有应聘者被录用。
B. 在本次招聘考试中,可能有应聘者不被录用。
C. 在本次招聘考试中,必然有应聘者不被录用。
D. 在本次招聘考试中,必然有应聘者被录用。
E. 在本次招聘考试中,可能有应聘者被录用,也可能有应聘者不被录用。

49. 在某次综合性学术年会上,物理学会做学术报告的人都来自高校;化学学会做学术报告的人有些来自高校,但是大部分来自中学;其他做学术报告者均来自科学院。来自高校的学术报告者都具有副教授以上职称,来自中学的学术报告者都具有中教高级以上职称。李默、张嘉参加了这次综合性学术年会,李默并非来自中学,张嘉并非来自高校。

以上陈述如果为真,可以得出以下哪项结论?

A. 张嘉如果做了学术报告,那么他不是物理学会的。

B. 李默不是化学学会的。

C. 李默如果做了学术报告,那么他不是化学学会的。

D. 张嘉不具有副教授以上职称。

E. 张嘉不是物理学会的。

50. 根据某位国际问题专家的调查统计可知:有的国家希望与某些国家结盟,有三个以上的国家不希望与某些国家结盟;至少有两个国家希望与每个国家建交,有的国家不希望与任一国家结盟。根据上述统计可以得出以下哪项?

A. 有些国家之间希望建交但是不希望结盟。

B. 至少有一个国家,既有国家希望与之结盟,也有国家不希望与之结盟。

C. 每个国家都有一些国家希望与之结盟。

D. 至少有一个国家,既有国家希望与之建交,也有国家不希望与之建交。

E. 每个国家都有一些国家希望与之建交。

51. 翠竹的大学同学都在某德资企业工作,溪兰是翠竹的大学同学。洞松是该德资企业的部门经理。该德资企业的员工有些来自淮安。该德资企业的员工都曾到德国研修,他们都会说德语。

以下哪项可以从以上陈述中得出?

A. 洞松与溪兰是大学同学。　　　　B. 翠竹的大学同学有些是部门经理。

C. 翠竹与洞松是大学同学。　　　　D. 溪兰会说德语。

E. 洞松来自淮安。

52. 某组研究人员报告说,与心跳速度每分钟低于58次的人相比,心跳速度每分钟超过78次者心脏病发作或者发生其他心血管问题的概率高出39%,死于这类疾病的风险高出77%,其整体死亡率高出65%。研究人员指出,长期心跳过快导致了心血管疾病。

以下哪项如果为真,最能对该研究人员的观点提出质疑?

A. 各种心血管疾病影响身体的血液循环机能,导致心跳过快。

B. 在老年人中,长期心跳过快的不到39%。

C. 在老年人中,长期心跳过快的超过39%。

D. 野外奔跑的兔子心跳很快,但是很少发现它们患心血管疾病。

E. 相对老年人,年轻人生命力旺盛,心跳较快。

53. 专业人士预测:如果粮食价格保持稳定,那么蔬菜价格也保持稳定;如果食用油价格不稳,那么蔬菜价格也将出现波动。老李由此断定:粮食价格保持稳定,但是肉类食品价格将上涨。

根据上述专业人士的预测,以下哪项为真,最能对老李的观点提出质疑?

A. 如果食用油价格稳定,那么肉类食品价格会上涨。

B. 如果食用油价格稳定,那么肉类食品价格不会上涨。

C. 如果肉类食品价格不上涨,那么食用油价格将会上涨。

D. 如果食用油价格出现波动,那么肉类食品价格不会上涨。

E. 只有食用油价格稳定,肉类食品价格才不会上涨。

54~55题基于以下题干:

晨曦公园拟在园内东、南、西、北四个区域种植四种不同的特色树木,每个区域只种植一种。选定的特色树种为:水杉、银杏、乌桕和龙柏。布局和基本要求是:

(1)如果在东区或者南区种植银杏,那么在北区不能种植龙柏或者乌桕;

(2)北区或者东区要种植水杉或者银杏。

54.根据上述种植要求,如果北区种植龙柏,以下哪项一定为真?

　　A.西区种植水杉。　　B.南区种植乌桕。　　C.南区种植水杉。
　　D.西区种植乌桕。　　E.东区种植乌桕。

55.根据上述种植要求,如果水杉必须种植于西区或者南区,以下哪项一定为真?

　　A.南区种植水杉。　　B.西区种植水杉。　　C.东区种植银杏。
　　D.北区种植银杏。　　E.南区种植乌桕。

2013年管理类综合能力逻辑试题解析

答案速查表

26~30	DEACD	31~35	BCABD	36~40	DADEA
41~45	CDBAC	46~50	EBCAE	51~55	DABBD

26.【答案】D　【难度】S5　【考点】论证推理　削弱、质疑、反驳　因果型论证的削弱

论据(因): 实施"办公用品节俭计划"后公司用于各类办公用品的支出较上年度下降。**结论(果):** 该计划为公司节约了不少经费。

D 选项:**反例削弱**,"与该公司规模及其他基本情况均类似"这一条件表明二者可比,并形成了无因(未实施类似的节俭计划)有果(人均消耗额降低)的反例削弱,表明支出的降低可能与节俭计划没有关系,正确。

A 选项:未实施该计划,年均消耗额为 10 万元,如果实施计划后,年均消耗额低于 10 万,那么该计划仍然有效,排除。

B 选项:过去 5 年间推广无纸化办公,但去年的效果如何呢? 未知;题干中的办公用品不仅包括纸,还有笔、夹子等各类办公用品,无纸化办公所减少的纸的经费在总体中占多大比例呢? 未知;故无法质疑。

C 选项:题干中已经列示了具体的下降比例,只要这一数字是有根据的就可以得到结论。

E 选项:与题干论证无关,排除。

故正确答案为 D 选项。

27.【答案】E　【难度】S5　【考点】形式逻辑　三段论　三段论结构相似

题干信息:有的高分者不是高能的	有的 B 不是 C
你是高分者	A 是 B
因此你可能不高能	因此 A 可能¬C

E 选项:有的闪光的物体不是金子	有的 B 不是 C
考古队挖到了闪闪发光的物体	A 是 B
所以考古队挖到的可能不是金子	所以 A 可能¬C

该选项与题干论证方式相似,正确。

A 选项:有的公司管理者不是聪明人	有的 B 不是 C
陈然不是公司管理者	A 不是 B
所以陈然可能是聪明人	所以 A 可能是 C

该选项与题干论证方式不相似,排除。

B 选项:猫都爱吃鱼	B 都是 A
猫都不患近视	B 都¬C
所以吃鱼可以预防近视	所以 A 可以¬C

该选项与题干论证方式不相似,排除。

C 选项:健康开心最重要,名利是浮云　　　　C 重要,B 不重要
　　　　张立名利双收　　　　　　　　　　　A 是 B
　　　　所以张立很可能并不开心　　　　　　所以 A 可能¬ C
该选项与题干论证方式不相似,排除。
D 选项:有些歌手是演员　　　　　　　　　　有些 A 是 B
　　　　演员都很富有　　　　　　　　　　　B 都是¬ C
　　　　所以有些歌手可能不富有　　　　　　所以有些 A 可能 C
该选项与题干论证方式不相似,排除。
故正确答案为 E 选项。

28.【答案】A 【难度】S5 【考点】综合推理 匹配题型
根据"李明赴南山的计划是三日游,王刚赴南山的计划是四日游"以及"每处景点他们三人都选择了不同的路线"推出,张波赴南山的计划是二日游(a);又因为"李明赴东湖的计划天数与王刚赴西岛的计划天数相同",所以该天数是 2 天(b)(①如果相同的天数为 3 天,那么李明赴三个景点的天数分别是 3、3、3,王刚赴三个景点的天数分别是 2、3、4,此时二人赴西岛天数相同,不符合题干信息;②如果相同的天数为 4 天,那么王刚赴三个景点的天数分别是 1、4、4,而题干中并没有 1 日游,故排除);进而三人的旅游计划就可全部推出(c),如下表所示。

	东湖	西岛	南山
李明	2(b)	4(c)	3
王刚	3(c)	2(b)	4
张波	4(c)	3(c)	2(a)

故正确答案为 A 选项。

29.【答案】C 【难度】S5 【考点】形式逻辑 假言命题 假言命题推理规则
题干信息:纯金→¬ 举过头顶并随意挥舞。
C 选项:纯金→¬ 举过头顶并随意挥舞,与题干信息一致,正确。
A 选项:举过头顶并自由挥舞→¬ 实心,与题干信息不符,排除。B 选项:纯金→实心,与题干信息不符,排除。D 选项:纯金∧¬ 实心→举过头顶并随意挥舞,与题干信息不符,排除。E 选项:纯金→空心,与题干信息不符,排除。
故正确答案为 C 选项。

30.【答案】D 【难度】S4 【考点】形式逻辑 概念 与定义相关的题型
题干信息:原始动机是与生俱来的、以本能需要为基础的动机。
D 选项:婀娜多姿的淑女啊,是仁人君子的佳偶。这是人的本能需要,是原始动机。
A、B 选项:所描述的都是后天所培养的美德,不是与生俱来的,排除。C 选项:比喻不冒险,就难以成事;也用来比喻不经历艰苦的实践,就难以得到真知。这不属于动机范畴,排除。E 选项:表达物质上可以清贫,但是必须有气节和高尚的情操。这不是原始动机。
故正确答案为 D 选项。

31.【答案】B 【难度】S5 【考点】形式逻辑 关系命题 关系命题的非对称性

题干信息:(1)如果某主机不相通于丙,那么甲相通于该主机(A 不相通于丙→甲相通于 A);
(2)丁不相通于丙;(3)如果某主机相通于甲,那么丙就相通于该主机(B 相通于甲→丙相通于 B);(4)丙不相通于自身。

由(1)(2)结合可得,甲相通于丁;由(1)(4)相结合可得,甲相通于丙。

故正确答案为 B 选项。

32.【答案】C 【难度】S6 【考点】形式逻辑 关系命题 关系命题的非对称性

补充信息:(5)丙不相通于甲、乙、丙、丁。

结合(3)的逆否可得:甲不相通于甲(a),乙不相通于甲(b),丙不相通于甲(c),丁不相通于甲(d)。

C 选项:由(d)和(b)可得,丁不相通于甲∧乙不相通于甲,与 C 选项矛盾,一定为假,正确。

A、D 选项:由题干条件无法得知,排除。B 选项:由(d)可知,为真,排除。E 选项:与题干信息不矛盾,排除。

故正确答案为 C 选项。

33.【答案】A 【难度】S5 【考点】形式逻辑 三段论 三段论反推题型

题干信息:(1)该现象→¬解释;(2)该现象→错觉。

要想证明上述结论不成立,即指出该现象不是错觉。

A 选项:错觉→解释=¬解释→¬错觉,与(1)结合进行传递得到,该现象→¬解释→¬错觉,是(2)的矛盾命题,可以使其断言不成立。

故正确答案为 A 选项。

34.【答案】B 【难度】S5 【考点】论证推理 支持、加强 论据+结论型论证的支持

要支持题干中鸟类用右眼"查看"磁场,那么应该出现的实验表现是:遮住右眼的鸟无法找到方向,未遮住右眼的鸟能找到方向。

B 选项:符合,右眼戴眼罩即遮住右眼,没戴眼罩和左眼戴眼罩即未遮住右眼。

故正确答案为 B 选项。

35.【答案】D 【难度】S5 【考点】综合推理 综合题组(匹配题型)

根据题干信息可知,四人的当选情况如下表。

	1	2	3	4	5	6	7	8	9	10
王					√	√	√	√		
郑				√	√	√	√			
吴				√	√	√	√			
周	√	√	√	√						

故正确答案为 D 选项。

36.【答案】D 【难度】S5 【考点】综合推理 综合题组(匹配题型)

由上题分析可知,王某在 5、6、7、8 四个月连续当选。

故正确答案为 D 选项。

37.【答案】A 【难度】S5 【考点】论证推理 解释 解释现象
分析:女性白领与男性白领相亲的数量应大致相等。实际:女性远远多于男性。
A 选项:男性被淘汰的数量比女性多,所以剩下的男性应该比女性多,参加相亲的也应是男性比女性多,而不是比女性少,无法解释。
B 选项:女性白领要求高,所以剩下的较多,相亲的女性就较多,可以解释。
C 选项:大学毕业后男性出国的较多,导致剩下的男性较少,女性较多,可以解释。
D 选项:本地优秀男性被外地优秀女性抢走,导致本地女性剩下的较多,可以解释。
E 选项:男性参加相亲活动不积极,所以报名参加相亲的女性较多,可以解释。
故正确答案为 A 选项。

38.【答案】D 【难度】S4 【考点】综合推理 匹配题型
座位图:1　2
　　　3　4　5
李丽坐在 4 号,陈露就可能坐在 1 号、2 号。如果陈露坐在 1 号,那么张霞可能坐在 2 号、5 号;如果陈露坐在 2 号,那么张霞可能坐在 1 号、3 号、5 号。
综上,张霞所坐位置有 1 号、2 号、3 号、5 号 4 种选择。
故正确答案为 D 选项。

39.【答案】E 【难度】S5 【考点】论证推理 解释 解释现象
女权主义代表:总人数中女性录用比例低于男性。大学:哲学学院和管理学院都是女性录用比例高于男性。
两个学院(部分)的录用比例都是女性比男性高,而总人数中(整体)的录用比例却是女性比男性低。大学认为局部具有的性质整体也具有,解释两者分歧就是指出各个局部所具有的性质整体未必具有。
A 选项和 E 选项的区别在于,E 选项强调"性质",与题干信息匹配。
故正确答案为 E 选项。

40.【答案】A 【难度】S4 【考点】形式逻辑 假言命题 假言命题矛盾关系
题干信息:基础好∧不断努力→早成功。
寻找一定为假的选项即寻找题干信息的矛盾关系:基础好∧不断努力∧¬早成功。
故正确答案为 A 选项。

41.【答案】C 【难度】S5 【考点】论证推理 假设、前提 论据+结论型论证的假设
题干信息:(1)科学家可以根据海水的"脸色"判断飓风的移动路径;(2)全球气候变暖可能已经导致海水变色。
因为存在"海水颜色受全球气候变暖影响"这一干扰因素,所以要想使科学家所做出的判断有效,就需要保证海水颜色与飓风移动路径之间确实不受全球气候变暖影响的相对确定的联系。
故正确答案为 C 选项。

42.【答案】D 【难度】S5 【考点】综合推理 真话假话题

第一步:简化题干信息	(1)甲:¬乙→¬甲=乙∨¬甲。(2)乙:¬乙∧丙。(3)丙:甲∨乙。(4)丁:乙∨丙
第二步:找矛盾关系或反对关系	未找到矛盾关系或反对关系,转换思路,采取"假设+归谬"的思路解题
第三步:假设+归谬	(a)若乙是窃贼,那么(1)(3)(4)都为真,与题干信息矛盾,所以乙不是窃贼; (b)若丙是窃贼,那么(1)(2)(4)都为真,与题干信息矛盾,所以丙不是窃贼; (c)其他情况无法推出
第四步:得出真实情况,选出答案	根据"¬乙∧¬丙"可推出,乙说的是假话,丁说的是假话。 故正确答案是D选项

43.【答案】B 【难度】S5 【考点】形式逻辑 三段论 三段论正推题型

题干信息:(1)参加→强壮;(2)强壮→极少生病;(3)有些不适→参加。

(3)(1)(2)传递可得:(4)有些不适→参加→强壮→极少生病。

B选项:极少生病→参加,不符合逻辑推理规则,无法得出。

A选项:有些不适→极少生病,与(4)逻辑关系一致,可推出。

C选项:有些极少生病→不适,利用"有些"的互换特性得出,可推出。

D选项:有些强壮→不适,利用"有些"的互换特性得出,可推出。

E选项:参加→极少生病,与(4)逻辑关系一致,可推出。

故正确答案为B选项。

44.【答案】A 【难度】S5 【考点】形式逻辑 概念 与定义相关的题型

题干信息:核心队员在关键场次总能带领全队赢得比赛,友南是上赛季西海队的核心队员。

质疑该记者的结论,即表明友南不是核心队员,只要能够说明其不符合核心队员的定义即可。

友南在关键场次上场,但是该队没有赢得比赛,就表明友南不是核心队员,即A选项。

C选项:干扰性较强,但是由于其并不符合题干中"核心队员"的定义,并且C选项说"本赛季",而记者的结论是"上赛季",所以无法质疑。

故正确答案为A选项。

45.【答案】C 【难度】S5 【考点】形式逻辑 假言命题 假言命题结构相似

题干信息:程序正义∧履行职能→结案率提高   A∧B→C

　　　　　结案率提高   C
　　　　　―――――――――――――   ―――――
　　　　　程序正义∧履行职能   A∧B

C选项:品∧学→奖学金   A∧B→C

　　　　奖学金   C
　　　　――――――   ―――――
　　　　品∧学   A∧B

该选项与题干论证方式一致,正确。

A 选项：品∧学→奖学金　　　　　　　　　　A∧B→C
　　　　¬（品∧学）　　　　　　　　　　　　¬（A∧B）
　　　　¬ 奖学金　　　　　　　　　　　　　¬ C
该选项与题干论证方式不相似，排除。
B 选项：品∧学∧¬ 奖学金，未出现推理，排除。
D 选项：品∧学→奖学金　　　　　　　　　　A∧B→C
　　　　¬ 奖学金　　　　　　　　　　　　　¬ C
　　　　¬（品∧学）　　　　　　　　　　　　¬（A∧B）
该选项与题干论证方式不相似，排除。
E 选项：奖学金→品∧学　　　　　　　　　　C→A∧B
　　　　奖学金　　　　　　　　　　　　　　C
　　　　品∧学　　　　　　　　　　　　　　A∧B
该选项与题干论证方式不相似，排除。
故正确答案为 C 选项。

46.【答案】E　【难度】S6　【考点】综合推理　匹配题型
由(3)(5)可得,乙不是管理学院、哲学学院和数学学院的(a)。
由(5)(6)可得,丁不是管理学院、哲学学院和数学学院的(b)。
由(2)(6)可得,丁不是化学学院的,所以丁来自经济学院(c)。
因为学院与人一一匹配,所以其他 4 人不是经济学院的(d)。
因此乙来自化学学院,其他 3 人不会是化学学院的(e)。
由交手关系可知,化学学院(乙)未与管理学院的选手交过手,但和 3 个人交过手,所以其与哲学学院、数学学院和经济学院的选手都交过手;而管理学院、哲学学院和数学学院互相交过手,所以管理学院的选手只与 2 人交过手,结合(1)可得甲是管理学院的,不是哲学学院和数学学院的(f)。
由(4)可知,丙不是哲学学院的,所以其是数学学院的(g)。
综上可得,戊是哲学学院的,不是数学学院的(h)。列表如下。

	经济	管理	哲学	数学	化学
甲	×(d)	√(f)	×(f)	×(f)	×(e)
乙	×(d)	×(a)	×(a)	×(a)	√(e)
丙	×(d)	×(f)	×(g)	√(g)	×(e)
丁	√(c)	×(b)	×(b)	×(b)	×(c)
戊	×(d)	×(f)	√(h)	×(h)	×(e)

故正确答案为 E 选项。
【此题是一道比较复杂的匹配题目,条件多、信息多、分值少,"性价比"偏低,在考场上可以先跳过,最后再做。】

47.【答案】B　【难度】S5　【考点】综合推理　数字相关题型

题干信息：

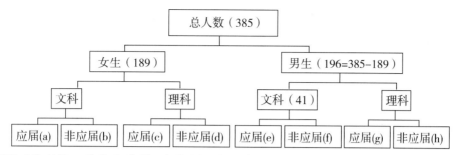

此题属于典型的三维信息分类，这类题目有一定的难度，可以用"寻找交叉概念"的技巧来解决。

第一步：计算差值。分类数值相加－总数＝女生(189)＋文科男生(41)＋非应届男生(28)＋应届理科考生(256)－总数(385)＝129。

第二步：寻找交叉概念。"女生"和"应届理科考生"存在交叉概念：应届理科女生。"文科男生"和"非应届男生"存在交叉概念：非应届文科男生。

第三步：得出答案。两个交叉概念相加＝差值，应届理科女生＋非应届文科男生＝129，所以"应届理科女生"和"非应届文科男生"这两个交叉概念中的任何一个都≤129。

故正确答案为 B 选项。

48.【答案】C 【难度】S4 【考点】形式逻辑 模态命题 模态命题的等价转换

题干信息：不可能都＝必然不都＝必然有的不。

故正确答案为 C 选项。

49.【答案】A 【难度】S5 【考点】形式逻辑 假言命题 假言命题推理规则

题干信息：(1) 物理∧报告→高校；(2) 有些化学∧报告→高校；(3) 大部分化学∧报告→中学；(4) 报告∧¬物理∧¬化学→科学院；(5) 高校∧报告→副教授；(6) 中学∧报告→中教高级；(7) 李默→¬中学，张嘉→¬高校。

由"李默→¬中学"，无法推出任何信息。

由"张嘉→¬高校"结合(1)的逆否可得：¬高校→¬物理∨¬报告＝报告→¬物理。

即如果张嘉做了学术报告，那么他不是物理学会的。

故正确答案为 A 选项。

50.【答案】E 【难度】S5 【考点】形式逻辑 关系命题 关系命题的非对称性

建交：(1) 希望与每个国家建交 ≥2。结盟：(2) 希望与某些国家结盟 ≥1；(3) 不希望与某些国家结盟 ≥3；(4) 不希望与任一国家结盟 ≥1。

由(1)可知，每个国家都有国家希望与之建交。

故正确答案为 E 选项。

51.【答案】D 【难度】S5 【考点】形式逻辑 三段论 三段论正推题型

题干信息：(1) 翠竹的大学同学→德资；(2) 溪兰→翠竹的大学同学；(3) 洞松→德资经理；(4) 有些德资→淮安；(5) 德资→德国研修；(6) 德资→德语。

由(2)(1)(6)传递可得：溪兰→翠竹的大学同学→德资→德语。

故正确答案为D选项。

52. 【答案】A　【难度】S5　【考点】论证推理　削弱、质疑、反驳　论据+结论型论证的削弱

论据："心跳速度快"和"心血管疾病发病率高"两个现象同时出现。结论："长期心跳过快"导致"心血管疾病"。

A 选项:指出因果倒置,其实是"心血管疾病"导致"心跳过快",可以质疑。

B、C、E 选项:题干中并未涉及老年人以及老年人和年轻人的比例关系和比较,所以无法质疑。

D 选项:兔子与人的心脏结构、心跳速度及发病方式等方面是否相似未知,无法质疑。

故正确答案为A选项。

53. 【答案】B　【难度】S5　【考点】形式逻辑　假言命题　假言命题矛盾关系

题干信息:(1)粮食稳定→蔬菜稳定;(2)¬食用油稳定→¬蔬菜稳定;(3)老李的观点是,粮食稳定∧肉类上涨。

由(1)(2)可得,(4)粮食稳定→蔬菜稳定→食用油稳定。

要质疑老李的观点,需要找到(3)的矛盾关系,即(5)粮食稳定→¬肉类上涨。

所以,只要选一个选项可以与(4)结合得到(5)即可。

B 选项:"食用油稳定→¬肉类上涨"与(4)结合可得,粮食稳定→蔬菜稳定→食用油稳定→¬肉类上涨,与(3)矛盾。

故正确答案为B选项。

54. 【答案】B　【难度】S5　【考点】综合推理　综合题组(匹配题型)

题干信息:(1)东银杏∨南银杏→¬北龙柏∧¬北乌桕=北龙柏∨北乌桕→¬东银杏∧¬南银杏;(2)北水杉∨北银杏∨东水杉∨东银杏;(3)北龙柏。

由(3)和(1)的逆否可得:北龙柏→¬东银杏∧¬南银杏。所以,银杏不能种在北区、东区和南区,只能种在西区。再由(2)可知,水杉种在东区,剩下的乌桕种在南区。

故正确答案为B选项。

55. 【答案】D　【难度】S5　【考点】综合推理　综合题组(匹配题型)

补充信息:(4)水杉西区∨水杉南区。

由(2)可得,银杏种在北区或东区。如果银杏种在东区,由(1)可知,¬北龙柏∧¬北乌桕;又由(4)可知,¬北区水杉,此时银杏就必然在种北区,与假设的银杏种在东区矛盾。所以可得银杏种在北区。

故正确答案为D选项。

【温馨提示】 想知道哪些知识点还没掌握?请打开"海绵MBA"APP,进入页面右上角【扫一扫】图标,扫描下方二维码,填入答案,系统会自动记录错题数据,方便查漏补缺。

2012年管理类综合能力逻辑试题

三、逻辑推理：第26~55小题，每小题2分，共60分。下列每题给出的A、B、C、D、E五个选项中，只有一项是符合试题要求的。请在答题卡上将所选项的字母涂黑。

26. 1991年6月15日，菲律宾吕宋岛上的皮纳图博火山突然爆发，2 000万吨二氧化硫气体冲入平流层，形成的霾像毯子一样盖在地球上空，把部分要照射到地球的阳光反射回太空。几年之后，气象学家发现，这层霾使得当时地球表面的温度累计下降了0.5℃，而皮纳图博火山喷发前的一个世纪，因人类活动而造成的温室效应已经使地球表面温度上升了10℃。某位持"人工气候改造论"的科学家据此认为，可以用火箭弹等方式将二氧化硫冲入大气层，阻挡部分阳光，达到给地球表面降温的目的。

以下哪项如果为真，最能对该科学家提议的有效性构成质疑？

A. 如果利用火箭将二氧化硫冲入大气层，会导致航空乘客呼吸不适。
B. 如果在大气层上空放置反光物，就可以避免地球表面受到强烈阳光的照射。
C. 可以把大气中的碳提取出来存储到地下，减少大气层中的碳含量。
D. 不论何种方式，"人工气候改造"都将破坏地球的大气层结构。
E. 火山喷发形成的降温效应只是暂时的，经过一段时间温度将再次回升。

27. 只有具有一定文学造诣且具有生物学专业背景的人，才能读懂这篇文章。

如果上述命题为真，则以下哪项不可能为真？

A. 小张没有读懂这篇文章，但他的文学造诣是大家所公认的。
B. 计算机专业的小王没有读懂这篇文章。
C. 从未接触过生物学知识的小李读懂了这篇文章。
D. 小周具有生物学专业背景，但他没有读懂这篇文章。
E. 生物学博士小赵读懂了这篇文章。

28. 经过反复核查，质检员小李向厂长汇报说："726车间生产的产品都是合格的，所以不合格的产品都不是726车间生产的。"

以下哪项和小李的推理结构最为相似？

A. 所有入场的考生都经过了体温测试，所以没能入场的考生都没有经过体温测试。
B. 所有出场设备都是检测合格的，所以检测合格的设备都已出厂。
C. 所有已发表文章都是认真校对过的，所以认真校对过的文章都已发表。
D. 所有真理都是不怕批评的，所以怕批评的都不是真理。
E. 所有不及格的学生都没有好好复习，所以没好好复习的学生都不及格。

29. 王涛和周波是理科(1)班学生，他们是无话不说的好朋友。他们发现班里每一个人或者喜欢物理，或者喜欢化学。王涛喜欢物理，周波不喜欢化学。

根据以上陈述，以下哪项必定为真？

Ⅰ. 周波喜欢物理。
Ⅱ. 王涛不喜欢化学。

Ⅲ. 理科(1)班不喜欢物理的人喜欢化学。

Ⅳ. 理科(1)班一半人喜欢物理, 一半人喜欢化学。

A. 仅Ⅰ。　　　B. 仅Ⅲ。　　　C. 仅Ⅰ、Ⅱ。　　　D. 仅Ⅰ、Ⅲ。　　　E. 仅Ⅱ、Ⅲ、Ⅳ。

30. 李明、王兵、马云三位股民对股票 A 和股票 B 分别做了如下预测:

李明:只有股票 A 不上涨, 股票 B 才不上涨。

王兵:股票 A 和股票 B 至少有一个不上涨。

马云:股票 A 上涨当且仅当股票 B 上涨。

若三人的预测都为真, 则以下哪项符合他们的预测?

A. 股票 A 上涨, 股票 B 不上涨。　　　　　B. 股票 A 不上涨, 股票 B 上涨。

C. 股票 A 和股票 B 均上涨。　　　　　　D. 股票 A 和股票 B 均不上涨。

E. 只有股票 A 上涨, 股票 B 才不上涨。

31. 临江市地处东部沿海, 下辖临东、临西、江南、江北四个区。近年来, 文化旅游产业成为该市新的经济增长点。2010 年, 该市一共吸引了全国数十万人次游客前来参观旅游。12 月底, 关于该市四个区当年吸引游客人次多少的排名, 各位旅游局局长做了如下预测:

临东区旅游局局长:如果临西区第三, 那么江北区第四。

临西区旅游局局长:只有临西区不是第一, 江南区才第二。

江南区旅游局局长:江南区不是第二。

江北区旅游局局长:江北区第四。

最终的统计表明, 只有一位局长的预测符合事实, 则临东区当年吸引游客人次的排名是:

A. 第一。　　　B. 第二。　　　C. 第三。　　　D. 第四。　　　E. 在江北区之前。

32. 小张是某公司营销部的员工。公司经理对他说:"如果你争取到这个项目, 我就奖励你一台笔记本电脑或者给你项目提成。"

以下哪项如果为真, 说明该经理没有兑现承诺?

A. 小张没争取到这个项目, 该经理没给他项目提成, 但送了他一台笔记本电脑。

B. 小张没争取到这个项目, 该经理没奖励他笔记本电脑, 也没给他项目提成。

C. 小张争取到了这个项目, 该经理给他项目提成, 但并未奖励他笔记本电脑。

D. 小张争取到了这个项目, 该经理奖励他一台笔记本电脑并且给他三天假期。

E. 小张争取到了这个项目, 该经理未给他项目提成, 但奖励了他一台台式电脑。

33. 《文化新报》记者小白周四去某市采访陈教授与王研究员。次日, 其同事小李问小白:"昨天你采访到那两位学者了吗?"小白说:"不, 没那么顺利。"小李又问:"那么, 你一个都没采访到?"小白说:"也不是。"

以下哪项最可能是小白周四采访所发生的实际情况?

A. 小白采访到了两位学者。

B. 小白采访了李教授, 但没有采访王研究员。

C. 小白根本没有去采访两位学者。

D. 两位采访对象都没有接受采访。

E. 小白采访到了其中一位, 但没有采访到另一位。

34. 只有通过身份认证的人才允许上公司内网,如果没有良好的业绩就不可能通过身份认证,张辉有良好的业绩而王纬没有良好的业绩。

如果上述断定为真,则以下哪项一定为真?
A. 允许张辉上公司内网。
B. 不允许王纬上公司内网。
C. 张辉通过身份认证。
D. 有良好的业绩,就允许上公司内网。
E. 没有通过身份认证,就说明没有良好的业绩。

35. 比较文字学者张教授认为,在不同的民族语言中,字形与字义的关系有不同的表现。他提出,汉字是象形文字,其中大部分是形声字,这些字的字形与字义相互关联;而英语是拼音文字,其字形与字义往往关联度不大,需要某种抽象的理解。

以下哪项如果为真,最不符合张教授的观点?
A. 汉语中的"日""月"是象形字,从字形可以看出其所指的对象;而英语中的 sun 与 moon 则感觉不到这种形义结合。
B. 汉语中"日"与"木"结合,可以组成"東""杲""杳"等不同的字,并可以猜测其语义;而英语中则不存在与此类似的 sun 与 wood 的结合。
C. 英语中,也有与汉语类似的象形文字,如,eye 是人的眼睛的象形,两个 e 代表眼睛,y 代表中间的鼻子;bed 是床的象形,b 和 d 代表床的两端。
D. 英语中的 sunlight 与汉语中的"阳光"相对应,而英语的 sun 与 light 和汉语中的"阳"与"光"相对应。
E. 汉语中的"星期三"与英语中的 Wednesday 和德语中的 Mitwoch 意思相同。

36. 乘客使用手机及便携式电脑等电子设备会通过电磁波谱频繁传输信号,机场的无线电话和导航网络等也会使用电磁波谱,但电信委员会已根据不同用途把电磁波谱分成几大块。因此,用手机打电话不会对专供飞机通信系统或全球定位系统使用的波段造成干扰。尽管如此,各大航空公司仍然规定,禁止机上乘客使用手机等电子设备。

以下哪项如果为真,能解释上述现象?
Ⅰ. 乘客在空中使用手机等电子设备可能对地面导航网络造成干扰。
Ⅱ. 乘客在起飞和降落时使用手机等电子设备,可能影响机组人员工作。
Ⅲ. 便携式电脑或者游戏设备可能导致自动驾驶仪出现断路或仪器显示发生故障。
A. 仅Ⅰ。　　B. 仅Ⅱ。　　C. 仅Ⅰ、Ⅱ。　　D. 仅Ⅱ、Ⅲ。　　E. Ⅰ、Ⅱ和Ⅲ。

37. 2010年上海世博会盛况空前,200多个国家场馆和企业主题馆让人目不暇接。大学生王刚决定在学校放暑假的第二天前往世博会参观。前一天晚上,他特别上网查看各位网友对相关热门场馆选择的建议,其中最吸引王刚的有三条:
(1)如果参观沙特馆,就不参观石油馆;
(2)石油馆和中国国家馆择一参观;
(3)中国国家馆和石油馆不都参观。

实际上,第二天王刚的世博会行程非常紧凑,他没有接受上述三条建议中的任何一条。

关于王刚所参观的热门场馆,以下哪项描述正确?

A. 参观沙特馆、石油馆,没有参观中国国家馆。

B. 沙特馆、石油馆、中国国家馆都参观了。

C. 沙特馆、石油馆、中国国家馆都没有参观。

D. 没有参观沙特馆,参观石油馆和中国国家馆。

E. 没有参观石油馆,参观沙特馆、中国国家馆。

38. 经理说:"有了自信不一定赢。"董事长回应说:"但是没有自信一定会输。"

以下哪项与董事长的意思最为接近?

A. 不输即赢,不赢即输。 B. 如果自信,则一定会赢。

C. 只有自信,才可能不输。 D. 除非自信,否则不可能输。

E. 只有赢了,才可能更自信。

39. 在家电产品"三下乡"活动中,某销售公司的产品受到了农村居民的广泛欢迎。该公司总经理在介绍经验时表示:只有用最流行畅销的明星产品面对农村居民,才能获得他们的青睐。

以下哪项如果为真,最能质疑总经理的论述?

A. 某品牌电视由于其较强的防潮能力,尽管不是明星产品,仍然获得了农村居民的青睐。

B. 流行畅销的明星产品由于价格偏高,没有赢得农村居民的青睐。

C. 流行畅销的明星产品只有质量过硬,才能获得农村居民的青睐。

D. 有少数娱乐明星为某流行畅销的产品做虚假广告。

E. 流行畅销的明星产品最适合城市中的白领使用。

40. 居民苏女士在菜市场看到某摊位出售的鹌鹑蛋色泽新鲜、形态圆润,且价格便宜,于是买了一箱。回家后发现有些鹌鹑蛋打不破,甚至丢在地上也摔不坏,再细闻已经打破的鹌鹑蛋,有一股刺鼻的消毒液味道。她投诉至菜市场管理部门,结果一位工作人员声称鹌鹑蛋目前还没有国家质量标准,无法判定它有质量问题,所以他坚持这箱鹌鹑蛋没有质量问题。

以下哪项与该工作人员得出结论的方式最为相似?

A. 不能证明宇宙是没有边际的,所以宇宙是有边际的。

B. "驴友论坛"还没有论坛规范,所以管理人员没有权力删除帖子。

C. 小偷在逃跑途中跳入 2 米深的河中,事主认为没有责任,因此不予施救。

D. 并非外星人不存在,所以外星人存在。

E. 慈善晚会上的假唱行为不属于商业管理范围,因此相关部门无法对此进行处罚。

41. 概念 A 与概念 B 之间有交叉关系,当且仅当:(1)存在对象 x,x 既属于 A 又属于 B;(2)存在对象 y,y 属于 A 但不属于 B;(3)存在对象 z,z 属于 B 但不属于 A。

根据上述定义,以下哪项中加点的两个概念之间有交叉关系?

A. 国画按题材分主要有人物画、花鸟画、山水画等;按技法分主要有工笔画和写意画等。

B. 《盗梦空间》除了是最佳影片的有力争夺者外,它在技术类奖项的争夺中也将有所斩获。

C. 洛邑小学 30 岁的食堂总经理为了改善伙食,在食堂放了几个意见本,征求学生们的意见。

D. 在微波炉清洁剂中加入漂白剂,就会释放出氯气。

E. 高校教师包括教授、副教授、讲师和助教等。

42. 小李将自家护栏边的绿地毁坏，种上了黄瓜。小区物业管理人员发现后，提醒小李：护栏边的绿地是公共绿地，属于小区的所有人。物业为此下发了整改通知书，要求小李限期恢复绿地。小李对此辩称："我难道不是小区的人吗？护栏边的绿地既然属于小区的所有人，当然也属于我。因此，我有权在自己的土地上种黄瓜。"

以下哪项论证，和小李的错误最为相似？

A. 所有人都要对他的错误行为负责，小梁没有对他的这次行为负责，所以，小梁的这次行为没有错误。

B. 所有参展的兰花在这次博览会上被订购一空，李阳花大价钱买了一盆花，由此可见，李阳买的必定是兰花。

C. 没有人能够一天读完大仲马的所有作品，没有人能够一天读完《三个火枪手》，因此，《三个火枪手》是大仲马的作品之一。

D. 所有莫尔碧骑士组成的军队在当时的欧洲是不可战胜的，翼雅王是莫尔碧骑士之一，所以翼雅王在当时的欧洲是不可战胜的。

E. 任何一个人都不可能掌握当今世界的所有知识，地心说不是当今世界的知识，因此，有些人可以掌握地心说。

43. 我国著名的地质学家李四光，在对东北的地质结构进行了长期、深入的调查研究后发现，松辽平原的地质结构与中亚细亚极其相似。他推断，既然中亚细亚蕴藏大量的石油，那么松辽平原很可能也蕴藏着大量的石油。后来，大庆油田的开发证明了李四光的推断是正确的。

以下哪项与李四光的推理方式最为相似？

A. 他山之石，可以攻玉。

B. 邻居买彩票中了大奖，小张受此启发，也去买了体育彩票，结果没有中奖。

C. 某乡镇领导在考察了荷兰等国的花卉市场后认为要大力发展规模经济，回来后组织全乡镇种大葱，结果导致大葱严重滞销。

D. 每到炎热的夏季，许多商店腾出一大块地方卖羊毛衫、长袖衬衣、冬靴等冬令商品，进行反季节销售，结果都很有市场。小王受此启发，决定在冬季种植西瓜。

E. 乌兹别克地区盛产长绒棉。新疆塔里木河流域与乌兹别克地区在日照情况、霜期长短、气温高低、降雨量等方面均相似，科研人员受此启发，将长绒棉移植到塔里木河流域，果然获得了成功。

44. 如果他勇于承担责任，那么他就一定会直面媒体，而不是选择逃避；如果他没有责任，那么他就一定会聘请律师，捍卫自己的尊严。可是事实上，他不仅没有聘请律师，现在逃得连人影都不见了。

根据以上陈述，可以得出以下哪项结论？

A. 即使他没有责任，也不应该选择逃避。

B. 虽然选择了逃避，但是他可能没有责任。

C. 如果他有责任，那么他应该勇于承担责任。

D. 如果他不敢承担责任，那么说明他责任很大。

E. 他不仅有责任，而且他没有勇气承担责任。

45. 有些通信网络维护涉及个人信息安全,因而,不是所有通信网络的维护都可以外包。
    以下哪项可以使上述论证成立?
    A. 所有涉及个人信息安全的都不可以外包。
    B. 有些涉及个人信息安全的不可以外包。
    C. 有些涉及个人信息安全的可以外包。
    D. 所有涉及国家信息安全的都不可以外包。
    E. 有些通信网络维护涉及国家信息安全。

46. 葡萄酒中含有白藜芦醇和类黄酮等对心脏有益的抗氧化剂。一项新的研究表明,白藜芦醇能防止骨质疏松和肌肉萎缩。由此,有关研究人员推断,那些长时间在国际空间站或宇宙飞船上的宇航员或许可以补充一下白藜芦醇。
    以下哪项如果为真,最能支持上述研究人员的推断?
    A. 研究人员发现由于残疾或者其他因素而很少活动的人会比经常活动的人更容易出现骨质疏松和肌肉萎缩等症状,如果能喝点葡萄酒,则可以获益。
    B. 研究人员模拟失重状态,对老鼠进行试验,一个对照组未接受任何特殊处理,另一组则每天服用白藜芦醇。结果对照组的老鼠骨头和肌肉的密度都降低了,而服用白藜芦醇的一组则没有出现这些症状。
    C. 研究人员发现由于残疾或者其他因素而很少活动的人,如果每天服用一定量的白藜芦醇,则可以改善骨质疏松和肌肉萎缩等症状。
    D. 研究人员发现,葡萄酒能对抗失重所造成的负面影响。
    E. 某医学博士认为,白藜芦醇或许不能代替锻炼,但它能减缓人体某些机能的退化。

47. 一般商品只有在多次流通过程中才能不断增值,但艺术品作为一种特殊商品却体现出了与一般商品不同的特性。在拍卖市场上,有些古玩、字画的成交价格有很大的随机性,往往会直接受到拍卖现场气氛、竞价激烈程度、买家心理变化等偶然因素的影响,成交价有时会高于底价几十倍乃至数百倍,使得艺术品在一次流通中实现大幅度增值。
    以下哪项最无助于解释上述现象?
    A. 艺术品的不可再造性决定了其交换价格有可能超过其自身价值。
    B. 不少买家喜好收藏,抬高了艺术品的交易价格。
    C. 有些买家就是为了炒作艺术品,以期获得高额利润。
    D. 虽然大量赝品充斥市场,但是对艺术品的交易价格没有什么影响。
    E. 国外资金进入艺术品拍卖市场,对价格攀升起到了拉动作用。

48. 近期国际金融危机对毕业生的就业影响非常大,某高校就业中心的陈老师希望广大同学能够调整自己的心态和预期。他在一次就业指导会上提到,有些同学对自己的职业定位还不够准确。
    如果陈老师的陈述为真,则以下哪项不一定为真?
    Ⅰ. 不是所有的人对自己的职业定位都准确。
    Ⅱ. 不是所有人对自己的职业定位都不够准确。
    Ⅲ. 有些人对自己的职业定位准确。
    Ⅳ. 所有人对自己的职业定位都不够准确。

A. 仅Ⅱ和Ⅳ。　　　　　　B. 仅Ⅲ和Ⅳ。　　　　　　C. 仅Ⅰ和Ⅲ。
D. 仅Ⅰ、Ⅱ和Ⅲ。　　　　E. 仅Ⅱ、Ⅲ和Ⅳ。

49. 一位房地产信息员通过对某地的调查发现：护城河两岸房屋的租金都比较廉价；廉租房都坐落在凤凰山北麓；东向的房屋都是别墅；非廉租房不可能具有廉价的租金；有些单室套的两限房建在凤凰山南麓；别墅也都建筑在凤凰山南麓。

根据该地产信息员的调查，以下哪项不可能存在？

A. 东向的护城河两岸的房屋。　　B. 凤凰山北麓的两限房。　　C. 单室套的廉租房。
D. 护城河两岸的单室套。　　　　E. 南向的廉租房。

50. 探望病人通常会送上一束鲜花。但某国曾有报道说，医院花瓶养花的水可能含有很多细菌，鲜花会在夜间与病人争夺氧气，还可能影响病房里电子设备的工作。这引起了人们对鲜花的恐慌，该国一些医院甚至禁止在病房内摆放鲜花。尽管后来证实鲜花并未导致更多的病人受感染，并且权威部门也澄清，未见任何感染病例与病房里的植物有关，但这并未减轻医院对鲜花的反感。

以下除哪项外，都能减轻医院对鲜花的担心？

A. 鲜花并不比病人身边的餐具、饮料和食物带有更多可能危害病人健康的细菌。
B. 在病房里放置鲜花让病人感到心情愉悦、精神舒畅，有助于病人康复。
C. 给鲜花换水、修剪需要一定的人工，如果花瓶倒了还会导致危险产生。
D. 已有研究证明，鲜花对病房空气的影响微乎其微，可以忽略不计。
E. 探望病人所送的鲜花都花束小、需水量少、花粉少，不会影响电子设备工作。

51. 某公司规定，在一个月内，除非每个工作日都出勤，否则任何员工都不可能既获得当月绩效工资，又获得奖励工资。

以下哪项与上述规定的意思最为接近？

A. 在一个月内，任何员工如果所有工作日不缺勤，必然既获得当月绩效工资，又获得奖励工资。
B. 在一个月内，任何员工如果所有工作日不缺勤，都有可能既获得当月绩效工资，又获得奖励工资。
C. 在一个月内，任何员工如果有某个工作日缺勤，仍有可能获得当月绩效工资，或者获得奖励工资。
D. 在一个月内，任何员工如果有某个工作日缺勤，必然或者得不了当月绩效工资，或者得不了奖励工资。
E. 在一个月内，任何员工如果所有工作日缺勤，必然既得不了当月绩效工资，又得不了奖励工资。

52. 近期流感肆虐，一般流感患者可采用抗病毒药物治疗，虽然并不是所有流感患者均需接受达菲等抗病毒药物的治疗，但不少医生仍强烈建议老人、儿童等易出现严重症状的患者用药。

如果以上陈述为真，则以下哪项一定为假？

Ⅰ. 有些流感患者需接受达菲等抗病毒药物的治疗。
Ⅱ. 并非有的流感患者不需接受抗病毒药物的治疗。
Ⅲ. 老人、儿童等易出现严重症状的患者不需要用药。

A. 仅Ⅰ。　　B. 仅Ⅱ。　　C. 仅Ⅲ。　　D. 仅Ⅰ、Ⅱ。　　E. 仅Ⅱ、Ⅲ。

53~55 题基于以下题干：

东宇大学公开招聘 3 个教师职位,哲学学院、管理学院和经济学院各一个。每个职位都有分别来自南山大学、西京大学、北清大学的候选人。有位"聪明"人士李先生对招聘结果做出了如下预测：

如果哲学学院录用了北清大学的候选人,那么管理学院录用西京大学的候选人;如果管理学院录用南山大学的候选人,那么哲学学院也录用南山大学的候选人;如果经济学院录用北清大学或者西京大学的候选人,那么管理学院录用北清大学的候选人。

53. 如果哲学学院、管理学院和经济学院最终录用的候选人的大学归属信息依次如下,则哪项符合李先生的预测?

   A. 南山大学、南山大学、西京大学。　　　B. 北清大学、南山大学、南山大学。
   C. 北清大学、北清大学、南山大学。　　　D. 西京大学、北清大学、南山大学。
   E. 西京大学、西京大学、西京大学。

54. 若哲学学院最终录用西京大学的候选人,则以下哪项表明李先生的预测错误?

   A. 管理学院录用北清大学候选人。　　　B. 管理学院录用南山大学候选人。
   C. 经济学院录用南山大学候选人。　　　D. 经济学院录用北清大学候选人。
   E. 经济学院录用西京大学候选人。

55. 如果三个学院最终录用的候选人分别来自不同的大学,则以下哪项符合李先生的预测?

   A. 哲学学院录用西京大学候选人,经济学院录用北清大学候选人。
   B. 哲学学院录用南山大学候选人,管理学院录用北清大学候选人。
   C. 哲学学院录用北清大学候选人,经济学院录用西京大学候选人。
   D. 哲学学院录用西京大学候选人,管理学院录用南山大学候选人。
   E. 哲学学院录用南山大学候选人,管理学院录用西京大学候选人。

2012年管理类综合能力逻辑试题解析

答案速查表

26~30	ECDDD	31~35	DEEBC	36~40	EBCAA
41~45	ADEEA	46~50	BDEAC	51~55	DBDBB

26.【答案】E 【难度】S4 【考点】论证推理 削弱、质疑、反驳 论据+结论型论证的削弱
方法:用火箭弹等方式将二氧化硫冲入大气层。目的:给地球表面降温。
题目要求对提议的有效性构成质疑,即指出该措施无法达到给地球表面降温的目的即可。
E选项:达不到目的,表明提出的降温方法所达到的效果只是暂时的,日后温度还会回升,长期来看该提议无法达到目的,质疑了该方法的有效性,正确。
A、D选项:指出该措施可能会导致一些不好的结果,但这与是否能降温无关,不能质疑科学家提议的有效性,排除。
B选项:指出有其他方式可以使地球表面降温,即使有其他途径,也不能否认题干方法的有效性,排除。
C选项:与方法的有效性无关,排除。
故正确答案为E选项。

27.【答案】C 【难度】S4 【考点】形式逻辑 假言命题 假言命题矛盾关系
题干信息:(1)读懂→文学∧生物学。
找不可能为真的选项即找(1)的矛盾关系:(2)读懂∧¬(文学∧生物学)=读懂∧(¬文学∨¬生物学)。
C选项:读懂∧¬生物学,符合(2)。
故正确答案为C选项。

28.【答案】D 【难度】S4 【考点】形式逻辑 三段论 三段论结构相似
题干信息:726车间 → 合格   A→B
         ¬合格 → ¬726车间   ¬B → ¬A
D选项:真理 → 不怕批评   A→B
      ¬不怕批评 → ¬真理   ¬B → ¬A
该选项与题干推理结构一致,正确。
故正确答案为D选项。

29.【答案】D 【难度】S4 【考点】形式逻辑 联言命题、选言命题 联言、选言命题性质推理
题干信息:(1)王涛→一班;(2)周波→一班;(3)一班→物理∨化学。
由"或"的特点可得,¬化学→物理,¬物理→化学,所以复选项Ⅲ可推出,复选项Ⅳ不可推出。
综合(1)(2)可得:(4)王涛→一班→物理∨化学,(5)周波→一班→物理∨化学。由"王涛→物理"无法推出任何信息,复选项Ⅱ推不出;由"周波→¬化学"结合(5)及相容选言命题的特点可得,周波→¬化学→物理,复选项Ⅰ可推出。

故正确答案为 D 选项。

30.【答案】D 【难度】S5 【考点】形式逻辑 假言命题 假言命题推理规则

题干信息：(1)¬B→¬A；(2)¬A∨¬B=A→¬B=B→¬A；(3)A↔B。

由(1)(2)可知，无论 B 为真还是为假，均可得：¬A。（二难推理）

再由(3)可得，¬A→¬B，所以真实情况为¬A、¬B。

此题若未能识别二难推理，也可采用排除法。

A 选项：A∧¬B，与(1)(3)矛盾，不满足三人同时为真，排除。

B 选项：¬A∧B，与(3)矛盾，不满足三人同时为真，排除。

C 选项：A∧B，与(2)矛盾，不满足三人同时为真，排除。

D 选项：¬A∧¬B，满足三人同时为真，正确。

E 选项：¬B→A=B∨A，不满足三人同时为真，排除。

故正确答案为 D 选项。

31.【答案】D 【难度】S6 【考点】综合推理 真话假话题

第一步：简化题干信息	(1)西三→北四 = ¬西三∨北四；(2)南二→¬西一 = ¬南二∨¬西一；(3)¬南二；(4)北四
第二步：找矛盾关系或反对关系	未找到矛盾关系或反对关系，转换思路，采用"假设+归谬"的思路解题
第三步：假设+归谬	①若(3)真则(2)真，不符合题干只有一真的要求，所以得出(3)为假，江南区是第二； ②同理，若(4)真则(1)真，不符合题干只有一真的要求，所以得出(4)为假，江北区不是第四； ③综上可知(3)(4)为假，题干只有一真，故(1)(2)一定一真一假； ④假设(1)真(2)假，可得西一、北三、南二，所以临东区是第四； ⑤假设(1)假(2)真，可得西三、北一、南二，所以临东区是第四
第四步：得出真实情况，选出答案	由④⑤可知，不管何种情况，临东区均为第四。 故正确答案为 D 选项

32.【答案】E 【难度】S4 【考点】形式逻辑 假言命题 假言命题矛盾关系

题干信息：(1)争取→笔记本∨提成。

要说明该经理没有兑现承诺，即出现了与该经理承诺矛盾的事实，即找(1)的矛盾关系：(2)争取∧¬（笔记本∨提成）=争取∧(¬笔记本∧¬提成)。

E 选项：争取∧(¬提成∧¬笔记本)，符合(2)，正确。

故正确答案为 E 选项。

33.【答案】E 【难度】S4 【考点】形式逻辑 联言命题、选言命题 摩根公式

题干信息：(1)¬(陈∧王) = ¬陈∨¬王；(2)¬(¬陈∧¬王) = 陈∨王。

(1)(2)结合可得，陈∧¬王，或者王∧¬陈，与 E 选项意思一样。

34.【答案】B 【难度】S4 【考点】形式逻辑 假言命题 假言命题推理规则
题干信息:(1)内网→认证;(2)¬业绩→¬认证;(3)张辉业绩;(4)¬王纬业绩。
(2)(1)传递可得:(5)¬业绩→¬认证→¬内网。
由(3)无法推出任何信息;由(4)(5)可得,¬王纬业绩→¬王纬内网,与B选项一致。
故正确答案为B选项。

35.【答案】C 【难度】S4 【考点】论证推理 削弱、质疑、反驳 论据+结论型论证的削弱
题干信息:汉字是象形文字,字形与字义相互关联;英语是拼音文字,字形与字义关联度不大。
C选项:英语也有类似的象形文字,与张教授认为的"英语字形与字义关联度不大"不符。
A、B选项:表明汉字是象形文字,英语不是象形文字,与张教授观点一致。
D、E选项:英语与汉语的词语相对应,汉语与英语、德语的词语意思相同,与张教授观点无关。
故正确答案为C选项。

36.【答案】E 【难度】S5 【考点】论证推理 解释 解释现象
需要解释的现象:用手机打电话不会对专供飞机通信系统或全球定位系统使用的波段造成干扰;但是各大航空公司仍然规定,禁止机上乘客使用手机等电子设备。
解释该现象即指出禁止机上乘客使用手机等电子设备的合理性。
复选项Ⅰ:可以解释,说明虽然使用手机等电子设备对飞机的通信系统无影响,但是干扰了地面导航网络,可能会带来危险。
复选项Ⅱ:可以解释,说明机组人员工作会受到手机等电子设备的影响,所以禁止乘客使用。
复选项Ⅲ:可以解释,自动驾驶仪可以保持飞机姿态,辅助驾驶员操纵飞机,而电子设备会对其产生干扰,所以禁止乘客使用电子设备是合理的。
故正确答案为E选项。

37.【答案】B 【难度】S4 【考点】形式逻辑 假言命题 假言命题矛盾关系
题干信息:(1)沙特→¬石油;(2)石油∨中国;(3)¬(中国∧石油)。
(1)的矛盾关系为,(4)沙特∧石油;(2)的矛盾关系为,(5)(石油∧中国)∨(¬石油∧¬中国);(3)的矛盾关系为,(6)石油∧中国。
王刚没有接受任何一条建议,即找题干信息的矛盾关系,所以综合(4)(5)(6)可得,真实情况为:沙特∧石油∧中国。
故正确答案为B选项。

38.【答案】C 【难度】S4 【考点】形式逻辑 假言命题 假言命题推理规则
题干信息:¬自信→一定输=¬一定输→自信=可能¬输→自信。
C选项:可能¬输→自信,与题干信息一致,正确。
A选项:¬输→赢,¬赢→输,与题干信息不一致,排除。
B选项:自信→一定赢,不符合推理规则,排除。
D选项:¬自信→不可能输=¬自信→一定¬输,与题干信息不一致,排除。
E选项:更自信→赢,与题干信息不一致,排除。
故正确答案为C选项。

39.【答案】A 【难度】S4 【考点】形式逻辑 假言命题 假言命题矛盾关系

题干信息：(1)青睐→明星产品。

找质疑总经理的论述的选项，即找(1)的矛盾关系：(2)青睐∧¬明星产品。

A选项：¬明星产品∧青睐，与(2)一致，正确。

故正确答案为A选项。

40.【答案】A 【难度】S5 【考点】论证推理 论证方式相似、漏洞相似

论据：没有国家质量标准，无法判定它有质量问题(不能证明有A)。结论：它没有质量问题(所以没有A)。

该工作人员得出结论的方式犯了**诉诸无知**的逻辑错误，该逻辑错误的表现形式为，"不能证明有A，所以没有A"，或者"不能证明没有A，所以有A"。

A选项：不能证明宇宙没有边际(不能证明没有A)，所以宇宙有边际(所以有A)，同样犯了**诉诸无知**的逻辑错误，与题干一致，正确。

B选项：没有规范能不能证明管理人员有权力删除帖子呢？未知，不一致。

C选项：认为没有责任，那么该不该救呢？未知，不一致。

D选项：¬不存在→存在，推理无误，不一致。

E选项：不属于商业管理范围能不能证明可以进行处罚呢？未知，不一致。

故正确答案为A选项。

41.【答案】A 【难度】S5 【考点】形式逻辑 概念 概念之间的关系

题干信息：描述了概念之间的交叉关系所需要具备的特点，根据该特点判断选项。

A选项：将国画按照不同的标准进行划分，所以"人物画"和"工笔画"有交叉关系，正确。

B选项："《盗梦空间》"与"最佳影片"不确定是否有交集，不符合交叉关系的特点，排除。

C选项："洛邑小学30岁的食堂总经理"和"学生们"无交集，排除。

D选项："微波炉清洁剂"和"氯气"无交集，排除。

E选项："高校教师包括教授"这句话说明教授是高校教师的子集，二者没有交叉关系，排除。

故正确答案为A选项。

42.【答案】D 【难度】S4 【考点】形式逻辑 概念 偷换概念的逻辑错误

论据：我是小区的人(非集合概念，指"我"这一个个体)，绿地属于小区的所有人(集合概念，指"小区所有人"这个集合体)。结论：绿地属于我。

题干中的逻辑错误是**偷换概念**——集合概念与非集合概念的偷换。

D选项：莫尔碧骑士(集合概念)不可战胜，翼雅王是莫尔碧骑士之一(非集合概念)，所以，翼雅王不可战胜。与题干错误一致，属于集合概念与非集合概念的偷换，正确。

A选项：所有人→对错误行为负责，小梁→¬对错误行为负责，所以，小梁→¬错误行为。题干推出的结论错误，结论应为：小梁不是人。

B选项：兰花→订购一空，李阳→买盆花，所以，李阳买的是兰花。该推理不成立，两个前提之间没有关联，排除。

C选项：大仲马的作品不是一天能读完的，《三个火枪手》不是一天能读完的，所以，《三个火枪手》是大仲马的作品之一。该推理不成立，两个否定的前提推不出结论，排除。

E 选项:没有人能掌握当今世界所有知识,地心说不是当今世界知识,所以,有些人可以掌握地心说。该推理不成立,两个否定的前提推不出结论,排除。

故正确答案为 D 选项。

43. 【答案】E 【难度】S5 【考点】论证推理 论证方式相似、漏洞相似

论据:中亚细亚蕴藏大量石油,松辽平原的地质结构与中亚细亚极其相似。**结论**:松辽平原很可能也蕴藏着大量石油。

题干的推理方式是**类比推理**,将中亚细亚的情况类推到松辽平原,而且事实证明该推断正确。

E 选项:乌兹别克地区和新疆塔里木河流域在日照情况等方面相似,将乌兹别克地区的情况类推到新疆塔里木河流域,并且获得了成功,与题干的推理方式相似,正确。

A 选项:别的山上的石头,能够用来琢磨玉器,比喻能帮助自己改正缺点的人或意见,未出现推理方式,排除。

B 选项:未表明小张与邻居是否相似,而且没有中奖,与题干的推理方式不相似,排除。

C 选项:未表明荷兰等国与某乡镇是否相似,而且没有成功,与题干的推理方式不相似,排除。

D 选项:未知是否成功,与题干的推理方式不相似,排除。

故正确答案为 E 选项。

44. 【答案】E 【难度】S4 【考点】形式逻辑 假言命题 假言命题推理规则

题干信息:(1)承担→直面 = ¬ 直面→¬ 承担;(2)¬ 有责任→律师 = ¬ 律师→有责任。

事实上:¬ 律师,结合(2)可得,¬ 律师→有责任;逃得连人影都不见 = ¬ 直面→¬ 承担。

E 选项:有责任∧¬ 承担,与推理结果一致。

故正确答案为 E 选项。

45. 【答案】A 【难度】S5 【考点】形式逻辑 三段论 三段论反推题型

题干信息:(1)有些维护→个人信息安全;(2)有些维护→¬ 外包。

A 选项:个人信息安全→¬ 外包,与(1)传递可得,有些维护→个人信息安全→¬ 外包,可以得出(2),正确。

B 选项:有些个人信息安全→¬ 外包,无法与(1)结合得出(2),排除。

C 选项:有些个人信息安全→外包,无法与(1)结合得出(2),排除。

D、E 选项:题干中未出现"国家信息安全",排除。

故正确答案为 A 选项。

46. 【答案】B 【难度】S5 【考点】论证推理 支持、加强 论据+结论型论证的支持

论据:白藜芦醇能防止骨质疏松和肌肉萎缩。**结论**:宇航员可以补充白藜芦醇。

B 选项:**有因有果,无因无果**。失重状态下,服用白藜芦醇可使骨头和肌肉的密度不降低,说明白藜芦醇有作用,而且失重状态正是国际空间站和宇宙飞船上的宇航员所处的状态,可以支持。但本项也存在瑕疵,即未知老鼠的骨头和肌肉情况与人是否相似,若补充说明二者相似则更严谨。

A 选项:喝葡萄酒对骨质疏松和肌肉萎缩等症状有益,不知道是否是白藜芦醇的作用,无法支持。

C 选项:服用白藜芦醇可以改善因残疾或者其他因素而很少活动的人的骨质疏松等

症状,注意,题干中白藜芦醇的作用是"防止"而不是"改善",所以无法支持。

D 选项:表明葡萄酒有作用,但不知道是否是白藜芦醇的作用,无法支持。

E 选项:选项中有"某医学博士认为",诉诸权威,无法支持。

故正确答案为 B 选项。

47.【答案】D 【难度】S5 【考点】论证推理 解释 解释现象

需要解释的现象:一般商品只有在多次流通过程中才能不断增值,但是艺术品在一次流通中就能实现大幅度增值。

要解释该现象,则要表明艺术品与一般商品的差异,使其表现出一次交易大幅增值的特点。

D 选项:赝品充斥市场,对艺术品的交易价格没有影响,与题干现象不一致,无法解释。

A 选项:艺术品不可再造,独一无二的特点使其大幅增值,可以解释。

B 选项:艺术品的可收藏性以及买家喜好使其大幅增值,可以解释。

C 选项:艺术品被炒作导致其大幅增值,可以解释。

E 选项:国外资金进入市场,拉动价格攀升,可以解释。

故正确答案为 D 选项。

48.【答案】E 【难度】S4 【考点】形式逻辑 直言命题 直言命题真假不确定

题干信息:有些同学对自己的职业定位不够准确。"有些"等价于"有的",因此,关键词为"有的不"。

复选项Ⅰ:不是都准确=不都=有的不,与题干一致,为真。

复选项Ⅱ:不是都不准确=不都不=有的不不=有的,由对当关系可知,"有的"和"有的不"至少一真,题干中"有的不"为真,所以"有的"不确定真假。

复选项Ⅲ:有的,与复选项Ⅱ相同,不确定真假。

复选项Ⅳ:都不,由"有的"的范围是"1~全部"可知,"有的不"存在"都不"的可能性,但不一定为真,所以真假不确定。

故正确答案为 E 选项。

49.【答案】A 【难度】S5 【考点】形式逻辑 三段论 三段论正推题型

题干信息:(1)两岸→廉价;(2)廉租→凤北;(3)东向→别墅=¬别墅→¬东向;(4)¬廉租→¬廉价=廉价→廉租;(5)有些单室套的两限房→凤南;(6)别墅→¬凤南=凤南→¬别墅。

由(1)(4)(2)(6)(3)传递可得:(7)两岸→廉价→廉租→凤北→¬凤南→¬别墅→¬东向。

A 选项:两岸∧东向,与(7)矛盾,不可能存在,正确。

B 选项:凤北→¬凤南,但(5)无法取逆否,所以无法出现矛盾,排除。

C 选项:廉租→凤北→¬凤南,但(5)无法取逆否,所以无法出现矛盾,排除。

D 选项:两岸→廉价→廉租→凤北→¬凤南,但(5)无法取逆否,所以无法出现矛盾,排除。

E 选项:南向→¬东向,无法再推出其他信息,排除。

故正确答案为 A 选项。

50.【答案】C 【难度】S4 【考点】论证推理 削弱、质疑、反驳 论据+结论型论证的削弱

论据:医院花瓶养花的水可能含有很多细菌,鲜花会在夜间与病人争夺氧气,还可能影响病房里电子设备的工作。结论:医院担心鲜花会影响病人。

C 选项:鲜花换水、修剪需要人工,花瓶还可能产生危险,加剧医院的担心,正确。

A、B、D、E 选项:鲜花所含细菌较少、鲜花对病人康复有积极作用、鲜花对病房空气的影响可忽略不计、鲜花不会影响电子设备工作,均可减轻医院的担心,排除。

故正确答案为 C 选项。

51.【答案】D 【难度】S5 【考点】形式逻辑 假言命题 假言命题推理规则

题干信息:¬ 都出勤→不可能(绩效∧奖励) = ¬ 都出勤→必然不(绩效∧奖励) = 有的不出勤→必然(¬ 绩效∨¬ 奖励)。

C、D 选项:某个工作日缺勤 = 有的工作日不出勤,由题干信息可推出,必然(¬ 绩效∨¬ 奖励),与 D 选项一致,D 选项正确,C 选项错误。

A、B 选项:所有工作日不缺勤 = 所有工作日都出勤 = ¬ 有的工作日不出勤,无法推出任何信息,与题干信息不一致,排除。

E 选项:所有工作日缺勤 = 所有工作日不出勤,与题干信息不一致,排除。

故正确答案为 D 选项。

52.【答案】B 【难度】S4 【考点】形式逻辑 直言命题 直言命题矛盾关系

题干信息:不是所有流感患者均需接受药物治疗 = 有的流感患者不需要接受药物治疗,关键词为"有的不"。

复选项Ⅰ:"有些"等价于"有的",根据对当关系,"有的"和"有的不"至少一真,所以复选项Ⅰ真假不定。

复选项Ⅱ:并非有的不 = 都,与题干中"有的不"是矛盾关系,一定为假。

复选项Ⅲ:题干中提及的是"医生建议",但该建议不表示任何逻辑关系,复选项Ⅲ的真假无法判断。

故正确答案为 B 选项。

53.【答案】D 【难度】S5 【考点】综合推理 综合题组(匹配题型)

题干信息:(1)哲学北清 → 管理西京;(2)管理南山 → 哲学南山;(3)经济北清 ∨ 经济西京 → 管理北清。

D 选项:未与(1)(2)(3)中任何一个不符,正确。

A 选项:经济西京,由(3)可知,管理北清,但其管理来自南山,不符合,排除。

B 选项:哲学北清,由(1)可知,管理西京,但其管理来自南山,不符合,排除。

C 选项:哲学北清,由(1)可知,管理西京,但其管理来自北清,不符合,排除。

E 选项:经济西京,由(3)可知,管理北清,但其管理来自西京,不符合,排除。

故正确答案为 D 选项。

54.【答案】B 【难度】S5 【考点】综合推理 综合题组(匹配题型)

补充信息:哲学西京。

由(2)可知,哲学西京→¬ 哲学南山→¬ 管理南山。所以,若哲学学院最终录用西京大学的候选人,那么根据题干信息,管理学院不得录用南山大学的候选人,若出现 B 选项的情况,则表明李先生的预测错误。

其余选项均不与题干信息矛盾,不能表明预测错误,排除。

故正确答案为 B 选项。

55. 【答案】B 【难度】S5 【考点】综合推理 综合题组(匹配题型)

三个学院最终录用的候选人分别来自不同的大学,若根据此条件推理,则可得下表。

	哲学	经济	管理	判断
A	西京(已知)	北清(已知)	南山(推知)	不符合(2)
B	南山(已知)	西京(推知)	北清(已知)	符合预测
C	北清(已知)	西京(推知)	南山(推知)	不符合(1)
D	西京(已知)	北清(推知)	南山(推知)	不符合(2)
E	南山(已知)	北清(推知)	西京(已知)	不符合(3)

故正确答案为 B 选项。

2011年管理类综合能力逻辑试题

三、逻辑推理：第26~55小题，每小题2分，共60分。下列每题给出的A、B、C、D、E五个选项中，只有一项是符合试题要求的。请在答题卡上将所选项的字母涂黑。

26. 巴斯德认为，空气中的微生物浓度与环境状况、气流运动和海拔高度有关。他在山上的不同高度分别打开装着煮过的培养液的瓶子，发现海拔越高，培养液被微生物污染的可能性越小。在山顶上，20个装了培养液的瓶子，只有1个长出了微生物。普歇另用干草浸液做材料重复了巴斯德的实验，却得出不同的结果：即使在海拔很高的地方，所有装了培养液的瓶子都很快长出了微生物。

    以下哪项如果为真，最能解释普歇和巴斯德实验所得到的不同结果？

    A. 只要有氧气的刺激，微生物就会从培养液中自发地生长出来。

    B. 培养液在加热消毒、密封、冷却的过程中会被外界细菌污染。

    C. 普歇和巴斯德的实验设计都不够严密。

    D. 干草浸液中含有一种耐高温的枯草杆菌，培养液一旦冷却，枯草杆菌的孢子就会复活，迅速繁殖。

    E. 普歇和巴斯德都认为，虽然他们用的实验材料不同，但是经过煮沸，细菌都能被有效地杀灭。

27. 张教授的所有初中同学都不是博士；通过张教授而认识其哲学研究所同事的都是博士；张教授的一个初中同学通过张教授认识了王研究员。

    以下哪项能作为结论从上述断定中推出？

    A. 王研究员是张教授的哲学研究所同事。

    B. 王研究员不是张教授的哲学研究所同事。

    C. 王研究员是博士。

    D. 王研究员不是博士。

    E. 王研究员不是张教授的初中同学。

28. 一般将缅甸所产的经过风化或经河水搬运至河谷、河床中的翡翠大砾石，称为"老坑玉"。老坑玉的特点是"水头好"、质坚、透明度高，其上品透明如玻璃，故称"玻璃种"或"冰种"。同为老坑玉，其质量相对也有高低之分，有的透明度高一些，有的透明度稍差些，所以价值也有差别。在其他条件都相同的情况下，透明度高的老坑玉比透明度较其低的单位价值高，但是开采的实践告诉人们，没有单位价值最高的老坑玉。

    以上陈述如果为真，可以得出以下哪项结论？

    A. 没有透明度最高的老坑玉。

    B. 透明度高的老坑玉未必"水头好"。

    C. "新坑玉"中也有质量很好的翡翠。

    D. 老坑玉的单位价值还决定于其加工的质量。

    E. 随着年代的增加，老坑玉的单位价值会越来越高。

29. 某教育专家认为:"男孩危机"是指男孩调皮捣蛋、胆小怕事、学习成绩不如女孩好等现象。近些年,这种现象已经成为儿童教育专家关注的一个重要问题。这位专家在列出一系列统计数据后,提出了"今日男孩为什么从小学、中学到大学全面落后于同年龄段的女孩"的疑问,这无疑加剧了无数男生家长的焦虑。该专家通过分析指出,恰恰是家庭和学校不适当的教育方法导致了"男孩危机"现象。

以下哪项如果为真,最能对该专家的观点提出质疑?

A. 家庭对独生子女的过度呵护,在很大程度上限制了男孩发散思维的拓展和冒险性格的养成。

B. 现在的男孩比以前的男孩在女孩面前更喜欢表现出"绅士"的一面。

C. 男孩在发展潜能方面要优于女孩,大学毕业后他们更容易在事业上有所成就。

D. 在家庭、学校教育中,女性充当了主要角色。

E. 现代社会游戏泛滥,男孩天性比女孩更喜欢游戏,这耗去了他们大量的精力。

30. 抚仙湖虫是泥盆纪澄江动物群中特有的一种,属于真节肢动物中比较原始的类型,成虫体长10厘米,有31个体节,外骨骼分为头、胸、腹三部分,它的背、腹分节数目不一致。泥盆纪直虾是现代昆虫的祖先,抚仙湖虫化石与直虾类化石类似,这间接表明了抚仙湖虫是昆虫的远祖。研究者还发现,抚仙湖虫的消化道充满泥沙,这表明它是食泥的动物。

以下除哪项外,均能支持上述论证?

A. 昆虫的远祖也有不食泥的生物。

B. 泥盆纪直虾的外骨骼分为头、胸、腹三部分。

C. 凡是与泥盆纪直虾类似的生物都是昆虫的远祖。

D. 昆虫是由真节肢动物中比较原始的生物进化而来的。

E. 抚仙湖虫消化道中的泥沙不是在化石形成过程中由外界渗透进去的。

31. 2010年某省物价总水平仅上涨2.4%,涨势比较温和,涨幅甚至比2009年回落了0.6个百分点。可是,普通民众觉得物价涨幅较高,一些统计数据也表明,民众的感觉有据可依。2010年某月的统计报告显示,该月禽蛋类商品价格涨幅达12.3%,某些反季节蔬菜涨幅甚至超过20%。

以下哪项如果为真,最能解释上述看似矛盾的现象?

A. 人们对数据的认识存在偏差,不同来源的统计数据会产生不同的结果。

B. 影响居民消费品价格总水平变动的各种因素互相交织。

C. 虽然部分日常消费品涨幅很小,但居民感觉很明显。

D. 在物价指数体系中占相当权重的工业消费品价格持续走低。

E. 不同的家庭,其收入水平、消费偏好、消费结构都有很大的差异。

32. 随着互联网的发展,人们的购物方式有了新的选择。很多年轻人喜欢在网络上选择自己满意的商品,通过快递送上门,购物足不出户,非常便捷。刘教授据此认为,那些实体商场的竞争力会受到互联网的冲击,在不远的将来,会有更多的网络商店取代实体商店。

以下哪项如果为真,最能削弱刘教授的观点?

A. 网络购物虽然有某些便利,但容易导致个人信息被不法分子利用。

B. 有些高档品牌的专卖店,只愿意采取街面实体商店的销售方式。

C. 网络商店与快递公司在货物丢失或损坏的赔偿方面经常互相推诿。

D. 购买黄金、珠宝等贵重物品,往往需要现场挑选,且不适宜网络支付。

E. 通常情况下,网络商店只有在其实体商店的支撑下才能生存。

33. 受多元文化和价值观的冲击,甲国居民的离婚率明显上升。最近一项调查表明,甲国的平均婚姻存续时间为8年。张先生为此感慨,现在像钻石婚、金婚、白头偕老这样的美丽故事已经很难得,人们淳朴的爱情婚姻观一去不复返了。

以下哪项如果为真,最可能表明张先生的理解不确切?

A. 现在有不少闪婚一族,他们经常在很短的时间里结婚又离婚。

B. 婚姻存续时间长并不意味着婚姻的质量高。

C. 过去的婚姻主要由父母包办,现在主要是自由恋爱。

D. 尽管婚姻存续时间短,但年轻人谈恋爱的时间比以前增加很多。

E. 婚姻是爱情的坟墓,美丽感人的故事更多体现在恋爱中。

34. 某集团公司有四个部门,分别生产冰箱、彩电、电脑和手机。根据前三个季度的数据统计,四个部门经理对2010年全年的赢利情况做了如下预测:

冰箱部门经理:今年手机部门会赢利。

彩电部门经理:如果冰箱部门今年赢利,那么彩电部门就不会赢利。

电脑部门经理:如果手机部门今年没赢利,那么电脑部门也没赢利。

手机部门经理:今年冰箱和彩电部门都会赢利。

全年数据统计完成后,发现上述四个预测只有一个符合事实。

关于该公司各部门的全年赢利情况,以下除哪项外,均可能为真?

A. 彩电部门赢利,冰箱部门没赢利。　　B. 冰箱部门赢利,电脑部门没赢利。

C. 电脑部门赢利,彩电部门没赢利。　　D. 冰箱部门和彩电部门都没赢利。

E. 冰箱部门和电脑部门都赢利。

35. 随着数字技术的发展,音频、视频的播放形式出现了革命性转变。人们很快接受了一些新形式,比如MP3、CD、DVD等。但是对于电子图书的接受并没有达到专家所预期的程度,现在仍有很大一部分读者喜欢捧着纸质出版物。纸质书籍在出版业中依然占据重要地位。因此有人说,书籍可能是数字技术需要攻破的最后一个堡垒。

以下哪项最不能对上述现象提供解释?

A. 人们固执地迷恋着阅读纸质书籍时的舒适体验,喜欢纸张的质感。

B. 在显示器上阅读,无论是笨重的阴极射线管显示器还是轻薄的液晶显示器,都会让人无端地心浮气躁。

C. 现在仍有一些怀旧爱好者喜欢收藏经典图书。

D. 电子书显示设备技术不够完善,图像显示速度较慢。

E. 电子书和纸质书籍的柔软沉静相比,显得面目可憎。

36. 在一次围棋比赛中,参赛选手陈华不时地挤捏指关节,发出的声响干扰了对手的思考。在比赛封盘间歇时,裁判警告陈华:如果再次在比赛中挤捏指关节并发出声响,将判其违规。对此,陈华反驳说,他挤捏指关节是习惯性动作,并不是故意的,因此,不应被判违规。

以下哪项如果成立,最能支持陈华对裁判的反驳?

A. 在此次比赛中,对手不时打开、合拢折扇,发出的声响干扰了陈华的思考。

B. 在围棋比赛中,只有选手的故意行为,才能成为判罚的根据。

C. 在此次比赛中,对手本人并没有对陈华的干扰提出抗议。

D. 陈华一向恃才傲物,该裁判对其早有不满。

E. 如果陈华为人诚实、从不说谎,那么他就不应该被判违规。

37. 3D立体技术代表了当前电影技术的尖端水准,由于使电影实现了高度可信的空间感,它可能成为未来电影的主流。3D立体电影中的银幕角色虽然由计算机生成,但是那些包括动作和表情的电脑角色的"表演",都以真实演员的"表演"为基础,就像数码时代的化妆技术一样。这也引起了某些演员的担心:随着计算机技术的发展,未来计算机生成的图像和动画会替代真人表演。

以下哪项如果为真,最能减弱上述演员的担心?

A. 所有电影的导演只能和真人交流,而不是和电脑交流。

B. 任何电影的拍摄都取决于制片人的选择,演员可以跟上时代的发展。

C. 3D立体电影目前的高票房只是人们一时图新鲜的结果,未来尚不可知。

D. 掌握3D立体技术的动画专业人员不喜欢去电影院看3D电影。

E. 电影故事只能用演员的心灵、情感来表现,其表现形式与导演的喜好无关。

38. 公达律师事务所以为刑事案件的被告进行有效辩护而著称,成功率达90%以上。老余是一位以专门为离婚案件的当事人成功辩护而著称的律师。因此,老余不可能是公达律师事务所的成员。

以下哪项最为确切地指出了上述论证的漏洞?

A. 公达律师事务所具有的特征,其成员不一定具有。

B. 没有确切指出老余为离婚案件的当事人辩护的成功率。

C. 没有确切指出老余为刑事案件的当事人辩护的成功率。

D. 没有提供公达律师事务所统计数据的来源。

E. 老余具有的特征,其所在工作单位不一定具有。

39. 科学研究中使用的形式语言和日常生活中使用的自然语言有很大的不同。形式语言看起来像天书,远离大众,只有一些专业人士才能理解和运用。但其实这是一种误解,自然语言和形式语言的关系就像肉眼与显微镜的关系。肉眼的视域广阔,可以从整体上把握事物的信息;显微镜可以帮助人们看到事物的细节和精微之处,尽管用它看到的范围小。所以,形式语言和自然语言都是人们交流和理解信息的重要工具,把它们结合起来使用,具有强大的力量。

以下哪项如果为真,最能支持上述结论?

A. 通过显微镜看到的内容可能成为新的"风景",说明形式语言可以丰富自然语言的表达,我们应重视形式语言。

B. 正如显微镜下显示的信息最终还是要通过肉眼观察一样,形式语言表述的内容最终也要通过自然语言来实现,说明自然语言更基础。

C. 科学理论如果仅用形式语言表达,很难被普通民众理解;同样,如果仅用自然语言表达,有可能变得冗长且很难表达准确。

D. 科学的发展很大程度上改善了普通民众的日常生活,但人们并没有意识到科学表达的基础——形式语言的重要性。

E. 采用哪种语言其实不重要,关键在于是否表达了真正想表达的思想内容。

40. 一艘远洋帆船载着5位中国人和几位外国人由中国开往欧洲。途中,除5位中国人外,全患上了败血症。同乘一艘船,同样是风餐露宿、漂洋过海,为什么中国人和外国人如此不同呢?原来这5位中国人都有喝茶的习惯,而外国人却没有。于是得出结论:喝茶是这5位中国人未得败血症的原因。

以下哪项和题干中得出结论的方法最为相似?

A. 警察锁定了犯罪嫌疑人,但是从目前掌握的事实看,都不足以证明他犯罪。专案组由此得出结论,必有一种未知的因素潜藏在犯罪嫌疑人身后。

B. 在两块土壤情况基本相同的麦地上,对其中一块施氮肥和钾肥,另一块只施钾肥。结果施氮肥和钾肥的那块麦地的产量远高于另一块。可见,施氮肥是麦地产量较高的原因。

C. 孙悟空:"如果打白骨精,师父会念紧箍咒;如果不打,师父就会被妖精吃掉。"孙悟空无奈得出结论:"我还是回花果山算了。"

D. 天文学家观测到天王星的运行轨道有特征a、b、c,已知特征a、b分别是由两颗行星甲、乙的吸引造成的,于是猜想还有一颗未知行星造成天王星的轨道特征c。

E. 一定压力下的一定量气体,温度升高,体积增大;温度降低,体积缩小。气体体积与温度之间存在一定的相关性,说明气体温度的改变是其体积改变的原因。

41. 所有重点大学的学生都是聪明的学生,有些聪明的学生喜欢逃学,小杨不喜欢逃学,所以,小杨不是重点大学的学生。

以下除哪项外,均与上述推理的形式类似?

A. 所有经济学家都懂经济学,有些懂经济学的爱投资企业,你不爱投资企业,所以你不是经济学家。

B. 所有的鹅都吃青菜,有些吃青菜的也吃鱼,兔子不吃鱼,所以兔子不是鹅。

C. 所有的人都是爱美的,有些爱美的还研究科学,亚里士多德不是普通人,所以亚里士多德不研究科学。

D. 所有被高校录取的学生都是超过录取分数线的,有些超过录取分数线的是大龄考生,小张不是大龄考生,所以小张没有被高校录取。

E. 所有想当外交官的都需要学外语,有些学外语的重视人际交往,小王不重视人际交往,所以小王不想当外交官。

42. 按照联合国开发计划署2007年的统计,挪威是世界上居民生活质量最高的国家,欧美和日本等发达国家也名列前茅。如果统计1990年以来生活质量改善最快的国家,发达国家则落后了。至少在联合国开发计划署统计的116个国家中,17年来,非洲东南部国家莫桑比克的生活质量提高最快,2007年其生活质量指数比1990年提高了50%。很多非洲国家取得了和莫桑比克类似的成就。作为世界上最受瞩目的发展中国家,中国的生活质量指数在过去17年中也提高了27%。

以下哪项可以从联合国开发计划署的统计中得出?

A. 2007年,发展中国家的生活质量指数都低于西方国家。

B. 2007年,莫桑比克的生活质量指数不高于中国。

C. 2006年,日本的生活质量指数不高于中国。

D. 2006年,莫桑比克的生活质量的改善快于非洲其他各国。

E. 2007年,挪威的生活质量指数高于非洲各国。

43. 某次认知能力测试,刘强得了118分,蒋明的得分比王丽高,张华和刘强的得分之和大于蒋明和王丽的得分之和,刘强的得分比周梅高。此次测试120分以上为优秀,五人之中有两人没有达到优秀。

根据以上信息,以下哪项是上述五人在此次测试中得分由高到低的排列?

A. 张华、王丽、周梅、蒋明、刘强。　　B. 张华、蒋明、王丽、刘强、周梅。

C. 张华、蒋明、刘强、王丽、周梅。　　D. 蒋明、张华、王丽、刘强、周梅。

E. 蒋明、王丽、张华、刘强、周梅。

44. 近日,某集团高层领导研究了发展方向问题。王总经理认为:既要发展纳米技术,也要发展生物医药技术。赵副总经理认为:只有发展智能技术,才能发展生物医药技术。李副总经理认为:如果发展纳米技术和生物医药技术,那么也要发展智能技术。最后经过董事会研究,只有其中一位的意见被采纳。

根据以上陈述,以下哪项符合董事会的研究决定?

A. 发展纳米技术和智能技术,但是不发展生物医药技术。

B. 发展生物医药技术和纳米技术,但是不发展智能技术。

C. 发展智能技术和生物医药技术,但是不发展纳米技术。

D. 发展智能技术,但是不发展纳米技术和生物医药技术。

E. 发展生物医药技术、智能技术和纳米技术。

45. 国外某教授最近指出,长着一张娃娃脸的人意味着他将享有更长的寿命,因为人们的生活状况很容易反映在脸上。从1990年春季开始,该教授领导的研究小组对1 826对70岁以上的双胞胎进行了体能和认知测试,并拍了他们的面部照片。在不知道他们确切年龄的情况下,三名研究助手先对不同年龄组的双胞胎进行年龄评估,结果发现,即使是双胞胎,被猜出的年龄也相差很大。然后,研究小组用若干年时间对这些双胞胎的晚年生活进行了跟踪调查,直至他们去世。

调查表明:双胞胎中,外表年龄差异越大,看起来老的那个就越可能先去世。

以下哪项如果为真,最能形成对该教授调查结论的反驳?

A. 如果把调查对象扩大到40岁以上的双胞胎,则结果可能有所不同。

B. 三名研究助手比较年轻,从事该项研究的时间不长。

C. 外表年龄是每个人生活环境、生活状况和心态的集中体现,与生命老化关系不大。

D. 生命老化的原因在于细胞分裂导致染色体末端不断损耗。

E. 看起来越老的人,在心理上一般较为成熟,对于生命有更深刻的理解。

46. 由于含糖饮料的卡路里含量高,容易导致肥胖,因此无糖饮料开始流行。经过一段时期的调查,李教授认为:无糖饮料尽管卡路里含量低,但并不意味它不会导致体重增加。因为无糖饮料可能导致人们对于甜食的高度偏爱,这意味着可能食用更多的含糖类食物。而且无糖饮料几乎没什么营养,喝得过多就限制了其他健康饮品的摄入,比如茶和果汁等。

以下哪项如果为真,最能支持李教授的观点?

A. 茶是中国的传统饮料,长期饮用有益健康。

B. 有些瘦子也爱喝无糖饮料。

C. 有些胖子爱吃甜食。

D. 不少胖子向医生报告他们常喝无糖饮料。

E. 喝无糖饮料的人很少进行健身运动。

47. 只有公司相应部门的所有员工都考评合格了,该部门的员工才能得到年终奖金;财务部有些员工考评合格了;综合部所有员工都得到了年终奖金;行政部的赵强考评合格了。

如果以上陈述为真,则以下哪项可能为真?

Ⅰ. 财务部员工都考评合格了。

Ⅱ. 赵强得到了年终奖金。

Ⅲ. 综合部有些员工没有考评合格。

Ⅳ. 财务部员工没有得到年终奖金。

A. 仅Ⅰ、Ⅱ。　　B. 仅Ⅱ、Ⅲ。　　C. 仅Ⅰ、Ⅱ、Ⅳ。　　D. 仅Ⅰ、Ⅱ、Ⅲ。　　E. 仅Ⅱ、Ⅲ、Ⅳ。

48. 随着文化知识越来越重要,人们花在读书上的时间越来越多,文人学子中近视患者的比例也越来越高。即便是在城里工人、乡镇农民中,也能看到不少人戴近视眼镜。然而,在中国古代很少发现患有近视的文人学子,更别说普通老百姓了。

以下除哪项外,均可以解释上述现象?

A. 古时候,只有家庭条件好或者有地位的人才读得起书;即便读书,用在读书上的时间也很少,那种头悬梁、锥刺股的读书人更是凤毛麟角。

B. 古时交通工具不发达,出行主要靠步行、骑马,足量的运动对于预防近视有一定的作用。

C. 古人生活节奏慢,不用担心交通安全,所以即使患了近视,其危害也非常小。

D. 古代自然科学不发达,那时学生读的书很少,主要是四书五经,一本《论语》要读好几年。

E. 古人书写用的是毛笔,眼睛和字的距离比较远,写的字也相对大些。

49~50题基于以下题干:

某家长认为,有想象力才能进行创造性劳动,但想象力和知识是天敌。人在获得知识的过程中,想象力会消失。因为知识符合逻辑,而想象力无章可循。换句话说,知识的本质是科学,想象力的特征是荒诞。人的大脑一山不容二虎:学龄前,想象力独占鳌头,脑子被想象力占据;上学后,大多数人的想象力被知识驱逐出境,他们成为知识渊博但丧失了想象力、终身只能重复前人发现的人。

49. 以下哪项是该家长论证所依赖的假设?

Ⅰ. 科学是不可能荒诞的,荒诞的就不是科学。

Ⅱ. 想象力和逻辑水火不相容。

Ⅲ. 大脑被知识占据后很难重新恢复想象力。

A. 仅Ⅰ。　　B. 仅Ⅱ。　　C. 仅Ⅰ和Ⅱ。　　D. 仅Ⅱ和Ⅲ。　　E. Ⅰ、Ⅱ和Ⅲ。

50. 以下哪项与家长的上述观点矛盾?

A. 如果希望孩子能够进行创造性劳动,就不要送他们上学。

B. 如果获得了足够知识,就不能进行创造性劳动。

C. 发现知识的人是有一定想象力的。

D. 有些人没有想象力,但能进行创造性劳动。

E. 想象力被知识驱逐出境是一个逐渐的过程。

51. 某公司总裁曾经说过:"当前任总裁批评我时,我不喜欢那感觉,因此,我不会批评我的继任者。"

以下哪项最可能是该总裁上述言论的假设?

A. 当遇到该总裁的批评时,他的继任者和他的感觉不完全一致。

B. 只有该总裁的继任者喜欢被批评的感觉,他才会批评继任者。

C. 如果该总裁喜欢被批评,那么前任总裁的批评也不例外。

D. 该总裁不喜欢批评他的继任者,但喜欢批评其他人。

E. 该总裁不喜欢被前任总裁批评,但喜欢被其他人批评。

52. 在恐龙灭绝6 500万年后的今天,地球正面临着又一次物种大规模灭绝的危机。截至上个世纪末,全球大约有20%的物种灭绝。现在,大熊猫、西伯利亚虎、北美玳瑁、巴西红木等许多珍稀物种面临着灭绝的危险。有三位学者对此做了预测。

学者一:如果大熊猫灭绝,则西伯利亚虎也将灭绝。

学者二:如果北美玳瑁灭绝,则巴西红木不会灭绝。

学者三:或者北美玳瑁灭绝,或者西伯利亚虎不会灭绝。

如果三位学者的预测都为真,则以下哪项一定为假?

A. 大熊猫和北美玳瑁都将灭绝。　　B. 巴西红木将灭绝,西伯利亚虎不会灭绝。

C. 大熊猫和巴西红木都将灭绝。　　D. 大熊猫将灭绝,巴西红木不会灭绝。

E. 巴西红木将灭绝,大熊猫不会灭绝。

53. 一些城市,由于作息时间比较统一,加上机动车太多,很容易形成交通早高峰和晚高峰,市民们在高峰时间上下班很不容易,为了缓解人们上下班的交通压力,某政府顾问提议采取不同时间段上下班制度,即不同单位可以在不同的时间段上下班。

以下哪项如果为真,最可能使该顾问的提议无法取得预期效果?

A. 有些上班时间段与员工的用餐时间冲突,会影响他们的生活乐趣,从而影响他们的工作积极性。

B. 许多上班时间段与员工的正常作息时间不协调,他们需要较长一段时间来调整适应,这段时间的工作效率难以保证。

C. 许多单位的大部分工作通常需要员工们在一起讨论,集体合作才能完成。

D. 该市的机动车数量持续增加,即使不在早晚高峰期,交通拥堵也时有发生。

E. 有些单位员工的住处与单位很近,步行即可上下班。

54. 统计数字表明,近年来,民用航空飞行的安全性有很大提高。例如,某国2008年每飞行100万次发生恶性事故的次数为0.2次,而1989年为1.4次。从这些年的统计数字看,民用航空恶性事故发生率总体呈下降趋势。由此看出,乘飞机出行越来越安全。

以下哪项不能加强上述结论?

A. 近年来,飞机事故中"死里逃生"的概率比以前提高了。

B. 各大航空公司越来越注意对机组人员的安全培训。

C. 民用航空的空中交通控制系统更加完善。

D. 避免"机鸟互撞"的技术与措施日臻完善。

E. 虽然飞机坠毁很可怕,但从统计数字上讲,驾车仍然要危险得多。

55. 有医学研究显示,行为痴呆症患者大脑组织中往往含有过量的铝。同时有化学研究表明,一种硅化合物可以吸收铝。陈医生据此认为,可以用这种硅化合物治疗行为痴呆症。

以下哪项是陈医生最可能依赖的假设?

A. 行为痴呆症患者大脑组织的铝含量通常过高,但具体数量不会变化。

B. 该硅化合物在吸收铝的过程中不会产生副作用。

C. 用来吸收铝的硅化合物的具体数量与行为痴呆症患者的年龄有关。

D. 过量的铝是导致行为痴呆症的原因,患者脑组织中的铝不是痴呆症引起的结果。

E. 行为痴呆症患者脑组织中的铝含量与病情的严重程度有关。

2011年管理类综合能力逻辑试题解析

答案速查表

26~30	DBAEA	31~35	DEABC	36~40	BEACB
41~45	CEBBC	46~50	DCCED	51~55	BCDED

26.【答案】D 【难度】S4 【考点】论证推理 解释 解释现象

巴斯德：实验发现，海拔越高，培养液被微生物污染的可能性越小，因此空气中的微生物浓度与环境状况、气流运动和海拔高度有关。

普歇：用干草浸液做材料重复了巴斯德的实验，却得出不同的结果。

D选项：可以解释，指出了干草浸液的特点，冷却之后迅速复活繁殖，所以普歇虽然重复了巴斯德的实验过程，但是因为使用的材料不同，导致实验结果出现差异。A、B、C、E选项：无法解释，描述了二人实验的相同之处，未出现差异，若二者相同就不会产生不同结果。

故正确答案为D选项。

27.【答案】B 【难度】S4 【考点】形式逻辑 三段论 三段论正推题型

题干信息：(1)张初中同学→¬博士；(2)通过张∧认识其哲学研究所同事→博士；(3)张初中同学→通过张认识了王研究员。

由(1)(2)传递可得，(4)张初中同学→¬博士→¬(通过张∧认识其哲学研究所同事)。由(4)可得，张教授的初中同学如果通过张教授认识某个人，那么这个人不可能是其哲学研究所同事，所以王研究员不是张教授的哲学研究所同事。

故正确答案为B选项。

28.【答案】A 【难度】S5 【考点】论证推理 结论 细节题

题干信息：在其他条件都相同的情况下，透明度高的老坑玉比透明度较其低的单位价值高，但是从实践得知，没有单位价值最高的老坑玉。

A选项：透明度越高，单位价值越高，没有单位价值最高的，所以没有透明度最高的，正确。

B选项：题干已经说明老坑玉的特点是"水头好"，该选项与题干不符，排除。D选项：题干只是说明没有单位价值最高的老坑玉，老坑玉的单位价值受哪些因素的影响，题干并未提及，排除。

C、E选项：无关选项，本题与"新坑玉"及老坑玉未来的单位价值无关，排除。

故正确答案为A选项。

29.【答案】E 【难度】S5 【考点】论证推理 削弱、质疑、反驳 因果型论证的削弱

原因：家庭和学校不适当的教育方法。结果：男孩危机——男孩调皮捣蛋、胆小怕事、学习成绩不如女孩好等现象。

E选项：他因削弱，说明是男孩的天性导致"男孩危机"，与家庭、学校不适当的教育方法无关。

A选项：表明"男孩危机"确实与家庭和学校不适当的教育方法有关，支持。B选项：与"男孩危机"无关，排除。C选项：与目前出现的"男孩危机"无关，排除。D选项：无法说明家庭和社会有不适当的教育方法，也不能说明"男孩危机"与家庭和社会不适当的教育方法有关，排除。

故正确答案为 E 选项。

30.【答案】A 【难度】S5 【考点】论证推理 支持、加强 论据+结论型论证的支持
题干信息：(1)抚仙湖虫属于真节肢动物中比较原始的类型；(2)外骨骼分为头、胸、腹三部分，它的背、腹分节数目不一致；(3)泥盆纪直虾是现代昆虫的祖先，抚仙湖虫化石与直虾类化石类似，间接表明抚仙湖虫是昆虫的远祖；(4)抚仙湖虫的消化道充满泥沙，这表明它是食泥的动物。
A 选项：与(4)冲突，无法支持。B 选项：支持(2)和(3)。C 选项：支持(3)。D 选项：支持(1)和(3)。E 选项：支持(4)。
故正确答案为 A 选项。

31.【答案】D 【难度】S4 【考点】论证推理 解释 解释矛盾
需要解释的矛盾：2010年某省物价总水平仅上涨2.4%，涨势比较温和；但普通民众觉得物价涨幅较高，该感觉也有据可依，有些商品确实涨幅较高。
D 选项：可以解释，虽然有些商品涨幅较高，但是占相当权重的工业消费品价格持续走低，所以导致整体涨势比较温和。
A 选项：无法解释，民众的感觉是有据可依的，并不是对数据认识的偏差导致。
B 选项：虽然各种因素互相交织，仍然无法解释题干中的差距。
C 选项：无法解释，有些商品涨幅确实很高，并不是居民的感觉有问题。
E 选项：不同家庭的差异无法解释有些商品涨幅高与整体涨势温和的矛盾。
故正确答案为 D 选项。

32.【答案】E 【难度】S5 【考点】论证推理 削弱、质疑、反驳 论据+结论型论证的削弱
论据：互联网的发展使网上购物非常便捷，也成了很多年轻人的选择。结论：实体商店的竞争力受到互联网的冲击，不远的将来，更多的网络商店会取代实体商店。
E 选项：他因削弱，表明实体商店是网络商店的基础，网络商店的发展必须依托于实体商店，所以实体商店不会被取代。
A、C 选项：指出了网络购物的弊端，虽然网络商店有这些短板，但是只要其总体上比实体商店有优势即可，无法削弱。B、D 选项：指出有些商品只能采取实体商店的销售方式，不适合网络商店，但因为题干中刘教授的观点只是"更多的"实体商店会被取代，并不是"所有的"实体商店，所以即使有的商品不适合网络商店也并不影响该观点，无法削弱。
故正确答案为 E 选项。

33.【答案】A 【难度】S5 【考点】论证推理 削弱、质疑、反驳 论据+结论型论证的削弱
论据：甲国离婚率明显上升，平均婚姻存续时间仅为8年。结论：长久的婚姻已经很难得，人们淳朴的爱情婚姻观一去不复返了。
A 选项：**平均数陷阱**，正是因为闪婚一族闪婚闪离，婚姻存续时间短，使平均婚姻存续时间看起来很短，但**该平均数并不能代表大多数人的情况**，事实上存续时间长的婚姻还是有很多的，表明张先生的理解并不确切。B 选项：无法削弱，与婚姻质量无关。C 选项：无法削弱，无论是父母包办还是自由恋爱，对婚姻存续时间的影响未知。D、E 选项：无法削弱，"恋爱"与题干论证无关。

故正确答案为 A 选项。

34.【答案】B 【难度】S4 【考点】综合推理 真话假话题

第一步:简化题干信息	(1)手机;(2)冰箱→¬彩电;(3)¬手机→¬电脑;(4)冰箱∧彩电
第二步:找矛盾关系或反对关系	(2)(4)矛盾,必一真一假
第三步:推知其余项真假	四个预测中只有一个为真,所以(1)(3)均为假
第四步:根据其他项真假,得出真实情况	由(1)为假可得,¬手机;由(3)为假可得,¬手机∧电脑
第五步:代回矛盾或反对项,判断真假,选出答案	问除哪项外均可能为真,即找与推知信息矛盾的选项。B选项与"电脑部门赢利了"矛盾,故正确答案为B选项

35.【答案】C 【难度】S5 【考点】论证推理 解释 解释现象

需要解释的现象:数字技术的发展使人们很快接受了音频、视频等新播放形式;但是,纸质出版物并没有很快被电子图书替代。

C选项:无法解释,"一些"占读者总数的比例多大未知,而且题干中主要是指阅读而不是收藏。

A选项:可以解释,指出纸质图书的优势——舒适体验。B、D、E选项:可以解释,指出了电子图书没有达到预期程度的原因——让人心浮气躁、显示速度较慢、不够柔软沉静等。

故正确答案为C选项。

36.【答案】B 【难度】S4 【考点】形式逻辑 假言命题 假言命题推理规则

陈华:¬故意→¬被判违规。要支持陈华的反驳,就要使该逻辑推理成立。

B选项:判罚→故意,是上述逻辑推理的等价逆否命题,正确。

A选项:别人的行为是不是干扰了陈华,和裁判对陈华的判罚无关,排除。C选项:对手本人没有提出抗议不能代表陈华的行为就没有违规,排除。D、E选项:主观性选项,排除。

故正确答案为B选项。

37.【答案】E 【难度】S4 【考点】论证推理 削弱、质疑、反驳 论据+结论型论证的削弱

论据:3D立体电影中的银幕形象由计算机生成。结论:演员担心未来真人表演会被计算机生成的图像和动画替代。

E选项:他因削弱,电影故事只能用演员的心灵、情感来表现,表明演员的不可替代性,减弱担心,正确。

A选项:电影导演只能和真人交流,但未必是和演员交流,所以担心依然存在。B选项:演员可以跟上时代的发展,但电影拍摄中演员是否会被代替呢?未知,无法削弱。C选项:未来尚不可知,无法起到任何作用,排除。D选项:与题干论证无关,排除。

故正确答案为E选项。

38.【答案】A 【难度】S4 【考点】论证推理 漏洞识别

论据:公达律师事务所以为刑事案件的被告进行有效辩护而著称,老余以专门为离婚案件的当事人成功辩护而著称。结论:老余不可能是公达律师事务所的成员。

上述论证中的漏洞在于:认为整体(公达律师事务所)具有的特点(以为刑事案件的被告进行有效辩护而著称),个体(事务所成员)也应该具有,而老余不具有,所以推出老余不是事务所的成员,而事实上**整体具有的特点个体并不一定具有**,所以题干论证存在漏洞。

A 选项:与上述分析一致,正确。B、C 选项:辩护成功率不是题干论证的问题所在,排除。D 选项:"数据来源"是对论证背景信息的削弱,一般不选。E 选项:题干是从整体推个体,而不是从个体推整体,排除。

故正确答案为 A 选项。

39.【答案】C 【难度】S5 【考点】论证推理 支持、加强 论据+结论型论证的支持

题干信息:形式语言和自然语言都是人们交流和理解信息的重要工具,要把二者结合起来使用。

C 选项:仅用形式语言或者自然语言表达都会产生问题,所以支持了题干中要将二者结合起来使用的结论,正确。A、D 选项:只表明了形式语言的重要性,排除。B 选项:只表明了自然语言的重要性,排除。E 选项:与题干论证无关,排除。

故正确答案为 C 选项。

40.【答案】B 【难度】S5 【考点】论证推理 论证方式相似、漏洞相似

题干信息:中国人喝茶→未得病,外国人不喝茶→得病,因此,喝茶是未得病的原因。

题干的论证方式是穆勒五法中的**求异法**。

B 选项:施氮肥和钾肥的那一块麦地产量高,施钾肥的那一块麦地产量低,二者除了是否施用氮肥外无其他差异,所以产量的差异是氮肥造成的,属于**求异法**。

A 选项:目前掌握的事实不足以证明他犯罪,推断出背后还有未知的因素,属于**剩余法**。C 选项:打或者不打都会有不良影响,属于**二难推理**。D 选项:共有特征 a、b、c,a、b 分别由行星甲、乙的吸引造成,故推理出还有一颗未知行星造成特征 c,属于**剩余法**。E 选项:气体体积与温度之间存在相关性,属于**共变法**。

故正确答案为 B 选项。

41.【答案】C 【难度】S5 【考点】形式逻辑 三段论 三段论结构相似

题干信息:重点大学学生(D)→聪明(B),有些聪明(B)→逃学(C),小杨(A)→¬逃学(¬C),所以小杨(A)→¬重点大学学生(¬D)。

C 选项:人(B)→爱美(C),有些爱美(C)→科学(D),亚里士多德(A)→¬普通人(¬B),所以亚里士多德(A)→¬科学(¬D)。该选项与题干推理形式不类似,其他选项均与题干推理形式类似。

故正确答案为 C 选项。

42.【答案】E 【难度】S4 【考点】论证推理 结论 细节题

题干信息:(1)2007 年统计表明,挪威是世界上居民生活质量最高的国家;(2)1990 年以来的 17 年中,莫桑比克的生活质量提高最快,达到 50%。

E 选项:由(1)可知,挪威的生活质量指数最高,所以必然高于非洲各国,正确。

A 选项:题干并未提及西方国家,发展中国家的生活质量指数是否低于西方国家未知,无法得出。B 选项:莫桑比克的生活质量提高最快,但其生活质量指数是否不高于中国未知,无法得出。C 选项:日本的生活质量指数是否不高于中国,无法得出。D 选项:由(2)可知,17 年来莫桑比克的生活质量提高最快,但 2006 年的具体情况未知。

故正确答案为 E 选项。

43.【答案】B 【难度】S5 【考点】综合推理 排序题型
题干信息:(1)刘 118 分;(2)蒋>王;(3)张+刘>蒋+王;(4)刘>周;(5)2 人<120 分。
由(1)(4)(5)可知,(6)刘和周没有达到优秀,并且刘、周的分数低于张、蒋、王的分数。
B 选项:未与任何条件矛盾,正确。A 选项:不符合(4),排除。C 选项:不符合(6),排除。D、E 选项:不符合(3),排除。
故正确答案为 B 选项。

44.【答案】B 【难度】S5 【考点】综合推理 真话假话题

第一步:简化题干信息	(1)王:纳米∧生物。(2)赵:生物→智能 = ¬生物∨智能。(3)李:纳米∧生物→智能 = ¬纳米∨¬生物∨智能
第二步:找矛盾关系或反对关系	未找到矛盾关系或反对关系,转换思路,采用"假设+归谬"的思路解题
第三步:假设+归谬	由题干信息可知,若(2)为真,则(3)必为真,与题干中只有一真相矛盾,所以可得(2)为假
第四步:得出真实情况,选出答案	由(2)为假,得出真实情况是,生物∧¬智能。选出符合董事会研究决定的选项,即选出与推知的真实情况不矛盾的选项。A、D 选项与"发展生物医药技术"矛盾,排除;C、E 选项与"不发展智能技术"矛盾,排除。故正确答案是 B 选项

45.【答案】C 【难度】S5 【考点】论证推理 削弱、质疑、反驳 论据+结论型论证的削弱
论据:双胞胎中,外表年龄差异越大,看起来老的那个就越可能先去世。结论:长着一张娃娃脸的人意味着他将享有更长的寿命。
C 选项:割裂关系,指出外表年龄与生命老化并无太大联系,直接表明二者不相关。
A 选项:"可能"力度较弱,排除。B 选项:研究助手年轻是否会对研究结果有影响呢? 未知,无法削弱。D 选项:只表明了生命老化的原因,与题干论证无关,无法削弱。E 选项:对生命有更深刻的理解与是否先去世的关系未知,无法削弱。
故正确答案为 C 选项。

46.【答案】D 【难度】S4 【考点】论证推理 支持、加强 因果型论证的支持
论据:无糖饮料可能导致人们食用更多的含糖类食物,而且喝得过多会限制其他健康饮品的摄入。结论:无糖饮料(因)可能会导致体重增加(果)。
D 选项:表明无糖饮料与胖很可能有关,可以支持。A 选项:与无糖饮料无关,排除。B、C 选项:"有些"范围未知,若只是个别情况则无法说明任何问题。E 选项:意图说明是因为很少进行健身运动导致肥胖,起到一定的削弱作用,排除。
故正确答案为 D 选项。

47.【答案】C 【难度】S5 【考点】形式逻辑 直言命题 直言命题真假不确定
题干信息:(1)年终奖金→都合格;(2)有些财务部→合格;(3)综合部→年终奖金;(4)行政部赵强→合格。

由(3)(1)可得:(5)综合部→年终奖金→都合格。

复选项Ⅰ:由(2)可知,有些财务部员工考评合格,由"有些"的数量不确定可知,"都合格"是一种可能的情况。复选项Ⅱ:由(4)可知,赵强考评合格,结合(1)无法推知其是否得到年终奖金,但这是一种可能的情况。复选项Ⅲ:由(5)可知,综合部所有员工都考评合格了,与复选项Ⅲ矛盾,不可能为真。复选项Ⅳ:由(2)可知,有些财务部员工考评合格,结合(1)无法推知其是否得到年终奖金,但这是一种可能的情况。

故正确答案为C选项。

48.【答案】C 【难度】S4 【考点】论证推理 解释 解释现象
需要解释的现象:现在戴近视眼镜的人越来越多;但是,古代患有近视的人比较少。
C选项:不能解释,古代患近视后危害的大小与题干无关。
A选项:可以解释,古代读书的人少,读书的人用在读书上的时间也少,对视力影响较小。B选项:可以解释,古代足量的运动有助于预防近视。D选项:可以解释,古代学生读的书比较少,对视力影响小。E选项:可以解释,古人字迹较大,对视力影响较小。
故正确答案为C选项。

49.【答案】E 【难度】S5 【考点】论证推理 假设、前提 论据+结论型论证的假设
题干信息:(1)想象力和知识是天敌,人的大脑一山不容二虎;(2)知识符合逻辑,想象力无章可循,知识的本质是科学,想象力的特征是荒诞;(3)学龄前——脑子被想象力占据,上学后——想象力逐渐被知识替代,丧失想象力。
复选项Ⅰ:由(2)可知,科学与荒诞分别是知识和想象力的特征,而知识和想象力是天敌,所以复选项Ⅰ是必须要有的假设。复选项Ⅱ:由(2)可知,想象力无章可循,而知识符合逻辑,所以二者一定是水火不容的。复选项Ⅲ:由(3)可知,上学后,随着知识越来越多,想象力会越来越少,大多数人会成为"终身"丧失想象力的人,所以必须要有复选项Ⅲ这一假设。
故正确答案为E选项。

50.【答案】D 【难度】S4 【考点】形式逻辑 假言命题 假言命题矛盾关系
题干信息:创造性劳动→想象力。
D选项:有些人¬想象力∧创造性劳动,是题干信息的矛盾关系,正确。
故正确答案为D选项。

51.【答案】B 【难度】S4 【考点】形式逻辑 假言命题 假言命题推理规则
题干信息:¬喜欢被批评的感觉→¬批评继任者。
B选项:批评继任者→喜欢被批评的感觉,是题干信息的等价逆否命题,是该总裁言论的假设,正确。A、D、E选项:未出现推理关系,与总裁言论无关,排除。C选项:喜欢被批评→喜欢前任总裁的批评,与题干推理无关,排除。
故正确答案为B选项。

52.【答案】C 【难度】S5 【考点】形式逻辑 假言命题 假言命题矛盾关系
题干信息:(1)大熊猫→虎;(2)北美→¬巴西;(3)北美∨¬虎 = 虎→北美。
由(1)(3)(2)传递可得:(4)大熊猫→虎→北美→¬巴西。
C选项:大熊猫∧巴西,与(4)矛盾,一定为假。A、B、D、E选项:均不与(4)矛盾,排除。

故正确答案为 C 选项。

53. 【答案】D 【难度】S5 【考点】论证推理 削弱、质疑、反驳 论据+结论型论证的削弱
    方法:采取不同时间段上下班制度。目的:缓解人们上下班的交通压力。
    D 选项:达不到目的,表明交通拥堵不只是在早晚高峰期出现,其他时间段也有,所以即使采取了该措施仍然无法达到目的,正确。
    A、B、C 选项:虽然该措施会给员工带来麻烦,但只要能缓解交通压力即可,排除。
    E 选项:与题干中的提议无关,排除。
    故正确答案为 D 选项。

54. 【答案】E 【难度】S5 【考点】论证推理 支持、加强 论据+结论型论证的支持
    论据:民用航空恶性事故发生率总体呈下降趋势。结论:乘飞机出行越来越安全。
    E 选项:无效比较,与驾车进行比较,与题干论证无关,无法加强。
    A 选项:"死里逃生"的概率提高,即使出现了恶性事故也有机会生还,加强结论。B 选项:安全培训越来越受到重视,发生恶性事故时机组人员更容易做出正确的决策,加强论证。C 选项:空中交通控制系统更加完善使飞机飞行更加安全,加强论证。D 选项:避免"机鸟互撞"的技术与措施日臻完善,"机鸟互撞"的概率降低,加强论证。
    故正确答案为 E 选项。

55. 【答案】D 【难度】S5 【考点】论证推理 假设、前提 论据+结论型论证的假设
    论据:行为痴呆症患者大脑组织中铝过量,一种硅化合物可以吸收铝。结论:用硅化合物可治疗行为痴呆症。
    题干中"行为痴呆症"与"大脑组织中含有过量的铝"两种现象同时出现,陈医生认为可以用硅化合物吸收铝,从而治疗行为痴呆症,所以陈医生认为是过量的铝导致了行为痴呆症。如果过量的铝只是行为痴呆症引起的结果,那么即使将铝吸收也毫无作用,排除了因果倒置的可能性,使题干的论证成立。
    D 选项:与上述分析一致,排除了因果倒置的可能性,正确。
    A 选项:强调铝含量高,但未涉及论证关系,无法加强,排除。B 选项:**假设过强**,不需要假设该方法不会产生副作用。因为只要副作用比行为痴呆症病症轻,就说明该方法依然有效,排除。
    C 选项:无关选项,题干论证的是"能否治疗",而非强调"如何去治疗",排除。E 选项:无法说明行为痴呆症与铝含量哪个是原因,哪个是结果,排除。
    故正确答案为 D 选项。

【温馨提示】想知道哪些知识点还没掌握?请打开"海绵MBA"APP,进入页面右上角【扫一扫】图标,扫描下方二维码,填入答案,系统会自动记录错题数据,方便查漏补缺。

2010年管理类综合能力逻辑试题

三、逻辑推理：第26~55小题，每小题2分，共60分。下列每题给出的A、B、C、D、E五个选项中，只有一项是符合试题要求的。请在答题卡上将所选项的字母涂黑。

26. 针对威胁人类健康的甲型H1N1流感，研究人员研制出了相应的疫苗，尽管这些疫苗是有效的，但某大学研究人员发现，阿司匹林、羟苯基乙酰胺等抑制某些酶的药物会影响疫苗的效果，这位研究员指出："如果你服用了阿司匹林或者对乙酰氨基酚，那么你注射疫苗后就必然不会产生良好的抗体反应。"

    如果小张注射疫苗后产生了良好的抗体反映，那么根据上述研究结果，可以得出以下哪项结论？

    A. 小张服用了阿司匹林，但没有服用对乙酰氨基酚。
    B. 小张没有服用阿司匹林，但感染了H1N1流感病毒。
    C. 小张服用了阿司匹林，但没有感染H1N1流感病毒。
    D. 小张没有服用阿司匹林，也没有服用对乙酰氨基酚。
    E. 小张服用了对乙酰氨基酚，但没有服用羟苯基乙酰胺。

27. 为了调查当前人们的识字水平，某实验者列举了20个词语，请30位文化人士识读，这些人的文化程度都在大专以上。识读结果显示，多数人只读对3~5个词语，极少数人读对15个以上，甚至有人全部读错。其中，"蹒跚"的辨识率最高，30人中有19人读对；"呱呱坠地"所有人都读错。20个词语的整体误读率接近80%。该实验者由此得出，当前人们的识字水平并没有提高，甚至有所下降。

    以下哪项如果为真，最能对该实验者的结论构成质疑？

    A. 实验者选取的20个词语不具有代表性。
    B. 实验者选取的30位识读者均没有博士学位。
    C. 实验者选取的20个词语在网络流行语言中不常用。
    D. "呱呱坠地"这个词的读音有些大学老师也经常读错。
    E. 实验者选取的30位识读者中约有50%大学成绩不佳。

28. 域控制器储存了域内的账户、密码和属于这个域的计算机三项信息。当计算机接入网络时，域控制器首先要鉴别这台计算机是否属于这个域，用户使用的登录账号是否存在，密码是否正确。如果三项信息均正确，则允许登录；如果以上信息有一项不正确，那么域控制器就会拒绝这个用户从这台计算机登录。小张的登录帐号是正确的，但是域控制器拒绝小张的计算机登录。

    基于以上陈述能得出以下哪项结论？

    A. 小张输入的密码是错误的。
    B. 小张的计算机不属于这个域。
    C. 如果小张的计算机属于这个域，那么他输入的密码是错误的。
    D. 只有小张输入的密码是正确的，他的计算机才属于这个域。
    E. 如果小张输入的密码是正确的，那么他的计算机属于这个域。

29. 现在越来越多的人拥有了自己的轿车，但他们明显缺乏汽车保养的基本知识。这些人会按照维修保养手册或4S店的售后服务人员的提示做定期保养。可是，某位有经验的司机会告诉你，每行驶5 000千米做一次定期检查，只能检查出汽车可能存在问题的一小部分，这样的检查是没有意义的，是浪费时间和金钱。

以下哪项不能削弱该司机的结论？

A. 每行驶5 000千米做一次定期检查是保障车主安全所需要的。

B. 每行驶5 000千米做一次定期检查能发现引擎的某些主要故障。

C. 在定期检查中所做的常规维护是保证汽车正常运行所必需的。

D. 赵先生的新车未做定期检查，行驶到5 100千米时出了问题。

E. 某公司新购的一批汽车未做定期检查，均安全行驶了7 000千米以上。

30. 化学课上，张老师演示了两个同时进行的教学实验：一个实验是$KClO_3$加热后，有O_2缓慢产生；另一个实验是$KClO_3$加热后迅速撒入少量MnO_2，这时立即有大量的O_2产生。张老师由此指出：MnO_2是O_2快速产生的原因。

以下哪项与张老师得出结论的方法类似？

A. 同一品牌的化妆品价格越高卖得越火。由此可见，消费者喜欢价格高的化妆品。

B. 居里夫人在沥青矿物中提取放射性元素时发现，从一定量的沥青矿物中提取的全部纯铀的放射线强度比同等数量的沥青矿物中放射线强度低数倍。她据此推断，沥青矿物中还存在其他放射性更强的元素。

C. 统计分析发现，30岁至60岁之间，年纪越大胆子越小。有理由相信：岁月是勇敢的腐蚀剂。

D. 将闹钟放在玻璃罩里，使它打铃，可以听到铃声；然后把玻璃罩里的空气抽空，再使闹钟打铃，就听不到铃声了。由此可见，空气是声音传播的介质。

E. 人们通过对绿藻、蓝藻、红藻的大量观察，发现结构简单、无根叶是藻类植物的主要特征。

31. 湖队是不可能进入决赛的。如果湖队进入决赛，那么太阳就从西边出来了。

以下哪项与上述论证方式最相似？

A. 今天天气不冷。如果冷，湖面怎么不结冰？

B. 语言是不能创造财富的。若语言能创造财富，则夸夸其谈的人就是世界上最富有的了。

C. 草木之生也柔脆，其死也枯槁。故坚强者死之徒，柔弱者生之徒。

D. 天上是不会掉馅饼的。如果你不相信这一点，那上当受骗是迟早的事。

E. 古典音乐不流行。如果流行，那就说明大众的音乐欣赏水平大大提高了。

32. 在某次课程教学改革研讨会上，负责工程类教学的程老师说，在工程设计中，用于解决数学问题的计算机程序越来越多了，这样就不必要求工程技术类大学生对基础数学有深刻的理解。因此，在未来的教学中，基础数学课程可以用其他重要的工程类课程替代。

以下哪项如果为真，能削弱程老师的上述论证？

Ⅰ. 工程类基础课程中已经包含了相关的基础数学的内容。

Ⅱ. 在工程设计中，设计计算机程序需要对基础数学有全面的理解。

Ⅲ. 基础数学课程的一个重要目标是培养学生的思维能力，这种能力对工程设计来说很关键。

A. 只有Ⅱ。　　B. 只有Ⅰ和Ⅱ。　　C. 只有Ⅰ和Ⅲ。　　D. 只有Ⅱ和Ⅲ。　　E. Ⅰ、Ⅱ和Ⅲ。

33. 蟋蟀是一种非常有趣的小动物，宁静的夏夜，草丛中传来阵阵清脆悦耳的鸣叫声，那是蟋蟀在唱歌。蟋蟀优美动听的歌声并不是出自它的好嗓子，而是来自它的翅膀。左右两翅一张一合，相互摩擦，就可以发出悦耳的声响了。蟋蟀还是建筑专家。与它那柔软的挖掘工具相比，蟋蟀的住宅门口，有一个收拾得非常舒适的平台。夏夜，除非下雨或者刮风，否则蟋蟀肯定会在这个平台上唱歌。

根据以上陈述，以下哪项是蟋蟀在无雨的夏夜所做的？

A. 修建住宅。
B. 收拾平台。
C. 在平台上唱歌。
D. 如果没有刮风，它就在抢修工程。
E. 如果没有刮风，它就在平台上唱歌。

34. 一般认为，出生地间隔较远的夫妻所生子女的智商较高。有资料显示，夫妻均是本地人，所生子女的平均智商为102.45；夫妻是省内异地的，其所生子女的平均智商为106.17；而隔省婚配的，其所生子女的智商则高达109.35。因此，异地通婚可提高下一代智商水平。

以下哪项如果为真，最能削弱上述结论？

A. 统计孩子平均智商的样本数量不够多。
B. 不难发现，一些天才儿童的父母均是本地人。
C. 不难发现，一些低智商儿童父母的出生地间隔较远。
D. 能够异地通婚者是智商比较高的，他们自身的高智商促成了异地通婚。
E. 一些情况下，夫妻双方出生地间隔很远，但他们的基因可能接近。

35. 成品油生产商的利润很大程度上受国际市场原油价格的影响，因为大部分原油是按国际市场价购进的。近年来，随着国际原油市场价格的不断提高，成品油生产商的运营成本大幅度增加，但某国成品油生产商的利润并没有减少，反而增加了。

以下哪项如果为真，最有助于解释上述看似矛盾的现象？

A. 原油成本只占成品油生产商运营成本的一半。
B. 该国成品油价格根据市场供需确定。随着国际原油市场价格的上涨，该国政府为成品油生产商提供相应的补贴。
C. 在国际原油市场价格不断上涨期间，该国成品油生产商降低了个别高薪雇员的工资。
D. 在国际原油市场价格上涨之后，除进口成本增加以外，成品油生产的其他运营成本也有所提高。
E. 该国成品油生产商的原油有一部分来自国内，这部分受国际市场价格波动影响较小。

36. 太阳风中的一部分带电粒子可以到达M星表面，将足够的能量传递给M星表面粒子，使后者脱离M星表面，逃逸到M星大气中。为了判定这些逃逸的粒子，科学家们通过三个实验获得了如下信息：

实验一：或者是X粒子，或者是Y粒子。
实验二：或者不是Y粒子，或者不是Z粒子。
实验三：如果不是Z粒子，就不是Y粒子。

根据上述三个实验，以下哪项一定为真？

A. 这种粒子是X粒子。 B. 这种粒子是Y粒子。 C. 这种粒子是Z粒子。

D. 这种粒子不是 X 粒子。　　E. 这种粒子不是 Z 粒子。

37. 美国某大学医学院的研究人员在《小儿科杂志》上发表论文指出,在对 2 702 个家庭的孩子进行跟踪调查后发现,如果孩子在 5 岁前每天看电视超过 2 小时,他们长大后出现行为问题的风险将会增加一倍多。所谓行为问题,是指性格孤僻、言行粗鲁、侵犯他人、难与他人合作等。

以下哪项为真,最能解释上述现象?

A. 电视节目会使孩子产生好奇心,容易导致孩子出现暴力倾向。

B. 电视节目中有不少内容容易使孩子长时间处于紧张、恐惧的状态。

C. 看电视时间过长,会影响儿童与他人的交往。久而久之,孩子便会缺乏与他人打交道的经验。

D. 儿童模仿力强,如果只对电视节目感兴趣,长此以往,会阻碍他们分析能力的发展。

E. 每天长时间地看电视,容易使孩子神经系统产生疲劳,影响身心健康发展。

38. 一种常见的现象是,从国外引进的一些畅销科普读物在国内并不畅销,有人对此解释说,这与我们多年来沿袭的文理分科有关。文理分科人为地造成了自然科学与人文社会科学的割裂,导致科普类图书的读者市场还没有真正形成。

以下哪项如果为真,最能加强上述观点?

A. 有些自然科学工作者对科普读物也不感兴趣。

B. 科普读物不是没有需求,而是有效供给不足。

C. 由于缺乏理科背景,非自然科学工作者对科学敬而远之。

D. 许多科普电视节目都拥有固定的收视群,相应的科普读物也就大受欢迎。

E. 国内大部分科普读物只是介绍科学知识,很少真正关注科学精神的传播。

39. 大小行星悬浮在太阳系边缘,极易受附近星体引力作用的影响。据研究人员计算,有时这些力量会将彗星从奥尔特星云拖出。这样,它们更有可能靠近太阳。两位研究人员据此分别做出了以下两种有所不同的断定:一、木星的引力作用要么将它们推至更小的轨道,要么将它们逐出太阳系;二、木星的引力作用或者将它们推至更小的轨道,或者将它们逐出太阳系。

如果上述两种断定只有一种为真,则可以推出以下哪项结论?

A. 木星的引力作用将它们推至更小的轨道,并且将它们逐出太阳系。

B. 木星的引力作用没有将它们推至更小的轨道,但是将它们逐出太阳系。

C. 木星的引力作用将它们推至更小的轨道,但是没有将它们逐出太阳系。

D. 木星的引力作用既没有将它们推至更小的轨道,也没有将它们逐出太阳系。

E. 木星的引力作用如果将它们推至更小的轨道,就不会将它们逐出太阳系。

40. 鸽子走路时,头部并不是有规律地前后移动,而是一直在往前伸。行走时,鸽子脖子往前一探,然后头部保持静止,等待着身体和爪子跟进。有学者曾就鸽子走路时伸脖子的现象做出假设:在等待身体跟进的时候,暂时静止的头部有利于鸽子获得稳定的视野,看清周围的食物。

以下哪项如果为真,最能支持上述假设?

A. 鸽子行走时如果不伸脖子,很难发现远处的食物。

B. 步伐大的鸟类,伸缩脖子的幅度远比步伐小的要大。

C. 鸽子行走速度的变化,刺激内耳控制平衡的器官,导致伸脖子。

D. 鸽子行走时一举翅一投足,都可能出现脖子和头部肌肉的自然反射,所以头部不断运动。

E. 如果雏鸽步态受到限制,功能发育不够完善,那么,成年后鸽子的步伐变小,脖子伸缩幅度则会随之降低。

41. S市环保监测中心的统计分析表明,2009年空气质量为优的天数达到了150天,比2008年多出22天。二氧化碳、一氧化碳、二氧化氮、可吸入颗粒物四项污染物浓度平均值,与2008年相比分别下降了约21.3%、25.6%、26.2%、15.4%。S市环保负责人指出,这得益于近年来本市政府持续采取的控制大气污染的相关措施。

以下除哪项外,均能支持上述S市环保负责人的看法?

A. S市广泛开展环保宣传,加强了市民的生态理念和环保意识。

B. S市启动了内部控制污染方案:凡是排放不达标的燃煤锅炉停止运行。

C. S市执行了机动车排放国Ⅳ标准,单车排放比国Ⅲ标准降低了49%。

D. S市市长办公室最近研究了焚烧秸秆的问题,并着手制定相关条例。

E. S市制定了"绿色企业"标准,继续加快污染重、能耗高企业的退出。

42. 在某次思维训练课上,张老师提出"尚左数"这一概念的定义:在连续排列的一组数字中,如果一个数字左边的数字都比其大(或无数字),且其右边的数字都比其小(或无数字),则称这个数字为尚左数。

根据张老师的定义,在8、9、7、6、4、5、3、2这列数字中,以下哪项包含了该列数字中所有的尚左数?

A. 4、5、7和9。　　B. 2、3、6和7。　　C. 3、6、7和8。　　D. 5、6、7和8。　　E. 2、3、6和8。

43. 一般认为,剑乳齿象是从北美洲迁入南美洲的。剑乳齿象的显著特征是具有较直的长剑形门齿,颚骨较短,白齿的齿冠隆起,齿板数目为7或8个,并呈乳状凸起,剑乳齿象因此得名。剑乳齿象的牙齿结构比较复杂,这表明它能吃草。在南美洲的许多地方都有证据显示,史前人类捕捉过剑乳齿象。由此可以推测,剑乳齿象的灭绝可能与人类的过度捕杀有密切关系。

以下哪项如果为真,最能反驳上述论证?

A. 史前动物之间经常发生大规模相互捕杀的现象。

B. 剑乳齿象在遇到人类攻击时缺乏自我保护能力。

C. 剑乳齿象也存在由南美洲进入北美洲的回迁现象。

D. 由于人类活动范围的扩大,大型食草动物难以生存。

E. 幼年剑乳齿象的牙齿结构比较简单,自我生存能力弱。

44. 小东在玩"勇士大战"游戏,进入第二关时,界面出现四个选项,第一个选项是"选择任意选项都需要支付游戏币",第二个选项是"选择本项后可以得到额外游戏奖励",第三个选项是"选择本项后游戏不会进行下去",第四个选项是"选择某个选项不需支付游戏币"。

如果四个选项的陈述中只有一句为真,则以下哪项一定为真?

A. 选择任意选项都需支付游戏币。

B. 选择任意选项都无须支付游戏币。

C. 选择任意选项都不能得到额外游戏奖励。

D. 选择第二个选项后可以得到额外游戏奖励。

E. 选择第三个选项后游戏能继续进行下去。

45. 有美国学者做了一个实验,给被试儿童看三幅图画,鸡、牛、青草,然后让儿童将其分为两类。结果大部分中国儿童把牛和青草归为一类,把鸡归为另一类;大部分美国儿童则把牛和鸡归为一类,把青草归为另一类。这些美国学者由此得出:中国儿童习惯于按照事物之间的关系来分类,美国儿童则习惯于把事物按照各自所属的"实体"范畴进行分类。

以下哪项是这位学者得出结论所必须假设的?

A. 马和青草是按照事物之间的关系被归为一类。

B. 鸭和鸡蛋是按照各自所属的"实体"范畴被归为一类。

C. 美国儿童只要把牛和鸡归为一类,就是习惯于按照各自所属"实体"范畴进行分类。

D. 美国儿童只要把牛和鸡归为一类,就不是习惯于按照事物之间的关系来分类。

E. 中国儿童只要把牛和青草归为一类,就不是习惯于按照各自所属"实体"范畴进行分类。

46. 相互尊重是相互理解的基础,相互理解是相互信任的前提;在人与人的相互交往中,自重、自信也是非常重要的,没有一个人尊重不自重的人,没有一个人信任他所不尊重的人。

以上陈述可以推出以下哪项结论?

A. 不自重的人也不被任何人信任。　　B. 相互信任才能相互尊重。

C. 不自信的人也不自重。　　D. 不自信的人也不被任何人信任。

E. 不自信的人也不受任何人尊重。

47. 学生:IQ 和 EQ 哪个更重要?您能否给我指点一下?

学长:你去书店问问工作人员,关于 IQ、EQ 的书哪类销得快,哪类就更重要。

以下哪项与上述题干中的问答方式最为相似?

A. 员工:我们正制定一个度假方案,你说是在本市好,还是去外地好?
经理:现在年终了,每个公司都在安排出去旅游,你去问问其他公司的同行,他们计划去哪里,我们就不去哪里,不凑热闹。

B. 平平:母亲节那天我准备给妈妈送一样礼物,你说是送花还是送巧克力好?
佳佳:你在母亲节前一天去花店看一下,看看买花的人多不多就行了嘛。

C. 顾客:我准备买一件毛衣,你看颜色是鲜艳一点,还是素一点好?
店员:这个需要结合自己的性格与穿衣习惯,各人可以有自己的选择与喜好。

D. 游客:我们前面有两条山路,走哪一条更好?
导游:你仔细看看,哪一条山路上车马的痕迹深,我们就走哪一条。

E. 学生:我正在准备期末复习,是做教材上的练习重要还是理解教材内容更重要?
老师:你去问问高年级得分高的同学,他们是否经常背书做练习。

48. 李赫、张岚、林宏、何柏、邱辉五位同事,近日他们各自买了一辆不同品牌小轿车,分别为雪铁龙、奥迪、宝马、奔驰、桑塔纳。这五辆车的颜色分别与五人名字最后一个字谐音的颜色不同。已知李赫买的是蓝色的雪铁龙。

以下哪项排列可能依次对应张岚、林宏、何柏、邱辉所买的车?

A. 黑色的奥迪、白色的宝马、灰色的奔驰、红色的桑塔纳。

B. 黑色的奥迪、红色的宝马、灰色的奔驰、白色的桑塔纳。

C. 红色的奥迪、灰色的宝马、白色的奔驰、黑色的桑塔纳。

D. 白色的奥迪、黑色的宝马、红色的奔驰、灰色的桑塔纳。

E. 黑色的奥迪、灰色的宝马、白色的奔驰、红色的桑塔纳。

49. 克鲁特是德国家喻户晓的"明星"北极熊,北极熊是名副其实的北极霸主,因此克鲁特是名副其实的北极霸主。

以下除哪项外,均与上述论证出现的谬误相似?

A. 儿童是祖国的花朵,小雅是儿童,因此小雅是祖国的花朵。

B. 鲁迅的作品不是一天能读完的,《祝福》是鲁迅的作品,因此《祝福》不是一天能读完的。

C. 中国人是不怕困难的,我是中国人,因此我是不怕困难的。

D. 康怡花园坐落在清水街,清水街的建筑属于违章建筑,因此康怡花园的建筑属于违章建筑。

E. 西班牙语是外语,外语是普通高等学校招生的必考科目,因此西班牙语是普通高校招生的必考科目。

50. 在本年度篮球联赛中,长江队主教练发现,黄河队五名主力队员之间的上场配置有如下规律:

(1) 若甲上场,则乙也要上场;

(2) 只有甲不上场,丙才不上场;

(3) 要么丙不上场,要么乙和戊中有人不上场;

(4) 或者丁上场,或者乙上场。

若乙不上场,则以下哪项配置合乎上述规律?

A. 甲、丙、丁同时上场。 B. 丙不上场,丁、戊同时上场。

C. 甲不上场,丙、丁都上场。 D. 甲、丁都上场,戊不上场。

E. 甲、丁、戊都不上场。

51. 陈先生:未经许可侵入别人的电脑,就好像开偷来的汽车撞伤了人,这些都是犯罪行为。但后者性质更严重,因为它既侵占了有形财产,又造成了人身伤害;而前者只是在虚拟世界中捣乱。

林女士:我不同意。例如,非法侵入医院的电脑,有可能扰乱医疗数据,甚至危及病人的生命。因此,非法侵入电脑同样会造成人身伤害。

以下哪项最为准确地概括了两人争论的焦点?

A. 非法侵入别人的电脑和开偷来的汽车是否同样会危及人的生命?

B. 非法侵入别人的电脑和开偷来的汽车伤人是否都构成犯罪?

C. 非法侵入别人电脑和开偷来的汽车伤人是否是同样性质的犯罪?

D. 非法侵入别人电脑的犯罪性质是否和开偷来的汽车伤人一样严重?

E. 是否只有侵占有形财产才构成犯罪?

52. 小明、小红、小丽、小强、小梅五人去听音乐会。他们五人在一排且座位相连,其中只有一个座位最靠近走廊。如果小强想坐在最靠近走廊的座位上,小丽想跟小明紧挨着,小红不想跟小丽紧挨着,小梅想跟小丽紧挨着,但不想跟小强或小明紧挨着。

以下哪项排序符合上述五人的意愿?

A. 小明、小梅、小丽、小红、小强。 B. 小强、小红、小明、小丽、小梅。

C. 小强、小梅、小红、小丽、小明。 D. 小明、小红、小梅、小丽、小强。

E. 小强、小丽、小梅、小明、小红。

53. 参加某国际学术研讨会的60名学者中，亚裔学者31人，博士33人，非亚裔学者中无博士学位的4人。

    根据上述陈述，参加此次国际研讨会的亚裔博士有几人？

    A. 1。　　　　　B. 2。　　　　　C. 4。　　　　　D. 7。　　　　　E. 8。

54. 对某高校本科生的某项调查统计发现：在因成绩优异被推荐免试攻读硕士研究生的文科专业生中，女生占有70%。由此可见，该校本科生文科专业的女生比男生优秀。

    以下哪项如果为真，能最有力地削弱上述结论？

    A. 在该校本科文科专业学生中，女生占30% 以上。
    B. 在该校本科文科专业学生中，女生占30% 以下。
    C. 在该校本科文科专业学生中，男生占30% 以下。
    D. 在该校本科文科专业学生中，女生占70% 以下。
    E. 在该校本科文科专业学生中，男生占70% 以上。

55. 某中药配方有如下要求：(1)如果有甲药材，那么也要有乙药材；(2)如果没有丙药材，那么必须有丁药材；(3)人参和天麻不能都有；(4)如果没有甲药材而有丙药材，则需要有人参。

    如果含有天麻，则关于该配方的断定哪项为真？

    A. 含有甲药材。　　　　　B. 含有丙药材。　　　　　C. 没有丙药材。
    D. 没有乙药材和丁药材。　　　E. 含有乙药材或丁药材。

2010年管理类综合能力逻辑试题解析

答案速查表

26~30	DACED	31~35	BDEDB	36~40	ACCAA
41~45	DBAEC	46~50	ADADC	51~55	DBECE

26.【答案】D 【难度】S4 【考点】形式逻辑 假言命题 假言命题推理规则

题干信息：阿∨乙→¬抗体 = 抗体→¬（阿∨乙）= 抗体→¬阿∧¬乙。

由推理结果可知，产生了良好的抗体反应可推出既没有服用阿司匹林，也没有服用对乙酰氨基酚。

故正确答案为D选项。

27.【答案】A 【难度】S4 【考点】论证推理 削弱、质疑、反驳 论据+结论型论证的削弱

论据：请30位文化人士识读20个词语，结果显示，整体误读率接近80%。结论：当前人们的识字水平有所下降。

A选项：题干论证方式是基于抽样调查的统计推理。A选项如果为真，说明这一抽样调查的样本选取不当，有**以偏概全**的嫌疑，是最强的质疑，正确。

B选项：无法质疑，不需要选取的识读者都有博士学位，只要其能代表当前人们的识字水平即可。

C选项：无法质疑，20个词语在网络流行语言中不常用并不代表这些词语不具有代表性。

D选项：无法质疑，只有这一个词较难还是20个词都较难呢？这些词语是否有代表性呢？未知。

E选项：无法质疑，成绩不佳如何判断？当前人们大学成绩不佳的又占多大比例呢？这30位识读者是否无法代表人们的整体情况呢？都未知。

故正确答案为A选项。

28.【答案】C 【难度】S4 【考点】形式逻辑 假言命题 假言命题推理规则

题干信息：域∧账号∧密码→允许 = ¬允许→¬域∨¬账号∨¬密码。

由域控制器拒绝小张的计算机登录，即¬允许登录，其登录账号又是正确的，所以可得，¬域∨¬账号∨¬密码=账号→¬域∨¬密码，即拒绝小张的计算机登录的原因是，¬域∨¬密码，由"或"的特点可知，¬域∨¬密码 = 域→¬密码（C选项正确、D选项错误）= 密码→¬域（E选项错误）。

故正确答案为C选项。

29.【答案】E 【难度】S4 【考点】论证推理 削弱、质疑、反驳 论据+结论型论证的削弱

论据：每行驶5 000千米做一次定期检查只能检查出汽车存在的一小部分问题。结论：定期检查没有意义，是浪费时间和金钱。

题目要求寻找不能削弱的选项，应运用排除法将可以削弱的选项排除。

A选项：可以削弱，表明定期检查能保障车主安全，是有必要的。

B选项:可以削弱,引擎是汽车的"心脏",定期检查能发现引擎的某些主要故障,表明检查是有必要的。

C选项:可以削弱,定期检查是保证汽车的正常运行所必需的。

D选项:可以削弱,未做定期检查的车出现了问题,表明了定期检查的必要性。

E选项:无法削弱,未做定期检查的车未出现问题,说明定期检查不是必需的。

故正确答案为E选项。

30. 【答案】D 【难度】S5 【考点】论证推理 论证方式相似、漏洞相似

题干信息:无 MnO_2,O_2 缓慢产生;有 MnO_2,O_2 快速产生。因此,MnO_2 是 O_2 快速产生的原因。

题干中所做的实验为**对照实验**,得出结论的方法是**求异法**。

D选项:有空气,能听到铃声;无空气,听不到铃声。因此,空气是声音传播的介质。该实验为**对照实验**,得出结论的方法为**求异法**,与题干一致。

A选项:未使用方法,可能消费者是凭借价格的高低来评判化妆品的好坏,无法得出结论。

B选项:沥青是混合物,其中纯铀的放射线强度比混合物的低,由此得出"沥青矿物中还存在其他放射线更强的元素"的结论,得出结论的方法是**剩余法**。

C选项:该统计分析可能并不适用于所有人,未使用穆勒五法中的方法。

E选项:绿藻、蓝藻、红藻颜色不同,生长环境不同,但相同点是结构简单、无根叶,而且都是藻类植物,使用了**求同法**。

故正确答案为D选项。

31. 【答案】B 【难度】S4 【考点】论证推理 概括论证方式

题干信息:如果湖队进入决赛,那么太阳就从西边出来了(太阳不可能从西边出来),因此,湖队是不可能进入决赛的。

该论证方式是**归谬法**,结合隐含条件"太阳不可能从西边出来"得出结论。

B选项:如果语言能创造财富,那么夸夸其谈的人就是世界上最富有的了。很明显,夸夸其谈的人并不是世界上最富有的人,所以可以推出结论——语言不能创造财富,与题干的论证方式一致,均为**归谬法**。

A选项:"湖面不可能结冰"并不是隐含条件,无法推出"天气不冷"的结论,不是归谬法,排除。

C选项:将人与草木做类比,是**类比推理**的方式,与题干不同,排除。

D、E选项:未使用归谬法,排除。

故正确答案为B选项。

32. 【答案】D 【难度】S5 【考点】论证推理 削弱、质疑、反驳 论据+结论型论证的削弱

论据:数学问题可以用计算机程序解决,工程技术类大学生不需要对基础数学有深刻的理解。

结论:在未来教学中,基础数学课程可以用其他重要的工程类课程替代。

复选项Ⅰ:**支持论证**,因为工程类基础课程中已经包含了基础数学的内容,所以可以用其他重要的工程类课程替代数学课程。

复选项Ⅱ:**他因削弱**,表明基础数学课程对工程设计来说很重要,不能被替代。

复选项Ⅲ:**他因削弱**,表明虽然数学问题可以用计算机程序解决,但是基础数学课程可以培养学

生的思维能力,这种能力对工程设计很关键,所以该课程不能被替代。
故正确答案为 D 选项。

33. 【答案】E 【难度】S4 【考点】形式逻辑 假言命题 假言命题推理规则
题干信息:除非下雨或者刮风,否则唱歌 = ¬(下雨∨刮风)→唱歌 = ¬下雨∧¬刮风→唱歌。
题干补充条件为"¬下雨",结合"¬刮风"就可以得出"它在平台上唱歌"。
E 选项表达的就是这个逻辑关系。
故正确答案为 E 选项。

34. 【答案】D 【难度】S5 【考点】论证推理 削弱、质疑、反驳 论据+结论型论证的削弱
论据:出生地间隔较远的夫妻所生子女智商较高。结论:异地通婚可提高下一代智商水平。
D 选项:**他因削弱**,说明是夫妻自身的高智商促成了异地通婚,所以子女智商高并不是因为异地,而是由高智商父母遗传导致的,可以削弱。
A 选项:力度较弱,题干中并未提及统计孩子平均智商的样本数量有多大,无法削弱。
B、C 选项:"一些"的数量范围未知,如果只是个别现象,则无法削弱。
E 选项:基因接近与子女智商的关系未知,无法削弱。
故正确答案为 D 选项。

35. 【答案】B 【难度】S4 【考点】论证推理 解释 解释现象
需要解释的矛盾:国际市场原油价格上升,成品油生产商运营成本大幅度增加;但是,某国成品油生产商的利润没有减少,反而增加了。
利润=收入-成本,如果其他因素不变,成本上升,利润应该下降,但该国成品油生产商的利润却上升了。
B 选项:可以解释,政府为成品油生产商提供补贴,说明其收入增加导致利润上升。
A 选项:无法解释,运营成本的一半是原油成本,说明成本上升。
C 选项:无法解释,降低了"个别"高薪雇员的工资,说明对减少成本的作用并不大。
D 选项:无法解释,其他运营成本也有所提高,进一步扩大了题干中的矛盾。
E 选项:无法解释,原油有一部分来自国内,有多少来自国内呢?未知。受国际市场价格波动影响较小,价格也在上升吗?上升幅度大不大呢?也未知。如果原油只有很小一部分来自国内,或者国内市场的原油价格只是比国际市场的上升幅度小一点,那么成本依然在上升。
故正确答案为 B 选项。

36. 【答案】A 【难度】S5 【考点】形式逻辑 假言命题 假言命题推理规则
实验:(1)X∨Y=¬Y→X;(2)¬Y∨¬Z=Z→¬Y;(3)¬Z→¬Y。
(2)(3)形成**二难推理**,无论是 Z 还是¬Z,均可推出¬Y,所以真实情况为¬Y。
由(1)可得,¬Y→X,所以该粒子为 X 粒子。
故正确答案为 A 选项。

37. 【答案】C 【难度】S4 【考点】论证推理 解释 解释矛盾
需要解释的矛盾:通过调查发现,孩子 5 岁前每天看电视超过 2 小时,长大后出现行为问题的风险将增加一倍多。
C 选项:可以解释,看电视使孩子缺乏与他人打交道的经验,题干中的行为问题也是指与他人合

作或者打交道的过程中呈现出的问题,正确。

A、B、D、E选项:"容易导致孩子出现暴力倾向""使孩子处于紧张、恐惧的状态""阻碍分析能力的发展""影响身心健康发展"均指出了孩子看电视会导致的问题,但与题干中对"行为问题"的界定不一致,故不是正确答案。

故正确答案为C选项。

38.【答案】C 【难度】S5 【考点】论证推理 支持、加强 因果型论证的支持

原因:文理分科人为地造成了自然科学与人文社会科学的割裂。结果:科普类读物在国内并不畅销,科普类图书的读者市场没有真正形成。

C选项:建立联系,非自然科学工作者缺乏理科背景,使他们对科学敬而远之,而缺乏理科背景正是题干中的文理分科造成的,所以加强了上述观点,正确。

A选项:力度较弱,"有些"范围不确定。

B选项:他因削弱,指出是有效供给不足导致科普读物不畅销,无法加强。

D选项:表明与科普电视节目相应的科普读物大受欢迎,但整个市场上科普类读物为什么不畅销还是未知,无法加强。

E选项:该选项说的是科普读物只是介绍科学知识,但题干并未说明非自然科学工作者是因为科普读物的内容而对科普读物没兴趣,不能必然推出只是介绍科学知识导致科普读物不畅销,该选项与题干的因果关系无关,排除。

故正确答案为C选项。

39.【答案】A 【难度】S5 【考点】形式逻辑 联言命题、选言命题 联言、选言命题性质推理

题干信息:(1)推至更小轨道∨逐出太阳系;(2)推至更小轨道∨逐出太阳系。

(1)表示"推至更小轨道"和"逐出太阳系"只能二选一,(2)表示"推至更小轨道"和"逐出太阳系"至少选其一,也就是可能二选一,也可能二选二。所以,如果(1)为真,那么(2)一定为真;但是如果(2)为真,可能出现既推至更小轨道又逐出太阳系的情况,那么就不符合(1)的定义了。总结来看,若(1)真,则(2)真,不符合题干的"只有一种为真",故(1)为假,(2)为真,则真实情况是"推至更小轨道∧逐出太阳系",符合题意。

故正确答案为A选项。

40.【答案】A 【难度】S4 【考点】论证推理 支持、加强 论据+结论型论证的支持

现象:鸽子走路时伸脖子。假设:伸脖子有利于鸽子获得稳定的视野,看清周围的食物。

A选项:不伸脖子很难发现远处的食物,与题干中"看清周围的食物"不太一致,但是其他选项都与题干无关,所以A选项相对较好。

B选项:将步伐大和步伐小的鸟类伸脖子的幅度进行比较,与题干无关。

C、D选项:解释鸽子伸脖子的原理,与题干无关。

E选项:指出雏鸽功能发育不够完善带来的后果,与题干无关。

故正确答案为A选项。

41.【答案】D 【难度】S5 【考点】论证推理 支持、加强 因果型论证的支持

原因:近年来本市政府采取了控制大气污染的相关措施。结果:空气质量变好。

D选项:S市市长办公室着手制定相关条例,说明该条例还未开始实行,但空气质量已经变好,

无法支持。

A 选项说的是"环保宣传使市民环保意识增强",B 选项说的是"启动内部控制污染方案",C 选项说的是"执行新的机动车排放标准",E 选项说的是"制定'绿色企业'标准",以上均是政府已经采取的环保措施,支持了该负责人的看法。

故正确答案为 D 选项。

42.【答案】B 【难度】S4 【考点】形式逻辑 概念 与定义相关的题型

"尚左数":(1)左边的数字都比其大(或无数字);(2)右边的数字都比其小(或无数字)。

B 选项:所有数字均符合上述两个特点,正确。

A 选项:9 左边的 8 不比其大,不符合特点(1),排除。C、D、E 选项:8 右边的 9 不比其小,不符合特点(2),排除。

故正确答案为 B 选项。

43.【答案】A 【难度】S5 【考点】论证推理 削弱、质疑、反驳 因果型论证的削弱

论据:有证据显示史前人类捕捉过剑乳齿象。结论:剑乳齿象的灭绝(果)可能与人类的过度捕杀(因)有密切关系。

A 选项:他因削弱,表明是动物之间的相互捕杀导致剑乳齿象灭绝,与人类无关,正确。

B 选项:从侧面说明剑乳齿象的灭绝与人类过度捕杀有关,排除。C 选项:"回迁现象"与人类捕杀关系不大,与题干论证无关,排除。D 选项:题干中只是表明剑乳齿象能吃草,但其是否就是食草动物呢?未知。人类扩大活动范围的过程中是否对其进行了捕杀呢?也未知,无法削弱。E 选项:幼年剑乳齿象自我生存能力弱是否足以导致该种族灭绝呢?不一定,无法削弱。

故正确答案为 A 选项。

44.【答案】E 【难度】S4 【考点】综合推理 真话假话题

第一步:简化题干信息	(1)都游戏币;(2)二奖励;(3)三不进行;(4)某个不游戏币
第二步:找矛盾关系或反对关系	(1)和(4)是矛盾关系,必一真一假
第三步:推知其余项真假	只有一句为真,所以一定在(1)(4)之间,由此可知(2)(3)均为假
第四步:根据其余项真假,得出真实情况	由(2)为假可知,选择第二项后不能得到额外游戏奖励; 由(3)为假可知,选择第三项后游戏会进行下去
第五步:选出答案	E 选项与推知的结果相符。 故正确答案为 E 选项

45.【答案】C 【难度】S5 【考点】论证推理 假设、前提 论据+结论型论证的假设

题干信息:(1)大部分中国儿童把牛和青草归为一类,把鸡归为另一类→中国儿童习惯于按照事物之间的关系来分类;(2)大部分美国儿童把牛和鸡归为一类,把青草归为另一类→美国儿童习惯于把事物按照各自所属的"实体"范畴进行分类。

要求这位学者得出结论所必须假设的选项,即找与学者得出结论的逻辑关系一致的等价命题。

C 选项:美国儿童把牛和鸡归为一类→习惯于按照各自所属"实体"范畴进行分类,与(2)的逻辑关系一致,正确。

A、B 选项:分别出现了题干中未提及的马、鸭、鸡蛋,与题干推理无关,排除。

D 选项:美国儿童把牛和鸡归为一类→不是习惯于按照事物之间的关系来分类,与题干逻辑关系不一致,排除。

E 选项:中国儿童把牛和青草归为一类→不是习惯于按照各自所属"实体"范畴进行分类,与题干逻辑关系不一致,排除。

故正确答案为 C 选项。

46.【答案】A 【难度】S5 【考点】形式逻辑 假言命题 假言命题推理规则

题干信息:(1)相互理解→相互尊重;(2)相互信任→相互理解;(3)不自重的人→不被尊重;(4)不被尊重的人→不被信任。

(2)和(1)传递可得:(5)相互信任→相互理解→相互尊重。

(3)和(4)传递可得:(6)不自重的人→不被尊重→不被信任。

A 选项:不自重的人→不被信任,与(6)的逻辑关系一致,正确。

B 选项:相互尊重→相互信任,不符合(5)的逻辑关系,排除。

C、D、E 选项:"不自信"并未出现在上述推理关系中,无法推知,排除。

故正确答案为 A 选项。

47.【答案】D 【难度】S4 【考点】论证推理 论证方式相似、漏洞相似

学生问 IQ 和 EQ 哪个更重要,学长并没有分析比较二者的重要性,而是让其问书店的工作人员哪类书销得快,犯了"诉诸公众"的逻辑错误。

D 选项:比较两条路哪条车马痕迹深,选择走车马痕迹深的路,与题干相似。

A 选项:其他公司计划去哪里,该公司就不去哪里,与其他公司相反,与题干不相似。

B 选项:只是看看买花的人多不多,并没有比较买花和买巧克力的人数,与题干不相似。

C 选项:店员并未让其比较买鲜艳的多还是买素的多,与题干不相似。

E 选项:只是提到是否经常背书做练习,未进行比较,与题干不相似。

故正确答案为 D 选项。

48.【答案】A 【难度】S5 【考点】综合推理 匹配题型

题干信息:五辆车的颜色分别与五人名字最后一个字谐音的颜色不同。

由题干信息可知,张岚不买蓝色车,林宏不买红色车,何柏不买白色车,邱辉不买灰色车。

A 选项:符合题干条件,正确。

B、C、D、E 选项:林宏的红色宝马、何柏的白色奔驰、邱辉的灰色桑塔纳、何柏的白色奔驰均与题干不符,排除。

故正确答案为 A 选项。

49.【答案】D 【难度】S4 【考点】形式逻辑 概念 偷换概念的逻辑错误

题干信息:(1)克鲁特→北极熊;(2)北极熊→北极霸主;(3)克鲁特→北极霸主。

题干信息(1)和(2)通过"北极熊"进行传递得出(3),但该推理成立的前提是(1)和(2)中的"北极熊"所表示的内涵是一致的。但是(1)中的"北极熊"指的是克鲁特这只北极熊,是**非集**

合概念;而(2)中的"北极熊"指的是北极熊这个群体,是**集合概念**。二者内涵不一致,犯了**偷换概念**的逻辑谬误。

D 选项:(1)康怡花园是清水街的建筑,"清水街的建筑"指康怡花园,是非集合概念;(2)清水街的建筑是违章建筑,"清水街的建筑"指清水街的每一个建筑,是非集合概念;(3)康怡花园是违章建筑。两个"清水街的建筑"表达内涵一致,推理正确。

A 选项:(1)儿童是祖国的花朵,"儿童"指的是儿童这个群体,是集合概念;(2)小雅是儿童,"儿童"指的是小雅这一个,是非集合概念;(3)小雅是祖国的花朵。该选项犯了偷换概念的逻辑错误,与题干相似。

B 选项:(1)鲁迅的作品不是一天能读完的,"鲁迅的作品"指的是鲁迅所有作品的集合体,是集合概念;(2)《祝福》是鲁迅的作品,"鲁迅的作品"指的是《祝福》这一部作品,是非集合概念;(3)《祝福》不是一天能读完的。该选项犯了偷换概念的逻辑错误,与题干相似。

C 选项:(1)中国人是不怕困难的,"中国人"指的是中国人这个群体,是集合概念;(2)我是中国人,"中国人"指的是我这一个人,是非集合概念;(3)我是不怕困难的。该选项犯了偷换概念的逻辑错误,与题干相似。

E 选项:(1)西班牙语是外语,"外语"指西班牙语,是非集合概念;(2)外语是普通高等学校招生的必考科目,"外语"指各种外语的集合,是集合概念;(3)西班牙语是普通高校招生的必考科目。该选项犯了偷换概念的逻辑错误,与题干相似。

故正确答案为 D 选项。

50. 【答案】C 【难度】S5 【考点】形式逻辑 假言命题 有确定信息的综合推理

 题干信息:(1)甲→乙;(2)¬丙→¬甲;(3)¬丙∀(¬乙∨戊);(4)丁∨乙。

 已知"¬乙",由(1)可得,¬甲。"¬乙"结合(3)可得,"¬乙∨戊"为真;再由"要么"的性质可知,"¬丙"为假,故真实情况为,丙。"¬乙"结合(4)可得,¬乙→丁。

 综上可得:甲不上场,丙和丁都上场。

 故正确答案为 C 选项。

51. 【答案】D 【难度】S5 【考点】论证推理 焦点 焦点题型

 陈先生:因为未经许可侵入别人的电脑只是在虚拟世界中捣乱,而开偷来的汽车撞伤了人既侵占了有形财产,又造成了人身伤害,所以后者性质比前者更严重。

 林女士:非法侵入电脑同样会造成人身伤害,所以不同意陈先生的观点。

 林女士不认可陈先生论证中的论据,所以并不同意其所得的结论,焦点即"开偷来的汽车撞伤了人是否比未经别人许可侵入电脑性质更严重"。此题也可以从选项入手,判断二人是否持有相反的观点。

 A 选项:陈先生认为不会,林女士认为会,二人有不同的观点,待定。

 B 选项:陈先生认为都是犯罪行为,林女士未提及,排除。

 C 选项:陈先生和林女士均未探讨两种行为是什么性质,排除。

 D 选项:陈先生认为后者性质更严重,林女士认为一样严重,两人观点不同,待定。

 E 选项:陈先生和林女士未探讨此问题,排除。

 A、D 选项中二人都有相反的观点,但 A 选项是针对论据,不是争论的焦点,而 D 选项是针对结论,是争论的焦点。

故正确答案为 D 选项。

52. 【答案】B 【难度】S4 【考点】综合推理 排序题型

题干信息:(1)小强在最靠近走廊的座位;(2)小丽跟小明紧挨着;(3)小红不跟小丽紧挨着;(4)小梅跟小丽紧挨着,但不跟小强或小明紧挨着。

根据(2),排除 A、D、E 选项;根据(3),排除 C 选项。

故正确答案为 B 选项。

53. 【答案】E 【难度】S5 【考点】形式逻辑 概念 概念之间的关系

总人数:60 人。亚裔学者:31 人。博士:33 人。非亚裔学者中无博士学位:4 人。

因此,非亚裔学者=60-31=29 人,非亚裔学者中有博士学位者=29-4=25 人,亚裔博士=33-25=8 人。

故正确答案为 E 选项。

54. 【答案】C 【难度】S5 【考点】论证推理 削弱、质疑、反驳 论据+结论型论证的削弱

论据:对某高校本科生的统计发现,被推荐免试攻读硕士研究生的文科专业生中,女生占有 70%。结论:该校本科生文科专业的女生比男生优秀。

本题考查"左右撇子模型",仅用推荐免试攻读硕士研究生的文科专业生中女生所占比例较大无法推出女生更优秀的结论,因为有可能在该校中女生所占比例本来就较大。例如:该校共 100 人,其中 91 名女生,9 名男生;被推荐免试攻读硕士研究生的学生中有 21 名女生,9 名男生,女生人数占比为 70%,但是所有的男生均被推免,而女生却只有一小部分被推免,显然无法得出女生比男生优秀的结论。所以要削弱题干的论证,只需要表明该校的本科文科专业学生中女生占比高于 70%,或者男生占比小于 30% 即可。

故正确答案为 C 选项。

55. 【答案】E 【难度】S5 【考点】形式逻辑 假言命题 有确定信息的综合推理

题干信息:(1)甲→乙;(2)¬丙→丁;(3)¬(人∧天)=¬人∨¬天;(4)¬甲∧丙→人。

已知"天",由(3)可得,¬人;由"¬人"结合(4)可得,甲∨¬丙;由"甲"结合(1)可得,乙;由"¬丙"结合(2)可得,丁。

综上可得:天→¬人→甲∨¬丙 = 乙∨丁。

故正确答案为 E 选项。

【温馨提示】想知道哪些知识点还没掌握?请打开"海绵MBA"APP,进入页面右上角【扫一扫】图标,扫描下方二维码,填入答案,系统会自动记录错题数据,方便查漏补缺。

2009年管理类综合能力逻辑试题

三、逻辑推理：第26~55小题，每小题2分，共60分。下列每题给出的A、B、C、D、E五个选项中，只有一项是符合试题要求的。请在答题卡上将所选项的字母涂黑。

26. 某中学发现有学生课余用扑克玩带有赌博性质的游戏，因此规定学生不得带扑克进入学校，不过即使是硬币，也可以用作赌具，但禁止学生带硬币进入学校是不可思议的。因此，禁止学生带扑克进学校是荒谬的。

    以下哪项如果为真，最能削弱上述论证？
    A. 禁止带扑克进学校不能阻止学生在校外赌博。
    B. 硬币作为赌具远不如扑克方便。
    C. 很难查明学生是否带扑克进学校。
    D. 赌博不但败坏校风，而且影响学生学习成绩。
    E. 有的学生玩扑克不涉及赌博。

27. 甲、乙、丙和丁四人进入某围棋邀请赛半决赛，最后要决出一名冠军。张、王和李三人对结果做了如下预测：

    张：冠军不是丙。
    王：冠军是乙。
    李：冠军是甲。

    已知张、王、李三人中恰有一人的预测正确，以下哪项为真？
    A. 冠军是甲。　　　　B. 冠军是乙。　　　　C. 冠军是丙。
    D. 冠军是丁。　　　　E. 无法确认冠军是谁。

28. 除非年龄在50岁以下，并且能持续游泳3 000米以上，否则不能参加下个月举行的横渡长江活动。同时，高血压和心脏病患者不能参加。老黄能持续游泳3 000米以上，但没被批准参加这项活动。

    以上断定能推出以下哪项结论？
    Ⅰ. 老黄的年龄至少50岁。
    Ⅱ. 老黄患有高血压。
    Ⅲ. 老黄患有心脏病。
    A. 只有Ⅰ。　　　　B. 只有Ⅱ。　　　　C. 只有Ⅲ。
    D. Ⅰ、Ⅱ和Ⅲ至少有一。　　　　E. Ⅰ、Ⅱ、Ⅲ都不能从题干推出。

29. 一项对西部山区小塘村的调查发现，小塘村约五分之三的儿童入中学后出现中度以上的近视，而他们的父母及祖辈，没有机会到正规学校接受教育，很少出现近视。

    以下哪项作为上述的结论最为恰当？
    A. 接受文化教育是造成近视的原因。
    B. 只有在儿童期接受正式教育才易于成为近视。
    C. 阅读和课堂作业带来的视觉压力必然造成儿童的近视。

D. 文化教育的发展和近视现象的出现有密切关系。

E. 小塘村约五分之二的儿童是文盲。

30. 小李考上了清华,或者小孙没考上北大。

增加以下哪项条件,能推出小李考上了清华?

A. 小张和小孙至少有一人未考上北大。　　B. 小张和小李至少有一人未考上清华。

C. 小张和小孙都考上了北大。　　D. 小张和小李都未考上清华。

E. 小张和小孙都未考上北大。

31. 大李和小王是某报新闻部的编辑。该报总编计划从新闻部抽调人员到经济部。总编决定:未经大李和小王本人同意,将不调动两人。大李告诉总编:"我不同意调动,除非我知道小王是否同意调动。"小王说:"除非我知道大李是否同意调动,否则我不同意调动。"

如果上述三人坚持各自的决定,则可推出以下哪项结论?

A. 两人都不可能调动。

B. 两人都可能调动。

C. 两人至少有一人可能调动,但不可能两人都调动。

D. 要么两人都调动,要么两人都不调动。

E. 题干的条件推不出关于两人调动的确定结论。

32. 去年经纬汽车专卖店调高了营销人员的营销业绩奖励比例,专卖店李经理打算新的一年继续执行该奖励比例,因为去年该店的汽车销售数量较前年增加了16%。陈副经理对此持怀疑态度,她指出,他们的竞争对手并没有调整营销人员的奖励比例,但在过去的一年也出现了类似的增长。

以下哪项最为恰当地概括了陈副经理的质疑方法?

A. 运用一个反例,否定李经理的一般性结论。

B. 运用一个反例,说明李经理的论据不符合事实。

C. 运用一个反例,说明李经理的论据虽然成立,但不足以推出结论。

D. 指出李经理的论证对一个关键概念的理解和运用有误。

E. 指出李经理的论证中包含自相矛盾的假设。

33. 某综合性大学只有理科与文科,理科学生多于文科学生,女生多于男生。

如果上述断定为真,则以下哪项关于该大学学生的断定也一定为真?

Ⅰ. 文科的女生多于文科的男生。

Ⅱ. 理科的男生多于文科的男生。

Ⅲ. 理科的女生多于文科的女生。

A. 只有Ⅰ和Ⅱ。　　B. 只有Ⅲ。　　C. 只有Ⅱ和Ⅲ。

D. Ⅰ、Ⅱ和Ⅲ。　　E. Ⅰ、Ⅱ和Ⅲ都不一定是真的。

34. 对本届奥运会所有奖牌获得者进行了尿样化验,没有发现兴奋剂使用者。

如果以上陈述为假,则以下哪项一定为真?

Ⅰ. 或者有的奖牌获得者没有化验尿样,或者在奖牌获得者中发现了兴奋剂的使用者。

Ⅱ. 虽然有的奖牌获得者没有化验尿样,但还是发现了兴奋剂使用者。

Ⅲ. 如果对所有奖牌获得者进行了化验尿样，则一定发现了兴奋剂使用者。

A. 只有Ⅰ。　　B. 只有Ⅱ。　　C. 只有Ⅲ。　　D. 只有Ⅰ和Ⅲ。　　E. 只有Ⅰ和Ⅱ。

35. 某地区过去三年日常生活必需品平均价格增长了30%。在同一时期,购买日常生活必需品的开支占家庭平均月收入的比例并未发生变化。因此,过去三年中家庭平均收入也一定增长了30%。

以下哪项最可能是上述论证所假设的?

A. 在过去三年中,平均每个家庭购买的日常生活必需品数量和质量没有发生变化。

B. 在过去三年中,除生活必需品外,其他商品平均价格的增长低于30%。

C. 在过去三年中,该地区家庭的数量增长了30%。

D. 在过去三年中,家庭用于购买高档消费品的平均开支明显减少。

E. 在过去三年中,家庭平均生活水平下降了。

36~37题基于以下题干：

张教授：在南美洲发现的史前木质工具存在于13 000年以前。有的考古学家认为,这些工具是其祖先从西伯利亚迁徙到阿拉斯加的人群使用的。这一观点难以成立。因为要到达南美,这些人群必须在13 000年前经历长途跋涉,而在从阿拉斯加到南美洲之间,从未发现13 000年前的木质工具。

李研究员：您恐怕忽视了这些木质工具是在泥煤沼泽中发现的,北美很少有泥煤沼泽。木质工具在普通的泥土中几年内就会腐烂化解。

36. 以下哪项最为准确地概括了张教授与李研究员所讨论的问题?

A. 上述史前木质工具是否是其祖先从西伯利亚迁徙到阿拉斯加的人群使用的?

B. 张教授的论据是否能推翻上述考古学家的结论?

C. 上述人群是否可能在13 000年前完成从阿拉斯加到南美洲的长途跋涉?

D. 上述木质工具是否只有在泥煤沼泽中才不会腐烂化解?

E. 上述史前木质工具存在于13 000年以前的断定是否有足够的根据?

37. 以下哪项最为准确地概括了李研究员的应对方法?

A. 指出张教授的论据违背事实。　　B. 引用与张教授的结论相左的权威性研究成果。

C. 指出张教授曲解了考古学家的观点。　　D. 质疑张教授的隐含假设。

E. 指出张教授的论据实际上否定其结论。

38. 一些人类学家认为,如果不具备应付各种自然环境的能力,人类在史前年代不可能幸存下来。然而相当多的证据表明,阿法种南猿,一种与早期人类有关的史前物种,在各种自然环境中顽强生存的能力并不亚于史前人类,但最终灭绝了。因此,人类学家的上述观点是错误的。

上述推理的漏洞也类似地出现在以下哪项中?

A. 大张认识到赌博是有害的,但就是改不掉。因此,"不认识错误就不能改正错误"这一断定是不成立的。

B. 已经找到了证明造成艾克矿难是操作失误的证据。因此,关于艾克矿难起因于设备老化、年久失修的猜测是不成立的。

C. 大李图便宜,买了双旅游鞋,穿了没几天就坏了。因此,怀疑"便宜无好货"是没道理的。

D. 既然不怀疑小赵可能考上大学,那就没有理由担心小赵可能考不上大学。

E. 既然怀疑小赵一定能考上大学,那就没有理由怀疑小赵一定考不上大学。

39. 关于甲班体育达标测试,三位老师有如下预测:
张老师说:"不会所有人都不及格。"
李老师说:"有人会不及格。"
王老师说:"班长和学习委员都能及格。"
如果三位老师中只有一人的预测正确,则以下哪项一定为真?

A. 班长和学习委员都没及格。　　B. 班长和学习委员都及格了。

C. 班长及格,但学习委员没及格。　　D. 班长没及格,但学习委员及格了。

E. 以上各项都不一定为真。

40~41题基于以下题干:

因为照片的影像是通过光线与胶片的接触形成的,所以每张照片都具有一定的真实性。但是,从不同角度拍摄的照片总是反映了物体某个侧面的真实而不是全部的真实,在这个意义上,照片又是不真实的。因此,在目前的技术条件下,以照片作为证据是不恰当的,特别是在法庭上。

40. 以下哪项是上述论证所假设的?

A. 不完全反映全部真实的东西不能成为恰当的证据。

B. 全部的真实性是不可把握的。

C. 目前的法庭审理都把照片作为重要物证。

D. 如果从不同角度拍摄一个物体,就可以把握它的全部真实性。

E. 法庭具有判定任一证据真伪的能力。

41. 以下哪项如果为真,最能削弱上述论证?

A. 摄影技术是不断发展的,理论上说,全景照片可以从外观上反映物体的全部真实。

B. 任何证据只需要反映事实的某个侧面。

C. 在法庭审理中,有些照片虽然不能成为证据,但有重要的参考价值。

D. 有些照片是通过技术手段合成或伪造的。

E. 就反映真实性而言,照片的质量有很大的差别。

42. 如果一所学校的大多数学生都具备足够的文学欣赏水平和道德自律意识,那么,像《红粉梦》和《演艺十八钗》这样的出版物就不可能成为在该校学生中销售最多的书。去年在H学院的学生中,《演艺十八钗》的销售量仅次于《红粉梦》。

如果上述断定为真,则以下哪项一定为真?

Ⅰ. 去年H学院的大多数学生都购买了《红粉梦》或《演艺十八钗》。

Ⅱ. H学院的大多数学生既不具备足够的文学欣赏水平,也不具备足够的道德自律意识。

Ⅲ. H学院至少有些学生不具备足够的文学欣赏水平,或者不具备足够的道德自律意识。

A. 只有Ⅰ。　　B. 只有Ⅱ。　　C. 只有Ⅲ。　　D. Ⅱ和Ⅲ。　　E. Ⅰ、Ⅱ和Ⅲ。

43. 这次新机种试飞只是一次例行试验,既不能算成功,也不能算不成功。

以下哪项对于题干的评价最为恰当?

A. 题干的陈述没有漏洞。

B. 题干的陈述有漏洞,这一漏洞也出现在后面的陈述中:这次关于物价问题的社会调查结果,既不能说完全反映了民意,也不能说一点也没有反映民意。

C. 题干的陈述有漏洞,这一漏洞也出现在后面的陈述中:这次考前辅导,既不能说完全成功,也不能说彻底失败。

D. 题干的陈述有漏洞,这一漏洞也出现在后面的陈述中:人有特异功能,既不是被事实证明的科学结论,也不是纯属欺诈的伪科学结论。

E. 题干的陈述有漏洞,这一漏洞也出现在后面的陈述中:在即将举行的大学生辩论赛中,我不认为我校代表队一定能进入前四名,我也不认为我校代表队可能进不了前四名。

44. S市持有驾驶证的人员数量较五年前增加了数十万,但交通死亡事故却较五年前有明显的减少。由此可以得出结论:目前S市驾驶员的驾驶技术熟练程度较五年前有明显的提高。
以下各项如果为真,都能削弱上述论证,除了:
A. 交通事故的主要原因是驾驶员违反交通规则。
B. 目前S市的交通管理力度较五年前有明显加强。
C. S市加强了对驾校的管理,提高了对新驾驶员的培训标准。
D. 由于油价上涨,许多车主改乘公交车或地铁上下班。
E. S市目前的道路状况及安全设施较五年前有明显改善。

45. 肖群一周工作五天,除非这周内有法定休假日。除了周五在志愿者协会,其余四天肖群都在大平保险公司上班。上周没有法定休假日。因此,上周的周一、周二、周三和周四肖群一定在大平保险公司上班。
以下哪项是上述论证所假设的?
A. 一周内不可能出现两天以上的法定休假日。 B. 大平保险公司实行每周四天工作日制度。
C. 上周的周六和周日肖群没有上班。 D. 肖群在志愿者协会的工作与保险业有关。
E. 肖群是个称职的雇员。

46. 在接受治疗的腰肌劳损患者中,有人只接受理疗,也有人接受理疗与药物双重治疗。前者可以得到与后者相同的预期治疗效果。对于上述接受药物治疗的腰肌劳损患者来说,此种药物对于获得预期的治疗效果是不可缺少的。
如果上述断定为真,则以下哪项一定为真?
Ⅰ. 对于一部分腰肌劳损患者来说,要配合理疗取得治疗效果,药物治疗是不可缺少的。
Ⅱ. 对于一部分腰肌劳损患者来说,要取得治疗效果,药物治疗不是不可缺少的。
Ⅲ. 对于所有腰肌劳损患者来说,要取得治疗效果,理疗是不可缺少的。
A. 只有Ⅰ。　　B. 只有Ⅱ。　　C. 只有Ⅲ。　　D. 只有Ⅰ和Ⅱ。　　E. Ⅰ、Ⅱ和Ⅲ。

47. 在潮湿的气候中仙人掌很难成活;在寒冷的气候中柑橘很难生长。在某省的大部分地区,仙人掌和柑橘至少有一种不难成活生长。
如果上述断定为真,则以下哪项一定为假?
A. 该省的一半地区,既潮湿又寒冷。 B. 该省的大部分地区炎热。
C. 该省的大部分地区潮湿。 D. 该省的某些地区既不寒冷也不潮湿。
E. 柑橘在该省的所有地区都无法生长。

48. 主持人:有网友称你为国学巫师,也有网友称你为国学大师。你认为哪个名称更适合你?

上述提问中的不当也存在于以下各项中,除了:

A. 你要社会主义的低速度,还是资本主义的高速度?

B. 你主张为了发展可以牺牲环境,还是主张宁可不发展也不能破坏环境?

C. 你认为人都自私,还是认为人都不自私?

D. 你认为"9·11"恐怖袭击必然发生,还是认为有可能避免?

E. 你认为中国队必然夺冠,还是认为不可能夺冠?

49. 张珊:不同于"刀""枪""箭""戟","之""乎""者""也"这些字无确定所指。

   李思:我同意。因为"之""乎""者""也"这些字无意义,因此,应当在现代汉语中废止。

   以下哪项最可能是李思认为张珊的断定所蕴含的意思?

   A. 除非一个字无意义,否则一定有确定所指。

   B. 如果一个字有确定所指,则它一定有意义。

   C. 如果一个字无确定所指,则应当在现代汉语中废止。

   D. 只有无确定所指的字,才应当在现代汉语中废止。

   E. 大多数的字都有确定所指。

50. 中国要拥有一流的国家实力,必须有一流的教育。只有拥有一流的国家实力,中国才能做出应有的国际贡献。

    以下各项都符合题干的意思,除了:

    A. 中国难以做出应有的国际贡献,除非拥有一流的教育。

    B. 只要中国拥有一流的教育,就能做出应有的国际贡献。

    C. 如果中国拥有一流的国家实力,就不会没有一流的教育。

    D. 不能设想中国做出了应有的国际贡献,但缺乏一流的教育。

    E. 中国面临选择:或者放弃应尽的国际义务,或者创造一流的教育。

51. 科学离不开测量,测量离不开长度单位。千米、米、分米、厘米等基本长度单位的确立完全是一种人为约定。因此,科学的结论完全是一种人的主观约定,谈不上客观的标准。

    以下哪项与题干的论证最为类似?

    A. 建立良好的社会保障体系离不开强大的综合国力,强大的综合国力离不开一流的国民教育。因此,要建立良好的社会保障体系,必须有一流的国民教育。

    B. 做规模生意离不开做广告。做广告就要有大额资金投入。不是所有人都能有大额资金投入。因此,不是所有人都能做规模生意。

    C. 游人允许坐公园的长椅。要坐公园长椅就要靠近它们。靠近长椅的一条路径要踩踏草地。因此,允许游人踩踏草地。

    D. 具备扎实的舞蹈基本功必须经过长年不懈的艰苦训练。在春节晚会上演出的舞蹈演员必须具备扎实的基本功。长年不懈的艰苦训练是乏味的。因此,在春节晚会上演出是乏味的。

    E. 家庭离不开爱情,爱情离不开信任。信任是建立在真诚基础上的。因此,对真诚的背离是家庭危机的开始。

52. 所有的灰狼都是狼。这一断定显然是真的。因此,所有的疑似SARS病例都是SARS病例,这一断定也是真的。

以下哪项最为恰当地指出了题干论证的漏洞？

A. 题干的论证忽略了：一个命题是真的，不等于具有该命题形式的任一命题都是真的。

B. 题干的论证忽略了：灰狼与狼的关系，不同于疑似SARS病例和SARS病例的关系。

C. 题干的论证忽略了：在疑似SARS病例中，大部分不是SARS病例。

D. 题干的论证忽略了：许多狼不是灰色的。

E. 题干的论证忽略了：此种论证方式会得出其他许多明显违反事实的结论。

53. 违法必究，但几乎看不到违反道德的行为受到惩罚，如果这成为一种常规，那么，民众就会失去道德约束。道德失控对社会稳定的威胁并不亚于法律失控。因此，为了维护社会的稳定，任何违反道德的行为都不能不受惩治。

以下哪项对上述论证的评价最为恰当？

A. 上述论证是成立的。

B. 上述论证有漏洞，它忽略了：有些违法行为并未受到追究。

C. 上述论证有漏洞，它忽略了：由违法必究，推不出缺德必究。

D. 上述论证有漏洞，它夸大了违反道德行为的社会危害性。

E. 上述论证有漏洞，它忽略了：由否定"违反道德的行为都不受惩治"，推不出"违反道德的行为都要受惩治"。

54. 张珊喜欢喝绿茶，也喜欢喝咖啡。他的朋友中没有人既喜欢喝绿茶，又喜欢喝咖啡，但他的所有朋友都喜欢喝红茶。

如果上述断定为真，则以下哪项不可能为真？

A. 张珊喜欢喝红茶。

B. 张珊的所有朋友都喜欢喝咖啡。

C. 张珊的所有朋友喜欢喝的茶在种类上完全一样。

D. 张珊有一个朋友既不喜欢喝绿茶，也不喜欢喝咖啡。

E. 张珊喜欢喝的饮料，他有一个朋友都喜欢喝。

55. 一个善的行为，必须既有好的动机，又有好的效果。如果是有意伤害他人，或是无意伤害他人，但这种伤害的可能性是可以预见的，在这两种情况下，对他人造成伤害的行为都是恶的行为。

以下哪项叙述符合题干的断定？

A. P先生写了一封试图挑拨E先生与其女友之间关系的信。P的行为是恶的，尽管这封信起到了与他的动机截然相反的效果。

B. 为了在新任领导面前表现自己，争夺一个晋升名额，J先生利用业余时间解决积压的医疗索赔案件。J的行为是善的，因为S小姐的医疗索赔请求因此得到了及时的补偿。

C. 在上班途中，M女士把自己的早餐汉堡包给了街上的一个乞丐。乞丐由于急于吞咽而被意外地噎死了。所以，M女士无意中实施了一个恶的行为。

D. 大雪过后，T先生帮邻居铲除了门前的积雪，但不小心在台阶上留下了冰。他的邻居因此摔了一跤。因此，一个善的行为导致了一个坏的结果。

E. S女士义务帮邻居看3岁的小孩。小孩在S女士不注意时跑到马路上结果被车撞了。尽管S女士无意伤害这个小孩，但她的行为还是恶的。

2009年管理类综合能力逻辑试题解析

答案速查表

26~30	BDEDC	31~35	ACBDA	36~40	BDAAA
41~45	BCECC	46~50	DADAB	51~55	DBEEE

26.【答案】B 【难度】S4 【考点】论证推理 削弱、质疑、反驳 论据+结论型论证的削弱

论据:硬币与扑克相似,均可以作为赌具;不能禁止学生带硬币进入学校。结论:不能禁止学生带扑克进入学校。

题干的论证方式是**类比+归谬**,指出扑克与硬币具有相似的性质,由"禁止带硬币进入学校不可思议"推出结论"禁止带扑克进入学校是荒谬的",所以只需找到硬币和扑克不相似之处,表明二者不可进行类比即可进行削弱。

B选项:类比不当,指出硬币与扑克的不同之处,不能进行类比,削弱论证。

A、D选项:与题干论证无关,排除。

C选项:题干中探讨是否应该禁止,而不是实践中是否能禁止,无关选项,排除。

E选项:"有的"数量范围未知,如果只是很少一部分学生玩扑克不涉及赌博,而大多数是涉及赌博的,那么题干论证依然成立。

故正确答案为B选项。

27.【答案】D 【难度】S5 【考点】综合推理 真话假话题

第一步:简化题干信息	(1)¬丙;(2)乙;(3)甲
第二步:找矛盾关系或反对关系	未找到矛盾关系或反对关系,转换思路,采用"假设+归谬"的思路解题
第三步:假设+归谬	如果冠军是乙,那么(1)(2)均正确,与题干信息不符,所以乙不是冠军; 如果冠军是甲,那么(1)(3)均正确,与题干信息不符,所以甲不是冠军; 如果冠军是丙,那么(1)(2)(3)均错误,与题干信息不符,所以丙不是冠军
第四步:得出真实情况,选出答案	冠军为¬乙∧¬甲∧¬丙,所以得出冠军是丁,此时(1)正确,(2)(3)错误,符合题干要求,故正确答案为D选项

28.【答案】E 【难度】S6 【考点】形式逻辑 假言命题 假言命题推理规则

题干信息:(1)¬(≤50岁∧≥3 000米)→¬参加;(2)高血压∨心脏病→¬参加;(3)老黄→>3 000米∧¬参加。

综合(1)(2)可得:(4)>50岁∨<3 000米∨高血压∨心脏病→¬参加。

根据形式逻辑推理规则,无论由"≥3 000米"还是"¬参加",都无法推出任何确定的结论。

故正确答案为 E 选项。

29.【答案】D 【难度】S5 【考点】论证推理 结论 主旨题

儿童:五分之三入中学后出现中度以上的近视。父母及祖辈:没有机会到正规学校接受教育,很少出现近视。

通过对儿童与父母及祖辈之间的对比,得出接受教育——近视,不接受教育——不近视,是否接受教育与是否近视之间似乎有联系,但是由于题干中并未表明除了接受教育之外,两类人群其他条件是否一致,例如使用电子设备的时间、课业压力大小等,如果这些因素也在同步变化,那么接受教育就不一定是导致近视的原因了,所以,只能得出二者有密切关系的结论,但是无法得知是否是因果关系,D 选项正确,A 选项错误。

B、C、E 选项:从题干中无法得出,排除。

故正确答案为 D 选项。

30.【答案】C 【难度】S4 【考点】形式逻辑 联言命题、选言命题 联言、选言命题性质推理

题干信息:李清华∨¬孙北大 = ¬李清华→¬孙北大 = 孙北大→李清华。

因此,如果增加条件"小孙考上了北大",就可以推出"小李考上了清华"。

C 选项:张北大∧孙北大,本题与小张无关,只要有"小孙考上了北大"这一条件即可。

故正确答案为 C 选项。

31.【答案】A 【难度】S5 【考点】形式逻辑 假言命题 假言命题推理规则

总编:¬同意→¬调动。大李、小王:¬知道对方是否同意→¬同意。

题干中所描述的是一种死锁进程,两个人都在等待对方做出是否同意调动的决定,如果没有外力打破这种状态,都将无法推动下去,永远停留在初始阶段而互相等待。

故正确答案为 A 选项。

32.【答案】C 【难度】S5 【考点】论证推理 概括论证方式

李经理:因为去年调高了业绩奖励比例,汽车销售数量较前年增加,所以今年继续执行。

陈副经理:竞争对手未调整奖励比例,但过去一年也出现了类似的增长。

陈副经理举出了竞争对手的反例——未调整奖励比例但是销量也增长了(无因有果),表明李经理论证中销售数量的增长并不一定与业绩奖励比例调整有关,所以不足以推出结论。

C 选项:与上述分析一致,正确。

B 选项:陈副经理并未指出李经理提出的论据不是真实情况,排除。

A、D、E 选项:"一般性结论""关键概念有误""自相矛盾的假设"题干中并未出现,排除。

故正确答案为 C 选项。

33.【答案】B 【难度】S5 【考点】综合推理 数字相关题型

题干中将该校学生按照两个维度分类:文科/理科、女生/男生。所以可以将该校学生分为四类:理科女生、理科男生、文科女生、文科男生。根据题干中的数量关系可得:

(1)理科>文科:理科女生+理科男生>文科女生+文科男生。

(2)女生>男生:理科女生+文科女生>理科男生+文科男生。

将(1)和(2)的左边和右边分别相加,可得:

(理科女生+理科男生)+(理科女生+文科女生)>(文科女生+文科男生)+(理科男生+文科男

生)= 2 理科女生+理科男生+文科女生>2 文科男生+文科女生+理科男生 = 理科女生>文科男生。

其他关系无法推知。

故正确答案为 B 选项。

34.【答案】D　【难度】S4　【考点】形式逻辑　联言命题、选言命题　摩根公式

题干信息：(1)都尿检∧¬兴奋剂。

(1)为假：¬(都尿检∧¬兴奋剂)=(2)¬都尿检∨¬¬兴奋剂 =（3）有的没尿检∨兴奋剂。

复选项Ⅰ：有的没尿检∨兴奋剂，与(3)一致，正确。

复选项Ⅱ：有的没尿检∧兴奋剂，与推知的逻辑关系不一致，排除。

复选项Ⅲ：由"或者"的性质可得，¬都尿检∨兴奋剂 = 都尿检→兴奋剂，与(2)逻辑关系一致。

故正确答案为 D 选项。

35.【答案】A　【难度】S5　【考点】论证推理　假设、前提　论据+结论型论证的假设

论据：生活必需品平均价格增长30%，但是生活必需品开支占家庭平均月收入的比例未变。结论：过去三年中家庭平均收入也一定增长了30%。

如果假设"购买日常生活必需品的开支"增长30%，那么结论可以得出，但题干信息为"生活必需品平均价格增长30%"，二者并不是同一概念。因为如果价格上涨，导致购买数量减少，或购买质量差一些的产品，开支可能没变甚至下降，所以若想使题干论证成立，必须要假设"过去三年中，平均每个家庭购买的日常生活必需品数量和质量没有发生变化"，使"购买日常生活必需品的开支"与"生活必需品平均价格"增长率同为30%。

故正确答案为 A 选项。

36.【答案】B　【难度】S6　【考点】论证推理　焦点　焦点题型

考古学家：在南美洲发现的史前木质工具是其祖先使用的。

张教授：在到达南美的长途跋涉途中未发现木质工具，所以考古学家的观点难以成立。

李研究员：木质工具没被发现是因为在泥土中腐烂化解了，所以张教授论证中的前提(13 000年前在从阿拉斯加到南美洲之间没有此种木质工具)未必成立。

张教授认为这一论据能推翻考古学家的结论，因为如果发现的史前木质工具是其祖先从西伯利亚迁徙到阿拉斯加的人群使用的，那么在从阿拉斯加到南美洲之间应该能发现13 000 年前的木质工具。

李研究员认为这一论据不能推翻考古学家的结论，因为在从阿拉斯加到南美洲之间未发现13 000 年前的木质工具，并不等于13 000 年前在从阿拉斯加到南美洲之间就一定没有此种木质工具，此种木质工具可能存在过，但是因为不具备保存条件而腐烂化解了。

B 选项：张教授认为能推翻，李研究员认为该论证前提未必成立，无法推翻，二人观点相反，是他们所讨论的问题，正确。

A 选项：张教授认为不是，李研究员虽然对张教授的论据提出质疑，但是并不能说明其认为考古学家的观点是正确的，排除。

C、D 选项：二人均未对此发表意见，排除。

E 选项：作为本题的背景信息出现，二人未对此进行讨论，排除。

故正确答案为 B 选项。

37. 【答案】D 【难度】S6 【考点】论证推理 概括论证方式

张教授论证中的隐含假设是"没发现此工具,所以该工具不存在",但是李研究员对张教授的这一假设提出了质疑,没有发现13 000年前的木质工具,可能是因为保存环境不适宜而腐烂化解了,并不能说明该工具不存在,所以李研究员是质疑了张教授的隐含假设。

故正确答案为 D 选项。

38. 【答案】A 【难度】S5 【考点】论证推理 论证方式相似、漏洞相似

人类学家:¬ 能力(A)→¬ 幸存(B)。阿法种南猿:能力(¬A)∧¬ 幸存(B)。
因此,人类学家的观点是错误的。

题干推理的漏洞在于:要想推翻人类学家的观点,需要列出其矛盾关系"¬ 能力∧幸存(A∧¬B)"才可以,"能力∧¬ 幸存"并不是矛盾关系,所以无法证明该观点错误。

A 选项:断定,¬ 认识(A)→¬ 改正(B);大张,认识(¬A)∧¬ 改正(B)。因此,该断定是不成立的。

A 选项的论证结构及推理漏洞与题干相似,正确。

故正确答案为 A 选项。

39. 【答案】A 【难度】S4 【考点】综合推理 真话假话题

第一步:简化题干信息	(1)不都不=有的;(2)有的不;(3)班长∧学习委员
第二步:找矛盾关系或反对关系	(1)(2)是反对关系,至少一真
第三步:推知其余项真假	正确的预测一定在(1)(2)之间,所以(3)一定为假
第四步:根据其余项真假,得出真实情况	由(3)为假可得,真实情况是:¬(班长∧学习委员)=¬班长∨¬学习委员,即班长和学习委员至少有一个不及格
第五步:代回矛盾或反对项,判断真假,选出答案	由真实情况可知,(2)为真,所以(1)为假,进而推知真实情况是:都不及格。故正确答案为 A 选项

40. 【答案】A 【难度】S4 【考点】论证推理 假设、前提 论据+结论型论证的假设

论据:照片不是全部的真实,只是反映了某个侧面的真实。结论:以照片作为证据是不恰当的。

该论证的论据与结论之间缺少必要的联系,如果只需要反映某个侧面的真实,不需要反映全部的真实就可以作为证据的话,那么照片就可以作为证据了,所以该论证的成立必须要假设:不能反映全部真实的东西作为证据是不恰当的。

故正确答案为 A 选项。

41. 【答案】B 【难度】S4 【考点】论证推理 削弱、质疑、反驳 论据+结论型论证的削弱

论据:照片不是全部的真实,只是反映了某个侧面的真实。结论:以照片作为证据是不恰当的。

B 选项:任何证据只需要反映事实的某个侧面。照片可以反映某个侧面,所以可以作为证据,说明该论据无法得出结论,题干的论证被削弱。

故正确答案为 B 选项。

42.【答案】C 【难度】S4 【考点】形式逻辑 假言命题 假言命题推理规则

题干信息:(文学∧自律)→¬最多=最多→¬文学∨¬自律。

复选项Ⅰ:由题干信息"在H学院的学生中,《演艺十八钗》的销量仅次于《红粉梦》"只能得出,《红粉梦》销量第一,《演艺十八钗》销量第二,二者销量最多;但有多少学生买了,是否占H学院的大多数呢？未知。

复选项Ⅱ:¬文学欣赏∧¬自律意识。由题干信息及《演艺十八钗》和《红粉梦》销量最多可得,¬文学欣赏∨¬自律意识,与复选项Ⅱ的逻辑关系不一致。

复选项Ⅲ:¬文学欣赏∨¬自律意识。由题干信息及《演艺十八钗》和《红粉梦》销量最多可得,¬文学欣赏∨¬自律意识,与复选项Ⅲ的逻辑关系一致,正确。

故正确答案为C选项。

43.【答案】E 【难度】S5 【考点】论证推理 漏洞识别

"成功"与"不成功"是矛盾关系,一真一假,这次试验只能在"成功"和"不成功"中二选一,不可能出现题干中的"既不算……也不算……"的情况。

在同一思维过程中,对于两个具有矛盾关系的命题必须从中肯定一个,不能两个都加以否定,否则就会出现"模棱两可"或"两不可"的逻辑错误。

E选项:"一定能进入前四名"和"可能进不了前四名"是矛盾关系,与题干错误一致。

A选项:题干的陈述有漏洞,犯了"模棱两可"的逻辑错误。

B选项:"完全反映民意"和"一点也没有反映民意"不是矛盾关系,可能出现"反映了一部分民意,也有一部分民意没有被反映"的情况,与题干错误不一致。

C选项:"完全成功"和"彻底失败"不是矛盾关系,可能出现"一部分成功,一部分失败"的情况,与题干错误不一致。

D选项:"被事实证明的科学结论"和"纯属欺诈的伪科学结论"不是矛盾关系,可能是"没有被事实证明的假说",与题干错误不一致。

故正确答案为E选项。

44.【答案】C 【难度】S5 【考点】论证推理 削弱、质疑、反驳 论据+结论型论证的削弱

论据:持有驾驶证的人员数量增加,但是交通死亡事故却在减少。结论:驾驶员的驾驶技术熟练程度提高了。

C选项:支持论证,提高了对新驾驶员的培训标准,说明驾驶技术确实在提高。

A选项:他因削弱,如果违反交通规则是导致交通死亡事故的主要原因,那么交通死亡事故减少就与驾驶技术无关,可能是人们遵守交通规则的意识增强了。

B选项:他因削弱,交通管理力度加强,说明是其他原因导致交通死亡事故的减少。

D选项:他因削弱,因为驾驶私家车的人减少,路上的私家车数量减少,所以交通死亡事故减少。

E选项:他因削弱,道路状况及安全设施得到改善,所以交通死亡事故减少。

故正确答案为C选项。

45.【答案】C 【难度】S5 【考点】形式逻辑 假言命题 假言命题推理规则

题干信息:(1)¬法定→五天;(2)周五在志愿者协会,其余四天在保险公司;(3)¬法定;(4)因此,周一、周二、周三和周四肖群一定在大平保险公司上班。

由(3)和(1)可得,肖群工作五天,再结合(2)可知,肖群周五在志愿者协会,其余四天在保险公司上班,但并不知道是哪四天工作,如何得出(4)这一结论呢?那么就必须要保证肖群周六和周日两天没有上班,这样就能推出他周一到周四在大平保险公司上班了。

故正确答案为 C 选项。

46.【答案】D 【难度】S5 【考点】论证推理 结论 细节题

题干信息:(1)有人只接受理疗,有人接受理疗和药物治疗;(2)两类人的预期治疗效果相同;(3)对于接受药物治疗的患者来说,药物是不可缺少的。

复选项Ⅰ:由(3)可知,对于既接受理疗又接受药物治疗的患者来说,药物治疗不可缺少,正确。

复选项Ⅱ:由(1)和(2)可知,有人只需要接受理疗,预期治疗效果相同,所以对于一部分患者,药物治疗并不是不可缺少的,正确。

复选项Ⅲ:(1)介绍了两类腰肌劳损患者的情况,但未知其是否就包含了全部的患者,所以无法推知理疗是否不可缺少。

故正确答案为 D 选项。

47.【答案】A 【难度】S4 【考点】形式逻辑 三段论 三段论正推题型

题干信息:(1)潮湿→¬仙人掌=仙人掌→¬潮湿;(2)寒冷→¬柑橘=柑橘→¬寒冷;(3)某省大部分地区→仙人掌∨柑橘。

由(3)(1)(2)可得:(4)某省大部分地区→¬潮湿∨¬寒冷=某省大部分地区→¬(潮湿∧寒冷),即某省大部分地区不可能既潮湿又寒冷。

A 选项:一半地区→潮湿∧寒冷,与(4)矛盾,一定为假。

故正确答案为 A 选项。

48.【答案】D 【难度】S4 【考点】论证推理 论证方式相似、漏洞相似

题干信息:非黑即白,主持人希望被采访人在"国学巫师"和"国学大师"中二选一。

"国学巫师"和"国学大师"并不是矛盾关系,不存在一定一真一假、必须二选一的特点,可以二者都选,也可以二者都不选;只有在矛盾关系中的选择才是非此即彼,题干犯了非黑即白的逻辑错误。

D 选项:"必然发生"与"有可能避免"是矛盾关系,因为"必然发生"与"不必然发生"矛盾,不必然发生=可能不发生=可能避免,必须二选一,与题干中的不当不同。

A 选项:"社会主义的低速度"与"资本主义的高速度"不矛盾,可能有"社会主义的高速度"的情况,与题干中的不当相似。

B 选项:"为了发展可以牺牲环境"与"宁可不发展也不能破坏环境"不矛盾,可能有"既发展又不破坏环境"的情况,与题干中的不当相似。

C 选项:"都自私"与"都不自私"不矛盾,可能有"一部分人自私,另一部分人不自私"的情况,与题干中的不当相似。

E 选项:"必然夺冠"与"不可能夺冠"不矛盾,可能有"不必然夺冠"的情况,与题干中的不当相似。

故正确答案为 D 选项。

49.【答案】A 【难度】S5 【考点】形式逻辑 假言命题 假言命题推理规则

张珊：(1)"之""乎""者""也"→无确定所指。李思：(2)"之""乎""者""也"无意义→应当废止。

张珊断定这些字"无确定所指"，但李思论证的前提是这些字"无意义"，所以李思是将张珊所说的"无确定所指"理解为"无意义"，逻辑关系为：(3)无确定所指→无意义。

A 选项：¬ 无意义→¬ 无确定所指，是(3)的等价逆否命题，正确。

B 选项：¬ 无确定所指→¬ 无意义，与(3)的逻辑关系不一致，排除。

C 选项：无确定所指→应当废止，与题干中逻辑关系不一致，排除。

D 选项：应当废止→无确定所指，与题干中逻辑关系不一致，排除。

E 选项：与题干推理关系无关，排除。

故正确答案为 A 选项。

50.【答案】B 【难度】S5 【考点】形式逻辑 假言命题 假言命题推理规则

题干信息：(1)实力→教育；(2)贡献→实力。

(2)(1)传递可得：(3)贡献→实力→教育=(4)¬ 教育→¬ 实力→¬ 贡献。

B 选项：教育→贡献，与题干逻辑关系不一致，正确。

A 选项：先将其转换为标准句式，除非拥有一流的教育，否则中国难以做出应有的国际贡献，其逻辑关系为，¬ 教育→¬ 贡献，与(4)的逻辑关系一致，排除。

C 选项：实力→教育，与(3)的逻辑关系一致，排除。

D 选项：¬ (贡献∧¬ 教育)= ¬ 贡献∨教育 = 贡献→教育，与(3)的逻辑关系一致，排除。

E 选项：¬ 贡献∨教育 = 贡献→教育，与(3)的逻辑关系一致，排除。

故正确答案为 B 选项。

51.【答案】D 【难度】S4 【考点】论证推理 论证方式相似、漏洞相似

题干信息：科学→测量，测量→长度单位，长度单位→人为约定。因此，科学→主观约定。

题干通过论证得到了"科学的结论完全是一种人的主观约定"的荒谬结论，虽然长度单位是人为约定的，但并不等于科学也是人的主观约定。

D 选项：演出→基本功，基本功→艰苦训练，艰苦训练→乏味。因此，演出→乏味。与题干的论证结构一致，并且所得结论"在春节晚会上演出是乏味的"也是荒谬的，正确。A 选项：保障体系→综合国力，综合国力→国民教育。因此，保障体系→国民教育。上述论证无逻辑错误，与题干论证不相似。B 选项：规模生意→广告，广告→大额资金，有人→¬ 大额资金。因此，有人→¬ 规模生意。上述论证无逻辑错误，与题干论证不相似。C 选项："游人允许坐公园长椅"并不是"游人离不开长椅"的关系，与题干不一致，排除。E 选项：家庭→爱情，爱情→信任，信任→真诚。因此，¬ 真诚→¬ 家庭。与题干论证不相似，排除。

故正确答案为 D 选项。

52.【答案】B 【难度】S5 【考点】论证推理 漏洞识别

由"所有的灰狼都是狼"这一论证是真的，得出"所有的疑似 SARS 病例都是 SARS 病例"这一结论，所使用的论证方法是**类比推理**。使用这一方法要得出正确结论的前提是进行类比的二者是相似的，但是灰狼与狼是种属关系，而疑似 SARS 病例和 SARS 病例并不是种属关系，所以题干论证的漏洞是**类比不当**，需要说明二者不具有可比性。

B选项:表明"灰狼与狼"的关系与"疑似SARS病例和SARS病例"的关系并不相同,无法进行类比,这就是题干论证中的漏洞。

故正确答案为B选项。

53.【答案】E 【难度】S5 【考点】论证推理 漏洞识别

现象:(1)违反道德的行为都没有受到惩罚;(2)如果该现象成为常规,那么民众就会失去道德约束;(3)如果失去道德约束就会威胁社会稳定;(4)因此,为了维护社会稳定,所有违反道德的行为都应受到惩罚。

上述论证中,由(3)和(2)结合可得:维护社会稳定→¬威胁社会稳定→¬失去道德约束→¬该现象成为常规。

即(1)"违反道德的行为都没有受到惩罚"的矛盾关系是"有的违反道德的行为受到惩罚",而不是(4)"违反道德的行为都受到惩罚",所以上述论证有漏洞。

故正确答案为E选项。

54.【答案】E 【难度】S5 【考点】形式逻辑 联言命题、选言命题 联言、选言命题性质推理

题干信息:(1)张→绿∧咖;(2)张的朋友→¬(绿∧咖)=¬绿∨¬咖;(3)张的朋友→红。

E选项:由(1)(2)可知,"绿∧咖"和"¬(绿∧咖)"是矛盾关系,张珊喜欢喝的饮料,他的朋友不都喜欢喝,所以E选项一定为假。

A选项:并未提到此信息,无法判断真假。B选项:与(2)不矛盾,可能为真。C选项:由(3)只能得知,张珊的朋友都喜欢喝红茶,但是是否所有喜欢喝的茶的种类都一样呢?未知。D选项:与(2)不矛盾,可能为真。

故正确答案为E选项。

55.【答案】E 【难度】S5 【考点】形式逻辑 概念 与定义相关的题型

题干信息:(1)善的行为→好动机∧好效果;(2)[有意伤害∨(无意伤害∧伤害可预见)]∧造成伤害→恶的行为。

E选项:(无意伤害∧伤害可预见)∧造成伤害,符合恶的行为的定义,正确。

A选项:未造成伤害,不符合恶的行为的定义,排除。B选项:"为了在新任领导面前表现自己,争夺一个晋升名额"并不是好的动机,不符合善的行为的定义,排除。C选项:无意伤害但是该伤害不可预见,不符合恶的行为的定义,排除。D选项:没有好的效果,不符合善的行为的定义,排除。

故正确答案为E选项。

> 【温馨提示】 想知道哪些知识点还没掌握?请打开"海绵MBA"APP,进入页面右上角【扫一扫】图标,扫描下方二维码,填入答案,系统会自动记录错题数据,方便查漏补缺。

2008年管理类综合能力逻辑试题

三、逻辑推理：第31~60小题，每小题2分，共60分。下列每题给出的A、B、C、D、E五个选项中，只有一项是符合试题要求的。请在答题卡上将所选项的字母涂黑。

31~32题基于以下题干：

只要不起雾，飞机就按时起飞。

31. 以下哪项正确地表达了上述断定？

   Ⅰ. 如果飞机按时起飞，则一定没起雾。
   Ⅱ. 如果飞机不按时起飞，则一定起雾。
   Ⅲ. 除非起雾，否则飞机按时起飞。

   A. 只有Ⅰ。　　B. 只有Ⅱ。　　C. 只有Ⅲ。　　D. 只有Ⅱ和Ⅲ。　　E. Ⅰ、Ⅱ和Ⅲ。

32. 以下哪项如果为真，说明上述断定不成立？

   Ⅰ. 没起雾，但飞机没按时起飞。
   Ⅱ. 起雾，但飞机仍然按时起飞。
   Ⅲ. 起雾，飞机航班延期。

   A. 只有Ⅰ。　　B. 只有Ⅱ。　　C. 只有Ⅲ。　　D. 只有Ⅱ和Ⅲ。　　E. Ⅰ、Ⅱ和Ⅲ。

33. 南口镇仅有一中和二中两所中学。一中学生的学习成绩一般比二中学生的好。由于来自南口镇的李明在大学一年级的学习成绩是全班最好的，因此，他一定是南口镇一中毕业的。

   以下哪项与题干的论证方式最为类似？

   A. 如果父母对孩子的教育得当，则孩子在学校的表现一般都较好。由于王征在学校的表现不好，因此他的家长一定教育失当。
   B. 如果小孩每天背诵诗歌1小时，则会出口成章。郭娜每天背诵诗歌不足1小时，因此，她不可能出口成章。
   C. 如果人们懂得赚钱的方法，则一般都能积累更多的财富。因此，彭总的财富来源于他的足智多谋。
   D. 儿童的心理教育比成年人更重要。张青是某公司心理素质最好的人，因此，他一定在儿童时获得了良好的心理教育。
   E. 北方人个子通常比南方人高，马林在班上最高。因此，他一定是北方人。

34. 现在能够纠正词汇、语法和标点符号使用错误的中文电脑软件越来越多，记者们即使不具备良好的汉语基础也不妨碍撰稿。因此培养新闻工作者的学校不必重视学生汉语能力的提高，而应注重新闻工作者其他素质的培养。

   以下哪项如果为真，最能削弱上述论证和建议？

   A. 避免词汇、语法和标点符号的使用错误并不一定能确保文稿的语言质量。
   B. 新闻学课程一直强调并要求学生能够熟练应用计算机并熟悉各种软件。
   C. 中文软件越是有效，被盗版的可能性越大。
   D. 在新闻学院开设新课要经过复杂的论证与报批程序。

E. 目前大部分中文软件经常更新,许多人还在用旧版本。

35. 通常认为左撇子比右撇子更容易出现操作事故,这是一种误解。事实上,大多数家务事故,大到火灾、烫伤,小到切破手指,都出自右撇子。

以下哪项最为恰当地概括了上述论证中的漏洞?

A. 对两类没有实质性区别的对象做实质性的区分。

B. 在两类不具有可比性的对象之间进行类比。

C. 未考虑家务事故在整个操作事故中所占的比例。

D. 未考虑左撇子在所有人中所占的比例。

E. 忽视了这种可能性:一些家务事故是由多个人造成的。

36. 东山市威达建材广场每家商店的门边都设有垃圾筒。这些垃圾筒的颜色是绿色或红色。如果上述断定为真,则以下哪项一定为真?

Ⅰ. 东山市有一些垃圾筒是绿色的。

Ⅱ. 如果东山市的一家商店门边没有垃圾筒,那么这家商店不在威达建材广场。

Ⅲ. 如果东山市的一家商店门边有一个红色垃圾筒,那么这家商店在威达建材广场。

A. 只有Ⅰ。　　B. 只有Ⅱ。　　C. 只有Ⅰ和Ⅱ。　　D. 只有Ⅰ和Ⅲ。　　E. Ⅰ、Ⅱ和Ⅲ。

37. 水泥的原料是很便宜的,像石灰石和随处可见的泥土都可以用作水泥的原料。但水泥的价格会受石油价格的影响,因为在高温炉窑中把原料变为水泥要耗费大量的能源。

基于上述断定,最可能得出以下哪项结论?

A. 石油是水泥所含的原料之一。

B. 石油是制水泥的一些高温炉窑的能源。

C. 水泥的价格随着油价的上升而下跌。

D. 水泥的价格越高,石灰石的价格也越高。

E. 石油价格是决定水泥产量的主要因素。

38. 郑女士:衡远市过去十年的GDP(国内生产总值)增长率比易阳市高,因此衡远市的经济前景比易阳市好。

胡先生:我不同意你的观点。衡远市的GDP增长率虽然比易阳市的高,但易阳市的GDP数值却更大。

以下哪项最为准确地概括了郑女士和胡先生争议的焦点?

A. 易阳市的GDP数值是否确实比衡远市大?

B. 衡远市的GDP增长率是否确实比易阳市高?

C. 一个城市的GDP数值大,是否经济前景一定好?

D. 一个城市的GDP增长率高,是否经济前景一定好?

E. 比较两个城市的经济前景,GDP数值与GDP增长率哪个更重要?

39. 临床试验显示,对偶尔食用一定量的牛肉干的人而言,大多数品牌的牛肉干的添加剂并不会导致动脉硬化。因此,人们可以放心食用牛肉干而无须担心对健康的影响。

以下哪项如果为真,最能削弱上述论证?

A. 食用大量的牛肉干不利于动脉健康。

B. 动脉健康不等于身体健康。
C. 肉类都含有对人体有害的物质。
D. 喜欢吃牛肉干的人往往也喜欢食用其他对动脉健康有损害的食品。
E. 题干所述临床试验大都是由医学院的实习生在医师指导下完成的。

40. 和平基金会决定中止对 S 研究所的资助，理由是这种资助可能被部分地用于武器研究。对此，S 研究所承诺：和平基金会的全部资助，都不会用于任何与武器相关的研究。和平基金会因此撤销了上述决定，并得出结论：只要 S 研究所遵守承诺，和平基金会的上述资助就不再会有利于武器研究。

以下哪项最为恰当地概括了和平基金会上述结论中的漏洞？
A. 忽视了这种可能性：S 研究所并不遵守承诺。
B. 忽视了这种可能性：S 研究所可以用其他来源的资金进行武器研究。
C. 忽视了这种可能性：和平基金会的资助使 S 研究所有能力把其他资金改用于武器研究。
D. 忽视了这种可能性：武器研究不一定危害和平。
E. 忽视了这种可能性：和平基金会的上述资助额度有限，对武器研究没有实质性意义。

41~42 题基于以下题干：

一般人认为，广告商为了吸引顾客不择手段。但广告商并不都是这样。最近，为了扩大销路，一家名为《港湾》的家庭类杂志改名为《炼狱》，主要刊登暴力与色情内容。结果原先《港湾》杂志的一些常年广告客户拒绝签约合同，转向其他刊物。这说明这些广告商不只考虑经济效益，而且顾及道德责任。

41. 以下各项如果为真，都能削弱上述论证，除了：
A.《炼狱》杂志所登载的暴力与色情内容在同类杂志中较为节制。
B. 刊登暴力与色情内容的杂志通常销量较高，但信誉度较低。
C. 上述拒绝续签合同的广告商主要推销家居商品。
D. 改名后的《炼狱》杂志的广告费比改名前提高了数倍。
E.《炼狱》因登载虚假广告被媒体曝光，一度成为新闻热点。

42. 以下哪项如果为真，最能加强题干的论证？
A.《炼狱》的成本与售价都低于《港湾》。
B. 上述拒绝续签合同的广告商在转向其他刊物后效益未受影响。
C. 家庭类杂志的读者一般对暴力与色情内容不感兴趣。
D. 改名后，《炼狱》杂志的广告客户并无明显增加。
E. 一些在其他家庭类杂志做广告的客户转向《炼狱》杂志。

43. H 国赤道雨林的面积每年以惊人的比例减少，引起了全球的关注。但是，卫星照片的数据显示，去年 H 国雨林面积的缩小比例明显低于往年。去年，H 国政府支出数百万美元用以制止滥砍滥伐和防止森林火灾。H 国政府宣称，上述卫星照片的数据说明，本国政府保护赤道雨林的努力取得了显著成效。

以下哪项为真，最能削弱 H 国政府的上述结论？
A. 去年 H 国用以保护赤道雨林的财政投入明显低于往年。

B. 与H国毗邻的G国的赤道雨林的面积并未缩小。

C. 去年H国的旱季出现了异乎寻常的大面积持续降雨。

D. H国用于雨林保护的费用只占年度财政支出的很小比例。

E. 森林面积的萎缩是全球性的环保问题。

44. 根据一种心理学理论，一个人要想快乐就必须和周围的人保持亲密的关系。但是，世界上伟大的画家往往是在孤独中度过了他们的大部分时光，并且没有亲密的人际关系。所以这种心理学理论的上述结论是不成立的。

以下哪项最可能是上述论证所假设的？

A. 该心理学理论是为了揭示内心体验与艺术成就的关系。

B. 有亲密人际关系的人几乎没有孤独的时候。

C. 孤独对于伟大的绘画艺术家来说是必需的。

D. 有些著名画家有亲密的人际关系。

E. 获得伟大成就的艺术家不可能不快乐。

45. 小陈：目前1996D3彗星的部分轨道远离太阳，最近却可以通过太空望远镜发现其发出闪烁光。过去人们从来没有观察到远离太阳的彗星出现这样的闪烁光，所以这种闪烁必然是不寻常的现象。

小王：通常人们都不会去观察那些远离太阳的彗星，这次发现的1996D3彗星是有人通过持续而细心的追踪观测获得的。

以下哪项最为准确地概括了小王反驳小陈的观点所使用的方法？

A. 指出小陈使用的关键概念含义模糊。

B. 指出小陈的论据明显缺乏说服力。

C. 指出小陈的论据自相矛盾。

D. 不同意小陈的结论，并且对小陈的论据提出了另一种解释。

E. 同意小陈的结论，但对小陈的论据提出了另一种解释。

46. 陈先生要举办一个亲朋好友的聚会。他出面邀请了他父亲的姐夫、他姐夫的父亲、他哥哥的岳母、他岳母的哥哥。

陈先生最少出面邀请了几个客人？

A. 未邀请客人。　　B. 1个客人。　　C. 2个客人。　　D. 3个客人。　　E. 4个客人。

47. 使用枪支的犯罪比其他类型的犯罪更容易导致命案。但是，大多数使用枪支的犯罪并没有导致命案。因此，没有必要在刑法中把非法使用枪支作为一种严重刑事犯罪，同其他刑事犯罪区分开来。

上述论证中的逻辑漏洞，与以下哪项中出现的最为类似？

A. 肥胖者比体重正常的人更容易患心脏病。但是，肥胖者在我国人口中只占很小的比例。因此，在我国医疗卫生界没有必要强调肥胖导致心脏病的风险。

B. 不检点的性行为比检点的性行为更容易感染艾滋病。但是，在有不检点性行为的人群中，感染艾滋病的只占很小的比例。因此，没有必要在防治艾滋病的宣传中，强调不检点性行为的危害。

C. 流行的看法是,吸烟比不吸烟更容易导致肺癌。但是,在有的国家,肺癌患者中有吸烟史的人所占的比例,并不高于总人口中有吸烟史的比例。因此,上述流行看法很可能是一种偏见。

D. 高收入者比低收入者更有能力享受生活。但是,不乏高收入者宣称自己不幸福。因此,幸福生活的追求者不必关注收入的高低。

E. 高分考生比低分考生更有资格进入重点大学。但是,不少重点大学学生的实际水平不如某些非重点大学的学生。因此,目前的高考制度不是一种选拔人才的理想制度。

48. 张珊获得的奖金比李思的高,得知王武的奖金比苗晓琴的高后,可知张珊的奖金比苗晓琴的高。
以下各项假设均能使上述推断成立,除了:
A. 王武的奖金比李思的高。
B. 李思的奖金比苗晓琴的高。
C. 李思的奖金比王武的高。
D. 李思的奖金和王武的一样高。
E. 张珊的奖金不比王武的低。

49. 某实验室一共有 A、B、C 三种类型的机器人,A 型能识别颜色,B 型能识别形状,C 型既不能识别颜色也不能识别形状。实验室用红球、蓝球、红方块和蓝方块对 1 号和 2 号机器人进行实验,命令它们拿起红球,但 1 号拿起了红方块,2 号拿起了蓝球。
根据上述实验,以下哪项判断一定为真?
A. 1 号和 2 号都是 C 型。
B. 1 号和 2 号有且只有一个是 C 型。
C. 1 号是 A 型且 2 号是 B 型。
D. 1 号不是 B 型且 2 号不是 A 型。
E. 1 号可能不是 A、B、C 三种类型中的任何一种。

50.

以上四张卡片,一面是大写英文字母,另一面是阿拉伯数字。主持人断定,如果一面是 A,则另一面是 4。
如果试图推翻主持人的断定,但只允许翻动以上的两张卡片,正确的选择是:
A. 翻动 A 和 4。　　　　　B. 翻动 A 和 7。　　　　　C. 翻动 A 和 B。
D. 翻动 B 和 7。　　　　　E. 翻动 B 和 4。

51. 统计显示,在汽车事故中,装有安全气囊的汽车比例高于未装安全气囊的汽车。因此,在汽车中安装安全气囊,并不能使车主更安全。
以下哪项最为恰当地指出了上述论证的漏洞?
A. 不加说明地假设:任何装有安全气囊的汽车都有可能遭遇汽车事故。
B. 忽视了这种可能性:未装安全气囊的车主更注意谨慎驾驶。
C. 不当地假设:在任何汽车事故中,安全气囊都会自动打开。

D. 不当地把发生汽车事故的可能程度等同于车主在事故中受伤害的严重程度。

E. 忽视了这种可能性：装有安全气囊的汽车所占的比例越来越大。

52. "有些好货不便宜。因此，便宜货不都是好货。"

与以下哪项推理做类比能说明上述推理不成立？

A. 湖南人不都爱吃辣椒。因此，有些爱吃辣椒的不是湖南人。

B. 有些人不自私。因此，人并不都自私。

C. 好的动机不一定有好的效果。因此，好的效果不一定都产生于好的动机。

D. 金属都导电。因此，导电的都是金属。

E. 有些南方人不是广东人。因此，广东人不都是南方人。

53. 某校以年级为单位，把学生的学习成绩分为优、良、中、差四等。在一年中，各门考试总分前10%的为优，后30%的为差，其余的为良与中。在上一年中，高二年级成绩为优的学生多于高一年级成绩为优的学生。

如果上述断定为真，则以下哪项一定为真？

A. 高二年级成绩为差的学生少于高一年级成绩为差的学生。

B. 高二年级成绩为差的学生多于高一年级成绩为差的学生。

C. 高二年级成绩为优的学生多于高二年级成绩为良的学生。

D. 高二年级成绩为优的学生少于高二年级成绩为良的学生。

E. 高二年级成绩为差的学生多于高一年级成绩为中的学生。

54. 有90个病人，都患有难治疾病T，服用过同样的常规药物。这些病人被分为人数相等的两组，第一组服用一种用于治疗T的实验药物W素，第二组服用不含有W素的安慰剂。10年后的统计显示，两组都有44人死亡。因此这种实验药物是无效的。

以下哪项如果为真，最能削弱上述论证？

A. 在上述死亡的病人中，第二组的平均死亡年份比第一组早两年。

B. 在上述死亡的病人中，第二组的平均寿命比第一组小两岁。

C. 在上述活着的病人中，第二组的比第一组的病情更严重。

D. 在上述活着的病人中，第二组的比第一组的更年长。

E. 在上述活着的病人中，第二组的比第一组的更年轻。

55. 小林因未戴泳帽被拒绝进入深水池。小林出示深水合格证说："根据规定我可以进入深水池。"游泳池的规定是：未戴游泳帽者不得进入游泳池；只有持有深水合格证，才能进入深水池。

小林最可能把游泳池的规定理解为：

A. 除非持有深水合格证，否则不得进入深水池。

B. 只有持有深水合格证的人，才不需要戴游泳帽。

C. 如果持有深水合格证，就能进入深水池。

D. 准许进入游泳池的，不一定准许进入深水池。

E. 有了深水合格证，就不需要戴游泳帽。

56. 北大西洋海域的鳕鱼数量锐减，但几乎同时，海豹的数量却明显增加。有人说是海豹导致了鳕鱼的减少，这种说法难以成立，因为海豹很少以鳕鱼为食。

以下哪项如果为真,最能削弱上述论证?
A. 海水污染对鳕鱼造成的伤害比对海豹造成的伤害严重。
B. 尽管鳕鱼数量锐减,海豹数量明显增加,但在北大西洋海域,海豹的数量仍少于鳕鱼。
C. 在海豹的数量增加以前,北大西洋海域的鳕鱼数量就已经减少了。
D. 海豹生活在鳕鱼无法生存的冰冷海域。
E. 鳕鱼只吃毛鳞鱼,而毛鳞鱼也是海豹的主要食物。

57. 北方人不都爱吃面食,但南方人不爱吃面食。
   如果已知上述第一个断定真,第二个断定假,则以下哪项据此不能确定真假?
   Ⅰ. 北方人都爱吃面食,有的南方人也爱吃面食。
   Ⅱ. 有的北方人爱吃面食,有的南方人不爱吃面食。
   Ⅲ. 北方人都不爱吃面食,南方人都爱吃面食。
   A. 只有Ⅰ。   B. 只有Ⅱ。   C. 只有Ⅲ。   D. 只有Ⅱ和Ⅲ。   E. Ⅰ、Ⅱ和Ⅲ。

58. 人都不可能不犯错误,不一定所有人都会犯严重错误。
   如果上述断定为真,则以下哪项一定为真?
   A. 人都可能犯错误,但有的人可能不犯严重错误。
   B. 人都可能犯错误,但所有的人都可能不犯严重错误。
   C. 人都一定会犯错误,但有的人可能不犯严重错误。
   D. 人都一定会犯错误,但所有的人都可能不犯严重错误。
   E. 人都可能犯错误,但有的人一定不犯严重错误。

59~60题基于以下题干:
   某公司有F、G、H、I、M和P六位总经理助理和三个部门,每一个部门恰由三个总经理助理分管。每个总经理助理至少分管一个部门。以下条件必须满足:
   (1)有且只有一位总经理助理同时分管三个部门;
   (2)F和G不分管同一部门;
   (3)H和I不分管同一部门。

59. 以下哪项一定为真?
   A. 有的总经理助理恰分管两个部门。   B. 任一部门由F或G分管。
   C. M或P只分管一个部门。   D. 没有部门由F、M和P分管。
   E. P分管的部门M都分管。

60. 如果F和M不分管同一部门,则以下哪项一定为真?
   A. F和H分管同一部门。   B. F和I分管同一部门。
   C. I和P分管同一部门。   D. M和G分管同一部门。
   E. M和P不分管同一部门。

2008年管理类综合能力逻辑试题解析

答案速查表

31～35	DAEAD	36～40	BBEBC	41～45	AECED
46～50	CBADB	51～55	DEBAC	56～60	EDCAC

31.【答案】D 【难度】S4 【考点】形式逻辑 假言命题 假言命题推理规则

题干信息：¬起雾→按时起飞。

复选项Ⅰ：按时起飞→¬起雾，与题干逻辑关系不一致，排除。

复选项Ⅱ：¬按时起飞→起雾，是题干推理的等价逆否命题，正确。

复选项Ⅲ：¬起雾→按时起飞，与题干逻辑关系一致，正确。

故正确答案为D选项。

32.【答案】A 【难度】S4 【考点】形式逻辑 假言命题 假言命题矛盾关系

题干信息：(1)¬起雾→按时起飞。

矛盾命题：(2)¬起雾∧¬按时起飞。若其矛盾命题为真，即可说明该断定不成立。

复选项Ⅰ：¬起雾∧¬按时起飞，正确。

复选项Ⅱ、Ⅲ：起雾∧按时起飞、起雾∧¬按时起飞，均不是(1)的矛盾命题，排除。

故正确答案为A选项。

33.【答案】E 【难度】S4 【考点】论证推理 论证方式相似、漏洞相似

题干信息：一中学生成绩一般比二中学生好，李明的学习成绩是全班最好的。因此，李明一定是一中的。

题干的论证认为整体具有的特点个体也一定具有，但实际上一中整体上成绩更好，并不等价于一中的每一个学生成绩都更好。

E选项：北方人和南方人整体具有的特点，并不是每一个北方人或南方人都具有，与题干论证方式类似。

A选项：该论证为假言命题推理，推理正确，但与题干论证方式不类似。

B选项：该论证为假言命题推理，推理不正确，而且与题干论证方式不类似。

C选项：该论证为假言命题推理，推理不正确，而且与题干论证方式不类似。

D选项："心理素质好"与"心理教育更重要"不是同一个概念，推理无效，而且与题干论证方式不类似。

故正确答案为E选项。

34.【答案】A 【难度】S4 【考点】论证推理 削弱、质疑、反驳 论据+结论型论证的削弱

论据：软件可以纠正汉语的使用错误，记者不具备良好的汉语基础也可以撰稿。结论：培养新闻工作者的学校不必重视学生汉语能力的提高。

A选项：说明文稿的语言质量不仅与"词汇、语法和标点符号的使用"有关，还与其他因素有关。虽然软件能纠正这些错误，但还需要其他方面的配合才能保证文稿的语言质量，**否因削弱**，

正确。

B、C、D、E 选项:与题干论证无关,排除。

故正确答案为 A 选项。

35.【答案】D 【难度】S4 【考点】论证推理 漏洞识别

论据:大多数家务事故都出自右撇子。结论:"通常认为左撇子比右撇子更容易出现操作事故"是一种误解。

从论据到结论的论证过程存在漏洞,因为右撇子在人群中所占比例未知。假如右撇子占70%,左撇子占30%,且左、右撇子出现操作事故的概率一样,那么在家务事故中,右撇子的比例为70%,左撇子的比例为30%,右撇子仍然占大多数。所以由题干的论据无法得出结论,漏洞就在于右撇子和左撇子在所有人中所占的比例未知,有可能是因为在所有人中右撇子本来就比左撇子多,从而导致操作事故中右撇子比左撇子多。

故正确答案为 D 选项。

36.【答案】B 【难度】S4 【考点】形式逻辑 三段论 三段论正推题型

题干信息:(1)威达→垃圾筒;(2)垃圾筒→绿∨红。

(1)(2)传递可得:(3)威达→垃圾筒→绿∨红。

复选项Ⅰ:"绿∨红"表达三种可能性,即全是绿色、全是红色、绿色和红色都有,所以不一定有绿色的垃圾筒,不一定为真。

复选项Ⅱ:¬垃圾筒→¬威达,是(1)的等价逆否命题,正确。

复选项Ⅲ:红色垃圾筒→威达,不符合推理规则,排除。

故正确答案为 B 选项。

37.【答案】B 【难度】S5 【考点】论证推理 结论 细节题

题干信息:把便宜的原料制成水泥要耗费大量的能源,所以水泥的价格会受石油价格的影响。

由题干信息可得,石油价格会影响水泥价格,而水泥的原料很便宜,但生产水泥还需要能源,所以说明石油和能源有关系。

故正确答案为 B 选项。

38.【答案】E 【难度】S5 【考点】论证推理 焦点 焦点题型

郑女士:衡远市过去十年的 GDP 增长率比易阳市高,所以衡远市经济前景比易阳市好。胡先生:易阳市的 GDP 数值更大,所以不能同意郑女士的观点。

E 选项:胡先生认为数值更重要,郑女士认为增长率更重要,二人持有不同的观点,是争议的焦点,正确。

A、B 选项:二人并未讨论数据的真实性,排除。

C、D 选项:分别是胡先生和郑女士认可的观点,不是争议的焦点,排除。

故正确答案为 E 选项。

39.【答案】B 【难度】S4 【考点】论证推理 削弱、质疑、反驳 论据+结论型论证的削弱

论据:牛肉干添加剂不会导致动脉硬化。结论:食用牛肉干对健康没有影响。

B 选项:以偏概全,论据是"不会导致动脉硬化",而结论却扩大了范围。健康包括很多方面,例如皮肤健康、骨骼健康、消化系统健康等,可以削弱。

A 选项:无法削弱,题干中论证的对象是"偶尔食用一定量的牛肉干的人",而不是"食用大量牛肉干的人",论证的对象发生了变化。

C、E 选项:与题干论证无关,排除。

D 选项:与题干中的论证对象不一致,题干论证的是"偶尔食用一定量牛肉干的人",而不是"喜欢吃牛肉干的人",排除。

故正确答案为 B 选项。

40.【答案】C 【难度】S5 【考点】论证推理 削弱、质疑、反驳 论据+结论型论证的削弱

论据:S 研究所承诺,和平基金会的全部资助都不会用于与武器相关的研究。结论:只要 S 研究所遵守承诺,上述资助就不再会有利于武器研究。

C 选项:**间接因果**,指出即使 S 研究所遵守承诺,不将和平基金会的资助用来进行武器研究,但其资助使 S 研究所能够把其他资金改用于武器研究,所以和平基金会变相地资助了武器研究,这就是题干论证中的漏洞。

A 选项:题干结论是建立在遵守承诺的基础之上,所以不遵守承诺并不是漏洞,排除。

B 选项:S 研究所虽然可以用其他来源的资金进行武器研究,但如果其他来源的资金不足,那么其对和平基金会所做出的承诺仍可起到作用,排除。

D 选项:与题干论证无关,排除。E 选项:题干论证与资助额度无关,排除。

故正确答案为 C 选项。

41.【答案】A 【难度】S6 【考点】论证推理 削弱、质疑、反驳 论据+结论型论证的削弱

论据:《港湾》改为《炼狱》后,原先的一些常年广告客户转向其他刊物。结论:这些广告商不只考虑经济效益,而且顾及道德责任。

A 选项:**比较对象不一致**,指出《炼狱》杂志所刊登的暴力与色情内容在同类型的杂志中比较节制,比较对象为《炼狱》与同类杂志。而题干的比较对象是《港湾》与《炼狱》,无法削弱。

B 选项:**他因削弱**,说明是信誉度较低导致广告客户流失,这些客户恰恰是考虑了经济效益,可以削弱。

C 选项:**他因削弱**,拒绝续签的广告商的目标客户不是《炼狱》的读者群,所以是考虑了经济效益而拒绝续签,可以削弱。

D 选项:**他因削弱**,广告费提高对于广告商来说增加了成本,拒绝续签很可能是考虑了经济效益,可以削弱。

E 选项:**他因削弱**,《炼狱》口碑较差,广告可信度低,可能无法给广告商带来应有的收益,可以削弱。

故正确答案为 A 选项。

42.【答案】E 【难度】S5 【考点】论证推理 支持、加强 论据+结论型论证的支持

E 选项:其他广告商转向《炼狱》,说明该杂志能给广告商带来更多的经济效益,但题干中的这些广告商却拒签了,这就表明他们确实是顾及道德责任而拒签的,加强了题干的论证,正确(虽然"一些"力度较弱,但只有该选项思路正确,相对最优)。

A 选项:无法支持,杂志的成本与售价和广告商的选择无必然联系。有同学会主观认为,成本与售价低了,广告商打广告的费用也低了,但题干中并没有体现,所以广告费用是否会降低呢?

未知,排除。

B 选项:拒签的广告商转向其他杂志后效益未受影响,无法判断这些广告商是否是顾及道德责任而拒签的,排除。

C 选项:削弱题干,表明之前的客户群已经随着杂志的改变而改变,广告商的拒签很可能是考虑了经济效益,排除。

D 选项:广告客户无明显增加,说明《炼狱》并不能带来更多的经济效益,广告商是否是考虑了道德责任而拒签不得而知,排除。

故正确答案为 E 选项。

43.【答案】C 【难度】S5 【考点】论证推理 削弱、质疑、反驳 因果型论证的削弱
因:政府支出数百万美元保护赤道雨林。果:去年 H 国赤道雨林面积缩小比例低于往年。
C 选项:他因削弱,是旱季出现的降雨使雨林面积的缩小比例低于往年,很可能与政府的财政投入并无关系,可以削弱。
A 选项:财政投入低于往年并不能说明该投入没有作用,排除。
B 选项:题干中没有提到 H 国与 G 国的情况相似,排除。
D 选项:用于雨林保护的费用所占比例与其是否起到作用无必然联系,排除。
E 选项:无法得知政府的投入是否起到了作用,排除。
故正确答案为 C 选项。

44.【答案】E 【难度】S4 【考点】形式逻辑 假言命题 假言命题矛盾关系
题干信息:(1)快乐→亲密;(2)伟大画家→¬ 亲密。所以,(1)不成立。
要想证明(1)不成立,需要证明其矛盾命题为真,即"快乐∧¬ 亲密"。所以需要添加"伟大画家是快乐的"这一条件,此时伟大画家满足"快乐∧¬ 亲密",表明该心理学理论的结论不成立。
E 选项:获得伟大成就的艺术家不可能不快乐=获得伟大成就的艺术家一定快乐,正确。
故正确答案为 E 选项。

45.【答案】D 【难度】S4 【考点】论证推理 概括论证方式
小陈:人们从未观察到远离太阳的彗星所发出的闪烁光,所以这种闪烁是不寻常的。小王:人们通常不会观察远离太阳的彗星,该闪烁被发现是因为有人持续而细心的观察。
小王对于观察到的闪烁光给出了另一种解释,并不认可小陈的观点。
故正确答案为 D 选项。

46.【答案】C 【难度】S4 【考点】形式逻辑 概念 概念之间的关系
题干中给出了四个身份,若求"最少"的人数,那么四个身份尽量重叠即可。从性别来看,"姐夫""父亲""哥哥"均为男性,"岳母"为女性,男性和女性不能重叠,而三个男性身份可以重叠在一个人身上(不考虑近亲不能结婚的限制),所以最少为 2 人,一男一女。
故正确答案为 C 选项。

47.【答案】B 【难度】S4 【考点】论证推理 论证方式相似、漏洞相似
普遍认知:使用枪支的犯罪更容易导致命案。反驳:大多数使用枪支的犯罪没有导致命案。结论:没有必要将枪支犯罪同其他刑事犯罪区分开来。
漏洞:虽然大多数使用枪支的犯罪并没有导致命案,但是只要其比其他犯罪导致命案的概率高,

那么仍然需要将其与其他刑事犯罪区分开来,所以题干论证不成立。

B选项:普遍认知为不检点的性行为更容易感染艾滋病;反驳为大多数有不检点性行为的人并未感染艾滋病;结论为没有必要强调不检点性行为的危害。与题干中漏洞相似。

A选项:反驳中未提及"大多数肥胖者没有患心脏病",不相似,排除。

C选项:反驳中未提及"大多数吸烟者并没有患肺癌",不相似,排除。

D选项:反驳中未提及"大多数高收入者没有享受生活",不相似,排除。

E选项:反驳中未提及"大多数高分考生并没有进入重点大学",不相似,排除。

故正确答案为B选项。

48.【答案】A 【难度】S4 【考点】形式逻辑 关系命题 关系命题的大小比较

已知:(1)张>李;(2)王>苗。结论:(3)张>苗。

从已知的条件(1)和(2)无法推出结论(3),所以需要补充条件。

A选项:王>李。即使加上该条件,张与苗的关系依然无法得知,正确。

B选项:李>苗。结合(1)可得:张>李>苗,能使题干推断成立,排除。

C选项:李>王。结合(1)(2)可得:张>李>王>苗,能使题干推断成立,排除。

D选项:李=王。结合(1)(2)可得:张>李=王>苗,能使题干推断成立,排除。

E选项:张≥王。结合(2)可得:张≥王>苗,能使题干推断成立,排除。

故正确答案为A选项。

49.【答案】D 【难度】S5 【考点】形式逻辑 假言命题 假言命题推理规则

题干信息:(1)A型→颜色;(2)B型→形状;(3)C型→¬颜色∧¬形状;(4)1号→¬形状;(5)2号→¬颜色。

由(4)(2)可得:1号→¬形状→¬B型。由(5)(1)可得:2号→¬颜色→¬A型。

D选项:1号→¬B型,2号→¬A型,与推理结果一致,正确。

故正确答案为D选项。

50.【答案】B 【难度】S4 【考点】形式逻辑 假言命题 假言命题矛盾关系

题干信息:主持人的断定为,A→4。

要想推翻主持人的断定,只需出现其矛盾命题"A∧¬4"即可,所以可翻动A,若其另一面不是4,则推翻了主持人的断定。另一张需要翻动的是"¬4",若其另一面是A,则可推翻主持人的断定。由于上述四张卡片一面是大写英文字母,另一面是阿拉伯数字,所以要翻动一张不是4的阿拉伯数字卡片,即翻动7。

故正确答案为B选项。

51.【答案】D 【难度】S5 【考点】论证推理 削弱、质疑、反驳 论据+结论型论证的削弱

论据:汽车事故中,装有安全气囊汽车的比例>未装安全气囊汽车的比例。结论:在汽车中安装安全气囊并不能使车主更安全。

题干的论据无法得出结论,有两个漏洞:

(1)在所有汽车中安装安全气囊的比例未知。

假如在所有汽车中安装安全气囊的比例为99%,如果是否安装安全气囊对于车主安全没有影响的话,那么汽车事故中安装安全气囊的比例应为99%。所以如果汽车事故中安全气囊

的比例为60%,虽然装有安全气囊的比例比未装的高,但是从上述数据可以看出,安装安全气囊仍然使车主更安全了。

(2)偷换概念,将"发生事故的可能性"等同于"安全程度"。

安全既包括发生事故的概率高低,也包括发生事故时所造成伤害的严重程度。即使将漏洞(1)补上,也只能得出"在汽车中安装安全气囊,并不能使车主更不容易发生事故"这一结论,而无法推出是否"更安全"。

D选项:指出漏洞(2),正确。

E选项:虽然装有安全气囊的汽车所占比例越来越大,但是该比例与汽车事故中装有安全气囊汽车的比例之间的关系未知,无法说明论证的漏洞。

故正确答案为D选项。

52.【答案】E 【难度】S5 【考点】形式逻辑 三段论 三段论结构相似

论据:有些好货不便宜=有些A不B。结论:便宜货不都是好货=B不都是A。

要说明上述推理不成立,需要找到与题干推理结构一致,但结论却荒谬的论证。

E选项:论据为有些南方人不是广东人(有些A不B);结论为广东人不都是南方人(B不都是A)。与题干论证结构一致,而且因为广东人都是南方人,所以结论明显荒谬,可说明题干推理不成立。

A选项:论据为湖南人不都爱吃辣椒=有些湖南人不爱吃辣椒(有些A不B);结论为有些爱吃辣椒的不是湖南人=爱吃辣椒的不都是湖南人(B不都是A)。与题干论证结构相似,但所得结论并不荒谬,无法说明题干推理不成立。

B选项:论据为有些人不自私(有些A不B);结论为人并不都自私(A不都B)。与题干论证结构不相似,排除。

C、D选项:与题干论证结构不相似,排除。

故正确答案为E选项。

53.【答案】B 【难度】S4 【考点】综合推理 数字相关题型

题干信息:题干中给出了优和差的分级标准,以考试总分排名前10%为优,后30%为差;高二年级成绩为优的学生多于高一年级成绩为优的学生,由此可得,高二年级的学生总数多于高一年级的学生总数。

B选项:成绩为差的学生也是以固定比例划分的,所以可知,高二年级成绩为差的学生多于高一年级成绩为差的学生,正确。

A选项:根据题干可得,高二年级成绩为差的学生多于高一年级成绩为差的学生,与题干不符,排除。

C、D选项:题干中未表明如何划分成绩为"良"的学生,故无法推知。

E选项:题干中未表明如何划分成绩为"中"的学生,故无法推知。

故正确答案为B选项。

54.【答案】A 【难度】S5 【考点】论证推理 削弱、质疑、反驳 论据+结论型论证的削弱

第一组:服用W素。第二组:服用不含有W素的安慰剂。

结果:10年后,两组都有44人死亡。结论:这种实验药物无效。

由于统计结果是10年后的,所以很可能时间过长,导致无法显示出W素的作用,若要判断W素是否有用,应从病人患病参加实验开始计算。如果第一组在吃W素后存活的时间比只吃安慰剂的第二组长,则可说明W素是有效的。

A选项:与上述分析一致,第二组死亡年份比第一组早,即第一组存活时间长,所以W素这种实验药物是有效的,可以削弱。

B选项:因为两组病人的年龄未知,所以平均寿命无法说明任何问题,排除。

C、D、E选项:由于两组中活着的都只有1个人,所以很可能没有代表性,无法说明任何问题,排除。

故正确答案为A选项。

55.【答案】C 【难度】S4 【考点】形式逻辑 假言命题 假言命题推理规则

小林:(1)深水合格证→深水池。规定:(2)¬游泳帽→¬游泳池;(3)深水池→深水合格证。

小林的推理就是他所理解的泳池的规定,所以选出与(1)一致的逻辑关系即可。

C选项:深水合格证→深水池,与(1)一致,正确。

A、B、E选项:¬深水合格证→¬游泳池、¬游泳帽→深水合格证、深水合格证→¬游泳帽,均与(1)不一致,排除。

D选项:"游泳池"和"深水池"的关系题干并未涉及,排除。

故正确答案为C选项。

56.【答案】E 【难度】S5 【考点】论证推理 削弱、质疑、反驳 因果型论证的削弱

论据:海豹很少以鳕鱼为食。结论:鳕鱼的减少(果)并不是海豹(因)导致的。

E选项:**间接因果**,鳕鱼和海豹都以毛鳞鱼为主要食物,海豹增多导致毛鳞鱼减少,从而间接地导致了鳕鱼的减少,说明鳕鱼的减少与海豹有关,削弱论证,正确。

A选项:说明是其他原因导致了鳕鱼的减少,支持了题干的论证,排除。

B选项:海豹与鳕鱼的数量与题干论证无关,排除。

C选项:说明鳕鱼减少与海豹无关,对题干论证起支持作用,排除。

D选项:与题干论证无关,排除。

故正确答案为E选项。

57.【答案】D 【难度】S5 【考点】形式逻辑 直言命题 直言命题真假不确定

题干信息:(1)北方人不都爱吃面食,这一断定为真,即有的北方人不爱吃面食;(2)南方人都不爱吃面食,这一断定为假,即有的南方人爱吃面食。

复选项Ⅰ:"北方人都爱吃面食"与(1)矛盾,为假;"有的南方人也爱吃面食"与(2)一致,为真。该命题前半句假后半句真,由联言命题的真值特点可知,整个命题为假。

复选项Ⅱ:由(1)可知,有的北方人不爱吃面食,由"有的"的数量不确定性可知,北方人不爱吃面的范围是1~全部,所以"有的"北方人爱吃面食是不确定的;同理可知,"有的"南方人爱吃面食也是不确定的,故该命题不能确定真假。

复选项Ⅲ:因为"有的"的数量范围是1~全部,所以由(1)可知,北方人可能都不爱吃面食;由(2)可知,南方人可能都爱吃面食,存在"全部"的可能性,所以该命题不能确定真假。

故正确答案为D选项。

58.【答案】C 【难度】S4 【考点】形式逻辑 模态命题 模态命题的等价转换
题干信息：(1)人都不可能不犯错误。
提词：不可能不。等价转换：不可能不＝必然不不＝必然。
(2)不一定所有人都会犯严重错误。
提词：不一定都。等价转换：不一定都＝可能不都＝可能有的不＝有的可能不。
C选项：与上述推理结果一致，正确。
故正确答案为C选项。

59.【答案】A 【难度】S5 【考点】综合推理 综合题组(分组题型)
题干信息：(1)三个部门，每个部门由三个总经理助理分管，所以一共有九个职位；(2)有且只有一位总经理助理同时分管三个部门。
由上述两个条件可知，在六个人和九个职位中除去(2)后，还剩五个人和六个职位。
又因为"每个总经理助理至少分管一个部门"，所以一定会有四个人每人占一个职位，还有一个人占两个职位，即有的总经理助理恰分管两个部门。
故正确答案为A选项。

60.【答案】C 【难度】S5 【考点】综合推理 综合题组(分组题型)
题干信息：(3)F和G、H和I不分管同一部门。补充信息：(4)F和M不分管同一部门。
由条件(3)(4)可知，同时分管三个部门的总经理助理不是F、G、H、I、M，所以一定是P，即P均会与另外五人中的任意一人分管同一部门。
C选项：I和P分管同一部门，一定为真。
故正确答案为C选项。

2007年管理类综合能力逻辑试题

三、逻辑推理：第26~55小题，每小题2分，共60分。下列每题给出的A、B、C、D、E五个选项中，只有一项是符合试题要求的。请在答题卡上将所选项的字母涂黑。

26. 在青崖山区，商品通过无线广播电台进行密集的广告宣传将会迅速获得最大程度的知名度。
    上述断定最可能推出以下哪项结论？
    A. 在青崖山区，无线广播电台是商品打开市场的最重要途径。
    B. 在青崖山区，高知名度的商品将拥有众多消费者。
    C. 在青崖山区，无线广播电台的广告宣传可以使商品的信息传到每户人家。
    D. 在青崖山区，某一商品为了迅速获得最大程度的知名度，除了通过无线广播电台进行密集的广告宣传外，不需要利用其他宣传工具做广告。
    E. 在青崖山区，某一商品的知名度与其性能和质量的关系很大。

27. 新疆的哈萨克人用经过训练的金雕在草原上长途追击野狼。某研究小组为研究金雕的飞行方向和判断野狼群的活动范围，将无线电传导器放置在一只金雕身上进行追踪。野狼为了觅食，其活动范围通常很广，因此，金雕追击野狼的飞行范围通常也很大。然而，两周以来，无线电传导器不断传回的信号显示，金雕仅在放飞地3千米范围内飞行。
    以下哪项如果为真，最有助于解释上述金雕的行为？
    A. 金雕的放飞地周边重峦叠嶂，险峻异常。
    B. 金雕的放飞地2千米范围内有一牧羊草场，成为狼群袭击的目标。
    C. 由于受训金雕的捕杀，放飞地广阔草原的野狼几乎灭绝了。
    D. 无线电传导器信号仅能在有限的范围内传导。
    E. 无线电传导器的安放并未削弱金雕的飞行能力。

28. 除非不把理论当作教条，否则就会束缚思想。
    以下各项都表达了与题干相同的含义，除了：
    A. 如果不把理论当作教条，就不会束缚思想。
    B. 如果把理论当作教条，就会束缚思想。
    C. 只有束缚思想，才会把理论当作教条。
    D. 只有不把理论当作教条，才不会束缚思想。
    E. 除非束缚思想，否则不会把理论当作教条。

29. 舞蹈学院的张教授批评本市芭蕾舞团最近的演出没能充分表现古典芭蕾舞的特色。他的同事林教授认为这一批评是个人偏见。作为芭蕾舞技巧专家，林教授考察过芭蕾舞团的表演者，结论是每一位表演者都拥有足够的技巧和才能来表现古典芭蕾舞的特色。
    以下哪项最为恰当地概括了林教授反驳中的漏洞？
    A. 他对张教授的评论风格进行攻击而不是对其观点加以批驳。
    B. 他无视张教授的批评意见是与实际情况相符的。
    C. 他仅从维护自己的权威地位的角度加以反驳。
    D. 他依据一个特殊事例轻率概括出一个普遍结论。
    E. 他不当地假设，如果一个团体每个成员都具有某种特征，那么这个团体就总能体现这种特征。

30. 王园获得的奖金比梁振杰的高。得知魏国庆的奖金比苗晓琴的高后,可知王园的奖金也比苗晓琴的高。

以下各项假设均能使上述推断成立,除了:

A. 魏国庆的奖金比王园的高。
B. 梁振杰的奖金比苗晓琴的高。
C. 梁振杰的奖金比魏国庆的高。
D. 梁振杰的奖金和魏国庆的一样。
E. 王园的奖金和魏国庆的一样。

31. 张华是甲班学生,对围棋感兴趣。该班学生或者对国际象棋感兴趣,或者对军棋感兴趣;如果对围棋感兴趣,则对军棋不感兴趣。因此,张华对中国象棋感兴趣。

以下哪项最可能是上述论证的假设?

A. 如果对国际象棋感兴趣,则对中国象棋感兴趣。
B. 甲班对国际象棋感兴趣的学生都对中国象棋感兴趣。
C. 围棋和中国象棋比军棋更具挑战性。
D. 甲班学生感兴趣的棋类只限于围棋、国际象棋、军棋和中国象棋。
E. 甲班所有学生都对中国象棋感兴趣。

32. 神经化学物质的失衡可以引起人的行为失常,大到严重的精神疾病,小到常见的孤僻、抑郁甚至暴躁、嫉妒。神经化学的这些发现,使我们不但对精神疾病患者,而且对身边原本生厌的怪癖行为者,怀有同情和容忍。因为精神健康,无非是指具有平衡的神经化学物质。

以下哪项最为准确地表达了上述论证所要表达的结论?

A. 神经化学物质失衡的人在人群中只占少数。
B. 神经化学的上述发现将大大丰富精神病学的理论。
C. 理解神经化学物质与行为的关系将有助于培养对他人的同情心。
D. 神经化学物质的失衡可以引起精神疾病或其他行为失常。
E. 神经化学物质是否平衡是决定精神或行为是否正常的主要因素。

33. 在我国北方严寒冬季的夜晚,车辆前挡风玻璃会因低温而结冰霜。第二天对车辆发动预热后,玻璃上的冰霜会很快融化。何宁对此不解,李军解释道:因为车辆仅有的除霜孔位于前挡风玻璃,而车辆预热后除霜孔完全开启,因此,是开启除霜孔使车辆玻璃冰霜融化。

以下哪项如果为真,最能质疑李军对车辆玻璃冰霜迅速融化的解释?

A. 车辆一侧玻璃窗没有出现冰霜现象。
B. 尽管车尾玻璃窗没有除霜孔,其玻璃上的冰霜融化速度与前挡风玻璃没有差别。
C. 当吹在车辆玻璃上的空气气温增加,其冰霜的融化速度也会增加。
D. 车辆前挡风玻璃除霜孔排出的暖气流排出后可能很快冷却。
E. 即使启用车内空调暖风功能,除霜孔的功能也不能被取代。

34. 小莫十分渴望成为一名微雕艺术家,为此,他去请教微雕大师孔先生:"您如果教我学习微雕,我将要多久才能成为一名微雕艺术家?"孔先生回答道:"大约十年。"小莫不满足于此,再问:"如果我不分昼夜每天苦练,能否缩短时间?"孔先生道:"那要用二十年。"

以下哪项最可能是孔先生的回答所提示的微雕艺术家的重要素质?

A. 谦虚。 B. 勤奋。 C. 尊师。 D. 耐心。 E. 决心。

35. 莫大伟到吉安公司上班的第一天,就被公司职工自由散漫的表现所震惊。莫大伟由此得出结论:吉安公司是一个管理失效的公司,吉安公司的员工都缺乏工作积极性和责任心。

以下哪项如果为真,最能削弱上述论证?

A. 当领导不在时,公司的员工会表现出自由散漫。

B. 吉安公司的员工超过2万,遍布该省的十多个城市。

C. 莫大伟大学刚毕业就到吉安公司,对校门外的生活不适应。

D. 吉安公司的员工和领导的表现完全不一样。

E. 莫大伟上班的这一天刚好是节假日后的第一个工作日。

36. 小王参加了某公司招工面试,不久,他得知以下消息:

(1)公司已决定,他与小陈至少录用一人;(2)公司可能不录用他;(3)公司一定录用他;(4)公司已录用小陈。

其中两条消息为真,两条消息为假。

如果上述断定为真,则以下哪项为真?

A. 公司已录用小王,未录用小陈。　　B. 公司未录用小王,已录用小陈。

C. 公司既录用了小王,也录用了小陈。　D. 公司未录用小王,也未录用小陈。

E. 不能确定录用结果。

37. 魏先生:计算机对于当代人类的重要性,就如同火对于史前人类。因此,普及计算机知识应当从孩子抓起,从小学甚至幼儿园开始就应当介绍计算机知识;一进中学就应当学习计算机语言。

贾女士:你忽视了计算机技术的一个重要特点,这是一门知识更新和技术更新最为迅速的科学。童年时代所了解的计算机知识,中学时代所学的计算机语言,到需要运用的成年时代早已陈旧过时了。

以下哪项作为魏先生对贾女士的反驳最为有力?

A. 快速发展和更新并不仅是计算机技术的特点。

B. 孩子具备接受不断发展的新知识的能力。

C. 在中国,算盘早已被计算机取代,但这并不说明有关算盘的知识已毫无价值。

D. 学习计算机知识和熟悉某种计算机语言,有利于提高理解和运用计算机的能力。

E. 计算机课程并不是中小学教育的主课。

38. 郑兵的孩子即将升高中。郑兵发现,在当地中学,学生与老师比例低的学校,学生的高考成绩普遍都比较好。郑兵因此决定,让他的孩子选择学生总人数最少的学校就读。

以下哪项最为恰当地指出郑兵上述决定的漏洞?

A. 忽略了学校教学质量既和学生与老师的比例有关,也和生源质量有关。

B. 仅注重高考成绩,忽略了孩子的全面发展。

C. 不当地假设:学生总人数少就意味着学生与老师的比例低。

D. 在考虑孩子的教育时忽略了孩子本人的愿望。

E. 忽略了学校教学质量主要与老师的素质而不是数量有关。

39. "男女"和"阴阳"似乎指的是同一种区分标准,但实际上,"男人和女人"区分人的性别特征,"阴柔和阳刚"区分人的行为特征。按照"男女"的性别特征,正常人分为两个不重叠的部分;按照"阴阳"的行为特征,正常人分为两个重叠的部分。

以下各项都符合题干的含义,除了:

A. 人的性别特征不能决定人的行为特征。

B. 女人的行为,不一定具有阴柔的特征。

C. 男人的行为,不一定具有阳刚的特征。

D. 同一个人的行为,可以既有阴柔又有阳刚的特征。

E. 一个人的同一行为,可以既有阴柔又有阳刚的特征。

40. 一项时间跨度为半个世纪的专项调查研究得出肯定结论:饮用常规量的咖啡对人的心脏无害。因此,咖啡的饮用者完全可以放心地享用,只要不过量。

以下哪项最为恰当地指出了上述论证的漏洞?

A. 咖啡的常规饮用量可能因人而异。

B. 心脏健康不等同于身体健康。

C. 咖啡饮用者可能在喝咖啡时吃对心脏有害的食物。

D. 喝茶,特别是喝绿茶比喝咖啡有利于心脏保健。

E. 有的人从不喝咖啡但心脏仍然健康。

41. 在印度发现了一些不平常的陨石,它们的构成元素表明,它们只可能来自水星、金星和火星。由于水星靠太阳最近,它的物质只可能被太阳吸引而不可能落到地球上;这些陨石也不可能来自金星,因为金星表面的任何物质都不可能摆脱它和太阳的引力而落到地球上。因此,这些陨石很可能是某次巨大的碰撞后从火星落到地球上的。

上述论证方式和以下哪项最为类似?

A. 这起谋杀或是劫杀,或是仇杀,或是情杀。但作案现场并无财物丢失;死者家属和睦,夫妻恩爱,并无情人。因此,最大的可能是仇杀。

B. 如果张甲是作案者,那必有作案动机和作案时间。张甲确有作案动机,但没有作案时间。因此,张甲不可能是作案者。

C. 此次飞机失事的原因,或是人为破坏,或是设备故障,或是操作失误。被发现的黑匣子显示,事故原因确定是设备故障。因此,可以排除人为破坏和操作失误。

D. 所有的自然数或是奇数,或是偶数。有的自然数不是奇数,因此,有的自然数是偶数。

E. 任一三角形或是直角三角形,或是钝角三角形,或是锐角三角形。这个三角形有两个内角之和小于90°。因此,这个三角形是钝角三角形。

42. 某公司一批优秀的中层干部竞选总经理职位。所有的竞选者除了李女士自身外,没有人能同时具备她的所有优点。

从以上断定能合乎逻辑地得出以下哪项结论?

A. 在所有竞选者中,李女士最具备条件当选总经理。

B. 李女士具有其他竞选者都不具备的某些优点。

C. 李女士具有其他竞选者的所有优点。

D. 李女士的任一优点都有竞选者不具备。

E. 任何其他竞选者都有不及李女士之处。

43. 去年某旅游胜地游客人数与前年游客人数相比,减少约一半。当地旅游管理部门调查发现,去年与前年的最大不同是入场门票从120元升到了190元。

以下哪项措施,最可能有效解决上述游客锐减问题?

A. 利用多种媒体加强广告宣传。　　B. 旅游地增加更多的游玩项目。

C. 根据实际情况,入场门票实行季节浮动价。　D. 对游客提供更周到的服务。

E. 加强该旅游地与旅游公司的联系。

44. 三分之二的陪审员认为,证人在被告作案时间、作案地点或作案动机上提供伪证。

以下哪项能作为结论从上述断定中推出?

A. 三分之二的陪审员认为证人在被告作案时间上提供伪证。

B. 三分之二的陪审员认为证人在被告作案地点上提供伪证。

C. 三分之二的陪审员认为证人在被告作案动机上提供伪证。

D. 在被告作案时间、作案地点或作案动机这三个问题中,至少有一个问题,三分之二的陪审员认为证人在这个问题上提供伪证。

E. 以上各项均不能从题干的断定推出。

45. 社会成员的幸福感是可以运用现代手段精确量化的。衡量一项社会改革措施是否成功,要看社会成员的幸福感总量是否增加。S市最近推出的福利改革明显增加了公务员的幸福感总量,因此,这项改革措施是成功的。

以下哪项如果为真,最能削弱上述论证?

A. 上述改革措施并没有增加S市所有公务员的幸福感。

B. S市公务员只占全市社会成员很小的比例。

C. 上述改革措施在增加公务员幸福感总量的同时,减少了S市民营企业人员的幸福感总量。

D. 上述改革措施在增加公务员幸福感总量的同时,减少了S市全体社会成员的幸福感总量。

E. 上述改革措施已经引起S市市民的广泛争议。

46. 有球迷喜欢所有参赛球队。

如果上述断定为真,则以下哪项不可能为真?

A. 所有参赛球队都有球迷喜欢。　　B. 有球迷不喜欢所有参赛球队。

C. 所有球迷都不喜欢某个参赛球队。　D. 有球迷不喜欢某个参赛球队。

E. 每个参赛球队都有球迷不喜欢。

47. 帕累托最优指这样一种社会状态:对于任何一个人来说,如果不使其他某个(或某些)人境况变坏,他的境况就不可能变好。如果一种变革能使至少有一个人的境况变好,同时没有其他人境况因此变坏,则称这一变革为帕累托变革。

以下各项都符合题干的断定,除了:

A. 对于任何一个人来说,只要他的境况可能变好,就会有其他人的境况变坏。这样的社会处于帕累托最优状态。

B. 如果某个帕累托变革可行,则说明社会并非处于帕累托最优状态。

C. 如果没有任何帕累托变革的余地,则社会处于帕累托最优状态。

D. 对于任何一个人来说,只有使其他某个(或某些)人境况变坏,他的情况才可能变好。这样的

E. 对于任何一个人来说,只要使其他人境况变坏,他的情况就可能变好。这样的社会,处于帕累托最优状态。

48. 蓝星航线上所有货轮的长度都大于100米,该航线上所有客轮的长度都小于100米。蓝星航线上的大多数轮船都是1990年以前下水的。金星航线上的所有货轮和客轮都是1990年以后下水的,其长度都小于100米。大通港一号码头只对上述两条航线的轮船开放,该码头设施只适用于长度小于100米的轮船。捷运号是最近停靠在大通港一号码头的一艘货轮。

如果上述判定为真,则以下哪项一定为真?

A. 捷运号是1990年以后下水的。　　　　B. 捷运号属于蓝星航线。
C. 大通港只适于长度小于100米的货轮。　D. 大通港不对其他航线开放。
E. 蓝星航线上的所有轮船都早于金星航线上的轮船下水。

49～50题基于以下题干:

人的行为分为私人行为和社会行为,后者直接涉及他人和社会利益。有人提出这样的原则:对于官员来说,除了法规明文允许的以外,其余的社会行为都是禁止的;对于平民来说,除了法规明文禁止的以外,其余的社会行为都是允许的。

49. 为使上述原则能对官员和平民的社会行为产生不同的约束力,以下哪项是必须假设的?

A. 官员社会行为的影响力明显高于平民。
B. 法规明文涉及(允许或禁止)的行为,并不覆盖所有的社会行为。
C. 平民比官员更愿意接受法规的约束。
D. 官员的社会行为如果不加严格约束,其手中的权力就会被滥用。
E. 被法规明文允许的社会行为,要少于被禁止的社会行为。

50. 如果实施上述原则能对官员和平民的社会行为产生不同的约束力,则以下各项断定均不违反这一原则,除了:

A. 一个被允许或禁止的行为,不一定是法规明文允许或禁止的。
B. 有些行为,允许平民实施,但禁止官员实施。
C. 有些行为,允许官员实施,但禁止平民实施。
D. 官员所实施的行为,如果法规明文允许,则允许平民实施。
E. 官员所实施的行为,如果法规明文禁止,则禁止平民实施。

51. 所有校学生会委员都参加了大学生电影评论协会。张珊、李斯和王武都是校学生会委员。大学生电影评论协会不吸收大学一年级学生参加。

如果上述断定为真,则以下哪项一定为真?

Ⅰ. 张珊、李斯和王武都不是大学一年级学生。
Ⅱ. 所有校学生会委员都不是大学一年级学生。
Ⅲ. 有些大学生电影评论协会的成员不是校学生会委员。

A. 只有Ⅰ。　　B. 只有Ⅱ。　　C. 只有Ⅲ。　　D. 只有Ⅰ和Ⅱ。　　E. Ⅰ、Ⅱ和Ⅲ。

52. 对行为的解释与对行为的辩护,是两个必须加以区别的概念。对一个行为的解释,是指准确地表达导致这一行为的原因。对一个行为的辩护,是指出行为者具有实施这一行为的正当理由。

事实上,对许多行为的辩护,并不是对此种行为的解释。只有当对一个行为的辩护成为对该行为解释的实质部分时,这样的行为才是合理的。

基于上述断定能得出以下哪项结论?

A. 当一个行为得到辩护,则也得到解释。

B. 当一个行为的原因中包含该行为的正当理由,则该行为是合理的。

C. 任何行为都不可能是完全合理的。

D. 有些行为的原因是不可能被发现的。

E. 如果一个行为是合理的,则实施这一行为的正当理由必定也是导致该行为的原因。

53. 在西方经济发展的萧条期,消费需求的萎缩导致许多企业解雇职工甚至倒闭。在萧条期,被解雇的职工很难找到新的工作,这就增加了失业人数。萧条之后的复苏,是指消费需求的增加和社会投资能力的扩张。这种扩张要求增加劳动力,但是经历了萧条之后的企业主大都丧失了经商的自信,他们尽可能地推迟雇佣新的职工。

上述断定如果为真,最能支持以下哪项结论?

A. 经济复苏不一定能迅速减少失业人数。

B. 萧条之后的复苏至少需要两三年。

C. 萧条期的失业大军主要由倒闭企业的职工组成。

D. 萧条通常是由企业主丧失经商自信引起的。

E. 在西方经济发展中出现萧条是解雇职工造成的。

54. 司机:有经验的司机完全有能力并习惯以每小时 120 千米的速度在高速公路上安全行驶。因此,高速公路上的最高时速不应由 120 千米改为现在的 110 千米,因为这既会不必要地降低高速公路的使用效率,也会使一些有经验的司机违反交规。

交警:每个司机都可以在法律规定的速度内行驶,只要他愿意。因此,把对最高时速的修改说成是某些违规行为的原因,是不能成立的。

以下哪项最为准确地概括了上述司机和交警争论的焦点?

A. 上述对高速公路最高时速的修改是否必要。

B. 有经验的司机是否有能力以每小时 120 千米的速度在高速公路上安全行驶。

C. 上述对高速公路最高时速的修改是否一定会使一些有经验的司机违反交规。

D. 上述对高速公路最高时速的修改实施后,有经验的司机是否会在合法的时速内行驶。

E. 上述对高速公路最高时速的修改,是否会降低高速公路的使用效率。

55. 为了提高运作效率,H 公司应当实行灵活工作日制度,也就是充分考虑雇员的个人意愿,来决定他们每周的工作与休息日。研究表明,这种灵活工作日制度,能使企业员工保持良好的情绪和饱满的精神。

上述论证依赖以下哪项假设?

Ⅰ. 那些希望实行灵活工作日制度的员工,大都是 H 公司的业务骨干。

Ⅱ. 员工良好的情绪和饱满的精神,能有效提高企业的运作效率。

Ⅲ. H 公司不实行周末休息制度。

A. 只有Ⅰ。 B. 只有Ⅱ。 C. 只有Ⅲ。 D. 只有Ⅱ和Ⅲ。 E. Ⅰ、Ⅱ和Ⅲ。

2007年管理类综合能力逻辑试题解析

答案速查表

26~30	DBAEA	31~35	BCBDB	36~40	ADCEB
41~45	AECED	46~50	CEABC	51~55	DEACD

26.【答案】D 【难度】S5 【考点】论证推理 结论 细节题

途径:用无线广播电台进行密集的广告宣传。效果:迅速获得最大程度的知名度。

D选项:为了达到效果,只需要用该途径就够了,与题干意思一致,正确。

A选项:"获得最大程度的知名度"与"打开市场"不一致,排除。B选项:题干中并未体现出知名度与消费者数量之间的关系,排除。C选项:"最大程度的知名度"与"传到每户人家"不一致,排除。E选项:题干中未出现"性能和质量"的相关信息,排除。

故正确答案为D选项。

27.【答案】B 【难度】S5 【考点】论证推理 解释 解释现象

需要解释的现象:野狼活动范围通常很广,金雕追击野狼的飞行范围本应很大。但是,两周以来不断传回的信号却显示,金雕仅在放飞地3千米范围内飞行。

B选项:可以解释,狼群的袭击目标在放飞地2千米的范围内,所以野狼的觅食就集中在这个牧羊草场,仅在3千米范围内活动的情况就得到了解释,正确。

A选项:无法解释,放飞地周边的地理环境与活动范围没有必然的联系,排除。C选项:无法解释,即使野狼几乎灭绝,金雕仍然会追击野狼,无法解释为何野狼的活动范围比正常的小,排除。D选项:无法解释,题干中"不断传回的信号"说明金雕的飞行一直都在信号可传导的范围之内,排除。E选项:无法解释,如果金雕仍具有正常的飞行能力,那么为什么野狼活动范围小呢?排除。

故正确答案为B选项。

28.【答案】A 【难度】S4 【考点】形式逻辑 假言命题 假言命题推理规则

题干信息:¬不把理论当教条→束缚=教条→束缚。

A选项:¬教条→¬束缚,与题干逻辑关系不一致,正确。

B、C选项:教条→束缚,与题干逻辑关系一致,排除。

D、E选项:¬束缚→¬教条,是题干逻辑关系的等价逆否命题,排除。

故正确答案为A选项。

29.【答案】E 【难度】S5 【考点】论证推理 漏洞识别

张教授:芭蕾舞团没能充分表现古典芭蕾舞的特色。林教授:每一位表演者都能表现出古典芭蕾舞的特色,所以张教授的观点不对。

林教授的论证是认为每一个个体都有的特点,整体就应该具有,而这一论证并不成立,因为个体与整体的性质不同,每一个个体都具有的特点整体并不一定具有,所以林教授的反驳有漏洞。

E选项:与上述分析一致,正确。

故正确答案为 E 选项。

30.【答案】A 【难度】S4 【考点】形式逻辑 关系命题 关系命题的大小比较
已知:(1)王>梁;(2)魏>苗。结论:(3)王>苗。
由已知条件(1)(2)无法得出结论(3),还需要增加其他条件。
A 选项:魏>王,即使得知"魏>王",也无法推知(3),正确。
B 选项:梁>苗,结合(1)可得,王>梁>苗,能推知(3),排除。C 选项:梁>魏,结合(1)(2)可得,王>梁>魏>苗,能推知(3),排除。D 选项:梁=魏,结合(1)(2)可得,王>梁=魏>苗,能推知(3),排除。E 选项:王=魏,结合(2)可得,王=魏>苗,能推知(3),排除。
故正确答案为 A 选项。

31.【答案】B 【难度】S6 【考点】形式逻辑 三段论 三段论反推题型
已知:(1)张华→甲班∧围棋;(2)甲班→国际象棋∨军棋;(3)围棋→¬军棋。结论:(4)张华→中国象棋。
由(1)(2)可知:(5)张华→甲班→国际象棋∨军棋。由(1)(3)可知:(6)张华→围棋→¬军棋。
由(5)(6)可知:(7)张华→国际象棋。
要得到结论(4),只需要补充条件"国际象棋→中国象棋"即可,但要注意题干的讨论都是在甲班的范围内,所以只要甲班对国际象棋感兴趣的学生都对中国象棋感兴趣即可。
B 选项:与上述分析一致,正确。
A 选项:**假设过强**,范围过大,只要甲班学生符合该条件即可,排除。C 选项:与题干论证无关,排除。D 选项:无法推出结论,排除。E 选项:**假设过强**,范围过大,不需要甲班所有学生都对中国象棋感兴趣,只需要对国际象棋感兴趣的学生对中国象棋感兴趣即可,排除。
故正确答案为 B 选项。

32.【答案】C 【难度】S5 【考点】论证推理 结论 主旨题
题干信息:精神疾病以及怪癖行为是由于神经化学物质的失衡引起的(神经化学物质与行为的关系),这些发现使我们对行为失常的人怀有同情和容忍。
C 选项:题干对神经化学物质与行为的关系进行了描述,并且表明了这一发现所带来的好处,即有助于培养对他人的同情心,正确。
A 选项:题干中并未提到数量问题,排除。B 选项:题干中并无相关信息,属于主观臆断,排除。
D 选项:是题干信息的一部分,但不是结论,排除。E 选项:神经化学物质是否平衡可能是主要因素,但并不是题干论证的总结论,排除。
故正确答案为 C 选项。

33.【答案】B 【难度】S4 【考点】论证推理 削弱、质疑、反驳 因果型论证的削弱
因:开启除霜孔。果:车辆玻璃冰霜迅速融化。
B 选项:**反例削弱,无因有果**,车尾玻璃窗没有除霜孔,但是与有除霜孔的前挡风玻璃冰霜融化速度一样,说明冰霜的融化与除霜孔无关,可以削弱。
A 选项:与题干描述的情景无关,排除。C 选项:表明除霜孔对冰霜融化有作用,无法削弱,排除。D 选项:与冰霜融化无关,排除。E 选项:表明除霜孔还是有用的,无法削弱,排除。
故正确答案为 B 选项。

34.【答案】D 【难度】S4 【考点】形式逻辑 概念 与定义相关的题型
　　小莫"十分渴望"成为一名微雕艺术家,其希望能缩短练习时间,大师孔先生却告知他,如果不分昼夜每天苦练,则时间会翻倍,这就说明在学习的过程中不要急于求成,要有耐心。
　　故正确答案为 D 选项。

35.【答案】B 【难度】S5 【考点】论证推理 削弱、质疑、反驳 论据+结论型论证的削弱
　　论据:上班第一天看到公司职工表现得自由散漫。结论:吉安公司的员工都缺乏工作积极性和责任心。
　　B 选项:以偏概全,该公司的员工遍布十多个城市,而莫大伟去的只是其中的一个,所以看到的是很小一部分的情况,很可能无法代表整个公司所有员工的状态,可以削弱。
　　A、D 选项:题干的论证与领导无关,排除。
　　C 选项:其从看到的情况推出结论,与是否适应校门外的生活无关,排除。
　　E 选项:无法削弱,节假日后的第一个工作日与自由散漫的工作表现无必然联系,排除。
　　故正确答案为 B 选项。

36.【答案】A 【难度】S4 【考点】形式逻辑 模态命题 模态命题的矛盾关系

第一步:简化题干信息	(1)王∨陈;(2)可能¬王;(3)一定王;(4)陈
第二步:找矛盾关系或反对关系	(2)和(3)中"可能不"与"一定"是矛盾关系,必一真一假
第三步:推知其余项真假	题干信息是两真两假,所以(1)(4)是一真一假
第四步:根据其余项真假,得出真实情况	如果(4)为真,那么(1)一定为真,此时与题干信息矛盾,所以(4)为假,(1)为真。由(4)为假推知:¬陈。再由(1)为真推知:王
第五步:代回矛盾或反对项,判断真假,选出答案	由"王∧¬陈"这一真实情况可知:(3)为真,(2)为假。故正确答案为 A 选项

37.【答案】D 【难度】S5 【考点】论证推理 削弱、质疑、反驳 论据+结论型论证的削弱
　　魏先生:计算机对当代人类很重要,所以普及计算机知识应当从孩子抓起。贾女士:计算机知识和技术更新迅速,童年所学知识到成年时会过时,不需要从小开始学。
　　D 选项:他因削弱,表明虽然计算机知识更新迅速,可能在运用时已经过时,但是学习它仍然对未来有好处,反驳了贾女士的论证,正确。
　　A 选项:题干论证是关于计算机的,其他技术是否也有此特点与题干论证无关,排除。B 选项:无论孩子是否具有这种能力,如果所学的知识在使用时已经过时,那么贾女士的论证依然成立,排除。C、E 选项:与题干中的"计算机知识"无关,排除。
　　故正确答案为 D 选项。

38.【答案】C 【难度】S4 【考点】论证推理 漏洞识别
　　题干信息:郑兵认为学生总人数最少的学校,学生与老师的比例最低。
　　学生与老师的比例取决于学生人数和老师人数。仅知道学生人数无法断定比例最低。

C 选项:与上述分析一致,正确。

A、B、D、E 选项:生源质量、全面发展、孩子的愿望、老师的素质均与题干论证无关。

故正确答案为 C 选项。

39.【答案】E 【难度】S4 【考点】形式逻辑 概念 概念之间的关系

人的性别特征:正常人分为两个不重叠的部分,男人和女人。人的行为特征:正常人分为两个重叠的部分,阴柔和阳刚。

E 选项:对同一个行为而言,如果区分阴柔和阳刚,那么正常人不能同时具有两种特征,不符合题干的含义,正确。

A 选项:阴柔和阳刚是两个重叠的部分,说明一个人可能只具有阴柔的特征或只具有阳刚的特征,也可能两方面同时具有;而性别特征是两个不重叠的部分,只有男和女两种。所以性别特征与行为特征并不是一一对应的关系,即性别特征不能决定行为特征,排除。

B、C 选项:由上述对 A 选项的分析可知,性别特征与行为特征并不是对应的关系,所以这两项均符合题干的含义,排除。

D 选项:正常人的行为分为阴柔和阳刚两个重叠的部分,所以可能一个人有些行为是阴柔的,有些行为是阳刚的,符合题干的含义,排除。

故正确答案为 E 选项。

40.【答案】B 【难度】S4 【考点】论证推理 漏洞识别

论据:饮用常规量的咖啡对人的心脏无害。结论:只要不过量饮用咖啡,咖啡的饮用者完全可以放心地享用。

B 选项:以偏概全,身体健康包括很多方面,对心脏无害并不等于对身体无害,正确。

A 选项:无关选项,就算常规饮用量因人而异,题干的论证可能依然成立,排除。C 选项:无法表明题干的漏洞,如果是因为吃这些对心脏有害的食物而导致对健康有影响,而不是咖啡导致的,那么对题干起到了一定的支持作用,排除。D 选项:茶与题干论证无关,排除。E 选项:表述不够明确,"有的"数量未知,排除。

故正确答案为 B 选项。

41.【答案】A 【难度】S4 【考点】论证推理 论证方式相似、漏洞相似

题干信息:陨石的来源范围可能是水星、金星和火星,排除了水星和金星的可能性,推出很可能是来自火星的结论。

题干使用的是穆勒五法中的剩余法。

A 选项:剩余法,谋杀可能是劫杀、仇杀和情杀,排除了劫杀和情杀的可能性,推出很可能是仇杀的结论,使用的也是穆勒五法中的剩余法,与题干一致,正确。

B 选项:假言命题推理,张甲是作案者→作案动机∧作案时间,¬作案动机∨作案时间→¬张甲是作案者,与题干论证方式不相似,排除。

C 选项:飞机失事的原因→人为破坏∨设备故障∨操作失误,确定是设备故障,排除人为破坏和操作失误,与题干的论证方式不相似,排除。

D 选项:选言命题推理,自然数→奇数∨偶数,有的自然数→¬奇数,因此,有的自然数→偶数,与题干论证方式不相似,排除。

E 选项:结论与论据无关,排除。
故正确答案为 A 选项。

42.【答案】E 【难度】S4 【考点】形式逻辑 直言命题 直言命题矛盾关系
题干信息:没有竞选者能同时具备李女士的所有优点。
例如:

	优点 1	优点 2	优点 3	优点 4
李女士	√	√	√	
竞选者 A	√		√	√
竞选者 B		√	√	

E 选项:从上表可知,其他竞选者都不具备李女士的某些优点,即都有不及李女士之处,正确。
A 选项:题干中并未提及当选总经理需要具备哪些优点,所以无法推知,排除。
B 选项:从上表可知,李女士并不一定具有其他竞选者都不具备的某些优点,排除。
C 选项:从上表可知,李女士并不具备优点 4,所以无法得出该结论,排除。
D 选项:从上表可知,李女士的优点 3 其他竞选者都具备,排除。
故正确答案为 E 选项。

43.【答案】C 【难度】S4 【考点】论证推理 结论 主旨题
前年:门票 120 元,游客人数为 a。去年:门票 190 元,游客人数为 a/2。
从题干信息可知,游客人数的减少很可能与入场门票价格的上涨有关,所以为了解决游客锐减的问题,从门票价格上入手可能是最有效的。
C 选项:与上述分析一致,实行季节浮动价最可能有效解决游客锐减的问题。
故正确答案为 C 选项。

44.【答案】E 【难度】S6 【考点】形式逻辑 联言命题、选言命题 联言、选言命题性质推理
题干信息:可能是下表所示的情况。

	作案时间	作案地点	作案动机
1/3 陪审员意见	提供伪证		
1/3 陪审员意见		提供伪证	
1/3 陪审员意见			

A、B、C、D 选项:从上表可知,对于作案时间、作案地点和作案动机,可能只有三分之一的陪审员认为证人提供了伪证,也可能并没有陪审员认为证人提供了伪证,所以无法推出。
故正确答案为 E 选项。

45.【答案】D 【难度】S4 【考点】论证推理 削弱、质疑、反驳 论据+结论型论证的削弱
题干信息:衡量社会改革措施是否成功的标准是社会成员的幸福感总量是否增加;公务员的幸福感总量增加,所以这项改革措施是成功的。
公务员只是社会成员的一部分,如果只有公务员幸福感增加,其他社会成员幸福感减少,从而导致社会成员的幸福感总量减少,那么就无法说明该项改革措施是成功的。

D选项:表明S市全体社会成员的幸福感总量减少,所以说明该项改革措施并不成功,削弱了题干的论证,正确。

A选项:题干中的衡量标准是"总量",与公务员个体的幸福感无关,排除。B选项:虽然所占比例很小,但如果社会成员的幸福感总量增加,那么题干论证依然成立,排除。C选项:民营企业人员也只是社会成员的一部分,该市社会成员的幸福感总量是否减少未知,无法削弱。E选项:与题干论证无关,排除。

故正确答案为D选项。

46.【答案】C 【难度】S4 【考点】形式逻辑 直言命题 直言命题矛盾关系

题干信息:有球迷喜欢所有参赛球队,即所有参赛球队都有球迷喜欢。

不可能为真的即"有的参赛球队没有球迷喜欢",与C选项意思一致。

也可用图示的方法解题,题干中的情况列表如下。

	球队 1	球队 2	球队 3	球队 4
球迷 A	√	√	√	√
球迷 B	√			
球迷 C		√	√	
球迷 D				

C选项:由上表可知,该情况不可能发生,因为"所有球迷都不喜欢某个参赛球队"即"某个球队没有球迷喜欢",与"所有参赛球队都有球迷喜欢"矛盾,不可能为真,正确。

A选项:由上表可知,一定为真,排除。B选项:由上表的球迷D可知,可能为真,排除。D选项:由上表的球迷B和球迷C可知,可能为真,排除。E选项:由上表可知,球队1、2、3、4都有球迷不喜欢,可能为真,排除。

故正确答案为C选项。

47.【答案】E 【难度】S5 【考点】形式逻辑 假言命题 假言命题矛盾关系

帕累托最优:(1)¬其他人变坏→¬自己变好。**帕累托变革**:(2)自己变好∧¬其他人变坏。

由假言命题矛盾关系可知,帕累托最优与帕累托变革是矛盾关系。

E选项:其他人变坏→自己变好,与(1)不一致,不符合题干。

A选项:自己变好→其他人变坏,是(1)的等价逆否命题,符合题干。

B选项:帕累托变革→¬帕累托最优,二者是矛盾关系,符合题干。

C选项:¬帕累托变革→帕累托最优,二者是矛盾关系,符合题干。

D选项:自己变好→其他人变坏,是(1)的等价逆否命题,符合题干。

故正确答案为E选项。

48.【答案】A 【难度】S4 【考点】形式逻辑 三段论 三段论正推题型

题干信息:(1)蓝星货轮>100 米;(2)蓝星客轮<100 米;(3)蓝星大多数轮船 1990 年前下水;(4)金星货轮 1990 年后下水,<100 米;(5)金星客轮 1990 年后下水,<100 米;(6)大通港一号码头→金星航线∨蓝星航线;(7)大通港一号码头,<100 米;(8)捷运号→大通港一号码头∧货轮。

由(7)和(8)可知,捷运号<100 米;结合(1)可知,其一定不是蓝星航线的;再由(6)得出,该货轮

是金星航线的;所以由(4)推知,该货轮是1990年以后下水的。

A 选项:由上述分析可知,A 选项一定为真,正确。

B 选项:由上述推理可知,该货轮属于金星航线,排除。C、D 选项:题干信息为"大通港一号码头",大通港可能有很多码头,所以不一定为真,排除。E 选项:蓝星航线"大多数"轮船1990年以前下水,可能有1990年以后下水的,所以两条航线上轮船下水的早晚不确定,排除。

故正确答案为 A 选项。

49.【答案】B 【难度】S6 【考点】形式逻辑 概念 概念之间的关系

官员:除了法规明文允许的以外,其余的社会行为都是禁止的。平民:除了法规明文禁止的以外,其余的社会行为都是允许的。

如果法规明文涉及的行为覆盖了所有的社会行为,那么一个社会行为要么是允许的,要么是禁止的,情况如下表。

	允许	禁止
官员	√	×
平民	√	×

该原则对官员与平民的约束力是相同的,不符合题干的要求,所以必须要假设"法规明文涉及(允许或禁止)的行为,并不覆盖所有的社会行为",满足这一假设后情况如下表。

	允许	未涉及	禁止
官员	√	×	×
平民	√	√	×

此时,未涉及的行为,对于官员是禁止的,对于平民是允许的,上述原则就对官员和平民产生了不同的约束力。所以,B 选项是必须假设的。

故正确答案为 B 选项。

50.【答案】C 【难度】S6 【考点】形式逻辑 概念 概念之间的关系

题干信息:上述原则对官员和平民的社会行为产生不同的约束力。

情况如下表。

	允许	未涉及	禁止
官员	√(1)	×(2)	×(3)
平民	√(4)	√(5)	×(6)

C 选项:允许官员实施的行为(1),也允许平民实施,而不是禁止平民实施,违反了原则。

A 选项:行为(5)和(2)被允许或禁止,但并不是法规明文允许或禁止的,不违反原则。

B 选项:行为(5)允许平民实施,但是禁止官员实施,不违反原则。

D 选项:允许官员实施的行为(1),也允许平民实施,不违反原则。

E 选项:法规明文禁止的行为(3),也禁止平民实施,不违反原则。

故正确答案为 C 选项。

51.【答案】D 【难度】S4 【考点】形式逻辑 三段论 三段论正推题型

题干信息:(1)校委→影评;(2)张、李、王→校委;(3)影评→¬ 大一。
由(2)(1)(3)传递可得:(4)张、李、王→校委→影评→¬ 大一。
复选项Ⅰ:张、李、王→¬ 大一,与(4)一致,正确。复选项Ⅱ:校委→¬ 大一,与(4)一致,正确。
复选项Ⅲ:有些影评→¬ 校委,与(4)不一致,不正确。
故正确答案为 D 选项。

52.【答案】E 【难度】S5 【考点】形式逻辑 假言命题 假言命题推理规则
解释:(1)准确表达原因。辩护:(2)指出正当理由。
(3)行为合理→辩护成为解释的实质部分→"正当理由"是"原因"。
E 选项:由(3)可知,该结论正确。
A 选项:与题干中"事实上,对许多行为的辩护,并不是对此种行为的解释"不一致,排除。B 选项:与(3)逻辑关系不一致,排除。C、D 选项:与题干论证无关,排除。
故正确答案为 E 选项。

53.【答案】A 【难度】S5 【考点】论证推理 结论 主旨题
题干信息:经济发展的萧条期,失业人数增加;萧条之后的复苏要求增加劳动力,但是萧条期后企业主大都会尽可能地推迟雇佣新的职工。
在做论证推理的结论题型时,要注意**转折词**,题干通常强调转折之后的内容。复苏阶段劳动力需求本应增加,但是企业主会推迟雇佣新的职工,所以失业问题不会迅速得到缓解。
A 选项:企业主推迟雇佣新的职工,所以复苏不一定能迅速减少失业人数,正确。
B 选项:题干中并未提及复苏所需要的时间,排除。C 选项:失业大军的来源在题干中并未提及,排除。D、E 选项:由题干论述无法得知萧条的原因,排除。
故正确答案为 A 选项。

54.【答案】C 【难度】S5 【考点】论证推理 焦点 焦点题型
司机:有经验的司机习惯以每小时 120 千米的速度行驶,所以最高时速修改之后会使一些有经验的司机违反交规。交警:只要司机愿意,每个司机都可以在法律规定的速度内行驶,所以修改最高时速不会导致司机违规。
C 选项:司机认为会,交警认为不会,二人持有相反的观点,是焦点。
A 选项:司机认为没有必要,交警未对此发表意见,不是焦点。
B 选项:司机认为有能力,交警未对此发表意见,不是焦点。
D 选项:修改实施后的情况二人均未涉及,不是焦点。
E 选项:司机认为会,交警未对此发表意见,不是焦点。
故正确答案为 C 选项。

55.【答案】D 【难度】S5 【考点】论证推理 假设、前提 论据+结论型论证的假设
论据:灵活工作日制度能使企业员工保持良好的情绪和饱满的精神。结论:为了提高运作效率,H 公司应当实行灵活工作日制度。
题干逻辑关系为:灵活工作日制度(措施)→使员工保持良好情绪和饱满精神(效果)→提高运作效率(目的)。
为了保证上述论证成立,需要假设每一环节的推断都是成立的。

复选项Ⅰ：不需假设，因为无论是否是业务骨干，只要在制度实行之后确实可以使员工情绪良好和精神饱满，题干论证就能成立。

复选项Ⅱ：必须假设，可以保证从"效果"到"目的"这一论证过程成立。

复选项Ⅲ：必须假设，要实行灵活工作日制度，就要假设其不实行周末休息制度，二者不能同时实行。

故正确答案为 D 选项。

2006年管理类综合能力逻辑试题

三、逻辑推理:第26~55小题,每小题2分,共60分。下列每题给出的A、B、C、D、E五个选项中,只有一项是符合试题要求的。请在答题卡上将所选项的字母涂黑。

26. 小张承诺:如果天不下雨,我一定去听音乐会。

以下哪项如果为真,说明小张没有兑现承诺?

Ⅰ. 天没下雨,小张没去听音乐会。

Ⅱ. 天下雨,小张去听了音乐会。

Ⅲ. 天下雨,小张没去听音乐会。

A. 仅Ⅰ。　　B. 仅Ⅱ。　　C. 仅Ⅲ。　　D. 仅Ⅰ和Ⅱ。　　E. Ⅰ、Ⅱ和Ⅲ。

27. 我想说的都是真话,但真话我未必都说。

如果上述断定为真,则以下各项都可能为真,除了:

A. 我有时也说假话。　　　　　　　B. 我不是想啥说啥。

C. 有时说某些善意的假话并不违背我的意愿。　　D. 我说的都是我想说的话。

E. 我说的都是真话。

28. 有些人若有某一次厌食,会对这次膳食中有特殊味道的食物持续产生强烈厌恶,不管这种食物是否会对身体有利。这种现象可以解释为什么小孩更易于对某些食物产生强烈的厌食。

以下哪项如果为真,最能加强上述解释?

A. 小孩的膳食配搭中含有特殊味道的食物比成年人多。

B. 对未尝过的食物,成年人比小孩更容易产生抗拒心理。

C. 小孩的嗅觉和味觉比成年人敏锐。

D. 和成年人相比,小孩较为缺乏食物与健康的相关知识。

E. 如果讨厌某种食物,小孩厌食的持续时间比成年人更长。

29. 在桂林漓江一些有地下河流的岩洞中,有许多露出河流水面的石笋。这些石笋是由水滴长年滴落在岩石表面而逐渐积累的矿物质形成的。

如果上述断定为真,最能支持以下哪项结论?

A. 过去漓江的江面比现在高。

B. 只有漓江的岩洞中才有地下河流。

C. 漓江的岩洞中大都有地下河流。

D. 上述岩洞内的地下河流是在石笋形成前出现的。

E. 上述岩洞内地下河流的水比过去深。

30~31题基于以下题干:

一般认为,一个人在80岁时和他在30岁时相比,理解和记忆能力都显著减退。最近一项调查显示,80岁的老人和30岁的年轻人在玩麻将时所表现出的理解和记忆能力没有明显差别。因此,认为一个人到了80岁理解和记忆能力会显著减退的看法是站不住脚的。

30. 以下哪项如果为真,最能削弱上述论证?

A. 玩麻将需要的主要不是理解和记忆能力。

B. 玩麻将只需要较低的理解和记忆能力。

C. 80岁的老人比30岁的年轻人有更多时间玩麻将。

D. 玩麻将有利于提高一个人的理解和记忆能力。

E. 一个人到了80岁理解和记忆能力会显著减退的看法，是对老年人的偏见。

31. 以下哪项如果为真，最能加强上述论证？

A. 目前30岁的年轻人的理解和记忆能力，高于50年前的同龄人。

B. 上述调查的对象都是退休或在职的大学教师。

C. 上述调查由权威部门策划和实施。

D. 记忆能力的减退不必然导致理解能力的减退。

E. 科学研究证明，人的平均寿命可以达到120岁。

32. 除了吃川菜，张涛不吃其他菜肴。所有林村人都爱吃川菜。川菜的特色为麻辣香，其中有大量的干鲜辣椒、花椒、大蒜、姜、葱、香菜等调料。大部分吃川菜的人都喜好一边吃川菜，一边喝四川特有的盖碗茶。

如果上述断定为真，则以下哪项一定为真？

A. 所有林村人都爱吃麻辣香的食物。　　B. 所有林村人都喝四川出产的茶。

C. 大部分林村人喝盖碗茶。　　　　　　D. 张涛喝盖碗茶。

E. 张涛是四川人。

33. 地球在其形成的早期是一个熔岩状态的快速旋转体，绝大部分的铁元素处于其核心部分。有一些熔岩从这个旋转体的表面甩出，后来冷凝形成了月球。

如果以上这种关于月球起源的理论正确，则最能支持以下哪项结论？

A. 月球是唯一围绕地球运行的星球。

B. 月球将早于地球解体。

C. 月球表面的凝固是在地球表面凝固之后。

D. 月球像地球一样具有固体的表层结构和熔岩状态的核心。

E. 月球的含铁比例小于地球核心部分的含铁比例。

34. 雌性斑马和它们的幼小子女离散后，可以在相貌体形相近的成群斑马中很快又聚集到一起。研究表明，斑马身上的黑白条纹是它们互相辨认的标志，而幼小斑马不能将自己母亲的条纹与其他成年斑马的条纹区分开来。显而易见，每个母斑马都可以辨别出自己后代的条纹。

上述论证采用了以下哪种论证方法？

A. 通过对发生机制的适当描述，支持关于某个可能发生现象的假说。

B. 在对某种现象的两种可供选择的解释中，通过排除其中的一种，来确定另一种。

C. 论证一个普遍规律，并用来说明某一特殊情况。

D. 根据两组对象有某些类似的特性，得出它们具有另一个相同特性。

E. 通过反例推翻一个一般性结论。

35. 海拔越高，空气越稀薄。因为西宁的海拔高于西安，因此，西宁的空气比西安稀薄。

以下哪项中的推理与题干的最为类似？

A. 一个人的年龄越大,他就变得越成熟。老张的年龄比他的儿子大,因此,老张比他的儿子成熟。

B. 一棵树的年头越长,它的年轮越多。老张院子中槐树的年头比老李家的槐树年头长,因此,老张家的槐树比老李家的年轮多。

C. 今年马拉松冠军的成绩比前年好。张华是今年的马拉松冠军,因此,他今年的马拉松成绩比他前年的好。

D. 在激烈竞争的市场上,产品质量越高并且广告投入越多,产品需求就越大。甲公司投入的广告费比乙公司的多,因此,对甲公司产品的需求量比对乙公司的需求量大。

E. 一种语言的词汇量越大,越难学。英语比意大利语难学,因此,英语的词汇量比意大利语大。

36. 张教授:和谐的本质是多样性的统一。自然界是和谐的,例如没有两片树叶是完全相同的。因此,克隆人是破坏社会和谐的一种潜在危险。

李研究员:你设想的那种危险是不现实的。因为一个人和他的克隆复制品完全相同的仅仅是遗传基因。克隆人在成长和受教育的过程中,必然在外形、个性和人生目标等诸多方面形成自己的不同特点。如果说克隆人有可能破坏社会和谐的话,我看一个现实危险是,有人可能把他的克隆复制品当作自己的活"器官银行"。

以下哪项最为恰当地概括了张教授和李研究员争论的焦点?

A. 克隆人是否会破坏社会的和谐?
B. 一个人和他的克隆复制品的遗传基因是否可能不同?
C. 一个人和他的克隆复制品是否完全相同?
D. 和谐的本质是否为多样性的统一?
E. 是否可能有人把他的克隆复制品当作自己的活"器官银行"?

37. 在近代科技发展中,技术革新从发明、应用到推广的循环过程不断加快。世界经济的繁荣是建立在导致新产业诞生的连续不断的技术革新上的。因此,产业界需要增加科研投入以促进经济进一步持续发展。

上述论证基于以下哪项假设?

Ⅰ.科研成果能够产生一系列新技术、新发明。
Ⅱ.电信、生物制药、环保是目前技术革新循环最快的产业,将会在未来几年中产生大量的新技术、新发明。
Ⅲ.目前产业界投入科研的资金量还不足以确保一系列新技术、新发明的产生。

A. 仅Ⅰ。　　B. 仅Ⅲ。　　C. 仅Ⅰ和Ⅱ。　　D. 仅Ⅰ和Ⅲ。　　E. Ⅰ、Ⅱ和Ⅲ。

38. 在一次对全省小煤矿的安全检查后,甲、乙、丙三个人员有以下结论:

甲:有小煤矿存在安全隐患。
乙:有小煤矿不存在安全隐患。
丙:大运和宏通两个小煤矿不存在安全隐患。

如果上述三个结论只有一个正确,则以下哪项一定为真?

A. 大运和宏通煤矿都不存在安全隐患。
B. 大运和宏通煤矿都存在安全隐患。

C. 大运存在安全隐患,但宏通不存在安全隐患。

D. 大运不存在安全隐患,但宏通存在安全隐患。

E. 上述断定都不一定为真。

39. 研究发现,市面上 X 牌香烟的 Y 成分可以抑制 EB 病毒。实验证实,EB 病毒是很强的致鼻咽癌的病原体,可以导致正常的鼻咽部细胞转化为癌细胞。因此,经常吸 X 牌香烟的人将减少患鼻咽癌的风险。

以下哪项如果为真,最能削弱上述论证?

A. 不同条件下的实验,可以得出类似的结论。

B. 已经患有鼻咽癌的患者吸 X 牌香烟后并未发现病情好转。

C. Y 成分可以抑制 EB 病毒,也可以对人的免疫系统产生负面作用。

D. 经常吸 X 牌香烟会加强 Y 成分对 EB 病毒的抑制作用。

E. Y 成分的作用可以被 X 牌香烟的 Z 成分中和。

40~41题基于以下题干:

免疫研究室的钟教授说:"生命科学院以前研究生的那种勤奋精神越来越不多见了,因为我发现目前在我的研究生中,起早摸黑做实验的人越来越少了。"

40. 钟教授的论证基于以下哪项假设?

A. 现在生命科学院的研究生需要从事的实验外活动越来越多。

B. 对于生命科学院的研究生来说,只有起早摸黑才能确保完成实验任务。

C. 研究生是否起早摸黑做实验是他们勤奋与否的一个重要标准。

D. 钟教授的研究生做实验不勤奋是由于钟教授没有足够的科研经费。

E. 现在的年轻人并不热衷于实验室工作。

41. 以下哪项最为恰当地指出了钟教授推理中的漏洞?

A. 不当地断定:除了生命科学院以外,其他学院的研究生普遍都不够用功。

B. 没有考虑到研究生的不勤奋有各自不同的原因。

C. 只是提出了问题,但没有提出解决问题的方法。

D. 不当地假设:他的学生状况就是生命科学院所有研究生的一般状况。

E. 没有设身处地考虑他的研究生毕业后找工作的难处。

42. 某报评论:H 市的空气质量本来应该已经得到改善。五年来,市政府在环境保护方面花了气力,包括耗资 600 多亿元将一些污染最严重的工厂迁走。但是,H 市仍难摆脱空气污染的困扰,因为解决空气污染问题面临着许多不利条件,其中一个是机动车辆的增加,另一个是全球石油价格的上升。

以下各项如果为真,都能削弱上述论断,除了:

A. 近年来 H 市加强了对废气排放的限制,加大了对污染治理费征收的力度。

B. 近年来 H 市启用了大量电车和使用燃气的公交车,地铁的运行线路也有明显增加。

C. 由于石油涨价,许多计划购买豪华车的人转为购买低油耗的小型车。

D. 由于石油涨价,在国际市场上一些价位偏低的劣质含硫石油进入 H 市。

E. 由于汽油涨价和公车改革,拥有汽车的人缩减了驾车旅游的计划。

43. 对常兴市23家老人院的一项评估显示,爱慈老人院在疾病治疗水平方面受到的评价相当低,而在其他不少方面评价不错。虽然各老人院的规模大致相当,但爱慈老人院医生与住院老人的比率在常兴市的老人院中几乎是最小的。因此,医生数量不足是造成爱慈老人院在疾病治疗水平方面评价偏低的原因。

以下哪项如果为真,最能加强上述论证?

A. 和祥老人院也在常兴市,对其疾病治疗水平的评价比爱慈老人院还要低。
B. 爱慈老人院的医务护理人员比常兴市其他老人院都要多。
C. 爱慈老人院的医生发表的相关学术文章很少。
D. 爱慈老人院位于常兴市的市郊。
E. 爱慈老人院某些医生的医术一般。

44~45题基于以下题干:

小红说:"如果中山大道只允许通行轿车和不超过10吨的货车,大部分货车将绕开中山大道。"

小兵说:"如果这样的话,中山大道的车流量将减少,从而减少中山大道的撞车事故。"

44. 以下哪项是小红的断定所假设的?

A. 轿车和10吨以下的货车仅能在中山大道行驶。
B. 目前中山大道的交通十分拥挤。
C. 货车司机都喜欢在中山大道行驶。
D. 小货车在中山大道外的马路行驶十分便利。
E. 目前行驶在中山大道的大部分货车都在10吨以上。

45. 以下哪项如果为真,最能加强小兵的结论?

A. 中山大道的撞车事故主要发生在10吨以上的货车之间。
B. 在中山大道上,大客车很少发生撞车事故。
C. 中山大道因为常发生撞车事故,交通堵塞严重。
D. 许多原计划购买10吨以上货车的单位转而购买10吨以下的货车。
E. 近来中山大道周围的撞车事故减少了。

46. 一把钥匙能打开天下所有的锁,这样的万能钥匙是不可能存在的。

以下哪项最符合题干的断定?

A. 任何钥匙都必然有它打不开的锁。
B. 至少有一把钥匙必然打不开天下所有的锁。
C. 至少有一把锁天下所有的钥匙都必然打不开。
D. 任何钥匙都可能有它打不开的锁。
E. 至少有一把钥匙可能打不开天下所有的锁。

47. 在一次歌唱竞赛中,每一名参赛选手都有评委投了优秀票。

如果上述断定为真,则以下哪项不可能为真?

Ⅰ. 有的评委投了所有参赛选手优秀票。
Ⅱ. 有的评委没有给任何参赛选手投优秀票。

Ⅲ．有的参赛选手没有得到一张优秀票。

　　A．只有Ⅰ。　　　B．只有Ⅱ。　　　C．只有Ⅲ。　　　D．只有Ⅰ和Ⅱ。　　E．只有Ⅰ和Ⅲ。

48~49题基于以下题干：

陈先生：北欧人具有一种特别明显的乐观精神。这种精神体现为日常生活态度，也体现为理解自然、社会和人生的哲学理念。北欧人的人均寿命历来是最高的，这正是导致他们具备乐观精神的重要原因。

贾女士：你的说法难以成立。因为你的理解最多只能说明，北欧的老年人为何具备乐观精神。

48．以下哪项最可能是贾女士的反驳所假设的？

　　A．北欧的中青年人并不知道北欧人的人均寿命历来是最高的。

　　B．只有已经长寿的人，才具备产生上述乐观精神的条件。

　　C．北欧国家都有完善的保护老年人利益的社会福利制度。

　　D．成熟的理解自然、社会和人生的哲学理念，只有老年人才可能具有。

　　E．北欧人实际上并不具有明显的乐观精神。

49．以下哪项如果为真，最能加强陈先生的观点并削弱贾女士的反驳？

　　A．人均寿命是影响社会需求和生产的重要因素，经济发展水平是影响社会情绪的重要因素。

　　B．北非的一些国家人均寿命不高，但并不缺乏乐观的民族精神。

　　C．医学研究表明，乐观精神有利于长寿。

　　D．经济发展水平是影响人的寿命及其情绪的决定因素。

　　E．一家权威机构的最新统计表明，目前全世界人均寿命最高的国家是日本。

50．大多数独生子女都有以自我为中心的倾向，有些非独生子女同样有以自我为中心的倾向。以自我为中心倾向的产生有各种原因，但一个共同原因是缺乏父母的正确引导。

如果上述断定为真，则以下哪项一定为真？

　　A．每个缺乏父母正确引导的家庭都有独生子女。

　　B．有些缺乏父母正确引导的家庭有不止一个子女。

　　C．有些家庭虽然缺乏父母正确引导，但子女并不以自我为中心。

　　D．大多数缺乏父母正确引导的家庭都有独生子女。

　　E．缺乏父母正确引导的多子女家庭，少于缺乏父母正确引导的独生子女家庭。

51．脑部受到重击后人就会失去意识。有人因此得出结论：意识是大脑的产物，肉体一旦死亡，意识就不复存在。但是，一台被摔的电视机突然损坏，它正在播出的图像当然立即消失，但这并不意味着正由电视塔发射的相应图像信号就不复存在。因此，要得出"意识不能独立于肉体而存在"的结论，恐怕还需要更多的证据。

以下哪项最为准确地概括了"被摔的电视机"这一实例在上述论证中的作用？

　　A．作为一个证据，它说明意识可以独立于肉体而存在。

　　B．作为一个反例，它驳斥关于意识本质的流行信念。

　　C．作为一个类似意识丧失的实例，它从自身中得出的结论和关于意识本质的流行信念显然不同。

　　D．作为一个主要证据，它试图得出结论：意识和大脑的关系，类似于电视图像信号和接收它的电视机之间的关系。

E. 作为一个实例,它说明流行的信念都是应当质疑的。

52. 思考是人的大脑才具有的机能。计算机所做的事(如深蓝与国际象棋大师对弈)更接近于思考,而不同于动物(指人以外的动物,下同)的任何一种行为。但计算机不具有意志力,而有些动物具有意志力。

如果上述断定为真,则以下哪项一定为真?

Ⅰ. 具有意志力不一定要经过思考。

Ⅱ. 动物的行为中不包括思考。

Ⅲ. 思考不一定要具有意志力。

A. 只有Ⅰ。　　B. 只有Ⅱ。　　C. 只有Ⅲ。　　D. 只有Ⅰ和Ⅱ。　　E. Ⅰ、Ⅱ和Ⅲ。

53. 类人猿和其后的史前人类所使用的工具很相似。最近在东部非洲考古所发现的古代工具,就属于史前人类和类人猿都使用过的类型。但是,发现这些工具的地方是热带大草原,热带大草原有史前人类居住过,而类人猿只生活在森林中。因此,这些被发现的古代工具是史前人类而不是类人猿使用过的。

为使上述论证有说服力,以下哪项是必须假设的?

A. 即使在相当长的环境生态变化过程中,森林也不会演变为草原。

B. 史前人类从未在森林中生活过。

C. 史前人类比类人猿更能熟练地使用工具。

D. 史前人类在迁移时并不携带工具。

E. 类人猿只能使用工具,并不能制造工具。

54. 研究显示,大多数有创造性的工程师,都有在纸上乱涂乱画,并记下一些看起来稀奇古怪想法的习惯。他们的大多数最有价值的设计,都直接与这种习惯有关。而现在的许多工程师都用电脑工作,在纸上乱涂乱画不再是一种普遍的习惯。一些专家担心,这会影响工程师的创造性思维,建议在用于工程设计的计算机程序中匹配模拟的便条纸,能让使用者在上面涂鸦。

以下哪项最可能是上述建议所假设的?

A. 在纸上乱涂乱画,只可能产生工程设计方面的灵感。

B. 对计算机程序中所匹配的模拟便条纸,只能用于乱涂乱画,或记录看起来稀奇古怪的想法。

C. 所有用计算机工作的工程师都不会备有纸笔以随时记下有意思的想法。

D. 工程师在纸上乱涂乱画所记下的看起来稀奇古怪的想法,大多数都有应用价值。

E. 乱涂乱画所产生的灵感,并不一定通过在纸上的操作获得。

55. 在丈夫或妻子至少有一个是中国人的夫妻中,中国女性比中国男性多2万。

如果上述断定为真,则以下哪项一定为真?

Ⅰ. 恰有2万中国女性嫁给了外国人。

Ⅱ. 在和中国人结婚的外国人中,男性多于女性。

Ⅲ. 在和中国人结婚的人中,男性多于女性。

A. 只有Ⅰ。　　B. 只有Ⅱ。　　C. 只有Ⅲ。　　D. 只有Ⅱ和Ⅲ。　　E. Ⅰ、Ⅱ、Ⅲ。

2006年管理类综合能力逻辑试题解析

答案速查表

26~30	ACCEB	31~35	AAEBB	36~40	CDBEC
41~45	DDBEA	46~50	ACBAB	51~55	CDAED

26.【答案】 A 【难度】S4 【考点】形式逻辑 假言命题 假言命题矛盾关系

题干信息：¬下雨→音乐会。

没有兑现承诺，即其矛盾命题：¬下雨∧¬音乐会。

复选项Ⅰ：与上述分析一致，正确。

故正确答案为A选项。

27.【答案】 C 【难度】S5 【考点】形式逻辑 直言命题 直言命题真假不确定

题干信息：(1)想说的都是真话；(2)真话未必都说=可能有的真话不说(未必都=不必然都=可能不都=可能有的不)。

"以下各项都可能为真，除了"即选择与题干推理矛盾的选项。

C选项：有的假话不违背意愿=有的假话是想说的=有的想说的是假话=有的想说的不是真话，与(1)矛盾，不可能为真。

A选项：题干中并无相关信息，无法判断真假，排除。

B选项：不是想啥说啥=有的想说的没说，由(1)可知，想说的是真话，由(2)可知，可能有的真话不说，但是因为模态词是"可能"，所以真实情况是否是"有的真话不说"未知，无法判断真假，排除。

D、E选项：题干信息中并未提及说了什么，所以真假未知，排除。

故正确答案为C选项。

28.【答案】 C 【难度】S6 【考点】论证推理 支持、加强 论据+结论型论证的支持

论据：若有一次厌食，就会对这次膳食中有特殊味道的食物持续产生强烈厌恶。结论：小孩更易于对某些食物产生强烈的厌食。

加强上述解释，也就是要加强论据与结论之间的关系。

C选项：小孩嗅觉和味觉比成年人敏锐，更容易闻到或尝出特殊味道，也就更易对某些食物产生强烈的厌食，加强了解释。

A选项：小孩的膳食搭配中含有特殊味道的食物比成年人多，只能加剧厌食这种现象出现的频率，或单次厌食的强烈程度，而不能解释为何小孩对某些食物比成年人更容易生厌。

B选项：如果成年人和小孩根本没尝过某些食物，就不存在是否厌食的问题，当然也不存在比较谁更容易厌食的问题，排除。

D选项：题干中"不管这种食物是否会对身体有利"说明厌食和健康知识无关，排除。

E选项：时间长短并不等同于厌食程度，排除。

故正确答案为C选项。

29.【答案】E 【难度】S5 【考点】论证推理 结论 细节题

题干信息:石笋是由水滴长年滴落在岩石表面而逐渐积累的矿物质形成的;一些有地下河流的岩洞中,有许多露出河流水面的石笋。

E选项:石笋形成前及形成初期,水滴滴落在岩石表面,随着矿物质的积累而逐渐形成石笋,现在石笋露出河流水面,这就说明地下河流的水已经淹没了石笋的一部分,所以题干中所描述的岩洞内地下河流的水一定比过去(石笋形成前及形成初期)深,正确。

A选项:石笋是存在于岩洞中的,漓江江面的变化与岩洞中地下河流水面的变化情况是否相同未知,故无法判断真假,排除。B、C选项:从题干中只能得知漓江有一些有地下河流的岩洞,但这两项的信息无法判断真假,排除。D选项:地下河流与石笋形成的先后顺序无法从题干信息推知,排除。

故正确答案为E选项。

30.【答案】B 【难度】S5 【考点】论证推理 削弱、质疑、反驳 论据+结论型论证的削弱

论据:80岁老人和30岁年轻人玩麻将时表现出的理解和记忆能力没有明显差别。结论:一个人到了80岁理解和记忆能力不会显著减退。

B选项:**割裂关系**,"只需要较低的理解和记忆能力"说明理解和记忆能力与玩麻将关系不大,因此不能从玩麻将的表现推断出理解和记忆能力是否减退,该选项表明论据与结论无关,割裂了二者的关系,可以削弱。

A选项:力度较弱,如果真实情况是理解和记忆能力对于玩麻将也非常重要,只不过是次要的,这时题干的论证依然成立,排除。C选项:有更多时间玩麻将不等于玩麻将的时间更长,也无法得知玩麻将的时间与熟练程度的关系,无法削弱。D、E选项:与题干论证无关,排除。

故正确答案为B选项。

31.【答案】A 【难度】S5 【考点】论证推理 支持、加强 论据+结论型论证的支持

A选项:"50年前的同龄人"即50年前30岁的人,即目前80岁的人。假设目前30岁的年轻人的理解和记忆能力为9,50年前30岁的人理解和记忆能力是7,但是目前30岁的人和80岁的人玩麻将时所表现出的理解和记忆能力没有明显差别,都是9。也就是说,目前80岁的人在30岁时的理解和记忆能力是7,现在是9,说明随着年龄的增长,理解和记忆能力在增强,而不是减退,加强了题干的论证。

B选项:"退休或在职的大学教师"学历水平较高,其理解和记忆能力的情况可能比普通人强,表明样本不具有代表性,有削弱作用,排除。C、E选项:与题干论证无关,排除。D选项:探讨记忆能力和理解能力的关系,与题干论证无关,排除。

故正确答案为A选项。

32.【答案】A 【难度】S4 【考点】形式逻辑 三段论 三段论正推题型

题干信息:(1)张涛→川菜;(2)林村→川菜;(3)川菜→麻辣香;(4)大部分吃川菜的人→吃川菜∧盖碗茶。

A选项:林村→麻辣香,由(2)(3)传递可得,林村→川菜→麻辣香,正确。

B、E选项:"林村→川茶"和"张涛→四川人",无法由题干信息推知,排除。

C、D选项:"大部分林村→盖碗茶"和"张涛→盖碗茶",不符合推理规则,无法推知,排除。

故正确答案为 A 选项。

33.【答案】E 【难度】S4 【考点】论证推理 结论 细节题

题干信息：(1)绝大部分的铁元素处于地球的核心部分；(2)月球是由地球表面甩出的熔岩冷凝形成的。

E 选项：由(1)可知，地球表面的铁元素含量较少，所以由地球表面熔岩所形成的月球含铁比例也较低，正确。

A 选项：月球是否围绕地球运行，以及是否是唯一的，均未知，排除。B、D 选项：解体的信息、月球的结构题干都未涉及，排除。C 选项：凝固与成分、温度等因素有关，从题干信息无法推断地球和月球凝固的先后顺序，排除。

故正确答案为 E 选项。

34.【答案】B 【难度】S5 【考点】论证推理 概括论证方式

题干信息："斑马身上的黑白条纹是它们互相辨认的标志"包含两种可能性，(1)雌性斑马能辨别幼小斑马；(2)幼小斑马能辨别雌性斑马。

将情况(2)排除之后，得出结论(1)，采用的是穆勒五法中的**剩余法**。

B 选项：与上述分析一致，正确。

故正确答案为 B 选项。

35.【答案】B 【难度】S4 【考点】论证推理 论证方式相似、漏洞相似

题干信息："海拔越高，空气越稀薄"即空气的稀薄程度随着海拔的增高而变化，存在着相对确定的关系。

题干运用了穆勒五法中的**共变法**。

B 选项："年头越长，年轮越多"，年轮的多少与年头的长短存在着确定的关系，与题干论证相似，均为**共变法**，正确。

A 选项："年龄越大越成熟"这一规律可能对同一个人成立，但是对于不同人之间不一定有这种确定的关系，与题干不相似，排除。C 选项："今年比前年成绩好"，并不存在共变的关系，排除。

D 选项："产品质量越高并且广告投入越多，产品需求就越大"，但是后文甲公司与乙公司的对比中只提到了广告费用多，并未提及质量，与题干推理不相似，排除。E 选项："词汇量越大越难学"，若与题干论证相似，后文应是"英语的词汇量比意大利语大，所以英语比意大利语难学"，但其论证顺序错误，排除。

故正确答案为 B 选项。

36.【答案】C 【难度】S5 【考点】论证推理 焦点 焦点题型

张：克隆人是"两片相同的树叶"，是破坏社会和谐的一种潜在危险。李：一个人和他的克隆复制品仅仅是遗传基因完全相同，其他诸多方面仍会形成自己的不同特点。

C 选项：张认为一个人和他的克隆复制品是"两片相同的树叶"，完全相同；李认为二者在诸多方面都会形成自己的不同特点，并不完全相同。二人对这一问题持有相反的观点，是焦点，正确。

A 选项：张认为克隆人是破坏社会和谐的一种潜在危险；李也认为可能会存在有人将克隆复制品当作活"器官银行"的现实危险，所以在是否会破坏社会和谐这一问题上二人未持有相反的观点,不是焦点,排除。B 选项:张未提及此问题,李认为一个人和他的克隆复制品的遗传基因完全相同,不是焦点,排除。D 选项:张认为是,李未对此发表意见,不是焦点,排除。E 选项:张未对此发表意见,李认为有这种现实危险,不是焦点,排除。

故正确答案为 C 选项。

37.【答案】D 【难度】S5 【考点】论证推理 假设、前提 论据+结论型论证的假设

论据:世界经济的繁荣建立在技术革新之上。结论:需增加科研投入来促进经济进一步持续发展。

复选项Ⅰ:必须假设,如果科研成果不能产生一系列新技术、新发明,那么科技革新的进程就会中断,结论就不再成立。复选项Ⅱ:不需假设,"电信、生物制药、环保"在题干中并未出现,而且即使不是技术革新循环最快的产业,题干的论证依然成立,因此不是必须要有的假设。复选项Ⅲ:必须假设,如果目前投入的资金量已经足以确保新技术、新发明的产生,那么结论中的"需要增加"就无法得出。

故正确答案为 D 选项。

38.【答案】B 【难度】S4 【考点】综合推理 真话假话题

第一步:简化题干信息	(1)甲:有的。(2)乙:有的不。(3)丙:¬ 大运∧¬ 宏通
第二步:找矛盾关系或反对关系	(1)和(2)是下反对关系,至少一真
第三步:推知其余项真假	唯一一个正确的在(1)和(2)之间,因此(3)为假
第四步:根据其余项真假,得出真实情况	由(3)为假可推知,¬(¬ 大运∧¬ 宏通)= 大运∨宏通,即至少有一个存在隐患
第五步:代回矛盾或反对项,判断真假,选出答案	由推出的真实情况可知,(1)为真,(2)为假,由此可知"都"为真,故真实情况为,所有煤矿都存在安全隐患。故正确答案为 B 选项

39.【答案】E 【难度】S5 【考点】论证推理 削弱、质疑、反驳 因果型论证的削弱

论据:EB 病毒会导致鼻咽癌,X 牌香烟的 Y 成分可以抑制 EB 病毒(因)。结论:经常吸 X 牌香烟的人将减少患鼻咽癌的风险(果)。

E 选项:他因削弱,表明其他因素(Z 成分中和了 Y 成分的作用)导致结果(减少患鼻咽癌的风险)不会出现,可以削弱。

A 选项:不同条件下的实验可得出类似结论,对题干论证起到了支持作用,排除。B 选项:题干中的结论是"减少患鼻咽癌的风险",而不是患病后吸 X 牌香烟是否会好转,排除。C 选项:Y 成分对 EB 病毒的抑制作用与对免疫系统的负面作用的强弱未知,而且只要其可以抑制 EB 病毒,减少患鼻咽癌的风险,那么题干论证依然成立,排除。D 选项:支持了题干的论证,排除。

故正确答案为 E 选项。

40.【答案】C 【难度】S4 【考点】论证推理 假设、前提 论据+结论型论证的假设

论据:目前在钟教授的研究生中,起早摸黑做实验的人越来越少了。结论:生命科学院以前研究

生的那种勤奋精神越来越不多见了。

上述论证存在两个漏洞:(1)钟教授的研究生可能无法代表生命科学院研究生的整体情况;(2)起早摸黑做实验不一定能说明是否勤奋。所以要想使题干的论证成立,必须要将漏洞补上。

C 选项:**建立联系**,表明起早摸黑做实验与勤奋有必然的联系,即补上了漏洞(2)。

故正确答案为 C 选项。

41.【答案】D 【难度】S4 【考点】论证推理 漏洞识别

D 选项:指出了漏洞(1),存在**以偏概全**的嫌疑,正确。

故正确答案为 D 选项。

42.【答案】D 【难度】S4 【考点】论证推理 削弱、质疑、反驳 论据+结论型论证的削弱

论据:机动车辆增加、全球石油价格上升。结论:H 市难以摆脱空气污染的困扰。

D 选项:劣质含硫石油进入 H 市,会加剧空气污染,所以难以摆脱空气污染困扰,支持了题干的论证,无法削弱。

A、B、C、E 选项:**他因削弱**,限制废气排放、加大征收污染治理费、启用大量电车和燃气公交车、增加地铁运行线路,许多人转为购买低油耗的小型车,驾车旅游计划缩减,都有助于空气污染的治理。

故正确答案为 D 选项。

43.【答案】B 【难度】S5 【考点】论证推理 支持、加强 因果型论证的支持

论据:爱慈老人院医生与住院老人的比率在常兴市的老人院中几乎是最小的(因),爱慈老人院在疾病治疗水平方面受到的评价相当低(果)。

结论:医生数量不足是造成爱慈老人院在疾病治疗水平方面评价偏低的原因。

B 选项:**排他因加强**,排除医务护理人员少导致疾病治疗水平评价偏低的可能性,使题干中医生数量不足导致评价偏低的结果更可信,可以加强,正确。

A、C、D 选项:"和祥老人院""学术文章数量""老人院位置"与题干论证无关,无法加强,排除。

E 选项:"某些"数量不确定,无法加强,排除。

故正确答案为 B 选项。

44.【答案】E 【难度】S4 【考点】论证推理 假设、前提 论据+结论型论证的假设

论据:中山大道只允许通行轿车和不超过 10 吨的货车。结论:大部分货车将绕开中山大道。

当不允许超过 10 吨的货车通行时,大部分货车将绕开中山大道。若该推理成立,就必须要假设目前中山大道上行驶的货车大多是 10 吨以上的。

故正确答案为 E 选项。

45.【答案】A 【难度】S4 【考点】论证推理 支持、加强 论据+结论型论证的支持

论据:大部分货车将绕开中山大道。结论:中山大道车流量减少,从而减少中山大道的撞车事故。

要加强小兵的结论,就要使上述推理成立。如果中山大道的撞车事故主要由 10 吨以上的货车导致,那么大部分货车绕开中山大道就可以减少中山大道的撞车事故。

故正确答案为 A 选项。

46.【答案】A 【难度】S4 【考点】形式逻辑 模态命题 模态命题的等价转换
题干信息:不可能存在一把钥匙能打开天下所有的锁。
提词:不可能有的都。等价转换:不可能有的都=必然不有的都=必然都不有=必然都有的不。
调整语序:必然钥匙都有的锁打不开=任何钥匙都必然有它打不开的锁。
故正确答案为A选项。

47.【答案】C 【难度】S4 【考点】形式逻辑 直言命题 直言命题矛盾关系
题干信息:参赛选手都得到了优秀票。
矛盾命题为:有的参赛选手没有得到优秀票。
复选项Ⅰ和复选项Ⅱ的主体是"评委",评委的投票情况从题干无法推知,未知真假。
复选项Ⅲ:有的参赛选手没有得到优秀票,与题干矛盾,不可能为真,正确。
故正确答案为C选项。

48.【答案】B 【难度】S4 【考点】论证推理 假设、前提 因果型论证的假设
陈先生:因——人均寿命高。果——具备乐观精神。贾女士:因——老年人寿命长。果——具备乐观精神。
贾女士认为北欧人不是因为平均寿命长而具备乐观精神,而是寿命比较长的老人才具有乐观精神,**因果倒置**,B选项与此处分析一致,正确。
故正确答案为B选项。

49.【答案】A 【难度】S5 【考点】论证推理 削弱、质疑、反驳 因果型论证的削弱
陈先生:因——人均寿命高。果——具备乐观精神。贾女士:因——老年人寿命长。果——具备乐观精神。
A选项:**间接因果**,表明人均寿命长导致社会需求和生产增强,从而提高了经济发展水平,进一步影响了社会情绪,加强了陈先生认为人均寿命高导致北欧人具备乐观精神的观点,并且削弱了贾女士认为只有长寿的人才乐观的观点,正确。
B、E选项:北非和日本的情况与题干论证无关,排除。C选项:说明长寿和乐观之间存在因果倒置的可能性,削弱了陈先生的观点,排除。D选项:说明是另外的一个因素同时影响了寿命及乐观情绪,削弱了陈先生的观点,排除。
故正确答案为A选项。

50.【答案】B 【难度】S4 【考点】形式逻辑 三段论 三段论正推题型
题干信息:(1)大多数独生→自我;(2)有些非独生→自我;(3)自我→缺乏引导。
由(2)(3)传递可得:(4)有些非独生→自我→缺乏引导。
B选项:由(4)和"有的"的互换特性可得,有些非独生→缺乏引导=有些缺乏引导→非独生,与B选项逻辑关系一致,正确。
A选项:缺乏引导→独生,无法从题干得出,排除。C选项:有些缺乏引导∧¬自我,无法从题干得出,排除。D选项:大多数缺乏引导→独生,由(1)(3)传递可得,大多数独生→自我→缺乏引导,只能由互换特性得出,有的缺乏引导→独生,无法得出"大多数",排除。E选项:无法比较独生子女和非独生子女家庭数量的多少,排除。
故正确答案为B选项。

51. 【答案】C 【难度】S4 【考点】论证推理 概括论证方式

论据：一台被摔的电视机突然损坏，它正在播出的图像消失，但信号可能还存在。结论：无法得出"意识不能独立于肉体而存在"的结论。

"电视机损坏，正在播出的图像立即消失"类似于肉体死亡，"电视塔发射的图像信号依然存在"类似于意识仍然存在，所以题干中是用了"损坏的电视机"这一例子与"意识丧失"进行**类比推理**，从而试图得出"意识可以独立于肉体而存在"的结论。

A、B、D、E选项：如果是"证据""反例""实例"，需要举出某个脑部受到重击但是意识仍然存在的人的例子，而"损坏的电视机"并不是人，只是一个类似的情况，不能作为"证据""反例""实例"出现。

故正确答案为C选项。

52. 【答案】D 【难度】S5 【考点】形式逻辑 三段论 三段论正推题型

题干信息：(1)思考→人；(2)计算机→¬思考；(3)计算机→意志力；(4)有些动物→意志力。

复选项Ⅰ：要证明该选项，需举出"具有意志力但是不能进行思考"的例子，由"动物"结合(1)可得，动物→¬人→¬思考，结合(4)可得，有些动物→意志力，所以可知有些动物具有意志力但是不能思考，说明具有意志力不一定要经过思考，正确。

复选项Ⅱ：由(1)可得，动物→¬人→¬思考，说明动物的行为中不包括思考，正确。

复选项Ⅲ：要证明该选项，需举出"能够思考但是不具有意志力"的例子，但题干中并无相关信息，无法确定其一定为真，排除。

故正确答案为D选项。

53. 【答案】A 【难度】S5 【考点】论证推理 假设、前提 因果型论证的假设

论据：在热带大草原上发现了古代工具，这些工具是史前人类和类人猿都用过的类型；史前人类在热带大草原居住过，类人猿只生活在森林中(因)。结论：这些被发现的古代工具不是类人猿用过的，而是史前人类用过的(果)。

因为发现该工具(最近)与该工具被史前人类或类人猿使用(史前)之间存在巨大的时间差，在这个时间变化中有可能森林演变为草原，那么该工具就可能是类人猿在森林中生活时留下的。如果是上述情况的话，那么题干结论就不成立了，所以必须要将此种情况排除掉，以确保题干论证成立。

A选项：**排他因假设**，排除森林演变为草原的情况，从而使题干论证更可靠，正确。

B、C、D、E选项：与题干论证无关，排除。

故正确答案为A选项。

54. 【答案】E 【难度】S5 【考点】论证推理 假设、前提 论据+结论型论证的假设

方法：在计算机程序中匹配模拟的便条纸。目的：让使用者在上面涂鸦，产生有价值的设计。

E选项：必须假设，**方法可行**，该灵感不一定通过在纸上的操作获得，这样计算机上的模拟便条纸才可行。如果E选项不成立，那么即使在计算机程序中匹配了模拟便条，工程师也不能获得灵感，题干的论证便不成立了。

A选项：假设过强，不需要假设"只可能"产生工程设计的灵感，只要能产生相关的灵感题干论证就可以成立，排除。B选项：**假设过强**，模拟便条纸也可以用于别的方面，只要能够记录一些

想法题干论证就可以成立,排除。C 选项:**假设过强**,可以有一些工程师自己备有纸笔,只要大多数工程师没有备纸笔,那么题干中的模拟便条纸便有使用空间,排除。D 选项:**假设过强**,不需要假设"大多数"记下来的想法都有应用价值,只要这些想法里面存在有应用价值的就可以,排除。

故正确答案为 E 选项。

55.【答案】D 【难度】S5 【考点】综合推理 数字相关题型

(1)"丈夫或妻子至少有一个是中国人"包含三种情况:a. 丈夫是中国人,妻子是外国人;b. 丈夫是外国人,妻子是中国人;c. 丈夫是中国人,妻子是中国人。

(2)中国女性比中国男性多 2 万。中国女性即妻子是中国人,中国男性即丈夫是中国人;因为夫妻默认的是一夫一妻制,所以可以将上述信息总结为下表。

	丈夫	妻子
a	中国人(x)	外国人(x)
b	外国人(y)	中国人(y)
c	中国人(z)	中国人(z)

中国女性 $=y+z$,中国男性 $=x+z$。根据题干信息可得:$(y+z)-(x+z)=y-x=2$ 万。

复选项 Ⅰ:从上述分析无法得出 $y=2$ 万,排除。

复选项 Ⅱ:和中国人结婚的外国男性(y),和中国人结婚的外国女性(x),$y>x$,正确。

复选项 Ⅲ:和中国人结婚的男性($y+z$),和中国人结婚的女性($x+z$),$y+z>x+z$,正确。

故正确答案为 D 选项。

【温馨提示】 想知道哪些知识点还没掌握?请打开"海绵MBA"APP,进入页面右上角【扫一扫】图标,扫描下方二维码,填入答案,系统会自动记录错题数据,方便查漏补缺。

2005年管理类综合能力逻辑试题

三、逻辑推理：第24~53小题，每小题2分，共60分。下列每题给出的A、B、C、D、E五个选项中，只有一项是符合试题要求的。请在答题卡上将所选项的字母涂黑。

24~25题基于以下题干：

市政府计划对全市的地铁进行全面改造，通过较大幅度地提高客运量，缓解沿线包括高速公路上机动车的拥堵，市政府同时又计划增收沿线两条主要高速公路的机动车过路费，用以弥补上述改造的费用。这样做的理由是，机动车车主是上述改造的直接受益者，应当承担部分开支。

24. 以下哪项相关断定如果为真，最能质疑上述计划？

    A. 市政府无权支配全部高速公路机动车过路费收入。
    B. 地铁乘客同样是上述改造的直接受益者，但并不承担开支。
    C. 机动车有不同的档次，但收取的过路费区别不大。
    D. 为躲避多交过路费，机动车会绕开收费站，增加普通公路的流量。
    E. 高速公路上机动车拥堵现象不如普通公路严重。

25. 以下哪项相关断定如果为真，最有助于论证上述计划的合理性？

    A. 上述计划通过了市民听证会的审议。
    B. 在相邻的大、中城市中，该市的交通拥堵状况最为严重。
    C. 增收过路费的数额，经过专家的严格论证。
    D. 市政府有足够的财力完成上述改造。
    E. 改造后的地铁中，相当数量的乘客都有私人机动车。

26. 在期货市场上，粮食可以在收获前就"出售"。如果预测歉收，粮价就上升，如果预测丰收，粮价就下跌。目前粮食作物正面临严重干旱，今晨气象学家预测，一场足以解除旱情的大面积降雨将在傍晚开始。因此，近期期货市场上的粮价会大幅度下跌。

    以下哪项如果为真，最能削弱上述论证？

    A. 气象学家气候预测的准确性并不稳定。
    B. 气象学家同时提醒做好防涝准备，防备这场大面积降雨延续过长。
    C. 农业学家预测，一种严重的虫害将在本季粮食作物的成熟期出现。
    D. 和期货市场上的某些商品相比，粮食价格的波动幅度较小。
    E. 干旱不是对粮食作物生长的最严重威胁。

27. 以低价出售日常家用小商品的零售商通常有上千雇员，其中大多数只能领取最低工资，随着国家法定的最低工资额的提高，零售商的人力成本也随之大幅度提高。但是，零售商的利润非但没有降低，反而提高了。

    以下哪项如果为真，最有助于解释上述看来矛盾的现象？

    A. 上述零售商的基本顾客，是领取最低工资的人。
    B. 人力成本只占零售商经营成本的一半。
    C. 在国家提高最低工资额的法令实施后，除了人力成本以外，其他零售商经营成本也有所提高。

D. 零售商的雇员有一部分来自农村,他们都拿最低工资。

E. 在国家提高最低工资额的法令实施后,零售商降低了某些高薪雇员的工资。

28. 马医生发现,在进行手术前喝高浓度加蜂蜜的热参茶可以使他手术时主刀更稳、用时更短、效果更好。因此,他认为要么是参,要么是蜂蜜,含有的某些化学成分能帮助他更快更好地进行手术。

以下哪项如果为真,能削弱马医生的上述结论?

Ⅰ. 马医生在喝含高浓度加蜂蜜的热柠檬茶后的手术效果同喝高浓度加蜂蜜的热参茶一样好。

Ⅱ. 马医生在喝白开水之后的手术效果与喝高浓度加蜂蜜的热参茶一样好。

Ⅲ. 洪医生主刀的手术效果比马医生好,而前者没有术前喝高浓度的蜂蜜热参茶的习惯。

A. 只有Ⅰ。　　B. 只有Ⅱ。　　C. 只有Ⅲ。　　D. 只有Ⅰ和Ⅱ。　　E. Ⅰ、Ⅱ和Ⅲ。

29~30题基于以下题干:

宏达山钢铁公司由五个子公司组成。去年,其子公司火龙公司试行与利润挂钩的工资制度,其他子公司则维持原有的工资制度。结果,火龙公司的劳动生产率比其他子公司的平均劳动生产率高出13%。因此,在宏达山钢铁公司实行与利润挂钩的工资制度有利于提高该公司的劳动生产率。

29. 以下哪项最可能是上述论证所假设的?

A. 火龙公司与其他各子公司分别相比,原来的劳动生产率基本相同。

B. 火龙公司与其他各子公司分别相比,原来的利润率基本相同。

C. 火龙公司的职工数量和其他子公司的平均职工数量基本相同。

D. 火龙公司原来的劳动生产率,与其他子公司相比不是最高的。

E. 火龙公司原来的劳动生产率,和其他各子公司原来的平均劳动生产率基本相同。

30. 以下哪项如果为真,最能削弱上述论证?

A. 实行了与利润挂钩的分配制度后,火龙公司从其他子公司挖走了不少人才。

B. 宏达山钢铁公司去年从国外购进的先进技术装备,主要用于火龙公司。

C. 火龙公司是三年前组建的,而其他子公司都有十年以上的历史。

D. 红塔钢铁公司去年也实行了与利润挂钩的工资制度,但劳动生产率没有明显提高。

E. 宏达山公司的子公司金龙公司去年没有实行与利润挂钩的工资制度,但劳动生产率比火龙公司略高。

31. 市场上推出了一种新型的电脑键盘。新型键盘具有传统键盘所没有的"三最"特点,即最常用的键设计在最靠近最灵活手指的部分。新型键盘能大大提高键入速度,并减少错误率。因此,用新型键盘替换传统键盘能迅速提高相关部门的工作效率。

以下哪项如果为真,最能削弱上述论证?

A. 有的键盘使用者最灵活的手指和平常人不同。

B. 传统键盘中最常用的键并非设计在离最灵活手指最远的部分。

C. 越能高效率地使用传统键盘,短期内越不易熟练地使用新型键盘。

D. 新型键盘的价格高于传统键盘的价格。

E. 无论使用何种键盘,键入速度和错误率都因人而异。

32. 面试是招聘的一个不可取代的环节,因为通过面试,可以了解应聘者的个性。那些个性不合适的应聘者将被淘汰。

以下哪项是上述论证最可能假设的?

A. 应聘者的个性很难通过招聘的其他环节展示。

B. 个性是确定录用应聘者的最主要因素。

C. 只有经验丰富的招聘者才能通过面试准确把握应聘者的个性。

D. 在招聘环节中,面试比其他环节更重要。

E. 面试的唯一目的是为了了解应聘者的个性。

33. 人应对自己的正常行为负责,这种负责甚至包括因行为触犯法律而承受制裁。但是,人不应该对自己不可控制的行为负责。

以下哪项能从上述断定中推出?

Ⅰ. 人的有些正常行为会导致触犯法律。

Ⅱ. 人对自己的正常行为有控制力。

Ⅲ. 不可控制的行为不可能触犯法律。

A. 只有Ⅰ。　　B. 只有Ⅱ。　　C. 只有Ⅲ。　　D. 只有Ⅰ和Ⅱ。　 E. Ⅰ、Ⅱ和Ⅲ。

34. 也许令许多经常不刷牙的人感到意外的是,这种不良习惯已使他们成为易患口腔癌的高危人群。为了帮助这部分人早期发现口腔癌,市卫生部门发行了一本小册子,教人们如何使用一些简单的家用照明工具,如台灯、手电等,进行每周一次的口腔自检。

以下哪项如果为真,最能对上述小册子的效果提出质疑?

A. 有些口腔疾病的病症靠自检难以发现。

B. 预防口腔癌的方案因人而异。

C. 经常刷牙的人也可能患口腔癌。

D. 口腔自检的可靠性不如在医院所做的专门检查。

E. 经常不刷牙的人不大可能做每周一次的口腔自检。

35. 户籍改革的要点是放宽对外来人口的限制,G市在对待户籍改革上面临两难。一方面,市政府懂得吸引外来人口对城市化进程的意义;另一方面,又担心人口激增的压力。在决策班子里形成了"开放"和"保守"两派意见。

以下各项如果为真,都只能支持上述某一派的意见,除了:

A. 城市与农村户口分离的户籍制度,不适应目前社会主义市场经济的需要。

B. G市存在严重的交通堵塞、环境污染等问题,其城市人口的合理容量有限。

C. G市近几年的犯罪案件增加,案犯中来自农村的打工人员比例增加。

D. 近年来,G市的许多工程的建设者多数是来自农村的农民工,其子女的就学成为市教育部门面临的难题。

E. 由于计划生育政策和生育观的改变,近年来G市的幼儿园、小学乃至中学的班级数量递减。

36. 一个花匠正在配制插花。可供配制的花共有苍兰、玫瑰、百合、牡丹、海棠和秋菊6个品种,一件合格的插花必须至少由两种花组成,并同时满足以下条件:如果有苍兰或海棠,则不能有秋菊;

如果有牡丹,则必须有秋菊;如果有玫瑰,则必须有海棠。

以下各项所列的两种花都可以单独或与其他花搭配,组成一件合格的插花,除了:

A. 苍兰和玫瑰。　　　　　B. 苍兰和海棠。　　　　　C. 玫瑰和百合。

D. 玫瑰和牡丹。　　　　　E. 百合和秋菊。

37. 一桩投毒谋杀案,作案者要么是甲,要么是乙,二者必有其一;所用毒药或者是毒鼠强,或者是乐果,二者至少其一。

如果上述断定为真,则以下哪项推断一定成立?

Ⅰ. 该投毒案不是甲投毒鼠强所为,因此一定是乙投乐果所为。

Ⅱ. 在该案侦破中发现甲投了毒鼠强,因此案中的毒药不可能是乐果。

Ⅲ. 该投毒案的作案者不是甲,并且所投毒药不是毒鼠强,因此一定是乙投乐果所为。

A. 只有Ⅰ。　　　　　　　B. 只有Ⅱ。　　　　　　　C. 只有Ⅲ。

D. 只有Ⅰ和Ⅲ。　　　　　E. Ⅰ、Ⅱ和Ⅲ。

38. 一个产品要畅销,产品的质量和经销商的诚信缺一不可。

以下各项都符合题干的断定,除了:

A. 一个产品滞销说明它或者质量不好,或者经销商缺乏诚信。

B. 一个产品只有质量高并且诚信经销才能畅销。

C. 一个产品畅销说明它质量高并有诚信的经销商。

D. 一个产品除非有高的质量和诚信的经销商,否则不能畅销。

E. 一个质量好并且由诚信者经销的产品不一定畅销。

39. 一方面确保法律面前人人平等,同时又允许有人触犯法律而不受制裁,这是不可能的。

以下哪项最符合题干的断定?

A. 或者允许有人凌驾于法律之上,或者任何人触犯法律都要受到制裁,这是必然的。

B. 任何人触犯法律要受到制裁,这是必然的。

C. 有人凌驾于法律之上,触犯法律而不受制裁,这是可能的。

D. 如果不允许有人触犯法律而可以不受制裁,那么法律面前人人平等是可能的。

E. 一方面允许有人凌驾于法律之上,同时又声称任何人触犯法律要受到制裁,这是可能的。

40~41题基于以下题干:

某校的一项抽样调查显示:该校经常泡网吧的学生中家庭经济条件优越的占80%,学习成绩下降的也占80%,因此家庭条件优越是学生泡网吧的重要原因,泡网吧是学习成绩下降的重要原因。

40. 以下哪项为真,最能削弱上述论证?

A. 该校位于高档住宅区且学生9成以上家庭条件优越。

B. 经过清理整顿,该校周围网吧符合规范。

C. 有的家庭条件优越的学生并不泡网吧。

D. 家庭条件优越的家长并不赞成学生泡网吧。

E. 被抽样调查的学生占全校学生的30%。

41. 以下哪项如果为真,最能加强上述论证?

A. 该校是市重点学校,学生的成绩高于普通学校。
B. 该校狠抓教学质量,上学期半数以上学生的成绩都有明显提高。
C. 被抽样调查的学生多数能如实填写问卷。
D. 该校经常做这种形式的问卷调查。
E. 该项调查的结果已报,受到了教育局的重视。

42. 对所有产品都进行了检查,并没有发现假冒伪劣产品。
   如果上述断定为假,则以下哪项为真?
   Ⅰ. 有的产品尚未经检查,但发现了假冒伪劣产品。
   Ⅱ. 或者有的产品尚未经过检查,或者发现了假冒伪劣产品。
   Ⅲ. 如果对所有产品都进行了检查,则可发现假冒伪劣产品。
   A. 只有Ⅰ。　　　　　　B. 只有Ⅱ。　　　　　　C. 只有Ⅲ。
   D. 只有Ⅰ和Ⅱ。　　　　E. 只有Ⅱ和Ⅲ。

43. 有些纳税人隐瞒实际收入逃避交纳所得税时,一个恶性循环就出现了,逃税造成了年度总税收量的减少,总税收量的减少迫使立法者提高所得税率,所得税率的提高增加了合法纳税者的税金,这促使更多的人设法通过隐瞒实际收入逃税。
   以下哪项如果为真,上述恶性循环可以打破?
   A. 提高所得税率的目的之一是激励纳税人努力增加税前收入。
   B. 能有效识别逃税行为的金税工程即将实施。
   C. 年度税收总量不允许因逃税原因而减少。
   D. 所得税率必须有上限。
   E. 纳税人的实际收入基本持平。

44. 厂长:采用新的工艺流程可以大大减少炼铜车间所产生的二氧化硫。这一新流程主要是用封闭式熔炉替代原来的开放式熔炉。但是,不光购置和安装新的设备是笔大的开支,而且运作新流程的成本也高于目前的流程。因此,从总体上说,采用新的工艺流程将大大增加生产成本而使本厂无利可图。
   总工程师:我有不同意见。事实上,最新的封闭式熔炉的熔炼能力是现有的开放式熔炉无法相比的。
   在以下哪个问题上,总工程师和厂长最可能有不同意见?
   A. 采用新的工艺流程是否确实可以大大减少炼铜车间所产生的二氧化硫?
   B. 运作新流程的成本是否一定高于目前的流程?
   C. 采用新的工艺流程是否一定使本厂无利可图?
   D. 最新的封闭式熔炉的熔炼能力是否确实明显优于现有的开放式熔炉?
   E. 使用最新的封闭式熔炉是否明显增加了生产成本?

45. 香蕉叶斑病是一种严重影响香蕉树生长的传染病,它的危害范围遍及全球。这种疾病可由一种专门的杀菌剂有效控制,但喷洒这种杀菌剂会对周边人群的健康造成危害。因此,在人口集中的地区对小块香蕉林喷洒这种杀菌剂是不妥当的。幸亏规模香蕉种植园大都远离人口集中的地区,可以安全地使用这种杀菌剂。因此,全世界的香蕉产量,大部分不会受到香蕉叶斑病的影响。

以下哪项可能是上述论证所假设的？

A. 人类最终可以培育出抗叶斑病的香蕉品种。

B. 全世界生产的香蕉，大部分产自规模香蕉种植园。

C. 和在小块香蕉林中相比，香蕉叶斑病在规模香蕉种植园中传播得较慢。

D. 香蕉叶斑病是全球范围内唯一危害香蕉生长的传染病。

E. 香蕉叶斑病不危害其他植物。

46. 为了减少汽车追尾事故，有些国家的法律规定，汽车在白天行驶时也必须打开尾灯。一般地说，一个国家的地理位置离赤道越远，其白天的能见度越差；而白天的能见度越差，实施上述法律效果越显著。事实上，目前世界上实施上述法律的国家都比中国离赤道远。

上述断定最能支持以下哪项相关结论？

A. 中国离赤道较近，没有必要制定和实施上述法律。

B. 在实施上述法律的国家中，能见度差是造成白天汽车追尾的最主要原因。

C. 一般来说，和目前已实施上述法律的国家相比，如果在中国实施上述法律，其效果将较不显著。

D. 中国白天汽车追尾事故在交通事故中的比例高于已实施上述法律的国家。

E. 如果离赤道的距离相同，则实施上述法律的国家每年发生的白天汽车追尾事故的数量少于未实施上述法律的国家。

47. 去年4月，股市出现了强劲反弹，某证券部通过对该部股民持仓品种的调查发现，大多数经验丰富的股民都买了小盘绩优股，而所有年轻的股民都选择了大盘蓝筹股，而所有买了小盘绩优股的股民都没买大盘蓝筹股。

如果上述情况为真，则以下哪项关于该证券部股民的调查结果也必定为真？

Ⅰ. 有些年轻的股民是经验丰富的股民。

Ⅱ. 有些经验丰富的股民没买大盘蓝筹股。

Ⅲ. 年轻的股民都没买小盘绩优股。

A. 只有Ⅱ。　　　　　　B. 只有Ⅰ和Ⅱ。　　　　　　C. 只有Ⅱ和Ⅲ。

D. 只有Ⅰ和Ⅲ。　　　　E. Ⅰ、Ⅱ和Ⅲ。

48. 城市污染是工业化社会的一个突出问题。城市居民因污染而患病的比例一般高于农村。但奇怪的是，城市中心的树木反而比农村的树木长得更茂盛、更高大。

以下各项如果为真，哪项最无助于解释上述现象？

A. 城里人对树木的保护意识比农村人强。

B. 由于热岛效应，城市中心的年平均气温明显比农村高。

C. 城市多高楼，树木因其趋光性而长得更高大。

D. 城市栽种的主要树木品种与农村不同。

E. 农村空气中的氧气含量高于城市。

49. 19世纪前，技术、科学发展相对独立。而19世纪的电气革命，是建立在科学基础上的技术创新，它不可避免地导致了两者的结合与发展，而这又使人类不可避免地面对尖锐的伦理道德问题和资源环境问题。

以下哪项符合题干的断定？

Ⅰ．产生当今尖锐的伦理道德问题和资源环境问题的一个重要根源是电气革命。

Ⅱ．如果没有电气革命，则不会产生当今尖锐的伦理道德问题和资源环境问题。

Ⅲ．如果没有科学与技术的结合，就不会有电气革命。

A．只有Ⅰ。 B．只有Ⅱ。 C．只有Ⅲ。
D．只有Ⅰ和Ⅲ。 E．Ⅰ、Ⅱ和Ⅲ。

50．新华大学在北戴河设有疗养院，每年夏季接待该校的教职工。去年夏季，该疗养院的入住率，即客房部床位的使用率为87%，来此疗养的教职工占全校教职工的比例为10%。今年夏季，来此疗养的教职工占全校教职工的比例下降至8%，但入住率却上升至92%。

以下各项如果为真，都有助于解释上述看来矛盾的数据，除了：

A．今年该校新成立了理学院，教职工总数比去年有较大增长。

B．今年该疗养院打破了历年的惯例，第一次有限制地对外开放。

C．今年该疗养院的客房总数不变，但单人间的比例由原来的5%提高至10%，双人间由原来的40%提高到60%。

D．该疗养院去年大部分客房在今年改为足疗保健室或棋牌娱乐室。

E．经过去年冬季的改建，该疗养院的各项设施的质量明显提高，大大增加了对疗养者的吸引力。

51．一项关于婚姻的调查显示，那些起居时间明显不同的夫妻之间，虽然每天相处的时间相对要少，但每月爆发激烈争吵的次数，比起那些起居时间基本相同的夫妻明显要多。因此，为了维护良好的夫妻关系，夫妻之间应当注意尽量保持基本相同的起居规律。

以下哪项如果为真，最能削弱上述论证？

A．夫妻间不发生激烈争吵不一定关系就好。

B．夫妻闹矛盾时，一方往往用不同时起居的方式表示不满。

C．个人的起居时间一般随季节变化。

D．起居时间的明显变化会影响人的情绪和健康。

E．起居时间的不同很少是夫妻间争吵的直接原因。

52．一般而言，科学家总是把创新性研究当作自己的目标，并且只把同样具有此种目标的人作为自己的同行。因此，如果有的科学家因为向大众普及科学知识而赢得赞誉，虽然大多数科学家会认同这种赞誉，但不会把这样的科学家作为自己的同行。

为使上述论证成立，以下哪项是必须假设的？

Ⅰ．创新性研究比普及科学知识更重要。

Ⅱ．大多数科学家认为普及科学知识不需要创新性研究。

Ⅲ．大多数科学家认为，从事普及科学知识不可能同时进行创新性研究。

A．只有Ⅰ。 B．只有Ⅱ。 C．只有Ⅲ。
D．只有Ⅱ和Ⅲ。 E．Ⅰ、Ⅱ和Ⅲ。

53．要杜绝令人深恶痛绝的"黑哨"，必须对其课以罚款，或者永久性地取消"黑哨"的裁判资格，或者直至追究其刑事责任。事实证明,罚款的手段在这里难以完全奏效,因为在一些大型赛事中,高额的贿金往往足以抵消罚款的损失。因此,如果不永久性地取消"黑哨"的裁判资格,就不可能杜绝令人深恶痛绝的"黑哨"现象。

以下哪项是上述论证最可能的假设?

A. 一个被追究刑事责任的"黑哨"必定被永久性地取消裁判资格。
B. 大型赛事中对裁判的贿金没有上限。
C. "黑哨"是一种职务犯罪,本身已触犯法律。
D. 对"黑哨"的罚金不可能没有上限。
E. "黑哨"现象只有在大型赛事中出现。

2005年管理类综合能力逻辑试题解析

答案速查表

24~28	DECAB	29~33	EBCAD	34~38	EDDCA
39~43	AABEB	44~48	CBCCE	49~53	DEBDA

24.【答案】D 【难度】S5 【考点】论证推理 削弱、质疑、反驳 论据+结论型论证的削弱

方法:对全市地铁进行全面改造,增收沿线两条主要高速公路的机动车过路费。目的:缓解沿线包括高速公路上机动车的拥堵。

D选项:达不到目的,表明措施实施之后无法缓解拥堵,反而会加剧拥堵,质疑了题干的计划,正确。

A、C、E选项:无关选项,过路费的支配问题,过路费是否应与机动车的档次对应,高速公路与普通公路的拥堵情况比较均与题干中的计划无关,排除。

B选项:力度较弱。地铁乘客虽然也是受益者,但是在受益者中占多大比例呢?未知,如果占比较小,那么不承担开支也合理。并且该选项表达的是让机动车主承担开支是否合理,不涉及计划是否可以达到目的,排除。

故正确答案为D选项。

25.【答案】E 【难度】S5 【考点】论证推理 支持、加强 论据+结论型论证的支持

E选项:表明改造地铁之后确实能让很多原来开私家车的人改坐地铁,从而减少公路上汽车的数量,车主无论是坐地铁还是开私家车都是地铁改造的受益者,所以让机动车车主来承担这些费用确实合理,正确。

A、C选项:诉诸权威,该计划的合理性与是否通过了市民听证会的审议以及专家论证无关,排除。B选项:该市的交通拥堵状况是否最为严重与计划是否合理无关,排除。D选项:计划可行,市政府有足够的财力完成上述改造只能证明计划的可行性,无法证明计划的合理性,排除。

故正确答案为E选项。

26.【答案】C 【难度】S5 【考点】论证推理 削弱、质疑、反驳 因果型论证的削弱

论据:足以解除旱情的大面积降雨即将开始(因)。结论:预计粮食会丰收,期货市场上的粮价会大幅下跌(果)。

C选项:他因削弱,如果粮食作物的成熟期出现严重的虫害,很可能会对粮食的收成产生比较大的影响,导致粮食歉收,所以期货市场上的粮价可能会上升,可以削弱。

A选项:无法削弱,预测的准确性不稳定,那么这一次的预测是否准确呢?未知,排除。B选项:无法削弱,提醒做好防涝是在预报大面积降雨时常用的话术,并不代表出现降雨延续过长的情况的可能性比较高,而且即使降雨延续时间过长,也有足够的时间做好防涝准备,可能不会对粮食收成产生大的影响,排除。D选项:无法削弱,粮食价格波动的幅度大小与其他商品无关,排除。E选项:无法削弱,干旱虽然不是最严重的威胁,但如果也是一个非常严重的威胁,那么题干论证依然成立,排除。

故正确答案为 C 选项。

27.【答案】A 【难度】S4 【考点】论证推理 解释 解释矛盾
需要解释的矛盾：零售商的人力成本随着国家法定的最低工资额的提高而大幅度提高。但是，零售商的利润反而提高了。

A 选项：可以解释，上述零售商的主要顾客是领取最低工资的人，最低工资额提高了，这些消费者的可支配收入增加，消费很可能会随之增加，所以零售商的收入增加，利润提高。

B 选项：无法解释，说明人力成本占的比例非常大，利润应该是下降的，排除。C 选项：无法解释，其他经营成本也有所提高，加剧了题干中的矛盾现象，排除。D 选项：无法解释，"一部分"数量未知，不确定对总成本影响的大小，排除。E 选项：力度较弱，"某些"的数量、高薪雇员在总员工中的比例、降低这部分工资后对总成本的影响都未知，排除。

故正确答案为 A 选项。

28.【答案】B 【难度】S4 【考点】论证推理 削弱、质疑、反驳 因果型论证的削弱
论据：马医生发现自己在进行手术前喝高浓度加蜂蜜的热参茶可使他手术效果更好。结论：要么是参，要么是蜂蜜（因），能帮助他更快更好地进行手术（果）。

复选项Ⅰ：无法削弱，两种茶中都有蜂蜜，所以有可能是蜂蜜使马医生手术效果好，排除。

复选项Ⅱ：反例削弱，无因有果，说明手术效果好并不是参或者蜂蜜导致的，可以削弱。

复选项Ⅲ：无法削弱，洪医生的情况与题干中的马医生无关，排除。

故正确答案为 B 选项。

29.【答案】E 【难度】S5 【考点】论证推理 假设、前提 论据+结论型论证的假设
论据：题干构造了一个对照实验，火龙公司试行与利润挂钩的工资制度，其他子公司维持原有的工资制度。火龙公司的劳动生产率比其他子公司的平均劳动生产率高。结论：在宏达山钢铁公司实行与利润挂钩的工资制度有利于提高该公司的劳动生产率。

上述论证要想成立，需满足以下几个条件：(1) 火龙公司在所有子公司中具有代表性，所以与利润挂钩的工资制度能使火龙公司的劳动生产率提高，才能推出有利于提高该公司劳动生产率的结论；(2) 要证明与利润挂钩的工资制度能提高劳动生产率，可进行**对照实验**，比较实行前和实行后自身劳动生产率是否提高，而题干中是与其他子公司的平均劳动生产率相比，这一比较无意义；(3) 若要与其他子公司的平均劳动生产率相比，那么需要保证火龙公司之前的劳动生产率就与这一平均劳动生产率相近，在这一前提下劳动生产率有所提高才能得出该制度能够提高劳动生产率的结论。E 选项与此处分析一致，正确。

A、D 选项：因为题干中是与"其他子公司的平均劳动生产率"比较，所以不需要与各子公司原来的劳动生产率都相同或者是其中最高的，排除。

B、C 选项：题干论证与"利润率""职工数量"无关，排除。

故正确答案为 E 选项。

30.【答案】B 【难度】S5 【考点】论证推理 削弱、质疑、反驳 论据+结论型论证的削弱
B 选项：他因削弱，表明劳动生产率的提高很可能是由其他原因造成的，而与工资制度无关，正确。

A 选项：无法削弱，挖走人才这一决策很可能与该工资制度有关，起到**间接因果**的作用，排除。

C 选项:无法削弱,劳动生产率与公司历史的长短无必然联系,排除。D 选项:**假反例**,试图举"有因无果"的反例,但红塔钢铁公司的情况与火龙公司的情况是否相似未知,无法削弱。E 选项:**假反例**,试图举"无因有果"的反例,有可能原来金龙公司的劳动生产率一直都比火龙公司高,所以该比较并无意义,排除。

故正确答案为 B 选项。

31.【答案】C 【难度】S5 【考点】论证推理 削弱、质疑、反驳 论据+结论型论证的削弱

论据:新型键盘具有"三最"特点,能大大提高键入速度,并减少错误率。结论:用新型键盘替换传统键盘能迅速提高相关部门的工作效率。

C 选项:**他因削弱**,题干结论要求"迅速提高相关部门的工作效率",该选项可以表明新型键盘虽然有"三最"特点,但短期内并不容易熟练使用,所以无法达到这个目的,正确。

A 选项:无法削弱,"有的"数量未知,若只有很小一部分,那么新型键盘的优势依然存在,排除。

B 选项:无法削弱,只要其不如新型键盘离得近,那么新型键盘的优势依然存在,排除。D 选项:无法削弱,题干中并未体现"价格"是否是影响因素,排除。E 选项:无法削弱,即使因人而异,只要使用新型键盘能让工作效率有所提高,那么题干论证就依然成立,排除。

故正确答案为 C 选项。

32.【答案】A 【难度】S5 【考点】论证推理 假设、前提 论据+结论型论证的假设

论据:可以通过面试了解应聘者的个性,从而将个性不合适的应聘者淘汰。结论:面试是招聘的一个不可取代的环节。

A 选项:必须假设,招聘要将个性不合适的应聘者淘汰,而其他招聘环节又很难展示出应聘者的个性,所以能够了解其个性的面试环节是不可取代的,正确。

B 选项:**假设过强**,不需要假设个性是最主要的因素,只要个性能影响录用结果即可,排除。C 选项:题干论证与招聘者无关,排除。D 选项:**假设过强**,不需要假设面试比其他环节更重要,只要面试能影响录用结果即可,排除。E 选项:**假设过强**,不需要假设了解个性是面试的唯一目的,只要有这一目的即可,排除。

故正确答案为 A 选项。

33.【答案】D 【难度】S5 【考点】形式逻辑 三段论 三段论正推题型

题干信息:(1)正常行为→应该负责;(2)¬可控制的行为→¬应该负责。

综合可得:(3)正常行为→应该负责→可控制的行为。

复选项Ⅰ:由(1)和"这种负责甚至包括因行为触犯法律而承受制裁"可知,人的有些正常行为会导致触犯法律。复选项Ⅱ:由(3)可得,人的正常行为是可控制的行为,也就是人对自己的正常行为有控制力。复选项Ⅲ:由(2)可得,¬可控制的行为→¬应该负责,但是不应该负责的行为是否包括触犯法律的行为?题干未表明,无法断定真假。

故正确答案为 D 选项。

34.【答案】E 【难度】S5 【考点】论证推理 削弱、质疑、反驳 论据+结论型论证的削弱

方法:教人们进行每周一次的口腔自检。目的:帮助经常不刷牙的人早期发现口腔癌。

E 选项:**达不到目的**,说明经常不刷牙的人根本不大可能每周做口腔自检,所以小册子帮助他们早期发现口腔癌的效果也就无法达到了,可以质疑,正确。

A 选项:力度较弱,"有些口腔疾病"是否包括题干中的口腔癌呢?未知,排除。B 选项:关键动词不一致,题干中小册子的作用是"发现"口腔癌,而不是"预防",与题干信息不一致,排除。C 选项:对象不一致,经常刷牙的人并不是题干中探讨的对象,排除。D 选项:无效比较,无论自检与医院专门检查的可靠性哪个比较高,只要自检能帮助人们早期发现口腔癌,那么题干的论证依然成立,排除。

故正确答案为 E 选项。

35.【答案】D 【难度】S5 【考点】论证推理 结论 主旨题

开放派:支持放宽对外来人口的限制。保守派:担心人口激增的压力,反对放宽对外来人口的限制。

D 选项:支持了两派,外来人口是 G 市许多工程的建设者,支持了开放派的观点;但是外来人口的子女就学成为难题,又支持了保守派的观点,正确。

A 选项:支持开放派,认为不应实行城市与农村户口分离的户籍制度,排除。B 选项:支持保守派,G 市存在着城市人口过多的问题,排除。C 选项:支持保守派,外来人口带来了一些社会治安问题,排除。E 选项:支持保守派,幼儿园、小学乃至中学的班级数量递减,若放宽对外来人口的限制,很可能导致"入学难"问题,排除。

故正确答案为 D 选项。

36.【答案】D 【难度】S5 【考点】形式逻辑 假言命题 假言命题矛盾关系

题干信息:(1)苍兰∨海棠→¬秋菊;(2)牡丹→秋菊;(3)玫瑰→海棠。

综合可得:(4)玫瑰→海棠→¬秋菊→¬牡丹;(5)苍兰→¬秋菊→¬牡丹。

D 选项:由(4)可得,玫瑰→¬牡丹,玫瑰和牡丹不可以组成一件合格的插花,正确。

A、B、C、E 选项:与(4)(5)均不矛盾,排除。

故正确答案为 D 选项。

37.【答案】C 【难度】S5 【考点】形式逻辑 联言命题、选言命题 联言、选言命题性质推理

题干信息:(1)作案→甲∨乙(必有其一);(2)毒药→毒鼠强∨乐果(至少其一)。

复选项Ⅰ:¬(甲∧毒鼠强)=¬甲∨¬毒鼠强=乙∨乐果,无法得出一定是乙投乐果所为,排除。复选项Ⅱ:甲∧毒鼠强=¬乙∧(乐果∨¬乐果),因为毒鼠强与乐果至少其一,所以乐果有没有不确定,排除。复选项Ⅲ:¬甲∧毒鼠强=乙∧乐果,即乙投乐果,正确。

故正确答案为 C 选项。

38.【答案】A 【难度】S4 【考点】形式逻辑 假言命题 假言命题推理规则

题干信息:(1)畅销→质量∧诚信=(2)¬质量∨¬诚信→¬畅销。

A 选项:¬畅销→¬质量∨¬诚信,与题干逻辑关系不一致,正确。

B、C 选项:畅销→质量∧诚信,与(1)逻辑关系一致,排除。

D 选项:¬(质量∧诚信)→¬畅销 = ¬质量∨¬诚信→¬畅销,与(2)逻辑关系一致,排除。

E 选项:"质量∧诚信"无法推出"畅销",符合题干的逻辑关系,排除。

故正确答案为 A 选项。

39.【答案】A 【难度】S5 【考点】形式逻辑 联言命题、选言命题 摩根公式

题干信息:不可能(法律面前人人平等∧允许有人触犯法律而不受制裁)。

题干信息=必然¬(法律面前人人平等∧允许有人触犯法律而不受制裁)=必然(¬法律面前人人平等∨¬允许有人触犯法律而不受制裁)=必然(允许有人凌驾于法律之上∨任何人触犯法律都要受到制裁)。

故正确答案为 A 选项。

40.【答案】A 【难度】S6 【考点】论证推理 削弱、质疑、反驳 论据+结论型论证的削弱
论据1:该校经常泡网吧的学生中家庭经济条件优越的占80%。
结论1:家庭条件优越是学生泡网吧的重要原因。
论据2:该校经常泡网吧的学生中学习成绩下降的占80%。
结论2:泡网吧是学习成绩下降的重要原因。

左右撇子模型。论证1中要想得到"家庭条件优越是学生泡网吧的重要原因"这一结论,需要比较(1) $\frac{家庭经济条件优越的学生}{全校学生}$ 与(2) $\frac{泡网吧的学生中家庭经济条件优越的学生}{泡网吧的学生}$ 这两个比例,如果数值(1)≥数值(2),说明家庭条件优越的学生更不愿意泡网吧或者家庭条件与泡网吧之间没有相关性,如果数值(1)<数值(2),才能证明家庭条件优越使学生更愿意泡网吧这一结论。此题若要削弱题干,只要表明数值(1)≥数值(2)即可。

A 选项: $\frac{家庭经济条件优越的学生}{全校学生}$ =90%>80%,可以削弱,正确。

B 选项:与题干论证无关,排除。C 选项:"有的"数量范围未知,无法削弱,排除。D 选项:学生泡网吧与家长是否赞同无关,排除。E 选项:如果抽取的样本有代表性,题干论证依然成立,无法削弱,排除。

故正确答案为 A 选项。

41.【答案】B 【难度】S6 【考点】论证推理 支持、加强 论据+结论型论证的支持

左右撇子模型。论证2中要想得到"泡网吧是学习成绩下降的重要原因"这一结论,需要比较(1) $\frac{成绩下降的学生}{全校学生}$ 与(2) $\frac{泡网吧的学生中成绩下降的学生}{泡网吧的学生}$ 这两个比例,如果数值(1)≥数值(2),说明泡网吧不是学习成绩下降的重要原因,如果数值(1)<数值(2),才能证明泡网吧是学习成绩下降的重要原因这一结论。此题若要加强题干的论证,只要表明数值(1)<数值(2)即可。

B 选项:半数以上的学生成绩有明显提高,即 $\frac{成绩下降的学生}{全校学生}$ <50%<80%,可以加强。

C 选项:即使如实填写问卷也无法证明题干的论证,无法加强,排除。

A、D、E 选项:与题干论证无关,无法加强,排除。

故正确答案为 B 选项。

42.【答案】E 【难度】S4 【考点】形式逻辑 联言命题、选言命题 摩根公式
题干信息:¬(都检查∧¬有假冒)=(1)¬都检查∨有假冒=(2)都检查→有假冒。
复选项Ⅰ:¬都检查∧有假冒,与题干逻辑关系不一致,排除。
复选项Ⅱ:¬都检查∨有假冒,与(1)逻辑关系一致,正确。
复选项Ⅲ:都检查→有假冒,与(2)逻辑关系一致,正确。

43.【答案】B 【难度】S5 【考点】形式逻辑 假言命题 假言命题推理规则

题干信息:有人逃税→总税收量减少→提高税率→税金增加→更多人设法逃税。

B选项:金税工程可以有效识别逃税,那么就可以从源头上阻止"有人逃税",从而打破上述恶性循环,正确。

A选项:与提高所得税率的目的无关,排除。C选项:是上述恶性循环的一环,无法打破该恶性循环,排除。D选项:所得税率上限是多少?目前的税率到上限还有多远?无法从题干中获知,所以该恶性循环是否会被打破未知,排除。E选项:与题干论证无关,排除。

故正确答案为B选项。

44.【答案】C 【难度】S5 【考点】论证推理 焦点 焦点题型

厂长:新设备成本较高,所以采用新的工艺流程会使本厂无利可图。总工程师:新设备的熔炼能力非常可观,因此不同意厂长的观点。

C选项:厂长认为会使本厂无利可图,但总工程师认为新设备熔炼能力较强,会产生更多的收入,因此虽然成本较高,但不会使本厂无利可图,二人有相反的观点,正确。

A选项:厂长认为可以减少,总工程师未发表意见,排除。B选项:厂长认为成本确实较高,总工程师未发表意见,排除。D选项:厂长未发表意见,总工程师认为明显优于现有的熔炉,排除。

E选项:厂长认为成本确实明显增加,总工程师未发表意见,排除。

故正确答案为C选项。

45.【答案】B 【难度】S5 【考点】论证推理 假设、前提 论据+结论型论证的假设

论据:规模香蕉种植园可以安全地使用杀菌剂来控制香蕉叶斑病。结论:全世界大部分的香蕉产量不会受到香蕉叶斑病的影响。

样本:规模香蕉种植园。总体:全世界的香蕉。

题干论证由规模香蕉种植园的香蕉产量不会受到香蕉叶斑病的影响,得出全世界大部分香蕉产量不会受到香蕉叶斑病的影响的结论,需要保证规模香蕉种植园的香蕉产量占全世界香蕉产量的绝大部分;否则即使规模香蕉种植园的香蕉产量不受影响,全世界的香蕉产量也依然会受到香蕉叶斑病的影响。B选项与此处分析一致,表明样本具有代表性,正确。

A、D、E选项:与题干论证无关,排除。

C选项:题干中已经表明"它的危害范围遍及全球",与该病的传播速度无关,排除。

故正确答案为B选项。

46.【答案】C 【难度】S5 【考点】论证推理 结论 细节题

题干信息:(1)一个国家的地理位置离赤道越远,实施该法律效果越显著;(2)目前世界上实施上述法律的国家都比中国离赤道远。

C选项:由(1)(2)可知,目前世界上实施上述法律的国家都比中国的效果显著,即如果该法律在中国实施,那么效果不如其他国家显著,正确。

A选项:题干中并未探讨是否有必要制定和实施上述法律,排除。B选项:白天汽车追尾的最主要原因在题干中并未涉及,排除。D、E选项:题干中未出现相关信息,排除。

故正确答案为C选项。

47.【答案】C 【难度】S5 【考点】形式逻辑 三段论 三段论正推题型
题干信息:(1)大多数经验丰富→小盘;(2)年轻→大盘;(3)小盘→¬大盘。
由(1)(3)(2)传递可得:(4)大多数经验丰富→小盘→¬大盘→¬年轻。
复选项Ⅰ:无法推出,由(4)可知,大多数经验丰富→¬年轻,只能推出"有些¬年轻→经验丰富",但无法推出"有些年轻→经验丰富",不是必定为真。复选项Ⅱ:可以推出,由(4)可知,大多数经验丰富→¬大盘,由"大多数"可以推出"有些",正确。复选项Ⅲ:可以推出,由(4)可知,小盘→¬年轻=年轻→¬小盘,正确。
故正确答案为C选项。

48.【答案】E 【难度】S4 【考点】论证推理 解释 解释现象
需要解释的现象:城市有工业化带来的污染问题;但是,城市中心的树木反而比农村的树木长得更茂盛、更高大。
E选项:无法解释,农村空气的氧气含量比城市高,应该更有利于植物的呼吸作用,从而促进树木的生长,而不是城市的树木长得更好,所以无法解释,正确。
A选项:可以解释,城里人对树木的保护意识强,所以树木在城市中能够生长得更茂盛和高大,排除。B选项:可以解释,气温高可能更有利于树木的生长,排除。C选项:可以解释,树木的趋光性使城市的树木更高大,排除。D选项:可以解释,城市与农村栽种的树木品种不同,不同的树木能够达到的高度可能不一样,排除。
故正确答案为E选项。

49.【答案】D 【难度】S4 【考点】论证推理 结论 细节题
题干信息:(1)电气革命是建立在科学基础上的技术创新;(2)电气革命导致了技术与科学的结合和发展;(3)电气革命使人类不可避免地面对伦理道德和资源环境问题。
复选项Ⅰ:由(3)可知,电气革命是伦理道德和资源环境问题的重要根源,符合题干断定。复选项Ⅱ:由(3)可知,电气革命导致了伦理道德和资源环境问题,但是如果没有电气革命,这些问题是否会产生呢?未知,不符合题干断定。复选项Ⅲ:由(1)可知,如果没有科学与技术的结合,就不会有电气革命,符合题干断定。
故正确答案为D选项。

50.【答案】E 【难度】S5 【考点】论证推理 解释 解释矛盾
需要解释的矛盾:来该疗养院疗养的教职工比例下降;但是,该疗养院的入住率却上升了。
E选项:对疗养者的吸引力增加,只能解释入住率上升,但无法解释矛盾,正确。
A选项:可以解释,教职工总数增加,说明基数增大,所以虽然比例下降,但有可能数量上升,排除。B选项:可以解释,该疗养院第一次对外开放,虽然来此疗养的教职工比例下降,但是外来客人增多导致了入住率上升,排除。C选项:可以解释,客房总数不变,单人间和双人间都在增加,那么多人间一定减少,所以总容纳量减少,入住率上升就合理了,排除。D选项:可以解释,大部分客房改为足疗保健室或棋牌娱乐室,总容纳量减少,排除。
故正确答案为E选项。

51.【答案】B 【难度】S5 【考点】论证推理 削弱、质疑、反驳 因果型论证的削弱
论据:起居时间明显不同的夫妻爆发激烈争吵的次数较多。结论:不同的起居时间(因)导致争

吵(果)。

B 选项：因果倒置，说明闹矛盾是原因，不同的起居时间是结果，可以削弱，正确。

A、C、D 选项：题干中探讨的是发生争吵与起居时间之间的关系，与夫妻关系、起居时间变化无关，排除。

E 选项：力度较弱，如果是间接原因，起居时间不同导致事件 B，事件 B 导致争吵，那么使他们保持相同的起居规律依然有利于维护良好的夫妻关系，可能起到支持作用，排除。

故正确答案为 B 选项。

52.【答案】D 【难度】S5 【考点】论证推理 假设、前提 论据+结论型论证的假设

题干信息：(1)科学家把创新性研究当作自己的目标；(2)科学家只将同样把创新性研究当作目标的人作为自己的同行；(3)如果有的科学家因向大众普及科学知识而赢得赞誉，大多数科学家不会将其作为同行。

复选项Ⅰ：无须假设，创新性研究与普及科学知识的重要性比较在题干中并未涉及。

复选项Ⅱ：必须假设，由(3)和(2)可知，大多数科学家不会把向大众普及科学知识的科学家当作同行，表明大多数科学家认为普及科学知识不涉及创新性研究。

复选项Ⅲ：必须假设，与复选项Ⅱ相似，如果普及科学知识的同时也能进行创新性研究的话，那么向大众普及科学知识的科学家也可以被作为同行，此时题干的论证就不成立了。

故正确答案为 D 选项。

53.【答案】A 【难度】S4 【考点】形式逻辑 三段论 三段论反推题型

题干信息：(1)杜绝黑哨→罚款∨取消资格∨刑事责任；(2)罚款→无效；(3)¬取消资格→¬杜绝黑哨 = 杜绝黑哨→取消资格。

由(1)(2)可得：(4)杜绝黑哨→取消资格∨刑事责任。要由(4)得到(3)，即取消资格∨刑事责任→取消资格，只需要满足"刑事责任→取消资格"即可。

A 选项：刑事责任→取消资格，与上述分析一致，正确。

B 选项：支持了"罚款的手段在这里难以完全奏效"，不是假设，排除。C 选项："黑哨"是否触犯法律与题干论证无关，排除。D、E 选项：与题干论证无关，排除。

故正确答案为 A 选项。

【温馨提示】想知道哪些知识点还没掌握？请打开"海绵MBA"APP，进入页面右上角【扫一扫】图标，扫描下方二维码，填入答案，系统会自动记录错题数据，方便查漏补缺。

2004年管理类综合能力逻辑试题

三、逻辑推理：第31~55小题，每小题2分，共50分。下列每题给出的A、B、C、D、E五个选项中，只有一项是符合试题要求的。请在答题卡上将所选项的字母涂黑。

31. 不可能宏达公司和亚鹏公司都没有中标。
    以下哪项最为准确地表达了上述断定的意思？
    A. 宏达公司和亚鹏公司可能都中标。
    B. 宏达公司和亚鹏公司至少有一个可能中标。
    C. 宏达公司和亚鹏公司必然都中标。
    D. 宏达公司和亚鹏公司至少有一个必然中标。
    E. 如果宏达公司中标，那么亚鹏公司不可能中标。

32. 所有物质实体都是可见的，而任何可见的东西都没有神秘感。因此，精神世界不是物质实体。
    以下哪项最可能是上述论证所假设的？
    A. 精神世界是不可见的。　　　　B. 有神秘感的东西都是不可见的。
    C. 可见的东西都是物质实体。　　D. 精神世界有时也是可见的。
    E. 精神世界具有神秘感。

33. 汽油酒精，顾名思义是一种汽油酒精混合物。作为一种汽车燃料，和汽油相比，燃烧一个单位的汽油酒精能产生较多的能量，同时排出较少的有害废气一氧化碳和二氧化碳。以汽车日流量超过200万辆的北京为例，如果所有汽车都使用汽油酒精，那么每天产生的二氧化碳，不比北京的绿色植被通过光合作用吸收的多。因此，可以预计，在世界范围内，汽油酒精将很快进军并占领汽车燃料市场。
    以下各项如果为真，都能加强题干论证，除了：
    A. 汽车每千米消耗的汽油酒精量和汽油基本持平，至多略高。
    B. 和汽油相比，使用汽油酒精更有利于汽车的保养。
    C. 使用汽油酒精将减少对汽油的需求，有利于缓解石油短缺的压力。
    D. 全世界汽车日流量超过200万辆的城市中，北京的绿色植被覆盖率较低。
    E. 和汽油相比，汽油酒精的生产成本较低，因而售价也较低。

34~35题基于以下题干：

某花店只有从花农那里购得低于正常价格的花，才能以低于市场的价格卖花而获利；除非是该花店的销售量很大，否则不能从花农那里购得低于正常价格的花；要想有大的销售量，该花店就要满足消费者的兴趣或者拥有特定品种的独家销售权。

34. 如果上述断定为真，则以下哪项必定为真？
    A. 如果该花店从花农那里购得低于正常价格的花，那么就会以低于市场的价格卖花而获利。
    B. 如果该花店没有以低于市场的价格卖花而获利，则一定没有从花农那里购得低于正常价格的花。
    C. 该花店不仅满足了消费者的个人兴趣，而且拥有特定品种独家销售权，但仍然不能以低于市

D. 如果该花店广泛满足了消费者的个人兴趣或者拥有特定品种独家销售权,那么就会有大的销售量。

E. 如果该花店以低于市场的价格卖花而获利,那么一定是从花农那里购得了低于正常价格的花。

35. 如果上述断定为真,并且事实上该花店没有满足广大消费者的个人兴趣,则以下哪项不可能为真?

A. 如果该花店不拥有特定品种独家销售权,就不能从花农那里购得低于正常价格的花。

B. 即使该花店拥有特定品种独家销售权,也不能从花农那里购得低于正常价格的花。

C. 该花店虽然没有拥有特定品种独家销售权,但仍以低于市场的价格卖花而获利。

D. 该花店通过广告促销的方法获利。

E. 花店以低于市场的价格卖花获利是花市普遍现象。

36. 一项对30名年龄在3岁的独生孩子与30名同龄非独生的第一胎孩子的研究发现,这两组孩子日常行为能力非常相似,这种日常行为能力包括语言能力、对外界的反应能力,以及和同龄人、他们的家长及其他大人相处的能力等。因此,独生孩子与非独生孩子的社会能力发展几乎一致。

以下哪项如果为真,最能削弱上述结论?

A. 进行对比的两组孩子是不同地区的孩子。

B. 独生孩子与母亲的接触时间多于非独生孩子与母亲接触的时间。

C. 家长通常在第一胎孩子接近3岁时怀有他们的第二胎孩子。

D. 大部分参与此项目的研究者没有兄弟姐妹。

E. 独生孩子与非独生孩子与母亲的接触时间和父亲的接触时间是各不相同的。

37. 国产影片《英雄》显然是前两年最好的古装武打片。这部电影是由著名导演、演员、摄影师、武打设计师参与的一部国际化大制作的电影,票房收入明显领先说明观看该片的人数远多于进口的美国大片《卧虎藏龙》的人数,尽管《卧虎藏龙》也是精心制作的中国古装武打片。

为使上述论证成立,以下哪项是必须假设的?

Ⅰ. 国产影片《英雄》和美国影片《卧虎藏龙》的票价基本相同。

Ⅱ. 观众数量是评价电影质量的标准。

Ⅲ. 导演、演员、摄影师、武打设计师和服装设计师的阵容是评价电影质量的标准。

A. 只有Ⅰ。　　B. 只有Ⅱ。　　C. 只有Ⅲ。　　D. 只有Ⅰ和Ⅱ。　　E. Ⅰ、Ⅱ和Ⅲ。

38. 实业钢铁厂将竞选厂长。如果董来春参加竞选,则极具竞选实力的郝建生和曾思敏不参加竞选。所以,如果董来春参加竞选,他将肯定当选。

为使上述论证成立,以下哪项是必须假设的?

Ⅰ. 当选者一定是竞选实力最强的竞选者。

Ⅱ. 如果董来春参加竞选,那么,他将是唯一的候选人。

Ⅲ. 在实业钢铁厂,除了郝建生和曾思敏,没有其他人的竞选实力比董来春强。

A. 只有Ⅰ。　　B. 只有Ⅱ。　　C. 只有Ⅲ。　　D. 只有Ⅰ和Ⅲ。　　E. Ⅰ、Ⅱ和Ⅲ。

39. 在一项社会调查中,调查者通过电话向大约一万名随机选择的被调查者问及有关他们的收入和储蓄方面的问题。结果显示,被调查者的年龄越大,越不愿意回答这样的问题。这说明,年龄较轻的人比年龄较大的人更愿意告诉别人有关自己的收入状况。

以下哪项如果为真,最能削弱上述论证?

A. 小张不是被调查者,在其他场合表示,不愿意告诉别人自己的收入状况。

B. 老李是被调查者,愿意告诉别人自己的收入状况。

C. 老陈是被调查者,不愿意告诉别人收入状况,并在其他场合表示,自己年轻时因收入高,很愿意告诉别人自己的收入状况。

D. 小刘是被调查者,愿意告诉别人自己的收入状况,并且在其他场合表示,自己的这种意愿不会随着年龄而改变。

E. 被调查者中,年龄大的收入状况一般比年龄小的要好。

40. 风险资本家融资的初创公司比通过其他渠道融资的公司失败率要低。所以,与诸如企业家个人素质、战略规划质量或公司管理结构等因素相比,融资渠道对于初创公司的成功更为重要。

以下哪项如果为真,最能削弱上述论证?

A. 风险资本家在决定是否为初创公司提供资金时,把该公司的企业家个人素质、战略规划质量和公司管理结构等作为主要的考虑因素。

B. 作为取得成功的要素,初创公司的企业家个人素质比它的战略规划更为重要。

C. 初创公司的倒闭率近年逐步下降。

D. 一般来讲,初创公司的管理结构不如发展中的公司完整。

E. 风险资本家对初创公司的财务背景比其他融资渠道更为敏感。

41. 某乡间公路附近经常有鸡群聚集。这些鸡群对这条公路上高速行驶的汽车的安全造成了威胁。为了解决这个问题,当地交通运输部门计划购入一群猎狗来驱赶鸡群。

以下哪项如果为真,最能对上述计划构成质疑?

A. 出没于公路边的成群猎狗会对交通安全构成威胁。

B. 猎狗在驱赶鸡群时可能伤害鸡群。

C. 猎狗需要经过特殊训练才能够驱赶鸡群。

D. 猎狗可能会有疫病,有必要进行定期检疫。

E. 猎狗的使用会增加交通管理的成本。

42. 许多国家首脑在出任前并未有丰富的外交经验,但这并没有妨碍他们做出成功的外交决策。外交学院的教授告诉我们,丰富的外交经验对于成功的外交决策是不可缺少的。但事实上,一个人只要有高度的政治敏感、准确的信息分析能力和果断的个人勇气,就能很快地学会如何做出成功的外交决策。对于一个缺少以上三种素养的外交决策者来说,丰富的外交经验没有什么价值。

如果上述断定为真,则以下哪项一定为真?

A. 外交学院的教授比出任前的国家首脑具有更多的外交经验。

B. 具有高度的政治敏感、准确的信息分析能力和果断的个人勇气,是一个国家首脑做出成功的外交决策的必要条件。

C. 丰富的外交经验,对于国家首脑做出成功的外交决策来说,既不是充分条件,也不是必要条件。

D. 丰富的外交经验,对于国家首脑做出成功的外交决策来说,是必要条件,但不是充分条件。

E. 在其他条件相同的情况下,外交经验越丰富,越有利于做出成功的外交决策。

43. 环宇公司规定,其所属的各营业分公司,如果年营业额超过800万元的,其职员可获得优秀奖;只有年营业额超过600万元的,其职员才能获得激励奖。年终统计显示,该公司所属的12个分公司中,6个年营业额超过了1 000万元,其余的则不足600万元。

如果上述断定为真,则以下哪项关于该公司今年获奖的断定一定为真?

Ⅰ. 获得激励奖的职员,一定获得优秀奖。

Ⅱ. 获得优秀奖的职员,一定获得激励奖。

Ⅲ. 半数职员获得了优秀奖。

A. 仅Ⅰ。　　B. 仅Ⅱ。　　C. 仅Ⅲ。　　D. 仅Ⅰ和Ⅱ。　　E. Ⅰ、Ⅱ和Ⅲ。

44. 通常的高山反应是由高海拔地区空气中缺氧造成的,当缺氧条件改变时,症状可以很快消失。急性脑血管梗阻也具有脑缺氧的病征,如不及时恰当处理会危及生命。由于急性脑血管梗阻的症状和普通高山反应相似,因此,在高海拔地区,急性脑血管梗阻这种病特别危险。

以下哪项最可能是上述论证所假设的?

A. 普通高山反应和急性脑血管梗阻的医疗处理是不同的。

B. 高山反应不会诱发急性脑血管梗阻。

C. 急性脑血管梗阻如及时恰当处理,不会危及生命。

D. 高海拔地区缺少抢救和医治急性脑血管梗阻的条件。

E. 高海拔地区的缺氧可能会影响医生的工作,降低其诊断的准确性。

45. 只有具备足够的资金投入和技术人才,一个企业的产品才能拥有高科技含量。而这种高科技含量,对于一个产品长期稳定地占领市场是必不可少的。

以下哪项情况如果存在,最能削弱以上断定?

A. 苹果牌电脑拥有高科技含量并长期稳定地占领着市场。

B. 西子洗衣机没能长期稳定地占领市场,但该产品并不缺乏高科技含量。

C. 长江电视机没能长期稳定地占领市场,因为该产品缺乏高科技含量。

D. 清河空调长期稳定地占领着市场,但该产品的厂家缺乏足够的资金投入。

E. 开开电冰箱没能长期稳定地占领市场,但该产品的厂家有足够的资金投入和技术人才。

46. 莱布尼兹是17世纪伟大的哲学家。他先于牛顿发表了他的微积分研究成果。但是当时牛顿公布了他的私人笔记,说明他至少在莱布尼兹发表其成果的10年前就已经运用了微积分的原理。牛顿还说,在莱布尼兹发表其成果的不久前,他在给莱布尼兹的信中谈过自己关于微积分的思想。但是事后的研究说明,牛顿的这封信中,有关微积分的几行字几乎没有涉及这一理论的任何重要之处。因此,可以得出结论,莱布尼兹和牛顿各自独立地发现了微积分。

以下哪项是上述论证必须假设的?

A. 莱布尼兹在数学方面的才能不亚于牛顿。

B. 莱布尼兹是个诚实的人。

C. 没有第三个人不迟于莱布尼兹和牛顿独立地发现了微积分。

D. 莱布尼兹发表微积分研究成果前从没有把其中的关键性内容告诉任何人。

E. 莱布尼兹和牛顿都没有从第三渠道获得关于微积分的关键性细节。

47. 去年春江市的汽车月销售量一直保持稳定。在这一年中，"宏达"车的月销售量较前年翻了一番，它在春江市的汽车市场上所占的销售份额也有相应的增长。今年一开始，尾气排放新标准开始在春江市实施。在该标准实施的头三个月中，虽然"宏达"车在春江市的月销售量仍然保持在去年底达到的水平，但在春江市的汽车市场上所占的销售份额明显下降。

如果上述断定为真，以下哪项不可能为真？

A. 在实施尾气排放新标准的头三个月中，除了"宏达"车以外，所有品牌的汽车各自在春江市的月销售量都明显下降。

B. 在实施尾气排放新标准之前三个月中，除了"宏达"车以外，所有品牌的汽车销售量在春江市汽车市场所占的份额明显下降。

C. 如果汽车尾气排放新标准不实施，"宏达"车在春江市汽车市场上所占的销售份额比题干所断定的情况更低。

D. 如果汽车尾气排放新标准继续实施，春江市的月销售总量将会出现下降。

E. 由于实施了汽车尾气排放新标准，在春江市销售的每辆"宏达"汽车的平均利润有所上升。

48~49题基于以下题干：

张先生：应该向吸烟者征税，用以缓解医疗保健事业的投入不足。正是因为吸烟，导致了许多严重的疾病。让吸烟者承担一部分费用，来对付因他们的不良习惯而造成的健康问题，是完全合理的。

李女士：照您这么说，如果您经常吃奶油蛋糕或者肥猪肉，也应该纳税。因为如同吸烟一样，经常食用高脂肪、高胆固醇的食物同样会导致许多严重的疾病。但是没有人会认为这样做是合理的，并且人们的危害健康的不良习惯数不胜数，都对此征税，事实上无法操作。

48. 以下哪项最为恰当地概括了张先生和李女士争论的焦点？

A. 张先生关于缓解医疗保健事业投入不足的建议是否合理？

B. 有不良习惯的人是否应当对由此种习惯造成的社会后果负责？

C. 食用高脂肪、高胆固醇的食物对健康造成的危害是否同吸烟一样？

D. 由增加个人负担来缓解社会公共事业的投入不足是否合理？

E. 通过征税的方式来纠正不良习惯是否合理？

49. 以下哪项最为恰当地概括了李女士的反驳所运用的方法？

A. 举出一个反例说明对方的建议虽然合理但在执行中无法操作。

B. 指出对方对一个关键性概念的界定和运用有误。

C. 提出了一个和对方不同的解决问题的方法。

D. 从对方的论据得出了一个明显荒谬的结论。

E. 对对方在论证中所运用的信息的准确性提出质疑。

50. 在一场魔术表演中，魔术师看起来是随意请一位观众志愿者上台配合他的表演。根据魔术师的要求，志愿者从魔术师手中的一副扑克中随意抽出一张。志愿者看清楚了这张牌，但显然没有让魔术师看到这张牌。随后,志愿者把这张牌插回那副扑克中,魔术师把扑克洗了几遍,又切了一遍。最后魔术师从中取出一张,志愿者确认,这就是他抽出的那一张。有好奇者重复看了这个节目三次,想揭穿其中的奥秘。第一次,他用快速摄像机记录下了魔术师的手法,没有发现漏洞;第二次,他用自己的扑克代替魔术师的扑克;第三次,他自己充当志愿者。这三次表演,魔术师无一失手。此好奇者因此推断:该魔术的奥秘,不在手法技巧,也不在扑克或者志愿者有诈。

以下哪项最为确切地指出了好奇者的推理中的漏洞?

A. 好奇者忽视了这种可能性:他的摄像机功能会不稳定。

B. 好奇者忽视了这种可能性:除了摄像机以外,还有其他仪器可以准确记录魔术师的手法。

C. 好奇者忽视了这种可能性:手法技巧只有在使用作了手脚的扑克时才能奏效。

D. 好奇者忽视了这种可能性:魔术师表演同一个节目可以使用不同的方法。

E. 好奇者忽视了这种可能性:除了他所怀疑的上述三种方法外,魔术师还可能使用其他的方法。

51. 储存在专用电脑中的某财团的商业核心机密被盗窃。该财团的三名高级雇员甲、乙、丙三人涉嫌被拘审。经审讯,查明了以下事实:

Ⅰ. 机密是在电脑密码被破译后窃取的;破译电脑密码必须受过专门训练。

Ⅱ. 如果甲作案,那么丙一定参与。

Ⅲ. 乙没有受过破译电脑密码的专门训练。

Ⅳ. 作案者就是这三人中的一人或一伙。

从上述条件可推出以下哪项结论?

A. 作案者中有甲。   B. 作案者中有乙。   C. 作案者中有丙。

D. 作案者中有甲和丙。   E. 甲、乙和丙都是作案者。

52. 一个部落或种族在历史的发展中灭绝了,但它的文字会留传下来。"亚里洛"就是这样一种文字。考古学家是在内陆发现这种文字的。经研究"亚里洛"中没有表示"海"的文字,但有表示"冬""雪""狼"的文字。因此,专家们推测,使用"亚里洛"文字的部落或种族在历史上生活在远离海洋的寒冷地带。

以下哪项如果为真,最能削弱上述专家的推测?

A. 蒙古语中有表示"海"的文字,尽管古代蒙古人从没见过海。

B. "亚里洛"中有表示"鱼"的文字。

C. "亚里洛"中有表示"热"的文字。

D. "亚里洛"中没有表示"山"的文字。

E. "亚里洛"中没有表示"云"的文字。

53. 西方航空公司由北京至西安的全额票价一年多来保持不变,但是,目前西方航空公司由北京至西安的机票90%打折出售,只有10%全额出售;而在一年前则一半打折出售,一半全额出售。因此,目前西方航空公司由北京至西安的平均票价,比一年前要低。

以下哪项最可能是上述论证所假设的?

A. 目前和一年前一样,西方航空公司由北京至西安的机票,打折的和全额的,有基本相同的售出率。

B. 目前和一年前一样,西方航空公司由北京至西安的打折机票售出率,不低于全额机票。

C. 目前西方航空公司由北京至西安的打折机票的票价,和一年前基本相同。

D. 目前西方航空公司由北京至西安航线的服务水平比一年前下降。

E. 西方航空公司所有航线的全额票价一年多来保持不变。

54. 小丽在情人节那天收到了专递公司送来的一束鲜花。如果这束鲜花是熟人送的,那么送花人一定知道小丽不喜欢玫瑰而喜欢紫罗兰。但小丽收到的是玫瑰。如果这束花不是熟人送的,那么花中一定附有签名片。但小丽收到的花中没有名片。因此,专递公司肯定犯了以下的某种错误:或者该送紫罗兰却误送了玫瑰,或者失落了花中的名片,或者这束花应该是送给别人的。

以下哪项如果为真,最能削弱上述论证?

A. 女士在情人节收到的鲜花一般都是玫瑰。

B. 有些人送花,除了取悦对方外,还有其他目的。

C. 有些人送花是出于取悦对方以外的其他目的。

D. 不是熟人不大可能给小丽送花。

E. 上述专递公司在以往的业务中从未有过失误记录。

55. 张教授:如果没有爱迪生,人类还将生活在黑暗中。理解这样的评价,不需要任何想象力。爱迪生的发明,改变了人类的生存方式。但是,他只在学校中受过几个月的正式教育。因此,接受正式教育对于在技术发展中做出杰出贡献并不是必要的。

李研究员:你的看法完全错了。自爱迪生时代以来,技术的发展日新月异。在当代如果你想对技术发展做出杰出贡献,即使接受当时的正式教育,全面具备爱迪生时代的知识也是远远不够的。

以下哪项最恰当地指出了李研究员的反驳中存在的漏洞?

A. 没有确切界定何为"技术发展"。

B. 没有确切界定何为"接受正式教育"。

C. 夸大了当代技术发展的成果。

D. 忽略了一个核心概念:人类的生存方式。

E. 低估了爱迪生的发明对当代技术发展的意义。

2004年管理类综合能力逻辑试题解析

答案速查表

31~35	DEAEC	36~40	CDDDA	41~45	ACAAD
46~50	EAADD	51~55	CECCA		

31.【答案】D 【难度】S4 【考点】形式逻辑 联言命题、选言命题 联言、选言命题性质推理
题干信息:不可能(¬宏达∧¬亚鹏) = 必然不(¬宏达∧¬亚鹏) = 必然(宏达∨亚鹏)。
即必然宏达和亚鹏至少有一个中标。
故正确答案为D选项。

32.【答案】E 【难度】S4 【考点】形式逻辑 三段论 三段论反推题型
题干信息:(1)物质实体→可见;(2)可见→¬神秘感。因此,(3)精神世界→¬物质实体。
由(1)(2)传递可得:(4)物质实体→可见→¬神秘感=神秘感→¬可见→¬物质实体。
若要由(4)推出结论(3),只需要假设"精神世界→神秘感"即可,此时可形成逻辑关系:精神世界→神秘感→¬可见→¬物质实体,上述结论成立。
E选项:精神世界→神秘感,与上述分析一致,正确。
A选项:精神世界→¬可见,与(1)进行传递可得,精神世界→¬可见→¬物质实体,也可得到(3)。但是此题未将此选项作为正确答案,因为E选项的逻辑关系也成立,并且利用到了题干中的所有信息,但此种纰漏在后续真题中未再出现。
B选项:神秘感→¬可见,与(2)逻辑关系一致,无法与题干信息相结合得出结论(3),排除。
C选项:可见→物质实体,无法与题干信息相结合得出结论(3),排除。
D选项:有的精神世界→可见,无法与题干信息相结合得出结论(3),排除。
故正确答案为E选项。

33.【答案】A 【难度】S4 【考点】论证推理 支持、加强 论据+结论型论证的支持
论据:汽油酒精和汽油相比,燃烧一个单位能产生较多的热量,排放较少的有害废气;如果北京的所有汽车都使用汽油酒精,那么产生的二氧化碳将全部被绿色植被吸收。
结论:预计在世界范围内,汽油酒精将很快进军并占领汽车燃料市场。
A选项:无法加强,汽车每千米消耗的汽油酒精量与汽油持平或略高,那么虽然每一单位汽油酒精比汽油能产生更多的能量,但很可能每千米的消耗和废气产生量持平,那么汽油酒精就没有优势了,无法加强题干的论证。
B选项:可以加强,指出了汽油酒精更有利于汽车保养的优势。
C选项:可以加强,指出了汽油酒精缓解石油短缺压力的优势。
D选项:可以加强,在北京的绿色植被覆盖率较低的情况下,汽车排放的二氧化碳可以被全部吸收,那么世界上其他城市如果将汽油酒精作为汽车燃料,也可以避免排放出的二氧化碳的污染,表明了汽油酒精的优势。
E选项:可以加强,指出了汽油酒精生产成本和售价较低的优势。

故正确答案为 A 选项。

34.【答案】E 【难度】S5 【考点】形式逻辑 假言命题 假言命题推理规则
题干信息:(1)低价获利→低价花;(2)¬销量大→¬低价花;(3)销量大→兴趣∨独家。
由(1)(2)(3)传递可得:(4)低价获利→低价花→销量大→兴趣∨独家。
E 选项:低价获利→低价花,与(1)的逻辑关系一致,正确。
A 选项:不合规则,由"低价花"无法推出"低价获利",排除。
B 选项:不合规则,由"¬低价获利"无法推出"¬低价花",排除。
C 选项:不合规则,题干是"→"的关系,无法得出"且"的关系,排除。
D 选项:不合规则,由"兴趣∨独家"无法推出"销量大",排除。
故正确答案为 E 选项。

35.【答案】C 【难度】S5 【考点】形式逻辑 假言命题 假言命题矛盾关系
"哪项不可能为真"即需要找到逻辑关系(4)的矛盾关系。
C 选项:¬兴趣∧¬独家∧低价获利=低价获利∧¬(兴趣∨独家),是(4)的矛盾关系,正确。
故正确答案为 C 选项。

36.【答案】C 【难度】S4 【考点】论证推理 削弱、质疑、反驳 论据+结论型论证的削弱
论据:3 岁的独生孩子与同龄非独生的第一胎孩子日常行为能力非常相似。结论:独生孩子与非独生孩子的社会能力发展几乎一致。
C 选项:他因削弱,表明题干中进行对比的两组 3 岁的孩子在调查之时均为独生孩子,所以调查中的 3 岁非独生孩子的表现并不能代表非独生孩子的实际情况,正确。
A 选项:无法削弱,地区对孩子日常行为能力的影响有多大,是否会因为地区而造成差异均未知,排除。
B 选项:无法削弱,与母亲接触时间的长短是否会影响孩子的日常行为能力未知,排除。
D 选项:无法削弱,研究者是否有兄弟姐妹与此项调查无关,排除。
E 选项:无法削弱,与母亲和父亲的接触时间是否会影响孩子的日常行为能力未知,排除。
故正确答案为 C 选项。

37.【答案】D 【难度】S4 【考点】论证推理 假设、前提 论据+结论型论证的假设
论据:《英雄》的票房收入明显领先于《卧虎藏龙》。结论:观看《英雄》的人数多;《英雄》是前两年最好的古装武打片。
复选项Ⅰ:题干中仅根据票房收入高就得出观看人数多的结论,如果《英雄》的票价明显高于《卧虎藏龙》,那么即使票房收入高也无法得出观看人数多的结论,所以必须要假设二者票价基本相同。
复选项Ⅱ:题干中由票房收入高推断出观看人数多,进而推断出《英雄》是最好的古装片,很显然题干论证要想成立就要建立起观看人数与影片质量的联系,所以必须要有"观众数量是评价电影质量的标准"这一假设。
复选项Ⅲ:《英雄》和《卧虎藏龙》都是精心制作的,所以复选项Ⅲ并不是必须要假设的。题干对电影质量的判断仅仅基于观影人数,并未涉及演职人员阵容。
故正确答案为 D 选项。

38.【答案】D 【难度】S4 【考点】论证推理 假设、前提 论据+结论型论证的假设

论据:董参加→¬郝参加∧¬曾参加。结论:董参加→董当选。

复选项Ⅰ:必须假设,因为郝建生和曾思敏这两位极具实力的竞选者不参加竞选,才得出董来春参加竞选就一定会当选的结论,所以必须要假设竞选实力最强的能够当选,否则即使郝建生和曾思敏不参加竞选,也无法得出结论。

复选项Ⅱ:不需假设,题干的论证过程无法得知此信息,董来春可以不是唯一的候选人,只要其他候选人的竞选实力不如他即可。

复选项Ⅲ:必须假设,否则如果还有其他人竞选实力比董来春强,那么即使郝建生和曾思敏不参加竞选,董来春也不会当选。

故正确答案为D选项。

39.【答案】D 【难度】S4 【考点】论证推理 削弱、质疑、反驳 论据+结论型论证的削弱

论据:调查结果显示,被调查者的年龄越大,越不愿意回答收入和储蓄方面的问题。

结论:年龄较轻的人比年龄较大的人更愿意告诉别人有关自己的收入状况。

A选项:无法削弱,不是被调查的人的情况很可能与调查结果不同,排除。

B选项:无法削弱,未涉及"年龄"这一因素,是否是年龄越大越不愿意告诉别人收入情况未知,排除。

C选项:加强题干,与题干中的调查结果及结论一致,排除。

D选项:力度较弱,表明他告诉别人自己收入状况的意愿并不随着年龄而改变,与题干中的结论不一致,起到了削弱作用。但是此题有纰漏,一个统计调查,很可能不是所有的被调查者都持有同样的观点,只要绝大部分被调查者符合"年龄越大越不愿意告诉别人自己的收入情况",那么题干中的结论就可以得出,所以在被调查者中可以存在与题干中调查结果不一致的人。

E选项:无关选项,题干中并未提及"收入状况的好坏"与"愿意告诉别人自己收入的程度"之间的关系,排除。

故正确答案为D选项。

40.【答案】A 【难度】S5 【考点】论证推理 削弱、质疑、反驳 论据+结论型论证的削弱

论据:风险资本家融资的初创公司比通过其他渠道融资的公司失败率要低。结论:融资渠道比企业家个人素质、战略规划质量或公司管理结构等因素对于初创公司的成功更为重要。

A选项:间接因果,表明初创公司得到风险资本家的融资只是一个表面现象,企业家个人素质、战略规划质量和公司管理结构等才是获得融资的真正原因。所以,企业失败率低还是这些因素最重要,削弱了题干的论证。

B选项:无法削弱,企业家素质与战略规划之间重要性的比较与题干论证无关。

C选项:无法削弱,倒闭率的变化情况与题干论证无关,排除。

D选项:无法削弱,题干中并未进行初创公司与发展中公司的比较,排除。

E选项:无法削弱,财务背景对于企业成功的影响是什么呢?未知,排除。

故正确答案为A选项。

41.【答案】A 【难度】S4 【考点】论证推理 削弱、质疑、反驳 论据+结论型论证的削弱

计划:购入猎狗驱赶鸡群。目的:解决鸡群对汽车造成的安全威胁。

A 选项:达不到目的,表明引进猎狗也会造成对交通的安全威胁,可以质疑。
B 选项:是否对鸡群造成伤害与计划无关,排除。
C 选项:在将猎狗放入公路附近前对其进行特殊训练即可,无法对该计划构成质疑。
D 选项:对猎狗进行定期检疫即可,无法质疑该计划。
E 选项:增加的交通管理成本是否在可承受的范围内,增加的成本与驱赶鸡群带来的收益之间孰大? 未知,无法削弱。
故正确答案为 A 选项。

42.【答案】C 【难度】S4 【考点】形式逻辑 假言命题 假言命题推理规则
题干信息:政治敏感∧信息分析能力∧个人勇气→外交决策。
如果"外交经验"是"外交决策"的充分条件,那么需要满足,外交经验→外交决策。但是题干信息为"对于一个缺少政治敏感、信息分析能力和果断的个人勇气的外交决策者来说,丰富的外交经验没有什么价值",由此可以说明"外交经验"并不是"外交决策"的充分条件。
如果"外交经验"是"外交决策"的必要条件,那么需要满足,外交决策→外交经验 = ¬外交经验→¬外交决策。但是题干的信息为"一个人只要有高度的政治敏感、准确的信息分析能力和果断的个人勇气,就能很快地学会如何做出成功的外交决策",由此可说明"¬外交经验"推不出"¬外交决策",所以"外交经验"并不是"外交决策"的必要条件。
C 选项:与上述分析一致,既不是充分条件,也不是必要条件,正确;同理,D 选项错误。
A、E 选项:从题干信息中无法得知,排除。
B 选项:由题干信息可知,应为充分条件,而不是必要条件,排除。
故正确答案为 C 选项。

43.【答案】A 【难度】S6 【考点】形式逻辑 假言命题 假言命题推理规则
题干信息:(1)>800 万→优秀奖;(2)激励奖→>600 万;(3)6 个分公司→>1 000 万,6 个分公司→<600 万。
复选项Ⅰ:由(2)可知,激励奖→>600 万;再由(3)可知,该公司分公司的营业额要么>1 000 万,要么<600 万,所以由>600 万可知,一定>1 000 万;再结合(1)可知,>1 000 万→>800 万→优秀奖,所以复选项Ⅰ一定为真。
复选项Ⅱ:由(1)和逻辑推理规则可知,从"优秀奖"无法推知任何信息,排除。
复选项Ⅲ:题干信息为半数分公司,但每个分公司的职员人数未必相等,所以复选项Ⅲ不一定为真,排除。
故正确答案为 A 选项。

44.【答案】A 【难度】S6 【考点】论证推理 假设、前提 论据+结论型论证的假设
论据:高山反应和急性脑血管梗阻症状相似;如果是高山反应,改变其缺氧条件症状可以很快消失;如果是急性脑血管梗阻,不及时恰当处理就会危及生命。**结论**:在高海拔地区,急性脑血管梗阻这种病特别危险。
A 选项:**排他因假设**,如果 A 选项不成立,普通高山反应和急性脑血管梗阻的医疗处理相同,那么即使把急性脑血管梗阻误诊为普通高山反应,也不会特别危险。所以,如果要使题干的论证成立,就必须要假设二者医疗处理不同,正确。

B 选项:高山反应与急性脑血管梗阻的关系并不是题干论证中探讨的问题,排除。

C 选项:题干未涉及及时恰当处理的情况,排除。

D 选项:与题干论证无关,因为二者症状相似所以急性脑血管梗阻危险,所以应建立起二者之间的联系,D 选项指出是其他原因导致了急性脑血管梗阻这种病危险,排除。

E 选项:医生诊断准确性的降低与题干论证有什么关系呢?未知,不是必须要有的假设,排除。

故正确答案为 A 选项。

45.【答案】D 【难度】S4 【考点】形式逻辑 假言命题 假言命题矛盾关系

题干信息:(1)高科技→资金∧技术;(2)占领市场→高科技。

(2)(1)传递可得:(3)占领市场→高科技→资金∧技术。

要想削弱以上断定,即与(3)的逻辑关系矛盾即可。

D 选项:"占领市场∧¬资金"与"占领市场→资金∧技术"是矛盾关系,可以削弱,正确。

A、B、C、E 选项:均与(3)不矛盾,排除。

故正确答案为 D 选项。

46.【答案】E 【难度】S5 【考点】论证推理 假设、前提 论据+结论型论证的假设

论据:莱布尼兹和牛顿在成果发表之前通过信,但信中未涉及微积分的任何重要之处。

结论:莱布尼兹和牛顿各自独立地发现了微积分。

E 选项:排他因假设,如果 E 选项不成立,二人从第三渠道获得过关于微积分的关键性细节,那么二人发现微积分很可能是受到其他信息的影响,无法得出他们独立发现了微积分的结论,所以 E 选项必须假设,正确。

A、B、C 选项:不需假设,数学方面才能的高低与谁发现微积分并无必然联系,莱布尼兹是否是诚实的人与题干论证无关,二人是否独立发现微积分与其他人无关,排除。

D 选项:不需假设,如果 D 选项不成立,即莱布尼兹在发表前将其中的关键性内容告诉过别人,并不影响题干的论证,只要那个人没有告诉牛顿即可,二人仍然是独立发现了微积分。

故正确答案为 E 选项。

47.【答案】A 【难度】S4 【考点】论证推理 结论 细节题

题干信息:在新标准实施的头三个月中,虽然"宏达"车月销售量不变,但是在汽车市场上的销售份额明显下降。

A 选项:不可能为真,如果所有品牌汽车的月销售量都下降,而"宏达"车未下降,那么其所占的销售份额应该是上升的,而不是下降,与题干矛盾。

B 选项:实施新标准之前三个月的情况与题干信息无关,排除。

C 选项:假设不实施新标准,"宏达"车的销售份额会更低,与题干信息不矛盾,排除。

D 选项:假设新标准继续实施之后的月销售量的变化情况,与题干中的信息无关,排除。

E 选项:平均利润与题干中的销售份额下降情况无关,排除。

故正确答案为 A 选项。

48.【答案】A 【难度】S5 【考点】论证推理 焦点 焦点题型

张先生:吸烟导致疾病,所以吸烟者要承担一部分医疗费用,用以缓解医疗保健事业的投入不足。李女士:拥有其他与吸烟一样危害健康的不良习惯的人很多,如果张先生的说法成立,那么

也应该对这些人征税,但是这样做不合理,而且征税在事实上无法操作。

A 选项:是争论的焦点,张先生认为合理,李女士认为没有人觉得合理,即不合理,二人对此有相反的观点,正确。

B 选项:张先生认为应该负责,李女士并未对此发表意见,排除。

C 选项:二人都未对此发表意见,排除。

D 选项:题干中探讨的是"医疗保健事业",而不是"社会公共事业",排除。

E 选项:二人的争论并未涉及"纠正不良习惯",排除。

故正确答案为 A 选项。

49.【答案】D 【难度】S5 【考点】论证推理 概括论证方式

题干论证:类比+归谬。李女士举出经常食用高脂肪、高胆固醇食物与吸烟一样会导致许多严重的疾病的例子,并认为如果张先生的说法成立,那么也应对这些人征税,但是很显然对吃奶油蛋糕或者肥猪肉的人征税是荒谬的,以此来表明张先生的论证是不成立的,即从对方的论据得出了一个明显荒谬的结论。

故正确答案为 D 选项。

50.【答案】D 【难度】S5 【考点】论证推理 削弱、质疑、反驳 论据+结论型论证的削弱

在三次节目中,好奇者分别得出魔术奥秘不在手法技巧、扑克和志愿者的结论 ,但有可能第一次手法上没有漏洞可是扑克有问题,第二次扑克没问题但是志愿者有猫腻,第三次志愿者没问题但是手法上有技巧,所以其得出的结论并不一定成立。

D 选项:与上述分析一致,指出了漏洞,正确。

E 选项:支持了题干的结论,而不是指出漏洞,排除。

故正确答案为 D 选项。

51.【答案】C 【难度】S4 【考点】形式逻辑 假言命题 假言命题推理规则

题干信息:(1)盗窃→密码→训练;(2)甲→丙;(3)乙→¬训练→¬密码→¬盗窃;(4)甲∨乙∨丙作案;

由(3)可知,乙不可能单独作案,乙若作案一定会有甲或丙。如果丙不作案,那么甲也不作案,与题干信息矛盾,所以丙一定作案。

故正确答案为 C 选项。

52.【答案】E 【难度】S6 【考点】论证推理 削弱、质疑、反驳 论据+结论型论证的削弱

题干信息:专家的推测思路如下,(1)"亚里洛"中没有表示"海"的文字,说明这个部落或种族远离海洋,没有见过海;(2)"亚里洛"中有表示"冬""雪""狼"的文字,说明这个部落或种族生活在寒冷地带。

E 选项:归谬削弱,按照专家的思路(1),说明这个部落或种族没有见过云,这是不可能出现的情况,因为地球上任何地方都是可以见到云的,削弱了专家的推测,正确。

A 选项:无效反例,试图用蒙古语举一个反例,但是蒙古语和"亚里洛"在造字规则、使用场景、传承发展上是否相似未知,二者很可能并无可比性,举出的反例当然也是无效的,不能削弱。

B 选项:试图通过有"鱼"的文字证明该部落或种族不是生活在远离海洋的地方,但是河里、池塘里都可能有鱼,不一定是在海里,无法削弱。

C选项:试图通过有"热"的文字证明该部落或种族不是生活在寒冷地带,但是冷热是相对的概念,即使是在寒冷地带也有会热的感受,无法削弱。

D选项:按照专家的思路(1),说明这个部落或种族没有见过山,这是可能出现的情况,无法削弱专家的推测。

故正确答案为E选项。

53.【答案】C 【难度】S5 【考点】论证推理 假设、前提 论据+结论型论证的假设

论据:西方航空公司由北京至西安的全额票价一年多来保持不变;一年前,一半打折出售,一半全额出售;目前,90%打折出售,10%全额出售。结论:目前西方航空公司由北京至西安的平均票价,比一年前要低。

(1)平均票价=(打折票数×打折票价+全额票数×全额票价)/总票数;

(2)一年前的平均票价=(50%×总票数×打折票价+50%×总票数×全额票价)/总票数;

(3)目前的平均票价=(90%×总票数×打折票价+10%×总票数×全额票价)/总票数。

C选项:在平均票价的计算公式(2)和(3)中,全额票价是不变的,若想得到(2)>(3),就要保证二者的打折票价基本相同,此时就可得出目前的平均票价比一年前低的结论,正确。

A、B选项:题干中对于平均票价的计算与售出率无关,不是必须要有的假设,排除。

D、E选项:与题干论证无关,排除。

故正确答案为C选项。

54.【答案】C 【难度】S5 【考点】论证推理 削弱、质疑、反驳 论据+结论型论证的削弱

论据:如果是熟人送的,不会送小丽不喜欢的玫瑰;如果不是熟人送的,花中应该有签字名片,但是花中没有名片。结论:专递公司或者误送了玫瑰,或者失落了花中的名片,或者这束花应该是送给别人的。

C选项:他因削弱,出于取悦小丽以外的其他目的,所以有可能对方明知小丽不喜欢玫瑰却仍然送了玫瑰,那么专递公司可能并没有误送玫瑰、失落名片或送错对象,可以削弱题干的论证。

A选项:如果是小丽的爱慕者所送的鲜花,送花人应该知道小丽不喜欢玫瑰或附上名片,但两种情况都没有,所以无法削弱题干论证。

B选项:说明送花是为了取悦对方和其他目的,如果要取悦小丽的话就不应该送玫瑰,无法削弱题干论证。

D选项:如果是熟人送的,那么不会送小丽不喜欢的玫瑰,无法削弱题干论证。

E选项:以往没有过失误记录并不能说明这一次就不会失误,无法削弱。

故正确答案为C选项。

55.【答案】A 【难度】S5 【考点】论证推理 漏洞识别

张教授:爱迪生只在学校中受过几个月的正式教育,但是他的发明改变了人类的生存方式。因此,接受正式教育对于在技术发展中做出杰出贡献并不是必要的。

李研究员:技术的发展日新月异,在当代即使接受了爱迪生时期的正式教育,也无法对当代的技术发展做出贡献。

李研究员若想反驳张教授的论证,"正式教育"和"技术发展"这些核心概念应与张教授保持一致。关于"正式教育",二人都指出是"爱迪生时期的正式教育"。但是关于"技术发展",张教

授论证中指的是"爱迪生时期的技术发展",而李研究员论证中指的是"当代的技术发展",二者概念并不一致,这就是李研究员反驳中存在的漏洞。

A 选项:与上述分析一致,正确。

B 选项:李研究员与张教授观点一致,都是在探讨爱迪生时期的正式教育,所以不是漏洞。

C、D、E 选项:与题干中的论证无关,排除。

故正确答案为 A 选项。

2003年管理类综合能力逻辑试题

三、逻辑推理：第35~59小题，每小题2分，共50分。下列每题给出的A、B、C、D、E五个选项中，只有一项是符合试题要求的。请在答题卡上将所选项的字母涂黑。

35. 一个足球教练这样教导他的队员："足球比赛从来都是以结果论英雄。在足球比赛中，你不是赢家就是输家；在球迷的眼里，你要么是勇敢者，要么是懦弱者。由于所有的赢家在球迷眼里都是勇敢者，所以每个输家在球迷眼里都是懦弱者。"

    为使上述足球教练的论证成立，以下哪项是必须假设的？

    A. 在球迷们看来，球场上勇敢者必胜。
    B. 球迷具有区分勇敢和懦弱的准确判断力。
    C. 球迷眼中的勇敢者，不一定是真正的勇敢者。
    D. 即使在球场上，输赢也不是区别勇敢者和懦弱者的唯一标准。
    E. 在足球比赛中，赢家一定是勇敢者。

36. 在汉语和英语中，"塔"的发音是一样的，这是英语借用了汉语；"幽默"的发音也是一样的，这是汉语借用了英语。而在英语和姆巴拉拉语中，"狗"的发音也是一样的，但可以肯定，使用这两种语言的人交往只是近两个世纪的事，而姆巴拉拉语（包括"狗"的发音）的历史，几乎和英语一样古老。另外，这两种语言，属于完全不同的语系，没有任何亲缘关系。因此，这说明，不同的语言中出现意义和发音相同的词，并不一定是由于语言的相互借用，或是由于语言的亲缘关系所致。

    以上论述必须假设以下哪项？

    A. 汉语和英语中，意义和发音相同的词都是相互借用的结果。
    B. 除了英语和姆巴拉拉语以外，还有多种语言对"狗"有相同的发音。
    C. 没有第三种语言从英语或姆巴拉拉语中借用"狗"一词。
    D. 如果两种不同语系的语言中有的词发音相同，则使用这两种语言的人一定在某个时期彼此接触过。
    E. 使用不同语言的人相互接触，一定会导致语言的相互借用。

37. 西双版纳植物园中有两种樱草，一种自花授粉，另一种非自花授粉，即须依靠昆虫授粉。近几年来，授粉昆虫的数量显著减少。另外，一株非自花授粉的樱草所结的种子比自花授粉的要少。显然，非自花授粉樱草的繁殖条件比自花授粉的要差。但是游人在植物园多见的是非自花授粉樱草而不是自花授粉樱草。

    以上哪项判定最无助于解释上述现象？

    A. 和自花授粉樱草相比，非自花授粉的种子发芽率较高。
    B. 非自花授粉樱草是本地植物，而自花授粉樱草是几年前从国外引进的。
    C. 前几年，上述植物园非自花授粉樱草和自花授粉樱草数量比大约是5∶1。
    D. 当两种樱草杂生时，土壤中的养分更易被非自花授粉樱草吸收，这又往往导致自花授粉樱草的枯萎。

E. 在上述植物园中,为保护授粉昆虫免受游客伤害,非自花授粉樱草多植于园林深处。

38. 20世纪60年代初以来,新加坡的人均预期寿命不断上升,到21世纪已超过日本,成为世界之最。与此同时,和一切发达国家一样,由于饮食中的高脂肪含量,新加坡人的心血管疾病的发病率也逐年上升。

从上述判定最可能推出以下哪项结论?

A. 新加坡人的心血管疾病的发病率虽逐年上升,但这种疾病不是造成目前新加坡人死亡的主要杀手。

B. 目前新加坡对于心血管疾病的治疗水平是全世界最高的。

C. 20世纪60年代造成新加坡人死亡的那些主要疾病,到21世纪,如果在该国的发病率没有实质性的降低,那么对这些疾病的医治水平一定有实质性的提高。

D. 目前新加坡人心血管疾病的发病率低于日本。

E. 新加坡人比日本人更喜欢吃脂肪含量高的食物。

39. 有人养了一些兔子。别人问他有多少只雌兔,多少只雄兔,他答:在他所养的兔子中,每只雄兔的雌性同伴比它的雄性同伴少1只;而每只雌兔的雄性同伴比它的雌性同伴的两倍少2只。

根据上述回答,可以判断他养了多少只雌兔?多少只雄兔?

A. 8只雄兔,6只雌兔。 B. 10只雄兔,8只雌兔。

C. 12只雄兔,10只雌兔。 D. 14只雄兔,8只雌兔。

E. 14只雄兔,12只雌兔。

40. 某出版社近年来出版物的错字率较前几年有明显的增加,引起了读者的不满和有关部门的批评,这主要是由于该出版社大量引进非专业编辑所致。当然,近年来出版物的大量增加也是一个重要原因。

上述议论中的漏洞,也类似地出现在以下哪项中?

Ⅰ. 美国航空公司近两年来的投诉比率比前年有明显下降。这主要是由于该航空公司在裁员整顿的基础上,有效地提高了服务质量。当然,"9·11"事件后航班乘客数量的锐减也是一个重要原因。

Ⅱ. 统计数字表明:近年来我国心血管病的死亡率,即由心血管病导致的死亡在整个死亡人数中的比例,较之前有明显增加。这主要是由于随着经济的发展,我国民众的饮食结构和生活方式发生了容易诱发心血管病的不良变化。当然,由于心血管病主要是老年病,因此,我国人口的老龄人比例的增大也是一个重要原因。

Ⅲ. S市今年的高考录取率比去年增加了15%,这主要是由于各中学狠抓了教育质量。当然,另一个重要原因是,该市今年参加高考的人数比去年增加了20%。

A. 只有Ⅰ。 B. 只有Ⅱ。 C. 只有Ⅲ。 D. 只有Ⅰ和Ⅲ。 E. Ⅰ、Ⅱ和Ⅲ。

41. 宏达汽车公司生产的小轿车都安装了驾驶员安全气囊。在安装驾驶员安全气囊的小轿车中,有50%安装了乘客安全气囊。只有安装乘客安全气囊的小轿车才会同时安装减轻冲击力的安全杠和防碎玻璃。

如果上述判定为真,并且事实上李先生从宏达汽车公司购进的一辆小轿车装有防碎玻璃,则以下哪项一定为真?

Ⅰ．这辆车一定装有安全杠。

Ⅱ．这辆车一定装有乘客安全气囊。

Ⅲ．这辆车一定装有驾驶员安全气囊。

A．只有Ⅰ。　　B．只有Ⅱ。　　C．只有Ⅲ。　　D．只有Ⅰ和Ⅱ。　　E．Ⅰ、Ⅱ和Ⅲ。

42．图示方法是几何学课程的一种常用方法。这种方法使得这门课比较容易学，因为学生们得到了对几何概念的直观理解，这有助于培养他们处理抽象运算符号的能力。对代数概念进行图解相信会有同样的教学效果，虽然对数学的深刻理解从本质上说是抽象的而非想象的。

上述议论最不可能支持以下哪项判定？

A．通过图示获得直观理解，并不是数学理解的最后步骤。

B．具有很强的处理抽象运算符号能力的人，不一定具有抽象的数学理解能力。

C．几何学课程中的图示方法是一种有效的教学方法。

D．培养处理抽象运算符号的能力是几何学课程的目标之一。

E．存在着一种教学方法，可以有效地用于几何学，又用于代数。

43．科学不是宗教，宗教都主张信仰，所以主张信仰都不科学。

以下哪项最能说明上述推理不成立？

A．所有渴望成功的人都必须努力工作，我不渴望成功，所以我不必努力工作。

B．商品都有使用价值，空气当然有使用价值，所以空气当然是商品。

C．不刻苦学习的人都成不了技术骨干，小张是刻苦学习的人，所以小张能成为技术骨干。

D．台湾人不是北京人，北京人都说汉语，所以说汉语的人都不是台湾人。

E．犯罪行为都是违法行为，违法行为都应受到社会的谴责，所以应受到社会谴责的行为都是犯罪行为。

44．因为青少年缺乏基本的驾驶技巧，特别是缺乏紧急情况的应对能力，所以必须给青少年的驾驶执照附加限制。在这点上，应当吸取 H 国的教训。在 H 国，法律规定 16 岁以上就可申请驾驶执照。尽管在该国注册的司机中 19 岁以下的只占 7%，但他们却是 20%造成死亡的交通事故的肇事者。

以下各项有关 H 国的判定如果为真，都能削弱上述议论，除了：

A．和其他人相比，青少年开的车较旧，性能也较差。

B．青少年开车时载客的人数比其他司机要多。

C．青少年开车的年均千米（每年平均行使的千米数）要高于其他司机。

D．和其他司机相比，青少年较不习惯系安全带。

E．据统计，被查出酒后开车的司机中，青少年所占的比例，远高于他们占整个司机总数的比例。

45．最近台湾航空公司客机坠落事故急剧增加的主要原因是飞行员缺乏经验。台湾航空部门必须采取措施淘汰不合格的飞行员，聘用有经验的飞行员。毫无疑问，这样的飞行员是存在的。但问题在于，确定和评估飞行员的经验是不可行的。例如，一个在气候良好的澳大利亚飞行 1 000 小时的教官，和一个在充满暴风雪的加拿大东北部飞行 1 000 小时的夜班货机飞行员是无法相比的。

上述议论最能推出以下哪项结论？（假设台湾航空公司继续维持原有的经营规模）

A. 台湾航空公司客机坠落事故急剧增加的现象是不可改变的。
B. 台湾航空公司应当聘用加拿大飞行员,而不宜聘用澳大利亚飞行员。
C. 台湾航空公司应当解聘所有现职飞行员。
D. 飞行时间不应成为评估飞行员经验的标准。
E. 对台湾航空公司来说,没有一项措施能根本扭转台湾航空公司客机坠落事故急剧增加的趋势。

46. 一个人从饮食中摄入的胆固醇和脂肪越多,他的血清胆固醇指标就越高。存在着一个界限,在这个界限内,二者成正比。超过了这个界限,即使摄入的胆固醇和脂肪急剧增加,血清胆固醇指标也只会缓慢地有所提高。这个界限,对于各个人种是一样的,大约是欧洲人均胆固醇和脂肪摄入量的1/4。

上述判定最能支持以下哪项结论?

A. 中国的人均胆固醇和脂肪摄入量是欧洲的1/2,但中国人的人均血清胆固醇指标不一定等于欧洲人的1/2。
B. 上述界限可以通过减少胆固醇和脂肪摄入量得到降低。
C. 3/4 的欧洲人的血清胆固醇含量超出正常指标。
D. 如果把胆固醇和脂肪摄入量控制在上述界限内,就能确保血清胆固醇指标的正常。
E. 血清胆固醇的含量只受饮食的影响,不受其他因素,例如运动、吸烟等生活方式的影响。

47. 市餐饮经营点的数量自 1996 年的约 20 000 个,逐年下降至 2001 年的约 5 000 个。但是这五年来,该市餐饮业的经营资本在整个服务行业中所占的比例并没有减少。

以下各项中,哪项最无助于说明上述现象?

A. S 市 2001 年餐饮业的经营资本总额比 1996 年高。
B. S 市 2001 年餐饮业经营点的平均资本额比 1996 年有显著增长。
C. 作为激烈竞争的结果,近五年来,S 市的餐馆有的被迫停业,有的则努力扩大经营规模。
D. 1996 年以来,S 市服务行业的经营资本总额逐年下降。
E. 1996 年以来,S 市服务行业的经营资本占全市产业经营总资本的比例逐年下降。

48. 建筑历史学家丹尼斯教授对欧洲 19 世纪早期铺有木地板的房子进行了研究。结果发现较大的房间铺设的木板条比较小房间的木板条窄得多。丹尼斯教授认为,既然大房子的主人一般都比小房子的主人富有,那么,用窄木条铺地板很可能是当时有地位的象征,用以表明房主的富有。
以下哪项如果为真,最能加强丹尼斯教授的观点?

A. 欧洲 19 世纪晚期的大多数房子所铺设的木地板的宽度大致相同。
B. 丹尼斯教授的学术地位得到了国际建筑历史学界的公认。
C. 欧洲 19 世纪早期,木地板条的价格是以长度为标准计算的。
D. 欧洲 19 世纪早期,有些大房子铺设的是比木地板昂贵得多的大理石。
E. 在以欧洲 19 世纪市民生活为背景的小说《雾都十三夜》中,富商查理的别墅中铺设的就是有别于民间的细条胡桃木地板。

49. 不必然任何经济发展都会导致生态恶化,但不可能有不阻碍经济发展的生态恶化。
以下哪项最为准确地表达了题干的含义?

A. 任何经济发展都不必然导致生态恶化,但任何生态恶化都必然阻碍经济发展。

B. 有的经济发展可能导致生态恶化,而任何生态恶化都可能阻碍经济发展。

C. 有的经济发展可能不导致生态恶化,但任何生态恶化都可能阻碍经济发展。

D. 有的经济发展可能不导致生态恶化,但任何生态恶化都必然阻碍经济发展。

E. 任何经济发展都可能不导致生态恶化,但有的生态恶化必然阻碍经济发展。

50. 一个美国议员提出,必须对本州不断上升的监狱费用采取措施。他的理由是,现在一个关在单人牢房的犯人所需的费用,平均每天高达132美元,即使在世界上开销最昂贵的城市里,也不难在最好的饭店找到每晚租金低于125美元的房间。

以下哪项如果为真,能构成对上述美国议员的观点及其论证的恰当驳斥?

Ⅰ. 据州司法部公布的数字,一个关在单人牢房的犯人所需的费用,平均每天125美元。

Ⅱ. 在世界上开销最昂贵的城市里,很难在最好的饭店里找到每晚租金低于125美元的房间。

Ⅲ. 监狱用于犯人的费用和饭店用于客人的费用,几乎用于完全不同的开支项目。

A. 只有Ⅰ。　　B. 只有Ⅱ。　　C. 只有Ⅲ。　　D. 只有Ⅰ和Ⅱ。　　E. Ⅰ、Ⅱ和Ⅲ。

51. 天文学家一直假设,宇宙中的一些物质是看不见的。研究显示:许多星云如果都是由能看见的星球构成的话,它们的移动速度要比任何条件下能观测到的快得多。专家们由此推测:这样的星云中包含着看不见的巨大物质,其重力影响着星云的运动。

以下哪项是题干的议论所假设的?

Ⅰ. 题干说的看不见,是指不可能被看见,而不是指离地球太远,不能被人的肉眼或借助天文望远镜看见。

Ⅱ. 上述星云中能被看见的星球总体质量可以得到较为准确的估计。

Ⅲ. 宇宙中看不见的物质,除了不能被看见这点以外,具有看得见的物质的所有属性,例如具有重力。

A. 只有Ⅰ。　　B. 只有Ⅱ。　　C. 只有Ⅲ。　　D. 只有Ⅰ和Ⅱ。　　E. Ⅰ、Ⅱ和Ⅲ。

52. 家用电炉有三个部件:加热器、恒温器和安全器。加热器只有两个设置:开和关。在正常工作的情况下,如果将加热器设置为开,则电炉运作加热功能;设置为关,则停止这一功能。当温度达到恒温器的温度旋钮所设定的读数时,加热器自动关闭,电炉中只有恒温器具有这一功能。只要温度一超出温度旋钮的最高读数,安全器自动关闭加热器,同样,电炉中只有安全器具有这一功能。当电炉启动时,三个部件同时工作,除非发生故障。

以上判定最能支持以下哪项结论?

A. 一个电炉,如果它的恒温器和安全器都出现了故障,则它的温度一定会超出温度旋钮的最高读数。

B. 一个电炉,如果其加热的温度超出了温度旋钮的设定读数但加热器并没有关闭,则安全器出现了故障。

C. 一个电炉,如果加热器自动关闭,则恒温器一定工作正常。

D. 一个电炉,如果其加热的温度超出了温度旋钮的最高读数,则它的恒温器和安全器一定都出现了故障。

E. 一个电炉,如果其加热的温度超出了温度旋钮的最高读数,则它的恒温器和安全器不一定都出现了故障,但至少其中某一个出现了故障。

53. 总经理:根据本公司目前的实力,我主张环岛绿地和宏达小区这两项工程至少上马一个,但清河桥改造工程不能上马。

    董事长:我不同意。

    以下哪项,最为准确地表达了董事长实际同意的意思?

    A. 环岛绿地、宏达小区和清河桥改造这三个工程都上马。

    B. 环岛绿地、宏达小区和清河桥改造这三个工程都不上马。

    C. 环岛绿地和宏达小区两个工程至多上马一个,但清河桥改造工程要上马。

    D. 环岛绿地和宏达小区两个工程至多上马一个,如果这点做不到,那也要保证清河桥改造工程上马。

    E. 环岛绿地和宏达小区两个工程都不上马,如果这点做不到,那也要保证清河桥改造工程上马。

54. 以下是一份统计材料中的两个统计数据:

    第一个数据:到1999年底为止,"希望之星工程"所收到捐款总额的82%来自国内200家年盈利一亿元以上的大中型企业。

    第二个数据:到1999年底为止,"希望之星工程"所收到捐款总额的25%来自民营企业,这些民营企业中,4/5从事服装或餐饮业。

    如果上述统计数据是准确的,则以下哪项一定是真的?

    A. 上述统计中,"希望之星工程"所收到捐款总额不包括来自民间的私人捐款。

    B. 上述200家年盈利一亿元以上的大中型企业中,不少于一家从事服装或餐饮业。

    C. 在捐助"希望之星工程"的企业中,非民营企业的数量要大于民营企业。

    D. 民营企业的主要经营项目是服装或餐饮。

    E. 有的向"希望之星工程"捐款的民营企业的年纯盈利在一亿元以上。

55. 我国科研人员经过对动物和临床的多次试验,发现中药山茱萸具有抗移植免疫排斥反应和治疗自身免疫疾病的作用,是新的高效低毒免疫抑制剂。某医学杂志首次发表了关于这一成果的论文。多少有些遗憾的是,从杂志收到该论文到它的发表,间隔了6周。如果这一论文能尽早发表的话,这6周内许多这类患者可以避免患病。

    以下哪项如果为真,最能削弱上述论证?

    A. 上述医学杂志在发表此论文前,未送有关专家审查。

    B. 只有口服山茱萸超过2个月,药物才具有免疫抑制作用。

    C. 山茱萸具有抗移植免疫排斥反应和治疗自身免疫疾病的作用仍有待进一步证实。

    D. 上述杂志不是国内最权威的医学杂志。

    E. 口服山茱萸可能会引起消化系统不适。

56. 一对夫妻带着他们的一个孩子在路上碰到一个朋友。朋友问孩子:"你是男孩还是女孩?"

    朋友没听清孩子的回答。孩子的父母中某一个说:"我孩子回答的是'我是男孩'",另一个接着说:"这孩子撒谎。她是女孩。"这家人中男性从不说谎,而女性从来不连续说两句真话,也不连续说两句假话。

如果上述陈述为真,那么以下哪项一定为真?

Ⅰ.父母俩第一个说话的是母亲。

Ⅱ.父母俩第一个说话的是父亲。

Ⅲ.孩子是男孩。

A.只有Ⅰ。　　B.只有Ⅱ。　　C.只有Ⅰ和Ⅲ。　　D.只有Ⅱ和Ⅲ。　　E.不能确定。

57.没有一个植物学家的寿命长到足以研究一棵长白山红松的完整生命过程。但是,通过观察处于不同生长阶段的许多棵树,植物学家就能拼凑出一棵树的生长过程。这一原则完全适用于目前天文学对星团发展过程的研究。这些由几十万个恒星聚集在一起的星团,大都有100亿年以上的历史。

以上哪项最可能是上文所做的假设?

A.在科学研究中,适用于某个领域的研究方法,原则上都适用于其他领域,即使这些领域的对象完全不同。

B.天文学的发展已具备对恒星聚集体的不同发展阶段进行研究的条件。

C.在科学研究中,完整地研究某一个体的发展过程是没有价值的,有时也是不可能的。

D.目前有尚未被天文学家发现的星团。

E.对星团的发展过程的研究,是目前天文学研究中的紧迫课题。

58.据统计,西式快餐业在我国主要大城市中的年利润,近年来稳定在2亿元左右。扣除物价浮动因素,估计这个数字在未来数年中不会因为新的西式快餐网点的增加而有大的改变。因此,随着美国快餐之父艾德熊的大踏步迈进中国市场,一向生意火爆的麦当劳的利润肯定会有所下降。

以下哪项如果为真,最能动摇上述论证?

A.中国消费者对艾德熊的熟悉和接受要有一个过程。

B.艾德熊的消费价格一般稍高于麦当劳。

C.随着艾德熊进入中国市场,中国消费者用于肯德基的消费将有明显下降。

D.艾德熊在中国的经营规模,在近年不会超过麦当劳的四分之一。

E.麦当劳一直注意改进服务,开拓品牌,使之在保持传统的基础上更适合中国消费者的口味。

59.欧几里得几何系统的第五条公理判定:在同一平面上,过直线外一点可以并且只可以作一条直线与该直线平行。在数学发展史上,有许多数学家对这条公理是否具有无可争议的真理性表示怀疑和担心。

要使数学家的上述怀疑成立,以下哪项必须成立?

Ⅰ.在同一平面上,过直线外一点可能无法作一条直线与该直线平行。

Ⅱ.在同一平面上,过直线外一点作多条直线与该直线平行是可能的。

Ⅲ.在同一平面上,如果过直线外一点不可能作多条直线与该直线平行,那么也可能无法作一条直线与该直线平行。

A.只有Ⅰ。　　B.只有Ⅱ。　　C.只有Ⅲ。　　D.只有Ⅰ和Ⅱ。　　E.Ⅰ、Ⅱ和Ⅲ。

2003年管理类综合能力逻辑试题解析

答案速查表

35~39	ACECA	40~44	DCBDB	45~49	EAECD
50~54	CDDEE	55~59	BABCC		

35.【答案】A 【难度】S4 【考点】形式逻辑 联言命题、选言命题 联言、选言命题性质推理

题干信息：(1)赢家∨输家；(2)勇敢者∨懦弱者；(3)赢家→勇敢者；(4)所以,输家→懦弱者。

由(1)可得：输家→¬赢家。由(2)可得：懦弱者→¬勇敢者。

要想得到结论(4)，只需可以由"¬赢家"得出"¬勇敢者"即可，逻辑关系为：¬赢家→¬勇敢者 = 勇敢者→赢家，与A选项逻辑关系一致。

故正确答案为A选项。

36.【答案】C 【难度】S4 【考点】论证推理 假设、前提 论据+结论型论证的假设

论据：英语和姆巴拉拉语中，"狗"的发音一样；但是这两种语言的历史一样古老，并且属于完全不同的语系，没有任何亲缘关系，使用这两种语言的人在两个世纪前也没有交往过。

结论：不同的语言中出现意义和发音相同的词，并不一定是由于语言的相互借用或语言的亲缘关系所致。

C选项：如果C选项不成立，有第三种语言从英语或姆巴拉拉语中借用了"狗"一词，那么很有可能出现这种情况：A语言从英语中借用了"狗"，姆巴拉拉语又从A语言中借用了"狗"，此时，英语和姆巴拉拉语虽然没有直接的借用关系，但是A语言作为一个媒介，把"狗"从英语借用到了姆巴拉拉语中。如果是这种情况的话，那么题干的论证就不成立了，所以C选项是必须要有的假设，正确。

A、B选项：题干中的论证是围绕英语和姆巴拉拉语展开，与汉语和其他语言无关，排除。

D选项：使用这两种语言的人并不一定要在某一时期彼此接触过，只要语言在两者间产生传播即可，不是必须要有的假设，排除。

E选项：假设过强，并不一定相互接触就会导致语言的相互借用，只要可以导致语言借用即可，排除。

【注意：在假设中慎选"一定""必然"这样极其肯定的选项，避免假设过强。】

故正确答案为C选项。

37.【答案】E 【难度】S5 【考点】论证推理 解释 解释现象

需要解释的现象：非自花授粉樱草的繁殖条件比自花授粉的差；但是，游人在植物园见到的非自花授粉樱草比自花授粉樱草多。

E选项：无法解释，如果非自花授粉樱草多植于园林深处，那么游客不太可能见到更多的非自花授粉樱草，与题干中的现象不符，正确。

A选项：可以解释，虽然非自花授粉的樱草结的种子少，授粉昆虫数量减少，但是其种子的发芽率较高，所以非自花授粉的樱草较多，排除。

B 选项:可以解释,自花授粉樱草是从国外引进的,有可能会对本地的气候、环境等不适应,存活率较低,所以自花授粉樱草较少,排除。

C 选项:可以解释,非自花授粉樱草的基数比自花授粉樱草大,所以虽然近几年其繁殖条件较差,但是总量仍然比自花授粉樱草多,排除。

D 选项:可以解释,非自花授粉樱草在土壤养分吸收方面强于自花授粉樱草,其竞争力较强,排除。
故正确答案为 E 选项。

38.【答案】C 【难度】S4 【考点】论证推理 结论 主旨题

题干信息:新加坡人的心血管疾病的发病率逐年上升,但是人均预期寿命不断上升,已经成为世界之最。

C 选项:在心血管疾病发病率逐年上升的情况下,新加坡的人均预期寿命却在不断上升,所以很可能是之前导致新加坡人死亡的疾病的发病率降低了或者医治水平提高了。因此可以得出,如果发病率没有实质性降低,那么医治水平一定有所提高的结论,正确。

A、B 选项:心血管疾病是否是导致死亡的主要杀手、对于心血管疾病的治疗水平是否最高无法从题干中得知,排除。

D、E 选项:对新加坡与日本的情况进行比较,从题干中只能得出新加坡的预期寿命比日本高,其他情况无从得知,排除。
故正确答案为 C 选项。

39.【答案】A 【难度】S5 【考点】综合推理 数字相关题型

假设雌兔 a 只,雄兔 b 只,那么雄兔的雌性同伴有 a 只,雄兔的雄性同伴有 $b-1$ 只,雌兔的雄性同伴有 b 只,雌兔的雌性同伴有 $a-1$ 只。根据题干中的数量关系可以得到如下方程组:(1) $(b-1)-a=1$;(2) $2(a-1)-b=2$。联立(1)(2)可得:$a=6$,$b=8$。
故正确答案为 A 选项。

40.【答案】D 【难度】S5 【考点】论证推理 漏洞识别

题干信息:题干论证中指出了导致出版物错字率增加的两个原因,(1)大量引进非专业编辑;(2)出版物大量增加。

相对数绝对数模型。原因(1)是与结果相关的,因为非专业编辑可能在错字的识别和纠正方面不够敏感,导致一些错字没有被修正,造成错字率增加;但是原因(2)与结果并不相关,题干中是"错字率"较高,而不是"错字数"较高,所以与出版物的数量并无确定的关系,这就是题干中的漏洞。

复选项Ⅰ:"有效提高服务质量"是投诉比率下降的有效原因,但是"航班乘客数量锐减"并不是有效原因,所以与题干中出现的漏洞类似,正确。

复选项Ⅱ:"饮食结构和生活方式发生变化"以及"人口老龄化比例增大"都是导致心血管病死亡率增加的原因,并未出现与题干中类似的漏洞。

复选项Ⅲ:"狠抓教育质量"是录取率增加的有效原因,但"高考人数增加"并不会导致录取率增加,与题干中的漏洞类似,正确。
故正确答案为 D 选项。

41.【答案】C 【难度】S4 【考点】形式逻辑 假言命题 假言命题推理规则

题干信息:(1)宏达→驾驶员;(2)50%驾驶员→乘客;(3)杠∧玻璃→乘客。

李先生的汽车是从宏达汽车公司购进的,由(1)可知,该车装有驾驶员安全气囊,但无法再推知其他信息;小轿车中装有防碎玻璃,由(3)可知,无法推知任何信息。所以复选项Ⅰ和复选项Ⅱ的真假无法得知,复选项Ⅲ一定为真。

故正确答案为C选项。

42.【答案】B 【难度】S4 【考点】论证推理 结论 主旨题

题干信息:图示方法使学生们得到了对几何概念的直观理解,有助于培养学生处理抽象运算符号的能力,从而使几何学这门课比较容易学;相信对代数概念进行图解也会有同样的教学效果。

B选项:不可推出,处理抽象运算符号的能力与抽象的数学理解能力之间的关系在题干中并未说明,所以无法得到支持。

A选项:可以推出,题干中通过图示方法获得直观理解,有助于培养学生处理抽象运算符号的能力,所以通过图示获得直观理解并不是数学理解的最后步骤,图示方法是为了培养其他能力。

C选项:可以推出,图示方法使几何学这门课比较容易学,所以是一种有效的教学方法。

D选项:可以推出,因为图示方法使几何学更易学,有助于培养学生处理抽象运算符号的能力,所以培养该能力是几何学课程的目标之一。

E选项:可以推出,"对代数概念进行图解相信会有同样的教学效果"说明图示方法可以有效地用于几何学和代数。

故正确答案为B选项。

43.【答案】D 【难度】S5 【考点】形式逻辑 三段论 三段论结构相似

题干信息:C不是B,B都A,所以A都不C。

要想说明题干中的推理不成立,需要找出与题干推理结构一致,但是却得出明显荒谬结论的选项。

D选项:C不是B,B都A,所以A都不是C,与题干推理结构一致,并且因为有的说汉语的是台湾人,所以"说汉语的人都不是台湾人"是荒谬的结论,可以说明题干推理不成立,正确。

A选项:B都C,A不B,所以A不C,与题干推理结构不相似,排除。

B选项:C都B,A是B,所以A是C,与题干推理结构不相似,排除。

C选项:不B都不C,A是B,所以A是C,与题干推理结构不相似,排除。

E选项:C都是B,B都A,所以A都是C,与题干推理结构不相似,排除。

故正确答案为D选项。

44.【答案】B 【难度】S5 【考点】论证推理 削弱、质疑、反驳 论据+结论型论证的削弱

论据:在H国,尽管19岁以下的青少年只占注册司机的7%,但是他们却是20%造成死亡的交通事故的肇事者,即青少年驾车更容易造成交通事故。**结论**:必须给青少年的驾驶执照附加限制。

B选项:无法削弱,青少年载客人数多只能说明出事故后造成的死亡人数多,而不是事故率高,所以B选项与题干论证无关,正确。

A选项:他因削弱,是因为青少年所开车辆比较陈旧、性能较差导致更容易出事故,而不是青少年缺乏驾驶技巧造成的,排除。

C 选项:他因削弱,青少年开车的年均千米较高,所以平均每千米造成的事故可能并不比其他司机多,排除。

D 选项:他因削弱,说明是不习惯系安全带这一不良的驾驶习惯导致容易出事故,而不是缺乏驾驶技巧导致的,排除。

E 选项:他因削弱,说明是更高比例的青少年酒后驾车造成了他们容易出事故,这些事故不是缺乏驾驶技巧导致的,排除。

故正确答案为 B 选项。

45.【答案】E 【难度】S4 【考点】论证推理 结论 主旨题

题干信息:飞行员缺乏经验导致客机坠落事故急剧增加,所以台湾航空部门必须采取措施淘汰不合格的飞行员,聘用有经验的飞行员;虽然这样的飞行员存在,但是确定和评估飞行员的经验是不可行的;所以无法聘用有经验的飞行员,客机坠落事故急剧增加的情况也就无法得到扭转。

E 选项:与上述分析一致,飞行员缺乏经验是主要原因,这一原因无法改变,所以坠落事故急剧增加的趋势无法得到根本扭转,正确。

A 选项:"不可改变"一词过于绝对,因为飞行员缺乏经验是主要原因,而不是唯一原因,所以可以在其他方面改变,排除。

B 选项:加拿大和澳大利亚飞行员的例子只是为了说明"确定和评估飞行员的经验是不可行的",并不是该论证的结论。

C 选项:上述论证中并未出现相关信息,无法得出该结论。

D 选项:1 000 小时不同环境下飞行这一例子只是为了证明"确定和评估飞行员的经验是不可行的",而不是为了否定飞行时间在评估飞行员经验时的参考价值,排除。

故正确答案为 E 选项。

46.【答案】A 【难度】S4 【考点】论证推理 结论 细节题

题干信息:当小于 1/4 这个界限时,胆固醇和脂肪与血清胆固醇指标成正比;当超过 1/4 这个界限时,即使胆固醇和脂肪急剧增加,血清胆固醇指标也只会缓慢地有所提高。

A 选项:可以得出,因为 1/2 已经超过了 1/4 这个界限,所以血清胆固醇指标只会缓慢地有所提高,中国人的人均指标很可能不等于欧洲人的 1/2,正确。

B 选项:无法推出,该界限如何得到降低在题干信息中并未涉及,排除。

C 选项:无法推出,超出正常指标的欧洲人的比例在题干中并没有相关信息,排除。

D 选项:无法推出,血清胆固醇指标的正常范围无法从题干信息中得出,排除。

E 选项:无法推出,题干中只提到饮食是血清胆固醇含量的影响因素,是不是唯一的影响因素未知,排除。

故正确答案为 A 选项。

47.【答案】E 【难度】S4 【考点】论证推理 解释 解释现象

需要解释的现象:餐饮经营点数量下降;但是餐饮业的经营资本在整个服务行业中所占的比例并没有减少。

E 选项:无法解释,服务行业经营资本占全市产业经营总资本的比例如何变化与题干中的论证无关,正确。

A选项:可以解释,餐饮业经营资本总额提高,虽然经营点数量减少,但是其所占比例可能不会减少,排除。

B选项:可以解释,每个餐饮经营点的平均资本额有显著增长,所以虽然其数量减少,但是有可能总的资本额上升,导致餐饮业所占比例并未减少,排除。

C选项:可以解释,S市一些餐馆努力扩大经营规模,有可能导致餐饮业的资本总额上升,所以所占比例并未减少,排除。

D选项:可以解释,服务行业经营资本总额逐年下降,所以虽然餐饮经营点数量减少,但可能其经营资本的下降速度与服务行业经营资本总额的下降速度相比较缓,所以所占比例并未减少,排除。

故正确答案为E选项。

48.【答案】C 【难度】S4 【考点】论证推理 支持、加强 论据+结论型论证的支持

论据:较大的房间铺设的木板条比较小房间窄得多。结论:窄木条铺地板是有地位的象征,可以表明房主的富有。

C选项:建立联系,木地板条的价格以长度为标准计算,所以如果两个房子面积相同,那么铺窄木条的话木地板条的总长度更长,价格更贵,就能显示出房主比较富有了;大房子面积更大、木条更窄、木地板条总长度比小房子用宽木条铺地板的总长度要长得多,可以表明房主富有,加强了题干的论证,正确。

A选项:无关选项,宽度大致相同与题干中探讨的宽木板和窄木板不一致,排除。

B选项:诉诸权威,丹尼斯教授学术地位得到公认并不能说明题干中的观点是正确的,排除。

D选项:无关选项,大理石地板与题干论证无关,排除。

E选项:力度较弱,《雾都十三夜》虽然是以市民生活为背景的,但是关于地板的描述是否符合真实情况未知,无法作为证据支持题干的论证,排除。

故正确答案为C选项。

49.【答案】D 【难度】S4 【考点】形式逻辑 模态命题 模态命题的等价转换

题干信息:(1)不必然任何经济发展都会导致生态恶化。

提词:不必然都=可能不都=可能有的不=有的可能不。

正确答案在C、D选项之间。

(2)不可能有不阻碍经济发展的生态恶化。

提词:不可能有的不=必然不有的不=必然都不不=必然都=都必然。

故正确答案为D选项。

50.【答案】C 【难度】S5 【考点】论证推理 削弱、质疑、反驳 论据+结论型论证的削弱

论据:最好饭店有的房间的租金甚至比单人牢房所需的费用还低。结论:必须对本州不断上升的监狱费用采取措施。

复选项Ⅰ:无法驳斥,即使所需费用为125美元,题干的论证依然成立,排除。

复选项Ⅱ:无法驳斥,"在最好饭店中能找到125美元以下的房间"只是为了说明单人牢房的开销较大,所以题干中所说的房间到底是否好找并不是论证的重点,排除。

复选项Ⅲ:可以驳斥,表明二者的比较无意义,因为两种费用是用于完全不同的开支项目,费用

的高低就无从比较,所以题干的论证并不成立,正确。
故正确答案为C选项。

51. 【答案】D 【难度】S5 【考点】论证推理 假设、前提 论据+结论型论证的假设
论据:如果星云是由能看见的星球构成的话,那么移动速度应该比观测到的快得多。
结论:星云中包含着看不见的巨大物质,这些物质的重力影响着星云的运动。
复选项Ⅰ:需要假设,因为题干中能够观测到星云的移动,并且是比任何条件下观测到的都快,所以这里的"看不见"指的就是不可能被看见,正确;
复选项Ⅱ:需要假设,题干中专家推测出宇宙中有一些看不见的物质的思路是,按照目前能够观测到的物质的质量进行推算,星云的移动速度较快,而事实上,移动速度是较慢的,所以星云中一定有一些看不见但是有质量的物质导致移动速度变慢。这一系列推断是以目前能被看到的物质的质量来计算的,所以必须要假设这一计算是准确的;如果不能得到较为准确的估计,那么就无法推测出存在看不见的巨大物质的结论了。
复选项Ⅲ:不需假设,从题干信息中只能得出这些看不见的物质有重力,但其他属性是否与看得见的物质一致无从得知,排除。
故正确答案为D选项。

52. 【答案】D 【难度】S5 【考点】论证推理 结论 细节题
加热器:(1)使电炉运作或停止加热功能。恒温器:(2)温度达到恒温器的温度旋钮所设定的读数时加热器关闭。安全器:(3)温度超出温度旋钮的最高读数时关闭加热器。(4)¬发生故障→三个部件同时工作。

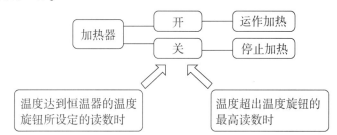

D选项:由(3)可知,超出最高读数时安全器应关闭加热器停止加热,但其温度已经超出,所以安全器出现了故障;又因为温度旋钮的最高读数一定高于或等于所设定的读数,结合(2)可知,达到设定的读数时恒温器应关闭加热器停止加热,但其温度已经超出,所以恒温器出现了故障,正确。

A选项:由(4)可知,当恒温器和安全器都出现故障时,三个部件是否同时工作未知,就算恒温器和安全器不工作,温度是否会超出最高读数也未知。

B选项:由(2)可知,超出温度旋钮的设定读数但加热器并没有关闭,是恒温器出现故障而不是安全器出现故障,排除。

C选项:由(2)(3)可知,加热器自动关闭可能是恒温器控制的,也可能是安全器控制的,排除。

E选项:由对D选项的分析可知,安全器和恒温器都出现了故障,排除。
故正确答案为D选项。

53. 【答案】E 【难度】S4 【考点】形式逻辑 联言命题、选言命题 联言、选言命题性质推理

总经理：(环岛∨宏达)∧¬清河。董事长：¬[(环岛∨宏达)∧¬清河]=¬(环岛∨宏达)∨清河=(¬环岛∧¬宏达)∨清河=¬(¬环岛∧¬宏达)→清河=环岛∨宏达∨清河。

E选项与题干表达的逻辑关系一致。

故正确答案为E选项。

54.【答案】E 【难度】S4 【考点】论证推理 结论 细节题

题干信息：(1)国内200家年盈利一亿元以上的大中型企业的捐款额/收到的捐款总额=82%；

(2)民营企业捐款额/收到的捐款总额=25%；从事服装或餐饮业的捐款的民营企业/捐款的民营企业=4/5。

E选项：可以推出，因为82%与25%均是对捐款额进行的统计，并且二者相加超过100%，说明"国内200家年盈利一亿元以上的大中型企业"与"民营企业"一定有交集，所以可以得出有的民营企业是年盈利一亿元以上的大中型企业的结论，正确。

A选项：无法推出，统计中的捐款总额是否包括来自民间的私人捐款未知，排除。

B选项：无法推出，82%与4/5分别是捐款额和企业数的比例，无法进行计算和比较，排除。

C选项：无法推出，民营企业捐款额只占25%，并不能得出民营企业数量与非民营企业数量的关系，排除。

D选项：无法推出，题干中没有相关信息支持这一结论，排除。

故正确答案为E选项。

55.【答案】B 【难度】S5 【考点】论证推理 削弱、质疑、反驳 论据+结论型论证的削弱

论据：从收到关于山茱萸是高效低毒免疫抑制剂的论文到它发表间隔了6周。结论：如果这一论文能尽早发表的话，这6周内许多这类患者可以避免患病。

B选项：他因削弱，药物起作用至少要在口服山茱萸2个月(8周)之后，所以即使该论文未经过6周的间隔尽早发布，也无法在6周之内帮助患者避免患病，可以削弱。

A选项：专家审查与患者是否能更早使用这一成果从而避免患病无必然联系，排除。

C选项：诉诸无知，有待进一步证实并不是否定了山茱萸的这一功效，所以无法削弱。

D选项：诉诸权威，题干论证与该杂志是否是最权威的杂志无关，排除。

E选项：无关选项，只要山茱萸具有抗移植免疫排斥反应和治疗自身免疫疾病的作用即可，与消化系统无关，排除。

故正确答案为B选项。

56.【答案】A 【难度】S5 【考点】综合推理 真话假话题

如果孩子是男孩，第二个说话的不可能是父亲(因为父亲说真话，不可能说孩子是女孩)，也不可能是母亲(因为此时母亲连续说两句假话，与题干矛盾)，这种情况排除。所以孩子是女孩。孩子的回答是"我是男孩"，说了假话。第二个说话的不可能是母亲(因为"这孩子撒谎"和"她是女孩"连续两句都是真话)，所以第二个说话的是父亲，第一个说话的是母亲。

故正确答案为A选项。

57.【答案】B 【难度】S4 【考点】论证推理 假设、前提 论据+结论型论证的假设

论据：观察处于不同生长阶段的许多棵树，植物学家就能拼凑出一棵树的生长过程。

结论：目前天文学对有100亿年以上发展历史的星团的发展过程的研究也可以这样做。

B 选项:需要假设,将对树的研究方法类推到对星团的研究上,那么就需要具有同样的研究条件,能够观察处于不同生长阶段的树是研究树的条件,那么研究星团也需要满足这一条件,所以这是必须要有的假设,正确。

A 选项:假设过强,范围太大,不需要"都适用于其他领域",只需要能适用于星团的研究即可。

C 选项:无关选项,只需要保证可以对星团发展过程的研究即可,与其他个体无关。

D、E 选项:与题干论证无关,排除。

故正确答案为 B 选项。

58.【答案】C 【难度】S4 【考点】论证推理 削弱、质疑、反驳 论据+结论型论证的削弱

论据:西式快餐在我国主要大城市中的年利润在未来数年中不会有大的改变。结论:艾德熊进入中国市场会使麦当劳的利润下降。

C 选项:他因削弱,表明艾德熊会使人们对肯德基的消费下降,所以麦当劳的利润并不一定会下降,削弱了题干的论证,正确。

A 选项:无法削弱,只要在熟悉和接受这一过程完成后麦当劳的利润确实下降,那么题干论证依然成立,排除。B 选项:无法削弱,艾德熊的价格比麦当劳高了多少呢?消费者是否会因为价格的差异而不选购艾德熊呢?未知,排除。D 选项:无法削弱,只要艾德熊会抢占麦当劳的市场,使其利润减少,题干论证就可以成立,与经营规模无关,排除。E 选项:无法削弱,艾德熊是不是服务更好,更适合中国消费者的口味呢?未知,对题干的论证无法起到削弱作用,排除。

故正确答案为 C 选项。

59.【答案】C 【难度】S6 【考点】形式逻辑 联言命题、选言命题 联言、选言命题性质推理

题干信息:第五条公理判定,在同一平面上,过直线外一点,可以作一条∧只可以作一条直线与该直线平行。

要对这条公理表示怀疑,即出现与其矛盾的情况,所以,¬(可以作一条∧只可以作一条)=¬可以作一条∨¬只可以作一条=无法做出一条∨可以做出多条。即如果出现了上述两种情况中的任意一个,都可以对该公理表示怀疑。复选项Ⅰ:若复选项Ⅰ成立,可以使数学家的怀疑成立,但该复选项不是必须成立的,因为如果可以做出多条直线也可以。复选项Ⅱ:若复选项Ⅱ成立可以使数学家的怀疑成立,但该复选项不是必须成立的,因为如果无法做出一条直线也可以。复选项Ⅲ:¬可以做出多条→无法做出一条=可以做出多条∨无法做出一条,包含了上述分析的两种情况,所以是必须要成立的。

故正确答案为 C 选项。

2002年管理类综合能力逻辑试题

三、逻辑推理：第11~60小题，每小题2分，共100分。下列每题给出的A、B、C、D、E五个选项中，只有一项是符合试题要求的。请在答题卡上将所选项的字母涂黑。

11. 如果你的笔记本计算机是1999年以后制造的,那么它就带有调制解调器。

    上述断定可由以下哪个选项得出?
    A. 只有1999年以后制造的笔记本计算机才带有调制解调器。
    B. 所有1999年以后制造的笔记本计算机都带有调制解调器。
    C. 有些1999年以前制造的笔记本计算机也带有调制解调器。
    D. 所有1999年以前制造的笔记本计算机都不带有调制解调器。
    E. 笔记本的调制解调器技术是在1999年以后才发展起来的。

12. 认为大学的附属医院比社区医院或私立医院要好是一种误解。事实上,大学的附属医院抢救病人的成功率比其他医院要小。这说明大学的附属医院的医疗护理水平比其他医院要低。

    以下哪项如果为真,最能驳斥上述论证?
    A. 很多医生既在大学工作又在私立医院工作。
    B. 大学,特别是医科大学的附属医院拥有其他医院所缺少的精密设备。
    C. 大学附属医院的主要任务是科学研究,而不是治疗和护理病人。
    D. 去大学附属医院就诊的病人的病情,通常比去私立医院或社区医院的病人的病情重。
    E. 抢救病人的成功率只是评价医院的标准之一,而不是唯一的标准。

13. 第一个事实:电视广告的效果越来越差。一项跟踪调查显示,在电视广告所推出的各种商品中,观众能够记住其品牌名称的商品的百分比逐年降低。

    第二个事实:在一段连续插播的电视广告中,观众印象较深的是第一个和最后一个,而中间播出的广告留给观众的印象,一般地说要浅得多。

    以下哪项如果为真,最能使得第二个事实成为对第一个事实的一个合理解释?
    A. 在从电视广告里见过的商品中,一般电视观众能记住其品牌名称的大约还不到一半。
    B. 近年来,被允许在电视节目中连续插播广告的平均时间逐渐缩短。
    C. 近年来,人们花在看电视上的平均时间逐渐缩短。
    D. 近年来,一段连续播出的电视广告所占用的平均时间逐渐增加。
    E. 近年来,一段连续播出的电视广告中所出现的广告的平均数量逐渐增加。

14. 调查表明,一年中任何月份,18岁至65岁的女性中都有52%在家庭以外工作。因此,18岁至65岁的女性中有48%是全年不在外工作的家庭主妇。

    以下哪项如果为真,最严重地削弱了上述论证?
    A. 现在离家工作的女性比历史上的任何时期都多。
    B. 尽管在每个月中参与调查的女性人数都不多,但是这些样本有很好的代表性。
    C. 调查表明,将承担一份有薪工作为优先考虑的女性比以往任何时候都多。
    D. 总体上说,职业女性比家庭主妇有更高的社会地位。

E. 不管男性还是女性,都有许多人经常进出于劳动力市场。

15. 威尼斯面临的问题具有典型意义。一方面,为了解决市民的就业,增加城市的经济实力,必须保留和发展它的传统工业,这是旅游业所不能替代的经济发展的基础;另一方面,为了保护其独特的生态环境,必须杜绝工业污染,但是,发展工业将不可避免地导致工业污染。

以下哪项能作为结论从上述断定中推出?

A. 威尼斯将不可避免地面临经济发展的停滞或生态环境的破坏。

B. 威尼斯市政府的正确决策应是停止发展工业以保护生态环境。

C. 威尼斯市民的生活质量只依赖于经济和生态环境。

D. 旅游业是威尼斯经济收入的主要来源。

E. 如果有一天威尼斯的生态环境受到了破坏,这一定是它为发展经济所付出的代价。

16. 在微波炉清洁剂中加入漂白剂,就会释放出氯气;在浴盆清洁剂中加入漂白剂,也会释放出氯气;在排烟机清洁剂中加入漂白剂,没有释放出任何气体。现有一种未知类型的清洁剂,加入漂白剂后,没有释放出氯气。

根据上述实验,以下哪项关于这种未知类型的清洁剂的断定一定为真?

Ⅰ. 它是排烟机清洁剂。

Ⅱ. 它既不是微波炉清洁剂,也不是浴盆清洁剂。

Ⅲ. 它要么是排烟机清洁剂,要么是微波炉清洁剂或浴盆清洁剂。

A. 仅Ⅰ。　　　B. 仅Ⅱ。　　　C. 仅Ⅲ。　　　D. 仅Ⅰ和Ⅱ。　　　E. Ⅰ、Ⅱ和Ⅲ。

17. 心脏的搏动引起血液循环。对同一个人,心率越快,单位时间进入循环的血液量越多。血液中的红细胞运输氧气。一般地说,一个人单位时间通过血液循环获得的氧气越多,他的体能及其发挥就越佳。因此,为了提高运动员在体育比赛中的竞技水平,应该加强他们在高海拔地区的训练,因为在高海拔地区,人体内每单位体积血液中含有的红细胞数量,要高于在低海拔地区。

以下哪项是题干的论证必须假设的?

A. 海拔的高低对运动员的心率不产生影响。

B. 不同运动员的心率基本相同。

C. 运动员的心率比普通人慢。

D. 在高海拔地区训练能使运动员的心率加快。

E. 运动员在高海拔地区的心率不低于在低海拔地区。

18. 因偷盗、抢劫或流氓罪入狱的刑满释放人员的重新犯罪率,要远远高于因索贿受贿等职务犯罪入狱的刑满释放人员。这说明,在狱中对上述前一类罪犯教育改造的效果,远不如对后一类罪犯。

以下哪项如果为真,最能削弱上述论证?

A. 与其他类型的罪犯相比,职务犯罪者往往有较高的文化水平。

B. 对贪污、受贿的刑事打击,并没能有效地扼制腐败,有些地方的腐败反而愈演愈烈。

C. 刑满释放人员很难再得到官职。

D. 职务犯罪的罪犯在整个服刑犯中只占很小的比例。

E. 统计显示,职务犯罪者很少有前科。

19~20题基于以下题干：

张小珍：在我国，90%的人所认识的人中都有失业者，这真是个令人震惊的事实。

王大为：我不认为您所说的现象有令人震惊之处。其实，就5%这样可接受的失业率来讲，每20个人中就有1个人失业。在这种情况下，如果一个人所认识的人超过50个，那么，其中就很可能有1个或更多的失业者。

19. 根据王大为的断定能得出以下哪个结论？

　　A. 90%的人都认识失业者的事实并不能表明失业率高到不可被接受。

　　B. 超过5%的失业率是一个社会所不能接受的。

　　C. 如果我国失业率不低于5%，那么就不可能90%的人所认识的人中都包括失业者。

　　D. 在我国，90%的人所认识的人不超过50个。

　　E. 我国目前的失业率不可能高于5%。

20. 以下哪项最可能是王大为的论断所假设的？

　　A. 失业率很少超过社会能接受的限度。

　　B. 张小珍所引述的统计数据是准确的。

　　C. 失业通常并不集中在社会联系闭塞的区域。

　　D. 认识失业者的人通常超过总人口的90%。

　　E. 失业者比就业者具有更多的社会联系。

21. 有一种通过寄生方式来繁衍后代的黄蜂，它能够在适合自己后代寄生的各种昆虫的大小不同的虫卵中，注入恰好数量的自己的卵。如果它在宿主的卵中注入的卵过多，它的幼虫就会在互相竞争中因为得不到足够的空间和营养而死亡；如果它在宿主的卵中注入的卵过少，宿主卵中的多余营养部分就会腐败，这又会导致它的幼虫的死亡。

　　如果上述断定是真的，则以下哪项有关断定也一定是真的？

　　Ⅰ. 上述黄蜂的寄生繁衍机制中，包括它准确区分宿主虫卵大小的能力。

　　Ⅱ. 在虫卵较大的昆虫聚集区出现的上述黄蜂比在虫卵较小的昆虫聚集区多。

　　Ⅲ. 黄蜂注入过多的虫卵比注入过少的虫卵更易引起寄生幼虫的死亡。

　　A. 仅Ⅰ。　　B. 仅Ⅱ。　　C. 仅Ⅲ。　　D. 仅Ⅰ和Ⅱ。　　E. Ⅰ、Ⅱ和Ⅲ。

22. 被疟原虫寄生的红细胞在人体内的存在时间不会超过120天。因为疟原虫不可能从一个它所寄生衰亡的红血球进入一个新生的红细胞。因此，如果一个疟疾患者在进入了一个绝对不会再被疟蚊叮咬的地方120天后仍然周期性高烧不退，那么，这种高烧不会是由疟原虫引起的。

　　以下哪项如果为真，最能削弱上述结论？

　　A. 由疟原虫引起的高烧和由感冒病毒引起的高烧有时不容易区别。

　　B. 携带疟原虫的疟蚊和普通的蚊子很难区别。

　　C. 引起周期性高烧的疟原虫有时会进入人的脾脏细胞，这种细胞在人体内的存在时间要长于红细胞。

　　D. 除了周期性的高烧只有到疟疾治愈后才会消失外，疟疾的其他某些症状会随着药物治疗而缓解乃至消失，但在120天内仍会再次出现。

　　E. 疟原虫只有在疟蚊体内和人的细胞内才能生存与繁殖。

23. 左撇子的人比右撇子的人更容易患某些免疫失调症,例如过敏。然而,左撇子也有优于右撇子的地方,例如左撇子更擅长于由右脑半球执行的工作。而人的数学推理的工作一般是由右脑半球执行的。

从上述断定能推出以下哪个结论?

Ⅰ.患有过敏或其他免疫失调症的人中,左撇子比右撇子多。
Ⅱ.在所有数学推理能力强的人中左撇子的比例,高于所有推理能力弱的人中左撇子的比例。
Ⅲ.在所有左撇子的人中,数学推理能力强的比例,高于数学推理能力弱的比例。

A.仅Ⅰ。　　　B.仅Ⅱ。　　　C.仅Ⅲ。　　　D.仅Ⅰ和Ⅲ。　　　E.Ⅰ、Ⅱ和Ⅲ。

24. 一种外表类似苹果的水果被培育出来,我们称它为皮果。皮果皮里面会包含少量杀虫剂的残余物。然而,专家建议我们吃皮果之前不应该剥皮,因为这种皮果的果皮里面含有一种特殊的维生素,这种维生素在其他水果里面含量很少,对人体健康很有益处,弃之可惜。

以下哪项如果为真,最能对专家的上述建议构成质疑?

A.皮果皮上的杀虫剂残余物不能被洗掉。
B.皮果皮中的那种维生素不能被人体充分消化吸收。
C.吸收皮果皮上的杀虫剂残余物对人体的危害超过了吸收皮果皮中的维生素对人体的益处。
D.皮果皮上杀虫剂残余物的数量太少,不会对人体带来危害。
E.皮果皮上的这种维生素未来也可能用人工的方式合成,有关研究成果已经公布。

25. 最近10年,地震、火山爆发和异常天气对人类造成的灾害比数十年前明显增多,这说明,地球正变得对人类愈来愈充满敌意和危险。这是人类在追求经济高速发展中因破坏生态环境而付出的代价。

以下哪项如果为真,最能削弱上述论证?

A.经济发展使人类有可能运用高科技手段来减轻自然灾害的危害。
B.经济发展并不必然导致全球生态环境的恶化。
C.W国和H国是两个毗邻的小国,W国经济发达,H国经济落后,地震、火山爆发和异常天气所造成的灾害,在H国显然比W国严重。
D.自然灾害对人类造成的危害,远低于战争、恐怖主义等人为灾害。
E.全球经济发展的不平衡所造成的人口膨胀和相对贫困,使得越来越多的人不得不居住在生态环境恶劣甚至危险的地区。

26. 由于邮费上涨,广州《周末画报》杂志为减少成本、增加利润,准备将每年发行52期改为每年发行26期,但每期文章的质量、每年的文章总数和每年的定价都不变。市场研究表明,杂志的订户和在杂志上刊登广告的客户的数量均不会下降。

以下哪项如果为真,最能说明该杂志社的利润将会因上述变动而降低?

A.在新的邮资政策下,每期的发行费用将比原来高1/3。
B.杂志的大部分订户较多地关心文章的质量,而较少地关心文章的数量。
C.即使邮资上涨,许多杂志的长期订户仍将继续订阅。
D.在该杂志上购买广告页的多数广告商将继续在每一期上购买同过去一样多的页数。
E.杂志的设计、制作成本预期将保持不变。

27. 在一次聚会上，10个吃了水果色拉的人中，有5个很快出现了明显的不适。吃剩的色拉立刻被送去检验。检验的结果不能肯定其中存在超标的有害细菌。因此，食用水果色拉不是造成食用者不适的原因。

如果上述检验结果是可信的，则以下哪项对上述论证的评价最为恰当？

A. 题干的论证是成立的。

B. 题干的论证有漏洞，因为它把事件的原因，当作该事件的结果。

C. 题干的论证有漏洞，因为它没有考虑到这种可能性：那些吃了水果色拉后没有很快出现不适的人，过不久也出现了不适。

D. 题干的论证有漏洞，因为它没有充分利用一个有力的论据：为什么有的水果色拉食用者没有出现不适？

E. 题干的论证有漏洞，因为它把缺少证据证明某种情况存在，当作有充分证据证明某种情况不存在。

28. 一个社会是公正的，则以下两个条件必须满足：第一，有健全的法律；第二，贫富差异是允许的，但必须同时确保消灭绝对贫困和每个公民事实上都有公平竞争的机会。

根据题干的条件，最能够得出以下哪项结论？

A. S社会有健全的法律，同时又在消灭了绝对贫困的条件下，允许贫富差异的存在，并且绝大多数公民事实上都有公平竞争的机会。因此，S社会是公正的。

B. S社会有健全的法律，但这是以贫富差异为代价的。因此，S社会是不公正的。

C. S社会允许贫富差异，但所有人都由此获益，并且每个公民都事实上有公平竞争的权利。因此，S社会是公正的。

D. S社会虽然不存在贫富差异，但这是以法律不健全为代价的。因此，S社会是不公正的。

E. S社会法律健全，虽然存在贫富差异，但消灭了绝对贫困。因此，S社会是公正的。

29~30题基于以下题干：

三位高中生赵、钱、孙和三位初中生张、王、李参加一个课外学习小组。可选修的课程有文学、经济、历史和物理。

赵选修的是文学或经济；王选修物理；如果一门课程没有任何一个高中生选修，那么任何一个初中生也不能选修该课程；如果一门课程没有任何一个初中生选修，那么任何一个高中生也不能选修该课程；一个学生只能选修一门课程。

29. 如果上述断定为真，且钱选修历史，以下哪项一定为真？

A. 孙选修物理。　　　B. 赵选修文学。　　　C. 张选修经济。

D. 李选修历史。　　　E. 赵选修经济。

30. 如果题干的断定为真，且有人选修经济，则可能选修经济的学生中不可能同时包含：

A. 赵和钱。　　B. 钱和孙。　　C. 孙和张。　　D. 孙和李。　　E. 张和李。

31. W公司制作的正版音乐光盘每张售价25元，盈利10元。而这样的光盘的盗版制品每张仅售价5元。因此，这样的盗版光盘如果销售10万张，就会给W公司造成100万元的利润损失。

为使上述论证成立，以下哪项是必须假设的？

A. 每个已购买各种盗版制品的人，若没有盗版制品可买，都仍会购买相应的正版制品。

B. 如果没有盗版光盘，W公司的上述正版音乐光盘的销售量不会少于10万张。

C. 上述盗版光盘的单价不可能低于5元。

D. 与上述正版光盘相比，盗版光盘的质量无实质性的缺陷。

E. W公司制作的上述正版光盘价格偏高是造成盗版光盘充斥市场的原因。

32. 一群在海滩边嬉戏的孩子的口袋中，共装有25块卵石。他们的老师对此说了以下两句话：

第一句话："至多有5个孩子口袋里装有卵石。"

第二句话："每个孩子的口袋中，或者没有卵石，或者至少有5块卵石。"

如果上述断定为真，则以下哪项关于老师两句话关系的断定一定成立？

Ⅰ. 如果第一句话为真，则第二句话为真。

Ⅱ. 如果第二句话为真，则第一句话为真。

Ⅲ. 两句话可以都是真的，但不会都是假的。

A. 仅Ⅰ。　　　B. 仅Ⅱ。　　　C. 仅Ⅲ。　　　D. 仅Ⅰ和Ⅱ。　　　E. Ⅰ、Ⅱ和Ⅲ。

33. 自从《行政诉讼法》颁布以来，"民告官"的案件成为社会关注的热点。一种普遍的担心是，"官官相护"会成为公正审理此类案件的障碍。但据A省本年度的调查显示，凡正式立案审理的"民告官"案件，65%都是以原告胜诉结案。这说明，A省的法院在审理"民告官"的案件中，并没有出现社会舆论所担心的"官官相护"。

以下哪项如果为真，将最有力地削弱上述论证？

A. 由于新闻媒介的特殊关注，"民告官"案件的审理的透明度，要大大高于其他的案件。

B. 有关部门收到的关于司法审理有失公正的投诉，A省要多于周边省份。

C. 所谓"民告官"的案件在法院受理的案件中，只占很小的比例。

D. 在民告官的案件审理中，司法公正不能简单理解为原告胜诉。

E. 在"民告官"的案件中，原告如果不掌握能胜诉的确凿证据，一般不会起诉。

34. 一项关于21世纪初我国就业情况的报告预测，在2002年至2007年之间，首次就业人员数量增加最多的是低收入行业。但是，在整个就业人口中，低收入行业所占的比例并不会增加，有所增加的是高收入行业所占的比例。

从以上预测所做的断定中，最可能得出以下哪项结论？

A. 在2002年，低收入行业的就业人员要多于高收入行业。

B. 到2007年，高收入行业的就业人员要多于低收入行业。

C. 到2007年，中等收入行业的就业人员在整个就业人员中所占的比例将有所减少。

D. 相当数量的2002年在低收入行业就业的人员，到2007年将进入高收入行业。

E. 在2002年至2007年之间，低收入行业的经营实体的增长率，将大于此期间整个就业人员的增长率。

35. 在美国，近年来在电视卫星的发射和操作中事故不断，这使得不少保险公司不得不面临巨额赔偿，这不可避免地导致了电视卫星的保险金的猛涨，使得发射和操作电视卫星的费用变得更为昂贵。为了应付昂贵的成本，必须进一步开发电视卫星更多的尖端功能来提高电视卫星的售价。

以下哪项如果为真，和题干的断定一起，最能支持这样一个结论，即电视卫星的成本将继续上涨?

A. 承担电视卫星保险业风险的只有为数不多的几家大公司,这使得保险金必定很高。
B. 美国电视卫星业面临的问题,在西方发达国家具有普遍性。
C. 电视卫星目前具备的功能已能满足需要,用户并没有对此提出新的要求。
D. 卫星的故障大都发生在进入轨道以后,对这类故障的分析及排除变得十分困难。
E. 电视卫星具备的尖端功能越多,越容易出问题。

36. 喜欢甜味的习性曾经对人类有益,因为它使人在健康食品和非健康食品之间选择前者。例如,成熟的水果是甜的,不成熟的水果则不甜,喜欢甜味的习性促使人类选择成熟的水果。但是,现在的食糖是经过精制的。因此,喜欢甜味不再是一种对人有益的习性,因为精制食糖不是健康食品。

以下哪项如果为真,最能加强上述论证?

A. 绝大多数人都喜欢甜味。
B. 许多食物虽然生吃有害健康,但经过烹饪则可成为极有营养的健康食品。
C. 有些喜欢甜味的人,在一道甜点心和一盘成熟的水果之间,更可能选择后者。
D. 喜欢甜味的人,在含食糖的食品和有甜味的自然食品(例如成熟的水果)之间,更可能选择前者。
E. 史前人类只有依赖味觉才能区分健康食品。

37. 是否应当废除死刑,在一些国家中一直存在争议。下面是相关的一段对话:

史密斯:一个健全的社会应当允许甚至提倡对罪大恶极者执行死刑。公开执行死刑通过其震慑作用显然可以减少恶性犯罪,这是社会自我保护的必要机制。

苏珊:您忽视了讨论这个议题的一个前提,就是一个国家或者社会是否有权利剥夺一个人的生命。如果事实上这样的权利不存在,那么,讨论执行死刑是否可以减少恶性犯罪这样的问题是没有意义的。

如果事实上执行死刑可以减少恶性犯罪,则以下哪项最为恰当地评价了这一事实对两人所持观点的影响?

A. 两人的观点都得到加强。
B. 两人的观点都未受到影响。
C. 史密斯的观点得到加强,苏珊的观点未受影响。
D. 史密斯的观点未受影响,苏珊的观点得到加强。
E. 史密斯的观点得到加强,苏珊的观点受到削弱。

38. 在产品检验中,误检包括两种情况:一是把不合格产品定为合格;二是把合格产品定为不合格。有甲、乙两个产品检验系统,它们依据的是不同的原理,但共同之处在于:第一,它们都能检测出所有送检的不合格产品;第二,都仍有恰好3%的误检率;第三,不存在一个产品,会被两个系统都误检。现在把这两个系统合并为一个系统,使得被该系统测定为不合格的产品,包括且只包括两个系统分别工作时都测定的不合格产品。可以得出结论:这样的产品检验系统的误检率为零。

以下哪项最为恰当地评价了上述推理?

A. 上述推理是必然性的,即如果前提真,则结论一定真。

B. 上述推理很强,但不是必然性的,即如果前提真,则为结论提供了很强的证据,但附加的信息仍可能削弱该论证。

C. 上述推理很弱,前提尽管与结论相关,但最多只为结论提供了不充分的根据。

D. 上述推理的前提中包含矛盾。

E. 该推理不能成立,因为它把某事件发生的必要条件的根据,当作充分条件的根据。

39~40题基于以下题干:

史密斯:根据《国际珍稀动物保护条例》的规定,杂种动物不属于该条例的保护对象。《国际珍稀动物保护条例》的保护对象中,包括赤狼。而最新的基因研究技术发现,一直被认为是纯种物种的赤狼实际上是山狗与灰狼的杂交种。由于赤狼明显需要保护,所以条例应当修改,使其也保护杂种动物。

张大中:您的观点不能成立。因为,如果赤狼确实是山狗与灰狼的杂交种的话,那么,即使现有的赤狼灭绝了,仍然可以通过山狗与灰狼的杂交来重新获得它。

39. 以下哪项最为确切地概括了张大中与史密斯争论的焦点?

A. 赤狼是否为山狗与灰狼的杂交种。

B.《国际珍稀动物保护条例》的保护对象中,是否应当包括赤狼。

C.《国际珍稀动物保护条例》的保护对象中,是否应当包括杂种动物。

D. 山狗与灰狼是否都是纯种物种。

E. 目前赤狼是否有灭绝的危险。

40. 以下哪项最可能是张大中的反驳所假设的?

A. 目前用于鉴别某种动物是否为杂种的技术是可靠的。

B. 所有现存杂种动物都是现存纯种动物杂交的后代。

C. 山狗与灰狼都是纯种物种。

D.《国际珍稀动物保护条例》执行效果良好。

E. 赤狼并不是山狗与灰狼的杂交种。

41. 在2000年,世界范围的造纸业所用的鲜纸浆(直接用植物纤维制成的纸浆)是回收纸浆(用废纸制成的纸浆)的2倍。造纸业的分析人员指出,到2010年,世界造纸业所用的回收纸浆将不少于鲜纸浆,而鲜纸浆的使用量也将比2000年有持续上升。

如果上面提供的信息均为真,并且分析人员的预测也是正确的,那么可以得出以下哪个结论?

Ⅰ. 在2010年,造纸业所用的回收纸浆至少是2000年的2倍。

Ⅱ. 在2010年,造纸业所用的总的纸浆至少是2000年的2倍。

Ⅲ. 造纸业在2010年造的只含鲜纸浆的纸将会比2000年少。

A. 仅Ⅰ。　　B. 仅Ⅱ。　　C. 仅Ⅲ。　　D. 仅Ⅰ和Ⅱ。　　E. Ⅰ、Ⅱ和Ⅲ。

42. 近年来,立氏化妆品的销量有了明显的增长,同时,该品牌用于广告的费用也有同样明显的增长。业内人士认为,立氏化妆品销量的增长,得益于其广告的促销作用。

以下哪项如果为真,最能削弱上述结论?

A. 立氏化妆品的广告费用,并不多于其他化妆品。

B. 立氏化妆品的购买者中,很少有人注意到该品牌的广告。

C. 注意到立氏化妆品广告的人中,很少有人购买该产品。

D. 消协收到的对立氏化妆品的质量投诉,多于其他化妆品。

E. 近年来,化妆品的销售总量有明显增长。

43. 清朝雍正年间,市面流通的铸币,其金属构成是铜六铅四,即六成为铜,四成为铅。不少商人出于利益,纷纷熔币取铜,使得市面的铸币严重匮乏,不少地方出现以物易物。但朝廷征于市民的赋税,必须以铸币缴纳,不得代以实物或银子。市民只得以银子向官吏购兑铸币用以纳税,不少官吏因此大发了一笔。这种情况,雍正之前的明清两朝历代从未出现过。

从以上陈述,可推出以下哪项结论?

Ⅰ. 上述铸币中所含铜的价值要高于该铸币的面值。

Ⅱ. 上述用银子购兑铸币的交易中,不少并不按朝廷规定的比价成交。

Ⅲ. 雍正以前明清两朝历代,铸币的铜含量,均在六成以下。

A. 仅Ⅰ。 B. 仅Ⅱ。 C. 仅Ⅲ。 D. 仅Ⅰ和Ⅱ。 E. Ⅰ、Ⅱ和Ⅲ。

44. 随着人才竞争的日益激烈,市场上出现了一种"挖人公司",其业务是为客户招募所需的人才,包括从其他的公司中"挖人"。"挖人公司"自然不得同时帮助其他公司从自己的雇主处挖人,一个"挖人公司"的成功率越高,雇用它的公司也就越多。

上述断定最能支持以下哪项结论?

A. 一个"挖人公司"的成功率越高,能成为其"挖人"目标的公司就越少。

B. 为了有利于"挖进"人才同时又确保自己的人才不被"挖走",雇主的最佳策略是雇用只为自己服务的"挖人公司"。

C. 为了有利于"挖进"人才同时又确保自己的人才不被"挖走",雇主的最佳策略是提高雇员的工资。

D. 为了保护自己的人才不被挖走,一个公司不应雇用"挖人公司"从别的公司挖人。

E. "挖人公司"的运作是一种不正当的人才竞争方式。

45. 在法庭的被告中,被指控偷盗、抢劫的定罪率要远高于被指控贪污、受贿的定罪率。其重要原因是后者能聘请收费昂贵的私人律师,而前者主要由法庭指定的律师辩护。

以下哪项如果为真,最能支持题干的叙述?

A. 被指控偷盗、抢劫的被告,远多于被指控贪污、受贿的被告。

B. 一个合格的私人律师,与法庭指定的律师一样,既忠实于法律,又努力维护委托人的合法权益。

C. 被指控偷盗、抢劫的被告中罪犯的比例,不高于被指控贪污、受贿的被告。

D. 一些被指控偷盗、抢劫的被告,有能力聘请私人律师。

E. 司法腐败导致对有权势的罪犯的庇护,而贪污、受贿等职务犯罪的构成要件是当事人有职权。

46. 某矿山发生了一起严重的安全事故。关于事故原因,甲、乙、丙、丁四位负责人有如下断定:

甲:如果造成事故的直接原因是设备故障,那么肯定有人违反操作规程。

乙:确实有人违反操作规程,但造成事故的直接原因不是设备故障。

丙:造成事故的直接原因确实是设备故障,但并没有人违反操作规程。

丁:造成事故的直接原因是设备故障。

如果上述断定中只有一个人的断定为真,则以下断定都不可能为真,除了:

A. 甲的断定为真,有人违反了操作规程。　　B. 甲的断定为真,但没有人违反操作规程。

C. 乙的断定为真。　　D. 丙的断定为真。

E. 丁的断定为真。

47. 随着年龄的增长,人体对卡路里的日需求量逐渐减少,而对维生素的需求却日趋增多。因此,为了摄取足够的维生素,老年人应当服用一些补充维生素的保健品,或者应当注意比年轻时食用更多的含有维生素的食物。

为了对上述断定做出评价,回答以下哪个问题至关重要?

A. 对老年人来说,人体对卡路里需求量的减少幅度,是否小于对维生素需求量的增加幅度?

B. 保健品中的维生素,是否比日常食品中的维生素更易被人体吸收?

C. 缺乏维生素所造成的后果,对老年人是否比对年轻人更严重?

D. 一般地说,年轻人的日常食物中的维生素含量,是否较多地超过人体的实际需要?

E. 保健品是否会产生危害健康的副作用?

48. 总经理:我主张小王和小孙两人中至少提拔一人。

董事长:我不同意。

以下哪项,最为准确地表述了董事长实际上同意的意思?

A. 小王和小孙两人都得提拔。　　B. 小王和小孙两人都不提拔。

C. 小王和小孙两人中至多提拔一人。　　D. 如果提拔小王,则不提拔小孙。

E. 如果不提拔小王,则提拔小孙。

49~50题基于以下题干:

张教授:智人是一种早期人种。最近在百万年前的智人遗址发现了烧焦的羚羊骨头碎片的化石。这说明人类在自己进化的早期就已经知道用火来烧肉了。

李研究员:但是在同样的地方也同时发现了被烧焦的智人骨头碎片的化石。

49. 以下哪项最可能是李研究员所要说明的?

A. 百万年前森林大火的发生概率要远高于现代。

B. 百万年前的智人不可能掌握取火用火的技能。

C. 上述被发现的智人骨头不是被人控制的火烧焦的。

D. 羚羊并不是智人所喜欢的食物。

E. 研究智人的正确依据,是考古学的发现,而不是后人的推测。

50. 以下哪项最可能是李研究员的议论所假设的?

A. 包括人在内的所有动物,一般不以自己的同类为食。

B. 即使在发展的早期,人类也不会以自己的同类为食。

C. 上述被发现的智人骨头碎片的化石不少于羚羊骨头碎片的化石。

D. 张教授并没有掌握关于智人研究的所有考古资料。

E. 智人的主要食物是动物而不是植物。

51. 要选修数理逻辑课,必须已修普通逻辑课,并对数学感兴趣。有些学生虽然对数学感兴趣,但并没修过普通逻辑课,因此,有些对数学感兴趣的学生不能选修数理逻辑课。

以下哪项的逻辑结构与题干的最为类似?

A. 据学校规定,要获得本年度的特设奖学金,必须来自贫困地区,并且成绩优秀。有些本年度特设奖学金的获得者成绩优秀,但并非来自贫困地区,因此,学校评选本年度奖学金的规定并没有得到很好的执行。

B. 一本书要畅销,必须既有可读性,又经过精心的包装。有些畅销书可读性并不大,因此,有些畅销书主要是靠包装。

C. 任何缺乏经常保养的汽车使用了几年之后都需要维修,有些汽车用了很长时间以后还不需要维修,因此,有些汽车经常得到保养。

D. 高级写字楼要值得投资,必须设计新颖,或者能提供大量办公用地。有些新写字楼虽然设计新颖,但不能提供大量的办公用地,因此,有些新写字楼不值得投资。

E. 为初学的骑士训练的马必须强健而且温驯,有些马强健但并不温驯,因此,有些强健的马并不适合于初学的骑手。

52. 一本小说要畅销,必须有可读性;一本小说,只有深刻触及社会的敏感点,才能有可读性;而一个作者如果不深入生活,他的作品就不可能深刻触及社会的敏感点。

以下哪项结论可以从题干的断定中推出?

Ⅰ.一个畅销小说作者,不可能不深入生活。
Ⅱ.一本不触及社会敏感点的小说,不可能畅销。
Ⅲ.一本不具有可读性的小说的作者,一定没有深入生活。

A. 仅Ⅰ。　　B. 仅Ⅱ。　　C. 仅Ⅰ和Ⅱ。　　D. 仅Ⅰ和Ⅲ。　　E. Ⅰ、Ⅱ和Ⅲ。

53. 任何一篇译文都带着译者的行文风格。有时,为了及时地翻译出一篇公文,需要几个笔译同时工作,每人负责翻译其中一部分。在这种情况下,译文的风格往往显得不协调。与此相比,用于语言翻译的计算机程序显示出优势:准确率不低于人工笔译,但速度比人工笔译快得多,并且能保持译文风格的统一。所以,为及时译出那些长的公文,最好使用机译而不是人工笔译。

为对上述论证做出评价,回答以下哪个问题最不重要?

A. 是否可以通过对行文风格的统一要求,来避免或至少减少合作译文在风格上的不协调?

B. 根据何种标准可以准确地判定一篇译文的准确率?

C. 机译的准确率是否同样不低于翻译家的笔译?

D. 日常语言表达中是否存在由特殊语境决定的含义,这些含义只有靠人的头脑,而不能靠计算机程序把握?

E. 不同的计算机翻译程序,是否也和不同的人工译者一样,会具有不同的行文风格?

54. 有人对某位法官在性别歧视类案件审理中的公正性提出了质疑。这一质疑不能成立,因为有记录表明,该法官审理的这类案件中60%的获胜方为女性,这说明该法官并未在性别歧视类案件的审理中有失公正。

以下哪项如果为真,能对上述论证构成质疑?

Ⅰ.在性别歧视案件中,女性原告如果没有确凿的理由和证据,一般不会起诉。

Ⅱ．一个为人公正的法官在性别歧视案件的审理中保持公正也是件很困难的事情。

Ⅲ．统计数据表明，如果不是因为遭到性别歧视，女性应该在60%以上的此类案件的诉讼中获胜。

A．仅Ⅰ。　　B．仅Ⅱ。　　C．仅Ⅲ。　　D．仅Ⅰ和Ⅲ。　　E．Ⅰ、Ⅱ和Ⅲ。

55．甘蓝比菠菜更有营养。但是，因为绿芥蓝比莴苣更有营养，所以甘蓝比莴苣更有营养。

以下各项，作为新的前提分别加入题干的前提中，都能使题干的推理成立，除了：

A．甘蓝与绿芥蓝同样有营养。　　　　B．菠菜比莴苣更有营养。

C．菠菜比绿芥蓝更有营养。　　　　　D．菠菜与绿芥蓝同样有营养。

E．绿芥蓝比甘蓝更有营养。

56．如果一个用电单位的日均耗电量超过所在地区80%用电单位的水平，则称其为该地区的用电超标单位。近三年来，湖州地区的用电超标单位的数量逐年明显增加。

如果以上断定为真，并且湖州地区的非单位用电忽略不计，则以下哪项断定也必定为真？

Ⅰ．近三年来，湖州地区不超标的用电单位的数量逐年明显增加。

Ⅱ．近三年来，湖州地区日均耗电量逐年明显增加。

Ⅲ．今年湖州地区任一用电超标单位的日均耗电量都高于全地区的日均耗电量。

A．仅Ⅰ。　　B．仅Ⅱ。　　C．仅Ⅲ。　　D．仅Ⅱ和Ⅲ。　　E．Ⅰ、Ⅱ和Ⅲ。

57~58题基于以下题干：

以下是一份商用测谎器的广告：员工诚实的个人品质，对于一个企业来说至关重要。一种新型的商用测谎器，可以有效地帮助贵公司聘用诚实的员工。著名的QQQ公司在一次招聘面试时使用了测谎器，结果完全有理由让人相信它的功能有效。有三分之一的应聘者在这次面试中撒谎。当被问及他们是否知道法国经济学家道尔时，他们都回答知道，或至少回答听说过。但事实上这个经济学家是不存在的。

57．以下哪项最可能是上述广告所假设的？

A．上述应聘者中的三分之二知道所谓的法国经济学家道尔是不存在的。

B．上述面试的主持者是诚实的。

C．上述应聘者中的大多数是诚实的。

D．上述应聘者在面试时并不知道使用了测谎器。

E．该测谎器的性能价格比非常合理。

58．以下哪项最能说明上述广告存在漏洞？

A．上述广告只说明面试中有人撒谎，并未说明测谎器能有效测谎。

B．上述广告未说明为何员工诚实的个人品质，对于一个公司来说至关重要。

C．上述广告忽视了：一个应聘者即使如实地回答了某个问题，仍可能是一个不诚实的人。

D．上述广告依据的只有一个实例，难以论证一般性的介绍。

E．上述广告未对QQQ公司及其业务进行足够的介绍。

59．W病毒是一种严重危害谷物生长的病毒，每年要造成谷物的大量减产。W病毒分为三种：W1、W2和W3。科学家们发现，把一种从W1中提取的基因，植入易受感染的谷物基因中，可以使该谷物产生对W1的抗体，这样处理的谷物会在W2和W3中，同时产生对其中一种病毒的抗体,但严重减弱对另一种病毒的抵抗力。科学家证实,这种方法能大大减少谷物因病毒危害造成的损失。

从上述断定最可能得出以下哪项结论?

A. 在三种W病毒中,不存在一种病毒,其对谷物的危害性,比其余两种病毒的危害性加在一起还大。

B. 在W2和W3两种病毒中,不存在一种病毒,其对谷物的危害性,比其余两种病毒的危害性加在一起还大。

C. W1对谷物的危害性,比W2和W3的危害性加在一起还大。

D. W2和W3对谷物具有相同的危害性。

E. W2和W3对谷物具有不同的危害性。

60. 在H国2000年进行的人口普查中,婚姻状况分为四种:未婚、已婚、离婚和丧偶。其中,已婚分为正常婚姻和分居;分居分为合法分居和非法分居;非法分居指分居者与人非法同居;非法同居指无婚姻关系的异性之间的同居。普查显示,非法同居的分居者中,女性比男性多100万。

如果上述断定及相应的数据为真,并且上述非法同居者都为H国本国人,则以下哪项有关H国的断定必定为真?

Ⅰ. 与分居者非法同居的未婚、离婚或丧偶者中,男性多于女性。

Ⅱ. 与分居者非法同居的人中,男性多于女性。

Ⅲ. 与分居者非法同居的分居者中,男性多于女性。

A. 仅Ⅰ。　　　B. 仅Ⅱ。　　　C. 仅Ⅲ。　　　D. 仅Ⅰ和Ⅱ。　　E. Ⅰ、Ⅱ和Ⅲ。

2002年管理类综合能力逻辑试题解析

答案速查表

11~15	BDEEA	16~20	BECAC	21~25①	ACCE
26~30	DEDAB	31~35	BBECE	36~40	DCACB
41~45	ACDAC	46~50	BDBCB	51~55	ECEDE
56~60	ADABD				

11.【答案】B 【难度】S4 【考点】形式逻辑 假言命题 假言命题推理规则

题干信息:1999年以后→调制解调器。

B选项:与题干逻辑关系完全一致。

故正确答案为B选项。

12.【答案】D 【难度】S5 【考点】论证推理 削弱、质疑、反驳 因果型论证的削弱

论据:大学附属医院抢救病人的成功率低(果)。结论:大学附属医院的医疗护理水平低(因)。

D选项:他因削弱,他因(病人的病情重)导致该结果(大学附属医院抢救病人成功率低)出现,可以削弱。

A选项:无关选项,排除。

B选项:精密设备与医疗护理水平并无直接关联,排除。

C选项:无论主要任务是否是治疗和护理病人,医疗和护理水平低是否是抢救成功率低的原因呢?未知,无法削弱。

E选项:题干论证是评价"医疗护理水平",而不是评价"医院",偷换概念,排除。

故正确答案为D选项。

13.【答案】E 【难度】S4 【考点】论证推理 支持、加强 论据+结论型论证的支持

事实二推出事实一:一段连续的广告中第一个和最后一个广告观众印象最深,因此观众能够记住的广告比例降低。

要使上述推理成立,必须建立两个事实间的联系。E选项表明,一段连续的广告中出现的广告数量增加了,而观众一般只能记住首、尾两个广告,故导致了记住的广告比例下降,使事实二可以推出事实一。

故正确答案为E选项。

14.【答案】E 【难度】S4 【考点】论证推理 削弱、质疑、反驳 论据+结论型论证的削弱

论据:一年任何月份都有52%的女性在外工作。结论:48%的女性全年不在外工作。

E选项:许多女性经常进出于劳动力市场,意味着许多女性会经常在工作与不工作之间切换,那么虽然每个月都有48%的女性不工作,但是每个月不工作的可能是不同的女性,这样能够全年一直保持不工作的女性比例就会明显低于48%。

---

① 第23题无正确答案。

故正确答案为 E 选项。

15.【答案】A 【难度】S5 【考点】形式逻辑 假言命题 假言命题推理规则
题干信息：(1)发展经济→传统工业；(2)保护环境→¬工业污染；(3)传统工业→工业污染。
传递可得，(4)发展经济→传统工业→工业污染→¬保护环境。
A 选项：由(4)可知，"发展经济"和"保护环境"二者中，某个出现时，另一个一定不会出现。所以"¬经济发展"和"生态环境"至少出现一个，正确。
B、C、D 选项：无法由题干信息推出。
E 选项：由"¬保护环境"无法推出任何有效信息，排除。
故正确答案为 A 选项。

16.【答案】B 【难度】S4 【考点】形式逻辑 假言命题 假言命题推理规则
题干信息：(1)微→氯气；(2)浴→氯气；(3)排→¬气；(4)未知→¬氯气。
由(4)结合(1)和(2)可得，未知→¬微∧¬浴，复选项Ⅱ正确。此外，本题没有限定只是这三种清洁剂中的某种，无法判断复选项Ⅰ和复选项Ⅲ是否正确。
故正确答案为 B 选项。

17.【答案】E 【难度】S6 【考点】论证推理 假设、前提 论据+结论型论证的假设
论据：供氧量越多效果越好，高海拔地区单位体积血液中红细胞数量较多。结论：高海拔地区训练好。
E 选项：排他因假设。此题在推理过程中存在漏洞，由题干给出的论据还不足以断定在高海拔地区供氧量就多，因为有可能心率变慢，导致氧气总供应量减少，达不到预期的效果，E 选项能排除这种可能性，是必须要有的假设。
A 选项：假设过强，"不产生影响"过于绝对。
B 选项：未体现出海拔高低对供氧量产生的影响，排除。
C 选项：运动员与普通人心率的比较与题干论证无关，排除。
D 选项：假设过强，如果运动员在高海拔地区与在低海拔地区心率一样，但因为红细胞较多也会使供氧量较多，同样可以得到题干的结论。
故正确答案为 E 选项。

18.【答案】C 【难度】S5 【考点】论证推理 削弱、质疑、反驳 因果型论证的削弱
论据：因贿赂罪入狱的刑满释放人员重新犯罪率低(果)。结论：改造效果好(因)。
C 选项：他因削弱，说明存在其他的原因导致了其重新犯罪率低。
A 选项：无法削弱，文化水平的高低与是否重新犯罪不存在必然的因果关系，排除。
B、E 选项：扼制腐败、前科等信息与题干论证过程无关，排除。
D 选项：题干为"重新犯罪率"，与该类罪犯在总服刑犯中的比例无关，排除。
故正确答案为 C 选项。

19.【答案】A 【难度】S5 【考点】论证推理 结论 主旨题
王：5%的失业率情况下，如果一个人认识超过 50 个人，其中就有 1 个或更多失业的人，因此失业率不高。
王大为认为"张小珍给出的数据并不能说明失业率很高"，与 A 选项一致。

故正确答案为 A 选项。

20.【答案】C 【难度】S5 【考点】论证推理 假设、前提 因果型论证的假设

张:90%的人所认识的人中都有失业者,因此失业率高。王:5%的失业率情况下,如果一个人认识超过 50 个人,其中就有 1 个或更多失业的人(因),因此失业率不高(果)。

王大为的推理过程中必须排除一种可能性,即失业通常不集中在社会联系闭塞的区域,否则的话就可能出现一个人认识的失业者非常多的情况,由此推出的失业率可能很高。如果失业集中在社会联系闭塞的区域,人们之间互相联系比较少,那么所认识的人很可能不超过 50 个,此时王大为的论证就不成立了。

故正确答案为 C 选项。

21.【答案】A 【难度】S5 【考点】论证推理 结论 细节题

复选项Ⅰ:一定为真,如果该种黄蜂不能区分昆虫虫卵的大小,就不可能准确地注入恰好数量的卵。

复选项Ⅱ:不一定为真,也可能有虫卵数量太少等其他原因导致黄蜂不愿意聚集。

复选项Ⅲ:不一定为真,题干中没有提到二者的比较。

故正确答案为 A 选项。

22.【答案】C 【难度】S5 【考点】论证推理 削弱、质疑、反驳 因果型论证的削弱

论据:红细胞中疟原虫最多活 120 天。结论:120 天后高烧不退(果)不是疟原虫(因)引起的。

C 选项:他因削弱,说明 120 天后疟原虫还存在其他会导致"病人高烧不退"的途径,因此,仍然有可能是疟原虫导致了高烧。

故正确答案为 C 选项。

23.【答案】无正确答案 【难度】S5 【考点】论证推理 结论 细节题

相对数绝对数模型。利用相对数绝对数分析模型,很容易分析。

复选项Ⅰ:错误,左撇子比右撇子更容易患免疫失调症,并不意味着在免疫失调症患者中左撇子就占了大多数,因为很可能在总人口中,左撇子比例本来就很小。其中,"免疫失调症"类似于模型中的"聪明问题"。

复选项Ⅱ:错误,其意思为 $\frac{左强}{总强} > \frac{左弱}{总弱}$,这是错误的。正确的思路是只能 $\frac{左强}{左总} : \frac{右强}{右总}$,即只能比较"每一百个左撇子里面有几个数学推理能力强的"与"每一百个右撇子里面有几个数学推理能力强的",看谁的数值大,谁的大谁的数学推理能力就强。

复选项Ⅲ:错误,题干中的左撇子"更擅长",指的是左撇子比右撇子擅长,而不是在左撇子中擅长的比例超过半数。正确的思路是比较 $\frac{左强}{左总} : \frac{右强}{右总}$,即只能比较"每一百个左撇子里面有几个数学推理能力强的"与"每一百个右撇子里面有几个数学推理能力强的",看谁的数值大,谁的大谁的数学推理能力就强。例如:100 个左撇子中数学推理能力强的 40 个,弱的 60 个;100 个右撇子中数学推理能力强的 20 个,弱的 80 个。此时左撇子的数学推理能力就强于右撇子。但是左撇子中数学推理能力强的人比例,并不高于数学推理能力弱的人的比例。

所以,通过上述的分析,我们可以发现复选项Ⅰ、复选项Ⅱ和复选项Ⅲ都不对,故在五个选项中

并无正确答案,此题是一道编写有纰漏的题目。

24.【答案】C 【难度】S5 【考点】论证推理 削弱、质疑、反驳 因果型论证的削弱
论据:皮果皮含少量有益人体的特殊维生素(因)。结论:应该食用皮果皮(果)。
C选项:他因削弱,杀虫剂残余物的害处多于皮果皮中维生素的益处,食用皮果皮弊大于利,不应该食用。
故正确答案为C选项。

25.【答案】E 【难度】S6 【考点】论证推理 削弱、质疑、反驳 因果型论证的削弱
论据:最近10年,各种自然状况给人类造成的灾害比数十年前明显增多(果)。结论:这是人类破坏生态环境而付出的代价(因)。
E选项:他因削弱,说明是因为"居住在生态环境恶劣地区"的人数比数十年前多了,导致了各种自然状况给人类造成的灾害增多,即存在其他的原因导致了该结果。
A选项:"减轻危害"与题干论证无关,排除。B选项:"不必然=可能不",所以经济发展是否会导致生态环境恶化未知,无法削弱。C选项:W国和H国是否具有代表性未知,无法削弱。
D选项:题干并未出现自然灾害与人为灾害的比较,该比较无意义,排除。
故正确答案为E选项。

26.【答案】D 【难度】S4 【考点】论证推理 解释 解释现象
需要解释的现象:期刊发行次数减半,订户和刊登广告的客户数量不会下降,但是利润降低。
D选项:说明广告商在每期上购买同过去一样多的页数,而杂志的发行期数为原来的一半,则杂志社的收入就会减少,利润就会降低。
故正确答案为D选项。

27.【答案】E 【难度】S5 【考点】论证推理 漏洞识别
论据:不能肯定色拉中存在超标的有害细菌。结论:不是食用色拉造成的不适。
诉诸无知,"不能肯定"存在超标的有害细菌,那到底是否存在有害细菌呢?未知,所以是否是水果色拉造成的不适呢?无法确定。题干论证把缺少证据证明水果色拉存在超标的有害细菌,当作有充分证据证明水果色拉不是造成食用者不适的原因,这就是题干的漏洞。
故正确答案为E选项。

28.【答案】D 【难度】S5 【考点】形式逻辑 假言命题 假言命题推理规则
题干信息:公正→法律健全∧允许贫富=¬法律健全∨允许贫富→¬公正。
D选项:给出的前提条件为"¬法律健全∧¬存在贫富",可以推出"¬公正"的结论。
A、C、E选项:结论都为"公正",根据等价逆否,我们只能得出"¬公正"的结论。
B选项:已知"法律健全∧允许贫富",故无法推出"公正"的结论。
故正确答案为D选项。

29.【答案】A 【难度】S4 【考点】综合推理 综合题组(匹配题型)
由题干条件可知,初中生王选修物理,又由"如果一门课程没有任何一个高中生选修,那么任何一个初中生也不能选修该课程"可知,必定有高中生选修了物理,高中生赵和钱都没有选修物理,所以高中生孙一定选修物理。

故正确答案为 A 选项。

30. 【答案】B 【难度】S4 【考点】综合推理 综合题组(匹配题型)
因为必定有高中生选修了物理,赵选修文学或经济,所以钱或孙中至少有一个人选修物理,又因为"一个学生只能选修一门课程",所以选修经济的学生中不可能同时包含钱和孙。
故正确答案为 B 选项。

31. 【答案】B 【难度】S5 【考点】论证推理 假设、前提 因果型论证的假设
论据:正版光盘每张盈利 10 元,盗版光盘销售 10 万张(因)。**结论**:公司损失 100 万元(果)。
此题在推理过程中存在着一个明显的漏洞,就是即使"盗版光盘被禁",也并不意味着"正版光盘就能卖 10 万张",因为两者之间的价格差别很大。所以为了使推理的"果"成立,B 选项是必须假设的。

A 选项:**假设过强**,"各种盗版制品"范围太大,只需要购买 W 公司光盘盗版制品的人这么做即可,不是必须的假设。

C、E 选项:**无关选项**,盗版光盘单价、盗版光盘充斥市场的原因等信息与题干论证过程无关,排除。

D 选项:**不需假设**,因为即使盗版光盘质量有实质性的缺陷,在没有盗版光盘的话情况下,正版光盘可能会多卖 10 万张,排除。
故正确答案为 B 选项。

32. 【答案】B 【难度】S5 【考点】综合推理 数字相关题型
复选项Ⅰ:不一定成立。例如,只有两个孩子装有卵石,数量分别为 24 和 1 时,一真二假。
复选项Ⅱ:一定成立。因为,如果每个孩子的口袋中,或者没有卵石,或者至少有 5 块卵石,那么装有卵石的孩子数目不可能超过 5 个,否则卵石的总数就会超出 25 块。
复选项Ⅲ:不一定成立。例如,当有 25 个孩子,每人装有 1 块卵石时,两句话都为假。
故正确答案为 B 选项。

33. 【答案】E 【难度】S5 【考点】论证推理 削弱、质疑、反驳 因果型论证的削弱
论据:65% 原告胜诉(因)。**结论**:没有官官相护(果)。
E 选项:**否因削弱**,说明原本原告胜诉的比例应当远远高于 65%,而实际的比例却只有 65%,这个"因"起不到作用,因此也就得不到"没有官官相护"这个"果"。
故正确答案为 E 选项。

34. 【答案】C 【难度】S5 【考点】论证推理 结论 细节题
由"低收入行业所占的比例不会增加,高收入行业所占的比例增加",可以推出中等收入行业所占的比例的将有所减少。
【注意:低收入行业所占的比例不会增加可能是不变或下降,如果低收入行业所占的比例下降,高收入比例行业的比例增加,并且下降比增加多,那么中等收入行业所占的比例也不一定减少,但是此题除了 C 选项之外,其他选项更无法推出,C 选项相对最优。】
故正确答案为 C 选项。

35. 【答案】E 【难度】S4 【考点】论证推理 支持、加强 因果型论证的支持

题干信息:事故多→保险金上涨→成本高→研发更多功能。

在此题的因果推理中,研发更多功能与成本继续上涨之间不存在联系,有跳跃性,E选项在二者之间建立了联系,即功能多会导致事故多,事故多会导致保险金上涨,保险金上涨会导致成本上涨。

故正确答案为E选项。

36.【答案】D 【难度】S4 【考点】论证推理 支持、加强 因果型论证的支持
论据:精制食糖不利于健康。结论:喜欢甜味不再对人有益。
D选项:说明喜欢甜味的人在含糖食品和有甜味的自然食品之间会选择前者,也就是更倾向于选择不利健康的食品,加强了题干的推理。
故正确答案为D选项。

37.【答案】C 【难度】S5 【考点】论证推理 支持、加强 论据+结论型论证的支持
史密斯:(1)死刑→减少犯罪。苏珊:(2)¬权利→¬意义。补充条件为:(3)死刑→减少犯罪。
补充条件(3)这个推理是对的,与(1)的形式一致,故可以判断出(1)一定对。但是无法判断推理(2)正确与否。因此,史密斯的观点得到加强,而苏珊的观点没有受到影响。
故正确答案为C选项。

38.【答案】A 【难度】S5 【考点】论证推理 概括论证方式
题干论证:两个系统同时检查,误检率为零。
首先,两个系统都能检测出所有送检的不合格产品,所以不可能"把不合格产品定为合格",其误检只存在一种情况,那就是"把合格产品定为不合格"。其次,不存在一个合格产品会同时被误检,只有一个系统误检的合格产品不会被合并系统判定为误检,所以,两个设备合并后误检率一定为零。
故正确答案为A选项。

39.【答案】C 【难度】S5 【考点】论证推理 焦点 焦点题型
史:赤狼是杂交种,明显需要保护,所以条例应该修改。张:如果赤狼是杂交种,那么可以通过杂交获得,不需要保护,条例不应该修改。
C选项:史密斯认为应该包括,张大中认为不应该包括,是争论的焦点。
A选项:史密斯认为是,张大中对这一问题并未表态,排除。
B选项:二人讨论的中心是杂种动物,赤狼只是例子,排除。
D选项:二人均未涉及,排除。
E选项:史密斯认为有,张大中未涉及此信息,排除。
故正确答案为C选项。

40.【答案】B 【难度】S4 【考点】论证推理 假设、前提 论据+结论型论证的假设
史:赤狼是杂种动物,赤狼在该条例里被保护。因此,条例应该包括杂种动物。
张:如果赤狼确实是山狗与灰狼的杂交种的话,那么可以通过杂交再获得。
张大中采用的反驳方式是归谬削弱,为了使张大中反驳的推理可行,必须假设的是"现存杂种动物都是现存纯种动物杂交的后代",否则就无法通过杂交再获得,其结论将不能成立。
故正确答案为B选项。

41.【答案】A 【难度】S5 【考点】论证推理 结论 主旨题
复选项Ⅰ：由题干2000年鲜纸浆用量是回收纸浆的2倍,以及2010年回收纸浆不少于鲜纸浆,且鲜纸浆用量上升可知,2010年回收纸浆的使用量至少是2000年鲜纸浆的使用量,因而可以推出。

复选项Ⅱ：设2000年回收纸浆的使用量为X,则鲜纸浆为$2X$,总用量为$X+2X=3X$。根据题意,设2010年回收纸浆的使用量为Y,且$Y≥2X$;鲜纸浆的使用量$Z>2X$。则总用量$Y+Z>4X$。不能判定2010年的总用量至少是2000年的2倍,故不能推出。

复选项Ⅲ："只含鲜纸浆的纸"在题干中没有提到,无法判断,因而不能推出。

故正确答案为A选项。

42.【答案】C 【难度】S5 【考点】论证推理 削弱、质疑、反驳 因果型论证的削弱

论据：销量增长(果)。结论：广告的促销作用(因)。

C选项：有因无果,如果注意到广告的人中很少有人购买该产品,则说明题干中广告促销起不到作用。

B选项：无因有果,在购买者中很少有人注意广告,论证的对象不对。广告的促销作用应该体现在看了广告之后买不买,买了说明广告有用,没买说明没有起作用。而该选项中的购买者为什么购买呢?是否受到广告的影响呢?未知,无法削弱,排除。

A、D、E选项：广告费用、质量投诉、化妆品销售总量等信息均与题干论证过程无关,无法削弱,排除。

故正确答案为C选项。

43.【答案】D 【难度】S5 【考点】论证推理 结论 细节题
复选项Ⅰ：由"不少商人出于利益,纷纷熔币取铜"可知,铸币中所含铜的价值一定高于铸币的面值,否则商人熔币取铜的行为就无利可图,正确。

复选项Ⅱ：由"市民以银子向官吏购兑铸币,使官吏大发了一笔"可知,官吏一定是利用不同于朝廷规定的兑换比例从中赚取了差价,正确。

复选项Ⅲ：无法推出,因为有可能之前铜含量也在六成左右,只是由于那时铜并不值钱,所以导致无人熔币取铜。

故正确答案为D选项。

44.【答案】A 【难度】S4 【考点】论证推理 结论 主旨题
"挖人公司"只能从其他公司挖人,不能挖雇主的人;一个"挖人公司"的成功率越高,雇用它的公司也就越多。因此它能够挖的公司就越少。

故正确答案为A选项。

45.【答案】C 【难度】S5 【考点】论证推理 支持、加强 因果型论证的支持
原因：被指控贪污、受贿的被告能聘请收费昂贵的私人律师,而被指控偷盗、抢劫的被告主要由法庭指定的律师辩护。结果：在法庭的被告中,被指控偷盗、抢劫的定罪率,要远高于被指控贪污、受贿的定罪率。

C选项：排他因支持,说明如果两类被告在律师方面没有差异,那么定罪率应该差不多,但实际情况是前者定罪率高,排除了贪污、受贿人员定罪率本来就低这种可能性,正确。

A 选项:定罪率指嫌疑人获罪数量占被检方起诉的被告数量的比例,与被指控的被告数量没有必然联系。

B 选项:说明两类被告的律师没有差异,对题干论证有削弱作用。

D、E 选项:与题干论证无关。

故正确答案为 C 选项。

46.【答案】B 【难度】S4 【考点】综合推理 真话假话题

第一步:简化题干信息	(1)设→人;(2)人∧¬设;(3)设∧¬人;(4)设
第二步:找矛盾关系或反对关系	(1)和(3)是矛盾关系,故必一真一假
第三步:推知其余项真假	可以推知其余项(2)和(4)必为假话
第四步:根据其余项真假,得出真实情况	由(4)为假可知:¬设。由(2)为假可知:¬人
第五步:代回矛盾或反对项,判断真假,选出答案	由"¬设∧¬人",可判断(1)真(3)假。故正确答案为 B 选项

47.【答案】D 【难度】S4 【考点】论证推理 关键问题

题干信息:随着年龄的增加,人体对维生素需求增加。因此,老年人必须补充维生素。

题干推理成立与否的关键在于:大多数人在年轻时摄入的维生素是否远超过他们每天所需的量。如果超过了正常所需量,那么到了老年就不需要补充了,因为食物中的维生素含量足够,对推理构成削弱作用;如果没有超过正常所需量,那么到了老年就需要补充,对推理起到支持作用。因此,D 选项可以对推理起到正、反两方面的作用。

故正确答案为 D 选项。

48.【答案】B 【难度】S4 【考点】形式逻辑 联言命题、选言命题 联言、选言命题性质推理

总经理:王∨孙。董事长:¬(王∨孙)=¬王∧¬孙,即两人都不提拔。

故正确答案为 B 选项。

49.【答案】C 【难度】S5 【考点】论证推理 结论 主旨题

张:遗址中发现烧焦的羚羊骨头,因此早期智人已经知道用火来烧肉。李:但同时也发现了烧焦的智人骨头碎片的化石。

李采用的是**归谬削弱**,其归谬的理由是"智人不可能用火烧智人来吃",即智人不可能同类相食,所以烧焦的羚羊骨头和智人骨头都是由非人控制的火所造成的,C 选项是李所要说明的。

B 选项:不是李想表达的意思,他只是认为,这些烧焦的智人骨头碎片化石不可能是智人用火烧的。其他选项均无法从题干信息中推出,排除。

故正确答案为 C 选项。

50.【答案】B 【难度】S5 【考点】论证推理 假设、前提 论据+结论型论证的假设

B 选项:如果人类会以自己的同类为食,那么发现的烧焦的智人骨头碎片的化石很可能是智人在吃同类时留下的,那么李研究员的反驳就不成立了,B 选项正确。

A 选项:**假设过强**、范围过大,我们只需要假设智人不以同类为食即可,其他动物是否以同类为食无关本推理。其他选项均与题干论证过程无关,排除。

故正确答案为B选项。

51. 【答案】E 【难度】S5 【考点】形式逻辑 假言命题 假言命题结构相似

题干:数理(A)→普通(B)∧兴趣(C),兴趣(C)∧¬普通(¬B)。因此,¬数理(¬A),题干的推理是正确的。

E选项:初学(A)→强健(B)∧温顺(C),强健(C)∧¬温顺(¬B),因此,¬初学(¬A),与题干论证结构一致,正确。

A选项:奖学金∧(¬贫困∧优秀),削弱了"奖学金→贫困∧优秀"。不相似。

B选项:畅销(A)→可读(B)∧包装(C),畅销(A)∧¬可读(¬B),因此,包装(C)。不相似。

C选项:缺乏保养(A)∧使用(B)→维修(C),使用(B)∧¬维修(¬C),因此,¬缺乏保养(¬A)。不相似。

D选项:投资(A)→设计(B)∨用地(C),设计(B)∧¬用地(¬C),因此,¬投资(¬A)。不相似。

故正确答案为E选项。

52. 【答案】C 【难度】S4 【考点】形式逻辑 假言命题 假言命题推理规则

题干信息:(1)畅销→可读;(2)可读→敏感点;(3)¬深入生活→¬敏感点。

结合(1)(2)(3)可得:(4)畅销→可读→敏感点→深入生活。

复选项Ⅰ:畅销→深入生活,符合(4),正确。复选项Ⅱ:¬敏感点→¬畅销,是(4)的等价逆否命题,正确。复选项Ⅲ:可读→¬深入生活,不符合题干逻辑关系,排除。

故正确答案为C选项。

53. 【答案】E 【难度】S5 【考点】论证推理 关键问题

题干信息:机译速度快且译文风格一致,因此机译翻译长公文好。

E选项:对于一篇长公文完全可以用一个翻译程序翻译,这样就能保持风格一致,所以不同的计算机翻译程序行文风格是否一致最不重要。

故正确答案为E选项。

54. 【答案】D 【难度】S6 【考点】论证推理 削弱、质疑、反驳 论据+结论型论证的削弱

论据:某法官审理的性别歧视类案件中60%的获胜方为女性。结论:该法官并未在性别歧视类案件的审理中有失公正。

复选项Ⅰ:归谬削弱,说明在性别歧视案件中,一旦女性起诉,那么一般都有确凿的理由和证据,获胜率应该非常高,但目前只有60%,所以该法官还是有失公正,可以削弱。复选项Ⅱ:与题干论证无关,排除。复选项Ⅲ:归谬削弱,说明女性的获胜率本应大于60%,但目前因为遭到了性别歧视,所以获胜率只有60%,该法官确实有失公正,可以削弱。

故正确答案为D选项。

55. 【答案】E 【难度】S4 【考点】形式逻辑 关系命题 关系命题的大小比较

题干信息:(1)甘蓝>菠菜;(2)绿芥蓝>莴苣;(3)甘蓝>莴苣。

从已知的条件(1)和(2)无法推出结论(3),所以需要补充条件。

E选项:绿芥蓝>甘蓝,即使加上该条件,甘蓝与莴苣的关系依然无法得知,不能使题干推断成立。

A 选项:甘蓝=绿芥蓝,结合(2)可得,甘蓝=绿芥蓝>莴苣,能使题干推理成立。
B 选项:菠菜>莴苣,结合(1)可得,甘蓝>菠菜>莴苣,能使题干推断成立。
C 选项:菠菜>绿芥蓝,结合(1)(2)可得,甘蓝>菠菜>绿芥蓝>莴苣,能使题干推断成立。
D 选项:菠菜=绿芥蓝,结合(1)(2)可得,甘蓝>菠菜=绿芥蓝>莴苣,能使题干推断成立。
故正确答案为 E 选项。

56.【答案】A 【难度】S5 【考点】论证推理 结论 细节题
题干信息:前 20%为超标单位,超标单位数量增加。
复选项Ⅰ:正确,如果前 20%的单位数量增加了,意味着后 80%的单位数量也增加了。复选项Ⅱ:错误,因为虽然用电单位数量总数增加了,但每家单位的平均耗电量可能下降较多,这样总耗电量还是减少的。复选项Ⅲ:错误,有可能前 20%的超标单位中有一家耗电量极大,使得所有单位的平均耗电量很高,平均值仅次于这家耗电量最高的公司,那么前 20%中剩下的超标单位耗电量就都小于平均值了,所以复选项Ⅲ的说法不对。
故正确答案为 A 选项。

57.【答案】D 【难度】S4 【考点】论证推理 假设、前提 论据+结论型论证的假设
论据:某次面试中有三分之一的应聘者撒谎。结论:测谎器有效。
如果面试时测试者知道使用了测谎器,那么他们会尽量不撒谎。然而,事实上确实有三分之一的人回答知道或者听说过道尔,这完全有可能是他们真的知道或听说过这个人,只不过是当时取得的信息是错误的,而他们本身并没有撒谎。这时就不能说明测谎器真的测出撒谎了,而是误测。
故正确答案为 D 选项。

58.【答案】A 【难度】S4 【考点】论证推理 漏洞识别
上述广告只说明了有人撒谎,但是并没有交代这个测谎器的准确率是多少,无法说明测谎器有效。
故正确答案为 A 选项。

59.【答案】B 【难度】S5 【考点】论证推理 结论 主旨题
题干信息:产生对 W1 的抗体,同时在 W2 和 W3 中对一个有利,对另一个有害。因此,大大减少病毒危害造成的损失。
如果 B 选项不成立,即 W2 和 W3 中有某一种病毒,其危害大于另外两种 W 病毒抗体所带来的好处,那么"大大减少病毒危害造成的损失"的结论就不一定成立了。
故正确答案为 B 选项。

60.【答案】D 【难度】S5 【考点】综合推理 数字相关题型
题干信息:同居默认是一男一女。非法同居的分居者分为三种情况:①分居者(男)+未婚、离婚或丧偶(女);②分居者(女)+未婚、离婚或丧偶(男);③分居者(男)+分居者(女)。
根据题干信息:②+③>①+③,即②>①。
复选项Ⅰ:与分居者非法同居的未婚、离婚或丧偶者的男性为②;与分居者非法同居的未婚、离婚或丧偶者的女性为①。由题干信息可知,②>①,正确。复选项Ⅱ:与分居者非法同居的男性为②+③;与分居者非法同居的女性为①+③。由题干信息可知,②+③>①+③,正确。复选项

Ⅲ：与分居者非法同居的分居男性为③；与分居者非法同居的分居女性为③。二者应该相等，排除。

故正确答案为 D 选项。

2001年管理类综合能力逻辑试题

三、逻辑推理：第21~70小题，每小题2分，共100分。下列每题给出的A、B、C、D、E五个选项中，只有一项是符合试题要求的。请在答题卡上将所选项的字母涂黑。

21. 今年上半年，即从1月到6月间，全国大约有300万台录像机售出。这个数字仅是去年全部录像机销售量的35%。由此可知，今年的录像机销售量一定会比去年少。

    以下哪项如果为真，最能削弱以上结论？

    A. 去年的录像机销售量比前年要少。

    B. 大多数对录像机感兴趣的家庭都已至少备有一台。

    C. 录像机的销售价格今年比去年便宜。

    D. 去年销售的录像机中有6成左右是在1月售出的。

    E. 一般说来，录像机的全年销售量70%以上是在年末两个月中完成的。

22. 据S市的卫生检疫部门统计，和去年相比，今年该市肠炎患者的数量有明显的下降。权威人士认为，这是由于该市的饮用水净化工程正式投入了使用。

    以下哪项最不能削弱上述权威人士的结论？

    A. 和天然饮用水相比，S市经过净化的饮用水中缺少了几种重要的微量元素。

    B. S市的饮用水净化工程在五年前动工，于前年正式投入了使用。

    C. 去年S市对餐饮业特别是卫生条件较差的大排档进行了严格的卫生检查和整顿。

    D. 由于引进了新的诊断技术，许多以前被诊断为肠炎的病案，今年被确诊为肠溃疡。

    E. 全国范围的统计数字显示，我国肠炎患者的数量呈逐年明显下降的趋势。

23. 一个心理健康的人，必须保持自尊；一个人只有受到自己所尊敬的人的尊敬，才能保持自尊；而一个用"追星"方式来表达自己尊敬情感的人，不可能受到自己所尊敬的人的尊敬。

    以下哪项结论可以从题干的断定中推出？

    A. 一个心理健康的人，不可能用"追星"的方式来表达自己的尊敬情感。

    B. 一个心理健康的人，不可能接受用"追星"的方式所表达的尊敬。

    C. 一个人如果受到了自己所尊敬的人的尊敬，他(她)一定是个心理健康的人。

    D. 没有一个保持自尊的人，会尊敬一个用"追星"方式表达尊敬情感的人。

    E. 一个用"追星"方式表达自己尊敬情感的人，完全可以同时保持自尊。

24. 某大公司的会计部经理要求总经理批准一项改革计划。

    会计部经理：我打算把本公司会计核算所使用的良友财务软件更换为智达财务软件。

    总经理：良友软件不是一直用得很好吗，为什么要换？

    会计部经理：主要是想降低员工成本。我拿到了一个会计公会的统计，在新雇员的财会软件培训成本上，智达软件要比良友低28%。

    总经理：我认为你这个理由并不够充分，你们完全可以聘请原本就会使用良友财务软件的雇员嘛。

    以下哪项如果为真，最能削弱总经理的反驳？

A. 现在公司的所有雇员都曾经被要求参加良友财务软件的培训。
B. 当一个雇员掌握了财务会计软件的使用技能后,他们就开始不断地更换雇主。
C. 有会计软件使用经验的雇员通常比没有太多经验的雇员要求更高的工资。
D. 该公司雇员的平均工作效率比其竞争对手的雇员要低。
E. 智达财务软件的升级换代费用可能会比良友财务软件升级的费用高。

25. 某仓库失窃,四个保管员因涉嫌盗窃而被传讯。四人的供述如下:

甲:我们四人都没作案。

乙:我们中有人作案。

丙:乙和丁至少有一人没作案。

丁:我没作案。

如果四人中有两人说的是真话,有两人说的是假话,则以下哪项断定成立?

A. 说真话的是甲和丙。　　B. 说真话的是甲和丁。　　C. 说真话的是乙和丙。

D. 说真话的是乙和丁。　　E. 说真话的是丙和丁。

26. 一位海关检查员认为,他在特殊工作经历中培养了一种特殊的技能,即能够准确地判定一个人是否在欺骗他。他的根据是,在海关通道执行公务时,短短的几句对话就能使他确定对方是否可疑;而在他认为可疑的人身上,无一例外地都查出了违禁物品。

以下哪项如果为真,能削弱上述海关检查员的论证?

Ⅰ. 在他认为不可疑而未经检查的入关人员中,有人无意地携带了违禁物品。

Ⅱ. 在他认为不可疑而未经检查的入关人员中,有人有意地携带了违禁物品。

Ⅲ. 在他认为可疑并查出违禁物品的入关人员中,有人是无意地携带了违禁物品。

A. 仅Ⅰ。　　B. 仅Ⅱ。　　C. 仅Ⅲ。　　D. 仅Ⅱ和Ⅲ。　　E. Ⅰ、Ⅱ和Ⅲ。

27. 商业伦理调查员:XYZ钱币交易所一直误导它的客户说,它的一些钱币是很稀有的。实际上那些钱币是比较常见而且很容易得到的。

XYZ钱币交易所:这太可笑了。XYZ钱币交易所是世界上最大的几个钱币交易所之一。我们销售的钱币是经过一家国际认证的公司鉴定的,并且有钱币经销的执照。

XYZ钱币交易所的回答显得很没有说服力,因为它_____

以下哪项作为上文的后继最为恰当?

A. 故意夸大了商业伦理调查员的论述,使其显得不可信。

B. 指责商业伦理调查员有偏见,但不能提供足够的证据来证实他的指责。

C. 没能证实其他钱币交易所也不能鉴定他们所卖的钱币。

D. 列出了XYZ钱币交易所的优势,但没有对商业伦理调查员的问题做出回答。

E. 没有对"非常稀少"这一意思含混的词做出解释。

28. 某些种类的海豚利用回声定位来发现猎物:它们发射出滴答的声音,然后接收水域中远处物体反射的回音。海洋生物学家推测这些滴答声可能有另一个作用:海豚用异常高频的滴答声使猎物的感官超负荷,从而击晕近距离的猎物。

以下哪项如果为真,最能对上述推测构成质疑?

A. 海豚用回声定位不仅能发现远距离的猎物,而且能发现中距离的猎物。

B. 作为一种发现猎物的讯号,海豚发出的滴答声是它的猎物的感官所不能感知的,只有海豚能够感知从而定位。

C. 海豚发出的高频讯号即使能击晕它们的猎物,这种效果也是很短暂的。

D. 蝙蝠发出的声波不仅能使它发现猎物,而且这种声波能对猎物形成特殊刺激,从而有助于蝙蝠捕获它的猎物。

E. 海豚想捕获的猎物离自己越远,它发出的滴答声就越高。

29. 针对当时建筑施工中工伤事故频发的严峻形势,国家有关部门颁布了《建筑业安全生产实施细则》(以下简称《细则》)。但是,在《细则》颁布实施的两年间,覆盖全国的统计显示,在建筑施工中伤亡职工的数量每年仍有增加。这说明,《细则》并没有得到有效的实施。

以下哪项如果为真,最能削弱上述论证?

A. 在《细则》颁布后的两年中,施工中的建筑项目的数量有了很大的增长。

B. 严格实施《细则》,将不可避免地提高建筑业的生产成本。

C. 在题干所提及的统计结果中,在事故中死亡职工的数量较《细则》颁布前有所下降。

D. 《细则》实施后,对工伤职工的补偿金和抚恤金的标准较之前有所提高。

E. 在《细则》颁布后的两年中,在建筑业施工的职工数量有了很大的增长。

30~31题基于以下题干:

李工程师:在日本,肺癌病人的平均生存年限(从确诊至死亡的年限)是9年,而在亚洲的其他国家,肺癌病人的平均生存年限只有4年。因此,日本在延长肺癌病人生命方面的医疗水平要高于亚洲的其他国家。

张研究员:你的论证缺乏充分的说服力。因为日本人的自我保健意识总体上高于其他的亚洲人,因此,日本肺癌患者的早期确诊率要高于亚洲其他国家。

30. 张研究员的反驳基于以下哪项假设?

Ⅰ. 肺癌患者的自我保健意识对于其疾病的早期确诊起到重要作用。
Ⅱ. 肺癌的早期确诊对延长患者的生存年限起到重要作用。
Ⅲ. 对肺癌的早期确诊技术是衡量防治肺癌医疗水平的一个重要方面。

A. 仅Ⅰ。　　B. 仅Ⅱ。　　C. 仅Ⅲ。　　D. 仅Ⅰ和Ⅱ。　　E. Ⅰ、Ⅱ和Ⅲ。

31. 以下哪项如果为真,能最为有力地指出李工程师论证中的漏洞?

A. 亚洲一些发展中国家的肺癌患者是死于由肺癌引起的并发症。

B. 日本人的平均寿命不仅居亚洲之首,而且居世界之首。

C. 日本的胰腺癌病人的平均生存年限是5年,接近于亚洲的平均水平。

D. 日本医疗技术的发展,很大程度上得益于对中医的研究和引进。

E. 一个数大大高于某些数的平均数,不意味着这个数高于这些数中的每个数。

32. 近10年来,移居清河界森林周边地区生活的居民越来越多。环保组织的调查统计表明,清河界森林中的百灵鸟的数量近十年来呈明显下降的趋势。但是恐怕不能把这归咎于森林周边地区居民的增多,因为森林的面积并没有因为周边居民人口的增多而减少。

以下哪项如果为真,最能削弱题干的论证?

A. 警方每年都接到报案,来自全国各地的不法分子无视禁令,深入清河界森林捕猎。

B. 清河界森林的面积虽没减少,但由于几个大木材集团公司的滥砍滥伐,森林中树木的数量锐减。

C. 清河界森林周边居民丢弃的生活垃圾吸引了越来越多的乌鹛,这是一种专门觅食百灵鸟卵的鸟类。

D. 清河界森林周边的居民大都从事农业,只有少数经营商业。

E. 清河界森林中除百灵鸟的数量近十年来呈明显下降的趋势外,其余的野生动物生长态势良好。

33. 农科院最近研制了一种高效杀虫剂,通过飞机喷撒能够大面积地杀死农田中的害虫。这种杀虫剂的特殊配方虽然能保护鸟类免受其害,但却无法保护有益昆虫。因此,这种杀虫剂在杀死害虫的同时,也杀死了农田中的各种益虫。

以下哪项产品的特点,和题干中的杀虫剂最为类似?

A. 一种新型战斗机,它所装有的特殊电子仪器使得飞行员能对视野之外的目标发起有效攻击。这种电子仪器能区分客机和战斗机,但不能同样准确地区分不同的战斗机。因此,当它在对视野之外的目标发起有效攻击时,有可能误击友机。

B. 一种带有特殊回音强立体声效果的组合音响,它能使其主人在欣赏它的时候倍感兴奋和刺激,但往往同时使左邻右舍不得安宁。

C. 一部经典的中国文学名著,它真实地再现了中晚期中国封建社会的历史,但是,不同立场的读者从中得出不同的见解和结论。

D. 一种新投入市场的感冒药,它能迅速消除患者的感冒症状,但也会使服药者在一段时间中昏昏欲睡。

E. 一种新推出的电脑杀毒软件,它能随机监视并杀除入侵病毒,并在必要时会自动提醒使用者升级,但是,它同时减低了电脑的运行速度。

34. 用蒸馏麦芽渣提取的酒精作为汽油的替代品进入市场,使得粮食市场和能源市场发生了前所未有的直接联系。到1995年,谷物作为酒精的价值已经超过了作为粮食的价值。西方国家已经或正在考虑用从谷物提取的酒精来替代一部分进口石油。

如果上述断定为真,则对于那些已经用从谷物提取的酒精来替代一部分进口石油的西方国家,以下哪项,最可能是1995年后进口石油价格下跌的后果?

A. 一些谷物从能源市场转入粮食市场。　　B. 一些谷物从粮食市场转入能源市场。

C. 谷物的价格面临下跌的压力。　　D. 谷物的价格出现上浮。

E. 国产石油的销量大增。

35. 自从20世纪中叶化学工业在世界范围内成为一个产业以来,人们一直担心它所造成的污染将会严重影响人类的健康。但统计数据表明,这半个世纪以来,化学工业发达的工业化国家的人均寿命增长率,大大高于化学工业不发达的发展中国家。因此,人们关于化学工业危害人类健康的担心是多余的。

以下哪项是上述论证必须假设的?

A. 20世纪中叶,发展中国家的人均寿命低于发达国家。

B. 如果出现发达的化学工业,发展中国家的人均寿命增长率会因此更低。

C. 如果不出现发达的化学工业,发达国家的人均寿命增长率不会因此更高。

D. 化学工业带来的污染与它带给人类的巨大效益相比是微不足道的。

E. 发达国家在治理化学工业污染方面投入巨大,效果明显。

36. 许多孕妇都出现了维生素缺乏的症状,但这通常不是由于孕妇的饮食中缺乏维生素,而是由于腹内婴儿的生长使她们比其他人对维生素有更高的需求。

为了评价上述结论的确切程度,以下哪项操作最为重要?

A. 对某个缺乏维生素的孕妇的日常饮食进行检测,确定其中维生素的含量。

B. 对某个不缺乏维生素的孕妇的日常饮食进行检测,确定其中维生素的含量。

C. 对孕妇的科学食谱进行研究,以确定有利于孕妇摄入足量维生素的最佳食谱。

D. 对日常饮食中维生素足量的一个孕妇和一个非孕妇进行检测,并分别确定她们是否缺乏维生素。

E. 对日常饮食中维生素不足量的一个孕妇和另一个非孕妇进行检测,并分别确定她们是否缺乏维生素。

37. 经 A 省的防疫部门检测,在该省境内接受检疫的长尾猴中,有 1% 感染上了狂犬病。但是只有与人及其宠物有接触的长尾猴才接受检疫。防疫部门的专家因此推测,该省长尾猴中感染有狂犬病的比例,将大大小于 1%。

以下哪项如果为真,将最有力地支持专家的推测?

A. 在 A 省境内,与人及其宠物有接触的长尾猴,只占长尾猴总数的不到 10%。

B. 在 A 省,感染有狂犬病的宠物,约占宠物总数的 0.1%。

C. 在与 A 省毗邻的 B 省境内,至今没有关于长尾猴感染狂犬病的疫情报告。

D. 与和人的接触相比,健康的长尾猴更愿意与人的宠物接触。

E. 与健康的长尾猴相比,感染有狂犬病的长尾猴更愿意与人及其宠物接触。

38. 一个已经公认的结论是,北美洲人的祖先来自亚洲。至于亚洲人是如何到达北美洲的呢,科学家们一直假设,亚洲人是跨越在 14 000 年以前还联结着北美洲和亚洲,后来沉入海底的陆地进入北美洲的,在艰难的迁徙途中,他们靠捕猎沿途陆地上的动物为食。最近的新发现导致了一个新的假设,亚洲人是驾船沿着上述陆地的南部海岸,沿途以鱼和海洋生物为食而进入北美洲的。

以下哪项如果为真,最能使人有理由在两个假设中更相信后者?

A. 当北美洲和亚洲还连在一起的时候,亚洲人主要以捕猎陆地上的动物为生。

B. 上述联结北美洲和亚洲的陆地气候极为寒冷,植物品种和数量都极为稀少,无法维持动物的生存。

C. 存在于 8 000 年以前的亚洲和北美文化,显示出极大的类似性。

D. 在欧洲,靠海洋生物为人的食物来源的海洋文化,最早发端于 10 000 年以前。

E. 在亚洲南部,靠海洋生物为人的食物来源的海洋文化,最早发端于 14 000 年以前。

39. 有着悠久历史的肯尼亚国家自然公园以野生动物在其中自由出没而著称。在这个公园中,已经有 10 多年没有出现灰狼了。最近,公园的董事会决定引进灰狼。董事会认为,灰狼不会对游客造成危害,因为灰狼的习性是避免与人接触;灰狼也不会对公园中的其他野生动物造成危害,因为公园为灰狼准备了足够的家畜如山羊、兔子等作为食物。

以下各项如果为真,都能加强题干中董事会的论证,除了:

A. 作为灰狼食物的山羊、兔子等和野生动物一样在公园中自由出没,这增加了公园的自然气息和游客的乐趣。

B. 灰狼在进入公园前将经过严格的检疫,事实证明,只有患有狂犬病的灰狼才会主动攻击人。

C. 自然公园中,游客通常坐在汽车中游览,不会遭到野兽的直接攻击。

D. 麋鹿是一种反应极其敏捷的野生动物。灰狼在公园中对麋鹿可能的捕食将减少其中的不良个体,从总体上有利于麋鹿的优化繁衍。

E. 公园有完备的排险设施,能及时地监控并有效地排除人或野生动物遭遇的险情。

40. 科学研究表明,大量吃鱼可以大大减少患心脏病的危险,这里起作用的关键因素是在鱼油中所含的丰富的"奥米加-3"脂肪酸。因此,经常服用保健品"奥米加-3"脂肪酸胶囊将大大有助于预防心脏病。

以下哪项如果为真,最能削弱题干的论证?

A. "奥米加-3"脂肪酸胶囊从研制到试销,才不到半年的时间。

B. 在导致心脏病的各种因素中,遗传因素占了很重要的地位。

C. 不少保健品都有不同程度的副作用。

D. "奥米加-3"脂肪酸只有和主要存在于鱼体内的某些物质化合后才能产生保健疗效。

E. "奥米加-3"脂肪酸胶囊不在卫计委最近推荐的十大保健品之列。

41. 关节尿酸炎是一种罕见的严重关节疾病。一种传统的观点认为,这种疾病曾于2 500年前在古埃及流行,其根据是在所发现的那个时代的古埃及木乃伊中,有相当高的比例可以发现患有这种疾病的痕迹。但是,最近对于上述木乃伊骨骼的化学分析使科学家推测,木乃伊所显示的关节损害实际上是对尸体进行防腐处理时所使用的化学物质引起的。

以下哪项如果为真,最能进一步加强对题干中所提及的传统观点的质疑?

A. 在我国西部所发现的木乃伊中,同样可以发现患有关节尿酸炎的痕迹。

B. 关节尿酸炎是一种遗传性疾病,但在古埃及人的后代中这种病的发病率并不比一般的要高。

C. 对尸体进行成功的防腐处理,是古埃及人一项密不宣人的技术,科学家至今很难确定他们所使用物质的化学性质。

D. 在古代中东文物艺术品的人物造型中,可以发现当时的人患有关节尿酸炎的参考证据。

E. 一些古埃及的木乃伊并没有显示患有关节尿酸炎的痕迹。

42. 为了挽救濒临灭绝的大熊猫,一种有效的方法是把它们都捕获到动物园进行人工饲养和繁殖。

以下哪项如果为真,最能对上述结论提出质疑?

A. 在北京动物园出生的小熊猫京京,在出生24小时后,意外地被它的母亲咬断颈动脉而不幸夭折。

B. 近五年在全世界各动物园中出生的熊猫总数是9只,而在野生自然环境中出生的熊猫的数字,不可能准确地获得。

C. 只有在熊猫生活的自然环境中,才有它们足够吃的嫩竹,而嫩竹几乎是熊猫的唯一食物。

D. 动物学家警告,对野生动物的人工饲养将会改变它们的某些遗传特性。

E. 提出上述观点的是一个动物园主,他的动议带有明显的商业动机。

43. 自1940年以来,全世界的离婚率不断上升。因此,目前世界上的单亲儿童,即只与生身父母中的某一位一起生活的儿童,在整个儿童中所占的比例,一定高于1940年。

以下哪项关于世界范围内相关情况的断定如果为真,最能对上述推断提出质疑?

A. 1940年以来,特别是70年代以来,相对和平的环境和医疗技术的发展,使中青年已婚男女的死亡率极大地降低。

B. 1980年以来,离婚男女中的再婚率逐年提高,但其中的复婚率却极低。

C. 目前全世界儿童的总数,是1940年的两倍以上。

D. 1970年以来,初婚夫妇的平均年龄在逐年上升。

E. 目前每对夫妇所生子女的平均数,要低于1940年。

44. 鸡油菌这种野生蘑菇生长在宿主树下,如在道氏杉树的底部生长。道氏杉树为它提供生长所需的糖分,鸡油菌在地下用来汲取糖分的纤维部分为它的宿主提供养料和水。由于它们之间这种互利关系,过量采摘道氏杉树根部的鸡油菌会对道氏杉树的生长不利。

以下哪项如果为真,将对题干的论述构成质疑?

A. 在最近的几年中,野生蘑菇的产量有所上升。

B. 鸡油菌不只在道氏杉树底部生长,也在其他树木的底部生长。

C. 很多在森林中生长的野生蘑菇在其他地方无法生长。

D. 对某些野生蘑菇的采摘会促进其他有利于道氏杉树的蘑菇的生长。

E. 如果没有鸡油菌的滋养,道氏杉树的种子不能成活。

45. 以下是一个西方经济学家陈述的观点:一个国家如果能有效率地运作经济,就一定能创造财富而变得富有;而这样的一个国家想保持政治稳定,它所创造的财富必须得到公正的分配;而财富的公正分配将结束经济风险;但是,风险的存在正是经济有效运作的不可或缺的先决条件。

从这个经济学家的上述观点,可以得出以下哪项结论?

A. 一个国家政治上的稳定和经济上的富有不可能并存。

B. 一个国家政治上的稳定和经济上的有效率运作不可能并存。

C. 一个富有国家的经济运作一定是有效率的。

D. 在一个经济运作无效率的国家中,财富一定得到了公正的分配。

E. 一个政治上不稳定的国家,一定同时充满了经济风险。

46. 各品种的葡萄中都存在着一种化学物质,这种物质能有效地减少人血液中的胆固醇。这种物质也存在于各类红酒和葡萄汁中,但白酒中不存在。红酒和葡萄汁都是用完整的葡萄作原料制作的;白酒除了用粮食作原料外,也用水果作原料,但和红酒不同,白酒在以水果作原料时,必须除去其表皮。

以上信息最能支持以下哪项结论?

A. 用作制酒的葡萄的表皮都是红色的。

B. 经常喝白酒会增加血液中的胆固醇。

C. 食用葡萄本身比饮用由葡萄制作的红酒或葡萄汁更有利于减少血液中的胆固醇。

D. 能有效地减少血液中胆固醇的化学物质,只存在于葡萄之中,不存在于粮食作物之中。

E. 能有效地减少血液中胆固醇的化学物质,只存在于葡萄的表皮之中,而不存在于葡萄的其他部分中。

47. 一词当然可以多义,但一词的多义应当是相近的。例如,"帅"可以解释为"元帅",也可以解释为"杰出",这两个含义是相近的。由此看来,把"酷(cool)"解释为"帅"实在是英语中的一种误用,应当加以纠正,因为"酷"在英语中的初始含义是"凉爽",和"帅"丝毫不相及。

以下哪项是题干的论证所必须假设的?

A. 一个词的初始含义是该词唯一确切的含义。

B. 除了"cool"以外,在英语中不存在其他的词具有不相关的多种含义。

C. 语词的多义将造成思想交流的困难。

D. 英语比汉语更容易产生语词歧义。

E. 语言的发展方向是一词一义,用人工语言取代自然语言。

48. 在各种动物中,只有人的发育过程包括了一段青春期,即由性器官逐步发育到完全成熟的一段相对较长的时期。至于各个人种的原始人类,当然我们现在只能通过化石才能确认和研究他们的曾经存在,是否也像人类一样有青春期这一点则难以得知,因为_____

以下哪项作为上文的后继最为恰当?

A. 关于原始人类的化石,虽然越来越多地被发现,但对于我们完全地了解自己的祖先总是不够的。

B. 对动物的性器官由发育到成熟的测定,必须基于对同一个体在不同年龄段的测定。

C. 对于异种动物,甚至对于同种动物中的不同个体,性器官由发育到成熟所需的时间是不同的。

D. 已灭绝的原始人的完整骨架化石是极其稀少的。

E. 无法排除原始人类像其他动物一样,性器官无须逐渐发育而迅速成熟以完成繁衍。

49. 麦角碱是一种可以在谷物种子的表层大量滋生的菌类,特别多见于黑麦。麦角碱中含有一种危害人体的有毒化学物质。黑麦是在中世纪引进欧洲的。由于黑麦可以在小麦难以生长的贫瘠和潮湿的土地上有较好的收成,因此,就成了那个时代贫穷农民的主要食物来源。

上述信息最能支持以下哪项断定?

A. 在中世纪以前,麦角碱从未在欧洲出现。

B. 在中世纪以前,欧洲贫瘠而潮湿的土地基本上没有得到耕作。

C. 在中世纪的欧洲,如果不食用黑麦,就可以避免受到麦角碱所含有毒物质的危害。

D. 在中世纪的欧洲,富裕农民比贫穷农民较多地意识到麦角碱所含有毒物质的危害。

E. 在中世纪的欧洲,富裕农民比贫穷农民较少受到麦角碱所含有毒物质的危害。

50. 有种观点认为,到21世纪初,和发达国家相比,发展中国家将有更多的人死于艾滋病。其根据是:据统计,艾滋病毒感染人数在发达国家趋于稳定或略有下降,在发展中国家却持续快速发展;到21世纪初,估计全球的艾滋病毒感染者将达到四千万至一亿一千万人,其中,60%将集中在发展中国家。这一观点缺乏充分的说服力。因为,同样权威的统计数据表明,发达国家艾滋病感染者从感染到发病的平均时间要大大短于发展中国家,而从发病到死亡的平均时间只有发展中国家的二分之一。

以下哪项最为恰当地概括了上述反驳所使用的方法？

A. 对"论敌"的立论动机提出质疑。

B. 指出"论敌"把两个相近的概念当作同一概念来使用。

C. 对"论敌"的论据的真实性提出质疑。

D. 提出一个反例来否定"论敌"的一般性结论。

E. 指出"论敌"在论证中没有明确具体的时间范围。

51. 在目前财政拮据的情况下，在本市增加警力的动议不可取。在计算增加警力所需的经费开支时，光考虑到支付新增警员的工资是不够的，同时还要考虑到支付法庭和监狱新雇员的工资。由于警力的增加带来的逮捕、宣判和监管任务的增加，势必需要相关机构同时增员。

以下哪项如果为真，将最有力地削弱上述论证？

A. 增加警力所需的费用，将由中央和地方财政共同负担。

B. 目前的财政状况，绝不至于拮据到连维护社会治安的费用都难以支付的地步。

C. 湖州市与本市毗邻，去年警力增加19%，逮捕个案增加40%，判决个案增加13%。

D. 并非所有侦察都导致逮捕，并非所有逮捕都导致宣判，并非所有宣判都导致监禁。

E. 当警力增加到与市民的数量达到一个恰当的比例时，将会减少犯罪。

52. 烟草业仍然是有利可图的。在中国，尽管今年吸烟者中成人的人数减少，烟草生产商销售的烟草总量还是增加了。

以下哪项不能用来解释烟草销售量的增长和吸烟者中成人人数的减少？

A. 今年中，开始吸烟的妇女数量多于戒烟的男子数量。

B. 今年中，开始吸烟的少年数量多于同期戒烟的成人数量。

C. 今年，非吸烟者中咀嚼烟草及嗅鼻烟的人多于戒烟者。

D. 今年和往年相比，那些有长年吸烟史的人平均消费了更多的烟草。

E. 今年中国生产的香烟中用于出口的数量高于往年。

53. 赞扬一个历史学家对于具体历史事件阐述的准确性，就如同是在赞扬一个建筑师在完成一项宏伟建筑物时使用了合格的水泥、钢筋和砖瓦，而不是赞扬一个建筑材料供应商提供了合格的水泥、钢筋和砖瓦。

以下哪项最为恰当地概括了题干所要表达的意思？

A. 合格的建筑材料对于完成一项宏伟的建筑是不可缺少的。

B. 准确地把握具体的历史事件，对于科学地阐述历史发展的规律是不可缺少的。

C. 建筑材料供应商和建筑师不同，他的任务仅是提供合格的建筑材料。

D. 就如同一个建筑师一样，一个历史学家的成就，不可能脱离其他领域的研究成果。

E. 一个历史学家必须准确地阐述具体的历史事件，但这并不是他的主要任务。

54. 一般人总会这样认为，既然人工智能这门新兴学科是以模拟人的思维为目标，那么，就应该深入地研究人思维的生理机制和心理机制。其实，这种看法很可能误导这门新兴学科。如果说，飞机发明的最早灵感是来自于鸟的飞行原理的话，那么，现代飞机从发明、设计、制造到不断改进，没有哪一项是基于对鸟的研究之上的。

上述议论，最可能把人工智能的研究，比作以下哪项？

A. 对鸟的飞行原理的研究。 B. 对鸟的飞行的模拟。
C. 对人思维的生理机制和心理机制的研究。 D. 飞机的设计制造。
E. 飞机的不断改进。

55. 交通运输部科研所最近研制了一种自动照相机,凭借其对速度的敏锐反应,当且仅当违规超速的汽车经过镜头时,它会自动按下快门。在某条单向行驶的公路上,在一个小时中,这样的一架照相机共摄下了50辆超速的汽车的照片。从这架照相机出发,在这条公路前方的1千米处,一批交通警察于隐蔽处在进行目测超速汽车能力的测试。在上述同一个小时中,某个警察测定,共有25辆汽车超速通过。由于经过自动照相机的汽车一定经过目测处,因此,可以推定,这个警察的目测超速汽车的准确率不高于50%。

要使题干的推断成立,以下哪项是必须假设的?

A. 在该警察测定为超速的汽车中,包括在照相机处不超速而到目测处超速的汽车。
B. 在该警察测定为超速的汽车中,包括在照相机处超速而到目测处不超速的汽车。
C. 在上述一个小时中,在照相机前不超速的汽车,到目测处不会超速。
D. 在上述一个小时中,在照相机前超速的汽车,都一定超速通过目测处。
E. 在上述一个小时中,通过目测处的非超速汽车一定超过25辆。

56. 有的地质学家认为,如果地球的未勘探地区中单位面积的平均石油储藏量能和已勘探地区一样的话,那么,目前关于地下未开采的能源含量的正确估计因此要乘上一万倍。如果地质学家的这一观点成立,那么,我们可以得出结论:地球上未勘探地区的总面积是已勘探地区的一万倍。

为使上述论证成立,以下哪些是必须假设的?

Ⅰ. 目前关于地下未开采的能源含量的估计,只限于对已勘探地区。
Ⅱ. 目前关于地下未开采的能源含量的估计,只限于对石油含量。
Ⅲ. 未勘探地区中的石油储藏量能和已勘探地区一样得到有效的勘测和开采。

A. 仅Ⅰ。 B. 仅Ⅱ。 C. 仅Ⅲ。 D. 仅Ⅰ和Ⅱ。 E. Ⅰ、Ⅱ和Ⅲ。

57. 虽然菠菜中含有丰富的钙,但同时含有大量的浆草酸,浆草酸会有力地阻止人体对于钙的吸收。因此,一个人要想摄入足够的钙,就必须用其他含钙丰富的食物来取代菠菜,至少和菠菜一起食用。

以下哪项如果为真,最能削弱题干的论证?

A. 大米中不含有钙,但含有中和浆草酸并改变其性能的碱性物质。
B. 奶制品中的钙含量要远高于菠菜,许多经常食用菠菜的人也同时食用奶制品。
C. 在烹饪的过程中,菠菜中受到破坏的浆草酸要略多于钙。
D. 在人的日常饮食中,除了菠菜以外,事实上大量的蔬菜都含有钙。
E. 菠菜中除了钙以外,还含有其他丰富的营养素,另外,其中的浆草酸只阻止人体对钙的吸收,并不阻止对其他营养素的吸收。

58. 大嘴鲈鱼只在有鲦鱼出现的河中长有浮藻的水域里生活。漠亚河中没有大嘴鲈鱼。

从上述断定能得出以下哪项结论?

Ⅰ. 鲦鱼只在长有浮藻的河中才能发现。
Ⅱ. 漠亚河中既没有浮藻,又发现不了鲦鱼。

Ⅲ. 如果在漠亚河中发现了鲦鱼，则其中肯定不会有浮藻。
A. 仅Ⅰ。　　　　　　　　B. 仅Ⅱ。　　　　　　　　C. 仅Ⅲ。
D. 仅Ⅰ和Ⅱ。　　　　　　E. Ⅰ、Ⅱ和Ⅲ都不是。

59. 只要天上有太阳并且气温在零度以下，街上总有很多人穿着皮夹克。只要天下着雨并且气温在零度以上，街上总有人穿着雨衣。有时，天上有太阳但同时下着雨。

如果上述断定为真，则以下哪项一定为真？

A. 有时街上会有人在皮夹克外面套着雨衣。

B. 如果街上有很多人穿着皮夹克但天没下雨，则天上一定有太阳。

C. 如果气温在零度以下并且街上没有多少人穿着皮夹克，则天一定下着雨。

D. 如果气温在零度以上并且街上有人穿着雨衣，则天一定下着雨。

E. 如果气温在零度以上但街上没人穿雨衣，则天一定没下雨。

60. 在某校新当选的校学生会的七名委员中，有一个大连人，两个北方人，一个福州人，两个特长生（有特殊专长的学生），三个贫困生（有特殊经济困难的学生）。

假设上述介绍涉及了该学生会中的所有委员，则以下各项关于该学生会委员的断定都与题干不矛盾，除了：

A. 两个特长生都是贫困生。　　　　　　B. 贫困生不都是南方人。

C. 特长生都是南方人。　　　　　　　　D. 大连人是特长生。

E. 福州人不是贫困生。

61. 尽管计算机可以帮助人们进行沟通，计算机游戏却妨碍了青少年沟通能力的发展。他们把课余时间都花费在玩游戏上，而不是与人交流上。所以说，把课余时间花费在玩游戏上的青少年比其他孩子有较少的沟通能力。

以下哪项是上述议论最可能的假设？

A. 一些被动的活动，如看电视和听音乐，并不会阻碍孩子们的交流能力的发展。

B. 大多数孩子在玩电子游戏之外还有其他事情可做。

C. 在课余时间不玩电子游戏的孩子至少有一些时候是在与人交流。

D. 传统的教育体制对增强孩子们与人交流的能力没有帮助。

E. 由玩电子游戏带来的思维能力的增强对孩子们的智力开发并没有实质性的益处。

62~63 题基于以下题干：

以下是某市体委对该市业余体育运动爱好者一项调查中的若干结论：

所有的桥牌爱好者都爱好围棋；有围棋爱好者爱好武术；所有的武术爱好者都不爱好健身操；有的桥牌爱好者同时爱好健身操。

62. 如果上述结论都是真实的，则以下哪项不可能为真？

A. 所有的围棋爱好者也都爱好桥牌。　　B. 有的桥牌爱好者爱好武术。

C. 健身操爱好者都爱好围棋。　　　　　D. 有桥牌爱好者不爱好健身操。

E. 围棋爱好者都爱好健身操。

63. 如果在题干中再增加一个结论：每个围棋爱好者爱好武术或者健身操。则以下哪个人的业余体育爱好和题干断定的条件矛盾？

A. 一个桥牌爱好者,既不爱好武术,也不爱好健身操。

B. 一个健身操爱好者,既不爱好围棋,也不爱好桥牌。

C. 一个武术爱好者,爱好围棋,但不爱好桥牌。

D. 一个武术爱好者,既不爱好围棋,也不爱好桥牌。

E. 一个围棋爱好者,爱好武术,但不爱好桥牌。

64. 林园小区有住户中发现了白蚁。除非小区中有住户家中发现白蚁,否则任何小区都不能免费领取高效杀蚁灵。静园小区可以免费领取高效杀蚁灵。

如果上述断定都为真,则以下哪项据此不能断定真假?

Ⅰ.林园小区有的住户家中没有发现白蚁。

Ⅱ.林园小区能免费领取高效杀蚁灵。

Ⅲ.静园小区的住户家中都发现了白蚁。

A. 仅Ⅰ。　　B. 仅Ⅱ。　　C. 仅Ⅲ。　　D. 仅Ⅱ和Ⅲ。　　E. Ⅰ、Ⅱ和Ⅲ。

65. 一个产品要想稳固地占领市场,产品本身的质量和产品的售后服务二者缺一不可。空谷牌冰箱质量不错,但售后服务跟不上,因此,很难长期稳固地占领市场。

以下哪项推理的结构和题干的最为类似?

A. 德才兼备是一个领导干部尽职胜任的必要条件。李主任富于才干但疏于品德,因此,他难以尽职胜任。

B. 如果天气晴朗并且风速在三级之下,跳伞训练场将对外开放。今天的天气晴朗但风速在三级以上,所以跳伞场地不会对外开放。

C. 必须有超常业绩或者教龄在30年以上,才有资格获得教育部颁发的特殊津贴。张教授获得了教育部颁发的特殊津贴但教龄只有15年,因此,他一定有超常业绩。

D. 如果不深入研究广告制作的规律,则所制作的广告知名度和信任度不可兼得。空谷牌冰箱的广告既有知名度又有信任度,因此,这一广告的制作者肯定深入研究了广告制作的规律。

E. 一个罪犯要作案,必须既有作案动机又有作案时间。李某既有作案动机又有作案时间,因此,李某肯定是作案的罪犯。

66. 统计数据正确地揭示:整个20世纪,全球范围内火山爆发的次数逐年缓慢上升,只有在两次世界大战期间,火山爆发的次数明显下降。科学家同样正确地揭示:整个20世纪,全球火山的活动性处于一个几乎不变的水平上,这和19世纪的情况形成了鲜明的对比。

如果上述断定是真的,则以下哪项也一定是真的?

Ⅰ.如果20世纪不发生两次世界大战,全球范围内火山爆发的次数将无例外地呈逐年缓慢上升的趋势。

Ⅱ.火山自身的活动性,并不是造成火山爆发的唯一原因。

Ⅲ.19世纪全球火山爆发比20世纪要频繁。

A. 仅Ⅰ。　　B. 仅Ⅱ。　　C. 仅Ⅲ。　　D. 仅Ⅰ和Ⅱ。　　E. Ⅰ、Ⅱ和Ⅲ。

67. 吴大成教授:各国的国情和传统不同,但是对于谋杀和其他严重刑事犯罪实施死刑,至少是大多数人可以接受的。公开宣判和执行死刑可以有效地阻止恶性刑事案件的发生,它所带来的正面影响比可能存在的负面影响肯定要大得多,这是社会自我保护的一种必要机制。

史密斯教授：我不能接受您的见解。因为在我看来，对于十恶不赦的罪犯来说，终身监禁是比死刑更严厉的惩罚，而一般的民众往往以为只有死刑才是最严厉的。

以下哪项是对上述对话的最恰当评价？

A. 两人对各国的国情和传统有不同的理解。

B. 两人对什么是最严厉的刑事惩罚有不同的理解。

C. 两人对执行死刑的目的有不同的理解。

D. 两人对产生恶性刑事案件的原因有不同的理解。

E. 两人对是否大多数人都接受死刑有不同的理解。

68. 毫无疑问，未成年人吸烟应该加以禁止。但是，我们不能为了防止给未成年人吸烟以可乘之机，就明令禁止自动售烟机的使用。这种禁令就如同为了禁止无证驾车，在道路上设立路障，这道路障自然禁止了无证驾车，但同时也阻挡了99%以上的有证驾驶者。

为了对上述论证做出评价，回答以下哪个问题最为重要？

A. 未成年吸烟者在整个吸烟者中所占的比例是否超过1%？

B. 禁止使用自动售烟机带给成年购烟者的不便究竟有多大？

C. 无证驾车者在整个驾车者中所占的比例是否真的不超过1%？

D. 从自动售烟机中是否能买到任何一种品牌的香烟？

E. 未成年人吸烟的危害，是否真如公众认为的那样严重？

69. 1998年度的统计显示，对中国人的健康威胁最大的三种慢性病，按其在总人口中的发病率排列，依次是乙型肝炎、关节炎和高血压。其中，关节炎和高血压的发病率随着年龄的增长而增加，而乙型肝炎在各个年龄段的发病率没有明显的不同。中国人口的平均年龄，在1998年至2010年之间，将呈明显上升态势而逐步进入老人社会。

依据题干提供的信息，推出以下哪项结论最为恰当？

A. 到2010年，发病率最高的将是关节炎。

B. 到2010年，发病率最高的将仍是乙型肝炎。

C. 在1998年至2010年之间，乙型肝炎患者的平均年龄将增大。

D. 到2010年，乙型肝炎患者的数量将少于1998年。

E. 到2010年，乙型肝炎的老年患者将多于非老年患者。

70. 某研究所对该所上年度研究成果的统计显示：在该所所有的研究人员中，没有两个人发表的论文的数量完全相同；没有人恰好发表了10篇论文；没有人发表的论文的数量等于或超过全所研究人员的数量。

如果上述统计是真实的，则以下哪项断定也一定是真实的？

Ⅰ. 该所研究人员中，有人上年度没有发表1篇论文。

Ⅱ. 该所研究人员的数量，不少于3人。

Ⅲ. 该所研究人员的数量，不多于10人。

A. 仅Ⅰ和Ⅱ。 B. 仅Ⅰ和Ⅲ。 C. 仅Ⅰ。

D. Ⅰ、Ⅱ和Ⅲ。 E. Ⅰ、Ⅱ和Ⅲ都不一定是真实的。

2001年管理类综合能力逻辑试题解析

答案速查表

21~25	EAACC	26~30	DDBED	31~35	ECACC
36~40	DEBAD	41~45	BCADB	46~50	EABEB
51~55	EAEDD	56~60	DAEEA	61~65	CEAEA
66~70	BCBCB				

21.【答案】E 【难度】S4 【考点】论证推理 削弱、质疑、反驳 论据+结论型论证的削弱
论据:上半年销量是去年的35%。结论:今年销量一定低于去年。
E选项:以偏概全,表明上半年的数据不能很好地反映全年的情况,因为年末两个月的销量一般占到全年销量的70%以上。
故正确答案为E选项。

22.【答案】A 【难度】S5 【考点】论证推理 削弱、质疑、反驳 因果型论证的削弱
论据:肠炎患者数量明显下降(果)。结论:饮用水净化工程投入使用(因)。
A选项:无关选项,这些微量元素与肠炎有什么关系呢?未知,无法削弱。
B选项:归谬削弱,既然饮用水净化工程于前年就已经正式投入了使用,那么去年该市的肠炎患者的数量就应该下降了,对推理起到归谬削弱的作用。
C、D、E选项:他因削弱,均指出是其他原因导致肠炎患者的数量减少。
故正确答案为A选项。

23.【答案】A 【难度】S5 【考点】形式逻辑 假言命题 假言命题推理规则
题干信息:(1)心理健康→自尊;(2)自尊→受尊敬;(3)追星→¬受尊敬。
(1)(2)(3)传递可得:(4)心理健康→自尊→受尊敬→¬追星。
A选项中提到"心理健康",根据(4)可以正向推出"¬追星",正确。
故正确答案为A选项。

24.【答案】C 【难度】S5 【考点】论证推理 削弱、质疑、反驳 论据+结论型论证的削弱
会计部经理:智达软件新雇员培训成本低(论据),因此换智达软件降低成本(结论)。总经理:聘用原本会良友软件的雇员(不用培训)也可以降低成本。
C选项:说明聘用原本就会使用会计软件的雇员,工资要比没经验雇员的高,虽然培训费用可以节省,但是由于工资较高,员工总成本可能不会下降。
故正确答案为C选项。

25.【答案】C 【难度】S4 【考点】综合推理 真话假话题

第一步:简化题干信息	甲:(1)都不。乙:(2)有的。丙:(3)¬乙∨¬丁。丁:(4)¬丁
第二步:找矛盾关系或反对关系	(1)和(2)是矛盾关系,必一真一假

第三步:推知其余项真假	题干中两真两假,所以(3)和(4)之间也是一真一假
第四步:根据其余项真假,得出真实情况	若(4)为真,则(3)也为真,不符合一真一假,所以(4)为假,(3)为真,真实情况是丁作案了,乙没作案
第五步:代回矛盾或反对项,判断真假,选出答案	由"丁作案"这一真实情况可知,(1)为假,(2)为真。故说真话的是乙和丙。故正确答案为C选项。

26.【答案】D 【难度】S5 【考点】论证推理 削弱、质疑、反驳 论据+结论型论证的削弱
  题干信息:有骗有疑,无骗无疑。
  复选项Ⅰ:无意携带违禁物品是"无骗",无骗无疑,符合题干中海关检查员的技能。
  复选项Ⅱ:有意携带违禁物品是"有骗",有骗无疑,有因无果,反例削弱。
  复选项Ⅲ:无意携带违禁物品是"无骗",无骗有疑,无因有果,反例削弱。
  故正确答案为D选项。

27.【答案】D 【难度】S4 【考点】论证推理 漏洞识别
  商业伦理调查员:那些钱币是比较常见而且很容易得到的,并不稀有。XYZ钱币交易所:钱币交易所规模大,销售的钱和经过一家国际认证的公司鉴定,有经销执照。
  转移论题,钱币交易所列出了其优势,但没有对钱币是否稀有的问题做出回答。
  故正确答案为D选项。

28.【答案】B 【难度】S5 【考点】论证推理 削弱、质疑、反驳 因果型论证的削弱
  因:海豚发出的滴答声。**果**:使猎物感官超负荷,从而击晕近距离的猎物。
  B选项:**他因削弱**,如果猎物无法感知,那么就不可能实现"使感官超负荷",也就不可能击晕猎物,可以质疑。
  故正确答案为B选项。

29.【答案】E 【难度】S5 【考点】论证推理 削弱、质疑、反驳 论据+结论型论证的削弱
  论据:实施《细则》后,伤亡总量增加。结论:《细则》没有得到有效实施。
  相对数绝对数模型。要判断是否有效实施,不应该看绝对数,而应该看相对数,即每一百人中有几人伤亡,如果这个比例降低了,说明实施是有效的。
  E选项:说明职工总量有了很大增加,那么虽然伤亡总数比以前高了,但是伤亡的比例可能比以前低,最能削弱上述论证。
  故正确答案为E选项。

30.【答案】D 【难度】S5 【考点】论证推理 假设、前提 论据+结论型论证的假设
  李:延长肺癌病人生命的医疗水平较高,因此肺癌病人的平均生存年限高。
  张:自我保健意识较高,因此早期确诊率较高。
  张的反驳意在**他因削弱**,说明是"早期确诊率高"导致了"肺癌病人的平均生存年限高"。
  复选项Ⅰ:必须假设,否则张的推理便不成立,无法得出早期确诊率高的结论。复选项Ⅱ:必须假设,早期确诊率高,确实能延长患者寿命,即确实削弱了李的推理。复选项Ⅲ:削弱了张的推

理,即如果确诊率高是衡量医疗水平的重要方面,那么张的反驳便不成立了。
故正确答案为 D 选项。

31. 【答案】E 【难度】S5 【考点】论证推理 漏洞识别
论据:日本肺癌病人的平均生存年限比亚洲其他国家长。结论:日本在延长肺癌病人生命方面的医疗水平要高于亚洲的其他国家。
平均数陷阱,"平均生存年限为4年"并不代表每个国家都是4年,可能有的是20年,有的是20天。所以9年虽然大于4年,但无法推出日本的医疗水平高于其他亚洲国家。
故正确答案为 E 选项。

32. 【答案】C 【难度】S4 【考点】论证推理 削弱、质疑、反驳 因果型论证的削弱
论据:森林面积没有因为周边居民人口的增多而减少。结论:百灵鸟数量的减少(果)与居民(因)无关。
C 选项:**间接因果**,说明是由于周围居民丢弃的垃圾引来了乌鹃,导致百灵鸟的卵减少,故最终的原因还是周围的居民。
B 选项:只提到森林中树木的数量锐减,并没有说明这对百灵鸟产生什么影响,无法削弱。
故正确答案为 C 选项。

33. 【答案】A 【难度】S5 【考点】论证推理 论证方式相似、漏洞相似
题干信息:杀虫剂可以区分鸟类和昆虫,所以不会杀死鸟类;但不能区分益虫与害虫,因此,会误杀益虫。
A 选项:新型战斗机可以区分客机和战斗机,因此不会误伤客机;但不能区分友机与敌机,因此,会误伤友机,与题干类似。
故正确答案为 A 选项。

34. 【答案】C 【难度】S5 【考点】论证推理 结论 主旨题
题干信息:从谷物提取的酒精可以替代一部分进口石油。
C 选项:石油价格下跌后,会导致谷物作为酒精的价值与作为粮食的价值差缩小,因此谷物作为酒精便不那么有利可图,谷物的需求量会下降,价格也就相应的会有下跌压力,正确。
A、B 选项:无法推出,谷物是从能源市场转入粮食市场,还是从粮食市场转入能源市场,取决于谷物作为酒精的价值是否超过作为粮食的价值,如果超过就有利可图,会继续在能源市场,如果低于就无利可图,会转入粮食市场。所以,A、B 选项的情况无法确定。
故正确答案为 C 选项。

35. 【答案】C 【难度】S5 【考点】论证推理 假设、前提 论据+结论型论证的假设
论据:化学工业发达的国家人均寿命增长率高于不发达的国家。结论:化学工业无害健康。
C 选项:用化学工业发达的国家做了一个前后对照,如果更高了,则"有发达的化学工业的时候人均寿命增长率低,无发达的化学工业的时候人均寿命增长率高",说明化学工业是有害的,是必须的假设。
A、D、E 选项:无关选项,与题干论证过程无关,排除。
B 选项:用化学工业不发达的国家做了一个前后对照,结果发现有发达的化学工业后人均寿命增长率变低,这说明化学工业有害,起到削弱作用。

故正确答案为 C 选项。

36.【答案】D 【难度】S5 【考点】论证推理 关键问题
题干信息:腹内婴儿(因)导致孕妇缺乏维生素(果)。
要评价因果关系是否成立,最佳的思路是**设计对照实验**,让该原因成为唯一的变量。
D 选项:设计正反对照**对照实验**,如果结果是孕妇缺维生素而非孕妇不缺,则对题干推理起到支持作用;如果两者都不缺,就对题干推理起到削弱作用。
故正确答案为 D 选项。

37.【答案】E 【难度】S6 【考点】论证推理 支持、加强 论据+结论型论证的支持
论据:与人及其宠物有接触的长尾猴中1%感染。结论:该省长尾猴的感染比例大大<1%。
要使该论证成立,就需要表明接受调查的长尾猴感染比例偏高。
E 选项:**建立联系**,感染的长尾猴更愿意与人及其宠物接触并接受了检查,这部分长尾猴感染比例为1%,那么推出全省的感染比例实际上将远远小于1%就合理了。
A 选项:只能表明接受检疫的长尾猴所占比例较低,但是无法由样本感染比例1%推理出整体感染比例大大<1%,排除。
故正确答案为 E 选项。

38.【答案】B 【难度】S5 【考点】论证推理 支持、加强 论据+结论型论证的支持
题干假设:(1)由陆地进入北美;(2)由海洋进入北美。
题干所描述的情景可以构成**剩余法**的模型,要更相信后者,只要将前者否定即可。
B 选项:表明"靠捕猎沿途陆地上的动物为食"这种情况不可能,所以不可能由陆地进入北美,在两种可能性中排除了前者,就可以使人更相信后者了,正确。
A 选项:表明存在由陆地进入北美的可能性,但无法使人更相信后者,排除。C 选项:文化是否类似与题干论证无关,排除。D、E 选项:海洋文化的发端时间与题干论证无关,排除。
故正确答案为 B 选项。

39.【答案】A 【难度】S4 【考点】论证推理 支持、加强 论据+结论型论证的支持
论据:灰狼不会危害游客和动物。结论:引进灰狼。
A 选项:削弱论证,说明灰狼会对其进行捕食,很可能会造成对其他野生动物的伤害,无法加强董事会的论证。
B、C、D、E 选项:均表明灰狼不会攻击人和其他野生动物,加强了董事会的论证。
故正确答案为 A 选项。

40.【答案】D 【难度】S4 【考点】论证推理 削弱、质疑、反驳 因果型论证的削弱
论据:鱼油中的脂肪酸可以大大减少患心脏病的危险。结论:服用脂肪酸胶囊将大大有助于预防心脏病。
D 选项:**他因削弱**,表明脂肪酸需要与鱼体内的某些物质化合后才能起到作用,所以保健品胶囊无法起到预防作用。
故正确答案为 D 选项。

41.【答案】B 【难度】S6 【考点】论证推理 削弱、质疑、反驳 论据+结论型论证的削弱

论据:相当高比例的古埃及木乃伊中发现患有关节尿酸炎的痕迹。结论:关节尿酸炎曾于2 500年前在古埃及流行。

B选项:归谬削弱,关节尿酸炎是一种遗传性疾病,如果传统观点成立,这种病曾于2 500年前在古埃及流行,那么古埃及人的后代中这种病的发病率应该比一般的要高,但事实上并非如此,所以说明这种病当时没有流行过,可以对传统观点进行质疑。

A选项:题干论证的是古埃及木乃伊,与我国西部的木乃伊无关,排除。C选项:是否能确定防腐物质的化学性质与题干论证无关,排除。D选项:即使发现了患有关节尿酸炎的证据也无法证明该病当时流行过,无法削弱。E选项:"一些"数量未知,无法削弱。

故正确答案为B选项。

42.【答案】C 【难度】S4 【考点】论证推理 削弱、质疑、反驳 论据+结论型论证的削弱

方法:将大熊猫捕获到动物园中饲养。目的:挽救濒临灭绝的大熊猫。

C选项:他因削弱,说明这种做法的后果是导致熊猫没有食物吃而无法存活,达不到目的。

A选项:力度较弱,举京京的反例,削弱力度较弱,排除。B选项:无效比较,野生环境的数量未知,无法削弱,排除。D选项:改变遗传特性与题干中的目的无关,只要能够使大熊猫不灭绝即可。E选项:是否有商业动机不能影响推理是否正确,无法削弱。

故正确答案为C选项。

43.【答案】A 【难度】S6 【考点】论证推理 削弱、质疑、反驳 论据+结论型论证的削弱

论据:离婚率上升。结论:单亲儿童比例增加。

单亲儿童比例=单亲儿童数量/总儿童数量=(离婚率+死亡率)×夫妻对数×平均每对夫妻孩子数/夫妻对数×平均每对夫妻孩子数。

A选项:他因削弱,说明虽然由离婚率上升导致"离婚性单亲儿童"增多,但是却由死亡率下降导致"死亡性单亲儿童"大量减少,因此"总的单亲儿童"的比例不一定增加。

B选项:无关选项,即使再婚孩子依然是单亲孩子。C、E选项:无法削弱,儿童总数的增加是由于"夫妻对数增加""平均每对夫妻孩子数增加",这两个因素不会影响该比例。D选项:无关选项,初婚夫妇的平均年龄与题干论证无关,排除。

故正确答案为A选项。

44.【答案】D 【难度】S5 【考点】论证推理 削弱、质疑、反驳 因果型论证的削弱

因:鸡油菌与道氏杉树有互利关系。果:过量采摘鸡油菌对道氏杉树不利。

D选项:他因削弱,表明采摘鸡油菌可能对道氏杉树是有利的。(虽然"某些野生蘑菇"指代不明,并不一定是鸡油菌,但是其他选项都无法起到任何削弱作用,D选项相对最优)

故正确答案为D选项。

45.【答案】B 【难度】S5 【考点】形式逻辑 假言命题 假言命题推理规则

题干信息:(1)有效→富有;(2)政稳→公正;(3)公正→¬风险;(4)有效→风险。

(2)(3)(4)传递可得:(5)政稳→公正→¬风险→¬有效。

B选项:由(5)可知:政稳→¬有效=有效→¬政稳,即"政稳"和"有效"无法并存,正确。

A选项:"政稳"与"富有"关系未知,排除。C、D、E选项:不合规则,"富有"无法推出"有效","¬有效"无法推出"公正","¬政稳"无法推出"风险",排除。

故正确答案为 B 选项。

46.【答案】E 【难度】S4 【考点】论证推理 结论 主旨题
题干信息:有葡萄皮的有该物质,没有葡萄皮的则没有该物质(对照实验)。
根据这个对照实验,我们可以判断出:该物质应该存在于葡萄皮之中,而不是其他部分。
故正确答案为 E 选项。

47.【答案】A 【难度】S5 【考点】论证推理 假设、前提 因果型论证的假设
论据:一词多义应当相近,"cool"初始含义是"凉爽"。结论:"cool"解释为"帅"是误用。
A 选项:排他因假设,排除初始含义不是该词的唯一确切含义的可能性,如果"cool"还有其他含义,那么有可能与"帅"相近,此时题干结论就不成立了,必须假设。
故正确答案为 A 选项。

48.【答案】B 【难度】S5 【考点】论证推理 结论 主旨题
题干信息:只能通过化石确认和研究原始人类,难以得知其是否有青春期。
题干最后问"因为",即需要解释原因:为什么通过化石无法得知原始人类是否有青春期呢?因为化石无法体现同一个体的不同年龄段情况,只能体现某一时刻的情况。
故正确答案为 B 选项。

49.【答案】E 【难度】S5 【考点】论证推理 结论 主旨题
题干信息:麦角碱常见于黑麦,黑麦是那个时代贫穷农民的主要食物来源。
E 选项:由题干信息可知,富人吃的黑麦相对较少,因此受到麦角碱的危害也相对较少。
C 选项:无法推出,因为题干没有说麦角碱只存在于黑麦中,可能别的植物也有。
故正确答案为 E 选项。

50.【答案】B 【难度】S5 【考点】论证推理 概括论证方式
观点1:发展中国家艾滋病感染人数迅速发展,有更多人死于艾滋病。
观点2:发达国家艾滋病感染者从感染到发病、从发病到死亡的平均时间都要大大短于发展中国家,所以发展中国家不一定有更多人死于艾滋病。
两种观点中的"感染艾滋病"和"死于艾滋病"这两个概念之间存在差异,不能混为一谈。故正确答案为 B 选项。

51.【答案】E 【难度】S6 【考点】论证推理 削弱、质疑、反驳 因果型论证的削弱
因:增加警力势必导致相关机构人员增加,财政开支增加。果:增加警力的动议不可取。
E 选项:否因削弱,如果 E 选项为真,则题干中的"因"未必会成立,即警察增加到一定比例后犯罪就会减少,所以其他相关机构不需要增员,财政开支也不会增加,增加警力可取。
A 选项:无法削弱,虽然是共同负担,但是地方也负担了,费用依然在增加,排除。B 选项:无法削弱,财政拮据情况与题干论证过程无关,排除。C 选项:无关选项,湖州市与本市是否具有可比性未知,故拿湖州市举例无效,排除。D 选项:力度较弱,并非都=有的不,比例占多少,是否会需要增加其他相关机构的工作人员?未知,排除。
故正确答案为 E 选项。

52.【答案】A 【难度】S4 【考点】论证推理 解释 解释现象

需要解释的现象:吸烟者中成人的人数减少,但是烟草销量却增加了。
A 选项:不能解释,因为题干中未涉及性别问题。
B 选项:可以解释,少年吸烟人数增加了,所以虽然成人吸烟人数减少,总销量仍可能增加。
C 选项:可以解释,不吸烟的人购买香烟的数量>戒烟者放弃的香烟购买量,总销量可能增加。
D 选项:可以解释,虽然成人吸烟的数量少了,但是单人烟草消费量增加了,总销量可能增加。
E 选项:可以解释,虽然国内香烟消费少了,但是出口增加,总销量可能增加。
故正确答案为 A 选项。

53.【答案】E 【难度】S5 【考点】论证推理 概括论证方式
类比推理,表明"赞扬历史学家对具体历史事件阐述的准确性"错了,类似于"赞扬建筑师使用了合格的材料",而不是"赞扬建筑材料供应商提供合格的材料",显然,使用合格的材料是建筑师必须做的,但他的主要贡献不在于使用了合格的材料,而在于他的设计。
故正确答案为 E 选项。

54.【答案】D 【难度】S5 【考点】论证推理 关键问题
类比推理,把"人工智能是模拟人的思维"与"飞机是模拟鸟的飞行"类比,把"对人思维机制研究"与"对鸟的研究"类比,把"对人工智能的研究"与"飞机的发明、设计、制造到不断改进"类比。
D 选项:描述了"设计和制造"两个关键点,而 E 选项只描述了一个,另外"不断改进"并不是重要的部分,是一个附带的、进一步可能会导致的结果。
故正确答案为 D 选项。

55.【答案】D 【难度】S6 【考点】论证推理 假设、前提 论据+结论型论证的假设
论据:相机拍到 50 辆,1 千米外警察目测到 25 辆。**结论**:目测准确率不高于 50%。
D 选项:**排他因假设**,有可能有一些在相机前超速的车到了 1 千米外的目测地点时减速了,在目测处没有出现超速情况,这样目测准确率就高于 50%了,必须假设。
故正确答案为 D 选项。

56.【答案】D 【难度】S6 【考点】论证推理 假设、前提 论据+结论型论证的假设
论据:未勘探地区中单位面积的平均石油储藏量能和已勘探地区一样。**结论**:(1)地下未开采的能源含量估计要乘上一万倍;(2)地球上未勘探地区的总面积是已勘探地区的一万倍。
要使推理成立必有两个条件:(1)现有的能源含量估计仅限于对已勘探地区。如果之前的估算已经包含了未勘探地区,那就无法得出能源储藏量要乘上一万倍的结论;(2)能源储藏的估算仅限于石油储藏量。题干是由"石油储藏量"推出"能源储藏量",概念之间存在差异,因此必须假设两个概念是等效的。所以复选项Ⅰ和复选项Ⅱ必须假设,复选项Ⅲ不是必须的假设,因为题干中没有提及要真的去开采。
正确答案为 D 选项。

57.【答案】A 【难度】S5 【考点】论证推理 削弱、质疑、反驳 论据+结论型论证的削弱
论据:菠菜中的浆草酸会阻止人体对钙的吸收。**结论**:要想摄入足够的钙,必须用其他含钙丰富的食物来取代菠菜,至少和菠菜一起食用。
结论中出现了"必须"这一绝对化的说法,所以只要能找出一个反例就可以削弱。

A 选项:**反例削弱**,大米不含钙,但是其含有的碱性物质能够中和浆草酸,从而保证人体对钙的吸收,所以要想摄入足够的钙,并不是"必须"要吃含钙丰富的食物,可以削弱。

B 选项:与题干论证一致,可以起到支持作用。C 选项:虽然受到破坏的浆草酸多于钙,但是烹饪之后菠菜中剩下的浆草酸和钙哪个多呢?是否能保证人体对钙的吸收呢?未知,无法削弱。

D、E 选项:与题干论证无关,排除。

故正确答案为 A 选项。

58. 【答案】E 【难度】S4 【考点】形式逻辑 假言命题 假言命题推理规则
题干信息:(1)鲈鱼→鲦鱼∧浮藻;(2)¬鲈鱼。
根据推理规则,由"¬鲈鱼"无法推出任何有效信息。
故正确答案为 E 选项。

59. 【答案】E 【难度】S4 【考点】形式逻辑 假言命题 假言命题推理规则
题干信息:(1)太阳∧零下→皮夹克 = 皮夹克→¬太阳∨¬零下;(2)雨∧零上→雨衣 = ¬雨衣→¬雨∨¬零上;(3)雨∧太阳。
E 选项:由"¬雨衣"为真,结合(2)可推知,¬雨∨¬零上,再由"零上",即否定了"¬零上",可得"¬雨",即天一定没下雨,正确。
A 选项:虽然存在天上有太阳但同时下着雨的情况,但温度不可能既是零上又是零下,所以无法推出既有皮夹克又有雨衣,排除。B 选项:由"皮夹克"无法推出任何有效信息,排除。C 选项:由"¬皮夹克"为真,结合(1)可推知,¬太阳∨¬零下,再由"¬零下",即否定了"¬零下",可得"¬太阳",没有太阳不一定"下着雨",排除。D 选项:由"雨衣"无法推出任何有效信息,排除。
故正确答案为 E 选项。

60. 【答案】A 【难度】S4 【考点】形式逻辑 概念 概念之间的关系
A 选项:如果两个特长生都是贫困生,则共有两个北方人(包括大连人),一个福州人,三个贫困生(包括两个特长生),共有 6 个人,与题干信息矛盾。
故正确答案为 A 选项。

61. 【答案】C 【难度】S5 【考点】论证推理 假设、前提 论据+结论型论证的假设
论据:课余时间花在游戏上,而不是与人交流上。**结论**:课余时间花在游戏上的青少年沟通能力较差。
C 选项:**排他因假设**,如果不玩游戏的孩子也不与人交流,那么题干的结论就不能成立了。
故正确选项为 C 选项。

62. 【答案】E 【难度】S4 【考点】形式逻辑 三段论 三段论正推题型
题干信息:(1)桥牌→围棋;(2)有的围棋→武术;(3)武术→¬健身;(4)有的桥牌→健身。
(4)(1)传递可得:(5)有的健身→桥牌→围棋。(2)(3)传递可得:(6)有的围棋→武术→¬健身。
E 选项:(6)的链条首尾信息为"有的围棋→¬健身",与"都"矛盾,故 E 选项为假。
A 选项:由(5)可知"桥牌→围棋"无法推出"围棋→桥牌",可能为真。B 选项:"桥牌"和"武术"不在同一个逻辑链条中,真假不确定。C 选项:由(5)"有的健身→围棋"可知"所有都"可能为真。D 选项:由(4)"有的桥牌→健身"可知"有的不"真假不确定。

故正确答案为 E 选项。

63. 【答案】A 【难度】S5 【考点】形式逻辑 直言命题 直言命题矛盾关系
补充信息：(7)围棋→武术∨健身。
(4)(1)(7)传递可得：(8)有的健身→桥牌→围棋→武术∨健身。
A 选项：是(8)"桥牌→武术∨健身"的矛盾关系，一定为假。
故正确答案为 A 选项。

64. 【答案】E 【难度】S4 【考点】形式逻辑 直言命题 直言命题真假不确定
题干信息：(1)林园→有白蚁；(2)¬有白蚁→¬免领；(3)静园→免领。
(2)(3)传递可得：(4)静园→免领→有白蚁。
根据(1)(4)，可以判断出林园和静园小区都是"有白蚁"。"有"为真时，"有的不"和"都"真假不确定，故复选项Ⅰ和复选项Ⅲ的真假不确定。林园小区"有白蚁"，无法推出"免领"，故复选项Ⅱ的真假不确定。
故正确选项为 E 选项。

65. 【答案】A 【难度】S5 【考点】形式逻辑 假言命题 假言命题结构相似
题干信息：市场(A)→质量(B)∧服务(C)，质量(B)∧¬服务(¬C)。因此，¬市场(¬A)。
A 选项：胜任(A)→才(B)∧德(C)，才(B)∧¬德(¬C)，因此，¬胜任(¬A)。相似。
B 选项：晴朗(A)∧三级之下(B)→开放(C)，晴朗(A)∧¬三级之下(¬B)，因此，¬开放(¬C)。不相似。C 选项：津贴(A)→业绩(B)∨30年以上(C)，津贴(A)∧¬30年以上(¬C)，因此，业绩(B)。不相似。D 选项：¬规律(A)→¬[知名度(B)∧信任度(C)]，知名度(B)∧信任度(C)，因此，规律(A)。不相似。E 选项：罪犯(A)→动机(B)∧时间(C)，动机(B)∧时间(C)，因此，罪犯(A)。不相似。
故正确答案为 A 选项。

66. 【答案】B 【难度】S5 【考点】论证推理 结论 细节题
统：次数下降 → 两次大战。科：火山活动性几乎不变，与19世纪鲜明对比
复选项Ⅰ：由"次数下降→两次大战"可得，¬两次大战→¬次数下降，次数不一定是"上升"，还可能是"持平"，排除。复选项Ⅱ：根据"火山活动性几乎不变但是爆发的次数逐年缓慢上升"可知，"火山活动性"并不是造成火山爆发的唯一原因，否则火山爆发应该是稳定的，而不是上升，正确。复选项Ⅲ：由于"火山活动性"并不是造成火山爆发的唯一原因，所以19世纪虽然火山活动性变化较大，但是爆发情况不得而知，排除。
故正确答案为 B 选项。

67. 【答案】C 【难度】S6 【考点】论证推理 焦点 焦点题型
吴：执行死刑可以有效地阻止恶性刑事案件的发生。史：死刑不是最严厉的惩罚。
吴认为，执行死刑的目的是有效地组织恶性刑事案件的发生；史认为，执行死刑的目的是给十恶不赦的罪犯最严厉的惩罚。
二人对执行死刑的目的理解不同。
故正确选项为 C 选项。

68.【答案】B 【难度】S5 【考点】论证推理 关键问题
题干论证:因为"为了禁止无证驾车而在道路上设置路障"是不可接受的,所以同样"为了不给未成年人吸烟以可乘之机就明令禁止自动售烟机的使用"也是不可接受的。

本题的论证方式为"类比+归谬",其是否正确的关键在于"两者是否具有可比性"。如果有可比性,那么推理得到加强;如果没有可比性,那么推理得到削弱。

因此,关键点在于 B 选项的内容。因为设置路障给有证驾驶员带来的不便是很大的,所以如果禁止售烟机给成年购烟者带来的不便也很大,那么两者具有可比性,题干的论证得到支持;如果带来的不便并不大,那么两者没有可比性,题干的论证得到削弱。

故正确答案为 B 选项。

69.【答案】C 【难度】S5 【考点】论证推理 结论 主旨题
题干信息:(1)威胁最大的三种慢性病中,关节炎和高血压的发病率随着年龄增长而增加,乙型肝炎无明显变化;(2)十年间中国人口平均年龄上升。

由"乙型肝炎发病率不随年龄变化"以及"中国人口平均年龄上升",可以推出乙型肝炎患者的平均年龄将增大,所以C选项正确。虽然关节炎和高血压的发病率随年龄的增长而增加,但增加幅度没有提及,故无法判断十年后这三种病的发病率排名,无法推出 A、B 选项。

故正确答案为 C 选项。

70.【答案】B 【难度】S5 【考点】综合推理 数字相关题型
题干信息:(1)没有两个人发表的论文的数量完全相同;(2)没有人恰好发表了10篇论文;(3)没有人发表的论文的数量等于或超过全所研究人员的数量。

复选项Ⅰ:成立。假设全所人员的数量为 n,则由(1)和(3)能够推出:全所人员发表论文的数量必定分别为 $0,1,2,\cdots,n-1$。复选项Ⅱ:不成立。例如,如果研究人员的数量是2,其中一人未发表论文,另一个发表了一篇论文,题干的三个结论可同时满足。复选项Ⅲ:成立。由(2)可推出:该所研究人员的数量不多于10人。如果数量多于10人,则一定有人恰好发表了10篇论文,与(2)矛盾。

故正确答案为 B 选项。

【温馨提示】想知道哪些知识点还没掌握?请打开"海绵MBA"APP,进入页面右上角【扫一扫】图标,扫描下方二维码,填入答案,系统会自动记录错题数据,方便查漏补缺。

2000年管理类综合能力逻辑试题

三、逻辑推理：第31~80小题,每小题2分,共100分。下列每题给出的A、B、C、D、E五个选项中,只有一项是符合试题要求的。请在答题卡上将所选项的字母涂黑。

31. 为降低成本,华强生公司考虑对中层管理者大幅减员。这一减员准备按如下方法完成:首先让50岁以上、工龄满15年者提前退休,然后解雇足够多的其他人使总数缩减为以前的50%。
    以下各项如果为真,则都可能是公司这一计划的缺点,除了:
    A. 由于人心浮动,经过该次减员后员工的忠诚度将会下降。
    B. 管理工作的改革将迫使商业团体适应商业环境的变化。
    C. 公司可以从中选拔未来高层经理人员的候选人将减少。
    D. 有些最好的管理人员在不知道其是否会被解雇的情况下选择提前退休。
    E. 剩下的管理人员的工作负担加重,使他们产生过分的压力而最终影响其表现。

32. 事实1:电视广告已经变得不是那么有效,在电视上推广的品牌中,观看者能够回忆起来的比重在慢慢下降。
    事实2:电视的收看者对由一系列连续播出的广告组成的广告段中第一个和最后一个商业广告的回忆效果,远远比对中间广告的回忆效果好。
    以下哪项如果为真,事实2最有可能解释事实1?
    A. 由于因特网的迅速发展,人们每天用来看电视的平均时间减少了。
    B. 为了吸引更多的观众,每个广告段的总时间长度减少了。
    C. 一般电视观众目前能够记住的电视广告的品牌名称,还不到他看过的一半。
    D. 在每一小时的电视节目中,广告段的数目增加了。
    E. 一个广告段中所包含的电视广告的平均数目增加了。

33. 在大型游乐公园里,现场表演是刻意用来引导人群流动的。午餐时间的表演是为了减轻公园餐馆的压力;傍晚时间的表演则有一个完全不同的目的:鼓励参观者留下来吃晚餐。表面上不同时间的表演有不同的目的,但这背后,却有一个统一的潜在目标,即_____。
    以下哪一选项作为本段短文的结束语最为恰当?
    A. 尽可能地减少各游览点的排队人数。
    B. 吸引更多的人来看现场表演,以增加利润。
    C. 最大限度地避免由于游客出入公园而引起交通阻塞。
    D. 在尽可能多的时间里最大限度地发挥餐馆的作用。
    E. 尽可能地招徕顾客,希望他们再次来公园游览。

34. 最近南方某保健医院进行为期10周的减肥试验,参加者平均减肥9公斤。男性参加者平均减肥13公斤,女性参加者平均减肥7公斤。医生将男女减肥差异归结为男性参加者减肥前体重比女性参加者重。
    从上文可推出以下哪个结论?
    A. 女性参加者减肥前体重都比男性参加者轻。

B. 所有参加者体重均下降。

C. 女性参加者比男性参加者多。

D. 男性参加者比女性参加者多。

E. 男性参加者减肥后体重都比女性参加者轻。

35. 过去,大多数航空公司都尽量减轻飞机的重量,从而达到节省燃油的目的。那时最安全的飞机座椅是非常重的,因此只安装很少的这类座椅。今年,最安全的座椅卖得最好。这非常明显地证明,现在的航空公司在安全和省油这两方面更倾向重视安全了。

以下哪项如果为真,能够最有力地削弱上述结论?

A. 去年销售量最大的飞机座椅并不是最安全的座椅。

B. 所有航空公司总是宣称它们比其他公司更加重视安全。

C. 与安全座椅销售不好的那些年比,今年的油价有所提高。

D. 由于原材料成本提高,今年的座椅价格比以往都贵。

E. 由于技术创新,今年最安全的座椅反而比一般座椅的重量轻。

36. 在美国与西班牙作战期间,美国海军曾经广为散发海报,招募兵员。当时最有名的一个海军广告是这样说的:美国海军的死亡率比纽约市民的死亡率还要低。海军的官员具体就这个广告解释说:"据统计,现在纽约市民的死亡率是每千人有16人,而尽管是战时,美国海军士兵的死亡率也不过每千人只有9人。"

如果以上资料为真,则以下哪项最能解释上述这种看起来很让人怀疑的结论?

A. 在战争期间,海军士兵的死亡率要低于陆军士兵。

B. 在纽约市民中包括生存能力较差的婴儿和老人。

C. 敌军打击美国海军的手段和途径没有打击普通市民的手段和途径来得多。

D. 美国海军的这种宣传主要是为了鼓动入伍,所以,要考虑其中夸张的成分。

E. 尽管是战时,纽约的犯罪仍然很猖獗,报纸的头条不时地有暴力和色情的报道。

37. 我国计算机网络事业发展很快。据中国互联网络中心(CNNIC)的一项统计显示,截至1999年6月30日,我国上网用户人数约400万,其中使用专线上网的用户人数约为144万,使用拨号上网的用户人数约324万。

根据以上统计数据,最可能推出以下哪项判断有误?

A. 考虑到我国有12亿多的人口,与先进国家相比,我国上网的人数还是少得可怜。

B. 专线上网与拨号上网的用户之和超过了上网用户的总数,这不能用四舍五入引起的误差来解释。

C. 用专线上网的用户中,多数也选用拨号上网,可能是在家里用拨号联网更方便。

D. 由于专线上网的设备能力不足,在使用拨号上网的用户中,仅有少数用户有使用专线上网的机会。

E. 从1994年到1999年的五年间,我国上网用户的平均年增长率在50%以上。

38. 在驾驶资格考试中,桩考(俗称考杆儿)是对学员要求很高的一项测试。在南崖市各驾驶学校以往的考试中,有一些考官违反工作纪律,也有些考官责任心不强,随意性较大,这些都是学员意见比较集中的问题。今年1月1日起,各驾驶学校考场均在场地的桩上安装了桩考器,由目测为主变成机器测量,使场地驾驶考试完全实现了电脑操作,提高了科学性。

以下哪项如果为真,将最有力地怀疑这种仪器的作用?

A. 机器都是人发明的,并且最终还是由人来操纵,所以,在执法中防止考官徇私仍有很大的必要。

B. 场地驾驶考试也要包括考察学员在驾驶室中的操作是否规范。

C. 机器测量的结果直接通过计算机打印,随意性的问题能完全消除。

D. 桩考器严格了考试纪律,但是,也会引起部分学员的反对,因为这样一来,就很难托关系走后门了。

E. 桩考器如果只在南崖市安装,许多学员会到外地参加驾驶考试。

39. 学校在为失学儿童义捐活动中收到两笔没有署真名的捐款,经过多方查找,可以断定是周、吴、郑、王中的某两位捐的。经询问,周说:"不是我捐的。"吴说:"是王捐的。"郑说:"是吴捐的。"王说:"我肯定没有捐。"最后经过详细调查,证实四个人中只有两个人说的是真话。

根据已知条件,请你判断下列哪项可能为真?

A. 是吴和王捐的。　　　　B. 是周和王捐的。　　　　C. 是郑和王捐的。

D. 是郑和吴捐的。　　　　E. 是郑和周捐的。

40. 一位研究人员希望了解他所在社区的人们喜欢的口味是可口可乐还是百事可乐。他找了一些喜欢可口可乐的人,要他们在一杯可口可乐和一杯百事可乐中,通过品尝指出喜好。杯子上不贴标签,以免商标引发明显的偏见,只是将可口可乐的杯子标志为"M",将百事可乐的杯子标志为"Q"。结果显示,超过一半的人更喜欢百事可乐,而非可口可乐。

以下哪项如果为真,最可能削弱上述论证的结论?

A. 参加者受到了一定的暗示,觉得自己的回答会被认真对待。

B. 参加者中很多人从来都没有同时喝过这两种可乐,甚至其中30%的参加者只喝过其中一种可乐。

C. 多数参加者对于可口可乐和百事可乐的市场占有情况是了解的,并且经过研究证明,他们普遍有一种同情弱者的心态。

D. 在对参加实验的人所进行的另外一个对照实验中,发现了一个有趣的结果:这些实验者中的大部分更喜欢英文字母 Q,而不大喜欢 M。

E. 在参加实验前的一个星期中,百事可乐的形象代表正在举行大规模的演唱会,演唱会的场地中有百事可乐的大幅宣传画,并且在电视转播中反复出现。

41. 有些家长对学龄前的孩子束手无策,他们自愿参加了当地的一个为期六周的"家长培训"计划。家长们在参加该项计划前后,要在一份劣行调查表上为孩子评分,以表明孩子到底给他们带来了多少麻烦。家长们报告说,在参加该计划之后,他们遇到的麻烦确实比参加之前要少。

以下哪项如果为真,最可能怀疑家长们所受到的这种培训的真正效果?

A. 这种训练计划所邀请的课程教授尚未结婚。

B. 参加这项训练计划的单亲家庭的家长比较多。

C. 家长们通常会在烦恼不堪、情绪落入低谷时才参加什么"家长培训"计划,而孩子们的捣乱和调皮有很强的周期性。

D. 填写劣行调查表对于这些家长来说不是一件容易的事情,尽管并不花费太多的时间。

E. 学龄前的孩子最需要父母的关心。起码,父母应当在每天都有和自己的孩子相处谈话的时间。专家建议,这个时间的低限是 30 分钟。

42. 近期的一项调查显示:日本产的"星愿"、德国产的"心动"和美国产的"EXAP"三种轿车最受女性买主的青睐。调查指出,在中国汽车市场上,按照女性买主所占的百分比计算,这三种轿车名列前三名。星愿、心动和 EXAP 三种车的买主,分别有 58%、55%和 54%是妇女。但是,最近连续 6 个月的女性购车量排行榜,却都是国产的富康轿车排在首位。

以下哪项如果为真,最有助于解释上述矛盾?

A. 每种轿车的女性买主占各种轿车买主总数的百分比,与某种轿车的买主之中女性所占的百分比是不同的。

B. 排行榜的设立,目的之一就是引导消费者的购车方向。而发展国产汽车业,排行榜的作用不可忽视。

C. 国产的富康轿车也曾经在女性买主所占的百分比的排列中名列前茅,只是最近才落到了第四名的位置。

D. 最受女性买主的青睐和女性买主真正花钱去购买是两回事,一个是购买欲望,一个是购买行为,不可混为一谈。

E. 女性买主并不意味着就是女性来驾驶,轿车登记的主人与轿车实际的使用者经常是不同的。而且,单位购车在国内占到了很重要的比例,不能忽略不计。

43. 最近的一项研究指出:"适量饮酒对妇女的心脏有益。"研究人员对 1 000 名女护士进行调查,发现那些每星期饮酒 3~15 次的人,其患心脏病的可能性较每星期饮酒少于 3 次的人低。因此,研究人员发现了饮酒量与妇女心脏病之间的联系。

以下哪项如果为真,最不可能削弱上述论证的结论?

A. 许多妇女因为感觉自己的身体状况良好,从而使得她们的饮酒量增加。

B. 调查显示:性格独立的妇女更愿意适量饮酒并同时加强自己的身体锻炼。

C. 护士因为职业习惯的原因,饮酒次数比普通妇女要多一些。再者,她们的年龄也偏年轻。

D. 对男性饮酒的研究发现,每星期饮酒 3~15 次的人中,有一半人患心脏病的可能性比少于 3 次的人还要高。

E. 这项研究得到了某家酒精饮料企业的经费资助,有人检举研究人员在调查对象的选择上有不公正的行为。

44. 许多消费者在超级市场挑选食品时,往往喜欢挑选那些用透明材料包装的食品,其理由是透明包装可以直接看到包装内的食品,这样心里有一种安全感。

以下哪项如果为真,最能对上述心理感觉构成质疑?

A. 光线对食品营养所造成的破坏,引起了科学家和营养专家的高度重视。

B. 食品的包装与食品内部的卫生程度并没有直接的关系。

C. 美国宾州州立大学的研究结果表明:牛奶暴露于光线之下,无论是何种光线,都会引起风味上的变化。

D. 有些透明材料包装的食品,有时候让人看了会倒胃口,特别是不新鲜的蔬菜和水果。

E. 世界上许多国家在食品包装上大量采用阻光包装。

45. 光线的照射，有助于缓解冬季忧郁症。研究人员曾对九名患者进行研究，他们均因冬季白天变短而患上了冬季忧郁症。研究人员让患者在清早和傍晚各接受三小时伴有花香的强光照射。一周之内，七名患者完全摆脱了抑郁，另外两人也表现出了显著的好转。由于光照会诱使身体误以为夏季已经来临，这样便治好了冬季忧郁症。

以下哪项如果为真，最能削弱上述论证的结论？

A. 研究人员在强光照射时有意使用花香伴随，对于改善患上冬季忧郁症的患者的适应性有不小的作用。

B. 九名患者中最先痊愈的三位均为女性，而对男性患者治疗的效果较为迟缓。

C. 该实验均在北半球的温带气候中，无法区分南北半球的实验差异，但也无法预先排除。

D. 强光照射对于皮肤的损害已经得到专门研究的证实，其中夏季比冬季的危害性更大。

E. 每天六小时的非工作状态，改变了患者原来的生活环境，改善了他们的心态，这是对抑郁症患者的一种主要影响。

46. 孩子出生后的第一年在托儿所度过，会引发孩子的紧张不安。在我们的研究中，有464名12~13岁的儿童接受了特异情景测试法的测验，该项测验意在测试儿童1岁时的状况与对母亲的依附心理之间的关系。其结果为：有41.5%曾在托儿所看护的儿童和25.7%曾在家看护的儿童被认为紧张不安，过于依附母亲。

以下哪项如果为真，最没有可能对上述研究的推断提出质疑？

A. 研究中所测验的孩子并不是从托儿所看护和在家看护两种情况下随机选取的。因此，这两组样本儿童的家庭很可能有系统性的差异存在。

B. 这项研究的主持者被证实曾经在自己的幼儿时期受到过长时间来自托儿所阿姨的冷漠。

C. 针对孩子的母亲的另一部分研究发现：由于孩子在家里表现出过度的依附心理，父母因此希望将其送入托儿所予以矫正。

D. 因为风俗的关系，在464名被测者中，在托儿所看护的大多数为女童，而在家看护的多数为男童。一般地说，女童比男童更易表现为紧张不安和依附母亲。

E. 出生后第一年在家看护的孩子多数是由祖父母或外祖父母看护的，并形成浓厚的亲情。

47. 在美国，实行死刑的州，其犯罪率要比不实行死刑的州低。因此，死刑能够减少犯罪。

以下哪项如果为真，最可能质疑上述推断？

A. 犯罪的少年，较之守法的少年更多出自无父亲的家庭。因此，失去了父亲能够引发少年犯罪。

B. 美国的法律规定了在犯罪地起诉并按其法律裁决，许多罪犯因此经常流窜犯罪。

C. 在最近几年，美国民间呼吁废除死刑的力量在不断减弱，一些政治人物也已经不再像过去那样在竞选中承诺废除死刑了。

D. 经过长期的跟踪研究发现，监禁在某种程度上成为酝酿进一步犯罪的温室。

E. 调查结果表明：犯罪分子在犯罪时多数都曾经想过自己的行为可能会受到死刑或终身监禁的惩罚。

48. 京华大学的30名学生近日里答应参加一项旨在提高约会技巧的计划。在参加这项计划前一个月,他们平均已经有过一次约会。30名学生被分成两组:第一组与6名不同志愿者进行6次"实习性"约会,并从约会对象得到对其外表和行为的看法的反馈;第二组仅为对照组。在进行"实习性"约会前,每一组都要分别填写社交忧惧调查表,并对其社交的技巧评定分数。进行实习性约会后,第一组需要再次填写调查表。结果表明:第一组较之对照组表现出更少的社交忧惧,在社交场合有更多的自信,以及更易进行约会。显然,实际进行约会,能够提高社会交际的水平。

以下哪项如果为真,最可能质疑上述推断?

A. 这种训练计划能否普遍开展,专家们对此有不同的看法。

B. 参加这项训练计划的学生并非随机抽取的,但是所有报名的学生并不知道实验计划将要包括的内容。

C. 对照组在事后一直抱怨他们并不知道计划已经开始,因此,他们所填写的调查表因对未来有期待而显得比较悲观。

D. 填写社交忧惧调查表时,学生需要对约会的情况进行一定的回忆,男学生普遍对约会对象评价得较为客观,而女学生则显得比较感性。

E. 约会对象是志愿者,他们在事先并不了解计划的全过程,也不认识约会的实验对象。

49. 赵青一定是一位出类拔萃的教练。她调到我们大学执教女排才一年,球队的成绩突飞猛进。

以下哪项如果为真,最有可能削弱上述论证?

A. 赵青以前曾经入选过国家青年女排,后来因为伤病提前退役。

B. 赵青之前的教练一直是男性,对于女运动员的运动生理和心理了解不够。

C. 调到大学担任女排教练之后,赵青在学校领导那里立下了军令状,一定要拿全国大学生联赛的冠军,结果只得了一个铜牌。

D. 女队员尽管是学生,但是对于赵青教练的指导都非常佩服,并自觉地加强训练。

E. 大学准备建设高水平的体育代表队,因此,从去年开始,就陆续招收一些职业队的退役队员。女排只招到了一个二传手。

50. 尽管是航空业萧条的时期,各家航空公司也没有节省广告宣传的开支。翻开许多城市的晚报,最近一直都在连续刊登如下广告:飞机远比汽车安全!你不要被空难的夸张报道吓破了胆,根据航空业协会的统计,飞机每飞行1亿千米死1人,而汽车每走5 000万千米死1人。汽车工业协会对这个广告大为恼火,他们通过电视公布了另外一组数字:飞机每20万飞行小时死1人,而汽车每200万行驶小时死1人。

如果以上资料均为真,则以下哪项最能解释上述这种看起来矛盾的结论?

A. 安全性只是人们在进行交通工具选择时所考虑问题的一个方面,便利性、舒适感以及某种特殊的体验都会影响消费者的选择。

B. 尽管飞机的驾驶员所受的专业训练远远超过汽车司机,但是,因为飞行高度的原因,飞机失事的生还率低于车祸。

C. 飞机的确比汽车安全,但是,空难事故所造成的新闻轰动要远远超过车祸,所以,给人们留下的印象也格外深刻。

D. 两种速度完全不同的交通工具,用运行的距离做单位来比较安全性是不全面的,用运行的时间来比较也会出现偏差。

E. 媒体只关心能否提高收视率和发行量,根本不尊重事情的本来面目。

51. 澳大利亚是个地广人稀的国家,不仅劳动力价格昂贵,而且很难雇到工人,许多牧场主均为此发愁。有个叫德尔的牧场主采用了一种办法,他用电网把自己的牧场圈起来,既安全可靠,又不需要多少牧牛工人。但是反对者认为这样会造成大量的电力浪费,对牧场主来说增加了开支,对国家的资源也不够节约。

以下哪项如果为真,能够削弱批评者对德尔的指责?

A. 电网在通电10天后就不再耗电,牛群因为有了惩罚性的经验,不会再靠近和触碰电网。
B. 节省人力资源对于国家来说也是一笔很大的财富。
C. 使用电网对于牛群来说是暴力式的放牧,不符合保护动物的基本理念。
D. 德尔的这种做法,既可以防止牛走失,也可以防范居心不良的人偷牛。
E. 德尔的这种做法思路新颖,可以考虑用在别的领域以节省宝贵的人力资源。

52. 由于烧伤致使四个手指黏结在一起时,处置方法是用手术刀将手指黏结部分切开,然后实施皮肤移植,将伤口覆盖住。但是,有一个非常头痛的问题是,手指靠近指根的部分常会随着伤势的愈合又黏结起来,非再一次开刀不可。一位年轻的医生从穿着晚礼服的新娘子手上戴的白手套得到启发,发明了完全套至指根的保护手套。

以下哪项如果为真,最能削弱该保护手套的作用?

A. 该保护手套的透气性能直接关系到伤势的愈合。
B. 由于材料的原因,保护手套的制作费用比较贵,如果不能大量使用,价格很难下降。
C. 烧伤后新生长的皮肤容易与保护手套粘连,在拆除保护手套时容易造成新的伤口。
D. 保护手套需要与伤患的手形吻合,这就影响了保护手套的大批量生产。
E. 保护手套不一定能适用于脚趾烧伤后的复原。

53. 日本脱口秀表演家金语楼曾获多项专利。有一种在打火机上装一个小抽屉代替烟灰缸的创意,在某次创意比赛中获得了大奖,备受推崇。比赛结束后,东京的一家打火机制造厂家将此创意进一步开发成产品推向市场,结果销路并不理想。

以下哪项如果为真,能最好地解释上面的矛盾?

A. 某家烟灰缸制造厂商在同期推出了一种新型的烟灰缸,吸引了很多消费者。
B. 这种新型打火机的价格比普通的打火机贵20日元,有的消费者觉得并不值得。
C. 许多抽烟的人觉得随地弹烟灰既不雅观,也不卫生,还容易烫坏衣服。
D. 参加创意比赛后,很多厂家都选择了这项创意来开发生产,几乎同时推向市场。
E. 作为一个脱口秀表演家,金语楼曾经在他主持的电视节目上介绍过这种新型打火机的奇妙构思。

54. 第二次世界大战期间,海洋上航行的商船常常遭到德国轰炸机的袭击,许多商船都先后在船上架设了高射炮。但是,商船在海上摇晃得比较厉害,用高射炮射击天上的飞机是很难命中的。战争结束后,研究人员发现,从整个战争期间架设过高射炮的商船的统计资料看,击落敌机的命中率只有4%。因此,研究人员认为,商船上架设高射炮是得不偿失的。

以下哪项如果为真,最能削弱上述研究人员的结论?

A. 在战争期间,未架设高射炮的商船,被击沉的比例高达25%;而架设了高射炮的商船,被击沉的比例只有不到10%。

B. 架设了高射炮的商船,即使不能将敌机击中,在某些情况下也可能将敌机吓跑。

C. 架设高射炮的费用是一笔不小的投入,而且在战争结束后,为了运行的效率,还要再花费资金将高射炮拆除。

D. 一般地说,上述商船用于高射炮的费用,只占整个商船的总价值的极小部分。

E. 架设高射炮的商船速度会受到很大的影响,不利于逃避德国轰炸机的袭击。

55. 根据韩国当地媒体10月9日的报道:用于市场主流的PC100规格的64MB-DRAM的8M×8内存元件,10月8日在美国现货市场的交易价格已跌至15.99~17.30美元之间,但前一个交易日的交易价格为16.99~18.38美元之间,一天内跌幅近1美元;而与台湾地震发生后曾经达到的最高价格21.46美元相比,已经下跌了约4美元。

以下哪项与题干内容有矛盾?

A. 台湾是生产这类元件的重要地区。

B. 美国是该元件的重要交易市场。

C. 若两人购买的数量相同,10月8日的购买者一定比10月7日的购买者省钱。

D. 韩国很可能是该元件的重要输出国或输入国,所以特别关心该元件的国际市场价格。

E. 该元件是计算机中的重要器件,供应商对市场的行情是很敏感的。

56. 在司法审判中,所谓肯定性误判是指把无罪者判为有罪,否定性误判是指把有罪者判为无罪。肯定性误判就是所谓的错判,否定性误判就是所谓的错放。而司法公正的根本原则是"不放过一个坏人,不冤枉一个好人"。某法学家认为,目前,衡量一个法院在办案中是否对司法公正的原则贯彻得足够好,就看它的肯定性误判率是否足够低。

以下哪项如果为真,能最有力地支持上述法学家的观点?

A. 错放,只是放过了坏人;错判,则是既放过了坏人,又冤枉了好人。

B. 宁可错判,不可错放,是"左"的思想在司法界的反映。

C. 错放造成的损失,大多是可弥补的;错判对被害人造成的伤害,是不可弥补的。

D. 各个法院的办案正确率普遍有明显的提高。

E. 各个法院的否定性误判率基本相同。

57. 红星中学的四位老师在高考前对某理科毕业班学生的前景进行推测,他们特别关注班里的两个尖子生。张老师说:"如果余涌能考上清华,那么方宁也能考上清华。"李老师说:"依我看,这个班没人能考上清华。"王老师说:"不管方宁能否考上清华,余涌考不上清华。"赵老师说:"我看方宁考不上清华,但余涌能考上清华。"高考的结果证明,四位老师中只有一人的推测成立。

如果上述断定是真的,则以下哪项也一定是真的?

A. 李老师的推测成立。

B. 王老师的推测成立。

C. 赵老师的推测成立。

D. 如果方宁考不上清华大学,则张老师的推测成立。

E. 如果方宁考上了清华大学,则张老师的推测成立。

58. 加拿大的一位运动医学研究人员报告说,利用放松体操和机能反馈疗法,有助于对头痛进行治疗。研究人员抽选出95名慢性牵张性头痛患者和75名周期性偏头痛患者,教他们放松头部、颈部和肩部的肌肉,以及用机能反馈疗法对压力和紧张程度加以控制。其结果,前者中有四分之三、后者中有一半人报告说,他们头痛的次数和剧烈程度有所下降。

以下哪项如果为真,最不能削弱上述论证的结论?

A. 参加者接受了高度的治疗有效的暗示,同时,对病情改善的希望亦起到推波助澜的作用。

B. 参加者有意迎合研究人员,即使不符合事实,也会说感觉变好。

C. 多数参加者志愿合作,虽然他们的生活状况承受着巨大的压力。在研究过程中,他们会感觉到生活压力有所减轻。

D. 参加实验的人中,慢性牵张性头痛患者和周期性偏头痛患者人数选择不等,实验设计需要进行调整。

E. 放松体操和机能反馈疗法的锻炼,减少了这些头痛患者的工作时间,使得他们对于自己病情的感觉有所改善。

59. 在目前财政拮据的情况下,在本市增加警力的动议不可取。在计算增加警力所需的经费开支时,光考虑到支付新增警员的工资是不够的,同时还要考虑到支付法庭和监狱新雇员的工资。由于警力的增加带来的逮捕、宣判和监管任务的增加,势必需要相关部门同时增员。

以下哪项如果为真,将最有力地削弱上述论证?

A. 增加警力所需的费用,将由中央和地方财政共同负担。

B. 目前的财政状况,绝不至于拮据到连维护社会治安的费用都难以支付的地步。

C. 湖州市与本市毗邻,去年警力增加19%,逮捕个案增加40%,判决个案增加13%。

D. 并非所有侦察都导致逮捕,并非所有逮捕都导致宣判,并非所有宣判都导致监禁。

E. 当警力增加到与市民的数量达到一个恰当的比例时,将减少犯罪。

60. 在经历了全球范围的股市暴跌的冲击以后,T国政府宣称,它所经历的这场股市暴跌的冲击,是由于最近国内一些企业过快的非国有化造成的。

以下哪项,如果事实上是可操作的,最有利于评价T国政府的上述宣称?

A. 在宏观和微观两个层面上,对T国一些企业最近的非国有化进程的正面影响和负面影响进行对比。

B. 把T国受这场股市暴跌的冲击程度,和那些经济情况和T国类似,但最近没有实行企业非国有化的国家所受到的冲击程度进行对比。

C. 把T国受这场股市暴跌的冲击程度,和那些经济情况和T国有很大差异,但最近同样实行了企业非国有化的国家所受到的冲击程度进行对比。

D. 计算出在这场股市风波中T国的个体企业的平均亏损值。

E. 运用经济计量方法预测T国的下一次股市风波的时间。

61. 据《科学日报》消息,1998年5月,瑞典科学家在有关领域的研究中首次提出,一种对防治老年痴呆症有特殊功效的微量元素,只有在未经加工的加勒比椰果中才能提取。

如果《科学日报》的上述消息是真实的,那么,以下哪项不可能是真实的?

Ⅰ. 1997年4月,芬兰科学家在相关领域的研究中提出过,对防治老年痴呆症有特殊功效的微量元素,除了未经加工的加勒比椰果,不可能在其他对象中提取。

Ⅱ.荷兰科学家在相关领域的研究中证明,在未经加工的加勒比椰果中,并不能提取对防治老年痴呆症有特殊功效的微量元素,这种微量元素可以在某些深海微生物中提取。

Ⅲ.著名的苏格兰医生查理博士在相关的研究领域中证明,该微量元素对防治老年痴呆症并没有特殊功效。

A. 仅Ⅰ。　　B. 仅Ⅱ。　　C. 仅Ⅲ。　　D. 仅Ⅱ和Ⅲ。　　E. Ⅰ、Ⅱ和Ⅲ。

62. 世界卫生组织在全球范围内进行了一项有关献血对健康影响的跟踪调查。调查对象分为三组。第一组对象中均有二次以上的献血记录,其中最多的达数十次;第二组中的对象均仅有一次献血记录;第三组对象均从未献过血。调查结果显示,被调查对象中癌症和心脏病的发病率,第一组分别为0.3%和0.5%,第二组分别为0.7%和0.9%,第三组分别为1.2%和2.7%。一些专家依此得出结论,献血有利于减少患癌症和心脏病的风险。这两种病已经不仅在发达国家而且在发展中国家成为威胁中老人生命的主要杀手。因此,献血利己利人,一举两得。

以下哪项如果为真,将削弱以上结论?

Ⅰ.60岁以上的调查对象,在第一组中占60%,在第二组中占70%,在第三组中占80%。

Ⅱ.献血者在献血前要经过严格的体检,一般具有较好的体质。

Ⅲ.调查对象的人数,第一组为1 700人,第二组为3 000人,第三组为7 000人。

A. 仅Ⅰ。　　B. 仅Ⅱ。　　C. 仅Ⅲ。　　D. 仅Ⅰ和Ⅱ。　　E. Ⅰ、Ⅱ和Ⅲ。

63. 如果飞行员严格遵守操作规程,并且飞机在起飞前经过严格的例行技术检验,那么,飞机就不会失事,除非出现例如劫机这样的特殊意外。这架波音747在金沙岛上空失事。

如果上述断定是真的,则以下哪项也一定是真的?

A. 如果失事时无特殊意外发生,则飞行员一定没有严格遵守操作规程,并且飞机在起飞前没有经过严格的例行技术检验。

B. 如果失事时有特殊意外发生,则飞行员一定严格遵守了操作规程,并且飞机在起飞前经过了严格的例行技术检验。

C. 如果飞行员没有严格遵守操作规程,并且飞机起飞前没有经过严格的例行技术检验,则失事时一定没有特殊意外发生。

D. 如果失事时没有特殊意外发生,则可得出结论:只要飞机失事的原因是飞行员没有严格遵守操作规程,那么飞机在起飞前一定经过了严格的例行技术检验。

E. 如果失事时没有特殊意外发生,则可得出结论:只要飞机失事的原因不是飞机在起飞前没有经过严格的例行技术检验,那么一定是飞行员没有严格遵守操作规程。

64. 所有持有当代商厦购物优惠卡的顾客,同时持有双安商厦的购物优惠卡。今年国庆,当代商厦和双安商厦同时给持有本商厦的购物优惠卡的顾客的半数,赠送了价值100元的购物奖券。结果,上述同时持有两个商厦的购物优惠卡的顾客,都收到了这样的购物奖券。

如果上述断定是真的,则以下哪项断定也一定为真?

Ⅰ.所有持有双安商厦的购物优惠卡的顾客,也同时持有当代商厦的购物优惠卡。

Ⅱ.今年国庆,没有一个持有上述购物优惠卡的顾客分别收到两个商厦的购物奖券。

Ⅲ.持有双安商厦的购物优惠卡的顾客中,至多有一半收到当代商厦的购物奖券。

A. 仅Ⅰ。　　　B. 仅Ⅱ。　　　C. 仅Ⅲ。　　　D. 仅Ⅰ和Ⅱ。　　　E. Ⅰ、Ⅱ和Ⅲ。

65~66题基于以下题干：

所有安徽来京打工人员，都办理了暂住证；所有办理了暂住证的人员，都获得了就业许可证；有些安徽来京打工人员当上了门卫；有些业余武术学校的学员也当上了门卫；所有的业余武术学校的学员都未获得就业许可证。

65. 如果上述断定都是真的，则除了以下哪项，其余的断定也必定是真的？

   A. 所有安徽来京打工人员都获得了就业许可证。
   B. 没有一个业余武术学校的学员办理了暂住证。
   C. 有些安徽来京打工人员是业余武术学校的学员。
   D. 有些门卫没有就业许可证。
   E. 有些门卫有就业许可证。

66. 以下哪个人的身份，不可能符合上述题干所做的断定？

   A. 一个获得了就业许可证的人，但并不是业余武术学校的学员。
   B. 一个获得了就业许可证的人，但没有办理暂住证。
   C. 一个办理了暂住证的人，但并不是安徽来京打工人员。
   D. 一个办理了暂住证的业余武术学校的学员。
   E. 一个门卫，他既没有办理暂住证，又不是业余武术学校的学员。

67. 法制的健全或者执政者强有力的社会控制能力，是维持一个国家社会稳定的必不可少的条件。Y国社会稳定但法制尚不健全，因此，Y国的执政者具有强有力的社会控制力。

   以下哪项论证方式，和题干的最为类似？

   A. 一个影视作品，要想有高的收视率或票房价值，作品本身的质量和必要的包装宣传缺一不可。电影《青楼月》上映以来票房价值不佳但实际上质量堪称上乘，因此，看来它缺少必要的广告宣传和媒介炒作。
   B. 必须有超常业绩或者30年以上服务于本公司的工龄的雇员，才有资格获得公司本年度的特殊津贴。黄先生获得了本年度的特殊津贴但在本公司仅供职5年，因此他一定有超常业绩。
   C. 如果既经营无方又铺张浪费，则一个企业将严重亏损。Z公司虽经营无方但并没有严重亏损，这说明它至少没有铺张浪费。
   D. 一个罪犯要实施犯罪，必须既有作案动机，又有作案时间。在某案中，W先生有作案动机但无作案时间，因此，W先生不是该案的作案者。
   E. 一个论证不能成立，当且仅当，或者它的论据虚假，或者它的推理错误。J女士在科学年会上关于她的发现之科学价值的论证尽管逻辑严密，推理无误，但还是被认定不能成立，因此，她的论证中至少有部分论据虚假。

68. 在国庆50周年仪仗队的训练营地，某连队一百多个战士在练习不同队形的转换。如果他们排成五列人数相等的横队，只剩下连长在队伍前面喊口令；如果他们排成七列这样的横队，只有连长仍然可以在前面领队；如果他们排成八列横队，就可以有两人作为领队了。在全营排练时，营长要求他们排成三列横队。

   以下哪项是最可能出现的情况？

A. 该连队官兵正好排成三列横队。

B. 除了连长外,正好排成三列横队。

C. 排成了整齐的三列横队,另有两人作为全营的领队。

D. 排成了整齐的三列横队,其中有一人是其他连队的。

E. 排成了三列横队,连长在队外喊口令,但营长临时排在队中。

69. 某电脑公司正在研制可揣摩用户情绪的电脑。这种被称为"智能个人助理"的新装置,主要通过分析用户敲击键盘的模式,来判断其心情是好是坏,还可通过不断监测用户的活动,逐渐琢磨出其好恶,能在使用者紧张或烦躁时自动减少其所浏览的电子邮件或网站的数量。

以下哪项最不可能是这种计算机提供的功能?

A. 在使用者连续使用计算机超过两个小时后,屏幕会显示"长时间看屏幕对眼睛有害,请您休息几分钟"。

B. 在深夜时间,使用者敲击键盘的速度逐渐变慢时,计算机便得知主人已经疲劳,会播出孩子招呼爸爸睡觉的喊话。

C. 在使用者经常出现习惯性拼写错误时,比如南方人难以分清"z"和"zh",计算机可以自动加以更正,减轻主人的烦躁心理。

D. 在使用者利用国际网络查找资料时,计算机可以根据主人的喜好,把常用的站点放在最显眼的地方,尽可能让主人多看一些。

E. 在使用者心情烦躁时,计算机可以通过人机传递的信息觉察到,并及时放一段主人最喜欢的音乐。

70. 甲、乙、丙三人一起参加了物理和化学两门考试。三个人中,只有一个在考试中发挥正常。

考试前,甲说:"如果我在考试中发挥不正常,我将不能通过物理考试。如果我在考试中发挥正常,我将能通过化学考试。"

乙说:"如果我在考试中发挥不正常,我将不能通过化学考试。如果我在考试中发挥正常,我将能通过物理考试。"

丙说:"如果我在考试中发挥不正常,我将不能通过物理考试。如果我在考试中发挥正常,我将能通过物理考试。"

考试结束后,证明这三个人说的都是真话,并且:发挥正常的人是三人中唯一的一个通过这两门科目中某门考试的人;发挥正常的人也是三人中唯一的一个没有通过另一门考试的人。

从上述断定能推出以下哪项结论?

A. 甲是发挥正常的人。

B. 乙是发挥正常的人。

C. 丙是发挥正常的人。

D. 题干中缺乏足够的条件来确定谁是发挥正常的人。

E. 题干中包含互相矛盾的信息。

71. 血液中高浓度脂肪蛋白含量的增多,会增加人体阻止吸收过多的胆固醇的能力,从而降低血液中的胆固醇。有些人通过有规律的体育锻炼和减肥,能明显地增加血液中高浓度脂肪蛋白的含量。

以下哪项，作为结论从上述题干中推出最为恰当？

A. 有些人通过有规律的体育锻炼降低了血液中的胆固醇，则这些人一定是胖子。

B. 不经常进行体育锻炼的人，特别是胖子，随着年龄的增大，血液中出现高胆固醇的风险越来越大。

C. 体育锻炼和减肥是降低血液中高胆固醇的最有效的方法。

D. 有些人可以通过有规律的体育锻炼和减肥来降低血液中的胆固醇。

E. 标准体重的人只需要通过有规律的体育锻炼就能降低血液中的胆固醇。

72. 在西方几个核大国中，当核试验得到了有效的限制，老百姓就会倾向于省更多的钱，出现所谓的商品负超常消费；当核试验的次数增多的时候，老百姓就会倾向于花更多的钱，出现所谓的商品正超常消费。因此，当核战争成为能普遍觉察到的现实威胁时，老百姓为存钱而限制消费的愿望大大降低，商品正超常消费的可能性大大增加。

上述论证基于以下哪项假设？

A. 当核试验次数增多时，有足够的商品支持正超常消费。

B. 在西方几个核大国中，核试验受到了老百姓普遍地反对。

C. 老百姓只能通过本国的核试验的次数来觉察核战争的现实威胁。

D. 商界对核试验乃至核战争的现实威胁持欢迎态度，因为这将带来经济利益。

E. 在冷战年代，上述核战争的现实威胁出现过数次。

73. 如果能有效地利用互联网，能快速方便地查询世界各地的信息，对科学研究、商业往来乃至寻医求药都带来很大的好处。然而，如果上网成瘾，也有许多弊端，还可能带来严重的危害。尤其是青少年，上网成瘾可能荒废学业、影响工作。为了解决这一问题，某个网点上登载了"互联网瘾"自我测试办法。

以下各项提问，除了哪项，都与"互联网瘾"的表现形式有关？

A. 你是否有时上网到深夜并为链接某个网站时间过长而着急？

B. 你是否曾一再试图限制、减少或停止上网而不果？

C. 你试图减少或停止上网时，是否会感到烦躁、压抑或容易动怒？

D. 你是否曾因上网而危及一段重要关系或一份工作机会？

E. 你是否曾向家人、治疗师或其他人谎称你并未沉迷互联网？

74. 提高教师应聘标准并不是引起目前中小学师资短缺的主要原因。引起中小学师资短缺的主要原因，是近年来中小学教学条件的改进缓慢，以及教师工资的增长未能与其他行业同步。

以下哪项如果为真，最能加强上述断定？

A. 虽然还有别的原因，但收入低是许多教师离开教育岗位的理由。

B. 许多教师把应聘标准的提高视为师资短缺的理由。

C. 有些能胜任教师的人，把应聘标准的提高作为自己不愿执教的理由。

D. 许多在岗但不胜任的教师，把低工资作为自己不努力进取的理由。

E. 决策部门强调提高应聘标准是师资短缺的主要原因，以此作为不给教师加工资的理由。

75. 美国联邦所得税是累进税，收入越高，纳税率越高。美国有的州还在自己管辖的范围内，在绝大部分出售商品的价格上附加7%左右的销售税。如果销售税也被视为所得税的一种形式的话，那么,这种税收是违背累进原则的:收入越低,纳税率越高。

以下哪项如果为真,最能加强题干的议论?

A. 人们花在购物上的钱基本上是一样的。

B. 近年来,美国的收入差别显著扩大。

C. 低收入者有能力支付销售税,因为他们缴纳的联邦所得税相对较低。

D. 销售税的实施,并没有减少商品的销售总量,但售出商品的比例有所变动。

E. 美国的大多数州并没有征收销售税。

76. 据对一批企业的调查显示,这些企业总经理的平均年龄是57岁,而在20年前,同档的这些企业的总经理的平均年龄大约是49岁。这说明,目前企业中总经理的年龄呈老化趋势。

以下哪项对题干的论证提出的质疑最为有力?

A. 题干中没有说明,20年前这些企业关于总经理人选是否有年龄限制。

B. 题干中没有说明,这些总经理任职的平均年数。

C. 题干中的信息,仅仅基于有20年以上历史的企业。

D. 20年前这些企业的总经理的平均年龄,仅是个近似数字。

E. 题干中没有说明被调查企业的规模。

77~78题基于以下题干:

一项全球范围的调查显示,近10年来,吸烟者的总数基本保持不变;每年只有10%的吸烟者改变自己的品牌,即放弃原有的品牌而改吸其他品牌;烟草制造商用在广告上的支出占其毛收入的10%。在Z烟草公司的年终董事会上,董事A认为,上述统计表明,烟草业在广告上的收益正好等于其支出,因此,此类广告完全可以不做。董事B认为,由于上述10%的吸烟者所改吸的香烟品牌中几乎不包括本公司的品牌,因此,本公司的广告开支实际上是笔亏损性开支。

77. 以下哪项,构成对董事A的结论的最有力质疑?

A. 董事A的结论忽视了:对广告开支的有说服力的计算方法,应该计算其占整个开支的百分比,而不应该计算其占毛收入的百分比。

B. 董事A的结论忽视了:近年来各种品牌的香烟的价格都有了很大的变动。

C. 董事A的结论基于一个错误的假设:每个吸烟者在某个时候只喜欢一种品牌。

D. 董事A的结论基于一个错误的假设:每个烟草制造商只生产一种品牌。

E. 董事A的结论忽视了:世界烟草业是一个由处于竞争状态的众多经济实体组成的。

78. 以下哪项如果为真,能构成对董事B的结论的质疑?

Ⅰ. 如果没有Z公司的烟草广告,许多消费Z公司品牌的吸烟者将改吸其他品牌。

Ⅱ. 上述改变品牌的10%的吸烟者所放弃的品牌中,几乎没有Z公司的品牌。

Ⅲ. 烟草广告的效果之一,是吸引新吸烟者取代停止吸烟者(死亡的吸烟者或戒烟者)而消费自己的品牌。

A. 仅Ⅰ。 B. 仅Ⅱ。 C. 仅Ⅲ。 D. 仅Ⅰ和Ⅱ。 E. Ⅰ、Ⅱ和Ⅲ。

79. 美国法律规定,不论是驾驶员还是乘客,坐在行驶的小汽车中必须系好安全带。有人对此持反对意见。他们的理由是,每个人都有权冒自己愿意承担的风险,只要这种风险不会给别人带来损害。因此,坐在汽车里系不系安全带,纯粹是个人的私事,正如有人愿意承担风险去炒股,有人愿意承担风险去攀岩,纯属他个人的私事一样。

以下哪项如果为真,最能对上述反对意见提出质疑?

A. 尽管确实为了保护每个乘客自己,而并非为了防备伤害他人,但所有航空公司仍然要求每个乘客在飞机起飞和降落时系好安全带。

B. 汽车保险费近年来连续上涨,原因之一,是由于不系安全带造成的伤亡使得汽车保险赔偿费连年上涨。

C. 在实施了强制要求系安全带的法律以后,美国的汽车交通事故死亡率明显下降。

D. 法律的实施带有强制性,不管它的反对意见看来多么有理。

E. 炒股或攀岩之类的风险是有价值的风险,不系安全带的风险是无谓的风险。

80. 美国《华盛顿邮报》发表文章,引述美国前中央情报局副局长的话称,在过去多次中美核子科学家交流会期间,美国曾获得过中国有关核技术的资料,而且远远超过早些时候美国指责中国窃取美方核机密的数量。

以下各项,除了哪项,都与题干中引用论述的观点相符合?

A. 中美核子科学家之间曾有过比较长的友好的学术交流历史。

B. 中美核子科学家在交流中会讨论一些本研究领域共同关心的理论问题。

C. 在发展核子技术方面,中国科学家也有独到的创造,美国对此也很感兴趣。

D. 中国的核子科学家可以独立地发展自己的核技术并与美国相抗衡。

E. 美国无根据地指责某华人科学家是为中国提供核机密的间谍,这是不公正的。

2000年管理类综合能力逻辑试题解析

答案速查表

31~35	BEDCE	36~40	BCBCD	41~45	CADAE
46~50	EBCED	51~55	ACDAC	56~60	EEDEB
61~65	ADECC	66~70	DBBDB	71~75	DAAAA
76~80	CEEBD				

31.【答案】B 【难度】S4 【考点】论证推理 削弱、质疑、反驳 论据+结论型论证的削弱

计划:提前退休和解雇。目的:减员,降低成本。

B选项:说明这一措施的必要性,支持了该计划,并不是缺点。

A、C、D、E选项:说明华强生公司实行这一措施后会导致种种不好的结果,最终会导致公司出现更严重的问题。

故正确答案为B选项。

32.【答案】E 【难度】S5 【考点】论证推理 解释 解释现象

事实1:能够记住的广告比例降低。事实2:一段连续广告中首尾的广告印象最深。

题干的因果推理之间有跳跃,故为了使事实2可以解释事实1,必须在二者间建立联系。E选项中,广告段中包含的电视广告平均数目增加了,而观众一般只能记住首尾两个广告,故导致了记住的广告比例下降,可以解释。其他选项均不能解释。

故正确答案为E选项。

33.【答案】D 【难度】S4 【考点】论证推理 结论 主旨题

题干信息:午餐时间,减轻公园餐馆的压力;傍晚时间,鼓励参观者留下来吃晚餐。

不同时间的表演都与餐馆有关,要最大限度地发挥餐馆的作用。

故正确答案为D选项。

34.【答案】C 【难度】S5 【考点】综合推理 数字相关题型

设男性参加者数量为 X,女性参加者数量为 Y,则题干信息可表述为:$9×(X+Y) = 13×X+7×Y$。化简可得:$Y=2X$,所以女性参加者比男性多。

故正确答案为C选项。

35.【答案】E 【难度】S4 【考点】论证推理 削弱、质疑、反驳 因果型论证的削弱

因:更倾向重视安全(推知)。果:安全座椅卖得最好(已知)。

E选项:他因削弱,说明今年最安全的座椅比一般座椅的重量轻,有可能航空公司是为了节省燃油,而不是更倾向重视安全。

故正确答案为E选项。

36.【答案】B 【难度】S4 【考点】论证推理 解释 解释矛盾

需要解释的矛盾:美国海军的死亡率比纽约市民还要低。

B 选项:说明市民与海军的群体结构不同,海军大多是青壮年,自然死亡率比较低;而市民中包括了婴儿和老人,自然死亡率较高。正是这个原因导致死亡率的差异,正确。

A 选项:与题干比较对象不一致,排除。C 选项:虽然打击的手段和途径多,但打击的次数是多还是少呢?未知,排除。D 选项:题干数据的夸张成分有多大呢?未知,无法解释,排除。E 选项:与题干的现象无关,排除。

故正确答案为 B 选项。

37.【答案】C 【难度】S4 【考点】论证推理 结论 细节题

144+324-400=68,可见有 68 万用户同时使用专线上网和拨号上网。

C 选项:专线上网用户共 144 万,其中有 68 万用户使用拨号上网,68/144=47.2%,并不是"多数"。

故正确答案为 C 选项。

38.【答案】B 【难度】S4 【考点】论证推理 削弱、质疑、反驳 因果型论证的削弱

方法:使用桩考器。**作用**:提高了考试科学性。

B 选项:**达不到目的**,说明场地驾驶考试还包括考察学员在驾驶室中的操作,而桩考器做不到这一点,可以削弱。

故正确答案为 B 选项。

39.【答案】C 【难度】S4 【考点】综合推理 真话假话题

第一步:简化题干信息	(1)¬周;(2)王;(3)吴;(4)¬王
第二步:找矛盾关系或反对关系	(2)和(4)是矛盾关系,必一真一假
第三步:推知其余项真假	由两真两假可知,(1)和(3)也必然一真一假
第四步:根据其余项真假,得出真实情况	(1)和(3)谁真谁假无法断定,故只能做假设:(a)如果(1)真(3)假,则可推出"¬周、¬吴",又由于只有两笔捐款,所以,捐款人一定是"郑、王";(b)如果(3)真(1)假,则可推出"周、吴",又由于只有两笔捐款,所以,捐款人一定是"周、吴",而不是"郑、王"
第五步:代回矛盾或反对项,判断真假,选出答案	仅有 C 选项的情况可能为真,故正确答案为 C 选项

40.【答案】D 【难度】S4 【考点】论证推理 削弱、质疑、反驳 论证+结论型论证的削弱

论据:超过半数的被调查者选择了标志为"Q"的百事可乐(果)。**结论**:超过半数人更喜欢百事可乐(因)。

D 选项:**他因削弱**,表明被调查者选择标志为"Q"的百事可乐并不是因为喜欢百事可乐的口感,而是因为喜欢英文字母"Q"。

故正确答案为 D 选项。

41.【答案】C 【难度】S4 【考点】论证推理 削弱、质疑、反驳 因果型论证的削弱

因:参加培训计划。**果**:孩子带给家长的麻烦减少。

C 选项:**他因削弱**,表明孩子给家长带来的麻烦减少,并不是因为参加培训计划,而是因为调皮

具有周期性。

故正确答案为 C 选项。

42. 【答案】A　【难度】S5　【考点】论证推理　解释　解释矛盾
需要解释的矛盾:女性买主占比最高的车为星愿、心动、EXAP,女性购车量最高的车是富康。
A 选项:"女性买主所占百分比"是一个相对数,而"女性购车量最高"是一个绝对数,绝对数和相对数是有差异的,进行比较无意义。

故正确答案为 A 选项。

43. 【答案】D　【难度】S5　【考点】论证推理　削弱、质疑、反驳　论据+结论型论证的削弱
论据:每星期饮酒 3~15 次的妇女患心脏病的可能性较低。**结论**:适量饮酒对妇女的心脏有益。
D 选项:无关选项,男性的情况与题干的研究对象"妇女"无关。
A 选项:**因果倒置**,说明妇女是因为自己身体状况良好才去饮酒,而并不是因为饮酒使身体状况良好,可以削弱。B 选项:**他因削弱**,说明可能是身体锻炼使得心脏状况良好,而不是饮酒。C、E 选项:**以偏概全**,说明被调查者的样本选取不具有代表性。

故正确答案为 D 选项。

44. 【答案】A　【难度】S4　【考点】论证推理　削弱、质疑、反驳　因果型论证的削弱
因:透明包装可以看到包装内的食品。**果**:安全感。
A 选项:说明透明包装会使得光线直接照射到食品,对食品营养造成破坏,这反倒使食品变得并不安全。

故正确答案为 A 选项。

45. 【答案】E　【难度】S5　【考点】论证推理　削弱、质疑、反驳　论据+结论型论证的削弱
题干所描述的情景可以构成**求同法**的模型:
论据:七名患者通过光照摆脱了忧郁症,两名患者通过光照使忧郁症显著好转。**结论**:光照有助于缓解冬季忧郁症。
削弱思路:指出还有其他相同因素使患者的忧郁症得到缓解。
E 选项:指出有"每天六小时的非工作状态"这一相同因素,可以对忧郁症产生影响,表明很可能是这一因素使患者的冬季忧郁症得到缓解,与光照无关,可以削弱。
A 选项:指出还有"花香"这一相同因素,但"改善适应性"与"缓解忧郁症"不同,排除。B、D 选项:无关选项,题干论证并未涉及"男女性别""强光照射对皮肤的损害",排除。C 选项:无关选项,无法得知南北半球是否对题干论证有影响,排除。

故正确答案为 E 选项。

46. 【答案】E　【难度】S5　【考点】论证推理　削弱、质疑、反驳　论据+结论型论证的削弱
论据:在"托儿所看护"的儿童比"在家看护"的儿童紧张不安的比例高。**结论**:孩子出生后的第一年在托儿所度过会引发孩子的紧张不安。
E 选项:支持题干,表明在家看护会让孩子有安全感,能够说明托儿所看护可能引发紧张不安。
A 选项:**以偏概全**,说明样本选取不具有代表性。B 选项:**调查机构不中立**,说明调查者有个人倾向,会影响调查结果。C 选项:**因果倒置**,说明在家看护的儿童显示出过度的依附心理才被送入托儿所。D 选项:**他因削弱**,说明测验结果的差异是男孩和女孩的差异造成的。

故正确答案为 E 选项。

47. 【答案】B 【难度】S4 【考点】论证推理 削弱、质疑、反驳 论据+结论型论证的削弱
论据:实行死刑的州的犯罪率比不实行死刑的州低。结论:死刑能够减少犯罪。
B 选项:说明许多罪犯为了躲避死刑,宁愿采取流窜犯罪的方式,选择在不实行死刑的州作案。
虽然实行死刑的州的犯罪率因此下降,但整体的犯罪率并没有下降。
故正确答案为 B 选项。

48. 【答案】C 【难度】S4 【考点】论证推理 削弱、质疑、反驳 论据+结论型论证的削弱
论据:实验组表现出更少的社交忧惧。结论:实际进行约会,能够提高社会交际的水平。
C 选项:他因削弱,说明是因为对照组填写的调查表比较悲观,而并非交际的效果。
故正确选项为 C 选项。

49. 【答案】E 【难度】S5 【考点】论证推理 削弱、质疑、反驳 因果型论证的削弱
论据:赵青执教后球队成绩突飞猛进(果)。结论:赵青出类拔萃(因)。
E 选项:他因削弱,说明球队成绩进步的原因是女排招到了一个退役的职业队二传手。
故正确答案为 E 选项。

50. 【答案】D 【难度】S4 【考点】论证推理 解释 解释矛盾
需要解释的矛盾:飞机每飞行 1 亿千米死 1 人,而汽车每走 5 000 万千米死 1 人;飞机每 20 万飞行小时死 1 人,而汽车每 200 万行驶小时死 1 人。
D 选项:说明飞机和汽车这两种速度不同的交通工具,无论用距离还是用时间做单位来比较都是不恰当的,会得到不同的结果。
故正确答案为 D 选项。

51. 【答案】A 【难度】S4 【考点】论证推理 削弱、质疑、反驳 论据+结论型论证的削弱
论据:用电网将牧场圈起来。结论:浪费电力。
A 选项:他因削弱,表明这种方法只需要通电 10 天就够了,说明不会浪费电力。
故正确答案为 A 选项。

52. 【答案】C 【难度】S4 【考点】论证推理 削弱、质疑、反驳 论据+结论型论证的削弱
方法:使用保护手套。目的:避免二次开刀。
C 选项:他因削弱,说明使用保护手套容易使新生长的皮肤与保护手套粘连,造成新的伤口,依然无法避免二次开刀。
故正确答案为 C 选项。

53. 【答案】D 【难度】S4 【考点】论证推理 解释 解释矛盾
需要解释的矛盾:之前备受推崇的创意打火机市场销路并不理想。
D 选项:可以解释,说明很多厂家生产了这种打火机,多家厂商的同类产品同时推向市场,供应大量增加,导致该厂家的产品销路并不理想。
故正确答案为 D 选项。

54. 【答案】A 【难度】S5 【考点】论证推理 削弱、质疑、反驳 论据+结论型论证的削弱
论据:架设高射炮击落敌机的命中率只有 4%。结论:商船上架设高射炮是得不偿失的。

A选项:**举例削弱**,给出数据,表明架设高射炮的商船被击沉的比例小于未架设高射炮的商船,说明架设高射炮是有保护作用的。

故正确答案为A选项。

55.【答案】C 【难度】S4 【考点】论证推理 结论 细节题

题干信息:10月7日的交易价格为16.99～18.38美元;10月8日的交易价格为15.99～17.30美元。

C选项:如果一人在10月7日以最低价16.99美元购入,而另一人在10月8日以最高价17.30美元购入,那么10月8日的购买者并没有比10月7日的购买者省钱。

故正确答案为C选项。

56.【答案】E 【难度】S4 【考点】论证推理 支持、加强 论据+结论型论证的支持

题干信息:司法公正由肯定性误判和否定性误判决定,法学家认为只要看肯定性误判率就可以了。

E选项:**排他因支持**,表明各个法院的否定性误判率基本相同,所以只要看肯定性误判率就可以了。

故正确答案为E选项。

57.【答案】E 【难度】S4 【考点】综合推理 真话假话题

第一步:简化题干信息	(1)余→方;(2)都不;(3)¬余;(4)¬方∧余
第二步:找矛盾关系或反对关系	(1)和(4)是矛盾关系,必一真一假
第三步:推知其余项真假	由"只有一人的推测成立"推出,(2)和(3)为假
第四步:根据其余项真假,得出真实情况	由(2)为假可知,有的;由(3)为假可知,余
第五步:代回矛盾或反对项,判断真假,选出答案	根据"余",无法判断(1)和(4)的真假,还需要进一步假设:(a)"方"考上,那么由"余∧方"可知,(1)为真,(4)为假,故正确答案为E选项。(b)"方"没考上,那么由"方∧¬方"可知,(1)为假,(4)为真,故D选项错误

58.【答案】D 【难度】S4 【考点】论证推理 削弱、质疑、反驳 论据+结论型论证的削弱

论据:实验中大部分患者好转。结论:放松体操和机能反馈疗法可以减轻头痛。

D选项:无关选项,两者的人数不需要相等,只要相差不是非常大即可,无法削弱。

A、B选项:**他因削弱**,说明患者的报告并不真实。

C、E选项:**他因削弱**,说明有别的因素使得头痛有所减轻。

故正确选项为D选项。

59.【答案】E 【难度】S6 【考点】论证推理 削弱、质疑、反驳 因果型论证的削弱

因:增加警力势必导致相关机构人员增加,财政开支增加。果:增加警力的动议不可取。

E选项:**否因削弱**,如果警察增加到一定比例后犯罪就会减少,那么其他相关机构就不需要增加工作人员,财政开支也不会增加,表明增加警力是可取的。

A选项:无法削弱,虽然是共同负担,但是地方也负担了,费用依然在增加。C选项:无关选项,

湖州市与本市是否具有可比性未知,故拿湖州市举例无效。D 选项:力度较弱,并非都=有的不,比例占多少,是否需要增加其他相关机构的工作人员呢？未知。

故正确答案为 E 选项。

60.【答案】B 【难度】S5 【考点】论证推理 关键问题

因:一些企业过快的非国有化。果:股市暴跌。

要评价该因果关系是否成立,最直接的方法是利用**求异法**构建**对照实验**的模型:

T 国：实行企业非国有化　　　股市暴跌
他国：未实行企业非国有化　　①股市未暴跌(说明题干因果关系成立)
　　　　　　　　　　　　　　②股市暴跌(说明题干因果关系不成立)

B 选项:与上述分析一致,构成了**对照实验**,正确。

A 选项:对比非国有化的正面影响和负面影响与题干论证无关,排除。C 选项:如果经济情况和 T 国有很大差异,那么该国没有对比性,排除。D、E 选项:"平均亏损值"和"下一次股市风波的时间"与题干论证无关,排除。

故正确答案为 B 选项。

61.【答案】A 【难度】S4 【考点】论证推理 结论 细节题

根据题干"1998 年 5 月,瑞典科学家首次提出这一消息"可知,复选项Ⅰ中说的 1997 年芬兰科学家提出过相同的消息就一定为假。而复选项Ⅱ和复选项Ⅲ都有可能是真的,因为题干只是说上述消息是真实的,并没有说瑞典科学家的研究成果是否真实。

故正确答案为 A 选项。

62.【答案】D 【难度】S5 【考点】论证推理 削弱、质疑、反驳 论据+结论型论证的削弱

论据:献血次数越多,癌症和心脏病的发病率越低。结论:献血有利于减少患病风险。

复选项Ⅰ:他因削弱,说明后两组中年龄大的人居多,更容易出现癌症和心脏病,献血不是第一组对象发病率较低的原因。复选项Ⅱ:因果倒置,说明体质好才去献血,而不是献血导致体质好。复选项Ⅲ:无关选项,调查是否有效与被调查人数多少无关,只要其有代表性即可。

故正确答案为 D 选项。

63.【答案】E 【难度】S4 【考点】形式逻辑 假言命题 假言命题推理规则

题干信息:¬特殊意外→(遵规∧严检→¬失事)=特殊意外∨(遵规∧严检→¬失事)=特殊意外∨¬(遵规∧严检)∨¬失事=特殊意外∨¬遵规∨¬严检∨¬失事。

E 选项:N 个对象"或"的关系,否定($N-1$)个,剩下的那个一定为真。将"¬失事""特殊意外""¬严检"否定之后,可以得出"¬遵规",正确。

故正确答案为 E 选项。

64.【答案】C 【难度】S6 【考点】论证推理 结论 细节题

可能性示意图如右,当代未给购物奖券的顾客一定是得到了双安的购物奖券,所以,才会出现所有同时持有两个商厦购物优惠卡的顾客都有购物奖券。

复选项Ⅰ:不一定为真,当代和双安有相等的可能性,但不一定要相等。复选项Ⅱ:不一定为真,只有在第

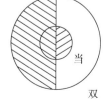
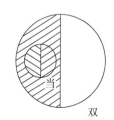

一个示意图的情况下才为真,而在第二个示意图的情况下就不成立了。复选项Ⅲ:一定为真,只有在当代和双安的人数相等的情况下,才会有"一半"的情况出现。

故正确答案为 C 选项。

65.【答案】C 【难度】S5 【考点】形式逻辑 三段论 三段论正推题型

题干信息:(1)安徽→暂住;(2)暂住→就业;(3)有些安徽→门卫=有些门卫→安徽;(4)有些武校→门卫=有些门卫→武校;(5)武校→¬就业。

由(3)(1)(2)(5)综合可得:(6)有些门卫→安徽→暂住→就业→¬武校。

由(4)(5)(2)(1)综合可得:(7)有些门卫→武校→¬就业→¬暂住→¬安徽。

C 选项:有些安徽→武校,由(6)可知,安徽→¬武校,即所有安徽来京打工人员都不是武校学员,与"有些"是矛盾关系,一定为假。

A 选项:安徽→就业,与(6)一致。B 选项:没有一个 A 是 B=所有 A 都不是 B,B 选项可转换为,所有业余武术学校的学员都没有办理暂住证,逻辑关系为,武校→¬暂住,与(7)一致。D 选项:有些门卫→¬就业,与(7)一致。E 选项:有些门卫→就业,与(6)一致。

故正确答案为 C 选项。

66.【答案】D 【难度】S5 【考点】形式逻辑 直言命题 直言命题矛盾关系

此题需要选出"不可能符合题干所做的断定"的选项,即要选出与题干逻辑关系矛盾的选项。

D 选项:暂住∧武校,与(6)"暂住→¬武校"是矛盾关系,一定为假。

A 选项:就业∧¬武校,与题干逻辑关系不矛盾。B 选项:就业∧¬暂住,与题干逻辑关系不矛盾,可能符合题干断定。C 选项:暂住∧¬安徽,与题干逻辑关系不矛盾,可能符合题干断定。E 选项:门卫∧¬暂住∧¬武校,与题干逻辑关系不矛盾,可能符合题干断定。

故正确答案为 D 选项。

67.【答案】B 【难度】S5 【考点】形式逻辑 假言命题 假言命题结构相似

题干论证方式:稳定→法健∨控制力,稳定∧¬法健,因此,控制力。

B 选项:津贴→超常业绩∨30 年以上,津贴∧¬30 年以上,因此,超常业绩。该选项与题干论证方式一致,正确。

故正确答案为 B 选项。

68.【答案】B 【难度】S5 【考点】综合推理 数字相关题型

题干信息:人数$=5X+1=7Y+1=8Z+2$。

5 和 7 互质,所以应满足 $35a+1$,结合共有一百多人这一线索,可以计算出人数为 106。

$(106-1)/3=35$,所以除了连长外,正好排成三列横队。

故正确答案为 B 选项。

69.【答案】D 【难度】S4 【考点】论证推理 结论 细节题

题干信息:这种电脑能够揣摩用户情绪,并为了减轻其烦躁情绪而提供相应的功能。

D 选项:与主人的紧张或烦躁情绪无关。

故正确答案为 D 选项。

70.【答案】B 【难度】S5 【考点】综合推理 真话假话题

题干没有出现确定信息,所以可采用"假设+归谬"的思路解题。

	符号化	甲正常	乙正常	丙正常
甲:	¬ 正常 → ¬ 物理		¬ 物理	¬ 物理
	正常→ 化学	化学		
乙:	¬ 正常 → ¬ 化学	¬ 化学		¬ 化学
	正常→ 物理		物理	
丙:	¬ 正常 → ¬ 物理	¬ 物理	¬ 物理	
	正常→ 物理			物理

(1)如果乙正常,那么乙通过了物理,而甲和丙都没有通过物理,同时乙没有通过化学,而甲和丙都通过了化学。此种假设没有出现任何矛盾。(2)如果甲正常,那么甲通过了化学,乙和丙都没通过化学,同时甲没通过物理,而乙和丙都通过物理。但是"丙通过物理"与表中的丙"¬ 物理"矛盾,故假设被推翻,不可能是甲。(3)如果丙正常,那么丙通过物理,甲和乙都没有通过物理,同时丙没通过化学,而甲和乙都通过化学。但是"乙通过化学"与表中的乙"¬ 化学"矛盾,故假设被推翻,不可能是丙。

故正确答案为 B 选项。

71.【答案】D 【难度】S5 【考点】论证推理 结论 主旨题
题干信息:有些人通过体育锻炼和减肥使血液中高浓度脂肪蛋白含量增多,从而阻止吸收过多的胆固醇,降低血液中的胆固醇。
根据上述信息,可以判断出 D 选项正确。
故正确答案为 D 选项。

72.【答案】A 【难度】S5 【考点】论证推理 假设、前提 论据+结论型论证的假设
论据:核试验次数得到限制时出现负超常消费,核试验次数增多时出现正超常消费。结论:能觉察到"核战争威胁"时,正超常消费的可能性增加。
A 选项:方法可行,老百姓要进行正超常消费,就得有足够的商品来支持,需要假设。
C 选项:假设过强,只要老百姓可以通过核试验次数来察觉核战争威胁即可,不需要"只能",排除。
故正确答案为 A 选项。

73.【答案】A 【难度】S5 【考点】论证推理 结论 细节题
互联网瘾:上网的"弊端"和可能带来的"危害"。
A 选项:只是说为链接某个网站时间过长而着急,并没有产生什么危害,不符合题意。
故正确答案为 A 选项。

74.【答案】A 【难度】S4 【考点】论证推理 支持、加强 因果型论证的支持
因:教学条件改进缓慢,教师工资的增长未与其他行业同步。果:师资短缺。
A 选项:说明收入低是师资短缺的主要原因,加强了上述断定。
故正确答案为 A 选项。

75.【答案】A 【难度】S5 【考点】论证推理 支持、加强 论据+结论型论证的支持

论据:销售税是在出售商品的价格上附加7%左右。结论:销售税违背累进原则。

A选项:说明人们花在购物上的钱基本上差不多,那么人们在购物上交的销售税金额差不多。这时谁的收入越高,交的销售税金额占其收入的比例就越小,税率就越低;反之亦然。故A选项加强了题干的推理,正确。

B、C、D、E选项:与题干论证无关,排除。

故正确答案为A选项。

76.【答案】C 【难度】S4 【考点】论证推理 削弱、质疑、反驳 论据+结论型论证的削弱

论据:一批企业总经理平均年龄增大。结论:目前企业中总经理的年龄呈老化趋势。

C选项:以偏概全,说明样本不具有代表性,并未包含成立时间少于20年的企业。

故正确答案为C选项。

77.【答案】E 【难度】S5 【考点】论证推理 削弱、质疑、反驳 论据+结论型论证的削弱

董事A:每年10%的吸烟者改变品牌,行业广告支出占毛收入10%,因此广告可以不做。

题干中说明行业广告支出占10%是一个行业整体的情况,但对单个的烟草企业来说可能会存在很大的差别。如果某公司不做广告,而别的公司继续做,那么吃亏的还是这个公司。

故正确答案为E选项。

78.【答案】E 【难度】S5 【考点】论证推理 削弱、质疑、反驳 论据+结论型论证的削弱

董事B:10%的改吸者几乎没有改吸本公司的品牌,因此广告开支实际上是亏损性开支。

复选项Ⅰ、复选项Ⅱ和复选项Ⅲ都说明,虽然改吸的香烟品牌中并不包本公司的品牌,但广告对于稳固本公司现有的客户群和占有新客户起到了至关重要的作用。

故正确答案为E选项。

79.【答案】B 【难度】S5 【考点】论证推理 削弱、质疑、反驳 论据+结论型论证的削弱

论据:不系安全带并未给别人带来损害。结论:不应规定在行驶的小汽车中必须系安全带。

B选项:他因削弱,说明不系安全带造成的伤亡使汽车保险费连年上涨,给别人带来了经济上的损害,质疑了题干论述。

故正确答案为B选项。

80.【答案】D 【难度】S4 【考点】论证推理 结论 细节题

D选项:说明中国的核子科学家可以独立发展核技术,如果可以独立发展就不需要窃取美方核机密,这与题干所述矛盾。

故正确答案为D选项。

【温馨提示】想知道哪些知识点还没掌握?请打开"海绵MBA"APP,进入页面右上角【扫一扫】图标,扫描下方二维码,填入答案,系统会自动记录错题数据,方便查漏补缺。

1999年管理类综合能力逻辑试题

三、逻辑推理：第31~80小题，每小题2分，共100分。下列每题给出的A、B、C、D、E五个选项中，只有一项是符合试题要求的。请在答题卡上将所选项的字母涂黑。

31. 全国运动会举行女子5 000米比赛，辽宁、山东、河北各派了三名运动员参加。比赛前，四名体育爱好者在一起预测比赛结果。甲说："辽宁队训练就是有一套，这次的前三名非他们莫属。"乙说："今年与去年可不同了，金、银、铜牌辽宁队顶多拿一个。"丙说："据我估计，山东队或者河北队会拿牌的。"丁说："第一名如果不是辽宁队的，就该是山东队的了。"比赛结束后，发现以上四人只有一人言中。

    以下哪项最可能是该项比赛的结果？
    A. 第一名辽宁队，第二名辽宁队，第三名辽宁队。
    B. 第一名辽宁队，第二名河北队，第三名山东队。
    C. 第一名山东队，第二名辽宁队，第三名河北队。
    D. 第一名河北队，第二名辽宁队，第三名辽宁队。
    E. 第一名河北队，第二名辽宁队，第三名山东队。

32. 王大妈上街买东西，看见有个地方围了一群人。凑过去一看，原来是中国高血压日的宣传。王大妈转身就要走，一位年轻的白衣大夫叫住了她："大妈，让我帮你测测血压好吗？"王大妈连忙挥手说："我又不胖，算了吧。"

    根据以上信息，以下哪项最可能是王大妈的回答所隐含的前提？
    A. 只有患高血压病的人才需要测血压，我不用。
    B. 只有胖人才可能得高血压病，经常测血压。
    C. 虽然测血压是免费的，可给我开药方就要收钱了。
    D. 你们这么忙，还是先给身体比较胖的人测吧。
    E. 让我当众测血压，多难为情，不好意思。

33. 某县领导参加全县的乡计划生育干部会，临时被邀请上台讲话。由于事先没有做调查研究，也不熟悉县里计划生育的具体情况，只能说些模棱两可、无关痛痒的话。他讲道："在我们县14个乡中，有的乡完成了计划生育指标；有的乡没有完成计划生育指标；李家集乡就没有完成嘛。"在领导讲话时，县计划生育委员会主任手里捏了一把汗，因为领导讲的三句话中有两句不符合实际，真后悔临时拉领导来讲话。

    以下哪项正确表示了该县计划生育工作的实际情况？
    A. 在14个乡中至少有一个乡没有完成计划生育指标。
    B. 在14个乡中除李家集乡外还有别的乡没有完成计划生育指标。
    C. 在14个乡中没有一个乡没有完成计划生育指标。
    D. 在14个乡中只有一个乡没有完成计划生育指标。
    E. 在14个乡中只有李家集乡完成了计划生育指标。

34. 在MBA的财务管理课期终考试后，班长想从老师那里打听成绩。班长说："老师，这次考试不太难,我估计我们班同学们的成绩都在70分以上吧。"老师说:"你的前半句话不错,后半句话不对。"

根据老师的意思,下列哪项必为事实?

A. 多数同学的成绩在70分以上,有少数同学的成绩在60分以下。

B. 有些同学的成绩在70分以上,有些同学的成绩在70分以下。

C. 研究生的课程70分才算及格,肯定有的同学成绩不及格。

D. 这次考试太难,多数同学的考试成绩不理想。

E. 这次考试太容易,全班同学的考试成绩都在80分以上。

35. 去年MBA入学考试的五门课程中,王海天和李素云只有数学成绩相同,其他科的成绩互有高低,但所有课程的分数都在60分以上。在录取时只能比较他们的总成绩了。

下列哪项如果为真,能够使你判断出王海天的总成绩高于李素云?

A. 王海天的最低分是数学,而李素云的最低分是英语。

B. 王海天的最高分比李素云的最高分要高。

C. 王海天的最低分比李素云的最低分高。

D. 王海天的最低分比李素云的两门课分别的成绩高。

E. 王海天的最低分比李素云的平均成绩高。

36. 壳牌石油公司连续三年在全球500家最大公司净利润总额排名中位列第一,其主要原因是该公司比其他公司有更多的国际业务。

下列哪项如果为真,则最能支持上述说法?

A. 与壳牌公司规模相当但国际业务少的石油公司的利润都比壳牌石油公司低。

B. 历史上全球500家大公司的净利润冠军都是石油公司。

C. 近三年来全球最大的500家公司都在努力走向国际化。

D. 近三年来石油和成品油的价格都很稳定。

E. 壳牌石油公司是英国和荷兰两国所共同拥有的。

37. 某学术会议正在举行分组会议。某一组有8人出席。分组会议主席问大家原来各自认识与否。结果是全组中仅有一个人认识小组中的三个人,有三个人认识小组中的两个人,有四个人认识小组中的一个人。

若以上统计是真实的,则最能得出以下哪项结论?

A. 会议主席认识小组的人最多,其他人相互认识的少。

B. 此类学术会议是第一次召开,大家都是生面孔。

C. 有些成员所说的认识可能仅是在电视上或报告会上见过而已。

D. 虽然会议成员原来的熟人不多,但原来认识的都是至交。

E. 通过这次会议,小组成员都相互认识了,以后见面就能直呼其名了。

38. 群英和志城都是经营微型计算机的公司。它们是电子一条街上的两颗高科技新星。为了在微型计算机市场方面与几家国际大公司较量,群英公司和志城公司在加强管理、降低成本、提高质量和改善服务几方面实行了有效的措施,1998年的微机销售量比1997年分别增加了15万台和12万台,令国际大公司也不敢小看它们。

根据以上事实,最能得出下面哪项结论?
A. 在1998年,群英公司与志城公司的销售量超过了国外公司在中国的微机销售量。
B. 在1998年,群英公司和志城公司用降价倾销方式获利。
C. 在1998年,群英公司的销售量的增长率超过志城公司的增长率。
D. 在价格、质量相似的条件下,中国的许多消费者更喜欢买进口电脑。
E. 在1998年,群英公司的市场份额增长量超过了志城公司的市场份额增长量。

39. 近年来,我国许多餐厅使用一次性筷子,这种现象受到越来越多人的批评。许多资源环境工作者在报刊上呼吁:为了保护森林资源,让山变绿、水变清,是采取坚决措施,禁用一次性筷子的时候了!
以下除哪项外,都从不同方面对批评者的观点提供了支持?
A. 我国森林资源十分匮乏,把大好的木材用来做一次性筷子,实在是莫大的浪费。
B. 1998年的特大水灾造成的损失既与气候有关,也与多年的滥砍滥伐有很大关系。
C. 森林和各种绿色植被对涵养水分、调节气候、防止水土流失具有不可替代的作用。
D. 禁用一次性筷子既要大张旗鼓地宣传,又要制定相应的法规,建立完善的监督机制。
E. 保护森林不能只保不用。合理使用,适量地采伐,发展林区经济,还能促进保护。

40. 三位股评专家正在对三家上市公司明天的股价走势进行预测。甲说:"公司一的股价会有一些上升,但不能期望过高。"乙说:"公司二的股价可能下跌,除非公司一的股价上升超过5%。"丙说:"如果公司二的股价上升,公司三的股价也会上升。"三位股评专家果然厉害,一天后的事实表明,他们的预言都对,而且公司三的股价跌了。
以下哪项叙述最可能是那一天股价变动的情况?
A. 公司一股价上升了9%,公司二股价上升了4%。
B. 公司一股价上升了7%,公司二股价下跌了3%。
C. 公司一股价上升了4%,公司二股价上升了2%。
D. 公司一股价上升了5%,公司二股价持平。
E. 公司一股价上升了2%,公司二股价有所上升。

41. 在某西方国家,高等学校的学费是中等收入家庭难以负担的,然而,许多家长还是节衣缩食供孩子上大学。有人说,这是因为高等教育是一项很好的投资。
以下哪项对以上说法提出质疑?
A. 一个大学文凭每年的利润率是13%以上,超过了股票的长期利润率。
B. 在25~29岁的人中,只有高中学历的失业率是受过高等教育的人的3倍。
C. 科技发展迅速,经济从依赖体力转变为更多地依赖脑力,对大学学历的回报进一步提高。
D. 1980年有大学文凭的人的收入大约比只有高中文凭的人多43%,1996年增加到75%。
E. 随着计算机技术的发展,许多原来需要高技术人才承担的工作可以雇只会操作键盘的技工来干。

42. 你可以随时愚弄某些人。
假若以上属实,以下哪些判断必然为真?
Ⅰ. 张三和李四随时都可能被你愚弄。

Ⅱ．你随时都想愚弄人。

Ⅲ．你随时都可能愚弄人。

Ⅳ．你只能在某些时候愚弄人。

Ⅴ．你每时每刻都在愚弄人。

　　A．仅Ⅲ。　　B．仅Ⅱ。　　C．仅Ⅰ和Ⅲ。　　D．仅Ⅱ、Ⅲ和Ⅳ。　　E．仅Ⅰ、Ⅲ和Ⅴ。

43．学校抗洪抢险献爱心捐助小组突然收到一大笔没有署名的捐款，经过多方查找，可以断定是赵、钱、孙、李中的某一个人捐的。经询问，赵说："不是我捐的。"钱说："是李捐的。"孙说："是钱捐的。"李说："我肯定没有捐。"最后经过详细调查，证实四个人中只有一个人说的是真话。

　　根据以上已知条件，请判断下列哪项为真？

　　A．赵说的是真话，是孙捐的。　　　　　　B．李说的是真话，是赵捐的。

　　C．钱说的是真话，是李捐的。　　　　　　D．孙说的是真话，是钱捐的。

　　E．李说的是假话，是李捐的。

44．某公司的销售部有五名工作人员，其中有两名本科专业是市场营销，两名本科专业是计算机，一名本科专业是物理学。又知道五人中有两名女士，她们的本科专业背景不同。

　　根据上文所述，以下哪项论断最可能为真？

　　A．该销售部有两名男士是来自不同本科专业的。

　　B．该销售部的一名女士一定是计算机本科专业毕业的。

　　C．该销售部三名男士来自不同的本科专业，女士也来自不同的本科专业。

　　D．该销售部至多有一名男士是市场营销专业毕业的。

　　E．该销售部本科专业为物理学的一定是男士，不是女士。

45．曙光机械厂、华业机械厂、祥瑞机械厂都在新宁市辖区。它们既是同一工业局下属的兄弟厂，在市场上也是竞争对手。在市场需求的五种机械产品中，曙光机械厂擅长生产产品1、产品2和产品4，华业机械厂擅长生产产品2、产品3和产品5，祥瑞机械厂擅长生产产品3和产品5。如果两个厂生产同样的产品，一方面是规模不经济，另一方面是会产生恶性的内部竞争。如果一个厂生产三种产品，在人力和设备上也有问题。为了发挥好地区经济合作的优势，工业局召集三个厂的领导对各自的生产产品做了协调，做出了满意的决策。

　　以下哪项最可能是这几个厂的产品选择方案？

　　A．曙光机械厂生产产品1和产品5，华业机械厂只生产产品2。

　　B．曙光机械厂生产产品1和产品2，华业机械厂生产产品3和产品5。

　　C．华业机械厂生产产品2和产品3，祥瑞机械厂只生产产品4。

　　D．华业机械厂生产产品2和产品5，祥瑞机械厂生产产品3和产品4。

　　E．祥瑞机械厂生产产品3和产品5，华业机械厂只生产产品2。

46．西方发达国家的大学教授几乎都是得到过博士学位的。目前,我国有些高等学校也坚持在招收新教员时,有博士学位是必要条件,除非是本校的优秀硕士毕业生留校。

　　根据以上论述，最可能得出以下哪一结论？

　　A．在我国，大多数大学教授已经获得了博士学位，少数正在读在职博士。

　　B．在西方发达国家，得到博士学位的人都到大学任教。

C. 在我国,有些高等学校的新教师都有了博士学位。

D. 在我国一些高校,得到博士学位的大学教师的比例在增加。

E. 大学教授中得到博士学位的比没有得到博士学位的更受学生欢迎。

47. K国的公司能够在V国销售半导体,并且,售价比V国公司的生产成本低。为了帮助V国的那些公司,V国的立法机构制定了一项计划,规定K国公司生产的半导体在V国的最低售价必须比V国公司的平均生产成本高百分之十。

以下哪项如果为真,将最严重地影响该项计划的成功?

A. 预计明年K国的通货膨胀率超过百分之十。

B. 现在K国的半导体不仅仅销往V国。

C. 一些销售半导体的V国公司宣布,它们打算降低半导体的售价。

D. K国政府也制定半导体在本国的最低售价。

E. 越来越多的非K国的公司去V国销售半导体,并且售价比K国的产品低。

48. 某市的红光大厦工程建设任务进行招标。有四个建筑公司投标。为简便起见,称它们为公司甲、乙、丙、丁。在标底公布以前,各公司经理分别做出猜测。甲公司经理说:"我们公司最有可能中标,其他公司不可能。"乙公司经理说:"中标的公司一定出自乙和丙两个公司之中。"丙公司经理说:"中标的若不是甲公司就是我们公司。"丁公司经理说:"如果四个公司中必有一个中标,那就非我们莫属了!"当标底公布后发现,四人中只有一个人的预测成真了。

以下哪项判断最可能为真?

A. 甲公司经理猜对了,甲公司中标了。　　B. 乙公司经理猜对了,丙公司中标了。

C. 甲公司和乙公司的经理都说错了。　　D. 乙公司和丁公司的经理都说错了。

E. 乙公司、丙公司和丁公司的经理都说错了。

49. 据报道,某国科学家在一块60万年前来到地球的火星陨石上发现了有机生物的痕迹,因为该陨石由二氧化碳化合物构成,该化合物产生于甲烷,而甲烷可以是微生物受到高压和高温作用时产生的。由此可以推断火星上曾经有过生物,甚至可能有过像人一样的高级生物。

以下条件除了哪项外,都对上文的结论提出质疑?

A. 火星陨石在地球上的60万年间可能产生了很多的化学变化,要界定其中哪些物质仍完全保留着在火星上的性质不是那么容易的。

B. 60万年的时间与宇宙的年龄相比是微不足道的,但在这一期间的生物进化的历史可以是丰富多彩的。

C. 微生物受到高压和高温作用时可以产生甲烷,但甲烷是否可以由其他方法产生是有待探讨的一个问题。

D. 由微生物进化到人类需要足够的时间和合适的条件,其复杂性及其中的一些偶然性可能是现在的人们难以想象的。

E. 所说的二氧化碳化合物可以从甲烷产生,但也不能绝对排除从其他物质产生的可能性。

50. 虽然有许多没有大学学历的人也能成为世界著名的企业家,比如微软公司的创始人之一比尔·盖茨就没有正式得到大学毕业文凭,但大多数优秀的管理人才还是接受过大学教育特别是MBA教育。虽然得到MBA学位并不意味着成功,但还是可以说MBA教育是培养现代企业管理人才的摇篮。

以下论断除了哪项外,都可能是以上题干的文中之意?

A. 有些人在大学里是学习哲学的,搞起经营管理来却不比学 MBA 的差。

B. 对于有些天才人物,不经历 MBA 教育阶段也可以学到 MBA 教育传授的知识和才能。

C. 由于 MBA 教育离实际的管理还有一定距离,得到 MBA 学位的人还需要在实践中不断积累管理经验。

D. 得到 MBA 学位的学生毕业后,大多数人成为优秀的管理人才,有些人成为世界知名企业高级主管。

E. 一些得到 MBA 学位的人并不一定能管理好企业,把企业搞到破产地步的也不少见。

51. 点子大王秦老师最近又要贡献一个点子给都市报报业集团。秦老师分析了目前报纸的发行时段:早上有晨报,上午有日报,下午有晚报,真正为晚上准备的报纸却没有。秦老师建议他们办一份《都市夜报》,打开这块市场。谁知都市报报业集团却没有采纳秦老师的建议。

以下哪项如果为真,能够恰当地指出秦老师的分析中所存在的问题?

A. 报纸的发行时段和阅读时间是不同的。

B. 酒吧或影剧院的灯光都很昏暗,无法读报。

C. 许多人睡前有读书的习惯,而读报的比较少。

D. 晚上人们一般习惯于看电视节目,很少读报。

E. 都市的夜生活非常丰富,读报纸显得太枯燥了。

52. 在最近几年,某地区的商场里只卖过昌盛、彩虹、佳音三种品牌的电视机。1997 年,昌盛、彩虹、佳音三种品牌的电视机在该地区的市场占有率(按台数计算)分别为 25%、35% 和 40%。到 1998 年,几个品牌的市场占有率变成昌盛第一、彩虹第二、佳音第三,其次序正好与 1997 年相反。

以下条件除了哪项外,都可能对上文提到的市场占有率的变化做出合理的解释?

A. 昌盛集团成立了信息部,应用信息技术网络与客户建立了密切联系。

B. 佳音集团的经理班子与董事会的经营理念出现分歧,总经理在 1998 年初辞职。

C. 昌盛集团耗巨资购并了一个濒临倒闭的大型电冰箱厂,转产 VCD 机。

D. 佳音集团新的总经理推行全面质量管理,引起费用增加,不得不提高价格。

E. 彩虹集团设计了新的生产线,要等到 1999 年才能投产,在 1998 年难有作为。

53. 方宁、王宜和余涌,一个是江西人,一个是安徽人,一个是上海人,余涌的年龄比上海人大,方宁和安徽人不同岁,安徽人比王宜年龄小。

根据上述断定,以下结论都不可能推出,除了:

A. 方宁是江西人,王宜是安徽人,余涌是上海人。

B. 方宁是安徽人,王宜是江西人,余涌是上海人。

C. 方宁是安徽人,王宜是上海人,余涌是江西人。

D. 方宁是上海人,王宜是江西人,余涌是安徽人。

E. 方宁是江西人,王宜是上海人,余涌是安徽人。

54. 小光和小明是一对孪生兄弟,刚上小学一年级。一次,他们的爸爸带他们去密云水库游玩,看到了野鸭子。小光说:"野鸭子吃小鱼。"小明说:"野鸭子吃小虾。"哥俩说着说着就争论起来,非要爸爸给评评理。爸爸知道他们俩说得都不错,但没有直接回答他们的问题,而是用例子来进行比喻。说完后,哥俩都服气了。

以下哪项最可能是爸爸讲给儿子们听的话?

A. 一个人的爱好是会变化的。爸爸小时候很爱吃糖,你奶奶管也管不住。到现在,你让我吃我都不吃。

B. 什么事都有两面性。咱们家养了猫,耗子就没了。但是,如果猫身上长了跳蚤也是很讨厌的。

C. 动物有时也通人性。有时主人喂它某种饲料吃得很好,若是陌生人喂,怎么也不吃。

D. 你们兄弟俩的爱好几乎一样,只是对饮料的爱好不同。一个喜欢可乐,一个喜欢雪碧。你妈妈就不在乎,可乐、雪碧都行。

E. 野鸭子和家里饲养的鸭子是有区别的。虽然人工饲养的鸭子是由野鸭子进化来的,但据说已经有几千年的历史了。

55. 许多影视放映场所为了增加其票房收入,把一些并不包含有关限制内容的影视片也标以"少儿不宜"。

他们这样做是因为确信以下哪项断定?

Ⅰ. 成年观众在数量上要大大超过少儿观众。

Ⅱ. "少儿不宜"的影视片对成年人无害。

Ⅲ. 成年人普遍对标明"少儿不宜"的影视片感兴趣。

A. 仅Ⅰ。 B. 仅Ⅱ。 C. 仅Ⅰ、Ⅲ。 D. 仅Ⅱ、Ⅲ。 E. Ⅰ、Ⅱ和Ⅲ。

56. 有四个外表看起来没有分别的小球,它们的重量可能有所不同。取一个天平,将甲、乙归为一组,丙、丁归为另一组,分别放在天平的两边,天平是基本平衡的。将乙和丁对调一下,甲、丁一边明显地要比乙、丙一边重得多。可奇怪的是,我们在天平一边放上甲、丙,而另一边刚放上乙,还没有来得及放上丁时,天平就压向了乙一边。

请你判断,这四个球中由重到轻的顺序是什么?

A. 丁、乙、甲、丙。 B. 丁、乙、丙、甲。 C. 乙、丙、丁、甲。

D. 乙、甲、丁、丙。 E. 乙、丁、甲、丙。

57. 王宏和李明是要好的朋友。王宏是学气象的,每天要做天气预报。李明是学哲学的,爱和人辩论。某个星期六的中午,两人在一块吃饭,王宏急着要走,说要去加班,准备明天的天气预报。李明说:"何必着急?做天气预报还不容易。你只要说明天有 50% 的概率降水就行了。如果真的下了雨,你可以说'我预报准确',因为你说过有 50% 的概率降水;如果明天没有下雨,你也没错,因为你预言有 50% 的概率不降水。因此,你总是对的。"

以下哪项论述最科学地指出了李明论断的错误?

A. 一个天气预报员的水平高低不是仅用某一次是否符合天气实际情况来判断的。

B. 李明的说法不对。如果明天真的下雨,只有预报降水概率 100% 才算预报正确,其他预报都不对。

C. 李明的说法有问题。如果明天没有下雨,只有预报降水概率为零才算预报正确,其他预报都算错。

D. 李明的说法揭示了现在天气预报方式的弊端。用百分率做天气预报不科学,应该像原来那样,明确地预报有雨或无雨。

E. 用百分率做天气预报是一种推卸责任的办法,就和算命先生给人算卦一样,都是些模棱两可的话。你说让人信还是不信?

58. 在人口最稠密的城市中,警察人数占总人口的比例也最大。这些城市中的"无目击证人犯罪"的犯罪率也最低。看来,维持高比例的警察至少可达到有效地阻止此类犯罪的效果。

下列哪项如果为真,最能有效地削弱上述推论?

A. 警察的工作态度和巡逻频率在各个城市是有很大差别的。
B. 高人口密度本身使得犯罪现场无目击证人的可能性减少。
C. 许多发生在大城市的非暴力犯罪都与毒品有关。
D. 人口稠密的城市中,大多数罪犯并不是被警察抓获的。
E. 无目击证人犯罪在所有犯罪中本来就只占很小的比例。

59. 一个著名的旅游城市,每年都接待许多中外旅客。在游览风景名胜的路上,导游小姐总在几个工艺品加工厂停车,劝大家去厂里参观,而且说买不买都没有关系。为此,一些游客常有怨言,但此种现象仍在继续,甚至一年胜似一年。

以下哪项最不可能是造成以上现象的原因?

A. 虽然有的人不满意,许多游客是愿意的,他们从厂里出来时的笑容就是证据。
B. 有些游客来旅游的一项重要任务就是购物。若是空手回家,家里人会不高兴的。
C. 厂家生产的产品直销,质量有保证,价格也便宜,何乐而不为?
D. 所有的游客经济上都是富裕的,他们只想省时间,不在意商品的价格。
E. 在厂家购物,导游小组会得到奖励。当然,奖励的钱是间接地从购物者那里来的。

60. 据世界卫生组织1995年的调查报告显示,70%的肺癌患者有吸烟史,其中有80%的人吸烟的历史多于10年。这说明吸烟会增加人们患肺癌的风险。

以下哪项最能支持上述论断?

A. 1950年至1970年期间,男性吸烟者人数增加较快,女性吸烟者也有增加。
B. 虽然各国对吸烟有害进行大力宣传,但自50年代以来,吸烟者所占的比例还是呈明显的逐年上升的趋势。到90年代,成人吸烟者达到成人数的50%。
C. 没有吸烟史或戒烟时间超过五年的人数在1995年超过了人口总数的40%。
D. 1995年未成年吸烟者的人数也在增加,成为一个令人挠头的社会问题。
E. 医学科研工作者已经用动物实验发现了尼古丁的致癌作用,并从事开发预防药物的研究。

61. 中国青少年发展基金会在成功地推行希望工程八年之后,又面向社会隆重推出"中华古诗文经典诵读"工程。为此,国家科学技术部研究中心组成了专题评估小组,进行了抽样调查,得到有效样本1 342个。调查结果显示:多数家长和教师认为古诗文诵读应从小抓起,作为孩子启蒙教育的一部分,这既能修身养性,又能促进学习。

以下哪项结论最不符合以上题干所表达的思想?

A. 国家科学技术部研究中心组成的专题评估小组采取了科学的研究方法,进行了细致的调查研究,其结论很有说服力。

B. 古诗文诵读不仅能让孩子学习语文知识,对加强精神文明建设也具有重要意义。

C. 有了推行希望工程的经验,中华古诗文经典诵读工程成功的可能性更大了。

D. 由于孩子们上中学以后,数理化课程加重,需要把古诗文诵读的任务放在幼儿园和小学阶段,在中学和大学阶段集中力量学习科学技术。

E. 少数老师和学生家长认为不应该过分强调古诗文诵读,因为在孩子小的时候,过分强调背诵,会影响独立思考能力的培养。

62. 甲:"你不能再抽烟了。抽烟确实对你的健康非常不利。"

乙:"你错了。我这样抽烟已经15年了,但并没有患肺癌,上个月我才做的体检。"

有关上述对话,以下哪项如果是真的,最能加强和支持甲的意见?

A. 抽烟增加了家庭的经济负担,容易造成家庭矛盾,甚至导致家庭破裂。

B. 抽烟不仅污染环境,影响卫生,还会造成家人或同事们被动吸烟。

C. 对健康的危害不仅指患肺癌或其他明显疾病,还包括潜在的影响。

D. 如果不断抽烟,那么烟瘾将越来越大,以后就更难戒除了。

E. 与名牌的优质烟相比,冒牌劣质烟对健康的危害更甚。

63. 我国多数软件开发工作者的"版权意识"十分淡薄,不懂得通过版权来保护自己的合法权益。最近对500多位软件开发者的调查表明,在制订开发计划时也同时制订了版权申请计划的仅占20%。

以下哪项如果为真,最能削弱上述结论?

A. 制定了版权申请计划并不代表有很强的"版权意识",是否有"版权意识"要看实践。

B. 有许多软件开发者事先没有制订版权申请计划,但在软件完成后申请了版权。

C. 有些软件开发者不知道应该到什么地方去申请版权。有些版权受理机构服务态度也不怎么样。

D. 版权意识的培养需要有一个好的法制环境。人们既要保护自己的版权,也要尊重他人的版权。

E. 在被调查的500名软件开发者以外,还有上万名计算机软件开发者,他们的"版权意识"如何,有待进一步调查。

64. 一段时间以来,国产洗发液在国内市场的占有率逐渐减小。研究发现,国外公司的产品广告比国内的广告更吸引人。因此,国产洗发液生产商需要加大广告投入,以增加市场占有率。

以下哪项如果为真,将严重地弱化上述论证?

A. 一些国外洗发液的广告是由国内广告公司制作并由国内媒体传播的。

B. 广告只能引起人们对某种商品的注意,质量才能使人们产生对商品的喜爱。

C. 国产洗发液生产商的广告费现在只有国外厂商的一半。

D. 尽管国外洗发液销售额增加,国产洗发液销售额同样在增加。

E. 准备购买新的洗发液的人喜欢从广告中发现合意的品牌。

65. 环境污染已经成为全世界普遍关注的问题。科学家和环境保护组织不断发出警告:如果我们不从现在起就重视环境保护,那么人类总有一天将无法在地球上生存。

以下哪项解释最符合以上警告的含义?

A. 如果从后天而不是明天起就重视环境保护,人类的厄运就要早一天到来。

B. 如果我们从现在起开始重视环境保护,人类就可以在地球上永久地生活下去。

C. 只要我们从现在起就重视环境保护,人类就不至于在这个地球上无法生活下去。

D. 由于科学技术发展迅速,在厄运到来之前人类就可能移居到别的星球上去了。

E. 对污染问题的严重性要有高度的认识,并且要尽快采取行动做好环保工作。

66. 商业周期并未寿终正寝。在西方某国,目前的经济增长要进入第六个年头,增长速度稳定在2%～2.5%之间。但是,实业界的人士毕竟不是天使,中央银行的官员也不是贤主明君,关于商业周期已经寿终正寝的说法是过于夸大其词了。

以下除哪项外都进一步论述了上文的观点?

A. 适应顾客需求的制造业比原来大工厂的大批量生产更具有灵活性。

B. 当公司预见繁荣会继续时,大家就会争着投放过多的资金。

C. 当建厂过多、生产过剩时,公司就会急剧抽回资金。

D. 联邦储备委员会有时会反应过度或行动过火,动不动就提高利率。

E. 繁荣时的盲目乐观和萧条时的惶恐不安,都会妨碍市场进行自我调节。

67. 某计算机销售部向顾客承诺:"本部销售的计算机在一个月内包换、一年内免费包修、三年内上门服务免收劳务费,因使用不当造成的故障除外。"

以下哪项所描述的现象与销售部的承诺一致?

A. 某人购买了一台计算机,三个月后软驱出现问题,要求销售部修理,销售部给免费更换了软驱。

B. 计算机实验室从该销售部购买了30台计算机,50天后才拆箱安装。在安装时发现有一台显示器不能显示彩色,要求更换。

C. 某学校购买了10台计算机。没到一个月,计算机的鼠标丢失了三个,要求销售部无偿补齐。

D. 李明买了一台计算机,不小心感染了计算机病毒,造成存储的文件丢失,要求销售部赔偿损失。

E. 某人购买了一台计算机,一年后键盘出现故障,要求销售部按半价更换一个新键盘。

68. 金钱不是万能的,没有钱是万万不能的,发不义之财是绝对不行的。

以下除哪些项外,基本表达了上述题干的思想?

Ⅰ. 有些事情不是仅有钱就能办成。比如抗洪抢险的将士冒生命危险坚守堤防,不是为了钱才去干的。

Ⅱ. 有钱能使鬼推磨,世上没有用钱干不成的事。抗洪抢险的将士也是要发工资的。

Ⅲ. 对许多事情来说,没有钱是很难办成的。有时候真是"一分钱急死男子汉"。

Ⅳ. "钱"是身外之物,生不带来,死不带去,钱多了还惹是生非。

Ⅴ. "君子好财,取之有道。"通过合法的手段赚得的钱记载着你的劳动,可以用来帮助你做其他的事情。

A. 仅Ⅰ。　　　B. 仅Ⅱ。　　　C. 仅Ⅰ和Ⅲ。　　　D. 仅Ⅱ和Ⅳ。　　　E. 仅Ⅰ、Ⅲ和Ⅴ。

69. 有一个盒子里有100只分别涂有红、黄、绿三种颜色的球。

张三说："盒子里至少有一种颜色的球少于33只。"

李四说："盒子里至少有一种颜色的球不少于34只。"

王五说："盒子里任意两种颜色的球的总数不会超过99只。"

以下哪项论断是正确的？

A. 张三和李四的说法正确，王五的说法不正确。

B. 李四和王五的说法正确，张三的说法不正确。

C. 王五和张三的说法正确，李四的说法不正确。

D. 张三、李四和王五的说法都不正确。

E. 张三、李四和王五的说法都正确。

70. 某地有两个奇怪的村庄，张庄的人在星期一、三、五说谎，李村的人在星期二、四、六说谎。在其他日子他们说实话。一天，外地的王从明来到这里，见到两个人，分别向他们提出关于日期的问题。两个人都说："前天是我说谎的日子。"

如果被问的两个人分别来自张庄和李村，以下哪项判断最可能为真？

A. 这一天是星期五或星期日。　　B. 这一天是星期二或星期四。

C. 这一天是星期一或星期三。　　D. 这一天是星期四或星期五。

E. 这一天是星期三或星期六。

71. 某地区有些得到国家特殊政策的国有企业仍然未扭亏为盈，这让区委书记格外着急。

以下哪项论断最符合以上论述的基本思想？

A. 该地区得到国家特殊政策的国有企业都没有盈利，区委书记为此着急。

B. 该地区得到国家特殊政策的国有企业没有亏损，不需要扭亏，区委书记何必着急。

C. 该地区没有得到国家特殊政策的国有企业都有盈利，区委书记对他们放心。

D. 该地区的非国有企业可能都有盈利。即使没有盈利，区委书记也不着急。

E. 该地区所有不盈利的企业都让区委书记着急，尤其是其中的试点单位。

72. 在评价一个企业管理者的素质时，有人说："只要企业能获得利润，其管理者的素质就是好的。"

以下各项都是对上述看法的质疑，除了：

A. 有时管理层会用牺牲企业长远利益的办法获得近期利润。

B. 有的管理者采取不正当竞争的办法，损害其他企业，获得本企业的利益。

C. 某地的卷烟厂连年利润可观，但领导层中挖出了一个贪污集团。

D. 某电视机厂的领导任人唯亲，工厂越办越糟，群众意见很大。

E. 某计算机销售公司近几年的获利在同行业名列前茅，但有逃避关税的问题。

73. 世界级的马拉松选手每天跑步不少于两小时，除非是元旦、星期天或得了较严重的疾病。

若以上论述为真，则以下哪项所描述的人不可能是世界级马拉松选手？

A. 某人连续三天每天跑步仅一个半小时，并且没有任何身体不适。

B. 某运动员几乎每天都要练习吊环。

C. 某人在脚伤痊愈的一周里每天跑步至多一小时。

D. 某运动员在某个星期三没有跑步。

E. 某运动员身体瘦高，别人都说他像跳高运动员，他的跳高成绩相当不错。

74. 以下是某报刊登的一则广告：对咽喉炎患者，有五分之四的医院都会给开"咽喉康含片"。因此，你若患了咽喉炎，最佳的选择是"咽喉康含片。"

以下哪项如果为真，最能对该广告的论点提出质疑？

A. 一些其他名牌药品，不但对咽喉炎有较好的疗效，对治疗其他疾病也有益处。

B. 其他五分之一的医院，也给病人开"咽喉康含片"，只是不像广告说的那样频繁。

C. "咽喉康含片"的味道有些怪，刚含时有点苦，等一会就变成有点甜味了。

D. 有的药厂以很低的价格向医院推销药品，甚至采取给回扣等办法进行促销。

E. 对10名患者的临床试验的结果表明，"咽喉康含片"没有明显的副作用。

75. "世间万物中，人是第一可宝贵的。"

以下哪种解释最符合以上判断的原意？

A. 在人们解决自然、社会问题时，需要多种条件，其中人的因素最重要。

B. 世间有大大多于一万种的生物。仅在其中的一万种之中，人是最宝贵的。

C. 因为我是人，我是最宝贵的。请你们给我最好的工作和最好的待遇吧。

D. 题干中的"人"指的是人类。"你"仅是一个具体的人，不是最宝贵的。

E. 在自然界中，人类是最高级的生物，其他动物或植物的存在是为人类服务的。

76. 某大学哲学系的几个学生在谈论文学作品时说起了荷花。甲说："每年碧园池塘的荷花开放几天后，就该期终考试了。"乙接着说："那就是说每次期终考试前不久碧园池塘的荷花已经开过了？"丙说："我明明看到在期终考试后池塘里有含苞欲放的荷花嘛！"丁接着丙的话茬说："在期终考试前后的一个月中，我每天从碧园池塘边走过，可从未见到开放的荷花啊？"

虽然以上四人都没有说假话，但各自的说法好像存在很大的分歧，以下哪项最能解释其中的原因？

A. 甲说的荷花开放并非指所有荷花，只要某年期终考试前夕有一枝荷花开放就行了。

B. 正如丙说的一样，有些年份在期终考试后池塘里有含苞欲放的荷花，这是自然界里的特殊现象，不要大惊小怪。

C. 自去年以来，碧园池塘里的水受到污染，荷花不再开了。所以丁也就不会看到荷花开放了。看来环境治理工作有待加强。

D. 通常说来，哲学系的学生爱咬文嚼字。可他们今天讨论问题时对一些基本概念还没有弄清楚，比如部分与全体的关系以及对时间范围的界定等。

E. 虽然大多数期终考试的时间变化不大，有些时候也会变。比如，去年三年级的学生要去实习，期终考试就提前了半个月。

77. 广告：中国最好的橘子产于浙江黄岩。在橘子汁饮料的配方中，浙江黄岩蜜橘的含量越高，则配制的橘子汁的质量越好。可口笑公司购买的浙江黄岩蜜橘最多，因此，有理由相信，如果你购买了可口笑公司的橘子汁，你就买到了中国配制最好的橘子汁。

以下哪项如果为真，最能削弱上述广告中的结论？

A. 可口笑公司生产的橘子汁饮料比其他公司多得多，销路也不错。

B. 许多没有配制的橘子汁比配制的橘子汁饮料要好，当然，价格也贵些。

C. 可口笑公司制造橘子汁的设备与众不同，是1992年从德国进口的。

D. 可口笑公司的橘子汁饮料的价格高于大多数竞争对手。

E. 有些生产厂家根本不用浙江黄岩蜜橘做原料,而是用价格较低的橘子。

78. 厄尔尼诺和拉尼娜是热带海洋和大气相互作用的产物。拉尼娜的到来将对全球气候产生相反的影响,由厄尔尼诺现象造成的许多反常气候就会改变。美国沿海遭受飓风袭击的可能性会上升,澳大利亚东部可能发生洪水,南美和非洲东部地区可能出现干旱,南亚将出现猛烈的季风雨,英国气温将会下降,大西洋西岸可能提前出现暴雨和大雪,并使该地区的产粮区遭受破坏性旱灾,东亚的雨带将往北移,秋冬季雨水将会增多。拉尼娜在将冷水从海底带到水面的同时,也把海洋深层营养丰富的物质带到水面,加快浮游植物和动物繁殖,将使东太平洋沿岸国家渔业获得丰收。

以下除哪项外,都是上文所描述的拉尼娜现象可能带来的影响?

A. 非洲某些地区的干旱不但没有缓解,而且有加重的趋势,非洲一些国家的生活仍然艰难。

B. 澳大利亚西部可能发生洪水,对该地区的牧业将产生不良的影响,世界羊绒的价格可能上涨。

C. 美国东海岸地区的冬天会变冷,降雪量会有明显的增加,影响该地区的粮食生产,世界粮食价格有上涨的趋势。

D. 由于冬季雨水比较充沛,我国北方冬小麦的生长条件得到改善,小麦产量将会有所增加。

E. 墨西哥、智利等国的渔业将走出多年徘徊的局面,世界鱼产品的价格有可能下降。

79. 某西方国家高等院校的学费急剧上涨,其增长率几乎达到通货膨胀率的两倍。1980—1995年中等家庭的收入只提高了82%,而公立大学的学费的涨幅比家庭收入的涨幅几乎大了3倍,私立学校的学费在家庭收入中所占的比例几乎是1980年的2倍。高等教育的费用已经令中产阶级家庭苦恼不堪。

以下除哪项外,都为上文的观点进一步提供论据?

A. 尽管1980—1996年间消费价格指数缓慢增长了79%,公立四年制大学的学费上涨了256%。

B. 私立学校的学费上涨比公立学校慢,从1980年到1996年上涨了219%。

C. 如果学费继续保持过去的增长速度,1996年新做父母的人将来子女上私立学校每年的学费和食宿费总额将多达9万美元。

D. 政府对公立学校每个学生的补贴在学校收入中的比例从1978年的66%下降到1993年的51%,而同一时期,学费在学校收入中所占比例从16%上升到24%。

E. 高教市场已开始显露竞争迹象。几家私立学校和公立学校已通过缩短读学位时间的办法来间接地降低学习费用。

80. 如今,人们经常讨论职工下岗的问题,但也常常弄不清"下岗职工"的准确定义。国家统计局(1997)261号统计报表的填表说明中对"下岗职工"的说明是:下岗职工是指由于企业的生产和经营状况等原因,已经离开本人的生产和工作岗位,并已不在本单位从事其他工作,但仍与用人单位保留劳动关系的人员。

按照以上划分标准,以下哪项所述的人员可以称为下岗职工?

A. 赵大大原来在汽车制造厂工作,半年前辞去工作,开了一个汽车修理铺。

B. 钱二萍原来是某咨询公司的办公室秘书。最近,公司以经营困难为由,解除了她的工作合同,她只能在家做家务。

C. 张三枫原来在手表厂工作,因长期疾病不能工作,经批准提前办理了退休手续。

D. 李四喜原来在某服装厂工作,长期请病假。其实他的身体并不坏,目前在家里开了个缝纫部。

E. 王五伯原来在电视机厂工作,今年53岁。去年工厂因产品积压,人员富余,让50岁以上的人回家休息,等55岁时再办正式退休手续。

1999年管理类综合能力逻辑试题解析

答案速查表

31~35	DBCCE	36~40	ACEEB	41~45	EABAE
46~50	DECBD	51~55	ACDDC	56~60	AEBDC
61~65	DCBBE	66~70	AADBC	71~75	EDADA
76~80	DABEE				

31.【答案】D 【难度】S5 【考点】综合推理 真话假话题

题干信息:(1)辽全包;(2)辽最多一个;(3)山∨河拿牌;(4)¬辽一→山一。

(1)(3)矛盾,一真一假,所以(2)(4)为假。由(4)为假可得,辽宁和山东不是第一,河北是第一,排除A、B、C选项;由(2)为假可得,辽宁在前三名中至少占了两个,排除E选项。

故正确答案为D选项。

32.【答案】B 【难度】S4 【考点】形式逻辑 假言命题 假言命题推理规则

王大妈话中的逻辑关系为,¬胖→¬高血压。问成立所需的假设是什么,即其等价命题是必须要成立的。

B选项:高血压→胖,是"¬胖→¬高血压"的等价逆否命题。

故正确答案为B选项。

33.【答案】C 【难度】S5 【考点】综合推理 真话假话题

第一步:简化题干信息	(1)有的;(2)有的不;(3)¬李
第二步:找矛盾关系或反对关系	(1)和(2)是下反对关系,至少一真
第三步:推知其余项真假	题干中只有一句话为真话,所以真话一定在(1)和(2)之间,故(3)为假话
第四步:根据其余项真假,得出真实情况	由(3)为假,可知真实情况是李家集乡完成了指标
第五步:代回矛盾或反对项,判断真假,选出答案	由"李"可知,(1)真(2)假;由"有的不"为假可知,"都"为真。C选项:没有一个乡没完成=都完成。故正确答案为C选项

34.【答案】C 【难度】S4 【考点】形式逻辑 直言命题 直言命题真假不确定

题干信息:后半句的逻辑关系为,都大于70。

根据"其为假"可以判断出,其矛盾关系"有的不大于70"为真。

C选项:"有的不大于70"为真。因此,假如70分算及格的话,那么肯定有人小于70,也就是不及格。(注:此处有些许不严谨,因为存在都是70分的可能性,但此项是意图选项)

A、D选项:"多数""少数""不理想"无法判断。B选项:"有的不大于70"无法推出"有些同学的成绩在 70 分以上"。E 选项:"全班同学的考试成绩都在 80 分以上"意思是"所有都大于 70",与"有的不大于 70"意思相悖。

故正确答案为 C 选项。

35.【答案】E 【难度】S5 【考点】综合推理 数字相关题型

题干信息:(1)共有五门课程;(2)王和李只有数学成绩相同。

题干要求:补充新的信息,从而得出"王海天的总成绩高于李素云"。

E 选项:如果王的最低分比李的平均成绩高,那么王的五门课程的总和一定高于李的平均成绩×5,则意味着王的总成绩高于李。

故正确答案为 E 选项。

36.【答案】A 【难度】S5 【考点】论证推理 支持、加强 因果型论证的支持

题干信息:国际业务多同时利润高,因此,国际业务多(因)导致利润高(果)。

A 选项:采取了对照实验的方法,同时附带了前提条件"公司规模相当",说明两者之间具有可比性,因此对照实验有效。如果没有这个前提条件,则 A 选项错误。

故正确答案为 A 选项。

37.【答案】C 【难度】S5 【考点】形式逻辑 关系命题 关系命题的非对称性

本题涉及的是"认识"这种非对称关系,A 认识 B,但 B 并不一定认识 A。题干中的认识关系的数量:

(1)一个人认识小组中的三个人:1×3=3,3 个认识关系。(2)三个人认识小组中的两个人:3×2=6,6 个认识关系。(3)四个人认识小组中的一个人:4×1=4,4 个认识关系。(4)认识关系的总数:3+6+4=13 个。

13 是奇数,说明一定存在单向的认识关系,即 A 认识 B,但 B 不认识 A。(如果认识都是相互的,那么认识关系的数量一定为偶数)也就是 C 选项所描述的。

故正确答案为 C 选项。

38.【答案】E 【难度】S4 【考点】论证推理 结论 细节题

由题干中"群英增长 15 万"和"志城增长 12 万",可以判断出群英的"份额增长量"这一绝对量比志城多 3 万。

故正确答案为 E 选项。

39.【答案】E 【难度】S4 【考点】论证推理 支持、加强 论据+结论型论证的支持

题干信息:为保护森林资源,要禁用一次性筷子。

E 选项:说明适当砍伐森林有好处。

A 选项:说明我国森林资源匮乏,不适合把木材用来做一次性筷子。B 选项:说明砍伐森林可能会导致不良后果,需要禁用。C 选项:说明森林的重要性,需要禁用。D 选项:说明需要通过法规来禁用,符合禁用一次性筷子的条件。

故正确答案为 E 选项。

40.【答案】B 【难度】S5 【考点】形式逻辑 假言命题 假言命题推理规则

题干信息:(1)一升∧一高;(2)¬一升>5%→二可能下跌;(3)二升→三升;(4)¬三升。

A、C、E 选项:由(4)结合(3)可推出"¬ 二升",排除。D 选项:公司一上升没有超过 5%,公司二没有下跌,与(2)矛盾,排除。

故正确答案为 B 选项。

41.【答案】E 【难度】S4 【考点】论证推理 削弱、质疑、反驳 论据+结论型论证的削弱

题干信息:高等教育是好投资,因此,许多家长节衣缩食供孩子上大学。

E 选项:反例削弱,表明许多工作不再需要高技术人才,因而无法说明高等教育是好投资。

A、B、C、D 选项:说明接受高等教育具有很多优势和好处,是一项好投资。

故正确答案为 E 选项。

42.【答案】A 【难度】S5 【考点】形式逻辑 直言命题 直言命题真假不确定

题干信息:你可以随时愚弄某些人。

"随时"即任何时候;"某些人"即有些人。

复选项Ⅰ:"某些人"无法判断是否包括"张三"或"李四",不一定为真。复选项Ⅱ:题中只说了"可以",没有说"一直想(都想)",不一定为真。复选项Ⅲ:"随时都可以这样做"可以推出"随时都可能这样做"。复选项Ⅳ:不对,因为你可以"随时"这样做。复选项Ⅴ:不对,"随时"可以不意味着"每时每刻"都这样做。

故正确答案为 A 选项。

43.【答案】B 【难度】S4 【考点】综合推理 真话假话题

第一步:简化题干信息	(1)¬ 赵;(2)李;(3)钱;(4)¬ 李
第二步:找矛盾关系或反对关系	(2)和(4)是矛盾关系,必一真一假
第三步:推知其余项真假	又已知只有一人说真话,所以说真话者必在(2)和(4)之间,可以推知其余项(1)和(3)必为假话
第四步:根据其余项真假,得出真实情况	由(1)为假,可知:赵。由(3)为假,可知:¬ 钱
第五步:代回矛盾或反对项,判断真假,选出答案	根据"赵∧¬ 钱",可判断(4)为真话,(2)为假话。故正确答案为 B 选项

44.【答案】A 【难度】S5 【考点】综合推理 匹配题型

题干信息:共五人,其中有两名是市场营销专业,两名是计算机专业,一名是物理学专业;五人中有两名女士,她们的本科专业背景不同。

A 选项:根据题意可知,一共有三个专业,两名女士专业不同,所以剩下的二名男士一定不可能都来自同一专业,一定有两名来自不同的专业,可能有两名男士专业相同,也可能三名男士均来自不同的专业。

如果情况为:女士(市场、物理),男士(市场、计算机、计算机),那么 B、C、E 选项为假。如果情况为:女士(计算机、物理),男士(市场、市场、计算机),那么 D 选项为假。

故正确答案为 A 选项。

45.【答案】E 【难度】S5 【考点】综合推理 分组题型

题干信息:满意的决策应是五种产品都有厂生产,每个厂都生产其擅长的产品。

可用排除法,排除掉有某个工厂生产不擅长的产品的情况,由"曙光机械厂擅长生产产品1、产品2和产品4",排除A选项;由"祥瑞机械厂擅长生产产品3和产品5",排除B、C、D选项,只剩下E选项的方案符合题意。
故正确答案为E选项。

46.【答案】D 【难度】S5 【考点】论证推理 结论 细节题
题干信息:我国有些高等学校也坚持在招收新教员时,有博士学位是必要条件,除非是本校的优秀硕士毕业生留校。
根据目前我国"有些高等学校"招收新教员时要求必须有博士学位,那么这些高校的有博士学位的教员比例应该是增加的。
故正确答案为D选项。

47.【答案】E 【难度】S5 【考点】论证推理 削弱、质疑、反驳 论据+结论型论证的削弱
题干信息:为了帮助V国公司,要求K国公司在V国提高售价。
E选项:说明虽然K国公司在V国提高了售价,但是其他国家的公司产品售价要比K国的低,那么V国公司依然会受到冲击,无法达到帮助V国公司的目的。
故正确答案为E选项。

48.【答案】C 【难度】S5 【考点】综合推理 真话假话题

第一步:简化题干信息	(1)甲;(2)乙∨丙;(3)甲∨丙;(4)丁
第二步:找矛盾关系或反对关系	未找到矛盾关系或反对关系,转换思路,采用"假设+归谬"的思路解题
第三步:假设+归谬	若甲中标,则(1)(3)都为真,与只有一真矛盾,所以,甲没中标。若丙中标,则(2)(3)都为真,与只有一真矛盾,所以,丙没中标。由"甲没中标"和"丙没中标"可知:甲公司、丙公司经理都说错了
第四步:得出真实情况,选出答案	C选项:乙公司经理的话未知真假,有可能甲公司、乙公司和丙公司经理都说错了,正确。 A、B选项:事实情况是甲和丙没中标,排除。D、E选项:已经推知甲公司、丙公司经理都说错了,如果乙公司和丁公司经理也说错了,那么四位经理的话就都是错的,与题干中的一人为真相矛盾,排除。 故正确答案为C选项

49.【答案】B 【难度】S5 【考点】论证推理 削弱、质疑、反驳 论据+结论型论证的削弱
题干信息:火星陨石上发现了有机生物痕迹,因此推断,火星上有过生物,甚至出现过像人一样的高级生物。
B选项:不能削弱,反而说明有可能出现过类人的高级生物,正确。
A选项:可以削弱,说明陨石上的生物痕迹不大可能保持下来,该陨石由二氧化碳化合物构成可

能是由于别的因素导致的。C、E 选项:可以削弱,说明有可能存在其他途径也可以产生甲烷。

D 选项:可以削弱,说明即使存在微生物也不一定会出现像人一样的高级生物。

故正确答案为 B 选项。

50.【答案】D 【难度】S5 【考点】论证推理 结论 细节题

题干信息:大多数优秀的管理人才还是接受过大学教育特别是 MBA 教育。虽然得到 MBA 学位并不意味着成功,但还是可以说 MBA 教育是培养现代企业管理人才的摇篮。

D 选项:无法推出,因为大多数优秀管理人才接受过 MBA 教育,并不意味着大多数接受 MBA 教育的人是优秀管理人才。

A、B 选项:根据"大多数"优秀的管理人才接受过大学教育特别是 MBA 教育,可以判断出有一小部分优秀的管理人才没有接受 MBA 教育,故 A、B 选项的说法符合文中之意。

C 选项:"得到 MBA 学位的人还需要在实践中不断积累管理经验"符合文中之意。

E 选项:根据"得到 MBA 学位并不意味着成功",可以判断出"得到 MBA 学位的人不一定能管理好企业",符合文中之意。

故正确答案为 D 选项。

51.【答案】A 【难度】S5 【考点】论证推理 削弱、质疑、反驳 论据+结论型论证的削弱

题干信息:缺少为晚间准备的报纸,因此建议办夜报。

A 选项:可以削弱,表明虽然早上、上午和下午都有发行的报纸,但是读者并不一定对应的时间段阅读,所以晚上的市场并不是空白,即使发行夜报也不一定会有市场。

B、C、D 选项:无法削弱,与题干的论证过程无关。

E 选项:容易误选,"都市夜生活非常丰富,读报纸显得枯燥"并不意味着很多人晚上就不看报纸,没有阅读报纸的习惯,因此并不能构成有效的削弱。

故正确答案为 A 选项。

52.【答案】C 【难度】S4 【考点】论证推理 解释 解释现象

需要解释的现象:三种品牌的电视机市场占有率发生了变化。

C 选项:不能解释,因为昌盛转产的是 VCD 机,而不是电视机。

A 选项:说明昌盛在营销上有新突破,故可以解释为何第二年排名第一。B 选项:可以解释佳音排名为何下降。D 选项:说明佳音产品价格提高,影响了销量,故可以解释佳音排名为何下降。E 选项:可以解释彩虹为何排名没有变化。

故正确答案为 C 选项。

53.【答案】D 【难度】S5 【考点】综合推理 匹配题型

题干信息:(1)余>上海;(2)方≠安徽;(3)王>安徽。

在所有条件中,"安徽"出现了两次,先从其入手,根据(2)可以判断出安徽人不是方,根据(3)可以判断出安徽人不是王,故安徽人只能是余,确定出第一个匹配关系。接下来重新根据条件(1)和(3)再进行梳理得:王(__) > 余(安徽) > __(上海)。省份只缺"江西",人名只缺"方",故可判断出"王(江西) > 余(安徽) > 方(上海)"。

故正确答案为 D 选项。

54.【答案】D 【难度】S4 【考点】论证推理 论证方式相似、漏洞相似

类比推理,问哪个选项与题干的情况最为类似,可以合理解释。因为父亲知道两人说得都不错,那就意味着有喜欢吃小鱼的野鸭子,也有喜欢吃小虾的野鸭子,所以,与人对饮料的爱好一样,不同的人爱好的饮料不同,所以,D选项情况与题干最为类似。

故正确答案为D选项。

55.【答案】C 【难度】S5 【考点】论证推理 假设、前提 论据+结论型论证的假设

题干信息:为了增加票房收入,一些正常影片标成"少儿不宜"。

复选项Ⅰ:必须假设,如果成年观众的数量不远远大于少儿观众,那么标成"少儿不宜"后,造成的少儿观众流失相对较多,票房收入反而会减少。复选项Ⅱ:不需假设,因为"少儿不宜"是否对成人有害无关紧要,只要成年观众增加的数量多于少儿观众减少的数量,就会增加票房收入。复选项Ⅲ:必须假设,如果成人很少对标明"少儿不宜"的影片感兴趣,那么就吸引不了多少成人观众,反而流失了很多少儿观众,票房收入就会减少。

故正确答案为C选项。

56.【答案】A 【难度】S5 【考点】综合推理 排序题型

题干信息:(1)甲+乙 = 丙+丁;(2)丙+乙<甲+丁;(3)甲+丙<乙。

由(1)排除B、D、E选项;由(2)排除C选项。

故正确答案为A选项。

57.【答案】E 【难度】S4 【考点】论证推理 漏洞识别

"有50%的概率降雨"是一种模棱两可的话,等同于什么也没有说。

故正确答案为E选项。

58.【答案】B 【难度】S5 【考点】论证推理 削弱、质疑、反驳 因果型论证的削弱

题干信息:警察比例高的城市"无目击证人犯罪"的犯罪率低,因此警察比例高(因)导致此类犯罪减少(果)。

B选项:他因削弱,指出了是人口稠密导致此类犯罪少,而不是警察比例高。

故正确答案为B选项。

59.【答案】D 【难度】S5 【考点】论证推理 解释 解释现象

需要解释的现象:一些游客常有怨言,但是该现象一直持续。

D选项:不能解释,因为这种现象是耽误时间的,所以多数人应该反对。

A选项:可以解释,因为许多人是喜欢购物的。B选项:可以解释,有些人是需要购物的。C选项:可以解释,因为厂里的工艺品物美价廉,是好事。E选项:可以解释,因为导游有好处。

故正确答案为D选项。

60.【答案】C 【难度】S6 【考点】论证推理 支持、加强 论据+结论型论证的支持

题干信息:70%肺癌患者有吸烟史,因此,吸烟会增加人们患肺癌的风险。

C选项:不吸烟的人比例超过40%,说明吸烟的人的比例小于60%,总体中吸烟的比例低于肺癌患者中吸烟的比例,所以说明吸烟与肺癌有关,是对题干的支持。

B选项:不能支持,因为B选项提到的是"成人"吸烟者比例达到50%,而题干中涉及的吸烟人群是否为成人呢?未知。

故正确答案为 C 选项。

61.【答案】D 【难度】S6 【考点】论证推理 结论 细节题
题干信息:多数家长和教师认为古诗文诵读应从小抓起,作为孩子启蒙教育的一部分,这既能修身养性,又能促进学习。
D 选项:不符合题干的意思,题干认为古诗文诵读从小抓起,可修身养性,促进学习,而 D 选项认为其会妨碍中学和大学的学习,与"促进学习"的题意相悖。
E 选项:题干信息为多数家长和教师的态度,所以少数教师和家长持反对意见也符合题干信息。
故正确答案为 D 选项。

62.【答案】C 【难度】S4 【考点】论证推理 支持、加强 论据+结论型论证的支持
甲:吸烟→有害健康。乙:吸烟∧¬患肺癌。
C 选项:说明虽然没有患肺癌,但是不等于对健康没有影响,那些影响是潜在的,还没有被识别出来,故加强了甲的看法,同时又反驳乙的观点。
故正确答案为 C 选项。

63.【答案】B 【难度】S4 【考点】论证推理 削弱、质疑、反驳 论据+结论型论证的削弱
题干信息:软件开发者在制订开发计划时制订版权申请计划的少,因此他们缺乏版权意识。
题干的推理过程存在两个缺陷:(1)调查的 500 多位软件开发者是否具有代表性,能否说明整体的情况?(2)制定开发计划时没有制订版权申请计划是否就不会申请版权?
B 选项针对第二个缺陷予以回答,很多企业申请了版权,但没有制订版权申请计划。
故正确答案为 B 选项。

64.【答案】B 【难度】S4 【考点】论证推理 削弱、质疑、反驳 因果型论证的削弱
题干信息:国外广告更吸引人,而同时国产洗发液市场减小,因此,国产洗发液生产商需要加大广告投入,以增加市场占有率。因:广告。果:市场占有率高。
B 选项:他因削弱,说明质量是国产洗发液市场减小的原因。
故正确答案为 B 选项。

65.【答案】E 【难度】S4 【考点】论证推理 结论 主旨题
题干信息:¬重视环保→¬生存。
E 选项:题干旨在说明环保的重要性,要尽快采取措施,故 E 选项理解正确。
A 选项:题干侧重一种紧迫感,不在于是明天还是后天。B、C 选项:不合规则,由"重视环保"无法推出任何有效信息。D 选项:无关选项。
故正确答案为 E 选项。

66.【答案】A 【难度】S4 【考点】论证推理 结论 细节题
题干信息:商业周期并未寿终正寝。
A 选项:该选项说的是现在的生产方式更好,应该不会出现商业周期,不符合题干的意思。
B 选项:符合"目前的经济增长要进入第六个年头"的意思。C 选项:符合"实业界的人士毕竟不是天使"的意思。D 选项:符合"中央银行的官员也不是贤主明君"的意思。E 选项:市场总是会有妨碍自我调节的情况出现,符合"商业周期并未寿终正寝"的意思。

67.【答案】A 【难度】S4 【考点】论证推理 结论 细节题
题干信息:一个月内包换、一年内免费包修、三年内上门服务免收劳务费,因使用不当造成的故障除外。
A 选项:三个月后出现问题是免费包修的范围,故免费更换软驱符合承诺要求。
B、C、D、E 选项:未提及商家的反应,无法判断。
故正确答案为 A 选项。

68.【答案】D 【难度】S4 【考点】论证推理 结论 细节题
题干信息:金钱不是万能的,没有钱是万万不能的,发不义之财是绝对不行的。
复选项Ⅰ:符合"金钱不是万能的"意思。复选项Ⅱ:不符合"金钱不是万能的"意思。复选项Ⅲ:符合"没有钱是万万不能的"意思。复选项Ⅳ:不符合"没有钱是万万不能的"意思。复选项Ⅴ:符合"发不义之财是绝对不行的"意思。
故正确答案为 D 选项。

69.【答案】B 【难度】S5 【考点】综合推理 数字相关题型
题干信息:一共有 100 只分别涂有红、黄、绿三种颜色的球。
张三:如果红 33、黄 33、绿 34,那么三色都不少于 33,因此张三的话不一定为真。李四:若三种颜色的球都少于 34,总数最多为 33×3=99,而不是 100,说得对。王五:因为盒子里有三种颜色的球,每种至少有 1 个,其他两种颜色的球至多为 99,说得对。
故正确答案为 B 选项。

70.【答案】C 【难度】S6 【考点】综合推理 匹配题型
题干信息:张庄的人在星期一、三、五说谎,李村的人在星期二、四、六说谎。
若这天是星期一,前天是星期六,则在星期六,张庄的人说实话,但在星期一他要说谎话,因此他说"前天我说谎";相反,在星期六,李村的人说谎话,但在星期一他要说实话,因此他说"前天我说谎"。C 选项:星期一或星期三,只要有一天符合就为真。
故正确答案为 C 选项。

71.【答案】E 【难度】S5 【考点】论证推理 结论 细节题
题干信息:有些得到国家特殊政策的国有企业仍然未扭亏为盈,这让区委书记格外着急。
E 选项:题干有两层意思,一是企业未扭亏为盈,让书记着急;二是"有些得到国家特殊政策的国有企业"仍然未扭亏为盈,让书记"格外"着急。两层意思的差别在于"格外"二字,隐含之意是一般情况着急,而对特殊政策的国企"格外"着急,符合题干的意思。
A、C、D 选项:"都没有盈利""没有得到国家特殊政策的国有企业""非国有企业"的情况无法判断。B 选项:"没有亏损"与题干不符。
故正确答案为 E 选项。

72.【答案】D 【难度】S4 【考点】形式逻辑 假言命题 假言命题的矛盾命题
题干信息:只要企业能获得利润,其管理者的素质就是好的。
D 选项:无关选项,因为该企业利润并不好,没有满足推理的前提条件。

A 选项:虽然获得近期利润,但是会牺牲长远利益,所以这种行为并不好。B 选项:通过损害其他企业获得本企业的利益,说明管理者的素质不好。C 选项:用一个具体的例子说明企业利润好,但管理者素质并不好,反例削弱。E 选项:说明企业利润好,但是逃税,证明管理者素质并不好,反例削弱。

故正确答案为 D 选项。

73.【答案】A 【难度】S4 【考点】形式逻辑 假言命题 假言命题的矛盾命题
题干信息:世界级的 →[¬(元旦∨星期天∨严重疾病)→ 两小时]。
只要"¬[¬(元旦∨星期天∨严重疾病)→ 两小时]"成立,即可以推出"¬ 世界级的"。
¬[¬(元旦∨星期天∨严重疾病)→ 两小时] = ¬(元旦∨星期天∨严重疾病)∧¬ 两小时 = ¬ 元旦∧¬ 星期天∧¬ 严重疾病∧¬ 两小时。
A 选项:元旦的一天和星期天的一天相连时最多是两天时间,因此,这连续的三天里至少有一天是非元旦且非星期天的,同时又没有什么身体不适,时间又没有达到两个小时,所以"¬ 元旦∧¬ 星期天∧¬ 严重疾病∧¬ 两小时"条件成立,正确。
C 选项:某人在一周里每天都"¬ 两小时",又因为是"连续一周的时间",所以不可能都是元旦和星期天,而且伤情已经痊愈,所以"¬ 元旦∧¬ 星期天∧¬ 两小时"三个条件成立,但是否有其他"严重疾病"就不得而知,所以 C 选项无法判断。
故正确答案为 A 选项。

74.【答案】D 【难度】S4 【考点】论证推理 削弱、质疑、反驳 因果型论证的削弱
因:五分之四的医院给病人使用"咽喉康含片"。果:该药最有效。
D 选项:**他因削弱**,说明药品的销售与医生的利益挂钩,所以医院给病人使用此药较多,而不是因为其效果好。
故正确答案为 D 选项。

75.【答案】A 【难度】S4 【考点】论证推理 结论 主旨题
题干信息:世间万物中,人是第一可宝贵的。
A 选项:强调人的因素是最重要的,比较符合原意。B、C、E 选项:"仅在其中的一万种之中""请你们给我最好的工作和最好的待遇吧""其他动物或植物的存在是为人类服务的"与题干不符。
D 选项:题干的意思是,只要是人就很宝贵,这里的宝贵是相对于人以外的物种。
故正确答案为 A 选项。

76.【答案】D 【难度】S6 【考点】论证推理 解释 解释矛盾
此题存在**概念界定不清**的问题,即对于开了多少花,以及"开花"前后的时间都没有清楚的界定,以至于每个人说的话从某个角度理解都可能是正确的。甲说的"开放"是瞬间完成的动词;乙说的"开过"是完成时;丙说的"含苞欲放的荷花"指的是现在的花朵状态;丁说的"开放"指的是开花时的花期状态。
故正确答案为 D 选项。

77.【答案】A 【难度】S5 【考点】论证推理 削弱、质疑、反驳 因果型论证的削弱
题干信息:可口笑公司购买的浙江黄岩蜜橘最多(因),因此,可口笑公司橘子汁最好(果)。
A 选项:**他因削弱**,说明虽然购买总量最多,但是生产的橘子汁也非常多,因此平均下来每瓶含

量未必多,橘子汁也就未必好。

B、D选项:无关选项,题干论证与"没有配制的橘子汁""橘子汁饮料的价格"无关。C选项:德国进口的设备与题干论证无关,排除。E选项:"价格较低的橘子"质量未知,无法削弱。

故正确答案为A选项。

78.【答案】B 【难度】S5 【考点】论证推理 结论 细节题

B选项:该选项说的是"西部",而题干说的是"东部"。

A选项:符合"南美和非洲东部地区可能出现干旱"的意思。C选项:符合"大西洋西岸可能提前出现暴雨和大雪"的意思。D选项:符合"东亚的雨带将往北移,秋冬季雨水将会增多"的意思。E选项:符合"将使东太平洋沿岸国家渔业获得丰收"的意思。

故正确答案为B选项。

79.【答案】E 【难度】S4 【考点】论证推理 支持、加强 论据+结论型论证的支持

题干信息:公立大学的学费涨幅比家庭收入的涨幅大3倍,私立学校的学费在家庭收入中所占的比例几乎是以前的2倍。因此,高等教育的费用已经令中产阶级家庭苦恼不堪。

E选项:说明有学校通过缩短读学位时间来间接地降低学习费用,但这体现不出学费是否大幅度上涨。

A选项:说明公立大学学费上涨幅度很大。B选项:说明私立学校学费上涨幅度很大。C选项:说明私立学校的每年费用很高。D选项:政府给学生的补贴在学校收入中的比例减少,而学费的比例增加。

故正确答案为E选项。

80.【答案】E 【难度】S4 【考点】形式逻辑 概念 与定义相关的题型

题干信息:下岗职工是指由于企业的生产和经营状况等原因,已经离开本人的生产和工作岗位,并已不在本单位从事其他工作,但仍与用人单位保留劳动关系的人员。

E选项:符合下岗职工的定义。

A选项:"辞去工作"是自身原因,不是"企业的生产和经营状况等原因"。B选项:"解除了工作合同"不符合下岗职工的定义。C、D选项:"长期疾病不能工作""长期请病假"是自身原因,不是"企业的生产和经营状况等原因"。

故正确答案为E选项。

【温馨提示】想知道哪些知识点还没掌握?请打开"海绵MBA"APP,进入页面右上角【扫一扫】图标,扫描下方二维码,填入答案,系统会自动记录错题数据,方便查漏补缺。

1998年管理类综合能力逻辑试题

三、逻辑推理：第1~50小题，每小题2分，共100分。下列每题给出的A、B、C、D、E五个选项中，只有一项是符合试题要求的。请在答题卡上将所选项的字母涂黑。

1. 某单位要从100名报名者中挑选20名献血者进行体检。最不可能被挑选上的是1993年以来已经献过血，或是1995年以来在献血体检中不合格的人。

   如果上述断定是真的，则以下哪项所言及的报名者最有可能被选上？

   A. 小张1995年献过血，他的血型是O型，医用价值最高。

   B. 小王是区献血标兵，近年来每年献血，这次她坚决要求献血。

   C. 小刘1996年报名献血，因"澳抗"阳性体检不合格，这次出具了"澳抗"转阴的证明，并坚决要求献血。

   D. 大陈最近一次献血时间是在1992年，他因公伤截肢，血管中流动着义务献血者的血。他说："我比任何人都有理由献血。"

   E. 老孙1993年因体检不合格未能献血，1995年体检合格后献血。

2. 如果"鱼和熊掌不可兼得"是不可改变的事实，则以下哪项也一定是事实？

   A. 鱼可得但熊掌不可得。 　　　　　　B. 熊掌可得但鱼不可得。

   C. 鱼和熊掌皆不可得。 　　　　　　　D. 如果鱼不可得，则熊掌可得。

   E. 如果鱼可得，则熊掌不可得。

3. 为了祛除脸上的黄褐斑，李小姐在今年夏秋之交开始严格按使用说明使用艾利雅祛斑霜。但经过整个秋季三个月的疗程，她脸上的黄褐斑毫不见少。由此可见，艾利雅祛斑霜是完全无效的。

   以下哪项如果是真的，最能削弱上述结论？

   A. 艾利雅祛斑霜价格昂贵。

   B. 艾利雅祛斑霜获得了国家专利。

   C. 艾利雅祛斑霜有技术合格证书。

   D. 艾利雅祛斑霜是中外合资生产的，生产质量是信得过的。

   E. 如果不使用艾利雅祛斑霜，李小姐脸上的黄褐斑会更多。

4. 如果甲和乙都没有考试及格的话，那么丙就一定及格了。

   上述前提再增加以下哪项，就可以推出"甲考试及格了"的结论？

   A. 丙及格了。 　　　　　　　　　　　B. 丙没有及格。

   C. 乙没有及格。 　　　　　　　　　　D. 乙和丙都没有及格。

   E. 乙和丙都及格了。

5. 不可能所有的错误都能避免。

   以下哪项最接近于上述断定的含义？

   A. 所有的错误必然都不能避免。 　　　B. 所有的错误可能都不能避免。

   C. 有的错误可能不能避免。 　　　　　D. 有的错误必然能避免。

   E. 有的错误必然不能避免。

6. 如果祖大春被选进村计划生育委员会,他一定是结了婚的。

上述断定基于以下哪项假设?

A. 某些已婚者不可以被选进村计划生育委员会。

B. 只有已婚者才能被选进村计划生育委员会。

C. 某些已婚者必须被选进村计划生育委员会。

D. 某些已婚者可以不被选进村计划生育委员会。

E. 祖大春不拒绝在村计划生育委员会工作。

7. 很多自称是职业足球运动员的人,尽管日常生活中的很多时间都在进行足球训练和比赛,但其实他们并不真正属于这个行业,因为足球的比赛和训练并不是他们主要的经济来源。

上面这段话在推理过程中做了以下哪项假设?

A. 职业足球运动员的技术水准和收入水平都比业余足球运动员高得多。

B. 经常进行足球训练和比赛是成为职业球员的必由之路。

C. 一个运动员,除非他的大部分收入来自比赛和训练,否则不能称为职业运动员。

D. 运动员希望成为职业运动员的动力来自想获得更高的经济收入。

E. 有一些经常进行足球训练和比赛的人并不真正属于职业运动员行业。

8. 人体在晚上分泌的镇痛荷尔蒙比白天多,因此,在晚上进行手术的外科病人需要较少的麻醉剂。既然较大量的麻醉剂对病人的风险更大,那么,如果经常在晚上做手术,手术的风险也就可以降低了。

下列哪项如果为真,最能反驳上述结论?

A. 医院晚上能源的费用比白天低。

B. 多数的新生儿在半夜和早上七点之间出生。

C. 晚上的急症病人比白天多,包括那些急需外科手术的病人。

D. 护士和医疗技师晚上每小时薪金比白天高。

E. 手的灵巧和脑的警觉晚上比白天低,即使对习惯晚上工作的人也如此。

9. 某学校最近进行的一项关于奖学金对学习效率促进作用的调查表明,获得奖学金的学生比那些没有获得奖学金的学生的学习效率平均要高出25%。调查的内容包括自习的出勤率、完成作业所需要的时间、日阅读量等许多指标。这充分说明,奖学金对帮助学生提高学习效率的作用是很明显的。

以下哪项如果为真,最能削弱以上论证?

A. 获得奖学金通常是因为那些同学有好的学习习惯和高的学习效率。

B. 获得奖学金的同学可以更容易改善学习环境来提高学习效率。

C. 学习效率低的同学通常学习时间长而缺少正常的休息。

D. 学习效率的高低与奖学金的多少的研究应当采用定量方法进行。

E. 没有获得奖学金的同学的学习压力重,很难提高学习效率。

10. 经过人们长时间的统计研究,发现了一个极为有趣的现象:大部分的数学家都是长子。可见,长子天生的数学才华相对而言更强些。

以下哪项如果为真,能有效地削弱上述推论?

Ⅰ.女性才能普遍受到压抑,很难表现出她们的数学才华。

Ⅱ.长子的人数比起次子的人数要多得多。

Ⅲ.长子能够接受更多的来自父母的数学能力的遗传。

A.仅Ⅰ。　　B.仅Ⅱ。　　C.仅Ⅰ和Ⅱ。　　D.仅Ⅱ和Ⅲ。　　E.Ⅰ、Ⅱ和Ⅲ。

11. 所有的聪明人都是近视眼,我近视得很厉害,所以我很聪明。

以下哪项与上述推理的逻辑结构一致?

A. 我是个笨人,因为所有的聪明人都是近视眼,而我的视力那么好。

B. 所有的猪都有四条腿,但这种动物有八条腿,所以它不是猪。

C. 小陈十分高兴,所以小陈一定长得很胖,因为高兴的人都能长胖。

D. 所有的天才都高度近视,我一定是高度近视,因为我是天才。

E. 所有的鸡都是尖嘴,这种总在树上待着的鸟是尖嘴,因此它是鸡。

12. 某家私人公交公司通过增加班次、降低票价、开辟新线路等方式,吸引了顾客,增加了利润。为了继续这一经营方向,该公司决定更换旧型汽车,换上新型大客车,包括双层客车。

该公司的上述计划假设了以下各项,除了:

A. 在该公司经营的区域内,客流量将有增加。

B. 更换汽车的投入费用将在预期的利润中得到补偿。

C. 新汽车在质量、效能等方面足以保证公司获得预期的利润。

D. 驾驶新汽车将不比驾驶旧汽车更复杂、更困难。

E. 新换的双层大客车在该公司经营的区域内将不会受到诸如高度、载重等方面的限制。

13. 越来越多有说服力的统计数据表明,具有某种性格特征的人易患高血压,而另一种性格特征的人易患心脏病,如此等等。因此,随着对性格特征的进一步分类了解,通过主动修正行为和调整性格特征以达到防治疾病的可能性将大大提高。

以下哪项最能反驳上述观点?

A. 一个人可能会患有与各种不同性格特征均有关系的多种疾病。

B. 某种性格与其相关的疾病可能由相同的生理因素导致。

C. 某一种性格特征与某一种疾病的联系可能只是数据上的契合,并不具有一般性意义。

D. 人们往往是在病情已难以扭转的情况下,才愿意修正自己的行为,但已为时太晚。

E. 用心理手段医治与性格特征相关的疾病这一研究,导致心理疗法遭到淘汰。

14. 甲、乙、丙和丁是同班同学。

甲说:"我班同学都是团员。"

乙说:"丁不是团员。"

丙说:"我班有人不是团员。"

丁说:"乙也不是团员。"

已知只有一人说假话,则可推出以下哪项断定是真的?

A. 说假话的是甲,乙不是团员。　　　　B. 说假话的是乙,丙不是团员。

C. 说假话的是丙,丁不是团员。　　　　D. 说假话的是丁,乙是团员。

E. 说假话的是甲,丙不是团员。

15. 经过对最近十年的统计资料分析,大连市因癌症死亡的人数比例比全国城市的平均值要高两倍。而在历史上,大连市一直是癌症特别是肺癌的低发病地区。看来,大连最近这十年对癌症的防治出现了失误。

以下哪项如果为真,最能削弱上述论断?

A. 十年来大连市的人口增长和其他城市比起来并不算快。

B. 大连的气候和环境适合疗养,很多癌症病人在此地走过了最后一段人生之路。

C. 大连最近几年医疗保健的投入连年上升,医疗设施有了极大的改善。

D. 大连医学院在以中医理论探讨癌症机理方面取得了突破性的进展。

E. 尽管肺癌的死亡率上升,但大连的肺结核死亡率几乎降到了零。

16. 如今这几年参加注册会计师考试的人越来越多了,可以这样讲,所有想从事会计工作的人都想要获得注册会计师证书。小朱也想获得注册会计师证书,所以,小朱一定是想从事会计工作了。

以下哪项如果为真,最能加强上述论证?

A. 目前越来越多的从事会计工作的人具有了注册会计师证书。

B. 不想获得注册会计师证书,就不是一个好的会计工作者。

C. 只有获得注册会计师证书的人,才有资格从事会计工作。

D. 只有想从事会计工作的人,才想获得注册会计师证书。

E. 想要获得注册会计师证书,一定要对会计理论非常熟悉。

17. 一位社会学家对两组青少年做了研究。第一组成员每周看暴力内容的影视的时间平均不少于10小时;第二组则不多于2小时。结果发现第一组成员中举止粗鲁者所占的比例要远高于第二组。因此,此项研究认为,多看暴力内容的影视容易导致青少年举止粗鲁。

以下哪项如果为真,将对上述研究的结论提出质疑?

A. 第一组中有的成员的行为并不粗鲁。

B. 第二组中有的成员的行为比第一组有的成员粗鲁。

C. 第二组中很多成员的行为很文明。

D. 第一组中有的成员的文明行为是父母从小教育的结果,这使得他们能抵制暴力影视的不良影响。

E. 第一组成员中很多成员的粗鲁举止是从小养成的,这使得他们特别爱看暴力影视。

18. 母亲:这学期冬冬的体重明显下降,我看这是因为他的学习负担太重了。

父亲:冬冬体重下降和学习负担没有关系。医生说冬冬营养不良,我看这是冬冬体重下降的原因。

以下哪项如果是真的,则最能对父亲的意见提出质疑?

A. 学习负担过重,会引起消化紊乱,妨碍对营养的正常吸收。

B. 隔壁松松和冬冬一个班,但松松是个小胖墩,正在减肥。

C. 由于学校的重视和努力,这学期冬冬和同学们的学习负担比上学期有所减轻。

D. 现在学生的普遍问题是过于肥胖,而不是体重过轻。

E. 冬冬所在的学校承认学生的负担偏重,并正在采取措施解决。

19. 威尔和埃克斯这两家公司,对使用他们字处理软件的顾客提供24小时的热线电话服务。既然顾客仅在使用软件有困难时才打电话,并且威尔收到的热线电话比埃克斯收到的热线电话多四倍,因此,威尔的字处理软件一定是比埃克斯的字处理软件难用。

下列哪项如果为真,则最能够有效地支持上述论证?

A. 平均每个埃克斯热线电话比威尔热线电话时间长两倍。

B. 拥有埃克斯字处理软件的顾客数比拥有威尔字处理软件的顾客数多三倍。

C. 埃克斯收到的关于字处理软件的投拆信比威尔多两倍。

D. 这两家公司收到的热线电话数量逐渐上升。

E. 威尔热线电话的号码比埃克斯的号码更公开。

20. 业余兼课是高校教师实际收入的一个重要来源。某校的一项统计表明,法律系教师的人均业余兼课的周时数是3.5,而会计系则为1.8。因此,该校法律系教师的当前人均实际收入要高于会计系。

以下哪项如果为真,将削弱上述论证?

Ⅰ. 会计系教师的兼课课时费一般要高于法律系。

Ⅱ. 会计系教师中当兼职会计的占35%;法律系教师中当兼职律师的占20%。

Ⅲ. 会计系教师中业余兼课的占48%;法律系教师中业余兼课的只占20%。

A. Ⅰ、Ⅱ和Ⅲ。　　B. 仅Ⅰ。　　C. 仅Ⅱ。　　D. 仅Ⅲ。　　E. 仅Ⅰ和Ⅱ。

21. 甲:从举办奥运会的巨额耗费来看,观看各场奥运比赛的票额应该要高得多,是奥运会主办者的广告收入降低了每份票券的单价。因此,奥运会的现场观众从奥运会拉的广告中获得了经济利益。

乙:你的说法不能成立。谁来支付那些看来导致奥运会票券降价的广告费用?到头来还不是消费者,包括作为奥运会现场观众的消费者?因为厂家通过提高商品的价格把广告费用摊到了消费者的身上。

以下哪项如果为真,则能够有力地削弱乙对甲的反驳?

A. 奥运会的票价一般要远高于普通体育比赛的票价。

B. 在各种广告形式中,电视广告的效果要优于其他形式的广告。

C. 近年来,利用世界性体育比赛做广告的厂家越来越多,广告费用也越来越高。

D. 奥运会的举办带有越来越浓的商业色彩,引起了普遍的不满。

E. 总体上说,各厂家的广告支出是一个常量,有选择地采取广播、电视、报纸、杂志、广告牌、邮递印刷品等各种形式。

22. 一项对某高校教员的健康普查表明,80%的胃溃疡患者都有夜间工作的习惯。因此,夜间工作易造成的植物神经功能紊乱是诱发胃溃疡的重要原因。

以下哪项如果是真的,将严重削弱上述论证?

A. 医学研究尚不能清楚揭示消化系统的疾病和神经系统的内在联系。

B. 该校的胃溃疡患者主要集中在中老年教师中。

C. 该校的胃溃疡患者近年来有上升的趋势。

D. 该校教员中只有近五分之一的教员没有夜间工作的习惯。

E. 该校胃溃疡患者中近60%患有不同程度的失眠症。

23. 关于确定商务谈判代表的人选,甲、乙、丙三位公司老总的意见分别是:

甲:如果不选派李经理,那么不选派王经理。

乙:如果不选派王经理,那么选派李经理。

丙:要么选派李经理,要么选派王经理。

以下诸项中,同时满足甲、乙、丙三人意见的方案是:

A. 选派李经理,不选派王经理。 B. 选派王经理,不选派李经理。

C. 两人都选派。 D. 两人都不选派。

E. 不存在这样的方案。

24. 科学家们发现,一种曾在美洲普遍栽培的经济作物比目前的主食作物如大米和小麦,含有更高的蛋白质成分。科学家们宣称,推广这种作物,对那些人口稠密、人均卡路里和蛋白质摄入量均不足的国家是很有利的。

下列哪项如果为真,最能对科学家的宣称产生质疑?

A. 这种作物的亩产量大大低于目前主食作物的亩产量。

B. 许多重要的食物,如西红柿,都原产于美洲。

C. 小麦蛋白质含量比大米高。

D. 这种作物的卡路里含量高于目前主食作物的含量。

E. 只有20种不同的作物提供了地球上主要的食物供应。

25. 我国多数企业完全缺乏"专利意识",不懂得通过专利来保护自己的合法利益。中国专利局最近对500家大中型企业专利工作的一次调查的结果表明,在科研或新产品规划时制订了专利计划的仅有26%。

以下哪项如果为真,最能削弱上述论证?

A. 在被调查的500家企业以外,有一部分企业也制订了专利计划。

B. 一些企业不知道应当怎样制订出专利计划。

C. 有不少企业申请了很多专利,但并没有制订专利计划。

D. "专利意识"的培养是长期的任务。

E. 制订了专利计划的企业不一定就牢固地树立了"专利意识"。

26. 北方航空公司实行对教师机票六五折优惠,这实际上是吸引乘客的一种经营策略,该航空公司并没有实际让利,因为当某天某航班的满员率超过90%时,就停售当天优惠价机票,而即使在高峰期,航班的满员率也很少超过90%。有座位空着,何不以优惠价促销它呢?

以下哪项如果是真的,将最有力地削弱上述论证?

A. 绝大多数教师乘客并不是因为票价优惠才选择北方航空公司的航班的。

B. 该航空公司实施优惠价的7月份的营业额比未实施优惠价的2月份增加了30%。

C. 实施教师优惠票价是表示对教师职业的一种尊重,不应从功利角度对此进行评价。

D. 该航空公司在实施教师优惠价的同时,实施季节性调价。

E. 该航空公司各航班全年的平均满员率是50%。

27. 北京市是个水资源严重缺乏的城市,但长期以来水价格一直偏低。最近北京市政府根据价值规律调高水价,这一举措将对节约使用该市的水资源产生重大的推动作用。

为使上述议论成立,以下哪项必须是真的?
Ⅰ.有相当数量的用水浪费是因为水价格偏低而造成的。
Ⅱ.水价格的上调幅度一般足以对浪费用水的用户产生经济压力。
Ⅲ.水价格的上调不会引起用户的不满。
A.Ⅰ、Ⅱ和Ⅲ。　　B.仅Ⅰ和Ⅱ。　　C.仅Ⅰ和Ⅲ。　　D.仅Ⅱ和Ⅲ。　　E.仅Ⅲ。

28.某大学某寝室中住着若干个学生。其中,1个是哈尔滨人,2个是北方人,1个是广东人,2个在法律系,3个是进修生。因此,该寝室中恰好有8人。
以下各项关于该寝室的断定如果是真的,都有可能加强上述论证,除了:
A.题干中的介绍涉及了寝室中所有的人。　　B.广东学生在法律系。
C.哈尔滨学生在财经系。　　D.进修生都是南方人。
E.该校法律系不招收进修生。

29.正是因为有了充足的奶制品作为食物来源,生活在呼伦贝尔大草原的牧民才能摄入足够的钙质。很明显,这种足够的钙质对于呼伦贝尔大草原的牧民拥有健壮的体魄是必不可少的。
以下哪种情况如果存在,最能削弱以上断定?
A.有的呼伦贝尔大草原的牧民从食物中能摄入足够的钙质,且有健壮的体魄。
B.有的呼伦贝尔大草原的牧民不具有健壮的体魄,但从食物中摄入的钙质并不缺少。
C.有的呼伦贝尔大草原的牧民不具有健壮的体魄,他们从食物中不能摄入足够的钙质。
D.有的呼伦贝尔大草原的牧民有健壮的体魄,但没有充足的奶制品作为食物来源。
E.有的呼伦贝尔大草原的牧民没有健壮的体魄,但有充足的奶制品作为食物来源。

30.在世界市场上,日本生产的冰箱比其他国家生产的冰箱耗电量要少。因此,其他国家的冰箱工业将失去相当部分的冰箱市场,而这些市场将被日本冰箱占据。
以下哪项是上述论证所要假设的?
Ⅰ.日本的冰箱比其他国家的冰箱更为耐用。
Ⅱ.电费是冰箱购买者考虑的重要因素。
Ⅲ.日本冰箱与其他国家冰箱的价格基本相同。
A.Ⅰ、Ⅱ和Ⅲ。　　B.仅Ⅰ和Ⅱ。　　C.仅Ⅱ。　　D.仅Ⅱ和Ⅲ。　　E.仅Ⅲ。

31.在美国纽约,有这样一种有趣的现象。每天晚上,总有几个时刻,城市的用水量突然增大。经过观察,这几个时刻都是热门电视节目间隔中插播大段广告的时间。而用量的激增是人们同时去洗手间的缘故。
以下哪项作为从上述现象中推出的结论最为合理?
A.电视节目广告要短小、零碎地插在电视节目中才会有效。
B.电视台对于热门节目中插播的广告费用要提高,否则竞争就更为激烈。
C.热门的电视节目后插广告不如在冷门些的节目后插广告效果好。
D.在热门的电视节目中插广告,需要向自来水公司缴纳一定的费用,补偿用水激增对设备的损害。
E.现代生活中人们普遍不喜欢电视节目中大段广告的插入。

32.在中国北部有这样两个村落,赵村所有的人都是白天祭祀祖先,李庄所有的人都是晚上才祭祀祖先,我们确信没有既在白天也在晚上祭祀祖先的人。我们也知道李明是在晚上祭祀祖先的人。

依据以上信息,能断定以下哪项是对李明身份的正确判断?

A. 李明是赵村的人。   B. 李明不是赵村的人。

C. 李明是李庄的人。   D. 李明不是李庄的人。

E. 李明既不是赵村人,也不是李庄人。

33. 某对外营业游泳池更衣室的入口处贴着一张启事,称"凡穿拖鞋进入泳池者,罚款五至十元"。某顾客问:"根据有关法规,罚款规定的制定和实施,必须由专门机构进行,你们怎么可以随便罚款呢?"工作人员回答:"罚款本身不是目的。目的是通过罚款,来教育那些缺乏公德意识的人,保证泳池的卫生。"

上述对话中工作人员所犯的逻辑错误,与以下哪项中出现的最为类似?

A. 管理员:每个进入泳池的同志必须戴上泳帽,没有泳帽的到售票处购买。
   某顾客:泳池中那两位同志怎么没戴泳帽?
   管理员:那是本池的工作人员。

B. 市民:专家同志,你们制定的市民文明公约共15条60款,内容太多,不易记忆,可否精简,以便直接起到警示的作用。
   专家:这次市民文明公约,是在市政府的直接领导下,组织专家组,在广泛听取市民意见的基础上制定的,是领导、专家、群众三者结合的产物。

C. 甲:什么是战争?
   乙:战争是两次和平之间的间歇。
   甲:什么是和平?
   乙:和平是两次战争之间的间歇。

D. 甲:为了使我国早日步入发达国家之列,应该加速发展私人汽车工业。
   乙:为什么?
   甲:因为发达国家私人都有汽车。

E. 甲:一样东西,如果你没有失去,就意味着你仍然拥有。是这样吗?
   乙:是的。
   甲:你并没有失去尾巴。是这样吗?
   乙:是的。
   甲:因此,你必须承认,你仍然有尾巴。

34. 如果一个儿童体重与身高的比值超过本地区80%的儿童的水平,就称其为肥胖儿。根据历年的调查结果,15年来,临江市的肥胖儿的数量一直在稳定增长。

如果以上断定为真,则以下哪项也必为真?

A. 临江市每一个肥胖儿的体重都超过全市儿童的平均体重。

B. 15年来,临江市的儿童体育锻炼越来越不足。

C. 临江市的非肥胖儿的数量15年来不断增长。

D. 15年来,临江市体重不足标准体重的儿童数量不断下降。

E. 临江市每一个肥胖儿的体重与身高的比值都超过全市儿童的平均值。

35. 由于工业废水的污染,淮河中下游水质恶化,有害物质的含量大幅度提高,这引起了多种鱼类的死亡。但由于蟹有适应污染水质的生存能力,因此,上述沿岸的捕蟹业和蟹类加工业将不会像渔业同行那样受到严重影响。

以下哪项如果是真的,将严重削弱上述论证?

A. 许多鱼类已向淮河上游及其他水域迁移。

B. 上述地区渔业的资金向蟹业转移,激化了蟹业的竞争。

C. 作为幼蟹主要食物来源的水生物蓝藻无法在污染水质中继续存活。

D. 蟹类适应污染水质的生理机制尚未得到科学的揭示。

E. 在鱼群分布稀少的水域中蟹类繁殖较快。

36. 广告:世界上最好的咖啡豆产自哥伦比亚。在咖啡的配方中,哥伦比亚咖啡豆的含量越多,则配制的咖啡越好。克力莫公司购买的哥伦比亚咖啡豆最多,因此,有理由相信,如果你购买了一罐克力莫公司的咖啡,那么你就买到了世界上配制最好的咖啡。

以下哪项如果为真,最能削弱上述广告中的论证?

A. 克力莫公司配制及包装咖啡所使用的设备和其他咖啡制造商的不一样。

B. 不是所有克力莫公司的竞争者在他们销售的咖啡中,都使用哥伦比亚咖啡豆。

C. 克力莫公司销售的咖啡比任何别的公司销售的咖啡多得多。

D. 克力莫公司咖啡的价格是现在配制的咖啡中最高的。

E. 大部分没有配制过的咖啡比最好配制的咖啡好。

37. 某市教育系统评出了十所优秀中学,名单按它们在近三年中毕业生高考录取率的高低排序。专家指出,不能把该名单排列的顺序作为评价这些学校教育水平的一个标准。

以下哪项如果是真的,能作为论据支持专家的结论?

Ⅰ. 排列前五名的学校所得到的教育经费平均是后五名的八倍。

Ⅱ. 名列第二的金山中学的高考录取率是75%,其中录取全国重点院校的占10%;名列第六的银湖中学的高考录取率是48%,但其中录取全国重点院校的占35%。

Ⅲ. 名列前三名的学校位于学院区,学生的个人素质和家庭条件普遍比其他学校要好。

A. Ⅰ、Ⅱ和Ⅲ。　　　　B. 仅Ⅰ和Ⅱ。　　　　C. 仅Ⅰ和Ⅲ。

D. 仅Ⅱ和Ⅲ。　　　　E. Ⅰ、Ⅱ和Ⅲ都不能。

38. 如果赵川参加宴会,那么钱华、孙旭和李元将一起参加宴会。

如果上述断定是真的,那么,以下哪项也是真的?

A. 如果赵川没参加宴会,那么钱、孙、李三人中至少有一人没参加宴会。

B. 如果赵川没参加宴会,那么钱、孙、李三人都没参加宴会。

C. 如果钱、孙、李都参加了宴会,那么赵川参加宴会。

D. 如果李元没参加宴会,那么钱华和孙旭不会都参加宴会。

E. 如果孙旭没参加宴会,那么赵川和李元不会都参加宴会。

39. 全国各地的电话公司目前开始为消费者提供电子接线员系统,然而,在近期内,人工接线员并不会因此减少。

除了下列哪项外,其他各项均有助于解释上述现象?

A. 需要接线员帮助的电话数量剧增。

B. 尽管已经过测试,新的电子接线员系统要全面发挥功能还需进一步调整。

C. 如果在目前的合同期内解雇人工接线员,有关方面将负法律责任。

D. 在一个电子接线员系统的试用期内,几乎所有的消费者,在能够选择的情况下,都愿意选择人工接线员。

E. 新的电子接线员的接拨电话效率两倍于人工接线员。

40. 在英语四级考试中,陈文的分数比朱利低,但是比李强的分数高;宋颖的分数比朱利和李强的分数低;王平的分数比宋颖的高,但是比朱利的低。

如果以上陈述为真,根据下列哪项能够推出张明的分数比陈文的分数低?

A. 陈文的分数和王平的分数一样高。　　B. 王平的分数和张明的分数一样高。

C. 张明的分数比宋颖的高,但比王平的低。　　D. 张明的分数比朱利的低。

E. 王平的分数比张明的高,但比李强的低。

41~42题基于以下题干:

P. 任何在高速公路上运行的交通工具的时速必须超过60千米。

Q. 自行车的最高时速是20千米。

R. 我的汽车只有逢双日才被允许在高速公路上驾驶。

S. 今天是5月18日。

41. 如果上述断定都是真的,下面哪项断定也一定是真的?

Ⅰ. 自行车不允许在高速公路上行驶。

Ⅱ. 今天我的汽车仍然可能不被允许在高速公路上行驶。

Ⅲ. 如果我的汽车的时速超过60千米,则当日肯定是逢双日。

A. Ⅰ、Ⅱ和Ⅲ。　　B. 仅Ⅰ。　　C. 仅Ⅰ和Ⅱ。　　D. 仅Ⅰ和Ⅲ。　　E. 仅Ⅱ和Ⅲ。

42. 假设只有高速公路才有最低时速限制,则从上述断定加上以下哪项条件可合理地得出结论: "如果我的汽车正在行驶的话,时速不必超过60千米。"

A. Q改为"自行车的最高时速可达60千米"。

B. P改为"任何在高速公路上运行的交通工具的时速必须超过70千米"。

C. R改为"我的汽车在高速公路上驾驶不受单双日限制"。

D. S改为"今天是5月20日"。

E. S改为"今天是5月19日"。

43. 今年,所有向甲公司求职的人同时也向乙公司求职。甲、乙两公司各同意给予其中半数的求职者每人一个职位。因此,所有的求职者就都找到了一份工作。

上述推论基于以下哪项假设?

A. 所有求职者既能胜任甲公司的工作,又能胜任乙公司的工作。

B. 所有的求职者愿意接受甲、乙公司的职位。

C. 不存在一个求职者同时从甲、乙两公司处谋到了职位。

D. 没有任何一个求职者向第三家企业谋职。

E. 没有任何一个求职者以前在甲公司或是乙公司工作过。

44. 目前食品包装袋上没有把纤维素的含量和其他营养成分一起列出。因此,作为保护民众健康的一项措施,国家应该规定食品包装袋上明确列出纤维素的含量。

以下哪项如果是真的,能作为论据支持上述论证?

Ⅰ. 大多数消费者购买食品时能注意包装袋上关于营养成分的说明。
Ⅱ. 高纤维食品对于预防心脏病、直肠癌和糖尿病有重要作用。
Ⅲ. 很多消费者都具有高纤维食品营养价值的常识。

A. 仅Ⅰ。　　B. 仅Ⅱ。　　C. 仅Ⅲ。　　D. 仅Ⅰ和Ⅲ。　　E. Ⅰ、Ⅱ、Ⅲ。

45~46题基于以下题干:

在某住宅小区的居民中,大多数中老年教员都办了人寿保险,所有买了四居室以上住房的居民都办了财产保险。而所有办了人寿保险的都没办理财产保险。

45. 如果上述断定是真的,以下哪项关于该小区居民的断定必定是真的?

Ⅰ. 有中老年教员买了四居室以上的住房。
Ⅱ. 有中老年教员没办理财产保险。
Ⅲ. 买了四居室以上住房的居民都没办理人寿保险。

A. Ⅰ、Ⅱ和Ⅲ。　　B. 仅Ⅰ和Ⅱ。　　C. 仅Ⅱ和Ⅲ。　　D. 仅Ⅰ和Ⅲ。　　E. 仅Ⅱ。

46. 如果在题干的断定中再增加以下断定:"所有的中老年教员都办理了人寿保险",并假设这些断定都是真的,那么,以下哪项必定是假的?

A. 在买了四居室以上住房的居民中有中老年教员。
B. 并非所有办理人寿保险的都是中老年教员。
C. 某些中老年教员没买四居室以上的住房。
D. 所有的中老年教员都没办理财产保险。
E. 某些办理了人寿保险的没买四居室以上的住房。

47. 目前,北京市规定在公共场所禁止吸烟。京华大学国际工商学院将自己的教学楼整个划定为禁烟区。结果发现有不少人在教学楼厕所里偷偷吸烟,这一情况使得法规和校纪受到侵犯。有人建议,应当把教学楼的厕所定为吸烟区,这样,将使得烟民们有一个抽烟的地方而又不会使人们违反规定。

下列哪项如果为真,最能削弱上述建议的可行性?

A. 新的规定会把厕所的卫生和环境搞得非常糟糕,对不吸烟的人是不公平的。
B. 抽烟的人会使厕所变成一个"烟囱",而且不利于烟民们戒烟。
C. 当新规定实施后,那些烟民中的有些人又会逐渐在教学楼内厕所以外其他的禁烟区吸烟。
D. 在厕所吸烟多了,在其他戒烟区发现违法者的可能性就小多了。
E. 这个新规定对于解决因为吸烟造成的学生宿舍的失火问题不起作用。

48. 以下是一则广告:就瘘痛而言,四分之三的医院都会给病人使用"诺维克斯"镇痛剂。因此,你想最有效地镇瘘痛,请选择"诺维克斯"。

以下哪项如果为真,最强地削弱了该广告的论点?

A. 一些名牌的镇痛剂除了减少瘘痛外,还可减少其他的疼痛。

B. 许多通常不用"诺维克斯"的医院,对那些不适应医院常用药的人,也用"诺维克斯"。

C. 许多药物制造商,以他们愿意提供的最低价格,销售这些产品给医院,从而增加他们产品的销售额。

D. 和其他名牌的镇痛剂不一样,没有医生的处方,也可以在药店里买到"诺维克斯"。

E. 在临床试验中发现,"诺维克斯"比其他名牌镇痛剂更有效。

49. 一则关于许多苹果含有一种致癌防腐剂的报道,对消费者产生的影响极小。几乎没有消费者打算改变他们购买苹果的习惯。尽管如此,在报道一个月后的三月份,食品杂货店的苹果销量大大地下降了。

下列哪项如果为真,能最好地解释上述明显的差异?

A. 在三月份里,许多食品杂货商为了显示他们对消费者健康的关心,移走了货架上的苹果。

B. 由于大量的食物安全警告,到了三月份,消费者已对这类警告漠不关心。

C. 除了报纸以外,电视上也出现了这个报道。

D. 尽管这种防腐剂也用在别的水果上,但是,这则报道没有提到。

E. 卫生部门的官员认为,由于苹果上仅含有少量的该种防腐剂,因此,不会对健康有威胁。

50. 过度工作和压力不可避免地导致失眠症。森达公司的所有管理人员都有压力。尽管医生已经提出警告,但大多数的管理人员每周工作仍然超过60小时,而其余的管理人员每周仅工作40小时。只有每周工作超过40小时的员工才能得到一定的奖金。

以上的陈述最强地支持下列哪项结论?

A. 大多数得到一定奖金的森达公司管理人员患有失眠症。

B. 森达公司员工的大部分奖金给了管理人员。

C. 森达公司管理人员比任何别的员工组更易患失眠症。

D. 没有一位每周仅仅工作40小时的管理人员工作过度。

E. 森达公司的工作比其他公司的工作压力大。

1998年管理类综合能力逻辑试题解析

答案速查表

1~5	DEEDE	6~10	BCEAC	11~15	EDBAB
16~20	DEABE	21~25	EDAAC	26~30	ABBDD
31~35	ABBCC	36~40	CDEEE	41~45	CECEC
46~50	ACCAA				

1.【答案】D 【难度】S4 【考点】形式逻辑 概念 与定义相关的题型
题干信息：最不可能被选上的是，(1)1993年以来献过血；(2)1995年以来献血体检不合格。
D选项：不符合两个条件中的任何一个，符合献血条件。
A、B、E选项：1995年献过血和每年都献血，符合条件(1)，是最不可能被选上的。
C选项：1996年献血体检不合格，符合条件(2)，是最不可能被选上的。
故正确答案为D选项。

2.【答案】E 【难度】S4 【考点】形式逻辑 联言命题、选言命题 联言、选言命题性质推理
题干信息：¬（鱼∧熊掌）=¬鱼∨¬熊掌=鱼→¬熊掌。
E选项与题干信息描述一致。
故正确答案为E选项。

3.【答案】E 【难度】S4 【考点】论证推理 削弱、质疑、反驳 论据+结论型论证的削弱
题干信息：使用之后黄褐斑并没有减少，因此该祛斑霜无效。
E选项：运用了一个"假设性"的前后对照实验，证明该祛斑霜还是有效的。即出现"使用时不减少，不使用反而会更多"，形成前后对照，说明"使用艾利雅祛斑霜"与"祛除黄褐斑"之间因果关系是成立的，正确。
A选项："价格"与效果无关，无法削弱。
B、C、D选项："国家专利""技术合格证书""中外合资"都有诉诸权威的嫌疑，无法削弱。
故正确答案为E选项。

4.【答案】D 【难度】S4 【考点】形式逻辑 假言命题 假言命题推理规则
题干信息：¬甲∧¬乙→丙。
其等价逆否命题为"¬丙→甲∨乙"。
如果"¬丙"成立，那么一定可以推出"甲∨乙"成立。"∨"的逻辑含义为"甲、乙至少一真"，如果乙不成立(¬乙)，那么甲成立(甲)。因此，需要的条件是"¬丙"成立，同时"¬乙"成立。
故正确答案为D选项。

5.【答案】E 【难度】S4 【考点】形式逻辑 模态命题 模态命题等价转换
题干信息：不可能所有的错误都能避免。
提词、等价转换：不可能所有都=必然不所有都=必然有的不=有的必然不。
故正确答案为E选项。

6.【答案】B 【难度】S4 【考点】形式逻辑 假言命题 假言命题推理规则
   题干信息:被选进 → 结婚。
   B 选项:被选进 → 结婚,与题干相符,正确。
   A 选项:有的结婚 → 不被选进,与题干不符。
   C 选项:有的结婚 → 被选进,与题干不符。
   D 选项:有的结婚 → 不被选进,与题干不符。
   E 选项:"不拒绝"只是主观意愿,并不能决定"被选进"的结果,且无法充分证明"结婚"。
   故正确答案为 B 选项。

7.【答案】C 【难度】S4 【考点】论证推理 假设、前提 论据+结论型论证的假设
   题干信息:因为足球比赛和训练并不是他们主要的经济来源,所以他们并不真正属于这个行业。
   为了使论证成立,需要直接建立"不是主要经济来源"和"不属于这个行业"的联系,即不是主要经济来源 → 不属于这个行业。
   C 选项:"除非……否则……"的逻辑关系为"¬ 主要经济来源 → ¬ 职业",正确。
   故正确答案为 C 选项。

8.【答案】E 【难度】S5 【考点】论证推理 假设、前提 论据+结论型论证的假设
   题干信息:晚上手术麻醉剂使用少 → 晚上手术可以降低风险。
   E 选项:他因削弱,晚上手术虽然麻醉剂的风险降低了,但是医生手的灵巧性和脑的警觉性较差,会将患者置于另外一类风险之中,所以,并没有降低手术的整体风险。
   C 选项:晚上病人比半天多,只要配备足够的医生,并不必然导致手术风险提高,排除。
   故正确答案为 E 选项。

9.【答案】A 【难度】S5 【考点】论证推理 削弱、质疑、反驳 因果型论证的削弱
   题干信息:获得奖学金的学生学习效率更高,所以,奖学金(因)有助于提高学习效率(果)。
   A 选项:因果倒置,指出是学习效率高导致获得奖学金,而不是获得奖学金导致学习效率高,可以削弱。
   C 选项:无关选项,只解释了为什么效率低,并没有提及与奖学金的关系。
   D 选项:无关选项。
   B、E 选项:支持题干。
   故正确答案为 A 选项。

10.【答案】C 【难度】S6 【考点】论证推理 削弱、质疑、反驳 因果型论证的削弱
   题干信息:大部分的数学家都是长子(果)。可见,长子天生的数学才华相对而言更强些(因)。
   此题犯了将绝对数理解为相对数的错误。
   复选项Ⅰ:他因削弱,指出女性普遍受到压抑,难以表现出数学才华,导致了数学家中长子比较多。
   复选项Ⅱ:他因削弱,指出长子本来人数就远多于次子,即长子中数学家的比例并不比次子中数学家的比例高。
   复选项Ⅲ:起到支持作用,排除。
   故正确答案为 C 选项。

11.【答案】E 【难度】S4 【考点】形式逻辑 三段论 三段论结构相似

题干信息:所有的聪明人都是近视眼,我近视得很厉害,所以我很聪明。

所有 A 都是 B,C 是 B,所以 C 是 A。

E 选项:所有的鸡(A)都是尖嘴(B),这种总在树上待着的鸟(C)是尖嘴(B),因此它(C)是鸡(A),与题干结构相符。

A 选项:先调整顺序,因为所有的聪明人(A)都是近视眼(B),而我(C)的视力那么好(¬B),所以我(C)是个笨人(¬A),与题干结构不符。

B 选项:所有的猪(A)都有四条腿(B),但这种动物(C)有八条腿(¬B),所以它(C)不是猪(¬A),与题干结构不符。

C 选项:先调整顺序,因为高兴的人(A)都能长胖(B),小陈(C)十分高兴(A),所以小陈(C)一定长得很胖(B),与题干结构不符。

D 选项:先调整顺序,所有的天才(A)都高度近视(B),因为我(C)是天才(A),我(C)一定是高度近视(B),与题干结构不符。

故正确答案为 E 选项。

12.【答案】D 【难度】S4 【考点】论证推理 假设、前提 论据+结论型论证的假设

题干信息:更换旧型汽车,换上新型大客车 → 进一步增加利润。

D 选项:不是必须的假设,即使驾驶新汽车比旧汽车更复杂和困难也没有关系,只要通过培训,司机能学会开就可以增加利润。

A 选项:需要假设,否则换双层客车后,如果乘坐人数不会增加,那么利润也就不会有相应的增加了。

B 选项:需要假设,换车投入需要能够在其利润中得到补偿,否则换车之后反而会使利润降低。

C 选项:需要假设,新汽车在质量和效能方面要足够可靠,否则达不到预期的利润。

E 选项:需要假设,否则如果双层客车没有办法在道路上行驶,或者不能载足够量的顾客,也就无法获得更多的利润。

故正确答案为 D 选项。

13.【答案】B 【难度】S5 【考点】论证推理 削弱、质疑、反驳 因果型论证的削弱

题干信息:具有某种性格特征的人同时易患有某种疾病,因此,修正行为和调整性格特征(因)可以预防疾病(果)。

题干认为性格是疾病的原因。

B 选项:他因削弱,说明可能是一个共同原因(某种生理因素)导致了性格和疾病同时出现,而不是性格导致了疾病,削弱了题干的推理,正确。

C 选项:如果出现几乎每种病症都分别与某种性格对应,那么就说明这不可能是简单的数据上的契合了,故 C 选项不能反驳上述观点,排除。

D 选项:"愿意"是主观情感,无法说明修正行为和调整性格是否可以防治疾病,排除。

故正确答案为 B 选项。

14.【答案】A 【难度】S4 【考点】综合推理 真话假话题

第一步:简化题干信息	(1)都;(2)¬丁;(3)有的不;(4)¬乙
第二步:找矛盾关系或反对关系	(1)和(3)是矛盾关系,必一真一假
第三步:推知其余项真假	又已知只有一人说假话,所以说假话者必在(1)和(3)之间,又可以推知其余项(2)和(4)必为真话
第四步:根据其余项真假,得出真实情况	根据(2)为真话,可知真实情况为:¬丁。 根据(4)为真话,可知真实情况为:¬乙
第五步:代回矛盾或反对项,判断真假,选出答案	根据"¬丁"和"¬乙",可判断(3)为真话,(1)为假话。 故正确答案为A选项

15.【答案】B 【难度】S5 【考点】论证推理 削弱、质疑、反驳 因果型论证的削弱
题干信息:大连市因癌症死亡的人数比例比全国城市的平均值要高两倍(果),因此,大连最近这十年对癌症的防治出现了失误(因)。
题干认为是防治失误导致癌症死亡比例高。
B选项:他因削弱,说明是"得病的人到该地区疗养,并最后死亡"导致"癌症死亡人数比例高",指出存在他因导致该结果的出现,削弱了题干的推理。
故正确答案为B选项。

16.【答案】D 【难度】S4 【考点】形式逻辑 假言命题 假言命题推理规则
题干信息:小朱想获得注册会计师证书,所以,小朱想从事会计工作。
需要直接建立"想获得注册会计师证书"和"想从事会计工作"的联系。
D选项,逻辑关系为"想获得注册会计师证书 → 想从事会计工作",使论据可以推出结论,正确。
故正确答案为D选项。

17.【答案】E 【难度】S5 【考点】论证推理 削弱、质疑、反驳 因果型论证的削弱
题干信息:多看暴力内容的影视(因)容易导致青少年举止粗鲁(果)。
E选项:指出了因果倒置的可能性,不是看暴力内容的影视导致举止粗鲁,而是举止粗鲁导致了爱看暴力内容的影视,对题干的推理具有削弱作用。
A、B、D选项:个例或者特殊个体往往不具有说服力,没有质疑效果。
故正确答案为E选项。

18.【答案】A 【难度】S5 【考点】论证推理 削弱、质疑、反驳 因果型论证的削弱
题干信息:父亲认为学习负担不是冬冬体重下降的原因,营养不良(因)才是体重下降(果)的原因。
A选项:间接因果,说明是负担过重直接导致消化紊乱,消化紊乱又直接导致营养不良,所以负担过重间接导致营养不良,支持了母亲的观点,同时削弱了父亲的观点。
故正确答案为A选项。

19.【答案】B 【难度】S5 【考点】论证推理 支持、加强 论据+结论型论证的支持
题干信息:威尔热线电话是埃克斯的五倍(多四倍),因此,威尔的字处理软件一定是比埃克斯

的字处理软件难用。

相对数绝对数模型。比较软件是否好用要比较相对数,而不是比较绝对数,即比较"每一百个威尔软件顾客有多少用户在使用时有困难"与"每一百个埃克斯软件顾客有多少用户在使用时有困难",所以关键信息是"两种软件客户数量的比例关系"是否为"5∶1",如果是的话,那么软件使用难度没有区别;如果大于5∶1,那么威尔软件比较好用;如果小于5∶1,那么威尔软件比较难用。

B选项:说明威尔软件与埃克斯软件的顾客数量比例为1∶4,远小于5∶1,说明威尔字处理软件比埃克斯字处理软件难用,支持了题干的论证。

故正确答案为B选项。

20.【答案】E 【难度】S6 【考点】论证推理 削弱、质疑、反驳 论据+结论型论证的削弱

题干信息:法律系教师人均业余兼课的周时数多于会计系,因此,法律系教师人均实际收入高于会计系。

复选项Ⅰ:他因削弱,虽然会计系教师的周时数少,但是课时费高。

复选项Ⅱ:他因削弱,会计系教师做其他兼职的比例高于法律系教师,所以人均实际收入并不一定会比法律系的低。

复选项Ⅲ:无关选项,题目描述的是会计系教师和法律系教师的人均业余兼课周时数,与有多少老师业余兼课无关。

故正确答案为E选项。

21.【答案】E 【难度】S6 【考点】论证推理 削弱、质疑、反驳 论据+结论型论证的削弱

甲:广告收入降低了门票价格,因此现场观众从广告中受益了。乙:广告费用到头来还是摊到消费者头上,因此现场观众没有从广告中受益。

E选项:说明各厂家广告支出是一个常量,即固定支出。所以,广告费用是一定会摊在消费者头上的。因此,如果把广告费用投放在奥运会广告上,那么确实降低了门票价格,会使现场观众受益。如果不把广告费用投放在奥运会广告上,那么现场观众的门票价格就会上涨,同时所有消费者购买的商品价格依然是摊有广告费用的商品价格。所以,广告确实使现场观众受益了。

故正确答案为E选项。

22.【答案】D 【难度】S5 【考点】论证推理 削弱、质疑、反驳 论证模型的削弱

题干信息:80%的胃溃疡患者都有夜间工作的习惯。因此,夜间工作导致患胃溃疡。

此题目是较为常见的左右撇子模型。有夜间工作习惯的人占全部患者的80%,并不能说明有夜间工作习惯更容易患病。我们需要知道的关键信息是"有夜间工作习惯者占全部教员的比例是多少"。如果也是80%,那么"胃溃疡患者中有夜间工作习惯者占80%"属于正常比例,并不偏高。

故正确答案为D选项。

23.【答案】A 【难度】S4 【考点】形式逻辑 假言命题 假言命题矛盾关系

甲:¬李→¬王。乙:¬王→李。丙:李∀王。

要同时满足甲、乙、丙三人意见,即上述三个逻辑关系均为真。

A选项:与甲、乙、丙三人意见都不矛盾。

B 选项:与甲矛盾。

C 选项:与丙矛盾。

D 选项:与乙、丙矛盾。

故正确答案为 A 选项。

24. 【答案】A 【难度】S5 【考点】论证推理 削弱、质疑、反驳 论据+结论型论证的削弱

题干信息:推广蛋白质含量高的新作物,有利于蛋白质摄入量不足的国家。

A 选项:他因削弱,这种作物的亩产量非常低,所以会导致总产量很低,虽然单位质量内蛋白质含量高,但是总的蛋白质含量反而会减少,可以削弱。

B、C、E 选项:无关选项。

D 选项:卡路里不同于蛋白质,与题干论证无关。

故正确答案为 A 选项。

25. 【答案】C 【难度】S5 【考点】论证推理 削弱、质疑、反驳 论据+结论型论证的削弱

题干信息:被调查企业仅有 26% 在规划新产品时制订了专利计划,因此,多数企业缺乏"专利意识"。

题干的推理过程中存在两个缺陷:(1)调查的 500 家企业是否具有代表性,能否说明整体的情况? (2)规划时没有制订专利计划是否就不会申请专利?

C 选项:针对第二个缺陷予以质疑。很多企业申请了专利,但并没有制订专利计划,故能够削弱。

A 选项:干扰项,被调查的 500 家以外的部分企业也制订了专利计划,到底有多大比例并未提及,如果比例很高,那么削弱推理;如果比例还是在 26% 左右,那么是支持推理,故 A 选项并无削弱作用。

故正确答案为 C 选项。

26. 【答案】A 【难度】S5 【考点】论证推理 削弱、质疑、反驳 论据+结论型论证的削弱

题干信息:机票对教师打折是一种提高利润的促销方式。

A 选项:他因削弱,说明绝大多数教师并不是因为机票打折才选择北方航空公司的航班,如果是这样,那么机票打折实际上并没有起到促销作用,反而减少了公司的利润,对上述推理起到削弱作用。

B 选项:支持了题干的论证。

故正确答案为 A 选项。

27. 【答案】B 【难度】S5 【考点】论证推理 假设、前提 论据+结论型论证的假设

题干信息:调高水价可以节约用水。

复选项Ⅰ:必须假设,如果浪费不是水价偏低造成的,那么提高价格也就不能减少浪费了。

复选项Ⅱ:必须假设,如果价格上调幅度没有对浪费水的用户产生经济压力,那么这些用户依然不会减少浪费。

复选项Ⅲ:无关选项,题干论述与用户满不满意没有关系,只与调价是否能够减少浪费有关。

故正确答案为 B 选项。

28. 【答案】B 【难度】S5 【考点】形式逻辑 概念 概念之间的关系

题干的论证是缺少前提条件的。这些条件是:(1)题干中的介绍涉及了寝室中所有的人;(2)除了哈尔滨人事实上是北方人以外,题干中所介绍的任一身份特征属于不同的人。否则,就不能推出该寝室中恰好有8个人。

按地域分:2个北方人、1个广东人。

按专业分:2个法律系。

按属性分:3个进修生。

3+2+3刚好等于8。

B选项:若广东学生在法律系,那么一共只有7个人,无法加强论证。

故正确答案为B选项。

29.【答案】D 【难度】S4 【考点】形式逻辑 假言命题 假言命题矛盾关系

题干信息:(1)钙质→奶制品;(2)健壮→钙质。

(2)(1)传递可得:健壮→钙质→奶制品。其矛盾关系为:健壮∧¬奶制品。

D选项:有的呼伦贝尔大草原的牧民有健壮的体魄,但没有充足的奶制品作为食物来源,符合题干的矛盾命题,能削弱题干。

故正确答案为D选项。

30.【答案】D 【难度】S5 【考点】论证推理 假设、前提 论据+结论型论证的假设

题干信息:日本冰箱耗电较少,因此能占据市场。

复选项Ⅰ:不是必须的假设,因为如果质量差不多,那么耗电低的冰箱也可以挤占其他冰箱的市场,推理依然成立。

复选项Ⅱ:必须假设,如果电费不是购买冰箱的重要因素,那么电费低并不会对购买产生影响。

复选项Ⅲ:必须假设,如果日本冰箱的价格比较昂贵的话,那么即使电费便宜,消费者也很难选择购买,所以必须在价格基本相同的情况下比较才有意义。

故正确答案为D选项。

31.【答案】A 【难度】S6 【考点】论证推理 结论 细节题

题干信息:在电视节目间隔中插播大段广告的时间人们通常会去洗手间。

A选项:根据题干这一事实,我们可以判断出电视节目间隔中的大段广告效果并不好,看的观众偏少,所以,合理的做法是广告要短小、零碎地插在电视节目中,而不是节目之间的间隔中,这样可以有效地防止人们在广告时间离开。

故正确答案为A选项。

32.【答案】B 【难度】S5 【考点】形式逻辑 假言命题 假言命题推理规则

题干信息:(1)赵村→白天;(2)李庄→晚上;(3)¬白天∨晚上=晚上→¬白天;(4)李明→晚上。

由(4)(3)(1)可得:李明→晚上→¬白天→¬赵村。

故正确答案为B选项。

33.【答案】B 【难度】S5 【考点】论证推理 论证方式相似、漏洞相似

工作人员将顾客的"乱罚款"的论证转移,去解释罚款的目的是什么,并没有回答顾客的问题,故犯了转移论题的错误。

B 选项:犯了类似的错误,即**转移论题**。

C 选项:循环论证。

D 选项:因果倒置。

E 选项:非黑即白。

故正确答案为 B 选项。

34.【答案】C 【难度】S5 【考点】论证推理　结论　细节题

题干信息:比值在前 20% 为肥胖儿,肥胖儿数量增加。

此题需要注意,比值超过本地区 80% 的儿童的水平,就是指前 20% 的人。

C 选项:如果前 20% 的人数增加了,意味着后 80% 的人数也增加了,故 C 选项正确。

A 选项:是否肥胖需要结合"身高"来判断,而不是只需要"体重"这一绝对指标,有可能存在 40 斤的肥胖儿,也有可能存在 70 斤的肥胖儿,因此无法判断。

D 选项:"标准体重"这一概念题干并未提及,因此无法判断。

E 选项:"每一个"过于绝对,无法判断。

故正确答案为 C 选项。

35.【答案】C 【难度】S5 【考点】论证推理　削弱、质疑、反驳　论据+结论型论证的削弱

论据:蟹有适应污染水质的生存能力。**结论:**捕蟹业和蟹类加工业不会受到严重影响。

C 选项:**间接因果**,说明"食物短缺"会间接导致蟹的产量受到影响,可以削弱。

A 选项:题干的论证主要针对蟹类,与鱼类无关。

B 选项:注意题干结论中"不会像渔业同行那样受到严重影响"是指"鱼类的死亡",与竞争是否激烈无关,排除。

D 选项:无关选项,因为蟹能适应污染水质是一个事实,不会因为我们不明白其适应的生理机制而否认或削弱这个事实。

E 选项:无关选项。

故正确答案为 C 选项。

36.【答案】C 【难度】S4 【考点】论证推理　削弱、质疑、反驳　论据+结论型论证的削弱

题干信息:购买哥伦比亚咖啡豆最多→每罐含量最高→咖啡最好。

题干论证的核心是通过数量(绝对值)的多少衡量质量的好坏,这显然是不符合逻辑的,衡量好坏的重要指标是咖啡的浓度(相对值),因此还需要知道生产出的咖啡的数量。

C 选项:说明克力莫公司虽然购买总量最多,但是生产的罐数也非常多,因此平均下来每罐含量未必是最多的,所以不能认为其咖啡就是最好的,削弱力度最大。

故正确答案为 C 选项。

37.【答案】D 【难度】S6 【考点】论证推理　支持、加强　论据结论型的论证支持

题干信息:不应该以高考录取率作为评价这些学校教育水平的一个标准。

复选项Ⅰ:无关选项,说明可能是由于经费的差异造成了有些学校能够聘请好老师,导致录取率高,那么录取率高依然体现了教育水平高,故并不支持题干。

复选项Ⅱ:支持题干,说明录取率只是反映整体的情况,而具体到录取学生中的重点院校比例也是一个很关键的因素,能反映教育水平的高低。故只看整体的录取率是不恰当的,对题干起到

支持作用。

复选项Ⅲ:支持题干,说明是学生的个人素质和家庭条件等因素造成了录取率高,而不是因为学校自身的教育水平高,对题干起到支持作用。

故正确答案为 D 选项。

38.【答案】E 【难度】S4 【考点】形式逻辑 假言命题 假言命题推理规则

题干信息:赵→钱∧孙∧李=¬钱∨¬孙∨¬李→¬赵。

E 选项:如果"¬孙"成立,那么"¬赵"一定成立,相应地,"¬赵∨¬李"也一定为真,正确。

A、B、C 选项:由"¬赵""钱∧孙∧李"无法推出任何有效信息。

D 选项:由"¬李"无法推出钱、孙的情况,因此 D 选项无法确定。

故正确答案为 E 选项。

39.【答案】E 【难度】S4 【考点】论证推理 解释 解释矛盾

需要解释的矛盾:电话公司开始使用电子接线员,但是近期人工接线员不会减少。

E 选项:无法解释,如果电子接线员效率高,那么导致的结果是人工接线员减少。

A、B、C、D 选项:可以解释,电话数量剧增,新系统还需要调整,短期内无法解雇人工接线员,消费者都愿意选择人工接线员,都有助于解释人工接线员不会减少。

故正确答案为 E 选项。

40.【答案】E 【难度】S4 【考点】综合推理 排序题型

题干信息:(1)李<陈<朱;(2) 宋<朱,宋<李;(3) 宋<王<朱。

要求"张 < 陈"。

(1)(2)结合可得:(4)宋<李<陈<朱。

E 选项的大小关系为:张<王<李。由(4)可知,张小于李,则必小于陈。

故正确答案为 E 选项。

41.【答案】C 【难度】S6 【考点】形式逻辑 假言命题 假言命题推理规则

题干信息:(1)高速→>60;(2)自行车→≤20;(3)高速→双日;(4)今天→双日。

复选项Ⅰ:(2)(1)传递可得,(5)自行车→≤20 →¬>60 →¬高速,故复选项Ⅰ正确。

复选项Ⅱ:已知今天是"双日",根据(3),"双日"不能反向推出"高速"。所以,现实情况是可能被允许上高速,也可能不被允许上高速,故复选项Ⅱ说法正确。

复选项Ⅲ:根据(1),">60"不能反向推出"高速",因此(3)中的"高速"条件是否出现未知,故无法推出"双日",复选项Ⅲ错误。

故正确答案为 C 选项。

42.【答案】E 【难度】S6 【考点】形式逻辑 假言命题 假言命题推理规则

补充信息:(6)最低时速限制→高速。

题干中只有(1)提到了">60",因此,只要"高速"不出现,">60"就不一定出现。如果将 S 改为"今天是5月19日",即¬双日,那么根据(3)可以反推出¬高速,因此,题干的结论就可以成立了。

故正确答案为 E 选项。

43.【答案】C 【难度】S6 【考点】论证推理 假设、前提 论据+结论型的论证假设

题干信息:所有向甲公司求职的人同时向乙公司求职,两公司各给其半数求职者每人一个职位。因此,所有求职者都找到了一份工作。

题干推理成立所隐含的假设有两个:(1)向甲和乙两家公司求职的人员完全一致;(2)没有人同时获得两家的职位。

C选项:满足了第二个假设条件,如果有人同时获得两个公司的职位,那么总的找到工作的人将减少,并不等于全部的求职人数。

故正确答案为C选项。

44.【答案】E 【难度】S6 【考点】论证推理 支持、加强 论据+结论型论证的支持

题干信息:列出纤维素的含量有助于民众健康。

复选项Ⅰ:可以支持,如果大多数消费者不注意包装袋上的纤维素含量,那么在购买时也就不会专门挑选纤维素含量高的食品,起不到保护民众健康的效果。

复选项Ⅱ:可以支持,说明纤维素有利于预防多种疾病,是有益于健康的。

复选项Ⅲ:可以支持,如果民众没有这方面的常识,即使看到了也无法判别,起不到保护民众健康的效果。

故正确答案为E选项。

45.【答案】C 【难度】S5 【考点】形式逻辑 三段论 三段论正推题型

题干信息:(1)有的教员→人寿;(2)四居室→财产;(3)人寿→¬财产。

结合(1)(3)(2)可得:(4)有的教员→人寿→¬财产→¬四居室。

复选项Ⅰ:有的教员→四居室,由(4)可知,有的教员没买四居室以上住房,"有的"的数量范围为"1~全部",所以无法判断是否存在"有的教员买了四居室以上住房"的情况,真假不确定。

复选项Ⅱ:有的教员→¬财产,符合(4),一定为真。

复选项Ⅲ:四居室→¬人寿=人寿→¬四居室,符合(4),一定为真。

故正确答案为C选项。

46.【答案】A 【难度】S5 【考点】形式逻辑 三段论 三段论正推题型

补充信息:(5)教员→人寿。

结合(5)(3)(2)可得:(6)教员→人寿→¬财产→¬四居室。

A选项:有的四居室→教员=有的教员→四居室,由(6)可知,所有教员都没买四居室以上住房,与A选项信息是矛盾关系,一定为假。

故正确答案为A选项。

47.【答案】C 【难度】S4 【考点】论证推理 削弱、质疑、反驳 论据+结论型论证的削弱

题干信息:把教学楼的厕所定为吸烟区,这样烟民就不会违反规定。

C选项:可以削弱,说明如果规定实施之后,会导致其中有些人逐渐违反规定,那么该建议措施就不可取了,削弱了其可行性。

A、B选项:力度较弱,只是说这个建议具有副作用,但是这并不影响"烟民不再违反规定"的效果,因此削弱力度不如C选项。

D、E选项:无关选项,"其他戒烟区""解决失火问题"与本题无关。

故正确答案为C选项。

48.【答案】C 【难度】S6 【考点】论证推理 削弱、质疑、反驳 因果型论证的削弱
题干信息:四分之三的医院给病人使用"诺维克斯"镇痛剂。因此,该药最有效。
C选项:他因削弱,说明是药品进价便宜,利润空间大,导致医院给病人使用此药多,而不是因为其效果好。
A选项:无关选项,"一些名牌的镇痛剂"与"诺维克斯"无关。
B选项:支持题干,对那些不适应医院常用药的人使用"诺维克斯",有支持广告论点的作用。
D选项:无关选项,在药店里可以买到"诺维克斯"无法说明其效果最好,不能削弱。
E选项:支持题干。
故正确答案为C选项。

49.【答案】A 【难度】S4 【考点】论证推理 解释 解释矛盾
需要解释的矛盾:关于"苹果含有致癌防腐剂"的报道对消费者影响极小,但是苹果销量还是下降了。
A选项:可以解释,说明是杂货商对消费者的健康问题显示出关心,主动停止销售苹果,正确。
B、E选项:没有解释为什么苹果销量下降了。
故正确答案为A选项。

50.【答案】A 【难度】S6 【考点】形式逻辑 三段论 三段论正推题型
题干信息:(1)过度工作∧压力→失眠;(2)森达∧管理→压力;(3)大多数管理→>60小时;(4)其余管理→40小时;(5)奖金→>40小时。
根据(5),要得到"奖金",每周工作时间一定">40小时",而管理者只分为">60小时"和"40小时"两种,所以">40小时"一定">60小时",因此,"奖金∧管理"一定可以推出"过度工作"。
而根据(2)可知,"森达∧管理"一定推出"压力",这样"奖金∧森达∧管理"就一定能满足"过度工作∧压力",再根据(1)一定可以推出"失眠"。所以,可得出"所有获得奖金的森达公司管理人员都患有失眠症"的结论,因此,"大多数得到一定奖金的森达公司管理人员患有失眠症"也一定正确,这就是"所有都"为真,"大多数(或有的)"一定为真的概念。
故正确答案为A选项。

【温馨提示】 想知道哪些知识点还没掌握?请打开"海绵MBA"APP,进入页面右上角【扫一扫】图标,扫描下方二维码,填入答案,系统会自动记录错题数据,方便查漏补缺。

1997年管理类综合能力逻辑试题

三、逻辑推理：第1~50小题，每小题2分，共100分。下列每题给出的A、B、C、D、E五个选项中，只有一项是符合试题要求的。请在答题卡上将所选项的字母涂黑。

1. 一位教育工作者撰文表达了她对电子游戏给青少年带来的危害的焦虑之情。她认为电子游戏就像一头怪兽，贪婪、无情地剥夺青少年的学习和与社会交流的时间。

   以下哪项不能成为支持以上观点的理由？

   A. 青少年玩电子游戏，上课时无精打采。
   B. 青少年玩电子游戏，作业错误明显增多。
   C. 青少年玩电子游戏，不愿与家长交谈。
   D. 青少年玩电子游戏，花费了家里的资金。
   E. 青少年玩电子游戏，小组活动时常缺席。

2. 如果缺乏奋斗精神，就不可能有较大成就。李阳有很强的奋斗精神，因此，他一定能成功。

   如果下述何者为真，则上文推论可靠？

   A. 李阳的奋斗精神异乎寻常。　　　　B. 不奋斗，成功只是水中之月。
   C. 成功者都有一番奋斗的经历。　　　D. 奋斗精神是成功的唯一要素。
   E. 成功者的奋斗是成功的前提。

3. 某些理发师留胡子。因此，某些留胡子的人穿白衣服。

   下述哪项如果为真，足以佐证上述论断的正确性？

   A. 某些理发师不喜欢穿白衣服。　　　B. 某些穿白衣服的理发师不留胡子。
   C. 所有理发师都穿白衣服。　　　　　D. 某些理发师不喜欢留胡子。
   E. 所有穿白衣服的人都是理发师。

4. 一个月了，这个问题时时刻刻缠绕着我，而在工作非常繁忙或心情非常好的时候，又暂时抛开了这个问题，顾不上去想它了。

   以上的陈述犯了下列哪些逻辑错误？

   A. 论据不足。　B. 循环论证。　C. 偷换概念。　D. 转移论题。　E. 自相矛盾。

5. 有时为了医治一些危重病人，医院允许使用海洛因作为止痛药。其实，这样做是应当禁止的。因为，毒品贩子会通过这种渠道获取海洛因，对社会造成严重危害。

   以下哪项为真，最能削弱以上的论证？

   A. 有些止痛药可以起到和海洛因一样的止痛效果。
   B. 贩毒是严重犯罪的行为，已经受到法律的严惩。
   C. 用于止痛的海洛因在数量上与用作非法交易的比起来是微不足道的。
   D. 海洛因如果用量过大就会致死。
   E. 在治疗过程中，海洛因的使用不会使病人上瘾。

6. 正是因为有了第二味觉，哺乳动物才能够边吃边呼吸。很明显，边吃边呼吸对保持哺乳动物高效率的新陈代谢是必要的。

以下哪种哺乳动物的发现,最能削弱以上的断言?

A. 有高效率的新陈代谢和边吃边呼吸的能力的哺乳动物。

B. 有低效率的新陈代谢和边吃边呼吸的能力的哺乳动物。

C. 有低效率的新陈代谢但没有边吃边呼吸能力的哺乳动物。

D. 有高效率的新陈代谢但没有第二味觉的哺乳动物。

E. 有低效率的新陈代谢和有第二味觉的哺乳动物。

7. 桌子上有4个杯子,每个杯子上写着一句话。第一个杯子:"所有的杯子中都有水果糖。"第二个杯子:"本杯中有苹果。"第三个杯子:"本杯中没有巧克力。"第四个杯子:"有些杯子中没有水果糖。"

如果其中只有一句真话,那么以下哪项为真?

A. 所有的杯子中都有水果糖。　　　B. 所有的杯子中都没有水果糖。

C. 所有的杯子中都没有苹果。　　　D. 第三个杯子中有巧克力。

E. 第二个杯子中有苹果。

8. 凡金属都是导电的,铜是导电的,所以铜是金属。

下面哪项与上述推理结构最相似?

A. 所有的鸟都是卵生动物,蝙蝠不是卵生动物,所以蝙蝠不是鸟。

B. 所有的鸟都是卵生动物,天鹅是鸟,所以天鹅是卵生动物。

C. 所有从事工商管理的都要学习企业管理,老陈是学习企业管理的,所以老陈是从事工商管理工作的。

D. 只有精通市场营销理论,才是一个合格的市场营销经理,老张精通市场营销理论,所以老张一定是合格的市场营销经理。

E. 华山险于黄山,黄山险于泰山,所以华山险于泰山。

9. 有些人坚信飞碟是存在的。理由是,谁能证明飞碟不存在呢?

下列选择中,哪一项与上文的论证方式是相同的?

A. 中世纪欧洲神学家论证上帝存在的理由是:你能证明上帝不存在吗?

B. 神农架地区有野人,因为有人看见过野人的踪影。

C. 科学家不是天生聪明的。因为,爱因斯坦就不是天生聪明的。

D. 一个经院哲学家不相信人的神经在脑中汇合。理由是,亚里士多德著作中讲到,神经是从心脏里产生出来的。

E. 鬼是存在的。如果没有鬼,为什么古今中外有那么多人讲鬼故事?

10. 有人认为鸡蛋黄的黄色跟鸡所吃的绿色植物性饲料有关,为了验证这个结论,下面哪种实验方法最可靠?

A. 选择一优良品种的蛋鸡进行实验。

B. 化验比较植物性饲料和非植物性饲料的营养成分。

C. 选择品种等级完全相同的蛋鸡,一半喂食植物性饲料,一半喂食非植物性饲料。

D. 对同一批蛋鸡逐渐增加(或减少)植物性饲料的比例。

E. 选出不同品种的蛋鸡,喂同样的植物性饲料。

11. 某公司多年来实行一套别出心裁的人事制度,即每隔半年就要让各层次的干部、职工实行一次内部调动,并将此称作"人才盘点"。
    以下哪项对这种做法的必要性提出质疑?
    A. 这种办法破除了职位高低的传统观念,强调每一项工作都重要。
    B. 人才盘点使技术人员全面了解生产流程,利用技术创新。
    C. 以此方式培养提拔的管理干部对公司的情况了如指掌。
    D. 干部、职工相互体会各自工作的困难,有利于团结互助。
    E. 工作交换时,由于情况生疏会出现不必要的失误。

12. 在过去的十年中,由美国半导体工业生产的半导体增加了200%,但日本半导体工业生产的半导体增加了500%,因此,日本现在比美国制造的半导体多。
    以下哪项为真,最能削弱以上命题?
    A. 在过去五年中,由美国半导体工业生产的半导体增长仅100%。
    B. 过去十年中,美国生产的半导体的美元价值比日本生产的高。
    C. 今天美国半导体出口在整个出口产品中所占的比例比十年前高。
    D. 十年前,美国生产的半导体占世界半导体的90%,而日本仅占2%。
    E. 十年前,日本生产的半导体是世界第四位,而美国列第一位。

13. 有人说:"哺乳动物都是胎生的。"
    以下哪项最能驳斥以上判断?
    A. 也许有的非哺乳动物是胎生的。
    B. 可能有的哺乳动物不是胎生的。
    C. 没有见到过非胎生的哺乳动物。
    D. 非胎生的动物不大可能是哺乳动物。
    E. 鸭嘴兽是哺乳动物,但不是胎生的。

14. 商场经理为减少营业员和方便顾客,把儿童小玩具从营业专柜移入超市,让顾客自选。
    以下哪项为真,则经理的做法会导致销售量下跌?
    A. 儿童小玩具品种多,占地并不多。
    B. 儿童和家长是在营业员的演示下引起对小玩具的兴趣的。
    C. 儿童小玩具能启发儿童的智力,一直畅销。
    D. 儿童自己不容易看懂玩具的说明书。
    E. 儿童玩具的色彩艳丽,很有吸引力。

15. 某市经济委员会准备选四家企业给予表彰,并给予一些优惠政策。从企业的经济效益来看,A、B两个企业比C、D两个企业好。
    据此,再加上以下哪项可推出"E企业比D企业的经济效益好"的结论?
    A. E企业的经济效益比C企业好。
    B. B企业的经济效益比A企业好。
    C. E企业的经济效益比B企业差。

D. A企业的经济效益比B企业差。

E. E企业的经济效益比A企业好。

16. 母亲要求儿子从小就努力学外语。儿子说："我长大又不想当翻译,何必学外语。"

以下哪项是儿子的回答中包含的前提？

A. 要当翻译,需要学外语。 B. 只有当翻译,才需要学外语。

C. 当翻译没什么大意思。 D. 学了外语才能当翻译。

E. 学了外语也不见得能当翻译。

17. 鲁迅的著作不是一天能读完的,《狂人日记》是鲁迅的著作,因此,《狂人日记》不是一天能读完的。

下列哪项最为恰当地指出了上述推理的逻辑错误？

A. 偷换概念。 B. 自相矛盾。 C. 以偏概全。 D. 因果倒置。 E. 循环论证。

18. 在本届全国足球联赛的多轮比赛中,参赛的青年足球队先后有6个前锋、7个后卫、5个中卫、2个守门员。比赛规则规定：在一场比赛中,同一个球员不允许改变位置身份,当然也不允许有一个以上的位置身份,同时,在任一场比赛中,任一球员必须比赛到终场,除非受伤。由此可得出结论：联赛中青年足球队上场的共有球员20名。

以下哪项为真,最能削弱以上结论？

A. 比赛中若有球员受伤,可由其他球员替补。

B. 在本届全国足球联赛中,青年足球队中有些球员在各场球赛中都没有上场。

C. 青年足球队中有些队员同时是国家队队员。

D. 青年足球队的某个球员可能在不同的比赛中处于不同的位置。

E. 根据比赛规则,只允许11个球员上场。

19. 如果某人答应作为矛盾双方的调解人,那么,他就必须放弃事后袒护任何一方的权利。因为在调解之后再袒护一方,等于说明先前的公正是伪装的。

下列哪项是以上论述最为强调的？

A. 调解人不能有自己对争议双方矛盾的任何看法。

B. 如果不能保持公正的姿态,就不能做一个好的调解人。

C. 调解人要完全附和矛盾双方的意见,左右逢源。

D. 如果调解人把自己的偏见公开化,争论时可以袒护一方。

E. 为了不使争论公开化,调解人应当伪装公正。

20. 世界粮食年产量略微超过粮食需求量,可以提供世界人口所需要的最低限度的食物。那种预计粮食产量不足必将导致世界粮食饥荒的言论全是危言耸听。与其说饥荒是由粮食产量引起的,毋宁说是由于分配不公造成的。

以下哪种情形是上面论述的作者所设想的？

A. 将来世界粮食需求量比现在的粮食需求量要小。

B. 一个好的分配制度也难以防止世界粮食饥荒的出现。

C. 世界粮食产量将持续增加,可以满足粮食需求。

D. 现存的粮食供应分配制度没有必要改进。

E. 世界粮食供不应求是大势所趋。

21. 大会主席宣布："此方案没有异议,大家都赞同,通过。"
    如果以上不是事实,下面哪项必为事实?
    A. 大家都不赞同方案。　　　　　B. 有少数人不赞同方案。
    C. 有些人赞同,有些人反对。　　D. 至少有人是赞同方案的。
    E. 至少有人是反对方案的。

22. 一国丧失过量表面土壤,需进口更多的粮食,这就增加了其他国家土壤的压力;一国大气污染,导致邻国受到酸雨的危害;二氧化碳排放过多,造成全球变暖、海平面上升,几乎可以危及所有的国家和地区。
    下述哪项最能概括上文的主要观点?
    A. 环境危机已影响到国与国之间的关系,可能引起国际争端。
    B. 经济的快速发展必然导致环境污染的加剧,先污染、后治理是一条规律。
    C. 在治理环境污染问题上,发达国家愿意承担更多的责任和义务。
    D. 环境问题已成为区域性、国际性问题,解决环境问题是人类面临的共同任务。
    E. 各国在环境污染治理方面要量力而行。

23. 在产品竞争激烈时,许多企业大做广告。一家电视台在同一个广告时段内,曾同时播放了四种白酒的广告。渲染过分的广告适得其反,大多数消费者在选购产品时,更重视自己的判断,而不轻信广告宣传。
    上述陈述隐含着下列哪项前提?
    A. 真正的名牌产品不做广告。　　B. 广告越多,商品的销售量越大。
    C. 许多广告言过其实,缺乏真实性。　　D. 消费者都是鉴别商品的内行里手。
    E. 企业都把做广告当作例行公事。

24. 在某国的总统竞选中,争取连任的现任总统声言:"本届政府执政期间,失业率降低了两个百分点,可见本届政府的施政纲领是正确的。"
    如果下列哪项为真,则能有力地削弱以上声言?
    A. 政府用调低利率的办法来刺激工商业的发展,使通货膨胀上升了40%。
    B. 由于减轻了失业压力,从而减少了犯罪率。
    C. 就业人数增加,减轻了政府福利开支。
    D. 就业人数增加,刺激了人们学习职业技能的积极性。
    E. 失业率下降,新毕业的大学生就业容易了。

25. 一本经济管理类杂志刊登的文章提出:在对外经济交往中不能一味好让不争。在必要的时候,我们也要用"反倾销"的武器来保护自己。
    除哪项以外,下面都是对上述观点的进一步论述?
    A. 一些国家频频对我国的某些产品提出"反倾销",而我们却常常把市场拱手让人。
    B. 某外国公司卖的某商品的价格远远低于专家推算的成本价。
    C. "反倾销"是一把双刃剑,可能影响我国的商品出口。
    D. 某外国公司计划用高额的代价取得在我国彩电市场上的绝对优势。

E. 我国要加速制定"反倾销"的有关法律、法规,并形成保护自身的群体意识。

26. 我国有2 000万家庭靠生产蚕丝维持生计,出口量占世界市场的四分之三,然而近年来丝绸业面临出口困境:丝绸形象降格,出口数量减少,又遇到亚洲的一些竞争对手,有些国家还对丝绸进口实行了配额,这无疑对我国丝绸业是一个打击。

以下哪项不是造成上述现象的原因?

A. 丝绸行业的决策者不认真研究国际行情,缺乏长远打算,只追求短期效益。

B. 几年来国内厂家一门心思提高丝绸产量,而忘记了质量。

C. 中国的丝绸技术传到了外国,使丝绸市场有了竞争对手。

D. 丝绸是人们非常喜欢的一种夏季面料,穿着凉爽、舒适。

E. 加剧的竞争和大大增加的产量使丝绸从充满异国情调的商品成为很平常的东西。

27. 目前的大学生普遍缺乏中国传统文化的学习和积累。根据国家教委有关部门及部分高等院校最近做的一次调查表明,大学生中喜欢和比较喜欢京剧艺术的只占到被调查人数的14%。

下列陈述中的哪一个最能削弱上述观点?

A. 大学生缺乏对京剧艺术欣赏方面的指导,不懂得怎样去欣赏。

B. 喜欢京剧艺术与学习中国传统文化不是一回事,不要以偏概全。

C. 14%的比例正说明培养大学生对传统文化的学习大有潜力可挖。

D. 有一些大学生既喜欢京剧,又对中国传统文化的其他方面有兴趣。

E. 调查的比例太小,恐怕不能反映当代大学生的真实情况。

28. 面试在求职过程中非常重要。经过面试,如果应聘者的个性不适合待聘工作的要求,则不可能被录用。

以上论断是建立在哪项假设基础上的?

A. 必须经过面试才能取得工作,这是工商界的规矩。

B. 只要与面试主持人关系好,就能被聘用。

C. 面试主持者能够准确地分辨出哪些个性是工作所需要的。

D. 面试的唯一目的就是测试应聘者的个性。

E. 若一个人的个性适合工作的要求,他就一定被录用。

29. "打猎不仅无害于动物,反而对其有一定的保护作用。"

以上观点最有可能基于以下哪个前提?

A. 许多人除非自卫,否则不会杀死野生动物。

B. 对经济困难的家庭来说,打猎也是一种经济来源。

C. 当其他食物缺乏时,野生动物会偷吃庄稼。

D. 当野生动物过多时,减少其数量有利于种群的生存和发展。

E. 被猎获的动物大部分是弱小动物。

30. 某国对吸烟情况进行了调查,结果表明,最近三年来,中学生吸烟人数在逐年下降。于是,调查组得出结论:吸烟的青少年人数在逐年减少。

下述哪项如果为真,则调查组的结论受到怀疑?

A. 由于经费紧张,下一年不再对中学生做此调查。

B. 国际上的香烟打进国内市场,香烟的价格在下降。

C. 许多吸烟的青少年不是中学生。

D. 近三年来,反对吸烟的中学生在增加。

E. 近三年来,帮助吸烟者的戒烟协会在增加。

31. 我国共有5万多千米的铁路,承担着53%的客运量和70%的货运量。铁路运力紧张的矛盾十分突出。改造既有铁路线路,提高列车的运行速度,就成了现实的选择。

如果下列哪项为真,则上述的论证就要大大削弱?

A. 国家已经计划并且正逐步兴建大量的新铁路。

B. 我国铁路线路及车辆的维修和更新刻不容缓。

C. 随着经济的发展,铁路货运量还将增加。

D. 随着航空事业和高速公路的发展,铁路客运量会下降。

E. 正在试行时速达140~160千米的快速列车,比一般列车快50%。

32. 所有爱斯基摩土著人都是穿黑衣服的;所有的北婆罗洲土著人都是穿白衣服的;没有既穿白衣服又穿黑衣服的人;H是穿白衣服的。

基于以上事实,下列哪个判断必为真?

A. H是北婆罗洲土著人。

B. H不是爱斯基摩土著人。

C. H不是北婆罗洲土著人。

D. H是爱斯基摩土著人。

E. H既不是爱斯基摩土著人,也不是北婆罗洲土著人。

33. 某班有一位同学做了好事没留下姓名,他是甲、乙、丙、丁四人中的一个。当老师问他们时,他们分别这样说:

甲:这件好事不是我做的。

乙:这件好事是丁做的。

丙:这件好事是乙做的。

丁:这件好事不是我做的。

这四人中只有一人说了真话,请你推出是谁做了好事?

A. 甲。　　　　B. 乙。　　　　C. 丙。　　　　D. 丁。　　　　E. 不能推出。

34. 一种虾常游弋于高温的深海间歇泉附近,在那里生长有它爱吃的细菌类生物。由于间歇泉发射一种暗淡的光线,因此,科学家们认为这种虾背部的感光器官是用来寻找间歇泉,从而找到食物的。

下列哪项对科学家的结论提出质疑?

A. 实验表明,这种虾的感光器官对间歇泉发出的光并不敏感。

B. 间歇泉的光线十分暗淡,人类肉眼难以觉察。

C. 间歇泉的高温足以杀死这附近的细菌。

D. 大多数其他品种的虾的眼睛都位于眼柄的末端。

E. 其他虾身上的感热器官同样能起到发现间歇泉的作用。

35. 最近,在一百万年前的河姆渡氏族公社遗址发现了烧焦的羚羊骨残片,这证明人类在很早的时候就掌握了取火煮食肉类的技术。

    上述推论中隐含着下列哪项假设?

    A. 从河姆渡公社以来的所有人种都掌握了取火的技术。

    B. 河姆渡人不生食羚羊肉。

    C. 只要发现烧焦的羚羊骨就能证明早期人类曾聚居于此。

    D. 河姆渡人以羚羊肉为主食。

    E. 羚羊骨是被人类取火烧焦的。

36. 某律师事务所共有12名工作人员。(1)有人会使用计算机;(2)有人不会使用计算机;(3)所长不会使用计算机。上述三个判断中只有一个是真的。

    以下哪项正确地表示了该律师事务所会使用计算机的人数?

    A. 12人都会使用。　　　B. 12人没人会使用。　　　C. 仅有一人不会使用。

    D. 仅有一人会使用。　　E. 不能确定。

37. 相传古时候某国的国民都分别居住在两座坚城中,一座"真城",一座"假城"。凡真城里的人个个说真话,假城里的人个个说假话。一位知晓这一情况的国外游客来到其中一座城市,他只向遇到的该国国民提了一个是非问题,就明白了自己所到的是真城还是假城。

    下列哪个问句是最恰当的?

    A. 你是真城的人吗?　　　B. 你是假城的人吗?　　　C. 你是说真话的人吗?

    D. 你是说假话的人吗?　　E. 你是这座城的人吗?

38. 在一次商业谈判中,甲方总经理说:"根据以往贵公司履行合同的情况,有的产品不具备合同规格的要求,我公司蒙受了损失,希望以后不再出现类似的情况。"乙方总经理说:"在履行合同中出现有不符合要求的产品,按合同规定可退回或要求赔偿,贵公司当时既不退回产品,又不要求赔偿,这究竟是怎么回事?"

    以下哪一项判断了乙方总经理问句的实质?

    A. 甲方企图要乙方赔偿上次合同的损失,这是难以答应的。

    B. 甲方说的有的产品不符合要求,却没有证据。

    C. 甲方可能是因为怕麻烦,没有追究乙方的违约行为。

    D. 乙方虽有不符合要求的产品,甲方照顾乙方面子,就没有提出。

    E. 甲方为了在这次谈判中讨价还价,故意指责乙方以往有违约行为。

39. 小杨、小方和小孙在一起,一位是经理,一位是教师,一位是医生。小孙比医生年龄大,小杨和教师不同岁,教师比小方年龄小。

    根据上述资料可以推理出的结论是:

    A. 小杨是经理,小方是教师,小孙是医生。

    B. 小杨是教师,小方是经理,小孙是医生。

    C. 小杨是教师,小方是医生,小孙是经理。

    D. 小杨是医生,小方是经理,小孙是教师。

    E. 小杨是医生,小方是教师,小孙是经理。

40. 先天的遗传因素和后天的环境影响对人的发展的作用到底哪个重要？双胞胎的研究对于回答这一问题有重要的作用。唯环境影响决定论者预言，如果把一对双胞胎儿完全分开抚养，同时把一对不相关的婴儿放在一起抚养，那么，待他们长大成人后，在性格等内在特征上，前二者之间决不会比后二者之间有更大的类似。实际的统计数据并不支持这种极端的观点，但也不支持另一种极端的观点，即唯遗传因素决定论。

从以上论述最能推出以下哪个结论？

A. 为了确定上述两个极端的观点哪一个正确，还需要进一步的研究工作。
B. 虽然不能说环境影响对于人的发展起唯一决定的作用，但实际上起最重要的作用。
C. 环境影响和遗传因素对人的发展都起着重要的作用。
D. 试图通过改变一个人的环境来改变一个人是徒劳无益的。
E. 双胞胎研究是不能令人满意的，因为它得出了自相矛盾的结论。

41. 当西方企业还在产品质量的竞争中拼搏，日本企业却已开始改变竞争方式，将重点转移到顾客服务方面。继质量之后，服务变成了企业下一个全力以赴的目标。

以下哪项不是上面文中之意？

A. 质量是企业生存的根本，是迎合顾客消费心理的唯一法宝。
B. 要通过实用、创新、适合市场需求的产品来增加顾客满意度。
C. 通过合理的雇用程序，录用最为顾客着想和最有责任心的员工。
D. 让产品超越顾客的期待，是使顾客建立忠诚度的最有效的办法。
E. 用科学的电脑系统联网，详细解答和记录顾客的问题和意见。

42. "人多力量大" "众人拾柴火焰高" 这些名言证明了人口的增加是有利于社会发展的。

上述推断的主要缺陷在于：

A. "人多力量大"肯定了人力资源的作用，是重视人才的表现。
B. 不同的人对社会的贡献是不一样的，应当指明主要应增加哪一类人口。
C. 名言并非真理，不能由名言简单地证明上述结论。
D. 人口越少，消耗掉的社会资源就越少。
E. 人口越多，带来的社会问题越多。

43. 王鸿的这段话不大会错，因为他是听他爸爸说的。而他爸爸是一个治学严谨、受人尊敬、造诣很深、世界著名的数学家。

如果以下哪项是真的，则最能反驳上述结论？

A. 王鸿谈的不是关于数学的问题。　　B. 王鸿平时曾说过错话。
C. 王鸿的爸爸并不认为他的每句话都是对的。　D. 王鸿的爸爸已经老了。
E. 王鸿很听他爸爸的话。

44. 商家为了推销商品，经常以"买一赠一"的广告招揽顾客。

以下哪项最能说明这种推销方式的实质？

A. 商家最喜欢这种推销方式。　　B. 顾客最喜欢这种推销方式。
C. 这是一种亏本的推销方式。　　D. 这是一种耐用商品的推销方式。
E. 这是一种以偷换概念的方法推销商品的手段。

45. 我最爱阅读外国文学作品,英国的、法国的、古典的,我都爱读。

    上述陈列在逻辑上犯了哪项错误?

    A. 划分外国文学作品的标准混乱,前者是按国别的,后者是按时代的。

    B. 外国文学作品,没有分是诗歌、小说还是戏剧。

    C. 没有说最喜好什么。

    D. 没有说是外文原版还是翻译本。

    E. 在"古典的"后面,没有紧接着指出"现代的"。

46. 改革开放以后的中国社会,白领阶层以其得体入时的穿着、斯文潇洒的举止,在城市中逐渐形成一种新的时尚。张金力穿着十分得体,举止也很斯文,一定是白领阶层中的一员。

    下列哪项陈述最准确地指出了上述判断在逻辑上的缺陷?

    A. 有些白领阶层的人穿着也很普通,举止并不潇洒。

    B. 有些穿着得体、举止斯文的人并非从事令人羡慕的白领工作。

    C. 穿着举止是人的爱好、习惯,也与工作性质有一定关系。

    D. 张金力的穿着举止受社会时尚的影响很大。

    E. 白领阶层的工作性质决定了他们应当穿着得体、举止斯文。

47. 甲校学生的英语考试成绩总比乙校学生的英语考试成绩好,因此,甲校的英语教学方法比乙校好。

    除了以下哪项外,其余各项若为真都会削弱上述结论?

    A. 甲校英语考试试题总比乙校的容易。

    B. 甲校学生的英语基础比乙校学生好。

    C. 乙校选用的英语教材比甲校选用的英语教材要难。

    D. 乙校的英语教师比甲校英语教师工作更勤奋。

    E. 乙校学生英语课的学时比甲校的少。

48. "如果张红是教师,那么她一定学过心理学。"

    上述判断是从下面哪个判断中推论出来的?

    A. 一个好教师应该学习心理学。   B. 只有学过心理学的才可以做教师。

    C. 有些教师真的不懂心理学。   D. 心理学知识有助于提高教学效果。

    E. 张红曾经说过她非常喜欢心理学。

49. 妈妈要带两个女儿去参加一个晚会,女儿在选择搭配衣服。家中有蓝色短袖衫、粉色长袖衫、绿色短裙和白色长裙各一件。妈妈不喜欢女儿穿长袖配短裙。

    以下哪种是妈妈不喜欢的方案?

    A. 姐姐穿粉色衫,妹妹穿短裙。   B. 姐姐穿蓝色衫,妹妹穿短裙。

    C. 姐姐穿长裙,妹妹穿短袖衫。   D. 妹妹穿长袖衫和白色裙。

    E. 姐姐穿蓝色衫和绿色裙。

50. 甲:什么是生命?   乙:生命是有机体的新陈代谢。

    甲:什么是有机体?   乙:有机体是有生命的个体。

    以下哪项与上述的对话最为类似?

A. 甲：什么是真理？　　　　　　　　乙：真理是符合实际的认识。
   甲：什么是认识？　　　　　　　　乙：认识是人脑对外界的反应。
B. 甲：什么是逻辑学？　　　　　　　乙：逻辑学是研究思维形式结构规律的科学。
   甲：什么是思维形式结构的规律？　乙：思维形式结构的规律是逻辑规律。
C. 甲：什么是家庭？　　　　　　　　乙：家庭是以婚姻、血缘或收养关系为基础的社会群体。
   甲：什么是社会群体？　　　　　　乙：社会群体是在一定社会关系基础上建立起来的社会单位。
D. 甲：什么是命题？　　　　　　　　乙：命题是用语句表达的判断。
   甲：什么是判断？　　　　　　　　乙：判断是对事物有所判定的思维形式。
E. 甲：什么是人？　　　　　　　　　乙：人是有思想的动物。
   甲：什么是动物？　　　　　　　　乙：动物是生物的一部分。

1997年管理类综合能力逻辑试题解析

答案速查表

1~5	DDCEC	6~10	DDCAC	11~15	EDEBE
16~20	BADBC	21~25	EDDAC	26~30	DBCDC
31~35	ABAAE	36~40	AEEDC	41~45	ACAEA
46~50	BDBBB				

1. 【答案】D 【难度】S4 【考点】论证推理 支持、加强 论据+结论型论证的支持
   题干信息:电子游戏给青少年带来危害,剥夺了青少年学习和与社会交流的时间。
   D选项:无法支持,无中生有,题干中并未提及"资金"问题。
   A、B选项:可以支持,说明电子游戏影响了青少年的学习时间。
   C、E选项:可以支持,说明电子游戏影响了青少年与社会交流的时间。
   故正确答案为D选项。

2. 【答案】D 【难度】S4 【考点】形式逻辑 假言命题 假言命题推理规则
   结构词:因此。论据:奋斗。结论:成功。
   要使推论成立,即由论据可以推出结论:奋斗→成功。
   D选项:"A是B的唯一必要条件",即"奋斗↔成功",可以保证题干推论成立。
   B选项:￢奋斗→￢成功,无法使推论成立。
   C选项:成功→奋斗,无法使推论成立。
   E选项:"A是B的前提"即"B→A",逻辑关系为,成功→奋斗,无法使推论成立。
   故正确答案为D选项。

3. 【答案】C 【难度】S4 【考点】形式逻辑 三段论 三段论反推题型
   结构词:因此。论据:(1)有些理发师→留胡子=有些留胡子→理发师[互换特性]。结论:(2)有些留胡子→白衣服。
   方法一:倒三角,补箭头。
   C选项:(3)理发师→白衣服。
   由(1)(3)传递可得:有些留胡子→理发师→白衣服,即可得出结论(2)。
   其他选项均无法结合(1)得出(2)。
   方法二:排除法。
   根据三段论特性:"有些"在论据和结论中各出现了1次,所以补充的条件中不能再有量词"有些",排除A、B、D选项。
   根据推理方向,要由"理发师"推出"白衣服",排除E选项。
   故正确答案为C选项。

4. 【答案】E 【难度】S4 【考点】论证推理 漏洞识别
   题干推理的逻辑错误在于:"时时刻刻缠绕着我"和"暂时抛开"是相互矛盾的,不可能同时出现,

所以,题干推理所犯的错误是自相矛盾。
故正确答案为E选项。

5.【答案】C 【难度】S4 【考点】论证推理 削弱、质疑、反驳 因果型论证的削弱
结构词:因为。论据(因):毒品贩子会通过医药途径获取海洛因,对社会造成严重危害。结论(果):应该禁止医院使用海洛因作为止痛药。
C选项:他因削弱,表明虽然毒品贩子可以获得海洛因,但数量微不足道,不会对社会造成严重危害,所以不必禁止。
A选项:无中生有,题干论证与"其他止痛药"无关,排除。
B、D、E选项:无关选项,"贩毒是否受到法律严惩""海洛因是否会致死""海洛因是否会使病人上瘾"与题干论证过程无关,排除。
故正确答案为C选项。

6.【答案】D 【难度】S4 【考点】形式逻辑 假言命题 假言命题矛盾关系
题干信息:(1)边吃边呼吸→第二味觉;(2)高效率新陈代谢→边吃边呼吸。
(2)(1)传递可得:(3)高效率新陈代谢→边吃边呼吸→第二味觉。
要削弱以上断言,即找(3)的矛盾关系。以下三种情况均为(3)的矛盾关系:①高效率新陈代谢∧¬边吃边呼吸;②边吃边呼吸∧¬第二味觉;③高效率新陈代谢∧¬第二味觉。
D选项为情况③,其他选项均未与题干信息形成矛盾关系。
故正确答案为D选项。

7.【答案】D 【难度】S4 【考点】综合推理 真话假话题

第一步:简化题干信息	(1)一:四个杯子都有水果糖; (2)二:苹果; (3)三:¬巧克力; (4)四:有的杯子没有水果糖
第二步:找矛盾关系或反对关系	(1)和(4)是矛盾关系,必一真一假
第三步:推知其余项真假	题干中只有一真,所以(2)和(3)均为假
第四步:根据其余项真假,得出真实情况	由(2)为假,可推知第二个杯子中没有苹果; 由(3)为假,可推知第三个杯子中有巧克力
第五步:代回矛盾或反对项,判断真假,选出答案	由于只能知道苹果和巧克力的真实情况,并未推出关于"水果糖"的信息,所以(1)和(4)的真假无法判断,但可推出正确答案为D选项

8.【答案】C 【难度】S4 【考点】形式逻辑 三段论 三段论结构相似
题干推理结构为:所有A都是B,C是B,所以C是A。
C选项:所有A(从事工商管理)都是B(学习企业管理),C(老陈)是B(学习企业管理),所以C(老陈)是A(从事工商管理),与题干推理结构完全一致,正确。

A 选项:题干推理结构中出现否定词,与题干推理结构不相似,排除。

B 选项:所有 A(鸟)都是 B(卵生动物),C(天鹅)是 A(鸟),所以 C(天鹅)是 B(卵生动物),不相似,排除。

D 选项:"只有 A 才 B"是假言命题连接词,题干中"凡是 A 都是 B"是直言命题连接词,与题干推理结构不相似,排除。

E 选项:"A 险于 B"是关系命题连接词,与题干推理结构不相似,排除。

故正确答案为 C 选项。

9.【答案】A 【难度】S5 【考点】论证推理 漏洞识别

题干论证方式:无法证明飞碟不存在,所以,飞碟存在。

这是"诉诸无知"的逻辑漏洞,无法证明 A 真,所以 A 假;无法证明 A 假,所以 A 真。

A 选项:无法证明上帝不存在,所以上帝存在,诉诸无知,与题干论证方式相同。

B 选项:有人看见过野人的踪影,所以有野人,该论证成立。

C 选项:爱因斯坦不是天生聪明的,所以科学家不是天生聪明的,**以偏概全**。

D 选项:亚里士多德认为神经是从心脏产生出来的,所以哲学家不相信人的神经在脑中汇合,诉诸权威。

E 选项:古今中外有那么多人讲鬼故事,所以鬼存在,推不出。

故正确答案为 A 选项。

10.【答案】C 【难度】S4 【考点】论证推理 支持、加强 因果型论证的支持

因:绿色植物性饲料。果:鸡蛋黄的黄色。

要验证这个结论,最直接的方法是:设计**对照实验**,使"绿色植物性饲料"成为唯一的变量,分别观察结果是否相同。

C 选项:选品种等级完全相同的蛋鸡,一半喂植物性饲料,一半喂非植物性的饲料,而后对照两种鸡蛋黄的颜色是否有所不同。如果颜色不同,则题干结论成立;如果颜色相同,则题干结论不成立。

A 选项:未说明实验过程,排除。

B 选项:未表明不同饲料成分对鸡蛋黄的黄色是否有影响,排除。

D 选项:采用"因变果变"的"共变法"进行实验,可能需要较长的等待时间,同时需要保存之前的鸡蛋以便留作比较,还要考虑在前后变化期间,其他因素是否可能会出现变化。因此,在有条件做左右**对照实验**的情况,一般不做前后**对照实验**,故此题中有 C 选项,就可以不选 D 选项,并不是因为 D 选项错误,而是实验的实现所受的干扰因素较多。

E 选项:无法体现植物性饲料对结果的影响,排除。

故正确答案为 C 选项。

11.【答案】E 【难度】S4 【考点】论证推理 削弱、质疑、反驳 论据+结论型论证的削弱

方法目的模型。做法:每半年做一次内部调动。

E 选项:表明"人才盘点"会使工作中出现不必要的失误,带来弊端,可以质疑。

A、B、C、D 选项:都表明了"人才盘点"的优点,支持了这种做法。

故正确答案为 E 选项。

12.【答案】D 【难度】S5 【考点】论证推理 削弱、质疑、反驳 论据+结论型论证的削弱
结构词:因此。论据:日本半导体增加比例高。结论:日本半导体的产量高。
相对数绝对数模型。题干论证犯了将相对数理解为绝对数的错误,即增加比例高不意味着总量就多,还取决于它们的基数。D选项指出了二者基数的差异,美国基数大,日本基数小,所以即使日本的增加比例大,其绝对数也不一定超过美国。
A选项:未提及美国半导体的绝对数,也未与日本进行比较,排除。
B选项:题干论证与半导体的价值无关,排除。
C选项:美国十年前与现在的比较与题干论证无关,排除。
E选项:表明美国基数比日本大,即便日本增长比例大,但仍旧没有基数数据,无法削弱,排除。
故正确答案为D选项。

13.【答案】E 【难度】S4 【考点】形式逻辑 直言命题 直言命题矛盾关系
题干信息:都。
驳斥该判断就是要找其矛盾关系,"都"的矛盾关系是"有的不"。
E选项:由该信息可以推出,有的哺乳动物不是胎生的,与题干信息是矛盾关系。
A选项:"非哺乳动物"与题干无关,排除。
B、D选项:"可能"表达的信息不确定,与题干不矛盾,排除。
C选项:表明所有哺乳动物都是胎生的,与题干信息一致,排除。
故正确答案为E选项。

14.【答案】B 【难度】S4 【考点】论证推理 支持、加强 因果型论证的支持
因:让顾客自选儿童小玩具。果:销售量下跌。
B选项:说明在没有营业员的演示的情况下,就不能引起顾客对玩具的兴趣,自然会导致购买量减少,对推理起到支持作用。
故正确答案为B选项。

15.【答案】E 【难度】S4 【考点】形式逻辑 关系命题 关系命题的大小比较
已知信息:(1)A>C;(2)A>D;(3)B>C;(4)B>D。
要求推出结论:(5)E>D。
可以看出,只要补充"E>A"或"E>B"即可。
故正确答案为E选项。

16.【答案】B 【难度】S4 【考点】形式逻辑 假言命题 假言命题推理规则
儿子话中的逻辑关系为:¬当翻译 → ¬学外语 = 学外语 → 当翻译。
儿子话中所包含的前提条件,即求上述逻辑关系成立所需的条件。为了使上述逻辑关系成立,其等价逆否命题是必须要成立的。
B选项:逻辑关系为"学外语 → 当翻译",是上述逻辑关系的等价逆否命题。
故正确答案为B选项。

17.【答案】A 【难度】S4 【考点】形式逻辑 概念 偷换概念的逻辑错误
此题中存在着概念偷换,将集合概念与非集合概念混用的问题。
第一句话中的"鲁迅的著作"是集合概念,因为"不是一天能读完的"这一性质属于鲁迅著作的

整体,并不必然属于鲁迅的每一部作品;第二句话中"鲁迅的著作"是非集合概念(个体概念),因为《狂人日记》是鲁迅的作品中的一部。题干论证将前后两个"鲁迅的著作"视为一个概念,进行了混用,出现了偷换概念的逻辑错误。

故正确答案为 A 选项。

18.【答案】D 【难度】S5 【考点】论证推理 削弱、质疑、反驳 论据+结论型论证的削弱

结构词:由此可得出结论。论据:上场球员的位置身份之和为20。结论:上场的球员人数为20。

由于是多轮比赛,因此可能会出现某个球员在不同比赛中处于不同的角色,导致角色重叠的情况,这样上过场的总人数将少于20人,D 选项可以削弱题干推理。

B 选项:无法削弱,因为不知道该球队的总人数有多少。如果有 21 人,那么完全有可能有 1 人各场比赛都没有上场,其余 20 人则上过场,这时并不能削弱结论。

故正确答案为 D 选项。

19.【答案】B 【难度】S4 【考点】形式逻辑 假言命题 假言命题推理规则

题干信息:调解人→公正。

B 选项:￢公正 → ￢调解人,是题干推理的等价逆否命题,与题干信息一致。

故正确答案为 B 选项。

20.【答案】C 【难度】S5 【考点】论证推理 假设、前提 论据+结论型论证的假设

论据:世界粮食产量目前略微高于需求。结论:饥荒源于分配,未来不会因粮食短缺而引发粮食饥荒。

要使题干推理成立,必须隐含的假设是"未来粮食产量仍然能够满足全球人口的最低粮食需求量",这样才能保证不会由于粮食短缺而引发粮食饥荒。

故正确答案为 C 选项。

21.【答案】E 【难度】S4 【考点】形式逻辑 直言命题 直言命题矛盾关系

题干的逻辑关系为:都。

"不是事实"就是要求题干的矛盾关系:有的不。

E 选项:至少有人反对=至少有人不赞同=有的不。

故正确答案为 E 选项。

22.【答案】D 【难度】S4 【考点】论证推理 结论 主旨题

题干中所举的三个例子,都是在表达一个国家的环境问题会对其他国家产生负面影响。因此,题干主要的意图是想说明:环境问题已经不是一个国家的单纯问题,而是区域性、国际性的问题,需要人类共同面对,D 选项的概括最为恰当。

故正确答案为 D 选项。

23.【答案】D 【难度】S4 【考点】论证推理 假设、前提 因果型论证的假设

因:在产品竞争激烈时,许多企业大做广告。果:大多数消费者在选购产品时,不轻信广告,更重视自己的判断。

该论证要想成立,就得保证消费者有能力鉴别商品的好坏,不被广告宣传所左右。但需要注意的是,D 选项中的"都"有假设过强的嫌疑,题干论证只需要保证"大多数"消费者不轻信广告即

可,但是其他选项均与题干论证无关。

故正确答案为 D 选项。

24.【答案】A 【难度】S4 【考点】论证推理 削弱、质疑、反驳 论据+结论型论证的削弱

论据:失业率降低了两个百分点。结论:本届政府的施政纲领是正确的。

A 选项:他因削弱,表明政府的施政纲领使通货膨胀上升,该纲领有问题。

B、C、D、E 选项:表明政府纲领带来了犯罪率减少、减轻政府开支、刺激人们学习积极性、就业更容易的好处,支持了题干的论证。

故正确答案为 A 选项。

25.【答案】C 【难度】S4 【考点】论证推理 支持、加强 论据+结论型论证的支持

题干观点:对外经济交往中不能一味好让不争,必要时也要用"反倾销"的武器来保护自己。

C 选项:表明"反倾销"有利有弊,无法加强题干观点。

A 选项:表明我国在经济交往中受损,要保护自己,加强了题干的观点。

B、D 选项:表明外国公司存在倾销行为,我国要用"反倾销"保护自己,可以加强。

E 选项:表明既然要"反倾销",则应建立相关法律、法规和形成群体意识,属于题干观点的进一步论述。

故正确答案为 C 选项。

26.【答案】D 【难度】S4 【考点】论证推理 解释 解释现象

需要解释的现象:丝绸形象降格,出口数量减少,遇到竞争对手。

D 选项:表明丝绸的优势,与题干现象无关,无法解释。

A 选项:表明丝绸行业决策者只追求短期效益,所以出口数量减少,可以解释。

B 选项:表明丝绸质量下降,所以形象降格,可以解释。

C 选项:表明丝绸技术传到外国,所以出现了竞争对手,可以解释。

E 选项:表明丝绸成为很平常的东西,所以形象降格,可以解释。

故正确答案为 D 选项。

27.【答案】B 【难度】S5 【考点】论证推理 削弱、质疑、反驳 论据+结论型论证的削弱

论据:大学生中喜欢京剧艺术的少。结论:大学生普遍缺乏中国传统文化的学习和积累。

题干论证用京剧艺术代表了中国传统文化,有以偏概全的嫌疑,B 选项指出了这一点。

E 选项:题干论据和结论都是以大学生作为主体,所以不存在调查比例太小而不具有代表性的问题。

故正确答案为 B 选项。

28.【答案】C 【难度】S4 【考点】论证推理 假设、前提 论据+结论型论证的假设

论据:面试能筛选出个性不适合的员工。结论:面试在求职过程中非常重要。

C 选项:方法可行,要通过面试筛选出个性不适合的员工,就需要保证面试主持者有能力区分面试者的个性是否符合工作需要。

D 选项:假设过强,只要面试可以测试应聘者的个性即可,不需要假设其是面试的唯一目的。

故正确答案为 C 选项。

29. 【答案】D 【难度】S4 【考点】论证推理 假设、前提 论据+结论型论证的假设
    题干信息:打猎对动物有一定的保护作用。
    D选项:表明野生动物过多反而会影响种群的生存和发展,所以打猎对动物有一定的保护作用。
    故正确答案为D选项。

30. 【答案】C 【难度】S5 【考点】论证推理 削弱、质疑、反驳 论据+结论型论证的削弱
    论据:中学生吸烟人数在逐年下降。结论:吸烟的青少年人数在逐年下降。
    题干论证是抽样调查,用"中学生"这个样本推出了"青少年"这个整体,削弱思路为指出**以偏概全**,中学生只是青少年中很小的一部分,表明样本不具有代表性。
    故正确答案为C选项。

31. 【答案】A 【难度】S5 【考点】论证推理 削弱、质疑、反驳 论据+结论型论证的削弱
    论据:铁路运力紧张。结论:应该改造既有铁路线路,提高列车运行速度。
    A选项:表明可以通过兴建新铁路来缓解运力紧张的问题,不需要改造既有铁路线路,可以削弱。
    B、C选项:支持了题干的论证,表明确实应该改造既有铁路线路。
    D选项:虽然铁路客运量会下降,但是客运量会下降多少?客运量占铁路总运输量的比例是多少?对铁路总体运力会有多大的影响呢?未知,削弱力度较弱。
    E选项:支持了题干的论证,表明确实应该提高列车的运行速度。
    故正确答案为A选项。

32. 【答案】B 【难度】S4 【考点】形式逻辑 假言命题 假言命题推理规则
    题干信息:(1)爱斯基摩→黑衣服;(2)北婆罗洲→白衣服;(3)¬白衣服∨¬黑衣服=白衣服→¬黑衣服;(4)H→白衣服。
    由(4)(3)(1)传递可得:H→白衣服→¬黑衣服→¬爱斯基摩。
    故正确答案为B选项。

33. 【答案】A 【难度】S4 【考点】综合推理 真话假话题

第一步:简化题干信息	(1)¬甲; (2)丁; (3)乙; (4)¬丁
第二步:找矛盾关系或反对关系	发现(2)和(4)是矛盾关系,必一真一假
第三步:推知其余项真假	又已知只有一人说真话,所以说真话者必在(2)和(4)之间,推知其余项(1)和(3)一定为假话
第四步:根据其余项真假,得出真实情况	由(1)是假话,可知真实情况为:甲。 由(3)是假话,可知真实情况为:¬乙
第五步:代回矛盾或反对项,判断真假,选出答案	根据"甲"为真,可判断(4)为真话,(2)为假话。 故正确答案为A选项

34.【答案】A 【难度】S4 【考点】论证推理 削弱、质疑、反驳 因果型论证的削弱
论据:间歇泉发射一种暗淡的光线,一种虾常游弋于间歇泉。结论:这种虾背部的感光器官(因)是用来寻找间歇泉,从而找到食物的(果)。
A 选项:否因削弱,表明这种虾不可能通过背部的感光器官来寻找间歇泉。
B、C、D、E 选项:题干与"人类""高温""其他虾"无关,排除。
故正确答案为 A 选项。

35.【答案】E 【难度】S4 【考点】论证推理 假设、前提 论据+结论型论证的假设
论据:在遗址发现了烧焦的羚羊骨残片。结论:人类在早期就掌握了取火煮食肉类的技术。
E 选项:建立联系,表明羚羊骨确实是被人类取火烧焦的,以此证明人类早期就掌握了取火煮食肉类的技术。
其他选项均与题干论证无关,排除。
故正确答案为 E 选项。

36.【答案】A 【难度】S4 【考点】综合推理 真话假话题

第一步:简化题干信息	(1)有的; (2)有的不; (3)¬ 所长
第二步:找矛盾关系成反对关系	发现(1)和(2)是下反对关系,至少一真
第三步:推知其余项真假	又已知只有一人说真话,故说真话者必在(1)和(2)之间,推知其余项(3)一定为假
第四步:根据其余项真假,得出真实情况	根据(3)为假,可知真实情况为:所长
第五步:代回矛盾或反对项,判断真假,选出答案	根据"所长",可判断(1)为真话,则此时(2)只能为假话,这时根据"有的不"为假,又可以进一步推出"所有都"一定为真,故真实情况是"所有人都会使用计算机"。 故正确答案为 A 选项

37.【答案】E 【难度】S5 【考点】形式逻辑 直言命题 直言命题矛盾关系
题干信息:"真城"的人只说真话,"假城"的人只说假话。

选项	问句	"真城"人的回答	"假城"人的回答	选项情况
A	你是真城的人吗?	是	是	排除
B	你是假城的人吗?	不是	不是	排除
C	你是说真话的人吗?	是	是	排除
D	你是说假话的人吗?	不是	不是	排除
E	你是这座城的人吗?	是	不是	正确

外国游客只问一个是非问题就明白了自己所到的是真城还是假城,说明真城和假城的人对于该

问题有不同的回答,若两城的人回答的一样就无法区分了。

故正确答案为 E 选项。

38.【答案】E 【难度】S5 【考点】论证推理 结论 细节题

按照合同规定,如出现不符合要求的产品,甲方应退回或要求赔偿,但甲方既不要求退回,又不要求赔偿,按照乙方的理解,就是产品根本没有问题。那么,明明没有问题,而故意说有问题,其意图就在于在谈判中为了增加"杀价"的筹码,故意指责对方有违约行为,E 选项与分析一致。

B 选项:看上去似乎也颇有道理,但是,总经理问句的实质在于,乙方没有违约行为,而对方"故意指责"其有违约行为。所以,B 选项没有涉及是不是"故意指责"这一实质问题,排除。

故正确答案为 E 选项。

39.【答案】D 【难度】S4 【考点】综合推理 匹配题型

已知条件:(1)孙>医生;(2)杨≠教师;(3)方>教师。

方法一:排除法。

小孙不是医生,排除 A、B 选项。小杨不是教师,排除 C 选项。小方不是教师,排除 E 选项。

方法二:分析法。

在所有条件中"教师"出现了两次,先从其入手,根据(2)可以判断出"教师"不是"小杨",根据(3)可以判断出"教师"不是"小方",故"教师"只能是"小孙"。确定出第一个匹配关系,接下来重新根据条件(1)和(3)再进行梳理得:方(__) > 孙(教师) > __(医生)。职业只缺"经理",人名只缺"小杨",故可判断出"方(经理) > 孙(教师) > 杨(医生)"。

故正确答案为 D 选项。

40.【答案】C 【难度】S4 【考点】论证推理 结论 主旨题

题干信息:实际的统计数据不支持唯环境影响决定论这种极端观点,也不支持另一种极端的观点,即唯遗传因素决定论。

由题干可知:先天的遗传因素和后天的环境影响都会对人的发展起到重要作用。

故正确答案为 C 选项。

41.【答案】A 【难度】S4 【考点】论证推理 结论 主旨题

题干信息:继质量之后,企业下一个重点目标是服务。

A 信息:仍然强调"质量"的重要性,与题干信息相违背。

其他选项通过增加顾客满意度、录用为顾客着想的员工、建立顾客忠诚度、详细解答和记录顾客的问题来表达"服务"的重要性,与题干信息一致。

故正确答案为 A 选项。

42.【答案】C 【难度】S4 【考点】论证推理 漏洞识别

题干推理意图用两个名言去证明人多的好处,其错误在于名言可能对,也可能错。这两句名言是在特定情况下表达出来的,因此,脱离当时具体语境来得出结论很可能与实际情况存在偏差。

故正确答案为 C 选项。

43.【答案】A 【难度】S4 【考点】论证推理 漏洞识别

题干推理犯了诉诸权威的逻辑错误,即使王鸿的爸爸是数学家,也无法证明他的每句话都是对的,权威只在其相关领域有一定的权威性,如果谈论的是其他领域的问题,那么引用他爸爸的话就很可能会出现错误。

故正确答案为 A 选项。

44.【答案】E 【难度】S4 【考点】形式逻辑 概念 偷换概念的逻辑错误

"买一赠一"这句话中存在着概念偷换的问题,因为这句话可以有两种理解:一是"买"一件某商品,"赠"一件价值低一些的商品;另一种是"买"一件某商品,"赠"一件同样的商品。商家在做促销时,"买一赠一"通常是指第一种情况,而打出此标语后,通常会让顾客误解为是第二种情况,以此达到吸引顾客关注的目的。

故正确答案为 E 选项。

45.【答案】A 【难度】S4 【考点】形式逻辑 概念 概念之间的关系

题干论证中"英国的""法国的"是按照国别进行分类,"古典的"是按照时代进行分类,划分标准不统一。

故正确答案为 A 选项。

46.【答案】B 【难度】S4 【考点】形式逻辑 假言命题 假言命题推理规则

论据:白领→穿着得体∧举止斯文。结论:穿着得体∧举止斯文→白领。

从论据无法推出结论,因为即使一个人穿着得体、举止斯文,根据推理规则也无法推出其是"白领",B 选项指出了题干推理中的漏洞。

故正确答案为 B 选项。

47.【答案】D 【难度】S4 【考点】论证推理 削弱、质疑、反驳 论据+结论型论证的削弱

论据:甲校比乙校英语成绩好。结论:甲校的教学方法比乙校好。

D 选项:无法削弱,乙校教师更勤奋,但是成绩却不好,甚至有加强论证的作用,正确。

A 选项:他因削弱,指出是甲校的试题容易导致了成绩好,排除。

B 选项:他因削弱,指出是甲校学生的基础好导致了成绩好,排除。

C 选项:他因削弱,指出是乙校的教材难导致了甲校的成绩好,排除。

E 选项:他因削弱,指出是乙校的学时少导致了甲校的成绩好,排除。

故正确答案为 D 选项。

48.【答案】B 【难度】S4 【考点】论证推理 假言命题 假言命题推理规则

题干信息:教师→心理学。

题干推理可以从哪个判断中推出,即问上述逻辑关系成立所需的条件是什么。

B 选项:教师 → 心理学,与上述逻辑关系完全一致。

故正确答案为 B 选项。

49.【答案】B 【难度】S4 【考点】综合推理 匹配题型

选项	姐姐	妹妹
A	粉色长袖衫+白色长裙	蓝色短袖衫+绿色短裙
B	蓝色短袖衫+白色长裙	粉色长袖衫+绿色短裙

选项	姐姐	妹妹
C	粉色长袖衫+白色长裙	蓝色短袖衫+绿色短裙
D	蓝色短袖衫+绿色短裙	粉色长袖衫+白色长裙
E	蓝色短袖衫+绿色短裙	粉色长袖衫+白色长裙

B 选项:妹妹的搭配是长袖配短裙,是妈妈不喜欢的方案。

故正确答案为 B 选项。

50.【答案】B　【难度】S4　【考点】论证推理　论证方式相似、漏洞相似

题干的对话犯了循环定义的逻辑错误,被定义项在定义的时候间接用在了自身上。

B 选项:用"思维形式结构规律"来定义"逻辑",又用"逻辑"来定义"思维形式结构规律",也是犯了循环定义的逻辑错误。

故正确答案为 B 选项。

【温馨提示】想知道哪些知识点还没掌握?请打开"海绵MBA"APP,进入页面右上角【扫一扫】图标,扫描下方二维码,填入答案,系统会自动记录错题数据,方便查漏补缺。

目　录

【避坑提示 1】识别考点，锁定思路 ………………………… 01

【避坑提示 2】以题干信息为准 ………………………………… 05

【避坑提示 3】优先从"绝对化信息"入手 …………………… 13

【避坑提示 4】假言命题推理规则 ……………………………… 15

【避坑提示 5】答案要合乎逻辑 ………………………………… 18

【避坑提示 6】看到数字别犯晕 ………………………………… 19

【避坑提示 7】出现图形，先观察特征 ………………………… 26

【避坑提示 8】压轴题必备思想：数量限制+归谬法 ………… 27

【避坑提示 9】论证推理第一步：明确态度和对象 …………… 28

【避坑提示 10】论证推理核心思想：相关性 ………………… 35

【避坑提示 11】识别干扰项，熟悉真题表达习惯 …………… 41

【避坑提示 12】比较力度，选择最优项 ……………………… 55

【避坑提示 13】了解真题思路即可，别纠结 ………………… 60

避坑提示 1　识别考点,锁定思路

1. (44% 正确率)① 人的行为,分为私人行为和社会行为,后者直接涉及他人和社会利益。有人提出这样的原则:对于官员来说,除了法规明文允许的以外,其余的社会行为都是禁止的;对于平民来说,除了法规明文禁止的以外,其余的社会行为都是允许的。

   如果实施上述原则能对官员和平民的社会行为产生不同的约束力,则以下各项断定均不违反这一原则,除了:

   A. 一个被允许或禁止的行为,不一定是法规明文允许或禁止的。

   B. 有些行为,允许平民实施,但禁止官员实施。

   C. 有些行为,允许官员实施,但禁止平民实施。

   D. 官员所实施的行为,如果法规明文允许,则允许平民实施。

   E. 官员所实施的行为,如果法规明文禁止,则禁止平民实施。

2. (52% 正确率) 足球是一项集体运动,若想不断取得胜利,每个强队都必须有一位核心队员,他总能在关键场次带领全队赢得比赛。友南是某国甲级联赛强队西海队队员。据某记者统计,在上赛季参加的所有比赛中,有友南参赛的场次,西海队胜率高达 75.5%,另有 16.3% 的平局,8.2% 的场次输球;而在友南缺阵的情况下,西海队胜率只有 58.9%,输球的比率高达 23.5%。该记者由此得出结论:友南是上赛季西海队的核心队员。

   以下哪项如果为真,最能质疑该记者的结论?

   A. 上赛季友南上场且西海队输球的比赛,都是西海队与传统强队对阵的关键场次。

---

① 本书正确率全部来源于海绵 MBA APP 中题库超 1 000 万次的做题数据。

B. 西海队队长表示:"没有友南我们将失去很多东西,但我们会找到解决办法。"

C. 本赛季开始以来,在友南上阵的情况下,西海队胜率暴跌20%。

D. 上赛季友南缺席且西海队输球的比赛,都是小组赛中西海队已经确定出线后的比赛。

E. 西海队教练表示:"球队是一个整体,不存在有友南的西海队和没有友南的西海队。"

3. (40% 正确率) 兰教授认为:不善于思考的人不可能成为一名优秀的管理者,没有一个谦逊的智者学习占星术,占星家均学习占星术,但是有些占星家却是优秀的管理者。

以下哪项如果为真,最能反驳兰教授的上述观点?

A. 有些占星家不是优秀的管理者。

B. 有些善于思考的人不是谦逊的智者。

C. 所有谦逊的智者都是善于思考的人。

D. 谦逊的智者都不是善于思考的人。

E. 善于思考的人都是谦逊的智者。

4. (49% 正确率) 互联网好比一个复杂多样的虚拟世界,每台联网主机上的信息又构成一个微观虚拟世界。若在某主机上可以访问本主机的信息,则称该主机相通于自身;若主机 x 能通过互联网访问主机 y 的信息,则称 x 相通于 y。已知代号分别为甲、乙、丙、丁的四台联网主机有如下信息:

(1)甲主机相通于任一不相通于丙的主机;

(2)丁主机不相通于丙;

(3)丙主机相通于任一相通于甲的主机。

若丙主机不相通于任何主机,则以下哪项一定为假?

A. 乙主机相通于自身。

B. 丁主机不相通于甲。

C. 若丁主机不相通于甲,则乙主机相通于甲。

D. 甲主机相通于乙。

E. 若丁主机相通于甲,则乙主机相通于甲。

▶▶ **答案与解析**

1.【答案】C 　　【考点】形式逻辑 概念 概念之间的关系

【易错项】A、B 【题源】20070150

🍃 **媛媛提醒** 此题做错的原因很可能是没有识别出考点,大家要搞清楚"明文允许"和"明文禁止"之间的关系。如果二者是矛盾关系,那么官员和平民可以做的都是明文允许的,官员和平民不能做的都是明文禁止的,无法"产生不同的约束力"。所以要产生不同的约束力,二者应该是反对关系,情况如下表。

	允许	未涉及	禁止
官员	√(1)	×(2)	×(3)
平民	√(4)	√(5)	×(6)

C选项:允许官员实施的行为(1),也允许平民实施,而不是禁止平民实施,违反了原则。

A选项:行为(5)和(2)被允许或禁止,但并不是法规明文允许或禁止的,不违反原则。

B选项:行为(5)允许平民实施,但是禁止官员实施,不违反原则。

D选项:允许官员实施的行为(1),也允许平民实施,不违反原则。

E 选项:法律明文禁止的行为(3),也禁止平民实施,不违反原则。

故正确答案为 C 选项。

2. 【答案】A 　　【考点】形式逻辑 概念 与定义相关的题型

【易错项】C 　　【题源】20130144

💡 媛媛提醒 题干对"核心队员"有明确的定义,要围绕该定义解题。

核心队员:关键场次带领全队赢得比赛。

要质疑该记者的结论,即表明友南不是核心队员,只要能够说明其不符合核心队员的定义即可。如果友南在关键场次上场,但是该队没有赢得比赛,就表明友南不是核心队员,A 选项正确。

C 选项:干扰性较强,但是由于其并不符合题干对"核心队员"的定义,并且 C 选项说的是"本赛季",而记者的结论是"上赛季",所以无法质疑。

故正确答案为 A 选项。

3. 【答案】E 　　【考点】形式逻辑 三段论 三段论正推题型

【易错项】A 　　【题源】20140148

💡 媛媛提醒 此题思路非常重要,通过问题可知,其考查矛盾关系。观察选项发现,B、C、D、E 选项均表述"谦逊的智者"与"善于思考的人"之间的关系,所以可以首先关注题干中二者之间的推理链条。

题干信息:(1)¬思考→¬优秀管理者;(2)谦逊→¬占星术;(3)占星家→占星术;(4)有些占星家→优秀管理者。

(4)结合(1)可得:(5)有些占星家→优秀的管理者→思考＝有些思考→占星家(互换特性)。

由(3)(2)传递可得:(6)占星家→占星术→¬谦逊。

由(5)(6)传递可得:有些思考→占星家→占星术→¬谦逊,即有些善于思考的人不是谦逊的智者,与 E 选项"善于思考的人都是谦逊的智者"矛盾。

A 选项:与(4)不矛盾,"有的"和"有的不"至少一真,是反对关系,排除。

故正确答案为 E 选项。

4. 【答案】C 　　【考点】形式逻辑 关系命题 关系命题的非对称性
   【易错项】E 　　【题源】20130132

🍀媛媛提醒 非对称关系命题的语句要先翻译为"如果……那么……"的形式,再根据假言命题推理规则解题。

题干信息:(1)A 不相通于丙→甲相通于 A;(2)丁不相通于丙;(3)B 相通于甲→丙相通于 B=丙不相通于 B→B 不相通于甲。

补充信息:(4)丙不相通于甲、乙、丙、丁。

由(3)逆否结合(4)可得:①甲不相通于甲;②乙不相通于甲;③丙不相通于甲;④丁不相通于甲。

C 选项:由④和②可得,丁不相通于甲∧乙不相通于甲,与 C 选项矛盾,一定为假,正确。

E 选项:丁相通于甲→乙相通于甲=丁不相通于甲∨乙相通于甲,由(4)可知,E 选项与题干信息不矛盾,一定为真,排除。

A、D 选项:由题干条件无法得知,排除。

B 选项:由④可知,一定为真,排除。

故正确答案为 C 选项。

避坑提示2 以题干信息为准

5. (29% 正确率)思考是人的大脑才具有的机能。计算机所做的事(如深蓝与国际象棋大师对弈)更接近于思考,而不同于动物(指人以外的动物,下同)的任何一种行为。但计算机不具有意志力,而有些动物具有意志力。

如果上述断定为真,则以下哪项一定为真?

Ⅰ.具有意志力不一定要经过思考。

Ⅱ.动物的行为中不包括思考。

Ⅲ.思考不一定要具有意志力。

A. 只有Ⅰ。　　　　　B. 只有Ⅱ。　　　　　C. 只有Ⅲ。

D. 只有Ⅰ和Ⅱ。　　　E. Ⅰ、Ⅱ和Ⅲ。

6. (38% 正确率)在接受治疗的腰肌劳损患者中,有人只接受理疗,也有人接受理疗与药物双重治疗。前者可以得到与后者相同的预期治疗效果。对于上述接受药物治疗的腰肌劳损患者来说,此种药物对于获得预期的治疗效果是不可缺少的。

如果上述断定为真,则以下哪项一定为真?

Ⅰ.对于一部分腰肌劳损患者来说,要配合理疗取得治疗效果,药物治疗是不可缺少的。

Ⅱ.对于一部分腰肌劳损患者来说,要取得治疗效果,药物治疗不是不可缺少的。

Ⅲ.对于所有腰肌劳损患者来说,要取得治疗效果,理疗是不可缺少的。

A. 只有Ⅰ。　　　　　B. 只有Ⅱ。　　　　　C. 只有Ⅲ。

D. 只有Ⅰ和Ⅱ。　　　E. Ⅰ、Ⅱ和Ⅲ。

7. (34% 正确率)张教授:如果没有爱迪生,人类还将生活在黑暗中。理解这样的评价,不需要任何想象力。爱迪生的发明,改变了人类的生存方式。但是,他只在学校中受过几个月的正式教育。因此,接受正式教育对于在技术发展中做出杰出贡献并不是必要的。

李研究员:你的看法完全错了。自爱迪生时代以来,技术的发展日新月异。在当代,如果你想对技术发展做出杰出贡献,即使接受当时的正式教育,全面具备爱迪生时代的知识也是远远不够的。

以下哪项最恰当地指出了李研究员的反驳中存在的漏洞?

A. 没有确切界定何为"技术发展"。

B. 没有确切界定何为"接受正式教育"。

C. 夸大了当代技术发展的成果。

D. 忽略了一个核心概念:人类的生存方式。

E. 低估了爱迪生的发明对当代技术发展的意义。

8. (40% 正确率) 所有值得拥有专利的产品或设计方案都是创新,但并不是每一项创新都值得拥有专利;所有的模仿都不是创新,但并非每一个模仿者都应该受到惩罚。

根据以上陈述,以下哪项是不可能的?

A. 有些创新者可能受到惩罚。

B. 没有模仿值得拥有专利。

C. 有些值得拥有专利的创新产品并没有申请专利。

D. 有些值得拥有专利的产品是模仿。

E. 所有的模仿者都受到了惩罚。

9. (55% 正确率) 为防御电脑受到病毒侵袭,研究人员开发了防御病毒、查杀病毒的程序,前者启动后能使程序运行免受病毒侵袭,后者启动后能迅速查杀电脑中可能存在的病毒。某台电脑上现装有甲、乙、丙三种程序,已知:

(1)甲程序能查杀目前已知的所有病毒;

(2)若乙程序不能防御已知的一号病毒,则丙程序也不能查杀该病毒;

(3) 只有丙程序能防御已知的一号病毒，电脑才能查杀目前已知的所有病毒；

(4) 只有启动甲程序，才能启动丙程序。

根据上述信息，可以得出以下哪项？

A. 只有启动丙程序，才能防御并查杀一号病毒。

B. 如果启动了甲程序，那么不必启动乙程序也能查杀所有病毒。

C. 如果启动了乙程序，那么不必启动丙程序也能查杀一号病毒。

D. 只有启动乙程序，才能防御并查杀一号病毒。

E. 如果启动了丙程序，就能防御并查杀一号病毒。

10. (48% 正确率) 甲、乙、丙、丁、戊 5 人是某校美学专业 2019 级研究生，第一学期结束后，他们在张、陆、陈 3 位教授中选择导师，每人只选择 1 人作为导师，每位导师都有 1 至 2 人选择，并且得知：

(1) 选择陆老师的研究生比选张老师的多；

(2) 若丙、丁中至少有 1 人选择张老师，则乙选择陈老师；

(3) 若甲、丙、丁中至少有 1 人选择陆老师，则只有戊选择陈老师。

根据以上信息，可以得出以下哪项？

A. 甲选择陆老师。　　　　　B. 乙选择张老师。

C. 丁、戊选择陆老师。　　　D. 乙、丙选择陈老师。

E. 丙、丁选择陈老师。

11. (53% 正确率) 20 世纪 60 年代初以来，新加坡的人均预期寿命不断上升，到 21 世纪已超过日本，成为世界之最。与此同时，和一切发达国家一样，由于饮食中的高脂肪含量，新加坡人的心血管疾病的发病率也逐年上升。

从上述判定最可能推出以下哪项结论？

A. 新加坡人的心血管疾病的发病率虽逐年上升,但这种疾病不是造成目前新加坡人死亡的主要杀手。

B. 目前新加坡对于心血管疾病的治疗水平是全世界最高的。

C. 20世纪60年代造成新加坡人死亡的那些主要疾病,到21世纪,如果在该国的发病率没有实质性的降低,那么对这些疾病的医治水平一定有实质性的提高。

D. 目前新加坡人心血管疾病的发病率低于日本。

E. 新加坡人比日本人更喜欢吃脂肪含量高的食物。

▶ 答案与解析

5.【答案】D 【考点】形式逻辑 三段论 三段论正推题型

【易错项】E 【题源】20060152

题干信息:(1)思考→人;(2)计算机→¬思考;(3)计算机→¬意志力;(4)有些动物→意志力。

复选项Ⅰ:要证明"具有意志力不一定要经过思考",需举出"具有意志力但是不能进行思考"的例子,由"动物"结合(1)可得,动物→¬人→¬思考;再结合(4)可得,有些动物具有意志力但是不能思考,说明"具有意志力不一定要经过思考"为真,正确。

复选项Ⅱ:由"动物"结合(1)可得,动物→¬人→¬思考,说明动物的行为中不包括思考,正确。

复选项Ⅲ:要证明"思考不一定要具有意志力",需举出"能够思考但是不具有意志力"的例子,但题干中没有相关信息,无法确定其一定为真,排除。

故正确答案为D选项。

6.【答案】D 【考点】论证推理 结论 细节题

【易错项】E　　【题源】20090146

题干信息:(1)有人只接受理疗,有人接受理疗与药物双重治疗;(2)两类人的预期治疗效果相同;(3)对于接受药物治疗的腰肌劳损患者来说,药物是不可缺少的。

复选项Ⅰ:由(3)可知,对既接受理疗又接受药物治疗的患者来说,药物治疗不可缺少,正确。

复选项Ⅱ:由(1)和(2)可知,有人只需要接受理疗,预期治疗效果相同,说明药物治疗对于这部分患者并不是不可缺少的,正确。

复选项Ⅲ:(1)介绍了两类腰肌劳损患者的情况,但未知其是否包含了全部的患者,所以无法推知理疗是否不可缺少,排除。

故正确答案为D选项。

7.【答案】A　　【考点】论证推理 漏洞识别

【易错项】B　　【题源】20040155

张教授:爱迪生只在学校中受过几个月的正式教育(爱迪生时代的正式教育),但是他的发明改变了人类的生存方式(爱迪生时代的技术发展)。因此,接受正式教育对于在技术发展中做出杰出贡献并不是必要的。

李研究员:在当代,即使接受了当时的正式教育(爱迪生时代的正式教育),也无法对技术发展(当代的技术发展)做出杰出贡献。

通过两人的对话内容可知,二人对"接受正式教育"的界定相同,都是"爱迪生时代的正式教育";但是对"技术发展"的界定不同,张教授说的是"爱迪生时代的技术发展",李研究员说的是"当代的技术发展"。故正确答案为A选项。

8.【答案】D　　【考点】形式逻辑 直言命题 直言命题矛盾关系

【易错项】E　　【题源】20180152

题干信息:(1)值得拥有专利→创新;(2)有的创新→¬ 值得拥有专利;(3)模仿→¬ 创新;(4)有的模仿→¬ 惩罚。

由(1)和(3)可得:(5)值得拥有专利→创新→¬ 模仿。

D 选项:有些值得拥有专利→模仿,"有的"与(5)矛盾,不可能为真,正确。

E 选项:该项说的是"受到了",而题干说的是"应该",二者不能等同,排除。

故正确答案为 D 选项。

9.【答案】E　　【考点】形式逻辑 假言命题 假言命题推理规则

【易错项】B　　【题源】20150143

题干信息:(1)甲→查杀目前已知所有;(2)¬ 乙防御一号→¬ 丙查杀一号;(3)查杀已知所有→丙防御一号;(4)启动丙程序→启动甲程序。

E 选项:"启动丙程序"结合(4)(1)(3)可得,启动丙程序→启动甲程序→查杀目前已知所有→丙防御一号→防御并查杀一号,正确。

B 选项:启动甲→查杀所有,与(1)不一致,排除。

其他选项均无法由题干信息推出,排除。

故正确答案为 E 选项。

🌟媛媛提醒 (1)中为查杀目前"已知"的所有病毒,与 B 选项不一致。

10.【答案】E　　【考点】综合推理 分组题型

【易错项】A　　【题源】20210137

5 个人分配给 3 个教授,分配情况是:2、2、1。

由(1)可得:选择张老师的人数是 1,那么选择陈老师和陆老师的人数都是 2,所以不可能只有戊选择陈老师。由(3)逆否可知:甲、丙和

11

丁都没有选择陆老师,所以乙和戊选择陆老师。"由乙选择陆老师"结合(2)逆否可得,丙和丁都没有选择张老师,则甲选择张老师,丙和丁选择陈老师,E选项正确。

A选项:有的同学可能没有看到题干中"每位导师都有1至2人选择"的条件,误以为数量分配情况是:3、1、1,于是得出了甲、丙、丁3人选择陆老师,乙选择张老师,戊选择陈老师这种情况。一定要看清楚题干的数量信息。

故正确答案为E选项。

11. 【答案】C 　　【考点】论证推理 结论 主旨题

【易错项】A、B 【题源】20030139

题干信息:新加坡人的心血管疾病的发病率逐年上升,但是人均预期寿命也不断上升,已经成为世界之最。

C选项:在心血管发病率逐年上升的情况下,新加坡的人均预期寿命却在不断上升,所以很可能是之前导致新加坡人死亡的疾病的发病率降低了或者医治水平提高了。因此,可以得出如果发病率没有实质性降低,那么医治水平一定有所提高的结论,正确。

A、B选项:"心血管疾病是否是导致死亡的主要杀手""对心血管疾病的治疗水平是否最高的"无法从题干中得知,排除。

D、E选项:在对新加坡与日本的情况进行比较方面,从题干中只能得出新加坡的人均预期寿命比日本高,其他情况无从得知,排除。

故正确答案为C选项。

媛媛提醒 结论题型一定要严格根据题干已知信息进行推理,不要"加戏"。

避坑提示 3 优先从"绝对化信息"入手

12. (55% 正确率)根据某位国际问题专家的调查统计可知:有的国家希望与某些国家结盟,有三个以上的国家不希望与某些国家结盟;至少有两个国家希望与每个国家建交,有的国家不希望与任一国家结盟。

根据上述统计可以得出以下哪项?

A. 有些国家之间希望建交但是不希望结盟。

B. 至少有一个国家,既有国家希望与之结盟,也有国家不希望与之结盟。

C. 每个国家都有一些国家希望与之结盟。

D. 至少有一个国家,既有国家希望与之建交,也有国家不希望与之建交。

E. 每个国家都有一些国家希望与之建交。

13. (41% 正确率)我想说的都是真话,但真话我未必都说。

如果上述断定为真,则以下各项都可能为真,除了:

A. 我有时也说假话。

B. 我不是想啥说啥。

C. 有时说某些善意的假话并不违背我的意愿。

D. 我说的都是我想说的话。

E. 我说的都是真话。

▶▶ **答案与解析**

12.【答案】E 【考点】形式逻辑 关系命题 关系命题的非对称性

【易错项】B 【题源】20130150

这道题的入手点非常重要。(1)"有的国家希望与某些国家结盟",

13

前后的信息都是"有的",无法推出有效信息。(2)"有三个以上的国家不希望与某些国家结盟","三个以上""有些"都无法推出有效信息。(3)"至少有两个国家希望与每个国家建交","每个"是绝对化信息,由此可以推出 E 选项。(4)"有的国家不希望与任一国家结盟","任一"属于绝对化信息,但是没有对应选项。

B 选项:此项容易被误选,我们可以举反例排除。假设有 A、B、C、D 四个国家,A 不希望与 B、C 和 D 结盟,B 希望与 A 结盟,此时满足(1)和(4)且并没有一个国家既有国家希望与之结盟,也有国家不希望与之结盟,B 选项无法由题干信息推出,排除。

故正确答案为 E 选项。

13. 【答案】C 　　【考点】形式逻辑 直言命题 直言命题真假不确定
【易错项】D、E 【题源】20060127

题干信息:(1)想说的都是真话;(2)真话未必都说 = 可能有的真话不说(未必都 = 不必然都 = 可能不都 = 可能有的不)。

"以下各项都可能为真,除了"即选择与题干推理矛盾的选项。

C 选项:有的假话不违背意愿 = 有的假话是想说的 = 有的想说的是假话("有的"的互换特性)= 有的想说的不是真话,与(1)矛盾,不可能为真,正确。

D、E 选项:题干信息中并未提及说了什么,所以 D 选项和 E 选项真假未知,排除。

A 选项:有时也说假话,题干中并无相关信息,无法判断真假,排除。

B 选项:不是想啥说啥 = 有的想说的没说,结合(1)可以推出,有的真话没说;由(2)可知,可能有的真话不说,但是因为模态词是"可能",所以真实情况是否是"有的真话不说"未知,无法判断真假,排除。

故正确答案为 C 选项。

避坑提示 4 假言命题推理规则

14. (51% 正确率)环宇公司规定,其所属的各营业分公司,如果年营业额超过 800 万的,其职员可获得优秀奖;只有年营业额超过 600 万元的,其职员才能获得激励奖。年终统计显示,该公司所属的 12 个分公司中,6 个年营业额超过了 1 000 万元,其余的则不足 600 万元。

如果上述断定为真,则以下哪项关于该公司今年获奖的断定一定为真?

Ⅰ.获得激励奖的职员,一定获得优秀奖。

Ⅱ.获得优秀奖的职员,一定获得激励奖。

Ⅲ.半数职员获得了优秀奖。

A. 仅Ⅰ。 B. 仅Ⅱ。 C. 仅Ⅲ。

D. 仅Ⅰ和Ⅱ。 E. Ⅰ、Ⅱ和Ⅲ。

15. (53% 正确率)除非年龄在 50 岁以下,并且能持续游泳 3 000 米以上,否则不能参加下个月举行的横渡长江活动。同时,高血压和心脏病患者不能参加。老黄能持续游泳 3 000 米以上,但没被批准参加这项活动。

以上断定能推出以下哪项结论?

Ⅰ.老黄的年龄至少 50 岁。

Ⅱ.老黄患有高血压。

Ⅲ.老黄患有心脏病。

A. 只有Ⅰ。 B. 只有Ⅱ。 C. 只有Ⅲ。

D. Ⅰ、Ⅱ和Ⅲ至少有一。 E. Ⅰ、Ⅱ、Ⅲ都不能从题干推出。

16. (38% 正确率)许多国家首脑在出任前并未有丰富的外交经验,但这并没有妨碍他们做出成功的外交决策。外交学院的教授告诉我们,丰富的外交经验对于成功的外交决策是不可缺少的。但事实上,一个人只要有高度的政治敏感、准确的信息分析能力和果断的个人勇气,就能很快地学会如何做出成功的外交决策。对于一个缺少以上三种素养的外交决策者来说,丰富的外交经验没有什么价值。

如果上述断定为真,则以下哪项一定为真?

A. 外交学院的教授比出任前的国家首脑具有更多的外交经验。

B. 具有高度的政治敏感、准确的信息分析能力和果断的个人勇气,是一个国家首脑做出成功的外交决策的必要条件。

C. 丰富的外交经验,对于国家首脑做出成功的外交决策来说,既不是充分条件也不是必要条件。

D. 丰富的外交经验,对于国家首脑做出成功的外交决策来说,是必要条件,但不是充分条件。

E. 在其他条件相同的情况下,外交经验越丰富,越有利于做出成功的外交决策。

▶▶ **答案与解析**

14.【答案】A 【考点】形式逻辑 假言命题 假言命题推理规则
【易错项】B、C 【题源】20040143

题干信息:(1)>800万→优秀奖;(2)激励奖→>600万;(3)6个分公司→>1 000万,6个分公司→<600万。

复选项Ⅰ:由(2)可得,激励奖→>600万;再由(3)可知,该公司的分公司的营业额要么>1 000万,要么<600万,所以由>600万可知,一定>1 000万;再结合(1)可知,>1 000万→>800万→优秀奖,所以复选项Ⅰ一定为真。

复选项Ⅱ:由(1)和逻辑推理规则可知,由"优秀奖"无法推知任何有效信息,排除。

复选项Ⅲ:分公司数量≠职员人数,题干信息为半数分公司,但每个分公司的职员人数未必相等,所以复选项Ⅲ不一定为真,排除。

故正确答案为 A 选项。

15. 【答案】E 【考点】形式逻辑 假言命题 假言命题推理规则
 【易错项】D 【题源】20090128
 题干信息:(1)¬(≤50岁∧≥3 000米)→¬参加;(2)高血压∨心脏病→¬参加;(3)老黄>3 000米∧¬参加。
 综合(1)和(2)可得:(4)>50岁∨<3 000米∨高血压∨心脏病→¬参加。
 注意,根据逆否规则,无论由"≥3 000米"还是"¬参加"都无法推出任何确定的结论。
 故正确答案为 E 选项。

16. 【答案】C 【考点】形式逻辑 假言命题 假言命题推理规则
 【易错项】D 【题源】20040142

🏆媛媛提醒 此题需要判断"充分条件"和"必要条件"。如果A是B的充分条件,需要满足A→B。如果A是B的必要条件,需要满足B→A 或 ¬A→¬B。

题干信息:政治敏感∧信息分析能力∧个人勇气→外交决策。
如果"外交经验"是"外交决策"的充分条件,那么需要满足"外交经验→外交决策",但是题干信息为"对于一个缺少以上三种素养的外交决策者来说,丰富的外交经验没有什么价值",也就是说即使有外交经验,也不一定能够做出成功的外交决策,由此可以说明"外交经验"并不是"外交决策"的充分条件。

如果"外交经验"是"外交决策"的必要条件,那么需要满足"外交决策→外交经验 = ¬外交经验→¬外交决策",但是题干的信息为"一个人只要有高度的政治敏感、准确的信息分析能力和果断的个人勇气,就能很快地学会如何做出成功的外交决策",由此可以说明"¬外交经验"推不出"¬外交决策",所以"外交经验"并不是"外交决策"的必要条件。

C选项:与上述分析一致,既不是充分条件,也不是必要条件,正确;同理,D选项错误。

A、E选项:从题干信息中无法得知,排除。

B选项:由题干信息可知,应为充分条件,而不是必要条件,排除。

故正确答案为C选项。

避坑提示5 答案要合乎逻辑

17. (45% 正确率)张霞、李丽、陈露、邓强和王硕一起坐火车去旅游,他们正好在同一车厢相对两排的五个座位上,每人各坐一个位置。第一排的座位按顺序分别记作1号和2号,第2排的座位按顺序记为3、4、5号。座位1和座位3直接相对,座位2和座位4直接相对,座位5不和上述任何座位直接相对。李丽坐在4号位置;陈露所坐的位置不与李丽相邻,也不与邓强相邻(相邻是指同一排上紧挨着);张霞不坐在与陈露直接相对的位置上。

根据以上信息,张霞所坐位置有多少种可能的选择?

A.1种。　　B.2种。　　C.3种。　　D.4种。　　E.5种。

▶▶ 答案与解析

17.【答案】D 【考点】综合推理 匹配题型
【易错项】E 【题源】20130138
座位图：1　2
　　　　　3　4　5

李丽坐在4号，陈露就可能坐在1号、2号。如果陈露坐在1号，那么张霞可能坐在2号、5号；如果陈露坐在2号，那么张霞可能坐在1号、3号、5号。

综上，张霞所坐位置有1号、2号、3号、5号4种选择。

故正确答案为D选项。

🍓媛媛提醒 有的同学用2号、5号的2种+1号、3号、5号的3种得出了5种的结论。注意，两个5号是同一个座位，况且李丽已经明确坐在4号位置，张霞最多也只有4种选择，不可能有5种。

避坑提示6 看到数字别犯晕

18.(48% 正确率)据统计，去年在某校参加高考的385名文、理科考生中，女生189人，文科男生41人，非应届男生28人，应届理科考生256人。

由此可见，去年在该校参加高考的考生中：

A.非应届文科男生多于20人。　　B.应届理科女生少于130人。
C.应届理科男生多于129人。　　D.应届理科女生多于130人。
E.非应届文科男生少于20人。

19.(44% 正确率)去年春江市的汽车月销售量一直保持稳定。在这一年中，"宏达"车的月销售量较前年翻了一番，它在春江市的汽车市场上所占的销售份额也有相应的增长。今年一开始，尾气排放新标准开始在春江市实施。在该标准实施的头三个月中，虽然"宏达"车在春江市的月销售量仍然保持在去年底达到的水平，但在春江市的汽车市场上所占的销售份额明显下降。

如果上述断定为真，以下哪项不可能为真？

A. 在实施尾气排放新标准的头三个月中，除了"宏达"车以外，所有品牌的汽车各自在春江市的月销售量都明显下降。

B. 在实施尾气排放新标准之前三个月中，除了"宏达"车以外，所有品牌的汽车销售量在春江市汽车市场所占的份额明显下降。

C. 如果汽车尾气排放新标准不实施，"宏达"车在春江市汽车市场上所占的销售份额比题干所断定的情况更低。

D. 如果汽车尾气排放新标准继续实施，春江市的月销售总量将会出现下降。

E. 由于实施了汽车尾气排放新标准，在春江市销售的每辆"宏达"汽车的平均利润有所上升。

20. (52% 正确率) 某出版社近年来出版物的错字率较前几年有明显的增加，引起了读者的不满和有关部门的批评，这主要是由于该出版社大量引进非专业编辑所致。当然，近年来该出版物的大量增加也是一个重要原因。

上述议论中的漏洞，也类似地出现在以下哪项中？

Ⅰ. 美国航空公司近两年来的投诉比率比前几年有明显的下降。这主要是由于该航空公司在裁员整顿的基础上有效地提高了服务质量。当然，"9·11"事件后航班乘客数量的锐减也是一个重要原因。

Ⅱ. 统计数字表明：近年来我国心血管病的死亡率，即由心血管病导致的死亡在整个死亡人数中的比例,较之前有明显增加。这主要是由于随着经济的发展,我国民众的饮食结构和生活方式发生了容易诱发心血管病的不良变化。当然,由于心血管病主要是老年病,因此,我国人口的老龄化,即人口中老年人比例的增大也是一个重要原因。

Ⅲ. S 市今年的高考录取率比去年增加了 15%,这主要是由于各中学狠抓了教育质量。当然,另一个重要原因是,该市今年参加高考的人数比去年增加了 20%。

A. 只有Ⅰ。　　　B. 只有Ⅱ。　　　C. 只有Ⅲ。
D. 只有Ⅰ和Ⅲ。　　E. Ⅰ、Ⅱ和Ⅲ。

21. (53% 正确率)以下是一份统计材料中的两个统计数据。

第一个数据:到 1999 年底为止,"希望之星工程"所收到的捐款总额的 82%,来自国内 200 家年盈利一亿元以上的大中型企业。第二个数据:到 1999 年底为止,"希望之星工程"所收到的捐款总额的 25%来自民营企业,这些民营企业中,4/5 从事服装或餐饮业。

如果上述统计数据是准确的,则以下哪项一定是真的?

A. 上述统计中,"希望之星工程"所收到捐款总额不包括来自民间的私人捐款。

B. 上述 200 家年盈利一亿元以上的大中型企业中,不少于一家从事服装或餐饮业。

C. 在捐助"希望之星工程"的企业中,非民营企业的数量要大于民营企业。

D. 民营企业的主要经营项目是服装或餐饮。

E. 有的向"希望之星工程"捐款的民营企业的年纯盈利在一亿元以上。

22.(56% 正确率)年初,为激励员工努力工作,某公司决定根据每月的工作绩效评选"月度之星"。王某在当年前 10 个月恰好只在连续的 4 个月中当选"月度之星",他的另三位同事郑某、吴某、周某也做到了这一点。关于这四人当选"月度之星"的月份,已知:

(1)王某和郑某仅有三个月同时当选;
(2)郑某和吴某仅有三个月同时当选;
(3)王某和周某不曾在同一个月当选;
(4)仅有 2 人在 7 月同时当选;
(5)至少有 1 人在 1 月当选。

根据以上信息,王某当选"月度之星"的月份是:

A.1~4 月。　　　　B.3~6 月。　　　　C.4~7 月。
D.5~8 月。　　　　E.7~10 月。

▶▶答案与解析

18.【答案】B　　【考点】综合推理 数字相关题型
【易错项】E　　【题源】20130147

题干信息:

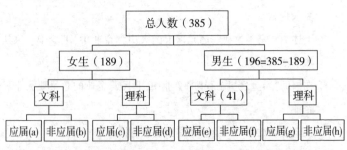

此题属于典型的三维信息分类,这类题目有一定的难度,可以用"寻找交叉概念"的技巧来解决。

第一步:计算差值。分类数值相加-总数=女生(189)+文科男生(41)+非应届男生(28)+应届理科考生(256)-总数(385)=129。

第二步:寻找交叉概念。"女生"和"应届理科考生"存在交叉概念:应届理科女生。"文科男生"和"非应届"存在交叉概念:非应届文科男生。

第三步:得出答案。两个交叉概念相加=差值,应届理科女生+非应届文科男生=129,所以"应届理科女生"和"非应届文科男生"这两个交叉概念中的任何一个都≤129。

E选项:从题干只能得出,非应届文科男生≤41,无法得出非应届文科男生<20,排除。

故正确答案为B选项。

19.【答案】A 　　【考点】论证推理 结论 细节题
【易错项】B 　　【题源】20040147

题干信息:在新标准实施的头三个月中,虽然"宏达"车月销售量不变,但是在汽车市场上的销售份额明显下降。

💡 媛媛提醒 题干中的时间是"该标准实施的头三个月",所以锁定A选项,排除B选项。

相对数绝对数模型。"宏达车销售量"是绝对数,"所占份额"="宏达"车销售量/总销售量,是相对数,分子的绝对数不变,比例下降,说明分母在变大,所以除"宏达"车以外的汽车月销售量应该上升,不可能下降。

其他选项均无法从题干信息推出,排除。

故正确答案为A选项。

20.【答案】D 　　【考点】论证推理 漏洞识别

【易错项】E　　【题源】20030141

题干论证指出了导致出版物错字率增加的两个原因:(1)大量引进非专业编辑;(2)出版物大量增加。相对数绝对数模型。原因(1)是与结果相关的,因为非专业编辑可能在错字的识别和纠正方面不够敏感,导致一些错字没有被修改过来,造成错字率增加;但是原因(2)与结果并不相关,题干说的是"错字率",而不是"错字数",所以与出版物的数量并无确定的关系,这就是题干中的漏洞。

复选项Ⅰ:"有效地提高了服务质量"是投诉比率下降的有效原因,但是航班乘客数量锐减并不是有效原因,所以与题干中出现的漏洞类似,正确。

复选项Ⅱ:饮食结构和生活方式发生变化以及人口老龄化比例增大都是导致心血管病死亡率增加的原因,并未出现与题干中类似的漏洞,排除。

复选项Ⅲ:狠抓教育质量是录取率增加的有效原因,但"高考人数增加"并不会导致录取率增加,与题干中的漏洞类似,正确。

故正确答案为D选项。

21.【答案】E　　【考点】论证推理 结论 细节题

【易错项】B　　【题源】20030155

题干信息:(1)国内200家年盈利一亿元以上的大中型企业的捐款额/收到的捐款总额=82%;(2)民营企业捐款额/收到的捐款总额=25%,从事服装或餐饮业的捐款的民营企业/捐款的民营企业=4/5。

♥媛媛提醒　看到百分比要注意基数,只有基数一样才能进行运算。

E选项:可以推出,因为82%与25%均是对捐款额进行的统计,并且二者相加超过100%,说明"国内200家年盈利一亿元以上的大中企业"与"民营企业"一定有交集,所以可以得出有的民营企业是年盈利一亿元以上的大中型企业的结论,正确。

A、D选项:无法推出,题干中没有相关信息支持这两个选项,排除。

B选项:无法推出,82%与4/5分别是捐款额和企业数的比例,无法进行计算和比较,排除。

C选项:无法推出,民营企业捐款额占25%,并不能得出民营企业数量与非民营企业数量的关系,排除。

故正确答案为E选项。

22.【答案】D　　【考点】综合推理 匹配题型

　　【易错项】A　　【题源】20130136

此题难度较大,需要同时满足题干中的4个条件,可以从"跨度"的角度入手,4个人都是连续4个月当选,并且要满足(1)和(2),王、郑、吴三人的跨度是4~6个月,跨度为4个月时,与(4)矛盾;跨度为5个月时,无法同时满足其他条件;只有跨度为6个月时,可出现如下表所示的情况。

	1	2	3	4	5	6	7	8	9	10
王					√	√	√	√		
郑				√		√		√		
吴			√	√	√	√				
周	√	√	√	√						

由上述分析可知,王某在5、6、7、8四个月连续当选。

故正确答案为D选项。

避坑提示 7 出现图形,先观察特征

23. (53% 正确率)某园艺公司打算在如下形状的花圃中栽种玫瑰、兰花和菊花三个品种的花卉。该花圃的形状如下所示:

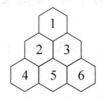

拟栽种的玫瑰有紫、红、白3种颜色,兰花有红、白、黄3种颜色,菊花有白、黄、蓝3种颜色。栽种需满足如下要求:

(1)每个六边形格子中仅栽种一个品种、一种颜色的花;
(2)每个品种只栽种两种颜色的花;
(3)相邻格子中的花,其品种与颜色均不相同。

若格子5中是红色的玫瑰,且格子3中是黄色的花,则可以得出以下哪项?

A. 格子1中是紫色的玫瑰。 B. 格子4中是白色的菊花。
C. 格子2中是白色的菊花。 D. 格子4中是白色的兰花。
E. 格子6中是蓝色的菊花。

▶▶ 答案与解析

23.【答案】D 【考点】综合推理 匹配题型
【易错项】A 【题源】20190155
此题要注意观察图形特征。由(3)可知:1、5/2、6/3、4三组分别为三种花卉。
由"格子3中是黄色的花"可知,格子3是黄色兰花或者黄色菊花。

此时无法推出确定的信息,只能分两种情况进行讨论,当其中一种情况与题干信息矛盾时,就可以确定另一种情况一定为真。

若格子3是黄色菊花,则由"格子5中是红色的玫瑰"及题干信息可知,格子2一定是白色兰花,格子6也是白色兰花,产生矛盾,因此格子3不是黄色菊花,而是黄色兰花。

由"格子3是黄色兰花"可知,格子4也是兰花,而且不能是红色和黄色,因此格子4是白色兰花。

故正确答案为D选项。

避坑提示8 压轴题必备思想:数量限制+归谬法

24. (39% 正确率)某高校有数学、物理、化学、管理、文秘、法学6个专业毕业生需要就业,现有风云、怡和、宏宇三家公司前来学校招聘。已知,每家公司只招聘该校上述2至3个专业的若干毕业生,且需要满足以下条件:

(1)招聘化学专业的公司也招聘数学专业;

(2)怡和公司招聘的专业,风云公司也招聘;

(3)只有一家公司招聘文秘专业,且该公司没有招聘物理专业;

(4)如果怡和公司招聘管理专业,那么也招聘文秘专业;

(5)如果宏宇公司没有招聘文秘专业,那么怡和公司招聘文秘专业。

如果三家公司都招聘3个专业的若干毕业生,那么可以得出以下哪项?

A. 宏宇公司招聘化学专业。 B. 怡和公司招聘物理专业。
C. 怡和公司招聘法学专业。 D. 风云公司招聘数学专业。
E. 风云公司招聘化学专业。

▶▶ 答案与解析

24.【答案】D　　　　【考点】综合推理 匹配题型

【易错项】B、C　【题源】20150155

💡 媛媛提醒　此题思路很重要,一定要找到"只有一家公司招聘文秘""每家公司都招聘3个专业"这些数量限制。综合推理题目中出现数量限制时,通常结合"归谬法"来解题。

由(2)和(3)可知,怡和不招聘文秘(a);结合(4)可知,怡和不招聘管理(b);

又由(1)可知,如果怡和不招聘数学,那么也不招聘化学,此时与题干条件"三家公司都招聘3个专业的若干毕业生"相矛盾,根据"归谬"的思想可知,怡和要招聘数学(c);再结合(2)可知,风云也要招聘数学(d)。列表如下。

	数学	物理	化学	管理	文秘	法学
风云	√(d)					
怡和	√(c)			×(b)	×(a)	
宏宇						

故正确答案为D选项。

避坑提示9 论证推理第一步:明确态度和对象

25.(37% 正确率)陈先生:北欧人具有一种特别明显的乐观精神。这种精神体现为日常生活态度,也体现为理解自然、社会和人生的哲学理念。北欧人的人均寿命历来是最高的,这正是导致他们具备乐观精神的重要原因。

贾女士:你的说法难以成立。因为你的理解最多只能说明,北欧的老年人为何具备乐观精神。

以下哪项如果为真,最能加强陈先生的观点并削弱贾女士的反驳?

A. 人均寿命是影响社会需求和生产的重要因素,经济发展水平是影响社会情绪的重要因素。

B. 北非的一些国家人均寿命不高,但并不缺乏乐观的民族精神。

C. 医学研究表明,乐观精神有利于长寿。

D. 经济发展水平是影响人的寿命及其情绪的决定因素。

E. 一家权威机构的最新统计表明,目前全世界人均寿命最高的国家是日本。

26. (37% 正确率) 户籍改革的要点是放宽对外来人口的限制,G市在对待户籍改革上面临两难。一方面,市政府懂得吸引外来人口对城市化进程的意义;另一方面,又担心人口激增的压力。在决策班子里形成了"开放"和"保守"两派意见。

以下各项如果为真,都只能支持上述某一派的意见,除了:

A. 城市与农村户口分离的户籍制度,不适应目前社会主义市场经济的需要。

B. G市存在严重的交通堵塞、环境污染等问题,其城市人口的合理容量有限。

C. G市近几年的犯罪案件增加,案犯中来自农村的打工人员比例增高。

D. 近年来,G市的许多工程的建设者多数是来自农村的农民工,其子女的就学成为市教育部面临的难题。

E. 由于计划生育政策和生育观的改变,近年来G市的幼儿园、小学乃至中学的班级数量递减。

27~28题基于以下题干：

一般人认为，广告商为了吸引顾客不择手段。但广告商并不都是这样。最近，为了扩大销路，一家名为《港湾》的家庭类杂志改名为《炼狱》，主要刊登暴力与色情内容。结果原先《港湾》杂志的一些常年广告客户拒绝签约合同，转向其他刊物。这说明这些广告商不只考虑经济效益，而且顾及道德责任。

27. (42% 正确率) 以下各项如果为真，都能削弱上述论证，除了：

   A.《炼狱》杂志所登载的暴力与色情内容在同类杂志中较为节制。

   B. 刊登暴力与色情内容的杂志通常销量较高，但信誉度较低。

   C. 上述拒绝续签合同的广告商主要推销家居商品。

   D. 改名后的《炼狱》杂志的广告费比改名前提高了数倍。

   E.《炼狱》因登载虚假广告被媒体曝光，一度成为新闻热点。

28. (37% 正确率) 以下哪项如果为真，最能加强题干的论证？

   A.《炼狱》的成本与售价都低于《港湾》。

   B. 上述拒绝续签合同的广告商在转向其他刊物后效益未受影响。

   C. 家庭类杂志的读者一般对暴力与色情内容不感兴趣。

   D. 改名后，《炼狱》杂志的广告客户并无明显增加。

   E. 一些在其他家庭杂志做广告的客户转向《炼狱》杂志。

29. (54% 正确率) 为了减少汽车追尾事故，有些国家的法律规定，汽车在白天行驶时也必须打开尾灯。一般地说，一个国家的地理位置离赤道越远，其白天的能见度越差；而白天的能见度越差，实施上述法律效果越显著。事实上，目前世界上实施上述法律的国家都比中国离赤道远。

上述断定最能支持以下哪项相关结论？

A. 中国离赤道较近,没有必要制定和实施上述法律。

B. 在实施上述法律的国家中,能见度差是造成白天汽车追尾的最主要原因。

C. 一般地说,和目前已实施上述法律的国家相比,如果在中国实施上述法律,其效果将较不显著。

D. 中国白天汽车追尾事故在交通事故中的比例,高于已实施上述法律的国家。

E. 如果离赤道的距离相同,则实施上述法律的国家每年发生的白天汽车追尾事故的数量,少于未实施上述法律的国家。

▶▶ 答案与解析

25.【答案】A 　　【考点】论证推理 削弱、质疑、反驳 因果型论证的削弱

【易错项】D 　　【题源】20060149

💡 媛媛提醒 大家要看清楚问题,搞明白态度和对象。

陈先生:北欧人的人均寿命最高导致他们具备乐观精神。

贾女士:陈先生的论证只能说明北欧的老年人为何具备乐观精神。

贾女士认为北欧人不是因为人均寿命最高而具备乐观精神,而是寿命长的老年人才具备乐观精神,因果倒置。

A选项:间接因果,表明人均寿命高导致经济发展水平高,从而导致乐观精神,建立了"人均寿命高"与"乐观精神"之间的关系,加强了陈先生的观点;同时表明不存在因果倒置,反驳了贾女士。

D选项:表明经济发展水平影响了寿命和乐观精神,反驳了陈先生。

故正确答案为A选项。

26.【答案】D 　　【考点】论证推理 结论 主旨题

【易错项】E　　【题源】20050135

开放派:支持放宽对外来人口的限制。

保守派:担心人口激增的压力,反对放宽对外来人口的限制。

D选项:支持了两派,外来人口是G市许多工程的建设者,支持了开放派的观点;但是外来人口的子女就学成为难题,又支持了保守派的观点,该选项并不是只支持其中某一派,正确。

E选项:支持保守派,幼儿园、小学乃至中学的班级数量递减,若放宽对外来人口的限制,很可能会导致"入学难"问题,排除。

A选项:支持开放派,认为不应实行城市与农村户口分离的户籍制度,排除。

B选项:支持保守派,指出G市存在着城市人口过多的问题,排除。

C选项:支持保守派,指出外来人口带来了一些社会治安问题,排除。

故正确答案为D选项。

27.【答案】A　　【考点】论证推理 削弱、质疑、反驳 论据+结论型论证的削弱

【易错项】B　　【题源】20080141

论据:《港湾》改为《炼狱》后,原先的一些常年广告客户转向其他刊物。

结论:这些广告商不只考虑经济效益,而且顾及道德责任。

A选项:比较对象不一致,指出《炼狱》杂志所刊登的暴力与色情内容在同类杂志中比较节制,比较对象为《炼狱》与同类杂志。而题干的比较对象是《港湾》与《炼狱》,无法削弱。

B选项:他因削弱,说明是信誉度较低导致广告客户流失,这些客户恰恰是考虑了经济效益,可以削弱。(此选项前半句表明杂志的销量

高,销量高会导致更多人看到广告,是可能给广告商带来利润的,然而广告商却转向其他刊物,说明其没考虑经济效益,前半句可支持题干,具有迷惑作用。大家一定要将选项语句读完,不要忽略后半句的重要信息"信誉度较低"。)

C 选项:他因削弱,拒绝续签合同的广告商的目标客户不是《炼狱》的读者群,所以广告商是考虑了经济效益而拒绝续签的,可以削弱。

D 选项:他因削弱,广告费提高,对于广告商来说成本增大,拒绝续签很可能是考虑了经济效益,可以削弱。

E 选项:他因削弱,《炼狱》口碑较差,广告信誉度低,可能无法给广告商带来应有的收益,可以削弱。

故正确答案为 A 选项。

28.【答案】E 　　【考点】论证推理 支持、加强 论据+结论型论证的支持

【易错项】A、B 　【题源】20080142

根据题干信息可知,此题试图建立一个因果关系,因:广告商顾及道德责任。果:拒绝签约合同,转向其他刊物。

E 选项:建立联系,其他广告商转向《炼狱》,说明该杂志能给广告商带来了经济效益,可是题干中的这些广告商却拒签了,这就表明他们确实是因为顾及道德责任而拒签的,加强了题干的论证,正确(虽然"一些"力度较弱,但只有该选项思路正确,相对最优)。

A 选项:无法支持,杂志的成本与售价与广告商的选择无必然联系。有同学会主观认为成本和售价降低了,广告商打广告的费用也会降低,但题干中并未提及此关系,所以广告费用是否会降低呢? 未知,排除。

B选项:拒签的广告商转向其他杂志后效益未受影响,无法判断这些广告商是否是因为顾及道德责任而拒签,排除。

C选项:削弱题干,表明之前的客户群已经随着杂志的改变而改变,广告商的拒签很可能是因为考虑了经济效益,排除。

D选项:广告客户无明显增加,说明《炼狱》并不能带来更多的经济效益,广告商是否是因为顾及了道德责任而拒签不得而知,排除。

故正确答案为E选项。

💡媛媛提醒 之所以有同学觉得论证推理题目难,很可能是因为没有找准题干的论证过程,在还不清楚题干逻辑的情况下就盲目地做出了选择。培养自己寻找论证过程的能力非常重要。

29.【答案】C 【考点】论证推理 结论 细节题
【易错项】B 【题源】20050146

题干信息:(1)有些国家的法律规定,汽车在白天行驶时也必须打开尾灯;(2)一个国家的地理位置离赤道越远,实施上述法律效果越显著;(3)目前世界上实施上述法律的国家都比中国离赤道远。

C选项:由(1)和(2)可知,目前世界上实施上述法律的国家都比中国的效果显著,即如果在中国实施的话,效果不如其他国家显著,正确。

B选项:题干中并未涉及白天汽车追尾的原因有哪些,能见度差是其中的一个原因,但是否是最主要原因呢?未知,无法得出,排除。

A选项:无关选项,题干中并未探讨是否有必要制定和实施上述法律,排除。

D、E选项:"中国白天汽车追尾事故的比例""白天汽车追尾事故的数量"均无法由题干信息得出,排除。

故正确答案为C选项。

避坑提示 10 论证推理核心思想：相关性

30. (52% 正确率)今天的教育质量将决定明天的经济实力。PISA 是经济合作与发展组织每隔三年对 15 岁学生的阅读、数学和科学能力进行的一项测试。根据 2019 年最新测试结果，中国学生的总体表现远超其他国家学生。有专家认为，该结果意味着中国有一支优秀的后备力量以保障未来经济的发展。

    以下哪项如果为真，最能支持上述专家的论证？

    A. 这次 PISA 测试的评估重点是阅读能力，能很好地反映学生的受教育质量。

    B. 在其他国际智力测试中，亚洲学生总体成绩最好，而中国学生又是亚洲最好的。

    C. 未来经济发展的核心驱动力是创新，中国教育非常重视学生创新能力的培养。

    D. 中国学生在 15 岁时各项能力尚处于上升期，他们未来会有更出色的表现。

    E. 中国学生在阅读、数学和科学三项排名中均位列第一。

31. (45% 正确率)据统计，西式快餐业在我国主要大城市中的年利润，近年来稳定在 2 亿元左右。扣除物价浮动因素，估计这个数字在未来数年中不会因为新的西式快餐网点的增加而有大的改变。因此，随着美国快餐之父艾德熊的大踏步迈进中国市场，一向生意火爆的麦当劳的利润肯定会有所下降。

    以下哪项如果为真，最能动摇上述论证？

    A. 中国消费者对艾德熊的熟悉和接受要有一个过程。

    B. 艾德熊的消费价格一般稍高于麦当劳。

C. 随着艾德熊进入中国市场,中国消费者用于肯德基的消费将有明显下降。

D. 艾德熊在中国的经营规模,在近年不会超过麦当劳的四分之一。

E. 麦当劳一直注意改进服务,开拓品牌,使之在保持传统的基础上更适合中国消费者的口味。

32. (54% 正确率)晴朗的夜晚我们可以看到满天星斗,其中有些是自身发光的恒星,有些是自身不发光但可以反射附近恒星光的行星。恒星尽管遥远,但是有些可能被现有的光学望远镜"看到"。和恒星不同,由于行星本身不发光,而且体积远小于恒星,所以,太阳系外的行星大多无法用现有的光学望远镜"看到"。

以下哪项如果为真,最能解释上述现象?

A. 如果行星的体积够大,现有的光学望远镜就能"看到"。

B. 太阳系外的行星因距离遥远,很少能将恒星光反射到地球上。

C. 现有的光学望远镜只能"看到"自身发光或者反射光的天体。

D. 有些恒星没有被现有光学望远镜"看到"。

E. 太阳系内的行星大多数可以用现有的光学望远镜"看到"。

33. (43% 正确率)实验发现,孕妇适当补充维生素 D 可降低新生儿感染呼吸道合胞病毒的风险。科研人员检测了 156 名新生儿脐带血中维生素 D 的含量,其中 54% 的新生儿被诊断为维生素 D 缺乏,这当中有 46% 的孩子出生后一年内感染了呼吸道合胞病毒,这一比例高于维生素 D 正常的孩子。

以下哪项如果为真,最能对科研人员的上述发现提供支持?

A. 上述实验中,54% 的新生儿维生素 D 缺乏是由于他们的母亲在妊娠期间没有补充足够的维生素 D 造成的。

B. 孕妇适当补充维生素 D 可降低新生儿感染感冒病毒的风险,特别是在妊娠后期补充维生素 D,预防效果会更好。

C. 上述实验中,46%补充维生素 D 的孕妇所生的新生儿有一些在出生一年内感染呼吸道合胞病毒。

D. 科研人员实验时所选的新生儿在其他方面跟一般新生儿的相似性没有得到明确验证。

E. 维生素 D 具有多种防病健体功能,其中包括提高免疫系统功能、促进新生儿呼吸系统发育、预防新生儿呼吸道病毒感染等。

34. (51% 正确率)人们普遍认为适量的体育运动能够有效降低中风的发生率,但研究人员注意到有些化学物质也有降低中风风险的作用。番茄红素是一种让番茄、辣椒、西瓜和番木瓜等果蔬呈现红色的化学物质。研究人员选取一千余名年龄在 46 岁至 55 岁之间的人,进行了长达 12 年的跟踪调查,发现其中番茄红素水平最高的 1/4 的人中有 11 人中风,番茄红素水平最低的 1/4 的人中有 25 人中风。他们由此得出结论:番茄红素能降低中风的发生率。

以下哪项如果为真,最能对上述研究提出质疑?

A. 番茄红素水平较低的中风者中有 1/3 的人病情较轻。

B. 吸烟、高血压和糖尿病等会诱发中风。

C. 如果调查 56 岁至 65 岁之间的人,情况也许不同。

D. 番茄红素水平较高的人约有 1/4 喜爱进行适量的体育运动。

E. 被跟踪的另一半人中有 50 人中风。

▶▶ **答案与解析**

30.【答案】A 　　【考点】论证推理 支持、加强 论据+结论型论证的支持

【易错项】D　　【题源】20210144

论据:教育质量将决定明天的经济实力,PISA 测试中中国学生的总体表现远超其他国家学生。

结论:该结果意味着中国有一支优秀的后备力量以保障未来经济的发展。

A 选项:建立联系,表明 PISA 测试能够反映学生的受教育质量,所以测试成绩好表明教育质量好,教育质量决定经济实力,可以支持。

D 选项:未能表明与该测试的关系,而且其他国家的学生在 15 岁时,各项能力处于什么时期,是否会有更出色的表现呢? 未知,无法加强。

B 选项:无关选项,题干论证与"其他国际智力测试"无关,排除。

C 选项:无关选项,题干论证与"创新"无关,排除。

E 选项:未能体现与未来经济发展的联系,排除。

故正确答案为 A 选项。

💡 媛媛提醒　支持题型的解题首选思路是建立联系,相关性优先。我们不生产新信息,我们只是题干中论据和结论之间的"媒婆"。

31. 【答案】C　　【考点】论证推理 削弱、质疑、反驳 论据+结论型论证的削弱

【易错项】E　　【题源】20030159

论据:西式快餐业在我国主要大城市中的年利润在未来数年中不会有大的改变。

结论:艾德熊进入中国市场会使麦当劳的利润下降。

C 选项:他因削弱,表明艾德熊的进入会使消费者用于肯德基的消费下降,所以麦当劳的利润不一定会下降,削弱了题干的论证,正确。

E 选项:无法削弱,该选项只能表明麦当劳在努力迎合中国消费者的口味,而艾德熊是不是服务更好,更适合中国消费者的口味呢?未知。对题干的论证无法起到削弱作用,排除。

A 选项:无法削弱,只要在熟悉和接受艾德熊后麦当劳的利润确实下降,那么题干论证依然成立,排除。

B 选项:无法削弱,艾德熊的价格比麦当劳稍高,高了多少呢?消费者是否会因为价格稍高而不选购艾德熊呢?未知,排除。

D 选项:无法削弱,只要艾德熊会抢占麦当劳的市场,使其利润减少,题干论证就可以成立,与经营规模无关,排除。

故正确答案为 C 选项。

32. 【答案】B 【考点】论证推理 解释 解释现象
【易错项】C 【题源】20150126

需要解释的现象:自身发光的恒星和自身不发光但可以反射恒星光的行星可以被看到,但是本身不发光的太阳系外的行星大多无法用现有的光学望远镜"看到"。

B 选项:题干中陈述了两种可以被看到的情况:(1)自身发光;(2)可以反射光。但是由太阳系外的行星本身不发光,结合 B 选项中的"太阳系外的行星因距离遥远,很可能将恒星光反射到地球上"可知,光学望远镜无法感知,可以解释题干中的现象。

A 选项:题干信息并未涉及行星体积大小与能否被看到之间的关系,排除。

C 选项:题干提及太阳系外的行星不发光,但并未提及是否可以反射光,与光学望远镜的功能无关,无法解释。

D、E 选项:与题干中需要解释的对象"太阳系外的行星"无关,排除。

故正确答案为 B 选项。

33.【答案】E　　【考点】论证推理 支持、加强 论据+结论型论证的支持

【易错项】A　　【题源】20140135

论据:维生素 D 缺乏的孩子中感染呼吸道合胞病毒的比例高于维生素 D 正常的孩子。

结论:孕妇适当补充维生素 D 可降低新生儿感染呼吸道合胞病毒的风险。

E 选项:建立联系,表明维生素 D 对呼吸道的发育确实有利,可以预防呼吸道病毒感染,支持题干。

A 选项:描述维生素 D 缺乏的原因,但无法建立"维生素 D"与"呼吸道合胞病毒"的联系,排除。

B 选项:题干说的是"呼吸道合胞病毒",与"感冒病毒"不一致,排除。

C 选项:补充了维生素 D 之后新生儿是否还缺乏呢？未知,排除。

D 选项:表明所研究的对象可能没有代表性,无法支持,排除。

故正确答案为 E 选项。

34.【答案】E　　【考点】论证推理 削弱、质疑、反驳 论据+结论型论证的削弱

【易错项】D　　【题源】20140130

论据:番茄红素水平最高的 1/4 的人中,11 人中风;番茄红素水平最低的 1/4 的人中,25 人中风。

结论:番茄红素能降低中风的发生率。

分析思路:如果题干结论正确,那么随着番茄红素水平的降低,中风的人应该逐渐增多,所以被跟踪调查的人中,番茄红素水平较高的

1/4 的人和较低的 1/4 的人,中风人数应在 11~25 人之间,并且前者比后者数量少,所以二者的总人数应在 23~49 之间,而 E 选项说被跟踪的另一半人中有 50 个人中风,这就说明并不符合以上规律,所以对题干的研究起到了质疑的作用。

D 选项:此项容易误选,很多同学认为这是"他因削弱",但其实并不能削弱,因为该项只是表明番茄红素水平较高的人中 1/4 喜爱体育运动,但是番茄红素水平较低的人中有多少喜爱体育运动呢?未知。运动是否是两类人群的差异呢?未知,无法削弱。

A 选项:番茄红素水平较高的中风者病情是轻是重未知,无法削弱,排除。

B 选项:与题干论证无关,排除。

C 选项:"也许"不同,到底是否会不同未知,年龄与中风是否有关也未知,无法削弱。

故正确答案为 E 选项。

避坑提示 11 识别干扰项,熟悉真题表达习惯

35. (53% 正确率)一个部落或种族在历史的发展中灭绝了,但它的文字会留传下来。"亚里洛"就是这样一种文字。考古学家是在内陆发现这种文字的。经研究,"亚里洛"中没有表示"海"的文字,但有表示"冬""雪""狼"的文字。因此,专家们推测,使用"亚里洛"文字的部落或种族在历史上生活在远离海洋的寒冷地带。

以下哪项如果为真,最能削弱上述专家的推测?

A. 蒙古语中有表示"海"的文字,尽管古代蒙古人从没见过海。

B. "亚里洛"中有表示"鱼"的文字。

C. "亚里洛"中有表示"热"的文字。

D. "亚里洛"中没有表示"山"的文字。

E. "亚里洛"中没有表示"云"的文字。

36. (53% 正确率)脑部受到重击后人就会失去意识。有人因此得出结论：意识是大脑的产物，肉体一旦死亡，意识就不复存在。但是，一台被摔的电视机突然损坏，它正在播出的图像当然立即消失，但这并不意味着正由电视塔发射的相应图像信号就不复存在。因此，要得出"意识不能独立于肉体而存在"的结论，恐怕还需要更多的证据。

以下哪项最为准确地概括了"被摔的电视机"这一实例在上述论证中的作用？

A. 作为一个证据，它说明意识可以独立于肉体而存在。

B. 作为一个反例，它驳斥关于意识本质的流行信念。

C. 作为一个类似意识丧失的实例，它从自身中得出的结论和关于意识本质的流行信念显然不同。

D. 作为一个主要证据，它试图得出结论：意识和大脑的关系，类似于电视图像信号和接收它的电视机之间的关系。

E. 作为一个实例，它说明流行的信念都是应当质疑的。

37. (52% 正确率)某医学专家提出一种简单的手指自我检测法：将双手放在眼前，把两个食指的指甲那一面贴在一起，正常情况下，应该看到两个指甲床之间有一个菱形的空间；如果看不到这个空间，则说明手指出现了杵状改变，这是患有某种心脏或肺部疾病的迹象。该专家认为，人们通过手指自我检测能快速判断自己是否患有心脏或肺部疾病。

以下哪项如果为真，最能质疑上述专家的论断？

A. 杵状改变可能由多种肺部疾病引起,如肺纤维化、支气管扩张等,而且这种病变需要经历较长的一段过程。

B. 杵状改变不是癌症的明确标志,仅有不足40%的肺癌患者有杵状改变。

C. 杵状改变检测只能作为一种参考,不能用来替代医生的专业判断。

D. 杵状改变有两个发展阶段,第一个阶段的畸变不是很明显,不足以判断人体是否有病变。

E. 杵状改变是手指末端软组织积液造成,而积液是由于过量血液注入该区域导致,其内在机理仍然不明。

38. (39% 正确率)小丽在情人节那天收到了专递公司送来的一束鲜花。如果这束鲜花是熟人送的,那么送花人一定知道小丽不喜欢玫瑰,而喜欢紫罗兰。但小丽收到的是玫瑰。如果这束花不是熟人送的,那么花中一定附有签字名片。但小丽收到的花中没有名片。因此,专递公司肯定犯了以下的某种错误:或者该送紫罗兰却误送了玫瑰,或者失落了花中的名片,或者这束花应该是送给别人的。

以下哪项如果为真,最能削弱上述论证?

A. 女士在情人节收到的鲜花一般都是玫瑰。

B. 有些人送花,除了取悦对方外,还有其他目的。

C. 有些人送花是出于取悦对方以外的其他目的。

D. 不是熟人不大可能给小丽送花。

E. 上述专递公司在以往的业务中从未有过失误记录。

39. (40% 正确率)汽油酒精,顾名思义是一种汽油酒精混合物。作为一种汽车燃料,和汽油相比,燃烧一个单位的汽油酒精能产生较多的能量,同时排出较少的有害废气一氧化碳和二氧化碳。以汽车日流量超过200万辆的北京为例,如果所有汽车都使用汽油酒精,那么,每天产生的二氧化碳,不比北京的绿色植被通过光合作用吸收的多。因此,可以预计,在世界范围内,汽油酒精将很快进军并占领汽车燃料市场。

以下各项如果为真,都能加强题干论证,除了:

A. 汽车每千米消耗的汽油酒精量和汽油基本持平,至多略高。

B. 和汽油相比,使用汽油酒精更有利于汽车的保养。

C. 使用汽油酒精将减少对汽油的需求,有利于缓解石油短缺的压力。

D. 全世界汽车日流量超过200万辆的城市中,北京的绿色植被覆盖率较低。

E. 和汽油相比,汽油酒精的生产成本较低,因而售价也较低。

40. (48% 正确率)为了提高运作效率,H公司应当实行灵活工作日制度,也就是充分考虑雇员的个人意愿,来决定他们每周的工作与休息日。研究表明,这种灵活工作日制度,能使企业员工保持良好的情绪和饱满的精神。

上述论证依赖以下哪项假设?

Ⅰ. 那些希望实行灵活工作日制度的员工,大都是H公司的业务骨干。

Ⅱ. 员工良好的情绪和饱满的精神,能有效提高企业的运作效率。

Ⅲ. H公司不实行周末休息制度。

A. 只有Ⅰ。 B. 只有Ⅱ。 C. 只有Ⅲ。

D. 只有Ⅱ和Ⅲ。 E. Ⅰ、Ⅱ和Ⅲ。

41. (34% 正确率)张先生:应该向吸烟者征税,用以缓解医疗保健事业的投入不足。因为正是吸烟,导致了许多严重的疾病。让吸烟者承担一部分费用,来对付因他们的不良习惯而造成的健康问题,是完全合理的。

李女士:照您这么说,如果您经常吃奶油蛋糕,或者肥猪肉,也应该纳税。因为如同吸烟一样,经常食用高脂肪、高胆固醇的食物同样会导致许多严重的疾病。但是没有人会认为这样做是合理的,并且人们的危害健康的不良习惯数不胜数,都对此征税,事实上无法操作。

以下哪项最为恰当地概括了张先生和李女士争论的焦点?

A. 张先生关于缓解医疗保健事业投入不足的建议是否合理?

B. 有不良习惯的人是否应当对由此种习惯造成的社会后果负责?

C. 食用高脂肪、高胆固醇的食物对健康造成的危害是否同吸烟一样?

D. 由增加个人负担来缓解社会公共事业的投入不足是否合理?

E. 通过征税的方式来纠正不良习惯是否合理?

42. (35% 正确率) 司机:有经验的司机完全有能力并习惯以每小时 120 千米的速度在高速公路上安全行驶。因此,高速公路上的最高时速不应由 120 千米改为现在的 110 千米,因为这既会不必要地降低高速公路的使用效率,也会使一些有经验的司机违反交规。

交警:每个司机都可以在法律规定的速度内行驶,只要他愿意。因此,把对最高时速的修改说成是某些违规行为的原因,是不能成立的。

以下哪项最为准确地概括了上述司机和交警争论的焦点?

A. 上述对高速公路最高时速的修改是否必要。

B. 有经验的司机是否有能力以每小时 120 千米的速度在高速公路上安全行驶。

C. 上述对高速公路最高时速的修改是否一定会使一些有经验的司机违反交规。

D. 上述对高速公路最高时速的修改实施后,有经验的司机是否会在合法的时速内行驶。

E. 上述对高速公路最高时速的修改,是否会降低高速公路的使用效率。

43. (35% 正确率)张教授:在南美洲发现的史前木质工具存在于13 000年以前。有的考古学家认为,这些工具是其祖先从西伯利亚迁徙到阿拉斯加的人群使用的。这一观点难以成立。因为要到达南美,这些人群必须在13 000年前经历长途跋涉,而在从阿拉斯加到南美洲之间,从未发现13 000年前的木质工具。

李研究员:您恐怕忽视了这些木质工具是在泥煤沼泽中发现的,北美很少有泥煤沼泽。木质工具在普通的泥土中几年内就会腐烂化解。

以下哪项最为准确地概括了张教授与李研究员所讨论的问题?

A. 上述史前木质工具是否是其祖先从西伯利亚迁徙到阿拉斯加的人群使用的?

B. 张教授的论据是否能推翻上述考古学家的结论?

C. 上述人群是否可能在13 000年前完成从阿拉斯加到南美洲的长途跋涉?

D. 上述木质工具是否只有在泥煤沼泽中才不会腐烂化解?

E. 上述史前木质工具存在于13 000年以前的断定是否有足够的根据?

44. (46% 正确率)陈先生:未经许可侵入别人的电脑,就好像开偷来的汽车撞伤了人,这些都是犯罪行为。但后者性质更严重,因为它既侵占了有形财产,又造成了人身伤害;而前者只是在虚拟世界中捣乱。

林女士:我不同意,例如,非法侵入医院的电脑,有可能扰乱医疗数据,甚至危及病人的生命。因此,非法侵入电脑同样会造成人身伤害。

以下哪项最为准确地概括了两人争论的焦点?

A. 非法侵入别人电脑和开偷来的汽车是否同样会危及人的生命?

B. 非法侵入别人电脑和开偷来的汽车伤人是否都构成犯罪?

C. 非法侵入别人电脑和开偷来的汽车伤人是否是同样性质的犯罪?

D. 非法侵入别人电脑的犯罪性质是否和开偷来的汽车伤人一样的严重?

E. 是否只有侵占有形财产才构成犯罪?

▶▶ **答案与解析**

35.【答案】E 【考点】论证推理 削弱、质疑、反驳 论据+结论型论证的削弱

【易错项】A 【题源】20040152

专家的推测思路为:(1)"亚里洛"中没有表示"海"的文字,说明这个部落或种族远离海洋,没有见过海;(2)"亚里洛"中有表示"冬""雪""狼"的文字,说明这个部落或种族生活在寒冷地带。

E选项:归谬削弱,按照专家的思路(1),说明这个部落或种族没有见过云,这是不可能出现的情况,因为地球上的任何地方都是可以见到云的,说明专家的推测思路有漏洞,削弱了专家的推测,正确。

A选项:无效反例,试图用蒙古语举一个反例,但是蒙古语和"亚里洛"在造字规则、使用场景、传承发展上是否相似未知,二者很可能并无可比性,举出的反例当然也是无效的,无法削弱。

B选项:试图通过有表示"鱼"的文字证明该部落或种族并不是生活在远离海洋的地方,但是河里、池塘里都可能有鱼,鱼不一定是在海

里,无法削弱。

C 选项:试图通过有表示"热"的文字证明该部落或种族不是生活在寒冷地带,但是冷热是相对的概念,即使是在寒冷地带也有热的感受,无法削弱。

D 选项:按照专家的思路(1),说明这个部落或种族没有见过山,这是可能出现的情况,无法削弱。

故正确答案为 E 选项。

36.【答案】C 　　【考点】论证推理 概括论证方式
【易错项】D 　　【题源】20060151

论据:一台被摔的电视机突然损坏,它正在播出的图像消失,但信号可能还存在。

结论:无法得出"意识不能独立于肉体而存在"的结论。

"电视机损坏,正在播出的图像立即消失"类似于肉体死亡,"电视塔发射的图像信号依然存在"类似于意识仍然存在,所以题干是用了"损坏的电视机"这一例子与"意识丧失"进行类比推理,从而试图得出"意识可以独立于肉体而存在"的结论,但二者显然不同,C 选项正确。

A、B、D、E 选项:如果是"证据""反例""实例",需要举出某个脑部受到重击,但是意识仍然存在的人的例子,而"损坏的电视机"并不是人,只是一个类似的情况,不能作为"证据""反例""实例"出现。

此外,D 选项:意识和大脑的关系,是题干论证的隐含假设,不是试图得出的结论。E 选项:题干的例子无法证明所有流行的信念都应该质疑。

故正确答案为 C 选项。

37. 【答案】E 　　【考点】论证推理 削弱、质疑、反驳 论据+结论型论证的削弱

【易错项】D　【题源】20210149

论据:手指出现杵状改变是患有某种心脏或肺部疾病的迹象。

结论:人们通过手指自我检测能快速判断自己是否患有心脏或肺部疾病。

E选项:割裂关系,表明杵状改变是过量血液注入导致的,但是内在机理不明,导致杵状改变的原因可能很复杂,割裂了杵状改变和心肺疾病的联系,可以削弱。

🌷媛媛提醒 有的同学看到"内在机理仍然不明"就将该选项排除,这是非常危险的做题方法,论证推理题目一定要重视思路,不能只因为个别词语就将选项排除。

D选项:无法质疑,只能说明第一阶段畸变不明显,那么第二阶段呢?未知。如果第二阶段畸变比较明显,依然能够表明可以通过杵状改变判断是否患有心肺疾病,排除。

A选项:加强论证,表明杵状改变确实与肺部疾病有关,排除。

B选项:表明杵状改变与肺部疾病有联系,反而加强了题干的论证。另外,杵状改变是否是检测心肺疾病的有效方法,应该根据在有杵状改变的人中有多少确实患有心肺疾病来判断,而不是根据患病的人中具有杵状改变的比例来判断,排除。

C选项:只要杵状改变可以帮助人们快速判断是否有可能患有心肺疾病即可,不需要与医生进行比较。另外,如果杵状改变可以作为一种参考,反而表明二者之间有联系,起到一定的支持作用,排除。

故正确答案为E选项。

38.【答案】C 　　【考点】论证推理 削弱、质疑、反驳 论据+结论型论证的削弱

【易错项】B 　　【题源】20040154

论据:如果是熟人送的,不会送小丽不喜欢的玫瑰;如果不是熟人送的,花中应该有签字名片,但是花中没有名片。

结论:专递公司犯了以下错误:或者误送了玫瑰,或者失落了花中的名片,或者这束花应该是送给别人的。

C 选项:他因削弱,送花是出于取悦小丽以外的其他目的,所以有可能对方明知小丽不喜欢玫瑰却仍然送了玫瑰,那么专递公司可能并没有犯错误,可以削弱。

B 选项:说明送花是为了取悦对方且还有其他目的,如果要取悦小丽的话就不应该送玫瑰,无法削弱题干论证。注意比较 B 选项和 C 选项的语言表述,"除了取悦对方外"表明包含了"取悦对方"的目的。

A 选项:如果是小丽的爱慕者所送的鲜花,送花人应该知道小丽不喜欢玫瑰或附张卡片,但都没有,无法削弱。

D 选项:如果是熟人送的,那么不会送小丽不喜欢的玫瑰,无法削弱。

E 选项:以往没有失误记录并不能说明这一次就没有失误,无法削弱。

故正确答案为 C 选项。

39.【答案】A 　　【考点】论证推理 支持、加强 论据+结论型论证的支持

【易错项】D 　　【题源】20040133

论据:汽油酒精和汽油相比,燃烧一个单位能产生较多的能量,排放较少的有害废气;如果北京的所有汽车都使用汽油酒精,那么产生的二氧化碳将全部被绿色植被吸收。

结论:预计在世界范围内,汽油酒精将很快进军并占领汽车燃料

市场。

A 选项:无法加强,汽车每千米消耗的汽油酒精量≥汽油,那么虽然每一单位汽油酒精相比汽油能产生较多的能量,但很可能每千米的消耗和废气产生量持平,那么汽油酒精就没有优势了,无法加强题干的论证,正确。

D 选项:可以加强,在北京的绿色植被率较低的条件下,汽车排放的二氧化碳可以被全部吸收,那么世界上其他国家的汽车如果将汽油酒精作为燃料,也可以避免排放出二氧化碳的污染,表明了汽油酒精的优势,排除。

B 选项:可以加强,指出了汽油酒精更有利于汽车保养的优势,排除。

C 选项:可以加强,指出了汽油酒精缓解石油短缺压力的优势,排除。

E 选项:可以加强,指出了汽油酒精生产成本和售价较低的优势,排除。

故正确答案为 A 选项。

40. 【答案】D   【考点】论证推理 假设、前提 论据+结论型论证的假设

【易错项】B   【题源】20070155

论据:灵活工作日制度能使企业员工保持良好的情绪和饱满的精神。

结论:为了提高运作效率,H 公司应当实行灵活工作日制度。

灵活工作日制度(措施)→使员工保持良好情绪和饱满精神(效果)→提高运作效率(目的)。

为了保证上述论证成立,就需要假设每一环节的推断都是成立的。

复选项 I:不需假设,因为无论希望实行灵活工作日制度的员工是否是业务骨干,只要在实行之后确实可以使员工情绪良好、精神饱满,题干论证就可以成立。

复选项Ⅱ:必须假设,建立联系,可以保证从"效果"到"目的"这一论证过程成立。

复选项Ⅲ:必须假设,这个复选项比较容易漏选,其考查的是方法可行的思路,H公司要实行灵活工作日制度,就要假设其不实行周末休息制度,否则灵活工作日制度就无法实行。

故正确答案为 D 选项。

41.【答案】A 　【考点】论证推理 焦点 焦点题型
【易错项】B、E 　【题源】20040148

张先生:吸烟导致疾病,所以吸烟者要承担一部分医疗费用,用以缓解医疗保健事业的投入不足。

李女士:拥有其他与吸烟一样危害健康的不良习惯的人很多,如果张先生的说法成立,那么也应该对这些人征税,但是这样做不合理,而且征税在事实上无法操作。

A 选项:是争论的焦点,张先生认为合理,李女士认为没有人觉得合理,即不合理,二人对此持有相反的观点,正确。

B 选项:张先生认为应该负责,李女士并未对此发表意见,排除。

E 选项:二人的争论并未涉及"纠正不良习惯",排除。

C 选项:二人都未对此发表意见,排除。

D 选项:题干中探讨的是"医疗保健事业",而不是"社会公共事业",排除。

故正确答案为 A 选项。

42.【答案】C 　【考点】论证推理 焦点 焦点题型
【易错项】A 　【题源】20070154

司机:有经验的司机习惯以每小时 120 千米的速度行驶,所以最高时速修改之后会使一些有经验的司机违反交规。

交警:只要司机愿意,每个司机都可以在法律规定的速度内行驶,所以修改最高时速不会导致司机违规。

C选项:司机认为会,交警认为不会,二人持有相反的观点,是焦点,正确。

A选项:司机认为修改最高时速没有必要,交警并未对此发表意见,不是焦点,排除。

B选项:司机认为有能力,交警并未对此发表意见,不是焦点,排除。

D选项:修改实施后的情况二人均未涉及,不是焦点,排除。

E选项:司机认为会,交警并未对此发表意见,不是焦点,排除。

故正确答案为C选项。

43.【答案】B 　　【考点】论证推理 焦点 焦点题型
【易错项】A 　【题源】20090136

张教授:考古学家认为,在南美洲发现的史前木质工具是其祖先使用的。但在阿拉斯加到南美洲之间从未发现13 000年前的木质工具,所以考古学家的观点难以成立。

李研究员:木质工具没被发现是因为在泥土中腐烂化解了,所以张教授论证中的前提(在从阿拉斯加到南美洲之间未发现13 000年前的木质工具)未必成立。

张教授认为这一论据能推翻考古学家的结论,因为如果发现的史前木质工具是其祖先从西伯利亚迁徙到阿拉斯加的人群使用的,那么在从阿拉斯加到南美洲之间应该能发现13 000年前的木质工具。

李研究员认为这一论据不能推翻考古学家的结论,因为在从阿拉斯加到南美洲之间未发现13 000年前的木质工具,并不等于13 000年前在从阿拉斯加到南美洲之间就一定没有此种木质工具,此种木质工具可能存在过,但是因为不具备保存条件而腐烂化解了。

B 选项:张教授认为能推翻,李研究员认为该论证前提未必成立,无法推翻,二人观点相反,是他们所讨论的问题,正确。

A 选项:张教授认为不是,李研究员虽然对张教授的论据提出质疑,但是并不能说明其认为考古学家的观点是正确的,排除。

C、D 选项:二人均未对此发表意见,排除。

E 选项:作为本题的背景信息出现,二人未对此进行讨论,排除。

故正确答案为 B 选项。

44. 【答案】D 　　【考点】论证推理 焦点 焦点题型

【易错项】A 　　【题源】20100151

陈先生:因为未经许可侵入别人的电脑只是在虚拟世界中捣乱,而开偷来的汽车撞伤了人既侵占了有形财产,又造成了人身伤害,所以后者性质比前者更严重。

林女士:非法侵入电脑同样会造成人身伤害,所以不同意陈先生的观点。

林女士不认可陈先生论证中的原因,所以并不同意其所得结论,焦点是"开偷来的汽车撞伤了人是否比未经别人许可侵入电脑性质更严重",此题也可以从选项入手,看是否二人有相反的观点。

A 选项:陈先生认为侵入别人的电脑不会危及人的生命,林女士认为会危及人的生命,二人有不同的观点,待定。

B 选项:陈先生认为都是犯罪行为,林女士未提及,排除。

C 选项:陈先生和林女士均未探讨两种行为是什么性质,排除。

D 选项:陈先生认为后者性质更严重,林女士认为二者一样严重,二人有不同的观点,待定。

E 选项:陈先生和林女士均未探讨此问题,排除。

分析之后可知,A 选项和 D 选项二人都有不同的观点。但 A 选项只是论据,二人对论据持有不同的观点,不是焦点;而 D 选项是结论,二人对结论持有不同的观点,是焦点。

故正确答案为 D 选项。

避坑提示 12　**比较力度,选择最优项**

45. (47% 正确率)一般认为,一个人在 80 岁时和他在 30 岁时相比,理解和记忆能力都显著减退。最近一项调查显示,80 岁的老人和 30 岁的年轻人在玩麻将时所表现出的理解和记忆能力没有明显差别。因此,认为一个人到了 80 岁理解和记忆能力会显著减退的看法是站不住脚的。

以下哪项如果为真,最能削弱上述论证?

A. 玩麻将需要的主要不是理解和记忆能力。

B. 玩麻将只需要较低的理解和记忆能力。

C. 80 岁的老人比 30 岁的年轻人有更多时间玩麻将。

D. 玩麻将有利于提高一个人的理解和记忆能力。

E. 一个人到了 80 岁理解和记忆能力会显著减退的看法,是对老年人的偏见。

46. (49% 正确率)最近台湾航空公司客机坠落事故急剧增加的主要原因是飞行员缺乏经验。台湾航空部门必须采取措施淘汰不合格的飞行员,聘用有经验的飞行员。毫无疑问,这样的飞行员是存在的。但问题在于,确定和评估飞行员的经验是不可行的。例如,一个在气候良好的澳大利亚飞行1 000小时的教官,和一个在充满暴风雪的加拿大东北部飞行1 000小时的夜班货机飞行员是无法相比的。

上述议论最能推出以下哪项结论?(假设台湾航空公司继续维持原有的经营规模)

A. 台湾航空公司客机坠落事故急剧增加的现象是不可改变的。

B. 台湾航空公司应当聘用加拿大飞行员,而不宜聘用澳大利亚飞行员。

C. 台湾航空公司应当解聘所有现职飞行员。

D. 飞行时间不应成为评估飞行员经验的标准。

E. 对台湾航空公司来说,没有一项措施,能根本扭转台湾航空公司客机坠落事故急剧增加的趋势。

47. (53% 正确率) 张华是甲班学生,对围棋感兴趣。该班学生或者对国际象棋感兴趣,或者对军棋感兴趣;如果对围棋感兴趣,则对军棋不感兴趣。因此,张华对中国象棋感兴趣。

以下哪项最可能是上述论证的假设?

A. 如果对国际象棋感兴趣,则对中国象棋感兴趣。

B. 甲班对国际象棋感兴趣的学生都对中国象棋感兴趣。

C. 围棋和中国象棋比军棋更具挑战性。

D. 甲班学生感兴趣的棋类只限于围棋、国际象棋、军棋和中国象棋。

E. 甲班所有学生都对中国象棋感兴趣。

48. (52% 正确率) 某校的一项抽样调查显示:该校经常泡网吧的学生中家庭经济条件优越的占80%,学习成绩下降的也占80%,因此家庭条件优越是学生泡网吧的重要原因,泡网吧是学习成绩下降的重要原因。

以下哪项如果为真,最能加强上述论证?

A. 该校是市重点学校,学生的成绩高于普通学校。

B. 该校狠抓教学质量,上学期半数以上学生的成绩都有明显提高。

C. 被抽样调查的学生多数能如实填写问卷。

D. 该校经常做这种形式的问卷调查。

E. 该项调查的结果已经受到了教育局的重视。

▶ 答案与解析

45.【答案】B 　　【考点】论证推理　削弱、质疑、反驳　论据+结论型论证的削弱

【易错项】A 　【题源】20060130

论据:80岁的老人和30岁的年轻人玩麻将时表现出的理解和记忆能力没有明显差别。

结论:一个人到了80岁理解和记忆能力不会显著减退。

B选项:割裂关系,玩麻将只需要较低的理解和记忆能力,说明理解和记忆能力与玩麻将关系不大,因此不能从玩麻将的表现推断出理解和记忆能力是否会减退,表明论据与结论无关,割裂了二者的关系,可以削弱。

A选项:力度较弱,如果真实情况是理解和记忆能力对于玩麻将也非常重要,只不过是次要的,这时题干的论证依然可能成立,排除。

💡 媛媛提醒　此题需要比较A选项和B选项的力度强弱,"主要不是"有可能是次要的,也很重要;"只需要较低的"表达的是"几乎不需要"的意思,要熟悉真题的语言表述风格。

C选项:有更多时间玩麻将不等于确实玩麻将的时间更长,也无法得知玩麻将时间与熟练程度的关系,无法削弱。

D、E选项:与题干论证无关,排除。

故正确答案为 B 选项。

46.【答案】E　　【考点】论证推理 结论 主旨题

【易错项】A、D　【题源】20030146

题干信息:飞行员缺乏经验导致客机坠落事故急剧增加,所以台湾航空部门必须采取措施淘汰不合格的飞行员,聘用有经验的飞行员。虽然这样的飞行员存在,但是确定和评估飞行员的经验是不可行的。所以无法聘用有经验的飞行员,客机坠落事故急剧增加的情况也就无法得到根本扭转。

E 选项:与上述分析一致,飞行员缺乏经验是主要原因,这个无法解决,所以坠落事故急剧增加的趋势无法得到根本扭转,正确。

A 选项:"不可改变"一词过于绝对,因为飞行员缺乏经验是主要原因,而不是唯一的原因,所以可以在其他方面改变,排除。

B 选项:加拿大和澳大利亚飞行员的例子只是为了说明"确定和评估飞行员的经验是不可行的",并不是该论证的结论,排除。

C 选项:上述论证中并未出现相关信息,无法得出该结论,排除。

D 选项:1 000 小时不同环境下飞行这一例子只是为了说明"确定和评估飞行员的经验是不可行的",而不是在否定飞行时间的参考价值,排除。

故正确答案为 E 选项。

47.【答案】B　　【考点】形式逻辑 三段论 三段论反推题型

【易错项】A　【题源】20070131

题干信息:(1)张华→甲班∧围棋;(2)甲班→国际象棋∨军棋;(3)围棋→¬军棋;(4)张华→中国象棋。

由(1)和(2)可得,(5)张华→甲班→国际象棋∨军棋;由(1)和(3)

可得,(6)张华→围棋→¬军棋;由(5)和(6)可得,(7)张华→国际象棋。

要得到结论(4),只需要补充条件"国际象棋→中国象棋"即可。但要注意题干的讨论都是在甲班的范围内,所以只要假设甲班学生中对国际象棋感兴趣的都对中国象棋感兴趣即可。

B选项:与上述分析一致,正确。

A选项:假设过强,范围过大,只要甲班学生符合该条件即可,排除。

C、D选项:与题干论证无关,无法推出结论,排除。

E选项:假设过强,范围过大,不需要甲班所有学生都对中国象棋感兴趣,只需要对国际象棋感兴趣的对中国象棋感兴趣即可,排除。

🌸媛媛提醒 假设题型一定要避免"假设过强",范围太大或者力度过强都属于"假设过强"的情况。

故正确答案为B选项。

48. 【答案】B 【考点】论证推理 支持、加强 论据+结论型论证的支持

【易错项】C 【题源】20050141

论据1:该校经常泡网吧的学生中家庭经济条件优越的占80%。

结论1:家庭条件优越是学生泡网吧的重要原因。

论据2:该校经常泡网吧的学生中学习成绩下降的占80%。

结论2:泡网吧是学习成绩下降的重要原因。

左右撇子模型。论证2中要想得到"泡网吧是学习成绩下降的重要原因"这一结论,需要比较(1)$\dfrac{成绩下降的学生}{全校学生}$与(2)

$\frac{\text{泡网吧的学生中成绩下降的学生}}{\text{泡网吧的学生}}$ 这两个比例。如果数值(1)≥数值(2),说明泡网吧不是学习成绩下降的重要原因;如果数值(1)<数值(2),才能证明泡网吧是学习成绩下降的重要原因这一结论。此题要加强题干的论证,只要表明数值(1)<数值(2)即可。

B选项:半数以上学生的成绩有明显提高,即成绩下降的学生/全校学生<50%<80%,可以加强,正确。

A、D、E选项:与题干论证无关,无法加强,排除。

C选项:力度较弱,即使如实填写问卷也无法证明题干的论证过程成立,只能表明论据为真,支持力度较弱,排除。

故正确答案为B选项。

避坑提示13 了解真题思路即可,别纠结

49. (38% 正确率)大李和小王是某报新闻部的编辑。该报总编计划从新闻部抽调人员到经济部。总编决定:未经大李和小王本人同意,将不调动两人。大李告诉总编:"我不同意调动,除非我知道小王是否同意调动。"小王说:"除非我知道大李是否同意调动,否则我不同意调动。"

如果上述三人坚持各自的决定,则可推出以下哪项结论?

A. 两人都不可能调动。

B. 两人都可能调动。

C. 两人至少有一人可能调动,但不可能两人都调动。

D. 要么两人都调动,要么两人都不调动。

E. 题干的条件推不出关于两人调动的确定结论。

50. (29% 正确率)某研究人员在2004年对一些12~16岁的学生进行了智

商测试,测试得分为 77~135 分,4 年之后再次测试,这些学生的智商得分为 87~143 分。仪器扫描显示,那些得分提高了的学生,其脑部比此前呈现更多的灰质(灰质是一种神经组织,是中枢神经的重要组成部分)。这一测试表明,个体的智商变化确实存在,那些早期在学校表现并不突出的学生未来仍有可能成为佼佼者。

以下除哪项外,都能支持上述实验结论?

A. 随着年龄的增长,青少年脑部区域的灰质通常会增加。

B. 学生非语言智力表现与大脑结构的变化明显相关。

C. 言语智商的提高伴随着大脑左半球运动皮层灰质的增多。

D. 有些天才少年长大后的智力并不出众。

E. 部分学生早期在学校表现不突出与其智商有关。

▶ **答案与解析**

49.【答案】A 【考点】形式逻辑 假言命题 假言命题推理规则
【易错项】E 【题源】20090131

总编:¬ 同意→¬ 调动。大李、小王:¬ 知道对方是否同意→¬ 同意。

题干中所描述的是一种"死锁进程",两个人都在等待对方做出是否同意调动的决定,如果没有外力打破这种状态,都将永远停留在初始阶段且互相等待。

由题干的信息可知,大李不可能调动。因为在决定调动大李之前,先要征得大李本人同意;要征得大李同意,先要调动小王;要调动小王,先要征得小王同意;要征得小王同意,先要调动大李。也就是说,在决定调动大李前,先要调动大李。这是不可能的。因此,大李不可能调动。同理,小王也不可能调动。

故正确答案为 A 选项。

50.【答案】E　　【考点】论证推理 支持、加强 论据+结论型论证的支持

【易错项】D　【题源】20150153

论据:相隔4年的两次智商测试发现被测者智商发生变化;得分提高的学生,脑部灰质增多。

结论:个体智商变化确实存在。

E选项:表现是否突出与智商的关系并不是本题讨论的问题,无法支持,正确。

A选项:相隔4年的实验表明,学生脑部灰质增多,若青少年脑部灰质随年龄增加,则支持了题干的实验结论,排除。

B选项:智力表现与大脑结构相关,支持了题干中的实验结果,智商提高,同时大脑结构发生变化,排除。

C选项:智商提高与大脑灰质增多相关,支持了题干中的实验结论,排除。

D选项:说明个体智商变化确实存在,支持题干的实验结论,排除。

故正确答案为E选项。

💡 媛媛提醒 49题和50题存在一定的争议,49题是一个特定状态"死锁";50题题干主要表达的是个体的智商和大脑结构会随着时间发生变化。大家可以有不同的观点,但是建议顺着大纲答案的思路进行思考,熟悉真题命题规律。